Werner Keller · Was gestern noch als Wunder galt

Werner Keller

Was gestern noch als Wunder galt

Die Entdeckung geheimnisvoller
Kräfte des Menschen

Mit 125 Fotos und Zeichnungen

Droemer Knaur

1. bis 50. Tausend

Umschlaggestaltung Atelier Blaumeiser
Satz und Druck Süddeutsche Verlagsanstalt und Druckerei GmbH, Ludwigsburg
Aufbindung Großbuchbinderei Sigloch, Stuttgart-Künzelsau
Printed in Germany
ISBN 3-85886-026-3

Für Willy Droemer,
den großen Verleger
und guten Freund

Das schädlichste Vorurteil ist, daß irgendeine Art Naturuntersuchung mit dem Bann belegt werden könnte.

JOHANN WOLFGANG VON GOETHE

Die para-normalen Erscheinungen in ihren verschiedenen Formen sprengen den bisherigen Beziehungsrahmen unserer wissenschaftlichen Weltauslegung. Sie sind der Schlüssel zu einer erweiterten Ordnung der Natur und der Stellung des Menschen darin.

HANS BENDER

Der alte Glaube, nichts könne uns bewußt werden, das nicht die Pforten der bekannten Sinnesorgane passiert, muß den gleichen Weg gehen wie die Newtonsche Mechanik angesichts der Relativitätstheorie.

JOSEPH BANKS RHINE

Inhalt

Erstes Interesse von Gelehrten

Die Erforschung beginnt

Durchbruch zur Wissenschaft

Vorwort

Dieses Buch befaßt sich mit etwas sehr Außergewöhnlichem und Faszinierendem, mit etwas Uraltem und revolutionierend Neuem zugleich: mit den geheimnisumwobenen, noch heute unerklärbaren Erscheinungen, die die Menschen aller Kontinente und Zeiten bis zurück in eine graue Vergangenheit zutiefst bewegt haben, und mit den Studien und Forschungsergebnissen der Parapsychologie. Die Erkenntnisse, zu denen diese lange völlig zu Unrecht angefeindete Wissenschaft kommen konnte, sind in ihren Folgen und Auswirkungen noch kaum absehbar. Es gelang ihr, bei zahllosen Experimenten im Labor wie bei Felduntersuchungen das Auftreten von Phänomenen wie Hellsehen, Telepathie, Vorausschau und psychokinetischen Bewirkungen nachzuweisen – von Dingen also, die sich jenseits der unseren fünf Sinnen gesetzten Grenzen abspielen und allen bisher bekannten physikalischen Gesetzen widersprechen. Die Parapsychologie erwies sich damit, wie Professor H. H. Price aus Oxford erklärte, »als das bedeutendste Forschungsgebiet, das der menschliche Geist jemals in Angriff genommen hat«. Ihre exakt-wissenschaftlich nüchternen Feststellungen besagen etwas unerhört Aufregendes, etwas auf den ersten Blick kaum Glaubhaftes und Begreifliches, nämlich: »Was gestern noch als Wunder galt«, was einst Göttern oder Heiligen, Teufeln, Dämonen oder Hexen zugeschrieben wurde, das existiert tatsächlich. Mehr noch: Es handelt sich dabei um psychische Fähigkeiten und Kräfte, die ungenutzt tief im Innern eines jeden von uns allen schlummern. Diese zu Recht als wissenschaftliche Revolution vorerst noch ungeahnten Ausmaßes bezeichnete Entdeckung, die geeignet ist, unser überliefertes, vertrautes Weltbild in Frage zu stellen, bedeutet für den Menschen den Aufbruch zu bisher noch völlig ungeahnten Horizonten, die Eröffnung des Weges zu bis jetzt nur als Wunder betrachteten Möglichkeiten.

Eine Information über die Forschungen und die Erkenntnisse der Parapsychologie, an denen heute niemand mehr vorbeigehen kann, weil sie inmitten einer mehr und mehr auf rein materielle Dinge ausgerichteten Welt und Zeit jedermann etwas entscheidend Wichtiges zu sagen haben, eine Information auch über die berühmtesten überlieferten Fälle, in denen – beginnend bei der Antike und fortgeführt bis heute – jene geheimnisvollen Phänomene sich manifestieren, erschien mir, dem Sachbuch-Autor, als ein Gebot dringendst notwendiger Aufklärung – und dies um so mehr angesichts der geradezu wie eine Flut über uns hereinbrechenden »Renaissance« eines »Okkultismus«, der dem Rückfall in primitivsten Aberglauben längst vergangener Zeiten gleichkommt und seelische Schäden gefährlichster Art anzurichten droht.

Die Erarbeitung des Materials war auch diesmal mit ausgedehnten Reisen verbunden. Sie führten meine Frau und mich kreuz und quer durch den Fernen Osten, den Pazifischen Raum und den Indischen Subkontinent, um als Augenzeugen jene rätselhaften, uralten Phänomene erleben zu können – sei es den Krisdolch-Tanz auf Bali, das Feuerlaufen in Hongkong, sei es säuretrinkende Sadhus und Fakire oder ihren Herzschlag stoppende Yogin. Es folgten Besuche von Bibliotheken, angefangen in Adyar bei Madras in Indien, wo die »Theosophische Gesellschaft« sich rühmen kann, die größte okkulte Buchsammlung zu besitzen, bis zu denen Englands und der USA, sowie der bedeutendsten Forschungsstätten für Parapsychologie in der Alten und der Neuen Welt.

Mein Dank gilt Herrn Professor Hans Bender, Freiburg im Breisgau, für wertvolle Bildunterlagen aus dem Archiv seines »Instituts für Grenzgebiete der Psychologie«. Er gilt vor allem auch Herrn Professor J. B. Rhine, dem Leiter der »Foundation for Research on the Nature of Man« in Durham, sowie Herrn Dr. E. Douglas Dean, Newark College of Engineering, Herrn Dr. Jule Eisenbud, University of Colorado, und Herrn Dr. Stanley Krippner, Maimonides Hospital, Brooklyn, für liebenswürdigerweise zur Verfügung gestellte Fotos. Ein Lob verdient der bewährte Polyhistor und Cheflektor des Verlages, Fritz Bolle, für wertvolle Ratschläge und Literaturhinweise und nicht zuletzt meine Frau Helga für ihre monatelange hingebungsvolle Mitarbeit beim Research und bei der Fertigstellung des Manuskriptes.

Ascona, im August 1973 Werner Keller

Ouvertüre

> Parapsychologie ist das bedeutendste Forschungsgebiet, das der menschliche Geist jemals in Angriff genommen hat.
>
> H. H. PRICE

I. Vor den Toren einer neuen Welt

Solange Menschen diese Erde bevölkern, hat noch kein Jahrhundert derart ungeheure Fortschritte zu verzeichnen gehabt wie das verflossene. In jenem einen, im Vergleich mit der Vergangenheit außergewöhnlich kurzen Zeitraum ballen sich mehr Erfindungen und Neuerungen, haben mehr Entdeckungen das Licht der Welt erblickt, sind mehr Entwicklungen angelaufen als in allen Jahrtausenden davor.

Nicht nur das wissenschaftliche Weltbild erlebte seit dem Ende des 19. Jahrhunderts tiefgreifende Wandlungen. Den Kenntnissen von Materie und Energie und den Gesetzen der klassischen Physik gesellten sich Erkenntnisse hinzu, die eine völlig neue Sicht und damit eine gewaltige Erweiterung des Horizontes zur Folge hatten. Sie begann, nachdem Hertz die elektromagnetischen Schwingungen, Röntgen unbekannte Strahlungserscheinungen, das Ehepaar Curie die Radioaktivität entdeckt hatten. Es folgte Einsteins Erkenntnis, daß die Materie ungeheuere Energien birgt, was zur Kernphysik und schließlich zur Konstruktion von Atom- und Wasserstoff-Waffen einerseits und zur positiven Nutzbarmachung durch Kernkraftwerke andererseits führte. Telegrafie und Telefon, Rundfunk und Fernsehen, ultraviolette Strahlen und Kurzwellen wurden alltägliche Selbstverständlichkeiten, nicht anders als Autos und Luftschiffe, Flugzeuge und Jet-Maschinen. Riesige Fernrohre und Radioteleskope entstanden, die den Blick in ungeahnte Welten des Makrokosmos ermöglichen, wie Elektronenmikroskope die Tiefen des Mikrokosmos erschließen. In tiefgekühlten Räumen werden Lager von Ersatzteilen für den menschlichen Körper angelegt, und Chirurgen gingen daran, lebenswichtige Organe zu verpflanzen. In Wissenschaft, Industrie und Wirtschaft hielten Elektronengehirne ihren Einzug. Von riesigen Rampen schossen die Amerikaner in Raketen die ersten Menschen hinauf auf den Mond, ließen sie – in allen Kontinenten war es am Fernsehschirm zu sehen – im Auto auf unserem Erdtrabanten umherfahren und Gesteinsproben sammeln. Und während bereits zahlreiche Satelliten von West und Ost ständig die Erde umkreisen, funken Sonden erste Bilder und Daten von den Planeten Venus und Mars.

Unzählige technische Wunder, die gestern noch als Science fiction galten, wurden wie über Nacht Wirklichkeit. Die Naturwissenschaften konnten in Forschung und Technik Erfolg auf Erfolg, Triumph auf Triumph verbuchen. Nichts scheint mehr technisch unmöglich, jedes noch so phantastisch anmutende Ziel erreichbar. Hand in Hand mit dieser dem Aufsteigen eines Kometen gleichenden Entwicklung begann im Westen eine auf Hochtouren laufende, technologisch hochgezüchtete Wirtschaft in unübersehbarer Fülle ihre Produkte auf den Markt zu werfen. Vom Kühlschrank und von der Tiefkühltruhe über Filmgeräte, Rennwagen und Motoryachten bis hin zu den raffiniertesten Luxusgütern, bis hin zu Dingen, von denen frühere Generationen kaum zu träumen wagten, wurde nahezu alles selbstverständlicher Besitz für das Gros der Menschen in den Industrienationen des Westens.
Trotz all dieser Errungenschaften, trotz all diesen Fortschritts in den hochindustrialisierten Ländern der Freien Welt, trotz allen Überflusses einer üppigen Wohlstandsgesellschaft stellte eines sich nicht ein: Zufriedenheit und Glück. Im Gegenteil: Ein Gefühl des Unbehagens, ja der Öde und der Leere verbreitete sich. Aller äußerer Glanz konnte nicht über eines hinwegtäuschen: Dieses Leben hat offenbar seinen Sinn völlig verloren. Eine unbegreifliche Angst hat sich vieler Menschen bemächtigt, psychosomatische Krankheiten nehmen ebenso zu wie die Selbstmorde. Und zugleich zeigen sich überall Zeichen des Zerfalls, der Zerstörung all dessen, was den Generationen zuvor als ideal, als vorbildlich oder erstrebenswert erschienen war. Tabu auf Tabu wurde unterhöhlt, um dann gestürzt zu werden. Wert auf Wert wurde verächtlich gemacht. Alles, was den Menschen einst als hoch und heilig galt, wurde verlacht und als überholt angegriffen. Längst schon, beginnend bereits im vergangenen Jahrhundert, hatten die überlieferten Religionen ihre Überzeugungskraft einzubüßen begonnen, hatten die Kirchen mehr und mehr Anhänger verloren, weil die Menschen nicht mehr zu glauben vermochten.
Wo liegen die Gründe?
Schneller als vermutet scheint genau das eingetreten zu sein, was ein vor wenigen Jahren verstorbener großer englischer Staatsmann ahnungsvoll voraussah. Es war Winston Churchill, der wörtlich schrieb: »Projekte, von denen vergangene Generationen sich nicht hätten träumen lassen, werden unsere nächsten Nachkommen beschäftigen; Komfort, Beschäftigungen, Erleichterungen, Vergnügen werden zuhauf auf sie eindringen. Aber die Herzen werden ihnen weh tun, ihr Leben wird leer sein, wenn sie nicht nach Dingen Ausschau halten, die über das Materielle hinausgehen. Und mit den Hoffnungen und Kräften werden Gefahren kommen, zu denen das Wachstum des menschlichen Intellekts, die Stärke seines Charakters oder die Brauchbarkeit seiner Einrichtungen in keinem Verhältnis mehr stehen wird.

Der heilige Antonius aus Ägypten, der sich im 3. Jahrhundert n. Chr. als Asket aus der Welt zurückzog, wurde geplagt von bizarren Visionen und Alpträumen, bei denen unzählige Dämonen in schreckenerregenden Tiergestalten auftauchten. Kupferstich von Martin Schongauer, 15. Jahrhundert.

Wieder einmal wird die Wahl geboten zwischen Segen und Fluch. Niemals war die Entscheidung, die getroffen werden wird, schwerer vorauszusagen.«
Allzu lange und allzu ausschließlich war der Blick der Wissenschaft nur auf eine einzige Seite von Mensch und Natur, von Makro- wie Mikrokosmos gerichtet. Als der nüchterne Verstand – befreit aus den Banden der Verbote, in die einst die Kirchen ihn geschlagen hatten – diese Welt zu erforschen begann, richtete er sein Augenmerk allein auf das Materielle. Man begann, die Natur zu wiegen, zu messen, zu analysieren, und glaubte, auf diese Weise alles entdecken und enthüllen, alles erklären und einordnen zu können. Der Materialismus mit seiner rein mechanistischen Auffassung galt als alleiniger Maßstab. Die Vorstellung einer Welt, die in Raum und Zeit nach dem Gesetz von Ursache und Wirkung abläuft, wurde zum Leitbild der neuzeitlichen Naturwissenschaft. Damit aber war ein eingleisiger Weg gewählt.

Der Tatsache, daß man ihm konsequent folgte, sind zwar ungeheure Fortschritte in Wissenschaft und Forschung, in Technik, Wirtschaft und Industrie zu verdanken. Doch was befriedigten sie? Waren es nicht rein materielle, leibliche Bedürfnisse? Dienten sie nicht letztlich mehr und mehr einem immer sinnloser werdenden Konsum? Und darüber vergaß man, wie Sir Arthur Eddington es in »New Path-ways of Science« formuliert, daß »die physische Welt nicht die einzige ist«, daß, wie Sir James Jeans in »Physics and Philosophy« erklärt, »die der Physik bekannte Welt nur einen Ausschnitt der Gesamtwirklichkeit darstellt«.

Man tat, als gebe es nichts Immaterielles. Um die Seele kümmerte sich niemand, sie blieb im Hintergrund, wie man auch die moralisch-sittliche Seite des Menschen ausklammerte, gerade als existiere sie nicht. Es war die Jugend, voran die der USA, die ihr Veto gegen eine nur von technischer Zweckmäßigkeit und materialistischem Denken beherrschte Welt einlegte und der Konsumgesellschaft den Rücken kehrte. Die jungen Menschen brachen auf und begannen voller Unrast die Suche nach jenen anderen so lange vernachlässigten immateriellen Werten, nach einem neuen Lebensinhalt, nach dem Ich. Sie versuchten auf vielerlei Wegen, aus dem Gefängnis der Technologie auszubrechen, und beschritten dabei häufig Irrwege. Sie nahmen Drogen oder rauchten Hasch; sie bildeten Kommunen; begannen zu meditieren oder Yoga zu betreiben; sie lauschten den Worten von Gurus oder Sufis, um die uralten östlichen Lehren zu studieren. Unruhevoll trieb es sie um die Welt, vor allem nach Indien, wo sie in primitivsten Verhältnissen inmitten einer noch natürlichen Landschaft und in einer vorindustriellen Wirtschaft ein einfaches Leben begannen oder zu Abertausenden in die verschiedenen Ashrams pilgerten oder zu den uralten Tempelanlagen.

Was bedeutet all das? Stehen wir an der Schwelle eines neuen Zeitalters, vor den Toren zu einer neuen Epoche der Menschheit? Es existiert mehr als nur ein Zeichen, das darauf hinzudeuten scheint. Gibt es nicht zu denken, daß ausgerechnet im nüchternsten und sachbezogensten Zweig aller Naturwissenschaften ein epochaler Wandel sich vollzog? Es waren Physiker, die sich gezwungen sahen, zu erklären, daß die Materie sich aufgelöst habe. Daß das, was unserem grobsinnlichen Wahrnehmungsvermögen gegenständlich erscheint, in Wahrheit eine Illusion darstellt. Die Kernphysiker heute operieren bereits in einem Bereich, der jenseits des Materiellen liegt und in dem die Kategorien von Kausalität, Raum und Zeit keine Gültigkeit mehr haben.

Voller Ahnungen, ja voller Gewißheit sind auch die Aussagen einiger auf ganz anderen Gebieten wirkender Großer dieser Erde, etwa des bedeutenden indischen Weisen Aurobindo, der, ähnlich wie der Philosoph und Anthropologe Teilhard de Chardin, von einem Mutationssprung seelisch-geistiger Art spricht, der der Menschheit bevorsteht. Daß wir an einem entscheidenden Wendepunkt, ja an einem Kreuzweg angelangt zu sein scheinen, dafür sprechen jedoch stärker, gewichtiger und überzeugender als alles andere die wahrhaft revolutionierenden und doch kaum näher bekannten Erkenntnisse einer noch blutjungen Wissenschaft – der Parapsychologie. Ihr gelang etwas Unerhörtes, kaum Faßbares – der Nachweis, daß der Mensch, daß jeder von uns jenseits des Bereiches seiner fünf Sinne psychische Kräfte und Fähigkeiten besitzt, die allen bekannten Gesetzen von Materie und Energie, von Raum, Zeit und Kausalität widersprechen. Und die dennoch existieren! Sie äußern sich in jenen von einer Aura des Wunders umgebenen Phänomenen wie Gedankenlesen, Hellsehen, Prophetie und rätselhaften Einwirkungen auf die Materie – Erscheinungen, wie sie seit alters her bei allen Völkern bezeugt sind.

Noch steht die Para-Forschung in ihren Anfängen, noch konnte nicht mehr als ein erster Lichtstrahl scheinwerfergleich in einen weithin noch in tiefes Dunkel gehüllten Bereich geworfen werden. Aber bereits das, was bisher als wissenschaftlich gesichert nachgewiesen werden konnte, stellt weite Teile unseres bisherigen Welt- und Menschheitsbildes in Frage und verlangt gebieterisch nach Revision. Die Herausforderung ist ungeheuer. Denn »nicht weniger steht auf dem Spiel«, wie der Forscher G. N. M. Tyrrell erklärt, »als daß die Kategorien Raum, Zeit, Materie und Kausalität nur ein Teil der Natur sind und daß dahinter eine andere Ordnung der Dinge liegt, die diese gelegentlich durchbricht«.

Die kühnste aller Entdeckungsreisen in einen noch unbekannten inneren Kosmos der Menschheit hat begonnen, der pionierhafte Vorstoß in das Niemandsland der Psyche, der Seele, in dem ungeahnte menschliche Kräfte und Möglichkeiten schlummern.

Mit ihm schließt sich über die Jahrtausende der Kreis, indem uralte Weisheiten und Erkenntnisse der Menschheit – wissenschaftlich untermauert – plötzlich in einem neuen Licht erscheinen. »Der Kulminationspunkt aller materiellen Entwicklung ist erreicht«, wie der indische Gelehrte Rama Prasad es formulierte, »von jetzt ab geht die Entwicklung psychisch weiter.« Der Astronautik folgt die Psychonautik.

Wir stehen vor den Toren einer neuen Welt, vor einer neuen Zukunft des Menschen ...

Das unheimliche Erbe

Die Stifter der Religionen setzten die Existenz jener Fähigkeiten voraus, die die Psychologie heute entdeckt hat.

J. B. RHINE

II. Geheimnisvolle Fähigkeiten

Bedrohliche Nachrichten waren aus Babylonien gekommen. Einem Lauffeuer gleich verbreiteten sie sich bei allen Völkern an den Gestaden des Mittelmeers.
Was war geschehen?
Kyros, der junge Perserkönig, hatte das Mederreich des Astyages zerstört. Als Kroisos, Lydiens sagenhaft reicher Herrscher, das vernahm, erschrak er sehr, denn er ahnte, daß nun sein Land das nächste Ziel des eroberungslüsternen und kriegsstarken Kyros sein werde. Um dem zu begegnen, erwog er, »ob er nicht die wachsende persische Macht vernichten könnte, bevor sie zu groß würde«, und er beschloß, »um hierüber ins klare zu kommen«, die Orakel in Hellas und in Libyen zu befragen. Zuvor aber wollte er die Fähigkeiten der berühmten Weissagestätten auf alle Fälle einmal auf die Probe stellen. Dazu sandte er seine Leute mit folgendem Auftrag aus: Sie sollten von ihrer Abreise an die Tage zählen und genau am hundertsten bei den Orakeln vorsprechen und fragen, was der Lyderkönig jetzt gerade tue. Die Antwort sollten sie aufschreiben und ihm bringen.
Als die Boten nach geraumer Zeit schließlich wieder nach Sardes zurückkehrten, las Kroisos gespannt, was sie vernommen hatten, und war zutiefst enttäuscht. Keiner der Orakelsprüche stimmte. Erst als die Männer aus Delphi eintrafen und er deren Schriftrollen studiert hatte, war er zufrieden. Sehr sogar. Dort allein gebe es, so erklärte er seinen Vertrauten, ein wahrhaftiges Orakel, denn es habe erraten, womit er sich damals tatsächlich beschäftigte. Die Pythia hatte ihre Antwort in einem Hexameter so formuliert:
»Schildkrötenduft erreichte mich wohl, des gepanzerten Tieres, / brodelnd mit Fleisch zusammen vom Lamme in eherner Pfanne, / Erz umschließt es von allen Seiten, so oben wie unten.«
Und das stimmte haargenau. Nachdem nämlich die Boten abgereist waren, hatte sich Kroisos für den festgesetzten Tag etwas ausgedacht, was kaum zu erraten war: Er nahm Fleisch von einer Schildkröte und das von einem jungen Schaf und kochte beides in einem zugedeckten Kessel aus Erz.

Herodot aus Halikarnassos, ein Zeitgenosse des großen Athener Staatsmannes Perikles, berichtet uns diese merkwürdige Geschichte in seinen »Historien«. Sie schreibt der Pythia, der Priesterin des Orakelgottes Apollon im Tempel zu Delphi, jene geheimnisvolle Fähigkeit zu, daß sie zu erschauen vermag, was in weiter Ferne gerade geschieht. Der Überlieferung nach saß die Seherin dabei auf einem Dreifuß über einem Erdspalt, dem betäubende Dämpfe entströmten.

Das Erlebnis des Kroisos, des letzten Königs der Lyder, der um die Mitte des sechsten Jahrhunderts vor unserer Zeitrechnung regierte, zählt zu den ältesten überlieferten Bezeugungen jener rätselhaften, auf natürliche Weise bisher nicht erklärbaren Phänomene, mit denen sich heute die Parapsychologie befaßt. Unzählige andere folgten. Sie stammen aus der Antike wie aus dem Mittelalter und fehlen auch nicht aus unseren Tagen. Man kennt sie, solange Menschen auf dieser Erde leben, aus allen Zeiten, von allen Völkern und allen Kontinenten.

Kurz nach der Zeitenwende machte Apollonios aus Tyana in Kleinasien von sich reden. Der mit Christus ungefähr gleichaltrige Philosoph und Magier erregte ungeheures Aufsehen durch allerlei Wundertaten und Prophezeiungen. Geschichten über seine unheimlich anmutenden Fähigkeiten waren in aller Munde, man erzählte sie sich in Ägypten und in Griechenland ebenso wie in der Kaiserstadt Rom. Über einen besonders außergewöhnlichen Fall, der sich in Gegenwart zahlreicher Zeugen zutrug, ist uns ein ziemlich ausführlicher Bericht erhalten geblieben. Er entstammt der Biographie, die Flavius Philostratos auf Wunsch der Julia Domna, Gemahlin des Kaisers Septimius Severus, über Apollonios niederschrieb. Die Szene spielte sich in der uralten Stadt Ephesos im kleinasiatischen Ionien ab, die sich rühmen durfte, mit ihrem der Göttin Artemis geweihten Heiligtum den größten Tempelbau der Antike errichtet zu haben.

»Als Apollonios«, so erfahren wir, »sich an jenem Tage gegen die Mittagsstunde in den Hainen der Stadt unterhielt, stockte er plötzlich in seiner Rede, geradeso, als ob ein Schrecken seine Zunge lähme. Er sprach dann zwar weiter, aber öfter zögernd und wie jemand, der mit dem Geiste ganz woanders weilt. Schließlich schwieg er ganz, blickte starr zur Erde nieder und rief, wobei er drei oder vier Schritte vorging, aus: ›Stoß ihn nieder, den Tyrannen, stoß!‹

Diese Worte aber stieß er hervor wie einer, der ein Ereignis selbst sehe und zu begreifen scheine. Als nun Ephesos darob erschrak, denn die ganze Stadt war draußen versammelt, hielt er inne, gerade als erwarte er, ob etwas, das noch zweifelhaft ist, geschehen werde oder nicht, und sprach dann: ›Seid getrost, Epheser, der Tyrann ist heute ermordet worden. Was sage ich, heute, soeben – bei Athene! –, soeben ist es geschehen, als ich schweigend innehielt!‹ Und nach einer kurzen Pause fuhr er fort: ›Ich wundere mich nicht, daß

Apollonios von Tyana besaß die Fähigkeit der »Clairvoyance«. Er sah – wie überliefert wurde – am 16. September des Jahres 96 während einer Rede in Ephesos plötzlich, wie im fernen Rom der Kaiser Domitianus von Verschwörern umgebracht wurde. Darstellung aus der Renaissance.

manche nicht glauben wollen, was in diesem Augenblick noch nicht einmal ganz Rom weiß. Aber sieh da, Rom erfährt es, die Kunde verbreitet sich, Tausende wissen es schon, sie erheben sich vor Freude, jetzt die doppelte, jetzt die dreifache Zahl. Auch hierher zu euch wird die Nachricht dringen. Verschiebet das Opfer bis zu der Stunde, da sie eintrifft. Ich gehe jetzt und will zu den Göttern beten wegen dessen, was ich sah.‹«

Mehrere Tagesreisen, selbst bei günstigem Wind mit einem Schnellsegler zurückgelegt, trennten Ephesos und die ferne Metropole des Imperiums. War es möglich, auf Kleinasiens Boden etwas schauen und miterleben zu können, was sich im Herzen Italiens abgespielt haben sollte? Nach menschlichem Ermessen nein – das lag weit außerhalb des Bereiches der fünf Sinne. Und doch sollte Apollonios recht haben!

»Zweifel und Ungewißheit herrschten in Ephesos über die Aussage des Sehers«, vermerkt der Biograph, »doch dann trafen die ersten Eilboten ein, die sie in allen Stücken bestätigten. Die Ermordung des Tyrannen, Tag und Stunde, der Mörder, an den sein Zuruf gerichtet war – alles stimmte mit dem überein, was ihm die Götter offenbart hatten.«

Man schrieb das Jahr 96 nach der Zeitenwende. Am 16. September jenes Jahres, an jenem selben Tage, da weit im Osten des Mittelmeeres Apollonios im Artemis-Hain das seltsame Gesicht hatte, fiel am Tiber tatsächlich der römische Kaiser Titus Flavius Domitianus einer Verschwörung zum Opfer. Mörder, angestiftet von dessen nächsten Verwandten, die ihres eigenen

Lebens nicht mehr sicher waren, setzten der fünfzehnjährigen Herrschaft eines grausamen, blutgierigen Tyrannen ein Ende.
Rätselhaft wie jenes Vorkommnis zu Ephesos und ähnlich in seiner Art zugleich erscheint ein aus dem 16. Jahrhundert bezeugter Fall. Er trug sich im Vatikan zu, und diesmal war es ein Papst, Pius V., der ein auf natürliche Weise nicht erklärbares Erlebnis hatte. Er »sah« ein militärisches Ereignis »fern«, das für die geschichtliche Entwicklung Europas wie des Vorderen Orients von größter Bedeutung sein sollte: die Seeschlacht bei Lepanto. In ihr gelang es Don Juan d'Austria als dem Oberbefehlshaber der von Spanien, dem Papst und der Republik Venedig ausgerüsteten Flotte, die weit stärkere Seemacht der Türken vollständig zu schlagen. An die 30 000 Türken fielen oder gerieten in Gefangenschaft, 130 Schiffe wurden erobert und 12 000 christliche Galeerensklaven von ihren Ketten befreit. Jener Sieg, der am 7. Oktober 1571 nördlich am Eingang des Golfs von Korinth entschieden wurde, führte zur Vorherrschaft der Christen auf dem Mittelmeer. Mit ihm begann der Verfall der türkischen Macht.
Dem Bericht des päpstlichen Biographen Catena, der die Geschichte überliefert hat, war man zwar wiederholt mit Skepsis begegnet. Eine Rekonstruktion anhand zeitgenössischer Aufzeichnungen aus dem Vatikanischen Archiv, die erst in neuerer Zeit der französische Gelehrte J. Grente vornahm, vermochte indes die Glaubwürdigkeit des Geschilderten zu bestätigen. Die Vision ereignete sich im gleichen Augenblick, da die Schlacht zu Ende ging und niemand sonst an dem Orte, wo Pius V. selbst sich aufhielt, davon auch nur die geringste Ahnung haben konnte.
»Es war etwa 5 Uhr abends, als die Schlacht von Lepanto sich ihrem Ende näherte. Zur selben Stunde, am 7. Oktober 1571, war Pius V., der seit der Abfahrt der christlichen Schiffe seine Gebete und Kasteiungen verdoppelt hatte, damit beschäftigt, in Gegenwart einiger Prälaten die Rechnungen seines Schatzmeisters Busotti zu prüfen.
Plötzlich, wie durch eine unwiderstehliche Gewalt bewegt, erhebt er sich, nähert sich einem Fenster, öffnet es, blickt gen Osten, verharrt noch in tiefem Sinnen, dann aber, sich seiner Umgebung zuwendend, die Augen in Ekstase aufleuchtend, spricht er: ›Lassen wir die Geschäfte liegen und danken wir jetzt Gott! Die christlichen Waffen erringen den Sieg.‹
Er verabschiedet die Prälaten und begibt sich sogleich in sein Oratorium, wo ein Kardinal, der auf diese Nachricht herbeigeeilt war, ihn vor Freude weinend vorfindet. Busotti und seine Kollegen aber, überrascht von solch plötzlicher und feierlicher Enthüllung, notieren sich genau Tag und Stunde. In ihrer Erregung eilen sie auch, die Sache mehreren Kardinälen und anderen Personen anzuvertrauen, die ebenfalls das Datum sich notieren.«
Vierzehn Tage verstrichen, ohne daß eine Bestätigung eintraf, und »schon bedauerten schließlich alle ihre Unklugheit«, über das Traumbild überhaupt

gesprochen zu haben, und befürchteten bereits, »daß man sich nun über den Papst lustig mache« – da endlich kam eine erste Nachricht vom Kriegsschauplatz. Sie bestätigte, was Pius V. in seiner Vision gesehen hatte.

Was hatte das so verspätete Eintreffen verursacht? Von Don Juan d'Austria war sogleich nach dem glücklichen Ausgang der Seeschlacht ein Kurier nach Rom befohlen worden. »Allein Stürme verschoben die Absendung der Botschaft, und erst auf dem Umweg über Venedig, und zwar über den Dogen Mocenigo, erhielt der Papst Kenntnis.«

Was Papst Pius V. erlebte, bildet einen eindrucksvollen Fall einer spontanen »Information aus dem Unbewußten«. Ist er doch auf höchst glaubwürdige Weise dokumentiert: Busotti und andere Würdenträger haben Tag und Stunde sowie die Worte des Papstes notiert. Es gab also eine ganze Reihe von Zeugen, die von der Vision wußten, bevor es sich herausstellte, daß sich das Ereignis tatsächlich so abgespielt hatte.

Auch als nach dem Mittelalter mit Technik, Industrie und Wissenschaft ein neues Zeitalter heraufzieht, verschwinden die Phänomene nicht. Jene seltsamen Fähigkeiten schienen untrennbar und für immer mit dem Menschen verbunden zu sein, unabhängig zugleich auch von den sich ändernden Lebens- und Denkgewohnheiten. Auch in der Neuzeit, trotz all ihren Fortschritten auf materiellem und geistigem Gebiet, tauchen sie unverändert weiter auf. Kein Wunder, daß sie jetzt fast noch mehr Beachtung fanden als einst, daß sie einen noch weit größeren Schock auslösten und das Gefühl verbreiteten, etwas echt Unheimlichem gegenüberzustehen.

Im Mittelalter waren Spuk und Zauberei oder Hexenwesen etwas Alltägliches, ja fast Selbstverständliches gewesen. Nun aber, inmitten einer mehr und mehr von Maschinen beherrschten Welt, in der wirtschaftliches und logisch-rationales Denken allein noch als Richtschnur galt, mußten sie um so befremdlicher anmuten und unglaubwürdiger wirken denn je!

Indes – ganz gleich, ob man sie nun wahrhaben wollte oder nicht: Sie geschahen dennoch, sie existierten. Ganz Europa, vom einfachen Mann bis zum Gelehrten, geriet in helle Aufregung über das, was sich im Jahre 1756 in Schweden zugetragen haben sollte.

Emanuel von Swedenborg war aufgrund mehrerer Erfindungen und zahlreicher wissenschaftlicher Abhandlungen weit über sein Vaterland hinaus bekannt. Ungewöhnlich begabt, galt er als der Prototyp eines fortschrittlichen Gelehrten: methodisch, nüchtern, skeptisch. Eines Tages aber stellten sich bei ihm Erscheinungen ein, und er hatte, so hieß es, auch apokalyptische Offenbarungen. Der Vorkämpfer der Wissenschaft wurde zum Seher!

Als Swedenborg auf einer seiner vielen Reisen sich gerade in Göteborg aufhält, hat er aus heiterem Himmel eine erschreckende Vision: In Stockholm ist eine entsetzliche Feuersbrunst ausgebrochen, teilt er plötzlich seiner Umgebung mit.

Meditierender Hindu. Seit drei Jahrtausenden gehören in Indien Konzentrationsübungen wie das Yoga zu den Techniken psychisch-seelischer Versenkung, bei denen es zu außersinnlichen Wahrnehmungen kommen kann.

Links: Emanuel von Swedenborg (1688 bis 1772) – Naturwissenschaftler, Bergbauexperte und Erfinder – zeigte schon als Kind abnormale psychische Fähigkeiten. Berühmt als Hellseher wurde er, nachdem er eines Tages von Göteborg aus plötzlich eine Feuersbrunst beschrieb, die im 500 Kilometer entfernten Stockholm wütete.

Unten links: Das Attentat auf den Erzherzog-Thronfolger Franz Ferdinand von Österreich und seine Gemahlin in Sarajewo am 28. 7. 1914, das den Ersten Weltkrieg auslöste, war, wie auch dieser selbst, vorausgeschaut worden, der Krieg sogar mehrmals.

Unten rechts: Einer »prophetischen« Ente verdanken zahlreiche Bürger von Freiburg i. B. ihr Leben. Vor dem Bombenangriff in der Nacht vom 27. November 1944, der die Stadt fast völlig zerstörte, stieß das Tier – die Sirenen waren ausgefallen – ein solches Warngeschrei aus, daß die Bewohner am Stadtgarten wach wurden und sich in Schutzräume retten konnten. Ein Denkmal erinnert an das Vorkommnis.

Rechts: Franz von Assisi bei einer Levitation. Fresko v. Giotto di Bondone. Das »Sich-in-die-Luft-Erheben« wird von vielen christlichen Heiligen und östlichen Mystikern berichtet. Unten links: Anna Katharina Emmerich, Nonne aus Westfalen, eröffnete den Reigen stigmatisierter Jungfrauen im 19. Jh. Außer den blutenden Hand- und Fußmalen hatte sie an jedem Freitag an ihrer rechten Seite auch eine an den Lanzenstich erinnernde Wunde. Unten rechts: Padre Pio, der 1968 verstorbene, auch als »Wunderheiler« gerühmte Kapuzinermönch aus Süditalien, trug ebenfalls die »Wundmale Christi«. Er war auch telepathisch begabt und sagte Beichtenden, was sie ihm verschwiegen hatten.

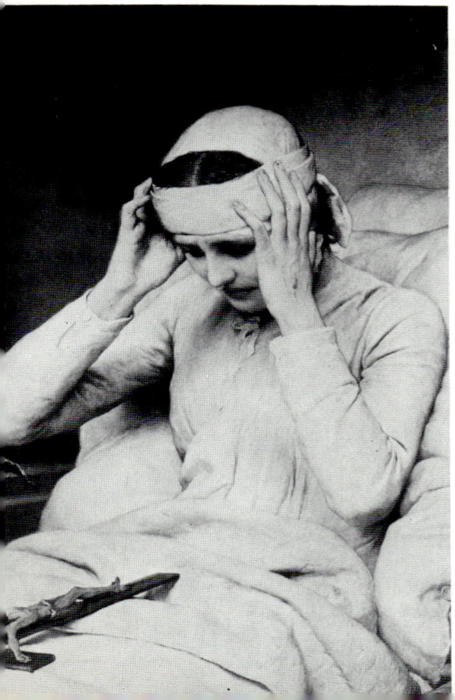

Berechtigtes Aufsehen erregten im Jahre 1947 die unglaublichen Demonstrationen eines Holländers, der sich Mirin Dajo nannte. Er ließ sich in öffentlichen Schaustellungen mit einem Florett den Leib durchbohren. Mit der Stahlklinge im Körper lief er auch mühelos umher (links). Professoren, von denen er sich im Zürcher Kantonsspital wie auch im Baseler Bürgerspital untersuchen ließ, stellten – was das Röntgenbild einwandfrei zeigte – fest, daß tatsächlich Nieren und Leber durchstochen waren. Nach dem Herausziehen der Klinge schlossen sich, ohne daß Blut floß, die Wunden schnell wieder. Der Fall, der medizinisch ein Rätsel ist, demonstriert, in welch hohem Maße die Psyche die Körperfunktionen beeinflussen kann.

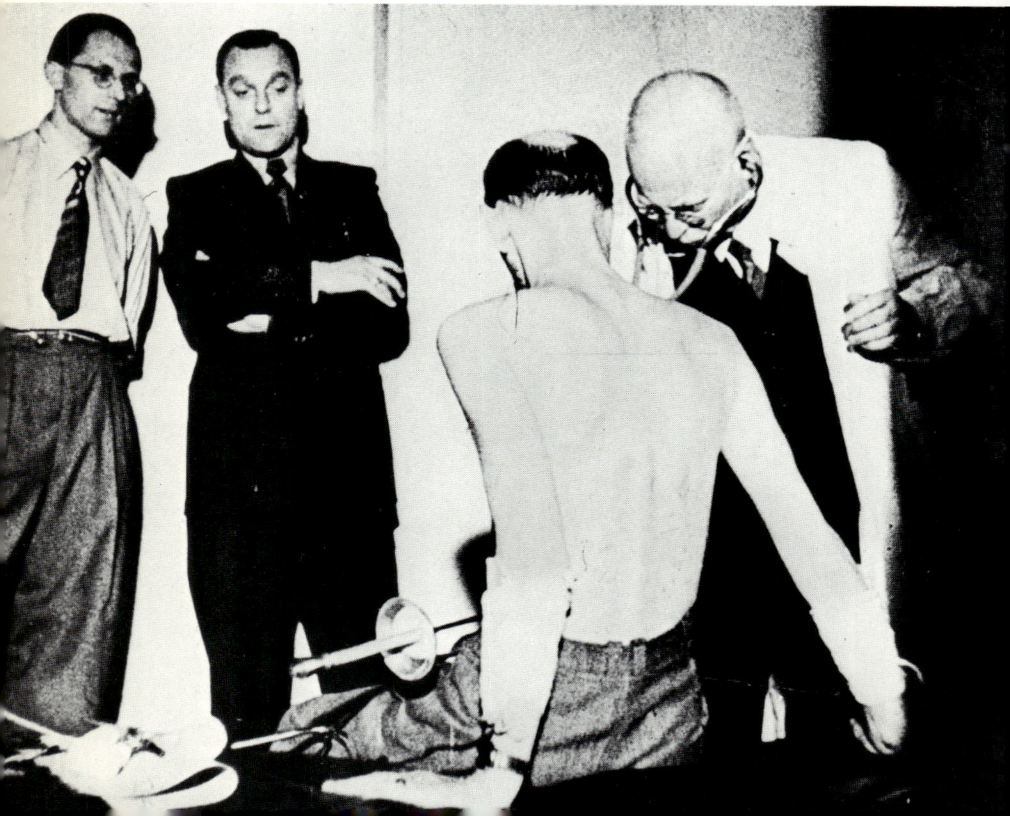

Die Augen weit aufgerissen, beginnt der Gelehrte mit erregter Stimme die Katastrophe genau zu beschreiben – wie die rasenden Flammen immer schneller um sich greifen, wie Tausende von Menschen schreien und fliehen, wie die Versuche, zu löschen und des Unheils Herr zu werden, scheitern. Alle in seiner Nähe vernehmen es, erleben mit, wie Swedenborg, den Blick zum Horizont gerichtet, das Unsichtbare schildert.
Die Stadt Göteborg liegt an die 500 Kilometer von Schwedens Hauptstadt entfernt. Telegraf wie Telefon waren noch lange nicht erfunden. Trotzdem: Alles, was Swedenborg visionär miterlebt und beschrieben hatte, entsprach der Wirklichkeit bis in alle Einzelheiten!
Von den wenigen schwedischen Zeugen abgesehen, die seine Worte vernommen hatten, gab es viele Zeitgenossen, vor allem unter den Gelehrten, die dem Ereignis keinen Glauben schenken wollten. Wiederholt wurde der ganze Hergang überprüft und rekonstruiert. So rätselhaft er auch erschien, er hatte sich tatsächlich so zugetragen. Auch Immanuel Kant, Deutschlands großer Philosoph aus Königsberg, beschäftigte sich eingehend mit dem ebenso sensationellen wie unerklärbaren Fall. Er stellte sogar eigene Recherchen an. Aber so groß seine Skepsis auch anfangs gewesen sein mochte, zuletzt kam er zu keinem anderen Resultat, als dessen Faktizität bestätigen zu müssen.
»Was kann man wider die Glaubwürdigkeit dieser Begebenheit anführen?«, schreibt er 1763 in einem Brief an ein Fräulein von Knoblauch, in dem er sich über den Vorfall ausläßt. »Der Freund, der mir dies mitteilt, hat alles das nicht allein in Stockholm, sondern vor etwa zwei Monaten auch in Göteborg selbst untersucht, wo er sich von einer ganzen Stadt, in der seit der kurzen Zeit von 1756 doch die meisten Augenzeugen noch leben, hat vollständig belehren können.«
Ein ähnlicher Fall jenes unerklärbaren »Fernsehens« trug sich in jüngster Vergangenheit in Italien zu. Der Ort war ein Kapuzinerkloster in dem kleinen Ort Foggia in Apulien, ganz im Süden des Landes. Am 20. Januar 1936 betrat Dr. Sanguinetti mit zwei Bekannten das Ordensgebäude, um in der von Pilgern aus allen Ländern vielbesuchten Kirche San Giovanni Rotondo eine Andacht zu verrichten. Es war bereits spät in der Nacht, und außer den drei Besuchern war niemand sonst zugegen. Die drei horchten auf, als sich ihnen plötzlich Schritte näherten.
Im matten Schein der Kerzen am Altar erkannten sie ein ihnen von vielen Veröffentlichungen wohlbekanntes bärtiges Gesicht: Es war das des Padre Pio, der durch seine Stigmatisierung – er trug die Wundmale Christi – und seine Wunderheilungen – er hatte Blindgeborene, so heißt es, sehend gemacht – weltweit immer wieder Aufsehen erregt hatte. Der Pater sprach sie mit leiser Stimme an: »Bitte kommt und betet mit mir. Es geht um eine Seele, die im Begriff ist, vor dem Tribunal Gottes zu erscheinen.«

Nach dem gemeinsamen Gebet ließ Padre Pio die drei wissen, wem die Andacht gegolten hätte. Zu ihrer Verwunderung vernahmen sie, es habe sich um König Georg V. von England gehandelt.
Die Richtigkeit seiner Aussage stellte sich am Tage darauf heraus. Rundfunk und Zeitungen meldeten in der Tat den Tod des englischen Königs. Georg V. hatte, wie Dr. Sanguinetti feststellen konnte, just in jenem selben Augenblick sein Leben ausgehaucht, als Padre Pio sich in der Klosterkirche an ihn und seine Begleiter gewandt hatte.
Was manche bei vollem Bewußtsein, ganz hellwach also, erleben, sehen andere wiederum in tiefem Schlaf. Auch von diesen Wahrträumen sind aus allen Zeiten unzählige Begebenheiten überliefert. Zu ihnen zählt der Fall, der sich in Australien – kurz vor dem Ende des vergangenen Jahrhunderts – ereignet hat.
Der Frachter »Atacamba« hatte im Hafen von Sydney Kohlen geladen und lichtete – es war am 29. Januar 1898 – die Anker, um seinem Bestimmungsort entgegenzudampfen. Das Kommando führte Kapitän Spruit. Mit ihm waren nur wenige Mann an Bord. Das Schiff war noch keine drei Tage auf Fahrt, als sich etwas Erschreckendes herausstellte: Es hatte ein Leck in einer Wand.
Alle Versuche, das Leck zu dichten und das eindringende Wasser auszupumpen, schlugen fehl. Die »Atacamba« begann immer tiefer zu sinken. Am 9. Februar blieb dem verzweifelten Kapitän nichts anderes übrig, als das Schiff aufzugeben und mit seiner Crew das Rettungsboot zu besteigen.
Eine Woche drifteten die Seeleute hilflos in einem ziemlich heftigen Sturm, dann tauchte plötzlich ein Dampfer auf, die »Industrie«, und nahm sie alle heil an Bord.
Für den Kapitän gab es die allergrößte Überraschung, als er mit zerrissener Uniform glücklich wenige Tage später wieder bei sich zu Hause eintraf. Denn man war dort über den ungewohnten Anblick gar nicht so erstaunt, wie es zu vermuten gewesen wäre, ja man schien ihn bereits erwartet zu haben – vor allem seine dreizehnjährige Tochter. Diese war es auch, die ihrem sprachlosen Vater, kaum daß er das Haus betreten hatte, zurief: »Ich weiß genau, was geschah! Alles!« Und dann beschrieb sie ihm in Einzelheiten, was passiert war und wie es sich zugetragen hatte.
Sie hatte es in einem aufregenden Traum erlebt – in aller Frühe des 9. Februar, genau zu dem Zeitpunkt, als ihr Vater ins Rettungsboot geklettert war. Die Frau des Zurückgekehrten bezeugte das merkwürdige Traumgesicht – schweißgebadet hatte die Tochter sie geweckt und es ihr sofort erzählt. Zugleich mit der Katastrophe auf offenem Meer hatte die Kleine im selben Augenblick aber auch ihren Vater mit zerfetzter Uniform auf sich zukommen sehen.
Visionen – im Wachzustand auftretend oder im Traum – betreffen indes

nicht nur gleichzeitige Geschehnisse. Sie beziehen sich sehr oft auch auf Zukünftiges. Auch diese Phänomene hat es eh und je gegeben. Berichte darüber haben ihren Niederschlag in der Bibel gefunden wie in den heiligen Schriften anderer, nichtchristlicher Religionen. Sie sind aus der Antike überliefert, von Etruskern, Griechen und Römern, wie zuvor aus dem Alten Orient, und aus allen Jahrhunderten nach der Zeitenwende bis in die Gegenwart.

Propheten des Alten Testamentes sagen wiederholt kommende Ereignisse voraus. Der im Exil am Euphrat lebende »Zweite Jesaja« preist den Perserkönig Kyros als den großen kommenden Befreier seines Volkes und verkündet, was danach auch wirklich in Erfüllung geht: daß er Babylon erobern und allen von den Babyloniern Verschleppten und Gefangenen die Rückkehr in das Gelobte Land gestatten werde.

Zwei alttestamentliche Prophezeiungen, die zudem wiederholt ausgesprochen wurden, haben mehr als alle anderen ungläubiges Staunen und fassungslose Bewunderung erregt. Die eine lautet:

»Und der HErr wird euch zerstreuen unter die Völker, und wird nur ein geringer Haufe übrig sein unter den Heiden« (5. Buch Mose 4, 27). Und aus dem Munde des Propheten Hesekiel (37, 21) erfährt das jüdische Volk: »So spricht der HErr: Ich nehme die Söhne Israels wieder fort von den Völkern, wohin sie gegangen waren. Ich sammle sie von überall und bringe sie zurück zu ihrer Scholle. Ich mache sie zu einem Volk in Meinem Lande, auf den Bergen Israels.«

An kein anderes Volk und von keiner anderen Religion auf Erden sind jemals in der Geschichte Voraussagungen ergangen, die für eine ferne Zukunft ein solch ungewöhnliches Geschick kündeten. Beide haben sich überwältigend wortgetreu erfüllt. Nach der Zerstörung Jerusalems und seines Tempels durch die Römer unter Titus im Jahre 70 n. Chr. war Palästina verwüstet und fast menschenleer. Seine Bewohner, soweit sie nicht in den Kämpfen gefallen oder in die Fremde geflüchtet waren, hatten die Sieger zu Zehntausenden als Gefangene weggeschleppt und als Sklaven verkauft. Aus dem Gelobten Land war, was von Israels Söhnen die Katastrophe überlebte, zerstreut in alle Welt und unter alle Völker!

Nahezu zwei Jahrtausende verstrichen, dann erfüllte sich auch die zweite Voraussage.

Am 14. Mai 1948 konnte in Tel Aviv der neue Staat Israel proklamiert werden. Im Jahr darauf, nach einem mörderischen Krieg gegen arabische Übermacht, grüßte vom Zionsberg in Jerusalem der Davidstern. Die Zerstreuten in aller Welt hatten ihre uralte Heimat wieder – Erez Israel, das Land der Verheißung!

Eine wahre Fülle ungewöhnlicher Voraussagungen taucht aus alten Archiven auf, unübersehbar fast. Bis heute ist der geheimnisvolle Zauber erhalten geblieben, der die Weissagungen eines der berühmtesten aller Seher aus

Europa umgibt: Gemeint ist Michel de Notre-Dame, der sich der Sitte seiner Zeit folgend »Nostradamus« nannte.

Der in Frankreich, in der Provence, in dem kleinen Ort Saint-Rémy am 14. Dezember 1503 Geborene, der zunächst als Arzt allerlei Wunderkuren vollbracht haben soll, erregte ungeheures Aufsehen durch seine Prophezeiungen, die er zu Hunderten in gereimten Quatrains – Vierzeilern also – von seinem stillen Studienort Salon in alle Welt verschickte. Sie wurden unter dem Titel »Centuries« 1555 erstmals im Druck veröffentlicht. Sein Ruf verbreitete sich schnell, und Menschen aller Stände besuchten den Gelehrten, um seinen Rat zu holen. Könige und Fürsten luden ihn an ihre Höfe und behielten ihn bei sich als ihren Gast für längere Zeit. In Paris war es der Kardinal von Bourbon, der Nostradamus auch mit seinen Freunden bekannt machte. Katharina von Medici, die Gattin des Königs Heinrich II., zählte zu seinen Verehrerinnen. Später ernannte ihn Karl IX. zu seinem Leibarzt.

1556 rief die Königin Nostradamus zu sich nach Paris. Sie brannte darauf, die Zukunft ihrer vier Söhne zu erfahren. Und wie lautete die Antwort des Sehers? Er sagte, was unmöglich schien, tatsächlich voraus: Drei würden dereinst auf einem Thron sitzen! Was er dabei allerdings verschwieg, war, daß die Krönung des einen erst durch den Tod des Bruders ermöglicht werden sollte. Er tat es, weil es, wie er wiederholt erklärte, für keinen Menschen gut sei, stets die volle Wahrheit zu wissen.

Bereits im Jahr darauf nahm das Vorausgesagte seinen Lauf. König Heinrich kam unter merkwürdigen Umständen ums Leben. Es geschah auf der Hochzeit seiner Schwester Margarete von Frankreich mit dem Herzog von Savoyen durch ein ebenso zufälliges wie ungewöhnliches Ereignis: Bei dem Turnier aus Anlaß der Feier forderte Heinrich plötzlich den jungen Grafen von Montgomery zum Wettkampf auf. Dabei kam es zu einem entsetzlichen Unfall: Die Lanze des Engländers durchbohrte das Drahtvisier am goldenen Helm des Königs und drang in dessen Auge. Heinrich II. starb unter furchtbaren Qualen an dieser Verwundung im vierzigsten Lebensjahr.

Auch dieses Ereignis hatte Nostradamus vorher bereits angekündigt, und zwar in einem Vierzeiler, der so lautete:

»Der junge Löwe wird den alten besiegen in einem Einzelkampf auf dem Rasen. Er wird sein Auge in einem Käfig von Gold stechen, zwei Wunden eine, um dann zu sterben eines grausigen Todes.«

Zugleich hatte es in einem anderen Vierzeiler geheißen: »In dem Jahre, wenn das eine Auge Frankreich regiert, wird der Hof in großer Unruhe sein, der Herr zu Blois wird seinen Freund erschlagen. Dem Königreiche wird es bös ergehen.«

Nach dem Tode Heinrichs II. erfüllte sich das Schicksal der Prinzen, genau wie Nostradamus es vorhergesehen hatte. Der erste, Franz II., zählte damals erst 16 Jahre. Er starb ein Jahr später. Nach ihm bestieg der zweite als

Karl IX. zehnjährig unter der Regentschaft seiner Mutter den Thron. Der Hugenottensturm brach los, die blutige Bartholomäusnacht kam. Karl starb mit 22 Jahren und ließ Frankreich in einem Chaos zurück. Nun wurde der letzte der Prinzen gekrönt. Er regierte als Heinrich III. Als er in Blois die Generalstaaten zusammenrief, trat die weitere Voraussage in Erfüllung. Der König ließ seinen Freund, den Herzog von Guise, heimtückisch ermorden. »Der Herr zu Blois«, hatte es im Vers des Sehers geheißen, »wird seinen Freund erschlagen.«

Frappierend wirkt noch heute, wie genau Nostradamus das Schicksal König Ludwigs XVI. und Marie Antoinettes beschrieben und die Französische Revolution prophezeit haben soll. »Des Nachts werden kommen durch die Pforte der Königin zwei Ehegatten, Irrweg, die Königin, der weiße Edelstein, der verlassene König in Grau, sie kommen an in Varennes. Die Wahl des Kapetingers ist Ursache des Sturmes, Feuer, Blut, Hackbeil (Guillotine).«

Mehr als zwei Jahrhunderte nach der Aufzeichnung dieser Zeilen – sie stehen im Quatrain 20 der IX. Centurie – geschah es: In der Nacht vom 20. zum 21. Juni 1791 flieht die königliche Familie durch eine Geheimtür. Der König selbst ist dabei grau angezogen, seine Gemahlin trägt ein weißes Kleid. Es gelingt ihnen tatsächlich, ihr Ziel, das Städtchen Varennes am Argonner Wald, zu erreichen. Auch was sich dort ereignete und bald danach, war in einem Vierzeiler – sogar unter Aufzählung der Namen der beteiligten Akteure – bereits vorausgesehen. Er besagte:

»Dem getrennten Gatten wird eine Mitra aufgesetzt werden, zurückgekehrt. Kampf wird entstehen über dem Ziegel durch fünfhundert. Ein Verräter wird Narbon heißen und Saulce Wärter über Ölfässern.«

Was zunächst, Jahrhunderte vor den Ereignissen selbst, wirr und unsinnig klingen mußte, wurde zu trauriger Wirklichkeit: Dem König, der von Marie Antoinette getrennt worden war, wurde von den Jakobinern die spitzzipflige,

Nostradamus, dessen Prophezeiungen bis ins Jahr 3000 n. Chr. reichen.

einer Mitra ähnelnde phrygische Mütze aufgesetzt, und zwar nach seiner Rückkehr von Varennes. Dort hatte man Ludwig XVI. und die Königin verhaftet. Zwei Monate danach brach der Konflikt in den Tuilerien aus, an deren Stätte sich einst eine Ziegelei befunden hatte. Die Ursache war der Widerstand der Schweizer Garde. Sie zählte fünfhundert Mann. Der Verräter hieß Graf Narbonne-Lara, der ehemalige Kriegsminister. Unter dem Verdacht des Landesverrates hatte ihn der König kurzerhand seines Amtes enthoben.

Aber auch ein Mann namens Sauce trat verhängnisvoll in Aktion. Ein Krämer in Varennes, hatte er die Festnahme des geflüchteten Königspaares veranlaßt. Als Marie Antoinette verhaftet wurde, saß sie, wie beschrieben, zwischen Behältern mit Öl in dessen Krämerladen. Die verschiedene Schreibweise der Namen beider Verräter ist auf die in der Zwischenzeit geänderte französische Orthographie zurückzuführen.

Mehrere Verse scheinen genau auf Napoleon I. zugeschnitten: »Ein Kaiser wird geboren werden nahe bei Italien«, besagt Quatrain 60 in der I. Centurie, und ein anderer ergänzt: »Als einfacher Soldat beginnend, wird es ihm gelingen, ein Empire zu beherrschen.«

Erstaunlich genau beschrieb Nostradamus auch die Regierungszeit des Korsen. Im Quatrain 13 der VII. Centurie heißt es:

»Von der tributpflichtigen Seestadt übernimmt der rasierte Kopf die Herrschaft. Verjagt die schmutzigen Geizhälse, welche später feindlich sein werden, durch vierzehn Jahre übt er die Gewaltherrschaft.«

Bonaparte herrschte vom 19. November 1799 bis zum 13. April 1814 – also fast genau vierzehn Jahre! Er ließ sich auch, ganz entgegen der Hofmode der französischen Bourbonenkönige, die Perücken vorschrieb, das Haar kurz schneiden.

Das Schicksal Napoleons III., der als Neffe (»neveu«) Napoleons I. bezeichnet wird, ist ebenfalls vorausgesehen: »Feuerschein sieht man vom Himmel bis zur Erde. Geschlagen vom Hochgeborenen, wunderbares Geschehnis. Großes Menschengemetzel: Gefangengenommen wird der Neffe des Großen. Der Stolze entgeht einem aufsehenerregenden Tode!«

Der Feuerschein unzähliger Brände und heftigster Kanonaden stand über der Festung Sedan, als am 1. September 1870 im Deutsch-Französischen Krieg die große Entscheidungsschlacht zu Ende ging. Mit der Kapitulation geriet die ganze französische Armee in Gefangenschaft, mitsamt dem Kaiser. In einem Brief an Baron Reille erklärte Napoleon III. später, wie schmerzlich er es empfunden habe, nicht im Kampfe gefallen zu sein. Der Sieger, der »Hochgeborene« genannt, war Kaiser Wilhelm I.

Nostradamus hat 939 »Zukunftsbilder« hinterlassen. Viele von ihnen boten sich als erstaunliche Voraussagen von Ereignissen an, die sich erst Jahrhunderte nach seinem Tode zutrugen. Anfänglich hatte er sie historisch geordnet.

Bedenken und nicht zuletzt die Furcht, von der Inquisition angeklagt zu werden – tatsächlich waren seine »Centuries«, in denen unter anderem auch der Untergang des Papsttums verkündet wird, noch 1881 vom Vatikan verboten –, ließen ihn später seine Vierzeiler umstellen. Er mischte sie so durcheinander, daß es außerordentlich schwierig ist, zu erkennen, auf welche Ereignisse sich die einzelnen Quatrains beziehen. »Ich gebe in dem Spiel von tausend dunklen Reimen«, gestand er, »entdeckend und verbergend, was die Zukunft wird entkeimen / an Haupterlebnissen der großen Potentaten / der Neugier eine Folter, die sie nicht erraten, / denn eine lange Reih' von Dingen ist verzeichnet, / die man erst dann erkennt, wenn sich der Tag ereignet.«

Wegen der Interpretation seiner in den Vierzeilern versteckten Voraussagen, die sich auf ein weltweites Ereignis in jüngster Vergangenheit bezog, kam es – kaum bemerkt von der größeren Öffentlichkeit – zu einem dramatischen Zwischenspiel.

Im Jahre 1921 – knapp drei Jahre also nur nach dem Ende des Weltkrieges, dessen Schrecken noch unvergessen waren, erschien in Berlin eine Schrift, die etwas damals absolut Unvorstellbares verkündete: den Ausbruch eines zweiten Weltkrieges im Jahre 1939. Der Verfasser, ein Postbeamter namens C. Loog, stützte sich dabei auf einen ganz bestimmten, recht dunkel klingenden Vers des Nostradamus, nämlich auf den Quatrain 57 in der III. Centurie. Er lautet: »Siebenmal wird sich das Britenvolk verändern. In Blut getränkt in zweihundertneunzig Jahren. Nicht durch Frankreich, sondern durch Deutschland. Ariel irrt am polnischen Bastard.«

Die große Frage war, von welchem Ereignis ab jene zweihundertneunzig Jahre zu zählen sein mochten. Loog, der eingehend alle Schriften und Kommentare über den großen Seher studiert hatte, kam in seiner Auslegung auf ein Ereignis von 1649.

In jenem Jahr war König Karl I. von England enthauptet und das Reich unter Oliver Cromwell Republik geworden. Das war die erste große Veränderung. 1660 erhielt England wiederum einen König, es war Karl II. 1685 brachen auf der Insel schwere Aufstände aus, weil König Jakob II. die katholische Kirche wiedereinführen wollte. 1689 verlor Jakob II. durch Wilhelm III. von Oranien den Thron. 1711 erlitt England unter der Regierung der Königin Anna schwere wirtschaftliche Krisen. 1714 wurde der Kurfürst von Hannover als Georg I. englischer König. Danach mußte 1939 das Jahr sein, das sich als »in Blut getränkt« erweisen würde!

Achtzehn Jahre, nachdem Loogs Schrift erschienen war – im Herbst 1939 – erfuhr der Reichspropagandaminister in Berlin davon. Er beschloß, die Weissagungen des Nostradamus für die psychologische Kriegführung einzusetzen. Noch im ersten Kriegsjahr wurden daraufhin über der französischen Front Flugblätter abgeworfen. Deren entsprechend gefälschter Text ließ Nostradamus den Sieg Deutschlands prophezeien. Er lautete: »Weil der Waffenstillstand ein Betrug war, wird der große Führer von Armenien – dem Lande Armins, Hermanns des Cheruskers – Brabant, Flandern, Gent, Brügge und Boulogne nach Großdeutschland überführen und wird überraschend Wien und die Rheinlande . . . besetzen.« Eine andere Voraussage des Nostradamus mußte herhalten, um im Hinblick auf eine geplante große strategische Operation die Deutschen optimistisch zu stimmen. Es sind die Zeilen im Quatrain 100 aus dem II. Buch: »Auf den Inseln wird schrecklicher Tumult herrschen. Nichts wird zu vernehmen sein als kriegerische Überraschungen.« Mit den Inseln, so hieß eine Auslegung, die im Frühjahr 1940 in Berlin kursierte, sei natürlich – damals wurde insgeheim die Invasion über den Kanal vorbereitet – nur England gemeint.

Nostradamus starb am 1. Juli 1566 unter genau den Umständen, wie er sie mehr als zehn Jahre zuvor selbst beschrieben hatte:

»Zurück von der Gesandtschaft, Gabe des Königs, zimmergebunden, wird sie ihm nichts mehr nützen, wird er zu Gott gegangen sein. Nächste Familie, Freunde und Verwandte treffen ihn schon gestorben, nahe bei Bett und Bank.«

Nostradamus hatte ein letztes Mal den Hof besucht, wo Karl IX. ihn zum Hofrat und königlichen Leibarzt ernannte. Danach fesselte ihn eine schwere Wassersucht ans Haus. Man fand ihn tot an seinem Schreibpult.

Daß zu Shakespeares Zeit Wahrträume als etwas durchaus Natürliches angesehen wurden, zeigt sich in seinem Drama »Richard III.«: Der König sieht seinen eigenen Tod voraus. Im Traum erscheinen ihm die Geister derer, die er ermorden ließ – König Heinrich VI., Prinzen, Herzöge – und verkünden, daß er durch die Hand des Grafen von Richmond, des nachmaligen Königs Heinrich VII., sterben wird. »Verzweifel und stirb!« heißt es in der dritten Szene des fünften Aktes und dann nochmals: »Du sollst verzweifeln und verzweifelnd sterben.«

Mag es sich in diesem Fall vielleicht auch nur um eine kaum noch nachprüfbare Legende handeln – das Vorausahnen des Todes ist unzählbare andere Male bestens bezeugt. Das unheimliche Traumgesicht eines der berühmtesten Präsidenten der Vereinigten Staaten gehört dazu.

Am Abend des 23. März 1865 hat Abraham Lincoln, dem die Sklaven der Südstaaten ihre Befreiung verdanken, ein paar Freunde zum Dinner zu sich ins Weiße Haus gebeten. Der Präsident ist, wie bereits am Tage zuvor, auffallend still, als bedrücke ihn irgend etwas. Die Geladenen bemerken es sehr wohl, wagen aber nicht zu fragen. Plötzlich bricht Lincoln das Schweigen: »Ich habe Entsetzliches geträumt, das läßt mir keine Ruhe«, stößt er hervor. »Ich muß immerzu daran denken!« Und mit leiser Stimme, wiederholt stokkend, die Augen angsterfüllt in die Ferne gerichtet, beginnt er, seinen atemlos lauschenden Gästen zu berichten, was ihm widerfahren war.

Vor zwei Tagen, nachdem er lange gearbeitet hatte und spät todmüde ins Bett gegangen und sofort eingeschlafen sei, habe er plötzlich etwas Schreckliches geträumt.
Still wie im Grab sei es um ihn gewesen, unterbrochen nur von unterdrücktem Schluchzen, als weinten viele Menschen. Beunruhigt sei er aufgestanden und von seinem Schlafzimmer die Treppe hinuntergegangen zum Sitzungssaal im Weißen Haus. Auch dort vernahm er tränenerstickte Stimmen. Dabei war kein Klagender zu sehen. Von lähmendem Schrecken gepackt, sei er durch mehrere Säle weitergeeilt und schließlich in einen Raum gekommen, dessen Fenster nach Osten gehen. Soldaten hielten Ehrenwache an einem Sarkophag. Der war von weinenden Menschen umstanden und, wie er beim Nähertreten gewahr wurde, offen. Auf seine Frage: »Wer ist denn im Weißen Haus gestorben?«, habe jemand geantwortet: »Der Präsident – er wurde ermordet!« Danach sei er schweißgebadet aufgewacht.
Vergeblich versuchen die Gäste, den Präsidenten zu beruhigen. Auch der ehrlich gemeinte Zuspruch »Träume sind doch nur Schäume« des alten Freundes Ward Hill Lamon nutzt nichts. Die Gesellschaft geht an diesem Abend früher als sonst auseinander. Wenige Tage später scheint alles vergessen. Lincoln erlebt einen triumphalen Erfolg. Nach dem Fall von Richmond am 3. April hält er unter dem begeisterten Jubel der Schwarzen seinen Einzug in die ehemalige Hauptstadt der Südlichen Konföderation. Doch dann kommt der 14. April.
Am Abend fährt Lincoln in Washington, begleitet von seiner Frau, zum Ford's-Theater. Auf dem Programm steht das Schauspiel »Der amerikanische Cousin«. Das Präsidentenpaar nimmt in der Ehrenloge Platz. Sie ist von einem Geheimpolizisten bewacht. Seit dem Krieg mit den Südstaaten und der Sklavenbefreiung hat Lincoln gefährliche politische Feinde.
Die Lichter sind erloschen, und das Spiel beginnt. Plötzlich peitscht ein Schuß durch den Saal, Schreie der Angst und des Entsetzens gellen aus dem Auditorium. Alles springt auf und starrt nach der Präsidentenloge: Lincoln ist in sich zusammengesunken, tödlich getroffen von einer Kugel!
Der Täter versucht in der Panik zu entkommen, wird jedoch überwältigt. Es ist der Schauspieler John Wilkes Booth, ein fanatischer Parteigänger der Südstaaten und Gegner der Politik des Präsidenten.
Am Tage darauf erfüllte sich auch genau das Bild, das Lincoln selbst bereits in seinem Traum vorausgesehen hatte: Im Ostzimmer des Weißen Hauses lag, umgeben von einer schluchzenden Menge, der Leichnam des ermordeten Präsidenten, aufgebahrt in einem offenen Sarkophag.
Ebenfalls ein Wahrtraum verkündete zwei Jahrzehnte später das tragische Ende eines anderen sehr populären und geliebten Herrschers – Ludwigs II., des »Märchenkönigs« von Bayern.
Am 8. Juni 1886 hatten die Irrenärzte die schon lange gehegte Befürchtung

In einem Wahrtraum hatte Präsident Abraham Lincoln seine eigene Begräbnisfeierlichkeit im Weißen Haus erlebt und Freunden davon erzählt. Kurze Zeit danach, am 14. April 1865, wurde er während einer Theatervorstellung von einem Fanatiker, dem Schauspieler John Wilkes Booth, ermordet. Zeitgenössischer Holzschnitt.

bestätigt: Ludwig II., der mit verschwenderischen Kosten die Luxusschlösser Linderhof, Neuschwanstein und Herrenchiemsee errichten ließ, war geisteskrank! Da sein jüngerer Bruder Otto gleichfalls geistesgestört war, übernahm Prinz Luitpold am 10. Juni die Regentschaft. Der König selbst wurde nach Schloß Berg am Starnberger See gebracht. Als Bewacher begleitete ihn sein Leibarzt Dr. Bernhard Alois von Gudden, Professor der Psychiatrie in München.

Am 13. Juni erscheint der Irrenarzt morgens etwas verstört zum Frühstück. Seine Frau, die wie sein Freund, der Fürst Philipp zu Eulenburg-Hertefeld, mit ihm am Tisch sitzt, bemerkt es sofort. Dr. Gudden gesteht, er habe einen fürchterlichen Traum gehabt. »Ich sah mich im Wasser, in einem See. Ich rang mit einem hünenhaften Mann. Es war ein entsetzlicher Kampf. Ich habe eine Höllenangst ausgestanden ...«

Am Abend desselben Tages spielte sich die schicksalhafte Szene ab: Ludwig und Dr. von Gudden gehen spazieren. Als sie unten am Ufer ankommen, springt der König plötzlich zur Seite und läuft in den See. Sein Begleiter eilt ihm nach, um ihn zurückzureißen. Ein mörderisches Ringen auf Leben und Tod setzt ein, mitten im Wasser. Niemand ist Augenzeuge, denn Dr. von

Gudden hatte alle Leibwächter fortgeschickt, weil sie bei dem Kranken offensichtlich Mißtrauen erweckten. Später, noch in derselben Nacht, zieht man die Leichen der beiden ans Ufer.
In einem Traumgesicht kündigte sich auch das Attentat von Sarajewo an, das den Ersten Weltkrieg ausgelöst hat. Das Phänomen ereignete sich am 28. Juni 1914 in der alten ungarischen Stadt Großwardein.
In aller Herrgottsfrühe – es war gegen 3.30 Uhr – schreckte in seinem Palais der Bischof Josef von Lanyi aus tiefem Schlaf in seinem Bett aus den Kissen hoch. Sein Herz schlug schnell, und er hatte ein beklemmendes Gefühl. Er rieb sich die Augen wach und schaute sich ängstlich um. Was er jedoch suchte, fand er nicht. Also mußte er alles geträumt haben, aber so deutlich, daß er es noch in allen Einzelheiten vor sich sah: Oben auf seiner morgendlichen Post hatte ein an ihn gerichteter Brief gelegen. Er war schwarz umrändert und trug, ebenfalls in Schwarz, das Siegel mit dem Wappen des Thronfolgers der österreichisch-ungarischen Monarchie. Auch über die Handschrift des Absenders gab es keinen Zweifel. Es war die des Erzherzogs Franz Ferdinand, wie der Bischof auf den ersten Blick feststellte. Er kannte sie genau, war er doch dessen Sprachlehrer gewesen.
Als er das Schreiben hastig öffnete, tauchte am Kopf des Briefbogens ein buntes, bewegtes Bild auf: Es zeigte ein Automobil, in dem der Erzherzog und seine Gemahlin saßen. Ihnen gegenüber hatten zwei höhere Offiziere Platz genommen. Eine Menschenmenge säumte die Straße. Blitzschnell sprangen mit einem Male zwei Gestalten aus den dichtgedrängten Zuschauern hervor und gaben, noch ehe sie jemand daran hindern konnte, Schüsse auf das Thronfolgerpaar ab.
Aufs höchste erregt, las der Bischof den weiter unten stehenden Text:

»Euer Bischöfliche Gnaden! Lieber Dr. Lanyi! Teile Ihnen hierdurch mit, daß ich heute mit meiner Frau in Sarajewo als Opfer eines politischen Meuchelmordes falle. Wir empfehlen uns Ihren frommen Gebeten und heiligen Meßopfern und bitten Sie, unseren armen Kindern auch fernerhin in Liebe und Treue so ergeben zu bleiben wie bisher.

Herzlich grüßt Sie
Ihr Erzherzog Franz.«

Der Bischof schaut auf die Uhr, nimmt einen Bogen, vermerkt die Zeit genau und schreibt alles, was er erlebt und noch frisch im Gedächtnis hat, sofort nieder. Danach läßt er seine Mutter zu sich rufen und erzählt ihr, wobei auch ein Zimmermädchen als Zeuge zugegen ist, nochmals ausführlich in allen Einzelheiten seinen unheimlichen Traum.
Genau zwölf Stunden später wurde die Vision blutige Wirklichkeit: Am 28. Juni um 3.30 Uhr nachmittags geschah das Attentat!
Nicht immer geht es in Wahrträumen um Ereignisse, die Menschen und

deren Schicksale, sei es schwere Krankheit, Lebensgefahr oder Tod, betreffen. Oft geben sie auch genaue Hinweise für das Auffinden vermißter oder verlorener Gegenstände.

Als Dante Alighieri 1321 in Ravenna gestorben war und man daranging, den Nachlaß des größten Dichters Italiens zu ordnen, ergab sich, daß sein bedeutendstes Werk, die »Divina Commedia«, unvollständig war: Der dreizehnte Gesang seiner »Göttlichen Komödie« fehlte.

Die Suche danach in Verona und Venedig wie in Ravenna, wo Dante seine letzten Jahre verbracht hatte, verlief ebenso ergebnislos wie in seiner Vaterstadt Florenz. Da hatte im Mai des Jahres 1321 Dantes jüngerer Sohn Jacopo, der ebenfalls in Ravenna lebte, ein merkwürdiges Erlebnis. Ihm träumte, sein Vater erscheine, reiche ihm die Hand und führe ihn in das Zimmer, in dem er zuletzt immer geschlafen hatte. Dort angekommen, zeigte er auf einen bestimmten Platz. Jacopo erinnerte sich genau daran, als er aufwachte. Eine umgehende Nachsuche förderte dort auch tatsächlich das vermißte Manuskript zutage.

Vorausahnungen scheint es im übrigen nicht nur bei Menschen zu geben. Zahlreiche Anekdoten, aber auch gut bezeugte Berichte wissen von auffälligen und unerklärbaren Verhaltensweisen, die bei Tieren vor Naturereignissen beobachtet werden konnten.

In der Nacht vom 26. zum 27. August 1883 ereignete sich im Fernen Osten eine der schrecklichsten Katastrophen des vergangenen Jahrhunderts: Zwischen Java und Sumatra versank nach einem Vulkanausbruch von unvorstellbarer Gewalt der größere Teil der Insel Krakatau. Die Folgen zeigten sich weltweit: Eine mächtige Meereswelle durchlief den ganzen Indischen wie auch den Pazifischen Ozean bis zur Küste Südamerikas. Ungeheure Mengen von Wasserdampf und vulkanischem Staub umzogen die ganze Erde und ließen abends allenthalben den Himmel stark rot aufleuchten.

Wenige Tage vor der Explosion war Bewohnern der Krakatau-Insel etwas Ungewöhnliches aufgefallen: Tiere aller Art benahmen sich wie von Panik ergriffen. Vögel begannen plötzlich in Scharen fortzufliegen. Auch Säugetiere ergriffen die Flucht. Sie stürzten sich ins Wasser und versuchten, schwimmend andere Inseln in der Sunda-Straße zu erreichen. Fischer sichteten sie auf hohem Meer.

Ähnliches trug sich zwei Jahrzehnte später auf der westindischen Insel Martinique in den Kleinen Antillen zu. In den ersten Maitagen 1902 fielen zahlreiche Haustiere durch ihr wildes, höchst ungewöhnliches Verhalten auf. Viele Kühe, Schweine, Schafe liefen davon oder rannten ins Wasser. Scharen von Schlangen wurden beobachtet, als sie nach Süden abwanderten. Der einheimischen Bevölkerung bemächtigte sich Angst und Unruhe. Sie sah im Verhalten der Tiere das warnende Vorzeichen einer drohenden Katastrophe. Erregte Anfragen gingen bei den Stationen der französischen Kolonialver-

waltung ein. Deren Beamte gaben jedoch beruhigende Parolen aus. Sorgfältige Recherchen hätten ergeben, es bestehe keinerlei Gefahr.
Am 8. Mai brach der 1350 Meter hohe Vulkan Mont Pelé aus. Durch die Eruption fanden 30 000 Menschen den Tod.
Portugiesische Kolonialpioniere haben versucht, sich diese den Tieren zugeschriebene Fähigkeit nutzbar zu machen. Als sie im 17. Jahrhundert Niederlassungen auf den Molukken, den berühmten Gewürzinseln im südlichen Pazifik, errichteten, schickten sie auch Katzen auf die einzelnen Stationen. Sie sollten als »lebende Erdbebenwarner« dienen. Die Tiere erfüllten die in sie gesetzten Erwartungen: Sie zeigten, wie aus einem Bericht hervorgeht, tatsächlich in einem Fall eine kommende Katastrophe an: Zwei Tage vor einem von starken Beben begleiteten Ausbruch des Vulkans Gammacanare beobachtete man bei ihnen Zeichen einer panischen Unruhe.
Auch in der Gegenwart ereignete sich wiederholt Ähnliches. Weltberühmt wurde der Fall der Bernhardinerhunde aus dem Kloster am Großen Sankt Bernhard. Sie waren von den Mönchen speziell für das Aufsuchen von Menschen, die sich im Schnee verirrt hatten, abgerichtet worden.
Eines Tages, im Februar 1939, waren die Tiere überraschenderweise durch nichts zu bewegen, die Gebäude zu verlassen, um, wie üblich, einen Kontrollgang zu unternehmen. Weder gutes Zureden noch Befehle vermochten sie ins Freie zu bringen. Die Erklärung für die völlig unverständliche Weigerung der sonst gutmütigen und gehorsamen Hunde kam eine Stunde später – eine riesige Lawine ging zu Tal, verschüttete viele Meter hoch die Paßstraße und schnitt das Kloster längere Zeit von der Umwelt ab.
Als »lebende Seismographen« – ohne daß die nichtsahnenden Bewohner dies allerdings tatsächlich auch wahrnahmen – fungierten auch Maulesel im Jahre 1963 in Skopje in Jugoslawien. Sie versuchten sich Tage vor dem schweren Erdbeben, das die Stadt verwüstete und zahlreiche Menschenopfer forderte, loszureißen und das Weite zu suchen.
In den Niederlanden begannen 24 bis 48 Stunden vor der großen Flutkatastrophe des Jahres 1961 Kaninchen, Ratten und anderes Getier aus den danach schwer betroffenen Orten zu fliehen und in Scharen weiter landeinwärts abzuwandern. Eine gleiche Beobachtung machte man fünf Jahre später, als bei Hamburg durch Hochwasser einige Elbdämme brachen und weite Gebiete überschwemmt wurden. Und schon Tage vor dem 29. Februar 1960, an dem ein schweres Erdbeben Agadir in Marokko zerstörte, hatten Fische und Seevögel die Nähe der Küste gemieden und waren immer weiter hinaus ins offene Meer gezogen. Von Termiten in Südindien wiederum wird berichtet, daß sie sich in der Regenzeit, jeweils kurz bevor die Flüsse zu steigen beginnen, in den oberen Teil ihres Baues zurückziehen, und zwar stets genau nur um ein weniges höher, als das Hochwasser dann auch tatsächlich steigt.

Merkwürdigerweise ist diese Warnfunktion durchaus nicht auf Naturkatastrophen beschränkt. Noch aus der Antike stammt die älteste bekannte Schilderung aus diesem Bereich. Titus Livius hat sie uns überliefert:
Als nach der Niederlage in der Schlacht an der Allia im Jahre 390 v. Chr. die Kelten Rom besetzt hatten, scheiterte ihr Versuch, auch das Kapitol zu erobern. Das aufgeregte Geschnatter von Gänsen habe die römische Besatzung der hochgelegenen, stark befestigten Burg in der Nacht aus dem Schlaf geschreckt und damit den Plan der Gallier, sie am folgenden Tag zu stürmen, zunichte gemacht.
Völlig mysteriös mutet auch eine Begebenheit an, die in Wien erhebliches Aufsehen erregte. Scharen von Tauben, die auf dem Dach und den Gesimsen des Justizpalastes nisteten, waren seit Jahrzehnten der Bevölkerung ein vertrautes Bild. Was aber geschah plötzlich in der zweiten Juliwoche 1927? Die Tiere verließen, ohne daß der geringste Grund dafür ersichtlich schien, ihre gewohnte Behausung und ließen sich auf dem unweit davon entfernten Parlamentsgebäude nieder. Es dauerte nur wenige Tage, dann wurde – am 17. Juli 1927 – der Justizpalast in Brand gesetzt. Die Flammen vernichteten das gesamte Dachgestühl.
In Freiburg im Breisgau haben dankbare Bürger in Erinnerung an eine solche »Vorwarnung« sogar ein Denkmal gesetzt: Es stellt eine Ente dar. Sie hatte während des Zweiten Weltkrieges tief in der Nacht des 27. November 1944 durch beängstigend lautes Geschrei viele Menschen vor einem völlig unerwarteten Bombenangriff geweckt, bei dem Tausende den Tod fanden, den die rechtzeitig Geweckten aber überlebten.

III. Rätselhafte Kräfte

Die unheimlichen Phänomene sind nicht auf den seelisch-psychischen Bereich beschränkt, nicht nur auf die Übertragung von Eindrücken, Gedanken und Gefühlen oder die Visionen zeitlich und räumlich entfernter Begebenheiten. Neben ihnen tauchen – wenn auch seltener – Vorkommnisse auf, die noch weit rätselhafter anmuten: Es sind geheimnisvolle Kräfte, die auf eine allen der Menschheit sonst vertrauten Möglichkeiten völlig widersprechende Weise auf körperliche Dinge einzuwirken vermögen, indem sie diese verändern oder bewegen. Solchen Kräften gegenüber scheinen unumstößliche Naturgesetze plötzlich ihre Gültigkeit verloren zu haben, ihren »Befehlen« scheinen Dinge aus der Welt der lebenden wie der toten Materie blind gehorchen zu müssen. Das geradezu Unfaßbare, das diese Bewirkungen dokumentieren, läßt nur den einen unerhörten Schluß zu: Die Psyche scheint stärker zu sein als alles andere. Sie ist letztlich der Herr auch der Materie! »Mind over matter« – wie es im Englischen heißt.

Auch jene Erscheinungen sind seit alters her bezeugt. Sie finden sich in frommen Erzählungen aller großen Weltreligionen wie in Überlieferungen ungewöhnlicher Vorkommnisse aus dem profanen menschlichen Leben aller Zeiten. Über einen berühmten, im Fernen Osten vielzitierten Fall berichtet das Mahabharata, das uralte, aus sagenhafter vedischer Zeit noch stammende Epos hinduistischen Glaubens.

Seit längerer Zeit schon waren die Kauravas und die Pandavas, zwei Sippen und Nachkommen einer ruhmvollen nordindischen Königsfamilie, miteinander verfeindet gewesen. Eines Tages jedoch erhielten die Pandavas zu ihrem nicht geringen Erstaunen völlig unerwartet eine Einladung. Eine Abordnung der Kauravas erschien an ihrem Hof und bat sie, in deren Residenz zu kommen. Man wolle beider Geschlechter Geschicklichkeit und Glück im Würfelspiel erproben.

Zwar gab es allerlei Befürchtungen, Ahnungen und Bedenken, aber nach längerem Hin und Her sagten die Pandavas schließlich zu.

Begleitet von seinen vier Brüdern und großem Gefolge, erschien wenig später Yudhishthira, der älteste Prinz der Pandavas, in Hastinapora, dem Regierungssitz seiner Vettern. Die Gastgeber hatten mit viel Prunk eine große Halle auf das festlichste für das große Ereignis herrichten lassen. Als die Prinzen beider Sippen sowie zahllose Würdenträger und Priester versammelt waren und das Spiel beginnen sollte, gab es für die Pandavas eine erste Überraschung. Duryodhana, der älteste der Kaurava-Prinzen, erklärte plötzlich: Er selbst werde nicht spielen, für ihn vielmehr Sakoni, sein Onkel. Vergeblich versuchte Yudhishthira, der sehr wohl wußte, daß Sakoni als unübertreffbarer »Experte« galt, dagegen zu protestieren. Damit nahm das Unheil seinen Lauf.

»Zuerst spielten sie um Juwelen«, heißt es in dem Epos, »dann um Gold und Silber, schließlich um Rennwagen und Pferde. Yudhishthira verlor beständig. Nachdem er all das verspielt hatte, setzte er seine Dienerschaft und hatte wiederum kein Glück. Danach kamen seine Elefanten an die Reihe und die Scharen seiner Krieger. Aber auch sie gingen verloren.«

Dergleichen konnte kaum mit rechten Dingen zugehen. Daß es sich dabei um mehr als reine Zufälle handeln mußte, spürten alle, die dem Spiel atemlos zuschauten: »Denn der Würfel, den Sakoni warf, schien«, wie es wörtlich heißt, »jedesmal seinem Willen zu gehorchen.«

Und dabei blieb es, auch als das Spiel weiterging. »Kühe, Schafe, Städte, Dörfer und Untertanen, alles, was er noch besaß, setzte und verlor Yudhishthira. Aber wie betäubt von seinem Pech, dachte er nicht daran, aufzugeben.

Er verlor den Schmuck seiner Brüder wie auch deren Gewänder.« Dann kamen jene selbst an die Reihe – seine Stiefbrüder, die Prinzen Nakula und Sahadeva zuerst, nach ihnen seine leiblichen Brüder Bhima und Arjuna, der am meisten bewunderte Bogenschütze seiner Zeit.

Als der gerissene Sakoni schließlich fragt: »Gibt es noch irgend etwas, das du anbieten könntest?«, antwortet ihm der verzweifelte Yudhishthira: »Ja. Hier – mich selbst. Gewinnst du, werde ich dein Sklave sein.«

»Schau – ich gewinne!« So rief Sakoni, warf den Würfel und hatte wiederum Erfolg.

Zuallerletzt verliert Yudhishthira auch noch die Gemahlin Draupadi. Nicht ein einziges Mal hatten die Würfel den Pandava-Prinzen siegen lassen. Eine unheimliche Kraft von seiten seines Gegenspielers muß sie daran gehindert haben ...

Die Bibel ist eine Fundgrube für Berichte über Begebenheiten, die allen naturgegebenen Möglichkeiten und Verhaltensweisen zu widersprechen scheinen. Im Alten Testament ist davon die Rede wie im Neuen. Von christlichen Mystikern, von Heiliggesprochenen und von Priestern sind gleichfalls unglaublich klingende Erlebnisse dieser Art überliefert, doch auch aus Kreisen ungläubiger, der Kirche skeptisch oder gar feindlich gegenüberstehender Menschen. Mancher mag geneigt sein, derlei einer längst überholten Vergangenheit zuzuschreiben, einem noch unwissenden, tief im Aberglauben verwurzelten Altertum oder dem »dunklen Mittelalter«. Erstaunlicherweise jedoch ereignen sich jene Phänomene unverändert nach wie vor auch weiter bis in unsere Tage.

Auf unerklärliche Weise scheint in manchen Fällen plötzlich das Gesetz der Schwerkraft außer Kraft geraten zu sein – ein Geschehen, wie es sich im Heiligen Land vor den Augen der Jünger Jesu mitten im Sturm auf dem See Genezareth abgespielt haben soll. Am Abend nach der Speisung der Fünftausend, so steht im Evangelium des Johannes 6, 17 bis 20, »gingen die Jünger hinab an das Ufer und traten in das Schiff und kamen über den See gen Kapernaum. Und es war schon finster geworden, und Jesus war nicht zu ihnen gekommen, und das Meer erhob sich von einem großen Winde. Da sie nun gerudert hatten bei fünfundzwanzig bis dreißig Feld Weges, sahen sie Jesum auf dem See dahergehen und nahe zum Schiff kommen. Und sie fürchteten sich. Er aber sprach zu ihnen: Ich bin's, fürchtet euch nicht.«

Nicht weniger verwunderlich muten wiederum ganz andere Begebenheiten an, von denen ebenfalls wiederholt im Alten und Neuen Testament die Rede ist. Es geht dabei um »leibliche Versetzungen« über größere Entfernungen. Als der Apostel Philippus nach seiner Predigt in Samaria den Kämmerer aus dem Morgenland getauft hat, ereignet sich das Unfaßbare: »Da sie aber herausstiegen aus dem Wasser«, sagt die Apostelgeschichte 8, 39 und 40, »rückte der Geist des HErrn Philippus hinweg, und der Kämmerer sah ihn nicht mehr. Der aber zog fröhlich seine Straße. Philippus aber ward gefunden zu Asdod und wandelte umher und predigte allen Städten das Evangelium, bis daß er kam gen Caesarea.« Asdod, eine dereinst von den Philistern beherrschte Stadt, liegt in der fruchtbaren Ebene zwischen dem Gebirge Juda und dem Mittelmeer. Samaria indes, die Hauptstadt des israelitischen Nordreichs, liegt im Hügelland am Gebirge Ephraim. In der Luftlinie sind beide Städte knapp an die 80 Kilometer voneinander entfernt.

»Gehe hin zu den Gefangenen deines Volkes und predige ihnen«, befiehlt eine Stimme dem Hesekiel (3, 11 bis 15), worauf dem Propheten folgendes geschieht: »Da hob mich der Wind auf und führte mich weg. Und ich fuhr dahin in bitterem Grimm, und des HErrn Hand hielt mich fest. Und ich kam zu den Gefangenen, die am Wasser Chebar wohnten, gen Tel-Abib und setzte mich zu ihnen, die da saßen, und blieb daselbst unter ihnen sieben Tage, ganz traurig.«

Davon, daß derartige körperliche Entrückungen sehr wohl möglich seien, ist in den Büchern der Könige ebenfalls die Rede. So befürchtet Obadja, der Hofmeister des Königs Ahab von Israel, daß der Prophet Elias, der ihn mit einem Auftrag zu seinem Herrn schicken will, leiblich inzwischen an einen anderen Ort versetzt werden könne: »Und du sprichst nun: Gehe hin, sage deinem Herrn, siehe, Elias ist hier!« – erklärt Obadja im 1. Buch der Könige 18, 11 und 12, und fährt fort: »Wenn ich nun hinginge von dir, so würde dich der Geist des HErrn wegnehmen, weiß nicht, wohin, und wenn ich dann käme und sagte es dem Ahab an, und er fände dich nicht, so erwürgte er mich.«

Über Zustände absoluter Schwerelosigkeit wird mehrmals aus dem Mittelalter berichtet. Berühmte Heilige, vor allem unter den christlichen Mystikern, sollen diese Fähigkeit besessen haben.

Viel von sich reden machten die Levitationen des heiligen Franz von Assisi. In besonderen Zuständen tiefster religiöser Versenkung und Ekstase habe er sich auf dem Berge Alverno in die Lüfte erhoben. Ähnliches sei mit Anna Katharina Emmerich in einer Kirche und mit der heiligen Agnes in einem Klostergarten geschehen.

Der im Jahr 1600 als Ketzer verbrannte Dominikanermönch und Philosoph Giordano Bruno schrieb über den heiligen Thomas von Aquin, den bedeutendsten Kirchenlehrer: »Wenn dieser mit gesammelter Geisteskraft und Andacht zur geistigen Anschauung des von ihm geglaubten Himmels sich erhob, so konzentrierte sich sein gesamter empfindender und bewegender Geist so sehr in seine Gedanken, daß sein Körper von der Erde in den freien Luftraum erhoben wurde.«

Und völlig unfaßbar klingt, was Augenzeugen – unter ihnen hochangesehene Zeitgenossen – über die Levitationen des heiligen Joseph Maria Jesu (1603–1663) aussagten. Er wurde zuerst bekannt durch allerlei Wundertaten in seinem süditalienischen Pfarrort, nach dem er auch Joseph von Copertino hieß. Nachdem er in einer gestrengen Untersuchung durch ein Inquisitionstribunal in Neapel von dem Vorwurf betrügerischer Machinationen freigesprochen worden war, erregte er noch größeres Aufsehen und zog unübersehbare Pilgerscharen an, als er sich wiederholt wie schwerelos geworden in die Luft erhob. In einem Fall geschah dies sogar in Rom, und zwar immerhin vor den Augen des Papstes Urban VII., der das Phänomen auch beglaubigte. Die Gattin des Großadmirals von Kastilien fiel vor Schrecken in Ohnmacht, als sie plötzlich Joseph über ihren Kopf hinwegschweben sah. Dasselbe erlebte auch der protestantische Herzog Friedrich von Braunschweig, als er 1650 auf einer Italienreise nach Assisi kam: Er sah, wie Joseph von Copertino, während er die Messe am Altar las, mit seinen Füßen nicht mehr den Boden berührte. Das Phänomen beeindruckte ihn so stark, daß er beschloß, katholisch zu werden. Joseph von Copertino schreibt man nicht weniger als 70 Levitationen zu.

Völlig unvereinbar mit allen bekannten Gesetzen der materiellen Natur sind ferner Spukerscheinungen. Der gesunde Menschenverstand mag sich noch so sehr dagegen wehren und ihre Echtheit bezweifeln – Tatsache bleibt: Sie sind durch die Jahrhunderte von den verschiedensten Beobachtern immer erneut bezeugt. Dabei fehlt es auch bereits lange vor der Aufklärung nicht an Menschen, die diesem Phänomen mit äußerster Skepsis begegneten und es betrügerischen Machenschaften zuschrieben oder als offensichtliche Täuschung ablehnten. Ein Beispiel für zahlreiche blieb in den Archiven des

Wegen ihrer Weigerung, vor einem »goldenen Bilde« niederzufallen und es anzubeten, ließ König Nebukadnezar drei Juden in einen glühenden Ofen werfen. Aber »das Feuer hatte keine Macht am Leibe dieser Männer und versengte nicht ihr Haupthaar«, wie es Daniel 3, 23 bis 30 heißt. Von körperlicher Unverletzlichkeit und von Feuerfestigkeit berichten auch Heiligengeschichten wiederholt. Bibelillustration von Gustave Doré.

Pariser Kassationsgerichtes erhalten. Es sind die Akten über einen Rechtsstreit aus dem Jahre 1575.
Mehrere Bewohner eines Hauses hatten Beschwerde darüber geführt, unaufhörlich von Spukerscheinungen erschreckt und verstört zu werden. Sie verlangten, daß der Mietvertrag für ungültig erklärt werde. Der Anwalt des Besitzers beantragte Abweisung der Klage. Er begründete es mit dem Hinweis, es sei eine Schmach und eine Schande, Ammenmärchen von »Poltergeistern« für Tatsachen zu halten und auf diese Weise nur dem Aberglauben des einfachen Volkes das Wort zu reden.
Ein Jahrhundert später nur, um 1665, bemerkt Reverend Joseph Glanvill in dem Bericht über einen Spukfall, der in England viel Aufsehen erregte, ihm sei sehr wohl bekannt, daß die Zeitgenossen für derlei Geschichten »nur Gelächter und Spott« übrig hätten. Glanvill machte diese Äußerung nicht von ungefähr. Er selbst nämlich hatte sich ebenso wie ein Freund ernsthaft um die Aufklärung der Vorkommnisse bemüht. Er stellte, wie er schreibt, »alle nur erdenklichen Untersuchungen an, um herauszufinden, ob es sich nicht nur um einen Trick, um ausgetüftelte Vorrichtungen oder eventuell auch um eine natürliche Ursache handle«. Er habe jedoch nichts entdecken können.
Ebenfalls in England wiederum wird quasi von Amts wegen in neuester Zeit die Möglichkeit der Existenz solch ungewöhnlicher Vorkommnisse durchaus bejaht. 1952 billigte in London ein Gerichtshof den Bewohnern eines Hauses, in dem es dauernd zu spuken pflegt, niedrigere Mieten zu.
Ganz anderer Art sind Fälle, in denen es ohne jegliche erkennbare physikalisch-mechanische Ursachen zu unerklärlichen Einwirkungen auf lebende Materie, auf Organismen also, kommt. Die seit alters her immer erneut berichteten »Wunderheilungen« zählen dazu. Zahlreiche Beispiele sind aus der Bibel bekannt.
Der Prophet Elias heilt »Naeman, den Feldhauptmann des Königs von Syrien«, vom Aussatz (2. Buch der Könige 5, 1 bis 19). Jesus hilft Kranken (Matthäus 14, 14), Lahmen, Blinden, Stummen und Krüppeln (Matthäus 15, 30). »Steh auf, nimm dein Bett und gehe hin«, spricht er zu einem, der jahrelang krank und hilflos am Teich Bethesda zu Jerusalem gelegen hatte. »Und alsbald ward der Mensch gesund und nahm sein Bett und ging dahin.« (Johannes 5, 8, 9.) Auch die Jünger Jesu heilen Leidende und Erkrankte (Markus 6, 13; Lukas 9, 1 bis 10; Apostelgeschichte 3).
Nicht nur der menschliche Körper vermag auf geheimnisvolle Weise derart beeinflußt zu werden. Das Neue Testament kennt auch das Beispiel der Einwirkung auf Gebilde der Pflanzenwelt. In Matthäus 21, 18 und 19 ist davon die Rede. Als Jesus, heißt es dort, »aber des Morgens wieder in die Stadt Jerusalem ging, hungerte ihn. Und er sah einen Feigenbaum an dem Wege und ging hinzu und fand nichts daran denn allein Blätter und sprach zu ihm:

Nun wachse hinfort auf dir nimmermehr eine Frucht! Und der Feigenbaum verdorrte alsbald.«

Die Kraft, allein durch Berührung und ohne erprobte medizinische Mittel einen Menschen heilen zu können, wurde bei allen Völkern dafür besonders Begabten zugeschrieben. Was bei Stämmen noch primitiver Völker der Medizinmann oder Zauberer zustande brachte, entsprach außergewöhnlichen Fähigkeiten unter den gesalbten Herrschern bereits in der Antike. Vom römischen Kaiser Vespasian heißt es, er habe die gelähmte Hand eines seiner Untertanen allein dadurch wieder gesund gemacht, daß jener sein Gewand berühren durfte.

In Frankreich praktizierten die Könige die Kunst des Heilens mittels Berühren bereits in früher Zeit. Es war Chlodwig, der sich im 5. Jahrhundert als erster damit hervortat. Vor allem Menschen, die unter der als »Königskrankheit« bezeichneten Skrofulose litten, bei der sich die Lymphknoten vergrößern und degenerieren, soll sie Hilfe gebracht haben. In Scharen strömten Leidende an den dafür festgesetzten Tagen von weit und breit hoffnungsvoll und auf das Wunder wartend zu ihrem Herrscher. Im Jahre 1686 zählte man am Ostersonntag nicht weniger als 1600 Personen, die in langer Prozession am Sonnenkönig Ludwig XIV. vorbeizogen, um berührt und geheilt zu werden. In England hat den Chroniken zufolge Edward der Bekenner im Jahre 1066 mit jener königlichen Heilpraxis begonnen. Er wurde dazu durch die Bitte einer kranken Frau ermutigt, die in einem Traum das Gesicht gehabt hatte, von ihm berührt worden und dadurch wieder genesen zu sein.

Unter Heinrich VII. (1457 bis 1509) wurde die Zeremonie für den feierlichen Akt bis in alle Einzelheiten genau festgelegt. Nach dem Auflegen der Hände erhielt jeder Heilungsuchende vom König eine kleine Goldmünze als Geschenk überreicht. Aus der Regierungszeit der Königin Elisabeth I. (1533 bis 1603) kam es nach den Aufzeichnungen von William Tookes zu zahllosen Gesundmachungen, und zwar bei Untertanen aller Stände. Erhalten blieb die Notiz des Bischofs Cartwright, der in seinem Tagebuch niederschrieb, was er als Zeuge am 27. August 1687 in Gegenwart Jakobs II. miterlebte:

»Ich war beim Morgenempfang Seiner Majestät zugegen, wonach ich ab 9 Uhr in seinem Kabinettsraum weilte, wo er 350 Personen heilte.« Der letzte englische Souverän, der die »Königskrankheit« durch Berührung heilte, war Queen Anne (1665 bis 1714).

Viele katholische Heilige hatten den Ruf, über heilende Kräfte zu verfügen, zu Lebzeiten, aber auch noch nach dem Tode. Reliquienschreine gedenken ihrer; die geheiligten Stätten werden von Gläubigen aufgesucht, die auf ein Wunder hoffen. Der Wallfahrtsort Lourdes in den französischen Hochpyrenäen zählt zu den bekanntesten. Zu der heiltätigen Grotte, die 1858 der kleinen Bernadette Soubirous in einer ihrer Visionen von der »Dame« gezeigt worden war, pilgern alljährlich an die zwei Millionen Menschen aus aller Welt. Bei den Heiligsprechungen durch die katholische Kirche können Wunderheilungen mitentscheidend sein. Nach den im frühen 18. Jahrhundert durch Papst Benedikt XVI. dafür aufgestellten Regeln setzt die Anerkennung als »Wunderheilung« die Erfüllung von sieben Kriterien voraus.

Zu den körperlichen Phänomenen, die noch immer geheimnisumwoben erscheinen, zählen auch die sogenannten Stigmatisierungen. Auf unerklärbare Weise bilden sich bei Männern und Frauen dabei genau an jenen Stellen, an denen nach dem biblischen Bericht Jesus auf seinem letzten Wege nach Golgatha und bei der Kreuzigung verletzt wurde, »Wundmale«, die zumeist unter großen Schmerzen auch tatsächlich zu bluten beginnen. Eigenartigerweise sind diese, stets größtes Aufsehen erregenden und tiefe Emotionen auslösenden Fälle – von ganz seltenen Ausnahmen abgesehen – auf Gläubige aus dem Bereich der katholischen Kirche beschränkt. So wie sie bei Protestanten fast unbekannt sind, ist auch aus der orthodoxen Kirche und dem Islam über ähnliche Erscheinungen nichts Glaubhaftes berichtet.

Als erster Träger der Wundmale Christi wird der heilige Franz von Assisi bezeichnet. Zwei Jahre vor seinem Tode, zwischen dem 15. August und dem 29. September 1224, hatte er auf dem Berg Alverno ein mystisches Erlebnis. Danach gingen merkwürdige Veränderungen an seinem Leib vor: Es bildeten sich auf seinen beiden Handflächen und Füßen – an jenen Stellen also, wo bei der Kreuzigung die Nägel eingeschlagen wurden – sowie an der Seite, wo der römische Legionär die Lanze eingestochen hatte, um den Tod des Gekreuzigten festzustellen, Stigmata.

Über deren Aussehen existieren mehrere glaubhafte Schilderungen. Zu den wichtigsten gehört diejenige seines ersten Biographen, des Fraters Thomas von Celano, der die Wundmale mit eigenen Augen gesehen hat: »Seine Hände und Füße waren in der Mitte wie mit Nägeln durchbohrt«, heißt es in Thomas' Bericht, »die Köpfe traten an der innersten Seite der Hände und der oberen Seite der Füße hervor, die Nagelspitzen auf den entgegengesetzten Seiten. Jene Zeichen waren auf der inneren Handfläche rund, auf dem Handrücken dagegen länglich.« Der heilige Bonaventura, der als späterer General des Franziskanerordens einige noch lebende Schüler des heiligen Franz befragt hat, erwähnte darüber hinaus noch eine weitere erstaunliche Besonderheit. Seiner Darstellung nach waren »die Nägel von schwarzer Farbe und wie von Eisen«. Das läßt erkennen: Es hat sich nicht um metallene Nägel gehandelt, vielmehr nur um ähnliche Gebilde aus Haut und Fleisch.

In mehr als 300 Fällen wurde nach dem Tode des heiligen Franz von Assisi das Auftreten des gleichen Phänomens behauptet. Es handelte sich um Erscheinungen, die aus Belgien, Brasilien, Deutschland, England und Nordamerika berichtet wurden. Über nur wenige allerdings gibt es zuverlässige Beschreibungen, sei es, daß Kontrollen fehlten, sei es, daß keine Beobachtungen zuverlässiger neutraler Zeugen vorliegen.

Fast immer sind die Stigmatisierten Frauen. Nur ein einziger weiterer Fall einer Stigmatisierung bei einer Person männlichen Geschlechts ist einwandfrei bezeugt. Er stammt aus unserer Zeit. Es handelt sich dabei um den bereits erwähnten, erst 1968 verstorbenen Kapuzinermönch Padre Pio aus Foggia in Süditalien, der die Wundmale im Jahre 1915 empfing.

In Montalto Uffugo, einem Dorf in Kalabrien im Süden Italiens, kam 1901 Elena Ajello zur Welt. Bereits als junges Mädchen zeigte sie eine glühende Verehrung für die heilige Rita di Cascia. Von jener Heiligen, die um 1400 lebte, hieß es, sie habe ein übelriechendes Blutmal an ihrer Stirn gehabt, das niemand zu heilen vermochte. Als Zweiundzwanzigjährige erlebte Elena eine Vision: Christus erschien ihr und drückte ihr seine eigene Dornenkrone auf. Wenige Stunden danach – Elena befand sich noch immer in Ekstase – begann über den Augen des Mädchens Blut auszutreten. Erschrocken rief man einen Arzt, Dr. Turano. Er versuchte, das Blut zu stillen und die Stirn zu reinigen. Wenig später bemerkte er jedoch, daß Elenas Augenbrauen sich in kurzen Abständen krampfartig zusammenzogen, worauf jedesmal neues Blut aus den Poren hervortrat.

Ähnliches konnte ärztlich bei einer anderen Stigmatisierten festgestellt werden – der berühmten Louise Lateau aus dem Ort Bois d'Haine in Belgien. Sie lebte von 1850 bis 1883. Bei ihr fand der sie behandelnde Arzt Dr. Gerald Molloy, als er die Blutspuren weggewischt hatte, im Innern beider Hände wie auf deren Rücken ovalförmige Flecken von leuchtend roter Tönung. Sie waren etwa einen Zoll lang und einen halben breit. Das Blut brach sich, wie einwandfrei festgestellt werden konnte, durch die im übrigen völlig unverletzte Haut Bahn, und zwar in solchen Mengen, daß Pilger es innerhalb einer Stunde mehrmals mit ihrem Taschentuch abtupfen konnten. Als Skeptiker ein Betrugsmanöver witterten, schritt man offiziell zu einem Experiment, um die Echtheit der seltsamen Blutungen zu überprüfen. Dr. Warloment, Mitglied der Belgischen Medizinischen Akademie, steckte einen Arm Louises in einen allseitig verschlossenen Glasbehälter. Spontan trat auch in dieser isolierten Lage, die äußere, auf die Haut ausgeübte Reize als eventuelle Ursache unmöglich machte, die Blutung wiederum auf.

Die Form der Wundmale war bei den einzelnen Stigmatisierten durchaus verschieden und wechselte bei einigen sogar von Zeit zu Zeit. Bei Therese Neumann aus dem bayerischen Dorf Konnersreuth, die am 8. April 1898 als Achtundzwanzigjährige die Stigmata bekam, erschienen zum Beispiel die Male zuweilen rechteckig, dann aber wieder rund. Bei Louise Lateau zeigte sich der Lanzeneinstich auf der linken Seite, bei Anna Katharina Emmerich aus Dülmen in Westfalen – sie lebte von 1774 bis 1824 – auf der rechten. Die »Nonne von Dülmen« hatte zudem ein Y-förmiges Kreuz auf der Brust. Dieses ähnelte einem ebenfalls so geformten Kreuz in der St.-Lambert-Kirche zu Coesfeld, wo Katharina stundenlang im Gebet verweilt hatte.

Jesus wandelt vor den Augen seiner Jünger auf dem Wasser. Dem »Wunder« auf dem See Genezareth liegt ein wiederholt erwiesenes Para-Phänomen zugrunde: die Fähigkeit der menschlichen Psyche, die physische Umwelt auf eine bisher unerklärbare Weise zu beeinflussen. Nach einer Bibelillustration von Gustave Doré.

Eine Reihe weiterer weder medizinisch noch sonstwie erklärbarer Erscheinungen pflegten zudem bei manchen Stigmatisierten aufzutreten. Einige litten unter den »Flammen der göttlichen Liebe«, den »incentium amoris«. Katharina von Genua, die von 1447 bis 1510 lebte, und Maria Magdalena von Pazzi (1566 bis 1607) waren, wie es heißt, durch ihre Liebe zu Gott innerlich so erhitzt, daß sie, um Linderung zu bekommen, sich sogar im Winter kalten Winden auszusetzen pflegten oder um kühlende Umschläge baten. Die Wärter, die die heilige Katharina in ihrer letzten Krankheit vor dem Tode betreuten, bekundeten, daß sogar das aus den Wundmalen hervorquellende Blut ungewöhnlich heiß gewesen sei. Von Kardinal Crescenzi liegt ein Bericht vor, der besagt, die Hände des heiligen Philipp Neri (1515 bis 1595) hätten sich bei der Berührung so angefühlt, als leide der Stifter des Oratorianer-Ordens unter hohem Fieber.

Als Padre Pio noch als Novize in Benevent eines Tages erkrankte und fieberte, stieg seine Körpertemperatur so hoch, daß das Thermometer zersprang. Weil man dies für unglaubwürdig hielt, nahm man mit anderen Instrumenten darauf nochmals Messungen vor. Sie ergaben eine Bluttemperatur von 45 Grad Celsius.

Erhöhte Körpertemperaturen sind nicht auf katholische Heilige beschränkt.

Der linke Arm einer jungen Französin, Angélique Cottin, in deren Gegenwart stets Poltergeist-Erscheinungen aufzutreten pflegten, wies bei einer Untersuchung in Paris im Jahre 1846 deutlich meßbar eine leichte Erhitzung auf. Aus Indien und Tibet sind unzählige Fälle über Meditierende bezeugt, die bei Kälte und Schnee stundenlang regungslos im Freien verharren, ohne gesundheitlich den geringsten Schaden zu nehmen. Auch von ihnen heißt es, in ihnen brenne ein inneres Feuer, und sie faßten sich wie glühend an.
Zu den Phänomenen, über die ebenfalls seit alten Zeiten immer wieder berichtet wurde, zählen – so widernatürlich und unglaubwürdig sie auch anmuten mögen – nicht zuletzt Geschichten und Anekdoten über Feuerfestigkeit und Unverletzlichkeit bzw. Unempfindlichkeit des menschlichen Körpers. Auch diese Erscheinungen pflegen überzeitlich und global aufzutreten, an keinen speziellen Glauben oder gar an ein Volk gebunden. Die Fähigkeit, gegen Flammen und Glut immun zu sein, muß bereits in alttestamentarischer Zeit bekannt gewesen sein. »Wenn du durch Feuer schreitest, wirst du nicht verbrennen«, heißt es beim Propheten Jesaia 43, 2, »und die Flamme wird dich nicht versengen.« Die Erzählung von den drei Männern im Feuerofen bekundet es ebenfalls.
In Mesopotamien hatte, wie Daniel in Kapitel 3 erzählt, König Nebukadnezar, der übermächtige König von Neubabylonien und Zerstörer von Jerusalem, ein »goldenes Bild machen lassen«. Und er »sandte nach den Fürsten, Herren, Landpflegern, Richtern, Vögten, Räten, Amtsleuten und allen Gewaltigen im Lande, daß sie zusammenkommen sollten, das Bild zu weihen«. Wenn der »Schall der Posaunen, Trompeten, Harfen, Geigen, Psalter, Lauten und allerlei Saitenspiel« ertöne, sollten alle »niederfallen und das goldene Bild anbeten«. Wer sich weigere, so hatten Herolde verkündet, »der soll von Stund an in den glühenden Ofen geworfen werden«.
Drei jüdische Männer, Sadrach, Mesach und Abed-Nego, die hohe Ämter bekleideten, weigerten sich jedoch, das Gebot Nebukadnezars zu erfüllen. Als das dem König gemeldet wurde, ergrimmte er, ließ sie binden und in den »glühenden Ofen« werfen. Zur größten Verwunderung sahen der König und alle Anwesenden jedoch, »daß das Feuer keine Macht am Leibe dieser Männer bewiesen hatte, und ihr Haupthaar nicht versengt und ihre Mäntel nicht versehrt waren. Ja, man konnte keinen Brand an ihnen riechen«. Angesichts dieses Wunders begnadigte Nebukadnezar die drei jüdischen Männer, sagte ihnen Glaubensfreiheit zu und beließ sie in ihren Ämtern wie zuvor.
Durch eine ähnliche Immunität sollen sich, der Überlieferung der katholischen Kirche nach, auch mehrere Heilige hervorgetan haben. Von Domenica del Paradiso – sie lebte von 1473 bis 1553 – heißt es, sie habe unversehrt glühende Holzkohlen in ihren Händen tragen können. Die heilige Katharina von Siena (1347 bis 1380) versank eines Tages, so wird berichtet, in

Der heilige Franz von Assisi gilt als erster Träger der Wundmale Christi. Die Stigmata soll er zwei Jahre vor seinem Tode im September 1224 auf dem Berge Alverno erhalten haben. Holzschnitt aus dem Jahre 1508.

Ekstase. Dabei fiel sie so unglücklich zu Boden, daß sie direkt in Berührung mit der feurigen Glut einer Herdstelle kam. Zutiefst erschrocken fanden Nonnen sie so und trugen sie eilends fort. Zu ihrem größten Erstaunen zeigte sich jedoch etwas kaum Faßbares: Katharina selbst wies keinerlei Brandmale auf. Nicht einmal an ihrem Gewand habe man versengte Stellen ausmachen können.

Auf dem Balkan, im Vorderen Orient wie im Fernen Osten sind Phänomene dieser Art von eh und je bekannt. Indische Büßer erklären, daß sie, wenn »ihre Seele in Brahman entrückt ist«, weder die Glut der Sonne noch die des Feuers verspüren. In Ekstase tanzen in Hongkong Männer über Feuer, schreiten auf dem alljährlichen »Fest des Feuers« in Indien Eingeweihte durch ein über zehn Meter langes Flammenmeer, und unter den Eingeborenen der Südseeinseln sind die »Heiligen Männer« von Fidji bewundert und verehrt, weil sie ohne Schaden über rotglühende Steine zu gehen vermögen. Islamische Fakire und unbekleidete hinduistische Sadhus legen sich unbehelligt auf Nagelbretter, springen in Haufen von Glasscherben oder stoßen sich Nadeln und Degen durch den Körper, ohne daß auch nur ein Tropfen Blut fließt.

Auf der Insel Bali ist die vor Tempeln aufgeführte heilige Barong-Tanzpantomime, in der es um den Kampf des Guten gegen das Böse geht, eine atemberaubende Sensation: In Trance richten die Tänzer auf einen suggestiven Befehl des Dämonen plötzlich ihre alten, geweihten Kris-Dolche gegen sich selbst. Mit aller Kraft versuchen sie, die scharf geschliffenen, spitzen Klingen

sich in die Brust zu stoßen. Ihre nackte Haut jedoch scheint mit einem Male wie von einem unsichtbaren und undurchdringbaren Panzer überzogen zu sein. Sie gibt zwar nach, beult sich ein unter der Wucht der Stöße. Doch sie bleibt unverletzt, keine auch nur geringe Wunde entsteht. Tödlich gefährlich aber wird das unheimliche Spiel erst in dem Augenblick, da bei einem der Tänzer die Trance zu weichen beginnt. Sobald sich Anzeichen dafür zeigen, springen Eingeweihte sofort hinzu, überwältigen den Betreffenden und entwenden ihm den Kris. Fälle, in denen das nicht gelang, hatten schwerste Verletzungen, ja selbst den Tod zur Folge.
Yogin sind in der Lage, ihren Pulsschlag bis fast zum Stillstand zu senken, oder aber sie lassen sich für mehrere Tage lebendig begraben, ohne zu ersticken. Aber diese »Kunst« beherrschen auch mohammedanische Sufis, und sogenannte »Magier« zeigen sie in Bühnen- oder Zirkusschauen zuweilen im Westen.
Mediziner in der Schweiz konnten sich im Sommer 1947 davon überzeugen, bis zu welchem Grade es einem Menschen möglich sein kann, die normalen Körperfunktionen und -reaktionen zu beeinflussen, wenn nicht gar völlig auszuschalten. Mirin Dajo, ein in Holland geborener »Magier«, der in einem Varieté in der Limmatstadt aufzutreten pflegte, war zu einer Demonstration vor medizinischen Fachleuten in das Zürcher Kantonsspital gebeten worden. Im Operationssaal der Poliklinik hatten sich zusammen mit Professoren und Studenten auch Journalisten und Pressefotografen eingefunden. Begleitet von zwei holländischen Freunden und Gehilfen, dem Naturheilkundigen und Magnetiseur Hylke Otter, der die Unverletzbarkeit des Magiers erst entdeckt hatte, und Johann de Groot, erscheint Mirin Dajo und entblößt seinen Oberkörper bis zu den Hüften. Einer der Begleiter nimmt ein Florett, tritt damit hinter den Magier und stößt es ihm dann blitzschnell mitten durch den Unterleib. Man sieht deutlich: Die Klinge sitzt hinten wenig über der Gürtellinie, die Spitze ragt unmittelbar unter dem Brustkorb vorn an die dreißig Zentimeter aus dem Bauch hervor. Weder am Einstich hinten noch am Austrittsort der Klinge vorn zeigt sich auch nur ein einziger Tropfen Blut.
Professor Dr. Alfred Brunner, der Chef der Chirurgischen Abteilung, fragt, ob er Mirin Dajo in diesem Zustand mit dem Florett röntgen dürfe. Dieser willigt ein. Das Röntgenlabor liegt jedoch einen Stock höher. Mit der Klinge im Leib steigt Mirin die Treppe hinauf und geht durch einen langen Raum, gefolgt von Professoren, Ärzten und Studenten. Die sofort entwickelte Aufnahme zeigt: Es sind lebenswichtige Organe durchstoßen. Professor Brunner äußert, vor einem medizinischen Rätsel zu stehen.
Nach zwanzig Minuten endlich wird das Florett wieder aus dem Leib gezogen. Einstich und Ausstich hinterlassen nur eine winzige Narbe. Eine nochmalige ärztliche Untersuchung ergibt einen normalen Befund: Mirin Dajo ist physisch gesund. Sein Körper weist nichts Abnormales auf. Das Experi-

ment wurde später in Basel ebenfalls vor Experten wiederholt. Im Bürgerspital waren die Professoren Dr. Hans Staub und Dr. Max Lüdin Augenzeugen, wie Mirin Dajo sich durchstechen ließ; bei jener Demonstration geschah es sogar mehrmals.
Auch gegen siedendes Wasser oder Öl zeigen sich zuweilen Menschen gefeit. Berechtigtes Aufsehen erregte der 1507 verstorbene heilige Franz von Paolo durch seine rätselhafte körperliche Unempfindlichkeit: Ohne sich zu verbrennen, konnte er seine Arme in kochendes Fett tauchen und reparierte mit bloßen Händen wiederholt einen glutgefüllten Kalkofen, als dieser leck geworden war. Über dieses Phänomen wird im übrigen schon aus dem vorchristlichen Europa berichtet – in der Nibelungensage. Nachdem Krimhild, Siegfrieds Witwe, in zweiter Ehe Etzel, den Hunnenkönig, geheiratet hatte, wurde sie von der Sklavin Ezkia eines Tages der Untreue bezichtigt. Um ihre Unschuld zu beweisen, erklärte Krimhild sich zur Probe mit siedendem Wasser bereit. Ein großer Kessel wurde herbeigeschafft und alles vorbereitet. Siebenhundert Mann waren Zeugen, als die Königin mit ihrer Hand aus dem brodelnden Innern des Kessels – wie verlangt – einen bemoosten Kieselstein hervorholte. Ihre Haut war unverletzt geblieben. Die verleumderische Sklavin, die sich gleich danach demselben »Gottesurteil« unterziehen mußte, zog sich entsetzliche Verbrennungen zu.
Im vergangenen Jahrhundert war es Daniel Dunglas Home, ein aus Schottland gebürtiges, weltbekannt gewordenes Medium, der wiederholt selbst vor nüchtern und kritisch eingestellten Gelehrten seine außergewöhnliche Fähigkeit, körperlich unverletzbar zu sein, demonstrierte. Zum Entsetzen aller Anwesenden ging er einmal in London während einer Séance in Trance zum Kamin und begann, mit bloßen Händen die darin befindliche Glut zu schüren, bis helle Flammen aufloderten. Alsdann kniete er nieder, beugte sich nach vorn und tauchte sein Gesicht ins Feuer. Er bewegte den Kopf dabei nach rechts und links, geradeso, als bade er ihn in einer Schüssel mit Wasser. Weder seine Haare waren versengt noch Brandspuren auf seiner Haut zu bemerken, nachdem er sich wieder erhoben hatte. Wie um jeden Zweifel, es habe sich um einen Trick handeln können, zu zerstören, griff er alsdann nochmals in den Kamin, holte ein hell glühendes Stück Kohle heraus und näherte sich damit den Zuschauern. Die Hitze, die es ausstrahlte, war so groß, daß niemand sie auf zehn bis zwölf Zentimeter Entfernung ertragen konnte.

IV. Wunder — durch Gott allein?

Uralt wie die »okkulten« – die »dunklen«, rätselhaften – Phänomene selbst sind auch der Wunsch und das Bestreben der Menschen, jene in ihr Weltbild einzuordnen, sie zu verstehen oder gar zu erklären.

In den heiligen Schriften der ältesten Kulturvölker, der Ägypter wie der Inder, der Chaldäer wie der Chinesen, sind sie verwoben mit magischen Vorstellungen und mystisch-religiösen Gedanken. Auch bei Homer, dessen Gesänge dem 8. Jahrhundert v. Chr. entstammen, ist alles noch befangen in Anschauungen aus frühester mythischer Zeit. Für ihn gab es keinen Zweifel: Niemand anderes als die Götter selbst waren es, die von Fall zu Fall in das Naturgeschehen auf Erden und die Schicksale der Menschen eingriffen. Höchstpersönlich! Voller Zorn schmettert Zeus seine Blitze auf den Missetäter. Aufgebracht entfacht Poseidon, der »Erschütterer«, mit seinem Dreispitz furchtbare Stürme auf dem Meer, die allen Schiffen zum Verderben werden, läßt er die Erde bis in ihre Tiefen erbeben. Es war, wie Schiller es uns in den »Göttern Griechenlands« vor Augen führt: »Wo jetzt nur, wie unsere Weisen sagen, seelenlos ein Feuerball sich dreht, lenkte damals seinen goldenen Wagen Helios in stiller Majestät.«

Doch dann, keine zwei Jahrhunderte später, kam über Ionien, über die griechischen Kolonialstädte an den Küsten Kleinasiens, wo die Ilias und die Odyssee ersonnen worden waren, das ganz Neue zum Durchbruch: Zum ersten Male wagte es der Mensch mit seinem Verstand, sich und das Universum zu begreifen. Inmitten einer Welt des Mythos wurde der Logos geboren, der Schritt zum Rationalen gewagt, zum wissenschaftlichen Denken. Thales, ein Sohn der reichen See- und Handelsstadt Milet, führt Ereignisse wie Sonnenfinsternis, Erdbeben und Überschwemmungen nicht mehr auf göttliche Eingriffe zurück. Ihnen liegen, so erklärt er kühn, natürliche Ursachen zugrunde. Dem Herausforderer folgt noch im selben 6. Jahrhundert v. Chr. auf dem gleichen Wege ein Landsmann: Xenophanes aus Kolophon. Er bekämpft die Anschauungen über die Schar der olympischen Götter mit ihren sittlich sehr anfechtbaren Verhaltensweisen und erklärt sie als unwürdig. Zugleich verwirft er »den Glauben an eine Weissagung«, und zwar »von Grund aus«.

Ein Blick zurück in die Geschichte zeigt unmißverständlich: In der Antike wie im Mittelalter und auch in der Neuzeit haben die Menschen – die unzähligen Berichte, Anekdoten, Erzählungen, Legenden bezeugen es – außergewöhnliche Vorkommnisse wie seelisches Erfühlen, räumliches und zeitliches Hellsehen, Wahrträume und Spuk wieder und wieder erfahren und erlebt. Sie wurden trotz aller Außergewöhnlichkeit und trotz der Unmöglichkeit, derlei Erlebnisse auf eine erkennbare natürliche Ursache zurückführen zu können, als etwas so Selbstverständliches zur Kenntnis genommen, daß es keiner besonderen Beweise bedurfte. Jene Phänomene, so verhältnismäßig selten auch einige von ihnen aufzutreten pflegten, galten als tatsächlich existent.

Nur über ihre Deutung, ihre Ursachen, ihr Zustandekommen schwankten die Meinungen, und im Laufe der Jahrhunderte hat es oft genug heftige Diskussionen darüber gegeben.

Sokrates haben die okkulten Phänomene tief bewegt. Er war es, der seinem Wahlspruch gemäß »Erkenne dich selbst« sein Ich beobachtete und dessen Geheimnisse zu erforschen trachtete. Öffentlich hat er, in Athen zum Tode verurteilt, in seiner Verteidigungsrede bekannt, daß bereits von seiner Kindheit an etwas Dämonisches – hier verstanden als Unirdisches – in ihm spreche. »Eine Stimme«, gestand er, »läßt sich vernehmen, die mich, wenn sie vernehmbar wird, stets vor dem warnt, was ich im Begriff bin zu tun. Sie treibt mich jedoch nie an.« Bei dem »Daimonion«, wie er jene mysteriöse Erscheinung benannte, mag es sich um eine hellseherische Fähigkeit gehandelt haben.

Platon, der große Philosoph und bedeutendste Schüler des Sokrates, erwähnt das »Daimonion« zwar gelegentlich, geht indes auf diese wunderbare Veranlagung nicht ein. Was ihn beschäftigte, war die Ekstase als psychisches Phänomen, »die als göttliches Geschehen uns verliehen wird«, »theia mania«, wie er sie hieß. In ihr könne sich dem Menschen Gegenwärtiges und Vergangenes, aber auch Zukünftiges offenbaren. Aber es sei ein außergewöhnlicher, ein abnormaler Zustand. Denn, wie es im »Timaios«, Kap. 32, heißt: »Nicht bei vollem Bewußtsein wird der Mensch eines wahren Seherspruches fähig, sondern nur, wenn dieses im Banne des Schlafes, durch Krankheit oder in Ekstase gemindert oder geschwunden ist.«

Die Ekstase war im Hellas der Homerischen Zeit nur selten erwähnt worden. Erst als später, aus Thrakien kommend, der Dionysos-Kult seinen Einzug hielt, begann sie eine bedeutende Rolle zu spielen. Durch Klänge betäubend lauter Musik, durch wildes Tanzen und berauschende Getränke wurden Erregungszustände erzeugt, in denen die Anhänger »ekstatisch« wurden, nämlich »außer sich« gerieten. Bewußtlos geworden, glaubten sie das Einswerden mit dem Gott zu erleben. Dabei kam es auch zu Prophezeiungen oder hellseherischen Aussagen.

»Die Wahrsager«, so läßt Platon im »Politikos«, Kap. 29, einmal den »Fremdling« im Gespräch mit Sokrates sagen, »sieht man als Dolmetscher des Götterwillens für die Menschen an«. Er selbst stellt die Wahrsager den »angesehensten Dichtern, Rednern und Priestern« zur Seite und rühmt in »Phaidros«, Kap. 22, den »göttlichen Furor«, durch den »die Propheten in Delphi und die Priesterin in Dodona vieles Gute für manches Haus und manche Stadt in Hellas gestiftet haben.«

Aristoteles, Platons genialer Schüler, ringt sich zu einer ganz anderen Sicht durch. Anfänglich befangen noch in den Gedankengängen seines großen Lehrers, kommt er später zu einer rationalistischen Deutung außergewöhnlicher Phänomene. In seiner Schrift »De insomniis« erklärt er, die Eingebung im Traum gehe aus körperlichen oder seelischen Eindrücken hervor. Kein Wort fällt über Geister Verstorbener, über Dämonen oder andere unirdische Wesen. Aristoteles blieb nicht beim Theoretisieren. Er soll, heißt es, auch bereits abnormale Geisteszustände studiert haben, unter anderem einen Fall von Katalepsie, wie griechisch die Starrsucht hieß. Klearchos, einem seiner Schüler, zufolge habe er einem Versuch beigewohnt, bei dem jemand im Schlaf auf eine »Seelenreise« gegangen sei.

Ein erster Vorstoß auf dem Wege zur Entzauberung des »Übernatürlichen« war getan!

Doch noch waren die Menschen nicht reif genug, auf diesem Wege weiter vorzudringen. Es sollte den Anhängern der Platonischen Philosophenschule und den Stoikern mit ihren ganz anders gerichteten Auffassungen und Ansichten vorbehalten sein, die Oberhand zu behalten und das Denken für eine lange Zukunft zu bestimmen.

Die nie bezweifelte Existenz »außersinnlicher Phänomene« – seien es Wahr- und Weissagungen, Gedankenübertragungen oder Hellsehen – galt jenen nicht als einer im Menschen verwurzelten Begabung entsprungen. Im Gegenteil: Gerade in der Tatsache der Wahrsagung sah man einen gewichtigen Beweis sowohl für ein Fortleben nach dem Tode als auch für das Dasein Gottes. Da es eine Vorausschau gebe, so lautete das Argument, müsse es auch Götter geben und die Seele ein »Funke der Gottheit« sein. Die Deutung, daß im Menschen angelegte seelische Kräfte außergewöhnliche psychische Fähigkeiten bewirken können, wie Platons Schüler sie so kühn herausgestellt hatte, wurde verworfen. Erneut erhielten den Vorrang religiöse Vorstellungen, aus denen sie zu lösen es Aristoteles gewagt hatte.

Auch als Jahrhunderte später die Alte Welt in den Bannkreis des Christentums gerät, ändert sich an dieser religiös verankerten Auffassung nichts. Ja, sie verschärft und versteift sich, und keine andere Auffassung, kein Widerspruch wird zugelassen.

Denn nun, da nicht mehr, wie einst in Hellas oder Rom, Philosophen frei ihre Gedanken äußern durften, da Theologen und hohe Geistliche der allmächtigen Kirche allein zu bestimmen hatten, mußte jede rational-kritische Einstellung den außergewöhnlichen Erscheinungen gegenüber verstummen. Okkulte Tatsachen zu bezweifeln, kam niemandem in den Sinn, waren jene doch auch in biblischen Erzählungen häufig genug bezeugt. Die Folgen blieben nicht aus: Unter der Unduldsamkeit einer strengen, genau festgesetzten offiziellen religiösen Lehrmeinung begann in einer christlich gewordenen Welt überall der Glaube an allerlei Wunder, an Teufel, Dämonen und Hexen zu wuchern.

Auf Ziegenböcken ritten angeblich die dem Satan verfallenen Hexen durch die Lüfte zum großen Sabbat. Holzschnitt von Hans Baldung Grien.

Bereits der heilige Augustinus (354 bis 430), der hervorragendste Kirchenvater des Abendlandes, war geradezu mirakelsüchtig. Nicht weniger als siebzig Wunder, so berichtet er in seinem »Gottesstaat«, hätten sich innerhalb von nur zwei Jahren an seinem bischöflichen Amtssitz in der nordafrikanischen Stadt Hippo zugetragen, allein bedingt durch den Leichnam des heiligen Stephanus. Auch mehrere Wiedererweckungen bereits Verstorbener seien darunter gewesen. Dabei handelte es sich, wie ausdrücklich betont wird, ausschließlich um die am besten bezeugten Fälle, die er aus einer Vielzahl anderer selbst ausgewählt habe.

Auch Papst Gregor der Große – er lebte um 600 – war fest von der Tatsache wunderbarer Heilungen überzeugt. Skeptikern, die nicht recht an ein Fortleben nach dem Tode glauben wollten, begegnet er in seinem Buch der »Dialoge« mit dem Hinweis auf die vielen plötzlichen Gesundungen, die sich an den letzten Ruhestätten und Gräbern von Heiligen ereignet hätten. Gerade das aber beweise, daß jene noch nach ihrem Dahinscheiden fortwirkten.

Charakteristisch für die Auffassung und Einstellung dieses hochangesehenen Kirchenfürsten, der an der Grenze zwischen der ausklingenden Zeit der

Antike und der heraufkommenden mittelalterlichen Welt steht, dürfte auch eine Geschichte sein, die er für wichtig genug hielt, um sie in seinen »Dialogen« ausdrücklich zu erwähnen. Es geht um eine sittsame Magd, die eines Tages das Pech hatte, einen Teufel zu verschlucken!

Nichtsahnend hatte die Ärmste während der Arbeit im Klostergarten ein paar Salatblätter gegessen. Sie hatte sie kaum heruntergeschluckt, als sie plötzlich mit Entsetzen fühlte, daß ein Teufel sich in ihr eingenistet hatte. Auf Anordnung der Oberin wurde ein Exorzist, ein Teufelsaustreiber (ein Geistlicher, der die zweite der vier niederen Weihen empfangen hatte), herbeigerufen. Der forderte den Bösen energisch auf, sich fortzuscheren und die Magd in Ruhe zu lassen. Der ungebetene Gast hingegen entgegnete, es tue ihm zwar leid, aber er habe ganz friedlich auf dem Salat gehockt, bis ihn das Mädchen in den Mund nahm und verschluckte. Aber alles Argumentieren half dem Teufel nichts, er wurde zuletzt doch aus der verzweifelten Magd ausgetrieben.

Was als harmlose Anekdote erscheint, war tief im kirchlichen Glauben verwurzelt – und blieb es, offiziell unverändert, bis in unsere Tage: die stete Gefährdung, vom Gottseibeiuns besessen zu sein. Denn darüber gab es keinerlei Zweifel: Überall im Leben, vor allem in den Klöstern, lagen ständig Teufel auf der Lauer, um lange unterdrückte Leidenschaften plötzlich hervorbrechen zu lassen, Begierden zu wecken und unter den Gläubigen Zwietracht und Unzufriedenheit zu stiften.

Der von Papst Gregor berichtete höchst seltsame Vorfall sollte Jahrhunderte später typisch werden für schreckliche Massenerscheinungen von Besessenheit, wobei ganze Nonnenklöster »dem Teufel zum Opfer fielen«.

Als seit der Jahrtausendwende mit dem Aufblühen der arabischen Wissenschaften, die sich unter den Kalifen einer beachtlichen Denkfreiheit erfreuen, auch über okkulte Dinge neue, ganz andere und recht »weltlich« begründete Auffassungen ins Abendland dringen, stoßen sie auf heftigen Widerstand. Zu gefährlich erscheint, was jene morgenländischen Philosophen zu behaupten wagen. Avicenna (980 bis 1037), Fürst der Ärzte genannt – einer der bedeutendsten unter ihnen –, erklärt nicht nur, daß es im Wachen wie im Schlaf ein räumliches Hellsehen gebe und auch die Zukunft geschaut werden könne. Für ihn existiert auch eine seelische »Einbildungskraft«, deren Befehlen der Körper in jedem Fall zu gehorchen habe; sie könne einen Kranken ebenso gesund machen wie einen Gesunden leidend.

Avicenna erforschte Materie und Seele, nur um eines zu beweisen: daß es keine Wunder gebe. Alles, was auf Erden geschehe, läßt sich, so erklärte er, auf ganz natürliche Ursachen zurückführen. Er schrieb über die wundersamen Kräfte der Natur, über die Macht der Gestirne und der Talismane wie über den Einfluß des Geistes auf den Körper.

Für Avicenna und andere islamische Philosophen seiner Zeit, wie Alfarabi und Algazel, stand noch etwas anderes außer Zweifel – eine Auffassung, die der christlichen Theologie und Philosophie noch weit ungeheuerlicher erscheinen mußte: Sie behaupteten, die »actio in distantia«, die Fernwirkung also der Seele, sei nicht nur seelischer Art, betreffe also nicht nur psychische Phänomene. Sie sei auch in der Lage, einen entfernten materiellen Körper zu bewegen. Es ist die Seele, behaupteten die morgenländischen Gelehrten, die die Welt der Materie beherrscht!

Solche ketzerischen Gedanken durften nicht unwidersprochen bleiben. Sie drohten ein ganzes Glaubensgebäude zu sprengen. In aller Schärfe trat Thomas von Aquin (1225 bis 1274), der einflußreichste aller Scholastiker, den Ansichten Avicennas entgegen. Nie, so stellte er richtig, könne die Kraft der Einbildung von sich aus in der Lage sein, zauberische, und zwar gute wie böse, Wirkungen zu verursachen. Eine unvermittelte Fernwirkung gebe es nicht. Vollbringen indes Magier dennoch Dinge, die die Kraft des menschlichen Geistes übersteigen – sei es, daß sie verborgene Schätze entdecken, Diebstähle aufklären oder Zukünftiges voraussagen –, so geschehe das mit Hilfe böser Geister.

Thomas von Aquin legte im übrigen auch etwas für die Kirche ungemein Wichtiges fest. Er bestimmte, was allein als »miraculum« zu gelten habe, als Wunder. Diese seine Definition wurde später, nach Luthers Reformation, auch von der protestantischen Orthodoxie übernommen. Zwei Voraussetzungen müssen nach Thomas erfüllt sein, wenn es sich um ein echtes Wunder handeln soll: Zunächst soll es ein Ereignis »praeter ordinem totius naturae creatae« sein, außerhalb der Naturordnung, eine Durchbrechung der Naturgesetze also dergestalt, daß dabei der gewöhnliche, vertraute Lauf der Dinge durchkreuzt, aufgehoben oder suspendiert wird. Und weiterhin etwas, »quod Deus solus facere potest«, was Gott allein vollbringen kann. Mit anderen Worten: Gottes alleinige Urheberschaft, die sich außerhalb des Rahmens der Naturordnung auswirkt, konstituiert das Wunder.

Die Schriften des Thomas von Aquin zeigen die engen, festumrissenen Grenzen auf, innerhalb derer sich christliches Denken bewegen durfte. Sie markieren sehr genau die Bahnen des Erlaubten und Verbotenen bei jedweder geistiger Spekulation. Natürlich, so läßt der Kirchenlehrer wissen, gebe es Geistererscheinungen! Mit göttlicher Zulassung könnten sich gelegentlich nicht nur Selige, sondern auch Unselige und sogar arme Seelen des Fegefeuers den Erdbewohnern zeigen. Historisch stehe zum Beispiel fest, daß der heilige Märtyrer Felix der Bevölkerung von Nola erschienen sei, als Barbaren die Stadt belagerten.

Eine freie Forschung, eine geistige Selbständigkeit konnte es in einer solchen Welt dogmatischer Starre nicht geben. Jeder Versuch, das noch Unbekannte zu erforschen, galt als Frevel. Wer sich anheischig machte, zu versuchen, den noch unerkundeten Kräften und Gesetzen der Natur auf die Spur zu kommen

Wo immer Matthew Hopkins in England auftauchte, kam es zu Hexenprozessen. Der gefürchtete »Haupthexenfinder«, der 1644 allein in der Grafschaft Essex 60 »Hexen« an den Galgen brachte, mit zwei verurteilten Opfern und deren angeblichen »Dämonen«. Zeitgenössischer Stich.

– und handelte es sich wie bei dem englischen Franziskanermönch und Gelehrten Roger Bacon (1214 bis 1294) auch nur um die Erörterung der technischen Möglichkeit des Fliegens –, geriet schnell in den Ruf, ein »Zauberer« zu sein. Wie tief verwurzelt eine solche Einstellung war, spiegelt sich deutlich selbst bei Dante. In seiner »Göttlichen Komödie« läßt er Odysseus für seine frevelhafte Fahrt, mit der er es wagte, über die Säulen des Herkules hinaus vorzustoßen, die als die Grenzen der damals bekannten Welt galten, schwer büßen.

In die Hölle verbannte Dante in seinen Versen auch zwei berühmte Zeitgenossen: den Schotten Michael Scotus (1170 bis 1232) und seinen Landsmann Guido Bonatti (gestorben gegen 1300).

Was sie verbrochen hatten?

Michael Scotus war Astrologe Kaiser Friedrichs II., jenes außergewöhnlichen Herrschers, der Gelehrte, aber auch Wahrsager und Magier aus dem Morgen- und dem Abendland an seinen Hof berufen hatte. Für ihn übersetzte er nicht nur Avicenna. Von Michael Scotus stammen auch ausführliche Werke über das Okkulte. Beschreibungen der »verbotenen Künste« waren Jahrhunderte lang verpönt gewesen; das Volk sollte vor verderblichen Gedanken geschützt werden. Michael Scotus aber wagte es, über alle geheimen magischen Künste seiner Zeit zu berichten: so über Zauberei, über das Mischen von Blut mit geweihtem Wasser, weil dadurch Dämonen angezogen würden, oder über

das Opfern von Menschenfleisch und das Abbeißen von Leichenteilen. Er schreibt, daß zu Teufelsbeschwörungen gar Verse aus der Bibel zitiert würden, und er erzählt von Geistern der Luft und der Planeten.
Guido Bonatti, der andere von Dante Verdammte, war ein begeisterter Anhänger der Astrologie und lehrte die Wirkkraft von Talismanen. Hohen geistlichen und weltlichen Herren empfahl er astrologische Studien und wies als Beispiel darauf hin, daß das Wunder der göttlichen Liebe des heiligen Franziskus durch den günstigen Stand der Planeten zu erklären sei.
Ins Paradies dagegen versetzte der Poet den Scholastiker Albert von Bollstädt (1193 bis 1280), den berühmten Albertus Magnus. Der 1931 heiliggesprochene Bischof von Regensburg galt, wie auch sein Schüler Thomas von Aquin, als treuer Diener der Kirche. Albert läßt in seinen Schriften nie einen Zweifel darüber, daß es möglich sei, magische Wunder zustandezubringen. Böse Dämonen existieren und verführen die Menschen mit Hilfe der Magie. Doch daneben gebe es auch eine »natürliche Magie«, die Gutes bewirke. Wie er ist auch Roger Bacon von der Existenz und Echtheit der Magie fest überzeugt: Die natürliche, auf das Gute abzielende Magie ist erlaubt, zu verwerfen dagegen seien die schwarzen Künste, die allein dem Bösen dienten.
An nüchtern-kritische Untersuchungen und Überlegungen jedoch, wie sie im 14. Jahrhundert in Afrika der arabische Gelehrte Ibn Chaldun über das Wahrsagen mit Hilfe des Kristallsehens anstellen konnte, wagte im christlichen Europa damals noch niemand zu denken, und tat es dennoch jemand, dann war der Zusammenstoß mit den kirchlichen Autoritäten unvermeidlich und das Leben in höchster Gefahr. Pietro d'Abano (1250 bis 1318) ist nur ein Beispiel für viele.
Pietro, ein Philosoph und Arzt aus Padua, reiste viel; er weilte Jahre in Paris, wo er an der Universität lehrte, danach in Sardinien und in Konstantinopel. Marco Polo, mit dem er eng befreundet war, berichtete ihm über das ferne Asien. Nach mehreren Übersetzungen aus hebräischen Schriften des jüdischen Gelehrten und Weltreisenden Ibn Esra aus Toledo und einer griechischen des Aristoteles verfaßte er Werke über Physiognomik, Prophetie und die Elemente der Magie. Auf eine Denunziation bei der Inquisition in Padua wurden seine Bücher verbrannt. Er selbst entging zwar mit Mühe und Not dem Brandpfahl. Nach seinem Tode jedoch wurde sein Leichnam dem Scheiterhaufen übergeben.
Bald schon sollte sich zeigen, wie furchtbar die Auswirkungen der kirchlich-dogmatischen Auffassungen waren. Der Aberglaube, daß es Hexen gebe, die im Bunde mit dem leibhaftigen Teufel stünden und in seinen Diensten Unheil über Ortschaften, Familien oder einzelne Personen brächten, ist schon früh im Mittelalter bezeugt. Aber man war ihm anfangs von berufener Seite energisch entgegengetreten: Karl der Große drohte in den Capitularien von Paderborn 785 den Hexenjägern mit dem Tode. Aus Kreisen der hohen Geist-

lichkeit hatten Männer wie Agobard, Erzbischof von Lyon (um 835), und Burchard, Bischof von Worms (um 1000), ihre Stimme im gleichen Sinne erhoben. Indes die Vernunft vermochte sich nicht durchzusetzen. Gesetze gegen Hexen und Zauberer wurden zunächst vereinzelt, dann immer häufiger erlassen. Das Unheil erreichte einen Höhepunkt, als die Kirche den im Volke verwurzelten Aberglauben autorisierte, indem sie die Inquisition zu Hilfe rief.

Ursprünglich eine in den Händen der Bischöfe liegende Institution zum Aufsuchen und Bestrafen von Ketzern – wobei das Strafmaß, je nach Schwere der Häresie, von Verpflichtungen zu guten Werken und Bußwallfahrten über körperliche Züchtigung bis zum Kirchenbann, zu lebenslänglichem Kerker oder zum Tod auf dem Scheiterhaufen reichte –, war die Inquisition von Papst Gregor IX. im Jahre 1233 dem Orden der Dominikaner übertragen worden. 1274 fand die erste Verurteilung einer Hexe durch die Inquisition statt. Sie wurde, wie stets in solchen Fällen, der weltlichen Obrigkeit zur Vollstreckung des Urteils durch Verbrennen übergeben. Doch das war erst der Auftakt.

1484 erließ Papst Innozenz VIII. die Bulle »Summis desiderantes affectibus«. »Wir haben neulich nicht ohne große Betrübnis erfahren«, heißt es darin, »daß es in einzelnen Teilen Oberdeutschlands und in den mainzischen, kölnischen, trierischen, salzburgischen, bremischen Provinzen und Sprengeln in Städten und Dörfern viele Personen von beiden Geschlechtern gebe, welche, ihres eigenen Heiles uneingedenk, vom wahren Glauben abgefallen, mit dämonischen Incuben und Succuben sich fleischlich vermischen, durch zauberische Mittel mit Hilfe des Teufels die Geburten der Weiber, die Jungen der Tiere, die Früchte der Erde, die Trauben der Weinberge, das Obst der Bäume, ja Menschen, Haus- und andere Tiere, Weinberge, Baumgärten, Wiesen, Weiden, Körner, Getreide und andere Erzeugnisse der Erde zugrunde richten, ersticken und vernichten, die Männer, Weiber und Tiere mit heftigen inneren und äußeren Schmerzen quälen und die Männer am Zeugen, die Weiber am Gebären, beide an der Verrichtung ehelicher Pflichten zu verhindern vermögen.« Wer am Hexenwesen zweifele, hieß es in der Bulle, werde den Zorn Gottes fühlen. Incubus und Succubus aber, von denen die Bulle spricht, waren die »Buhlteufel« der Hexe beziehungsweise des Hexers.

Für Süd- und Norddeutschland wurde den Inquisitoren Heinrich Institoris und Jakob Sprenger aufgetragen, Zauberer und Hexen auszuspähen, zu bestrafen und auszurotten. Beide verfaßten den berüchtigten »Hexenhammer«, der das gerichtliche Verfahren regelte. Schon auf ein bloßes Gerücht hin durfte für einen Hexenprozeß ex officio inquiriert werden. Um die Beschuldigten zum Geständnis zu bringen, diente die Folter. Durch weitere päpstliche Bullen wurde der »Hexenhammer« auch für das übrige Europa eingeführt.

Wie in Deutschland entstanden nun in Italien, in Frankreich, in Spanien und in England grausige Richtstätten. In nahezu jeder Stadt arbeiteten die Folterknechte, qualmten die Scheiterhaufen. Wie ein drückender Alptraum lag das Gespenst der Hexenfurcht auf dem Volke. Überall hatten die geistlichen Gerichte ihre Schnüffler und Späher.

Die richterliche Untersuchung bezog sich vor allem auf die Hexenfahrt: einen angeblichen Ritt durch die Luft zum Hexensabbat. Zu gewissen Zeiten, so malte man sich es aus, namentlich in der Nacht zum 1. Mai – der Walpurgisnacht – hielt der Teufel Hof. Auf Besen, Gabeln, Stöcken, Ziegenböcken oder Hunden verließen die Hexen ihre Wohnungen und flogen zum heimlichen Versammlungsort. In Bocks- oder Menschengestalt hockte der Teufel auf einem Thron, die Hexen huldigten ihm mit einem Ringeltanz, um ihm zuletzt den Hintern zu küssen.

Der Glaube an den Hexensabbat schien nicht nur im Volk verankert. Auch die großen Künstler bemächtigten sich des unheimlichen Themas. Albrecht Dürer schuf die Vorlage für die berühmte Radierung des Israhel van Meckenem: vier Hexen kurz vor ihrer Fahrt durch die Luft. Leonardo da Vinci zeichnete eine Hexe, die in einen magischen Spiegel schaut. Und auf einem seiner Blätter läßt Hans Baldung Grien eine Hexe auf einem Ziegenbock davonfliegen; an einer Heugabel hält sie ein Gefäß mit üblem Gebräu. Alte und junge Weiber hocken am Boden und sind mit Menschenschädeln, Knochen und Pferdekopf beschäftigt.

Mit der Reformation änderte sich nichts an diesem Unwesen, nicht ein Deut. Die protestantische Geistlichkeit rückte keinen Schritt vom überkommenen Teufels- und Hexenglauben ab. Sogar Luther hatte ein geradezu abnormes Verhältnis zum Teufel. Er sah den »alt' bösen Feind!« allzu oft neben sich und überall am Werke. Und in seinen Tischgesprächen ist viel vom Teufel die Rede. Kein Wunder also, daß die Welle der Hexenprozesse unvermindert auch über die protestantischen Länder dahinbrandete.

Dem Beispiel der beiden Kirchen folgten später auch die weltlichen Herrscher. Zu entsetzlichen Massenverfolgungen kam es im 16. und 17. Jahrhundert, als mehr und mehr wirtschaftliche Faktoren den Ausschlag gaben: Denn es sei, wie es in einem Coburger Gutachten aus dem Jahre 1628 heißt, »die Obrigkeit berechtigt, die Güter der wegen Hexerei Kondemnierten zu konfiszieren«.

In England, wo König Jakob I. höchstpersönlich Schriften gegen Hexen und Teufelsbündnisse verfaßte, so die »Demonology« von 1597, durchzog als gefürchteter Hexenjäger Matthew Hopkins 1644 alle Provinzen. Er erhielt für jede ausfindig gemachte Hexe 20 Schilling und schrieb ein spezielles Werk über die Kunst, sie aufzuspüren. Noch zum Ende des 16. Jahrhunderts verurteilte in Lothringen ein einziger Richter, Remigius, nicht weniger als 800 Hexen zum Tode auf dem Scheiterhaufen.

Nicht einmal die Stätten der Frommen blieben von den »Versuchungen des Bösen« verschont. Mehr als einmal verfielen ganze Nonnenklöster dem Teufel. Gegen Ende der zwanziger Jahre des 17. Jahrhunderts erregten makabre Vorfälle im Ursulinenkloster zu Loudun großes Aufsehen in ganz Europa.

Johanna von den Engeln, eine junge, ehrgeizige Nonne, war Priorin geworden, als Urbain Grandier, ein junger, gut aussehender und begabter Priester, an die Pfarrkirche Saint-Pierre-de-Marché in Loudun versetzt wurde. Um ihn gab es bald Gerüchte über Abenteuer, die alles andere als im Einklang mit seinem Gelübde und seinem geistlichen Beruf standen. Es hieß, er habe unschuldige Mädchen verführt, die zum Beichten kamen, unter ihnen die Töchter hochgestellter Persönlichkeiten. Ganz Loudun war aufs höchste empört. Als man davon auch im Ursulinenkloster erfuhr, zeigten sich bei Johanna von den Engeln ungewöhnliche Erscheinungen: Grandier, den sie nie gesehen hatte, tauchte als strahlender Engel in ihren Träumen auf, rich-

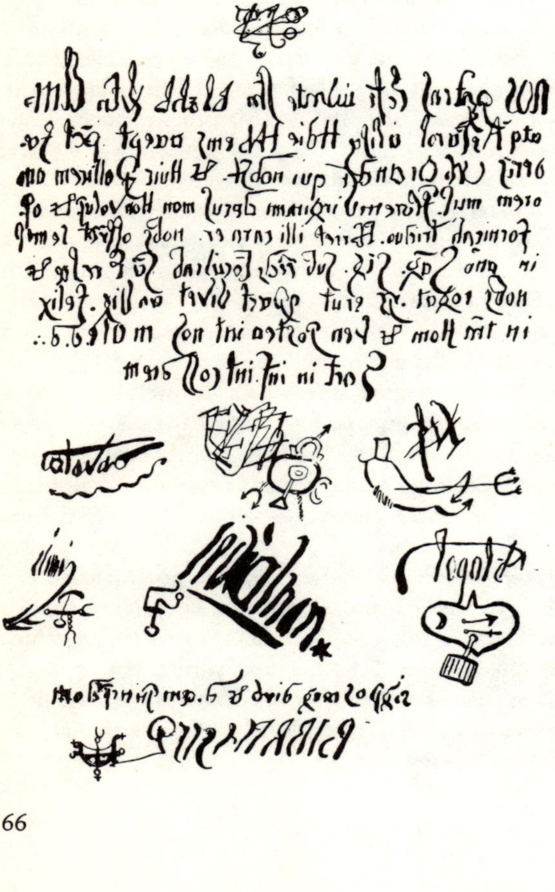

Original des Paktes, den Urbain Grandier, Priester zu Loudun in Frankreich, angeblich mit dem Teufel schloß. Aufbewahrt in der Französischen Nationalbibliothek zu Paris.

tete aber Worte an sie, die für ein himmlisches Wesen undenkbar waren. Da zu dieser Zeit gerade der klösterliche Beichtvater gestorben war, bot die Oberin dem Abbé Grandier die Stelle an. Als er ablehnte, steigerte sich Johannas seelische Verwirrung nur noch mehr. Ihre hysterischen Schreie schreckten Nacht für Nacht alle aus dem Schlaf. Beschämt über ihr Verhalten, unterwarf sie sich kirchlicher Zucht und hieß die Nonnen, sie zu geißeln.
Es hatte nur noch Schlimmeres zur Folge. Bald wurden mehrere Nonnen von ähnlichen Halluzinationen befallen. In ihrer Not wandten sie sich an den Kanonikus Mignon und baten um Hilfe. Man beorderte Exorzisten in das Kloster. Die merkwürdigen Riten der kirchlich genau festgelegten Teufelsbeschwörung verwirrten den kranken Geist Johannas jedoch noch mehr. Entsetzen ergriff die Nonnen, als sie ihre Vorsteherin sich in Zuckungen am Boden wälzen sahen. Plötzlich schien es ihnen klar: Sie alle seien von Teufeln besessen. Eine nach der anderen erlitt Anfälle, wie von unsichtbaren Dämonen gepackt, und mitten aus dem wirren Geschrei, Gestammel und Gestöhn vernahm man immer wieder das eine Wort: »Grandier«.
Grandier wurde angeklagt, die Nonnen verhext zu haben. In seiner Bedrängnis wandte er sich an Monsignore Sourdis, den Erzbischof von Bordeaux, der ihm wohlgesonnen war. Ein Arzt suchte in dessen Auftrag Loudun auf. Als er die Ursulinerinnen untersucht hatte, erklärte er, es lägen keine Fälle von Besessenheit vor. Daraufhin verbot der hohe Geistliche weitere Teufelsbeschwörungen und ordnete an, die Nonnen in ihre Zellen einzuschließen.
Tatsächlich schien der Frieden wieder eingekehrt. Es gab keine Anfälle mehr.
Doch das dauerte nur kurze Zeit. Dann brach die Hysterie erneut und noch schlimmer und heftiger aus als zuvor. Diesmal lautete der Bericht des Arztes an den Erzbischof: »Die Nonnen werden unaufhörlich von unreinen Versuchungen verfolgt.« Sie riefen laut nach Grandier.
Erneut erschienen die Exorzisten im Kloster. Aber die Austreibung der Teufel kam nur langsam voran. Am meisten geplagt wurde Johanna von den Engeln selbst, die ein Dämon der Lust, Isacaaron, mit entsetzlichen Anfällen quälte. Die Irrenärzte Lègne und Tourette stellten bei ihr die typischen Symptome einer besonderen Art von Hysterie fest. Nach sieben Jahren endlich, 1637, herrschte wieder Frieden in Loudun.
Zu dieser Zeit lebte Grandier bereits nicht mehr. Der Behexung für schuldig befunden, hatte man ihn nach erbarmungsloser Tortur – alle Glieder waren ihm gebrochen worden – 1634 lebendig verbrannt!
Nicht einmal wer sich – und sei es als Bergmann – mit Rutengehen befaßte, war seines Lebens zu jener Zeit sicher.
Der Würzburger Jesuit Kaspar Schott beschäftigte sich in seinen Werken mehrfach mit der Wünschelrute, mit deren Hilfe man vergrabene Schätze, Metalladern, Quellen, unterirdische Wasserläufe und andere verborgene

Dinge aufzufinden hoffte. In seiner »Magia universalis« erklärt er, das Ausschlagen der Rute gehe nicht mit natürlichen Dingen zu, sondern sei eine Sache des Teufels. Entweder sei vom Rutler selbst ein Vertrag mit dem Teufel unterzeichnet worden, oder aber der Teufel habe auch ohne einen solchen seine Hand dabei im Spiel.

Gegen Ende des 17. Jahrhunderts entbrannte über die Rutengängerei erneut ein heftiger Streit. Anlaß dazu gab ein Arzt, Pierre Garnier aus Montpellier, der einen Bericht veröffentlicht hatte, in dem er feststellte, die »Virgula divina« könne sogar Verbrechen aufklären!

Von Aymar, einem Landarbeiter aus der Dauphiné – damals einer Provinz im Gebiet der französischen Westalpen –, war gerüchteweise bekanntgeworden, er könne Diebe und andere Verbrecher mit seiner Rute aufspüren. Als eines Tages in Lyon ein Weinhändler und dessen Frau unter unerklärlichen Umständen tot aufgefunden wurden, rief man ihn zu Hilfe. In dem Kellergewölbe, in dem die Ermordeten entdeckt worden waren, fing das Instrument Aymars an, sich zu bewegen. Den Richtungen der Ausschläge folgend, begann der Landarbeiter umherzuwandern. Zuerst in der Stadt selbst. Er ging in mehrere Wirtshäuser, in denen die Täter eingekehrt waren, und fand sogar die Flaschen und Krüge heraus, die sie berührt hatten. Dann führte ihn die Rute jedoch aus Lyon hinaus. Er folgte ihr und kam so immer weiter südlich. In dem Städtchen Beaucaire an der Rhône zog es ihn bis zum Gefängnis. Als er es mehrmals umkreist hatte, erklärte Aymar, einer der Mörder müsse sich in den Zellen befinden. Bei einer sofort angestellten Untersuchung gab einer der Inhaftierten zu, er sei an der Tat beteiligt gewesen. Seine Komplizen, zwei andere Verbrecher, waren nicht mehr ausfindig zu machen. Sie waren bereits ins Ausland geflüchtet.

Zwei Ärzte, Chanoin und Garnier, waren um eine wissenschaftliche Erklärung bemüht. Die Ursache sei – meinten sie – die »Wirksamkeit«, die von dem zu suchenden Gegenstand oder von der Person ausgesandt und dann von der Hand des Rutengängers aufgenommen werde. Doch sie waren mit ihrer Auffassung in der Minderheit. Die Geistlichkeit, unter ihnen der Pater Lebrun, blieb dabei: Alles sei nur auf die Mitwirkung des Teufels zurückzuführen. »Es ist klar«, heißt es in seinem 1702 in Paris erschienenen Werk, »daß man solche Wirkungen weder Gott noch den Engeln zuschreiben kann. Es kann nur das Werk des Versuchers sein.«

Wenige Jahrzehnte zuvor noch hatte diese Auffassung zwei Menschen, die sich mit der Erforschung der merkwürdigen Reaktionen von Wünschelruten zu befassen wagten, das Leben gekostet:

Eine Baronin de Beau-Soleil hatte zusammen mit ihrem Mann, einem Fachmann auf dem Gebiet des Bergbaues, planmäßig Versuche mit Wünschelruten angestellt. Es ging ihnen darum, herauszufinden, welche Art dieser geheimnisvollen Werkzeuge am besten für das Auffinden von Wasseradern

Rechts: Szene aus dem berühmten Krisdolch-Tanz auf Bali. Im uralten heiligen Spiel vor dem Tempel richten, verzaubert durch das Böse, die Streiter für das Gute die tödliche Waffe plötzlich gegen sich selbst. Obwohl sie mit aller Gewalt zustoßen, dringt der nadelscharfe Dolch nicht in ihre Haut. Im Zustand tiefer Trance, in dem sie sich befinden, sind sie unverwundbar. Weicht er, so kann es, falls Eingeweihte nicht rechtzeitig die Waffe entwinden, zu lebensgefährlichen Verletzungen kommen. Unten: Immun gegen glühende Hitze sind die »Feuerläufer« von Hongkong. In religiöser Ekstase durchschreiten sie, ohne die geringste Verbrennung zu erleiden, ein Flammenmeer.

Oben links: Harry Price, englischer Para-Forscher, demonstriert einen bei der sogenannten »Tafelschrift« benutzten Trick: Zeichnung wie Text – angeblich von »Geistern« – waren bereits vor der Séance präpariert. Oben rechts: Vom Spiritismus profitierten auch Berufsfotografen und lieferten auf Wunsch Bilder mit »Geister«-Extras. Aufn. von 1886. Unten: Angebliche »Fußabdrücke eines Phantoms«, erschienen auf einer berußten Platte. Experiment Prof. Zöllners mit Slade am 17. 12. 1877.

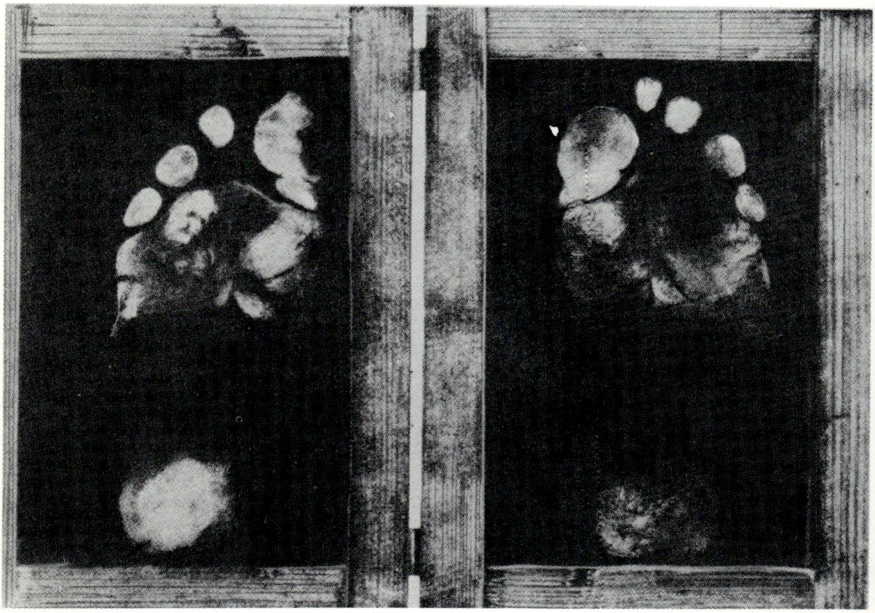

und Mineralien geeignet sei. Als ihr Experimentieren in der Öffentlichkeit bekannt wurde, erhob man gegen sie Anklage wegen Zauberei. Sie wurden beide ins Gefängnis geworfen, wo sie um 1645 verstarben.
Doch still wurde es auch dadurch nicht um die Wünschelrute. Immer wieder zog sie mit ihrem geheimnisvollen Ausschlagen die Menschen in ihren Bann, und auch wir werden uns deshalb noch mit ihr zu beschäftigen haben.

V. Als die Zeit der Aufklärung kam

Über lange Jahrhunderte hatte es kaum einen Lichtblick gegeben. Mit dem 18. Jahrhundert endlich schien die Zeit zu nahen, die mit dem ganzen Wust uralter magischer Vorstellungen in Religion und Philosophie, mit dem wuchernden Irrglauben an Hexen, Teufelswesen und Zauberei endlich aufräumen würde. Denn damals brach, strahlend und jubelnd begrüßt, das so vielgerühmte Zeitalter der Aufklärung an.
Die Hoffnung auf eine befreiende Wende nach den entsetzlichen, dunklen Säkula, die den überwiegenden Teil der Bevölkerung in geistiger Unmündigkeit gehalten hatten, war groß, riesengroß. Denn Aufklärung bedeutete vor allem Bezweifeln und In-Frage-Stellen alles bis dahin Gelehrten und Gepredigten, des ungeprüft Angenommenen und für wahr Gehaltenen. Damit aber versprach die Aufklärung das Über-Bord-Werfen nicht zu beweisender, schädlicher Irrtümer und längst überholter, autoritativ vorgetragener Lehrmeinungen über Mensch, Welt und Natur. Nicht mehr das kritiklose, demütige Hinnehmen der von höchster kirchlicher Stelle festgesetzten Glaubenslehren und -inhalte sollte weiterhin den alleinigen Vorrang haben, nicht das Dogma die letzte und oberste Instanz sein. Jetzt endlich sollten der prüfende Verstand, sollten kritische Untersuchungen, Experimente und deren Ergebnisse mitzureden, nüchterne wissenschaftliche Erkenntnisse und Vernunft ein entscheidendes Wort in die Waagschale zu werfen haben.
Doch wie sah die Wirklichkeit aus?
Wohl kam, im Sturm vorangetrieben von unbändigen fortschrittlichen Kräften, die, allzu lange zurückgedrängt, brach gelegen hatten, das Neue: Erfindungen und Entdeckungen auf technischem Gebiet überstürzten sich geradezu. Zugleich aber erwachte inmitten der ersten Blüte einer noch jungen, über wenig Erfahrungen verfügenden naturwissenschaftlichen Forschung die längst noch nicht überwundene Vergangenheit zu neuem Leben. Nie zuvor und nie danach hat es ein so bizarres und widersprüchliches Nebeneinander

gegeben wie damals im 18. Jahrhundert – als Dampfmaschinen, Montgolfieren und Dampfboote erfunden wurden, als man die Elektrizität entdeckte. Dennoch: Die Zahl der Veröffentlichungen über Magie und okkulte Dinge nahm nicht etwa ab, sondern zu! Uralte Visionen und Zukunftsdeutungen wurden zusammen mit neuen, phantastischen »Erkenntnissen« für das Volk in großen Auflagen gedruckt. Geheime Gesellschaften und mystische Sekten entstanden allenthalben, magische Heilungen waren das Tagesgespräch ebenso wie Wünschelrutengängerei und das Wahrsagen aus Handlinien oder nach den Planeten.

Aus den osteuropäischen Landen und vom Balkan kamen Berichte über das Auftauchen von Vampiren – und wurden für wahr gehalten. Der Benediktiner Dom Augustin Calmet, der 1757 starb – im übrigen ein bekannter Kommentator der Heiligen Schrift –, befaßte sich eingehend mit jenen schauerlichen Erscheinungen, den Geistern Verstorbener nämlich, die des Nachts, wie man glaubte, ihre Gräber verlassen, um Lebenden das Blut auszusaugen. In Leipzig erschien 1734 ein »Traktat von dem Kauen und Schmatzen der Toten in Gräbern«. Und nicht nur von Ludwig XV. war bekannt, wie sehr er geheime alchimistische Arbeiten liebte: Viele Fürsten und unzählige Bürger eiferten ihm nach. Magische Texte und Bücher über Traumdeutung fanden reißend Absatz.

Das Okkulte und die Magie wucherten überall in Europa wie nie zuvor und trieben die absonderlichsten Blüten und Früchte. Aber von kirchlicher Seite wagte kaum jemand mehr einzugreifen, die einstige Macht der Geistlichkeit war gebrochen.

Und wie verhielten sich die weltlichen Geistesgrößen, die Gelehrten? Als Reaktion auf die blutigen Religionskriege, auf Inquisition und Hexenprozesse war ein philosophischer Naturalismus entstanden. Seine Vertreter verwarfen alle Glaubenssätze, von deren Gültigkeit man sich nicht durch eigenes Denken zu überzeugen vermochte. Und einige gingen konsequent noch einen Schritt weiter und wurden Atheisten. Ein so eingestellter Gelehrtenstand bestimmte nun das Geistesleben.

Gerade er wäre berufen gewesen, aufklärend zu wirken, einem überkommenen finsteren, primitiven Aberglauben entgegenzutreten. Weit mehr noch hätte es seine Aufgabe sein sollen, endlich einmal jenen uralten, in allen Jahrhunderten bezeugten okkulten Erscheinungen mit wissenschaftlichen Methoden kritisch auf den Leib zu rücken. Aber gerade das geschah merkwürdigerweise nicht. Genau das Gegenteil trat ein. Man begann geradezu einen Bogen um diese Phänomene zu machen – man ignorierte sie. Ja, es galt in den Kreisen der Gebildeten als ausgesprochen rückständig, sie ernsthaft für überhaupt möglich zu halten.

Der Grund für diese Einstellung?

»Von der Aufklärung«, bemerkt Dr. med. Rudolf Tischner, der sich als einer der wenigen deutschen Privatgelehrten akademischen Standes – von Beruf war er Augenarzt in München – bereits zu Beginn unseres Jahrhunderts mit wissenschaftlicher Akribie den Para-Phänomenen widmete, in seiner »Geschichte der Parapsychologie«, »deren Richtschnur die Vernunft war, wurden alle Dinge mit der Elle des vollbewußten, taghellen Verstandes gemessen, und, wo diese nicht zureichte, verworfen. Infolgedessen mußte das Gebiet der parapsychischen Erscheinungen, die häufig nicht dem bewußten Verstand entspringen, sondern dem Unbewußten verhaftet sind, den ›Aufklärern‹ verdächtig, ja verhaßt sein, zumal soweit sie magischer Natur zu sein schienen. Derartiges konnte nach der Grundanschauung des einseitigen Aufklärungsstandpunktes nicht wahr sein. Und so war es denn auch nicht vorhanden. Soweit die Tatsächlichkeit der Erscheinungen aber unmöglich bestritten werden konnte, war man schnell mit dem Worte ›Betrug‹ zur Hand.«

»Ein säkularer Verdrängungsprozeß nahm seinen Lauf«, sagt Professor Hans Bender, Freiburg, »der ein Tabu über Okkultes verhängte.« Alle unerklärlichen Erscheinungen, die die Möglichkeiten der fünf Sinne und der bekannten Naturgesetzmäßigkeiten zu überschreiten schienen, wurden ins »Kuriositätenkabinett der menschlichen Narretei verwiesen«.

Zwar fehlte es nicht an Köpfen, die sehr klar erkannten, wie hier das Kind mit dem Bade ausgeschüttet wurde, und deshalb mit ihrem Tadel für eine so radikal ablehnend sich gebärdende aufklärerische Haltung nicht sparten. Noch kein Jahrhundert sei so merkwürdig gewesen wie dieses, schreibt gegen Ende des 18. Jahrhunderts der Münchner Hofrat und Archivar Karl von Eckartshausen in seinem vierbändigen Werk »Aufschlüsse zur Magie«. Eine große Menge beschäftigte sich mit der Geheimwissenschaft, und der

Der heilige Remigius, Anfang des 6. Jahrhunderts Bischof zu Reims, heilt einen Besessenen, indem er ihm den Teufel austreibt. Augsburger Holzschnitt aus dem Jahre 1471.

Hang zum Sonderlichen sei außerordentlich. Alles suche Aufklärung und Weisheit, aber der größte Teil der Menschen suche sie auf ganz unrechten Wegen. Der Fehler vergangener Generationen sei es gewesen, alles zu glauben, und der Fehler der heutigen, alles zu verwerfen, was man nicht begreift. Und als eines der vielen Beispiele des Unbegreiflichen führt er die Wünschelrute an und meint dazu voller Spott: »Die Dummheit denkt an ein Spielwerk der Hölle, der menschliche Stolz aber verwirft mit einem Kathedermachtspruch, was er nicht begreifen kann.«

Auch Immanuel Kant, der gefeiertste Philosoph seiner Zeit, sprach sich, wenn auch vorsichtig, gegen eine solche allzu negative Einstellung der Aufklärer aus. Ironisch wendet er sich gegen einen vulgären Rationalismus, der eine Scheu vor allem Ungewöhnlichen und Unerklärlichen zeigt:

»Die Philosophie, deren Eigendünkel macht, daß sie sich selbst allen eitlen Fragen bloßstellt, sieht sich oft anläßlich gewisser Erzählungen in schlimmer Verlegenheit, wenn sie nämlich an Einigem in ihnen ungestraft nicht zweifeln darf, oder aber manches davon ungestraft nicht glauben.«

Zutiefst enttäuscht über jene Zeitströmung war auch Goethe. Er, den alles Geheimnisvolle in Natur, Geisteswelt und Seelenleben so mächtig anzog, hatte stets großes Interesse für Okkultes gezeigt, glaubte er doch selbst an seine Veranlagung auf diesem Gebiet, mit Recht.

Als Eckermann ihm eines Tages von einem Wahrtraum berichtete, äußerte er: »Dergleichen liegt sehr wohl in der Natur, wenn wir auch dazu noch nicht den rechten Schlüssel haben. Wir wandeln alle in Geheimnissen. Wir sind von einer Art Atmosphäre umgeben, von der wir gar nicht wissen, was sich alles in ihr regt und wie es mit unserem Geist in Verbindung steht. Soviel ist wohl gewiß, daß in besonderen Zuständen die Fühlfäden unserer Seele über die körperlichen Grenzen hinausreichen können und ihr ein Vorgefühl, ja auch ein wirklicher Blick in die nächste Zukunft gestattet ist.«

Für wie primitiv Goethe den so beschränkten Horizont jener alles Außergewöhnliche und Übernatürliche verneinenden Pseudo-Aufklärer einschätzte, läßt er in der Walpurgisnacht seines Faust den »Proktophantasmisten« sagen, mit dem er auf den Berliner »Aufkläricht« Friedrich Nicolai anspielt: »Wir haben ja aufgeklärt! Das Teufelspack, es fragt nach keiner Regel. Wir sind so klug, und dennoch spukt's in Tegel. Wie lange hab' ich nicht am Wahn hinausgekehrt! Und nie wird's rein. Das ist doch unerhört . . . Ich sag's euch Geistern ins Gesicht: Den Geisterdespotismus leid' ich nicht.«

Jedoch, was half es: Das Häuflein der Undogmatischen, der Kreis jener, die gewillt waren, die außergewöhnlichen Phänomene vorurteilslos zu sehen, war zu klein, ihr Gewicht nicht groß genug, sich durchsetzen zu können. »Wir glauben jetzt an keine Gespenster mehr«, vermerkt Lessing einmal und charakterisiert genau die Situation, »kann also nur heißen: In dieser

Sache, über die sich fast ebensoviel dafür als dawider sagen läßt, die nicht entschieden ist und nicht entschieden werden kann, hat die gegenwärtige Art zu denken den Gründen dawider das Übergewicht gegeben.«
Für eine unbefangene Beurteilung, eine wissenschaftliche Beschäftigung gar mit den okkulten Phänomenen war die Zeit noch nicht reif. Doch sie war bereits sehr nahe gerückt, stand bereits vor der Tür: Noch ehe das 18. Jahrhundert zu Ende ging, kam es zu einer Entdeckung auf medizinischem Gebiet, die so verblüffende, so außergewöhnliche Nebenerscheinungen zur Folge hatte, daß die offizielle Wissenschaft nicht umhin konnte, diese zur Kenntnis zu nehmen und sich mit ihr kritisch auseinanderzusetzen.

Erstes Interesse von Gelehrten

Parapsychologie ist weder Spiritismus noch Aberglaube. Sie ist die wissenschaftliche Untersuchung von Funktionen der menschlichen Persönlichkeit jenseits der Bewußtseinsschwelle.

G. N. M. TYRRELL

VI. Eine Wunderkur verblüfft Europa

»Sendschreiben an einen auswärtigen Arzt über die Magnetkur«, so lautet der Titel einer Abhandlung, die 1775 in Wien erschien. Als Verfasser zeichnete Dr. Franz Anton Mesmer. Er teilte der Welt seine Entdeckung eines ebenso ungewöhnlichen wie aufregenden neuen Heilverfahrens mit: Er bediene sich dabei des »tierischen Magnetismus«, wie er eine von ihm gefundene Kraft getauft habe.

Mesmer hatte knapp ein Jahrzehnt zuvor bereits einmal von sich reden gemacht, als er sein medizinisches Doktorexamen bestand. Er promovierte mit einer Arbeit »De planetarum influxu – Vom Einfluß der Planeten«. Es gebe, behauptete er darin, eine gegenseitige Beeinflussung zwischen Himmelskörpern, Erde und beseelten Organismen. Ein allgegenwärtiges Fluidum von außerordentlicher Feinheit sollte Träger und Vermittler dieser Anziehungen sein.

Um seine These beweisen zu können, kam Mesmer 1772 auf die Idee, die Wirkung des Magneten auf den menschlichen Körper zu studieren. Zu seinem Erstaunen bemerkte er dabei etwas sehr Sonderbares: Auch ohne Benutzung des Magneten gelang es ihm, eigentümliche Reaktionen zu erzielen, die eine rätselhafte, auf den menschlichen Organismus wirkende Kraft zu bekunden schienen. Es genügte, einen Patienten fest anzublicken und dabei zugleich mit den Händen über dessen Körper hinweg zu streichen, um ihn in einen schlafähnlichen Zustand zu versetzen. Dabei glückte es anscheinend wiederholt, Kranke wieder gesund zu machen!

Das war alles andere als völlig neu. Schon im Altertum hatte man diese Methode des Heilens angewandt. Griechische Heilstätten, stets verbunden mit einem Tempel des Gottes Asklepios (bei den Römern: Äskulap), verdankten ihren Ruhm zum Teil solchen Schlafkuren. Der Grund? Im künstlich herbeigeführten Dämmerzustand sind Kranke für Suggestionen so stark empfänglich, daß es zu gewissen heilenden Wirkungen kommen kann. Das allerdings gilt, wie heute bekannt ist, nur bei psychisch bedingten Leiden, bei denen auch die Autosuggestion – hier der Glaube an die Macht eines Gottes oder eines Wundertäters – zu helfen vermag. Aber von diesen Zusammenhängen wußte man zu jener Zeit überhaupt noch nichts. Deshalb ist es begreiflich, daß die so geheimnisvoll anmutende neue Art von Behandlung und Heilung ungeheures Aufsehen erregte. Mesmers »Therapie« war im Nu das Tagesgespräch in ganz Europa.

Als Mesmer 1778 von Wien nach Paris ging, war ihm der Ruf eines Wunderheilers bereits vorausgeeilt, und er konnte sich des Ansturms von Patienten aus allen Ländern kaum noch erwehren. Da er sich unmöglich ihnen allen persönlich widmen konnte, ließ er eine Heilanlage bauen. Sie war so groß, daß viele Kranke gleichzeitig behandelt werden konnten. Es war ein Kuriosum – eine »magnetische Wanne«, »baquet« genannt.

»Dieser Behälter«, so beschreibt es Seifert, ein Biograph Mesmers, »bestand aus einem großen Wasserbecken, gefüllt mit diversen magnetischen Substanzen, so wie Wasser, Sand, Steinen, Glasflaschen etc. Er bildete den Fokus, in dem sich der Magnetismus konzentrierte und aus dem eine Anzahl von Konduktoren herausragte. Sie bestanden aus gebogenen eisernen Stäben, deren eines Ende im Baquet ruhte, während das andere beim Patienten am kranken Körperteil befestigt ward. Ein Arrangement dieser Art kann einer beliebig großen Anzahl von Personen dienen, die um das Baquet herum Platz nehmen. Zu dem erwünschten Zweck kann auch eine Fontäne oder ein beliebiger Behälter, sei es im Garten oder in einem geschlossenen Raum, dienen.«

»Die Kranken«, heißt es in einem anderen Bericht, »saßen in mehreren Reihen um das Baquet gruppiert. Sie empfingen den Magnetismus über die eisernen Stäbe und durch die Hände von ihren Nachbarn. Es geschah zudem aber auch durch die Klänge eines Pianofortes oder einer angenehmen Stimme, die Magnetismus auch in der Luft verbreitete.«

Das Ganze spielte sich in einem hocheleganten Salon ab. Mesmer, unterstützt von Assistenten, ging reihum, fixierte die Patienten – bald diesen, bald jenen – mit den Augen, »magnetisierte« sie zusätzlich mit den Händen oder mit einem Stab. Nicht lange, und es kam zu hysterischen Ausbrüchen und Anfällen. Gellende Schreie ertönten, manche erlitten Krämpfe, bekamen Zuckungen. Das galt als »Krise«, die zur Heilung führen sollte.

Mesmers Kuren waren die Sensation von Paris. Vor allem hochgestellte und reiche Heilungsuchende strömten ihm zu. Man bot ihm einmal sogar im Auftrag des Königs riesige Summen, um das Geheimnis seiner Behandlung zu erfahren. Mesmer lehnte ab.

Sein Erfolg, der ihm so kometenhaft beschieden war, verlosch wenige Jahre später ebenso abrupt. Als es sich herumsprach, daß Patienten, die wiederholt am Baquet Anfälle erlitten hatten, gestorben waren, setzte die Regierung 1784 eine Untersuchungskommission ein. Ihr Urteil lautete: Ein »magnetisches Fluidum« existiert überhaupt nicht.

Der deutsche Arzt Franz Anton Mesmer, dessen sogenannte »magnetische Kuren« Ende des 18. Jahrhunderts in aller Munde waren. Bei »mesmerisierten« Patienten, die in einen schlafähnlichen, Somnambulismus genannten Zustand fielen, zeigten sich überraschenderweise außersinnliche Wahrnehmungen.

Mesmer verlor seinen Nimbus und damit auch seine Wunderwirkung. Als wenig später die Französische Revolution ausbrach, verließ er Paris und zog sich zurück. 1813 ist er in Meersburg am Bodensee gestorben.

Seine Lehre jedoch hatte inzwischen ein außerordentliches Interesse gefunden und wirkte weiter. In Berlin gründete Wolfart eine »Magnetische Heilanstalt«. Medizinische und philosophische Koryphäen wie Hufeland, Baader und Ennemoser schrieben zustimmend über den »tierischen Magnetismus«. Man begann, über dessen Charakter zu spekulieren, und es entstand eine ganze Reihe von Theorien.

Den Fingern, den Augen und dem Atem des Magnetiseurs, so meinte eine, entströme ein eigentümliches »ätherisches Fluidum«, das durch den bloßen Willen sogar in weite Ferne wirken könne und in der »magnetisierten« Person merkwürdige Nervenzustände erzeuge. Die Kraft bezeichneten einige Gelehrte als »Tellurismus«, oder, soweit sie von Metallen ausgehe, als »Siderismus«. Andere wollten darin eine Art »Nervenäther« erkennen.

Viel Zustimmung und ebensoviel Kritik fand der deutsche Naturforscher Karl Freiherr von Reichenbach, der nach jahrelangen Versuchen die Existenz einer ganz besonderen Naturkraft behauptete, die er als »Od« bezeichnete. Dieses Od, das zwischen Magnetismus, Elektrizität und Wärme stehe, strahle nicht nur der Mensch aus. Es gehe als eine Art »leuchtender Masse« auch von allen Lebewesen, ja selbst von unbelebten Gegenständen aus. Vor allem bei Kristallen will er diese besondere Strahlung beobachtet haben.

Alle Forscher, die sich mit dem Magnetismus und dem Mesmerismus befaßten, kamen – wie immer sie es auch nannten – zu der Überzeugung, daß außer dem Grobphysischen und der Welt des Geistes im Menschen etwas »Feinstoffliches« als eine Art Zwischenschicht existiere. Diese Hypothese war durchaus nichts absolut Neues. Bereits der um 450 v. Chr. in Agrigent auf Sizilien lebende Arzt und Weise Empedokles hatte von einer »ausströmenden Substanz des Lichts« beim menschlichen Körper gesprochen. Sein Zeitgenosse Demokrit nahm an, daß es sich um Korpuskeln handele, um atomähnliche Abstrahlungen, und im Mittelalter meinten Paracelsus und seine Anhänger, besondere Ausstrahlungen des »siderischen Leibes« beim Menschen entdeckt zu haben.

Das alles sind im übrigen Gedanken, die an eine Jahrtausende alte Auffassung im Fernen Osten erinnern. Indien hat eine breit ausgebaute Lehre vom »Prana«, der feinstofflichen Ur-Energie des Kosmos, die hinter und in allem Physischen und Biologischen stecken soll. Sie kann durch »Prana-Yama« – das sind besondere Yoga-Übungen – vom Menschen aufgenommen und in Dienst gestellt worden. Die Inder kennen eine ganz detaillierte Lehre über mehrere feinstoffliche Hüllen, die den seelisch-geistigen Kern des Menschen umgeben. Sie sollen sich als »bunte Aura« äußern, deren verschiedene Farben geschulte Hellseher genau erkennen können. Diese Anschauungen kamen jedoch erst gegen Ende des 19. Jahrhunderts durch die theosophische und die anthroposophische Bewegung weiteren Kreisen im Westen, in den USA sowie in Europa erstmals zur Kenntnis. Die Theosophen unterscheiden fünf verschiedene »Schichten«: Die Gesundheits-Aura, die Lebens-Aura, die Karma-Aura, die Charakter-Aura und die geistige Aura. Diese leuchten vorgeblich sehr verschiedenfarbig: hell- und dunkelrot, braun, rosa, gelb, purpurrot, blau und grün. Der langjährigen Präsidentin der Theosophischen Gesellschaft Annie Besant und ihrem engsten Mitarbeiter, Charles W. Leadbeater, zufolge sollen um den Kopf eines intellektuell stark beschäftigten und geistig hochstehenden Menschen beispielsweise »gelbe Od-Strahlungen« vorherrschen. Etwas Ähnliches war übrigens auch bereits im Ägypten der Pharaonen bekannt. In den Hieroglyphen-Texten ist wiederholt von »Ka« die Rede, worunter eine Art feinstoffliches Doppel jedes Wesens zu verstehen war. In China sprach man von »Chii«.

Noch etwas darf nicht vergessen werden: Sollte – einmal abgesehen von all jenen Lehren, Hypothesen und Behauptungen – nicht eine weltweit in fast allen Religionen feststellbare Tatsache nachdenklich stimmen? Daß Götter und Heilige meist mit einer besonderen Ausstrahlung dargestellt werden? Ein »Heiligenschein« um das Haupt findet sich seit undenklichen Zeiten bei den Hindu-Gottheiten. Später zeichnet er die Götter und Heroen der Griechen und Römer aus. Bei großen Muslim-Herrschern sind es Flammen, die über dem Kopf emporzüngeln, und der Prophet Mohammed selbst wird auf Bildern zuweilen ausschließlich als eine Feuerlohe dargestellt. Die christliche Kunst, angefangen vom 5. Jahrhundert und während des ganzen Mittelalters, kennzeichnet später die hervorragenden Gestalten der Biblischen Geschichte – von Moses bis Jesus und zu den Aposteln, aber auch Heilige und Mystiker – ebenfalls durch eine »Aura«. Eine strahlende Heiligkeit umgibt, kranz- und flächenförmig, deren Häupter oder umhüllt auch die ganze Gestalt. Man unterscheidet zwischen Glorie, Heiligenschein, Nimbus und Aureole.

Die eng mit all diesen Anschauungen vom »Feinstofflichen« in Zusammenhang stehenden Heilverfahren des Mesmerismus, wie man Mesmers Therapie nach seinem Schöpfer benannt hatte, und des »Magnetismus« blieben in den Jahrzehnten seit der Wende vom 18. zum 19. Jahrhundert überall en vogue, in der Praxis ebenso wie in der Diskussion. Sie wurden vor allem von einer Kulturströmung emporgetragen, die, in scharfem Gegensatz zur Aufklärung stehend, damals ihren Einzug hielt – von der Romantik. Deren Anhänger sehen – ähnlich wie die Mesmeristen – im Weltall einen von einer einheitlichen Lebenskraft durchfluteten Organismus. Gefühle, Ahnungen, traumhafte Zustände bedeuten ihnen mehr als das hellwache Tagesbewußtsein, das die Aufklärer höher schätzten als alles andere auf dieser Welt. Es waren Vertreter der Romantik, die auf die Gefahren deuteten, die eine solche einseitige Einstellung unweigerlich zur Folge haben müßte. Warnend erhob 1808 Johann Heinrich Jung, genannt Jung-Stilling, Professor zu Marburg, seine Stimme gegen den die Seele leugnenden Naturalismus und den Atheismus und gegen das »mechanisch-philosophische Lehrgebäude, das sich die durch Luxus und Weichlichkeit abstrahierte Aufklärung aus dem ärmlichsten Vorrat aus der Sinnenwelt abstrahierter Ideen zusammengezimmert« habe.

So geschah es, daß der Mesmerismus in jenen Jahrzehnten nicht nur einen Höhepunkt der Naturforschung bedeutete. Noch etwas anderes kam hinzu: Von ihm gingen auch erstaunliche, zuvor nie vermutete Anregungen und Initiativen aus.

Gerade diese neue Bewegung sollte – woran Mesmer selbst wohl niemals gedacht hatte – in einem ganz anderen Bereich als dem medizinischen eine erste Periode des Erforschens einleiten: auf dem seit der Aufklärung unter den Wissenschaftlern als Tabu geltenden Gebiet der »okkulten Phänomene«.

Das war ein kühner Schritt in ein noch völlig unbekanntes Neuland. Bislang hatten die Menschen sich damit begnügt, okkulte Erscheinungen aller Art zur Kenntnis zu nehmen, wohl auch gelegentlich berühmte Fälle in Sammlungen zu beschreiben und im übrigen über deren Ursachen zu theoretisieren. Dabei hatten, da gerade auf diesem Gebiet der geistliche Stand allein bestimmend war, in den Erklärungen lediglich religiöse und theologische Begründungen vorgeherrscht: »Wunder« waren von Gott, »Böses« vom Teufel und seinen Dämonen.

Jetzt kam etwas völlig Neues hinzu: das Experiment. Und das bedeutete noch

etwas anderes: die »Säkularisierung« der so unheimlichen, so übernatürlich anmutenden Phänomene. Denn es waren nun weltliche Gelehrte, die ihre Versuche anzustellen begannen.
Der erste Anstoß dazu ging von einem Schüler Mesmers aus, dem Marquis Armand Marie Jacques de Puységur. Der in Busancy wirkende ehemalige Offizier hatte mit den Kuren à la Mesmer in demselben Jahre begonnen, in dem der negative Bericht der offiziellen französischen Kommission veröffentlicht wurde. Er variierte die Methode jedoch auf seine Art und benutzte kein Baquet. Dafür »magnetisierte« er einen Baum, befestigte an dessen Stamm rundherum Seile und forderte die Leidenden auf, sich selbst daran festzubinden.
Eines Tages beobachtete Puységur etwas äußerst Merkwürdiges: Einer seiner Patienten – ein junger Bauer von 23 Jahren namens Victor – fiel in seinen Armen in Schlaf. Dabei begann er plötzlich zu sprechen. Nachdem er wieder zu sich gekommen war, konnte er sich an nichts mehr erinnern.
Puységur durchdachte den Fall und machte eine epochale Feststellung. Er erkannte nämlich, daß es sich hier um eine ganz besondere Art von Schlaf handeln müsse, in den Magnetisierte verfielen. Er unterschied sich scharf von dem natürlich gegebenen und offenbarte ganz charakteristische, abnormale Eigenarten.
Das war die Entdeckung von etwas völlig Neuem – dessen, was er »Somnambulismus« nannte.
Weitere Untersuchungen ergaben unmißverständlich: Durch Magnetisieren konnten Personen in einen schlafähnlichen – »somnambul« genannten – Zustand versetzt werden, in dem sie ganz ungewöhnliche Reaktionen zeigten. Patienten folgten nicht nur wie willenlos den Anordnungen des Mesmeristen und führten von diesem befohlene Bewegungen aus. Sie ließen sich auch Gefühle suggerieren, begannen vor Angst zu zittern, vor Hitze zu schwitzen, vor Schmerz zu wimmern oder Freudenschreie auszustoßen, wenn dieser es wollte.
Dabei blieb es nicht. Der Marquis konnte noch etwas anderes, weit Verblüffenderes entdecken: Im magnetischen Schlaf waren auch außergewöhnliche, anscheinend übernatürliche Phänomene aufgetaucht. Es zeigte sich, wie man es später nannte, eine »somnambule Clairvoyance«.
Eine Patientin wußte plötzlich sehr genau über ihren eigenen körperlichen Zustand Bescheid. Sie vermochte eigenartigerweise aber auch eine Diagnose über den anderer Personen zu geben, mit denen man sie in Verbindung setzte. Mehr noch: Sie war in der Lage, mit verbundenen Augen Gegenstände wahrzunehmen, die verdeckt dalagen.
Andere Magnetiseure stellten ähnliche Fälle von Hellsehen fest. Auch über Beobachtungen, daß »Mesmerisierte« die Gedanken anderer zu erkennen vermochten, tauchten Berichte auf. Der »Niederrheinische Kurier« in Straßburg

wußte 1807 über noch weit mysteriöser anmutende Vorkommnisse zu berichten: von einer Dame, die im magnetischen Schlaf Briefe las, die man zusammengefaltet und in einem Kuvert verschlossen auf ihre Herzgrube gelegt hatte. Das bedeutete: Es war zu nichts weniger als einer Sinnesverlegung gekommen.

Als all das bekannt wurde, fing überall in Frankreich wie in Deutschland ein eifriges Experimentieren und Forschen mit Hilfe des »magnetischen Schlafes« an. Denn jetzt war erst das Interesse am Mesmerismus und Magnetismus richtig geweckt. Ein 1820 erschienener Artikel: »Zur Berichtigung der Urteile über den Magnetismus« sieht dessen Verdienst darin, das menschliche Vermögen zur Clairvoyance entdeckt zu haben, sowie des Menschen »noch unbekannte körperliche und geistige Fähigkeiten«.

Noch war vieles, was heute längst selbstverständlich ist, unbekannt und unklar. Was man als »Clairvoyance« bezeichnete, umfaßte noch ununterschieden sowohl Telepathie als auch Hellsehen. Langsam nur begann man sich vorwärtszutasten.

Angesichts des merkwürdigen Zustandes im sogenannten Somnambulismus stand man vor einem Rätsel, das man vergeblich mit allerlei Spekulationen zu deuten versuchte. Doch die Erforschung okkulter Vorgänge hatte, angeregt durch die neuen Entdeckungen und Beobachtungen, Versuche und Spekulationen, nach langen Jahrhunderten des Stillstandes und Auf-der-Stelle-Tretens erstmals mächtigen Auftrieb bekommen. Der Stein war ins Rollen gekommen.

1823 trat eine neue wichtige Erkenntnis hinzu. In seinem »Traité du Somnambulisme« verneinte Alexandre Bertrand die Existenz eines »magnetischen Fluidums«. Die übernatürliche Sensibilität eines angeblich Magnetisierten werde vielmehr allein durch die Suggestion des Behandelnden hervorgerufen. Und dies könne sowohl durch Worte als auch durch den Blick, durch Gesten oder sogar durch Gedanken geschehen.

Im Jahre 1829 erschien in Deutschland ein Werk, das größtes Aufsehen erregte und dermaßen Anklang fand, daß es schnell mehrere Auflagen nacheinander erlebte. Es hatte den langatmigen und merkwürdig genug klingenden Titel: »Die Seherin von Prevorst – Eröffnungen über das innere Leben des Menschen und über das Hereinragen einer Geisterwelt in die Unsere.« Es enthielt, dargestellt von dem in Weinsberg lebenden romantischen Dichter und Arzt Dr. Justinus Kerner, die Geschichte der Friederike Hauffe. Diese war, bereits todkrank, 1826 in Kerners Praxis als Patientin gekommen und von ihm bis zu ihrem Tode drei Jahre später behandelt worden, wobei er sie auf ihren ausdrücklichen Wunsch auch »mesmerisierte«. In dieser Zeit litt sie oft unter kataleptischen Anfällen und fiel täglich morgens um 7 Uhr in Trance. Die ungewöhnlichsten Phänomene zeigten sich in diesem Zustand. So sprach sie einmal, drei Tage hintereinander, nur in Versen. Wie sie be-

hauptete, waren ständig die »Geister« Verstorbener um sie versammelt. Diese ließen sie unter anderem wissen, was Kerner sorgfältig aufschrieb, daß die Seele von einem ätherischen Gebilde – von Kerner »Nervengeist« getauft – umgeben sei, der die Lebensprozesse aufrechterhalte, wenn der Mensch sich in Trance befinde oder die Seele umherwandere. Die »Enthüllungen« waren Wasser auf die Mühlen der Romantiker, die fest an die Existenz von »Geistern« glaubten. Ein mystischer Kreis bildete sich bald nach Erscheinen des Buches, dessen Mitglieder behaupteten, jene Lehren wiesen Analogien zu den philosophischen Ideen von Pythagoras und Platon auf. Eine kleine Zeitschrift, »Blätter aus Prevorst«, wurde ihr Sprachrohr.
Doch weniger jene mysteriösen, angeblichen »Botschaften« ließen die Naturforscher aufhorchen und fanden größtes Interesse; vielmehr war es eine Reihe ganz anders gearteter abnormaler psychischer Fähigkeiten, die Friederike Hauffe, vor allem nachdem Kerner sie »magnetisch« zu behandeln begonnen hatte, wiederholt zeigte. So begann sie in der Nacht sehr häufig plötzlich – ohne jede Lichtquelle – automatisch zu zeichnen und brachte dabei mit unfaßbarer Geschwindigkeit die kompliziertesten geometrischen Figuren zu Papier. Sehr häufig traten in ihrem Krankenzimmer völlig unerklärbare Geräusche und Klopfzeichen auf. In Trance machte sie auch Voraussagen

Patienten am sogenannten Baquet, einem von Mesmer entwickelten, mit Wasser und Eisenspänen gefüllten Behälter, dem über metallene Stäbe ein heilendes »magnetisches Fluidum« entströmen sollte.

und zeigte sich hellseherisch außergewöhnlich begabt. Ein besonders frappierendes Beispiel ihrer »Clairvoyance« beschreibt Kerner, der alles persönlich erlebte und überprüfte, der aber als Romantiker selbst in den Geisterglauben verstrickt war, ausführlich.

Es handelte sich um einen verstorbenen Bürger aus Weinsberg namens K., der einmal wegen unlauterer Geschäftsführung verklagt und verurteilt worden war. Friederike Hauffe behauptete, er sei ihr erschienen und habe erklärt, er sei zu Unrecht gerichtlich belangt worden. Als Beweis dafür gebe es ein Dokument, das noch jetzt in einem Papierbündel liege, und zwar in einem bestimmten Gebäude. Dieses Gebäude wurde so präzis beschrieben, daß nur das Amtsgericht in Weinsberg gemeint sein konnte. Kerner, der zunächst gezögert hatte, nahm sich der Sache schließlich an, schon um die Todkranke zu beruhigen. Der »Geist« des verstorbenen K. war ihr nämlich wiederum erschienen und hatte sie gedrängt, die Angelegenheit in Ordnung zu bringen, da er sonst keine Ruhe fände. Nach langen, mühseligen Recherchen im Amtsgericht fand der Arzt schließlich die in Frage kommende Akte. Nur das entscheidende, entlastende Dokument war nicht zu entdecken. Man stöberte es jedoch tatsächlich bei einer zweiten Durchsuchung auf, nachdem von Friederike Hauffe – die das Gerichtsgebäude nie betreten hatte – nochmals genau beschrieben worden war, zwischen welchen Aktenseiten es sich befinde!

Natürlich tappte der geistergläubige Kerner – zu einer Zeit, da die Wirkungen psychischer Kraft nicht bekannt waren und man auch von Persönlichkeitsspaltung noch nichts wußte – hinsichtlich einer Erklärung jener abnormalen »somnambulen« Erscheinungen bei Friederike Hauffe noch völlig im dunkeln. Trotzdem war es außerordentlich verdienstvoll, was er mit seinen Untersuchungen für die noch in den ersten bescheidenen Anfängen stehende experimentelle Forschung tat. Denn, so äußerte sich Kerners Tochter über das Werk ihres Vaters, »es sind reine Tatsachen, die er niederschrieb, und die mit klaren Blicken beobachtet wurden, nicht nur von ihm, sondern auch von Männern jeden Standes und Alters«. Und der Sohn, Theobald, der ebenfalls Arzt wurde, hebt ausdrücklich hervor, sein Vater habe den Mut gezeigt, Dinge wissenschaftlich zu untersuchen, die von anderen nur ignoriert oder höhnisch verlacht würden. Kerner hatte als Arzt unter Berufung auf die Naturforschung zur Untersuchung der verpönten, nicht ernst genommenen Para-Phänomene aufgefordert!

Angesichts dieser erstaunlichen, zunächst von niemand geahnten Entwicklung konnte auch die Königliche Akademie für Medizin in Paris schlecht auf ihrer früheren Stellungnahme beharren – zumal inzwischen nicht nur in Deutschland, sondern auch in Rußland magnetische Kuren in Mode gekommen waren – und ordnete eine nochmalige Überprüfung an. Es geschah nach langem Zögern 1831. Der Report ließ geraume Zeit auf sich warten.

Als er schließlich nach fünfeinhalb Jahren endlich erschien, strafte sein Inhalt den früheren, völlig negativen Kommissionsbericht Lügen: Er bestätigte ausdrücklich die Echtheit der »magnetischen Phänomene« und vor allem auch die Existenz eines »somnambulen Zustandes«!

Inzwischen hatte – verspätet – der Mesmerismus auch in England Fuß gefaßt und seine Kreise gezogen. Die Vertreter der offiziellen medizinischen Wissenschaft wollten von der Neuerung indes nichts wissen und stellten sich quer. Dabei blieb es – auch nachdem gerade englischen Gelehrten im Zusammenhang mit dem viel umstrittenen Mesmerismus grundlegende neue Erkenntnisse und Experimente gelungen waren!

1837 hatte John Elliotson, Professor der Medizin an der Universität London, begonnen, im College-Hospital den Magnetismus praktisch anzuwenden. Die feindselig eingestellte, konservative Ärzteschaft vermochte es jedoch durchzusetzen, daß die Behörden gegen ihn einschritten. Elliotson mußte auf seine Lehrtätigkeit verzichten und verlor auch seine Stellung im Hospital. 1841 führte Lafontaine, ein Mesmerist aus der Schweiz, in Manchester mehrere öffentliche Demonstrationen vor. Dr. James Braid, ein Chirurg, der bei den Versuchen zugegen war und sich von der Echtheit der Phänomene überzeugen konnte, entwickelte noch im gleichen Jahr zur Erklärung eine Theorie und gab ihr zugleich einen Namen, mit dem jene merkwürdigen Zustände noch heute bezeichnet werden – *Hypnotismus.* In einer Denkschrift an die »British Association for the Advancement of Science – Britische Gesellschaft für den Fortschritt der Wissenschaft« legte er dar, was im Prinzip vor ihm Bertrand bereits auch erkannt hatte: Die Suggestion verursachte die verschiedenen abnormalen Phänomene im sogenannten »magnetischen« Schlaf.

Mit dieser Formulierung war die noch heute gültige wissenschaftliche Erklärung gefunden. Aber niemand – weder die Welt der Gelehrten noch die Öffentlichkeit – nahm sie zur Kenntnis. Und als Braid 1843 auf der jährlichen Versammlung der »British Association« einen Vortrag mit Vorführung hypnotisierter Kranker halten wollte, erhielt er keine Erlaubnis dazu.

Hartnäckig weigerte sich die Ärzteschaft Englands auch, die bei Mesmerisierten bereits mehrfach nachgewiesene Anästhesie, also eine Empfindungs- oder Schmerzlosigkeit, anzuerkennen. 1842 hatte in London Dr. W. S. Ward ein solches Experiment mit vollem Erfolg durchgeführt: Er amputierte einem Hypnotisierten ein Bein. Der Patient bezeugte, von dem Eingriff nichts verspürt zu haben. Dr. Ward berichtete über den Fall in einem ausführlichen Report, den er der »Royal Medical and Chirurgical Society« vorlegte. Die Mitglieder der Gesellschaft lehnten es schlechthin ab, das Gelingen der geschilderten Operation überhaupt für möglich zu halten.

Nur fern der Insel, in den Kolonien, hatte ein Landsmann die Chance, die Hypnose bei chirurgischen Eingriffen erstmalig vielfach anzuwenden: Es war der in Indien praktizierende Arzt Dr. James Esdail. Am Imambara-Hospital

zu Kalkutta führte er in den Jahren von 1845 bis 1851 nicht weniger als dreihundert schwere Operationen und unzählige einfachere Eingriffe an suggestiv eingeschläferten Patienten durch. Dabei gelang es ihm unter anderem, die Sterblichkeitsquote bei der Entfernung von Hoden-Tumoren von an die 50 Prozent auf minimale 5 Prozent zu senken. Ein von der Regierung in Bengalen ernanntes Komitee, dem J. Atkinson als Generalinspekteur der Hospitäler und sechs weitere Europäer, drei davon Ärzte, angehörten, beschäftigte sich mit dieser »mesmerischen« Therapie eingehend und erstattete einen sehr zustimmenden Bericht.
Indes: Indien war weit. In England änderte sich an der ablehnenden Haltung nichts, und dabei sollte es zunächst bleiben. Denn inzwischen hatte ein neues, für Betäubungszwecke hervorragend geeignetes chemisches Produkt die Hypnose um ihre große Chance gebracht. 1831 war von Liebig das Chloroform entdeckt worden, und 1848 trat es – nachdem der Edinburgher Gynäkologe James Young Simpson seine anästhesierende Wirkung erkannt hatte – seinen Siegeszug durch die Operationssäle in aller Welt an.

VII. Die Geisterbotschaften der Geschwister Fox

»Ein Gespenst geht um in Europa ...«, so lautet der erste, berühmt gewordene Satz des 1848 von Karl Marx und Friedrich Engels veröffentlichten »Kommunistischen Manifestes«, mit dem die materialistische Geschichts- und Gesellschaftstheorie das Licht der Welt erblickte. Im selben Jahr 1848 begann jenseits des Atlantiks, ausgelöst durch das Auftauchen eines »Gespenstes« ganz anderer Art, eine dem Materialismus diametral entgegengesetzte Lehre über die Weiterexistenz der menschlichen Seele nach dem Tode ebenfalls ihren Lauf um die ganze Erde – der Spiritismus!
An einem bitter kalten Dezembertage des Jahres 1847 zog Mr. John Fox, ein achtbarer Farmer und Angehöriger der Methodistengemeinde, mit seiner Frau und zwei Töchtern, der zehnjährigen Margaretta und der siebenjährigen Kate, in ein kleines Haus des Fleckens Hydeville im US-Staate New York. Zuvor hatten es bereits andere Familien bewohnt, und es sollte, so ging ein Gerücht, in seinen vier Wänden gelegentlich zu höchst merkwürdigen Vorfällen gekommen sein.
Mr. Fox, ein frommer Mann, gab nichts darauf. Sicherlich würde er ganz anders reagiert haben, hätte er geahnt, was ihm und seiner Familie an Erlebnissen unheimlichster Art in dem neugewählten Heim beschieden sein sollte...

Pioniere und Forscher der 1882 gegründeten englischen S. P. R. Oben: Prof. Henry Sidgwick, Cambridge (links) und der Altphilologe F. W. H. Myers. Unten: Richard Hodgson, der viele betrügerische Medien überführte (links), und Sir Oliver Lodge, Physikprofessor in Liverpool.

Mrs. Leonore E. Piper (1859 bis 1950) aus Boston, USA, galt als das berühmteste automatisch schreibende und sprechende Trance-Medium. Sie wurde über Jahrzehnte in Amerika wie in England unter striktesten Kontrollmaßnahmen durch zahlreiche Forscher getestet. Bei den verblüffenden Mitteilungen, die sie vorgeblich von »Kommunikatoren aus dem Jenseits« bekam, handelte es sich, wie man heute annimmt, zumeist um Wissen, das sie von Lebenden auf telepathischem Wege »abzuzapfen« verstand.

Mrs. Gladis Osborne Leonard (1882–1968) aus Lancashire in England zählte zu den bedeutendsten und wissenschaftlich meistgeprüften von allen Medien. Sie wurde berühmt, als es ihrem Kontrollgeist »Feda« – heute als Spaltpersönlichkeit des Unbewußten ausgelegt – angeblich gelang, Professor Sir Oliver Lodge in London »Botschaften« von dessen 1915 gefallenen Sohn Raymond zu übermitteln. Ihr wie auch Mrs. Piper konnte nie ein Betrugsmanöver nachgewiesen werden.

Es begann knapp ein Vierteljahr nach dem Einzug:
Im Laufe des Monats März 1848 vernahm die Familie plötzlich Klopflaute und andere Geräusche. Sie traten zuerst gegen Abend auf, danach aber auch mitten während der Nacht. Wiederholt wurden alle vier dadurch jäh wach, und oft verbrachten sie recht schlaflose Nächte. Die Familie war verängstigt und stand vor einem Rätsel. Was bedeutete das alles?
Die Antwort brachte der 31. März 1848 – als die unerklärlichen Vorfälle sich erneut wiederholten und es dabei, wie durch einen Zufall, zu einer verblüffenden Entdeckung kam. An jenem Freitagabend geschah folgendes:
»Es war noch sehr früh, als wir schon ins Bett gingen, und kaum dunkel geworden«, so schilderte es Mrs. Fox. »Ich war so übermüdet, daß ich fast krank war. Ich hatte mich kaum hingelegt, als es wieder begann. Die Kinder, die in dem anderen Bett in demselben Raum schliefen, hörten das Klopfen und versuchten ähnliche Geräusche zu machen, indem sie mit den Fingern schnippten.
Meine Jüngste, Kate, sagte: ›Mr. Splitfood (Spaltfuß), tu, was ich mache!‹ und klatschte dann mehrmals in die Hände. Das Geräusch ertönte darauf sofort, und zwar genauso oft. Als sie innehielt, setzte es ebenfalls aus.
Danach sagte Margaretta, wie aus Spaß: ›Jetzt mach, was ich mache!‹, zählte – eins, zwei, drei, vier – und schlug dabei in die Hände. Die Klopfzeichen kamen prompt wie zuvor. Sie wagte vor Schreck nicht, nochmals zu klatschen.
In dem Augenblick kam mir der Gedanke, einen Test zu machen. Ich bat den ›Lärmmacher‹, nacheinander das Alter meiner Kinder zu klopfen.
Auf der Stelle wurden tatsächlich die Lebensjahre meiner Töchter genau angegeben – mit genügend Pausen dazwischen, um jede Zahl von der anderen unterscheiden zu können – bis zu Nummer 17. Danach gab es ein längeres Schweigen, worauf drei, und zwar heftigere Schläge ertönten. Sie bezogen sich auf das Alter meines jüngsten, inzwischen verstorbenen Kindes.
Darauf fragte ich: ›Ist es ein menschliches Wesen, das meine Fragen so richtig beantwortet?‹
Es kam kein Zeichen.
Ich fragte: ›Ist es ein Geist? Wenn ja, klopf zweimal!‹
Ich hatte kaum ausgesprochen, als ich ein zweimaliges Klopfen vernahm.«
Das konnten die Eheleute nicht bei sich behalten. Und schon in den Tagen darauf gab es großen Zulauf – Nachbarn kamen, um ebenfalls die geheimnisvollen Töne zu hören. Sie stellten allerlei Fragen, sei es nach Alter oder Kinderzahl – und erhielten zu ihrem ungläubigen Erstaunen die Antworten korrekt geklopft.
Um noch andere und interessantere Dinge erfahren zu können, kam einer der Besucher, Isaak Post, auf einen gescheiten Gedanken. Jeder Buchstabe lasse sich doch leicht auch mit einer Zahl ausdrücken – a = ein Klopflaut,

Margaretta und Kate Fox als junge Frauen. In Gegenwart der beiden Schwestern traten in deren Kindesalter 1848 erstmals seltsame, scheinbar unerklärliche Klopfzeichen auf. Mit diesen Phänomenen, die man »Geistern« zuschrieb, begann die spiritistische Glaubensbewegung.

b = zwei Klopflaute, c = drei usw. Auf diese Weise könne man nicht nur Wörter, sondern ganze Mitteilungen und Auskünfte zusammenbuchstabieren.

Ein Versuch wurde gemacht. Und siehe da – er gelang! Das war eine noch aufregendere Entdeckung! Denn damit – davon war man fest überzeugt – war eine Brücke geschlagen zwischen dem Diesseits und dem Jenseits, hatte sich erstmals die Möglichkeit einer Verständigung mit »Geistern« – den angeblichen Urhebern der sonst unerklärlichen Klopftöne – erschlossen.

Nun gelang es Mrs. Fox auch, von dem »Geist« selbst Näheres und Persönliches zu erfahren. Er sei, vernahm sie, auf Erden Kaufmann von Beruf gewesen, habe in demselben Hause gelebt und sei eines Tages umgebracht worden. Seine Gebeine hätten die Mörder unten im Keller verscharrt!

Als man dem nachging, gab es eine Überraschung: Unter dem Fundament konnten bei wiederholtem Graben in der Tat Knochen zutage gefördert werden. Sir Arthur Conan Doyle berichtet darüber in seiner 1926 erschienenen »Geschichte des Spiritismus«.

So aufsehenerregend das alles auch war – der Familie Fox brachte es nur Nachteile und Feindschaften ein. Das alles erschien den Nachbarn – nachdem diese ihre erste Neugier und Sensationslust gestillt hatten – als allzu unheimlich. Man schloß Fox und die Seinen aus der Methodistenkirche aus, denn sie mußten – das waren allen klar – vom Teufel besessen sein. Der Boykott wurde derart, daß Mrs. Fox nichts anderes übrigblieb, als den Ort zu verlassen. Sie zog mit den Töchtern vom Land in die Stadt, nach Rochester zu Verwandten.

Auch am neuen Wohnsitz tauchten die merkwürdigen Phänomene wieder auf. Und hier in der Stadt bekam die Sache eine bald über das ganze Land gehende Publicity und eine ungeheure Resonanz. Zwar glaubte man dort weniger an den Teufel als in Hydeville, dafür war man um so interessierter, die rätselhaften Erscheinungen zu beobachten und aufzuklären. Da es nur pochte, wenn die Kinder in der Nähe waren, stellte man diese mit nackten Füßen auf Kissen und untersuchte alle Räume peinlich genau nach verborgenen Geräten. Trotzdem ertönten die »raps«, die »Klopfzeichen«, und wiederum gab ein »Geist« Antworten.

Das Interesse war so groß, daß die Schwestern Fox bald auch nach anderen Städten eingeladen wurden. Sie gaben öffentliche Vorführungen, im Sommer 1850 mehrere in New York. Es war die überall besprochene Sensation, alle Zeitungen berichteten darüber. Klubs und Zirkel entstanden allerorts, deren Mitglieder sich im vertrauten Kreis mit den verblüffenden Phänomenen zu befassen begannen.

Mißtrauisch und keineswegs an Geister glaubend, bildeten drei Wissenschaftler in Buffalo einen Ausschuß, um den Dingen auf den Grund zu gehen – die Professoren Flint, Lee und Coventry. Sie fanden, es gehe durchaus natürlich zu – die Geräusche würden von den Töchtern mit den Kniegelenken hervorgebracht oder auch mit den Zehen. Daß sie in diesem Falle tatsächlich den Nagel auf den Kopf getroffen hatten, wurde Jahrzehnte später bestätigt. 1888 gaben die inzwischen verheirateten Schwestern, Mrs. Margaretta Fox-Kano und Mrs. Kate Fox-Jenken, nämlich zu, betrogen zu haben. Beide widerriefen allerdings ihre Geständnisse bald danach.

Aber die Erklärungen der Professoren aus Buffalo fanden – in jenen Tagen nicht anders als später die persönlichen Geständnisse der Geschwister Fox – in der breiten Öffentlichkeit kein Gehör. Sie reichten – zumal noch weitere, ganz anders geartete angebliche Bekundungen aus dem Jenseits und geheimnisvolle Erscheinungen hinzutraten – nicht aus, Klopflaute und »Gespenster« ins Reich der Fabel und des Betruges zu verweisen.

Denn 1850 kam es in Stratford im Staate Connecticut zu Vorfällen, die der Sache noch mehr Auftrieb gaben. Im Hause des Doktors Phelps, eines Pastors, der einen Sohn und eine Tochter hatte, traten plötzlich Spuk-Phänomene auf. Möbel begannen sich auf unerklärliche Weise zu bewegen, Geschirr und andere Gegenstände flogen in den Zimmern umher, es gab auch Klopflaute, und mit solchen wurden auch Fragen beantwortet. Die Aussagen waren zum Entsetzen des Geistlichen zuweilen obendrein recht gotteslästerlicher Art.

In Sitzungen, bei denen Kate Fox und eine Frau Tamlin anwesend waren, konnte im Herbst 1849 ein abermals anders geartetes Phänomen bemerkt werden: Unerwartet bewegten sich mit einem Male kleinere Gegenstände, und die Saiten einer Gitarre begannen – unberührt – eine Melodie zu spielen!

Nicht genug damit. Wenig später sollte noch eine dritte, ebenso unheimliche wie unerklärbare Beobachtung hinzukommen.

Das Haus der Familie Fox war inzwischen zu einem Stelldichein aller an

»Geistern« Interessierten geworden. Man kam zusammen, um die inzwischen berühmt gewordenen »raps« zu hören. Dabei pflegte man an einem größeren Tisch Platz zu nehmen. Eines Abends jedoch gingen zu aller Überraschung die Klopftöne unerwartet von diesem Möbelstück selbst aus. Wenig später spürten alle, deren Hände oder Arme auf der Platte lagen, wie ein leichtes Zittern durch das Holz ging. Gleich darauf geriet der ganze Tisch in lebhafte Bewegungen, er begann sich erst zu neigen und dann sogar von der Stelle zu rücken.

Als die Anwesenden den ersten schweren Schock überwunden hatten, kam jemand auf die Idee, am Tisch sitzend auch Fragen zu stellen. Man hatte kaum Platz genommen, die Hände einander berührend im Kreis auf die Platte gelegt und etwas gefragt – als das Möbel, sich hebend und senkend, zu klopfen anfing!

Das bald so viel diskutierte »Tischrücken« war entdeckt! Damit hatte auch die eigentliche Geburtsstunde des modernen Spiritismus geschlagen, dessen Anhänger fest daran glauben, durch ein solches Verfahren – eben die Klopftöne – mit den »Geistern« Verstorbener in Verbindung treten zu können. Niemand von denen, die bei diesem Erlebnis zugegen waren, konnte ahnen, daß es wenige Jahre später einen Siegeszug um die halbe Welt antreten und Millionen von Menschen in seinen Bann ziehen würde!

Natürlich fehlte es nicht an Zweiflern, an Kritikern, die die Erscheinungen als raffiniert ausgeheckte betrügerische Machenschaften erklärten. Die Schar der von der Echtheit der Vorkommnisse fest Überzeugten wuchs trotzdem nur um so mehr. Sie wurden in ihrem Glauben noch fester bestärkt, als sich der berühmteste »Seher« Amerikas mit den Erscheinungen in Rochester und Stratford beschäftigte. Es war Andrew Jackson Davis, ein höchst merkwürdiger Mann, der wie kaum jemand anderer jener Zeit in der Neuen Welt den Okkultismus, vor allem aber den Spiritismus beeinflußt hat.

Bereits als Knabe hatte der 1826 geborene Davis, Sohn eines armen Flickschusters in dem Ort Poughkeepsie im Staate New York, Visionen gehabt. Einmal ging er eine Woche lang Nacht für Nacht schlafwandelnd umher. Er habe das Paradies geschaut, berichtete er danach, und versuchte, seine Eindrücke auf einem großen Gemälde festzuhalten. Die Schule allerdings besuchte er nur ein Jahr. Später nahm er noch einmal an Abendkursen teil, um die größten Wissenslücken zu füllen. Aber auch das nur für kurze Zeit. Ansonsten betätigte er sich als Hilfsarbeiter in verschiedenen Berufen, einmal auch als Hirt.

Im Jahre 1843 kam für Davis die große Wende. Ein Magnetiseur, Levington mit Namen, der überall im Lande Vorträge hielt, entdeckte die abnormalen Veranlagungen des damals Siebzehnjährigen: Er eignete sich hervorragend als Medium. Denn wenn er in magnetischen Schlaf versetzt wurde, konnte er hellsehen.

Dem »magnetischen Fluidum«, das bei der »Mesmerischen Kur« angeblich auf den Patienten überströmte, schrieb man heilende Kräfte zu.

Besonders verblüffend waren die Krankheitsdiagnosen, die er in diesem Zustand zu stellen vermochte. Ein Arzt, Dr. Lyon, der davon hörte, nahm Davis in seine Praxis und ließ sich von ihm auch die jeweils angeblich erforderlichen Heilmittel nennen. Die notwendigen Kenntnisse dazu bezog Davis, wie er angab, von einer berühmten Koryphäe der Antike. Bei seinen Beziehungen zu »Geistern« pflog er nämlich nicht nur Umgang mit dem 1772 gestorbenen Swedenborg, sondern vor allem auch mit dem Geist des großen Heilkundigen Galen. Der von 131 bis 199 n. Chr. lebende Grieche zählt zu den Begründern der medizinischen Wissenschaft.

Die Kranken kamen von weither, um sich von dem als Sensation bestaunten Heilkünstler und Wunderarzt behandeln und beraten zu lassen. Als »Seher von Poughkeepsie« wurde er schnell allenthalben bekannt.

In Trance, in die er von da an immer häufiger auch von selbst verfiel, begann er bald darauf auch zu schriftstellern. An einem Maitage 1845 erhielt er, wie er seiner Umgebung mitteilte, in einer Vision den Auftrag für ein großes Werk. Da er dazu noch weitere Male aufgefordert wurde, zog er nach New York und ging gehorsam an die Ausführung. Die ihm übermittelten »Offenbarungen« teilte er in schlafähnlichem Zustand sofort seinen Mitarbeitern mit. Dabei wiederholte Dr. Lyon zunächst die von Davis in kurzen Absätzen gesprochenen Worte, und ein Geistlicher namens Fishbough schrieb sie auf.

Es wurde ein wahres Marathon-Diktat aus dem »Jenseits«, denn bis alles zu Papier gebracht war, hatte es 15 Monate gedauert, vom November 1845 bis zum Januar 1847. Was dabei zustande kam, war ein Buch, das – vollgestopft mit einer umfassenden Geisterlehre und einer entsprechenden Naturphilosophie – dem Wohle der Menschheit dienen sollte. Der Titel lautete: »The Principles of Nature ... – Die Prinzipien der Natur, ihre göttlichen Offenbarungen und eine Stimme der Menschheit«.

Davis gibt in seinem Werk, so Rudolf Tischner, »ein ganzes Weltbild. Das Weltall ist nach ihm eine Einheit, eine unaufhörlich sich bewegende Maschinerie, in der eine Entwicklung von niederen zu höheren Stufen stattfindet«. In ihm habe der Grundsatz der Analogie, der Entsprechung, allgemeine Geltung ... Ausgehend von den zahlreichen Sonnensystemen, kommt Davis auf das unsere zu sprechen und schildert die Entstehung der Erdrinde und die Entwicklung des organischen Lebens bis zum Menschen ... Das Werk schließt mit der Schilderung des Himmels auf Erden – des ›Tausendjährigen Reiches‹, wie er es nennt«.

Zweifelsohne eine imponierende, großartige Schau! Und doch getrübt durch viel Widersprüchliches, Unverständliches und, was gar kontrollierbare Tatsachen oder wissenschaftliche Erkenntnisse betrifft, falsche oder schiefe Angaben. Von den Gebildeten abgelehnt, fand das Buch in breiten Schichten der USA ein um so begeisterteres Echo. Voller Stolz behaupteten Davis' Anhänger dazu, er habe den Inhalt ohne eigene positive Kenntnisse diktiert und alles einzig auf hellseherischem Wege erschaut. Als Beweis für seine visionären Angaben wiesen sie – und das stimmt tatsächlich – auf folgendes hin: Davis habe bereits vor der Entdeckung des Neptun durch Leverrier, Adams und Galle im September 1846, und zwar schon im März desselben Jahres, ausführliche Beschreibungen eines achten Planeten geliefert und auch dessen Dichte annähernd richtig angegeben.

Dieses Buch begründete Davis' Ruhm!

So war die Öffentlichkeit um so gespannter, als bekannt wurde, der große »Seher« sei nach Stratford geeilt, dem Schauplatz der so viel Aufsehen erregenden Geistererscheinungen, und er beschäftige sich auch mit den Spukphänomenen in Rochester. Die Erkenntnishungrigen sollten nicht enttäuscht werden.

1851 erschien Davis' »Philosophie des Verkehrs mit Geistern«.

Der »Seher« gab darin nicht nur genaue Auskunft über den Umgang mit »Geistern«, er legte auch seine Ansicht über den Spiritismus dar. Jetzt endlich, so könne er aller Welt mitteilen, sei der historische Augenblick gekommen, an dem »Geister« und Menschen miteinander Kontakt aufzunehmen vermögen.

Davis verheimlichte nicht, wem er selbst sehr wichtige Aufschlüsse über das Geisterland verdanke: Benjamin Franklin. Dieser habe ihm, Davis, sogar sein großes Geheimnis der Erforschung des Jenseits anvertraut, mit dessen Hilfe es gelungen sei, auf der Erde Gegenstände zu bewegen und sich auf diese Weise den Menschen kundzutun!

»Wir probierten an verschiedenen Stellen der Erde«, soll Franklins »Geist« ihn wörtlich habe wissen lassen, »und es glückte uns auch gelegentlich, einige schwache Töne hervorzubringen. Aber in Rochester – wo wir die notwendigen Bedingungen vorfanden – riefen wir die ersten Mitteilungen hervor, die bis zu einem gewissen Grade die Aufmerksamkeit der Welt beschäftigten und den skeptischen Verstand interessierten. Wir freuten uns über den günstigen Ausfall unserer Experimente.«
Weiter erfuhren die staunenden Leser: Das »Geisterklopfen« beruhe auf ausströmender Elektrizität, das gelte für die Leistungen guter Medien wie der Schwestern Fox. In den Sitzungen sind die »Geister« nicht etwa persönlich anwesend; sie senden nur aus dem Jenseits. Noch sei der Verkehr mit den Nichtirdischen alles andere als vollkommen, und zu Mißverständnissen und Widersprüchen komme es dabei vor allem, weil die »Geister« an das Diesseits gebunden seien. Der Geist sei im übrigen keine immaterielle Substanz, er bestehe vielmehr aus verfeinerter Materie.
So unverständlich es heute erscheinen mag – dieses neue Buch über die Geister wurde ein ungeheurer Erfolg. Es erlebte in den USA Millionenauflagen, und zahlreiche Übersetzungen erschienen in Europa. Mit ihm hatte Davis ein Werk geschaffen, das den volkstümlichen Geisterglauben bis in unsere Tage zu beeinflussen vermochte. Es wurde die »Bibel des Spiritismus«.

VIII. Medien-Hausse aus den USA

Die spiritistische Bewegung verbreitete sich mit Windeseile über die gesamten USA. Die erste experimentelle Vereinigung »The New York Circle« war bereits 1851 gegründet worden. Sie berief die »New York Conference« ein, und das Predigen einer »neuen Wissenschaft und eines neuen Glaubens« führte zu zahlreichen Bekehrungen auch unter den angesehensten und seriösesten Persönlichkeiten, so mehrerer Professoren der Universität von Pennsylvania und Mitgliedern des Obersten Gerichtshofes. Nach einer Schätzung in der Zeitschrift »Spirit World« gab es in jenen Tagen bereits in New York allein an die hundert Medien und in Philadelphia zwischen fünfzig bis sechzig private Zirkel, deren Mitglieder laufend zu »Séancen« zusammenkamen.
Im April 1855 versicherte die »North American Review«, daß die Zahl der Spiritisten im Lande nahezu zwei Millionen betrage.
Die erregenden Entdeckungen und Praktiken blieben nicht auf die Neue Welt beschränkt.

Der Spiritismus mit all seinen geheimnisvollen Phänomenen, die er in »Séancen« hervorbrachte, faßte überraschend schnell in allen Ländern der zivilisierten Welt Fuß. »Geister«, die im Mobiliar klopften und Tische in Bewegung zu setzen verstanden, tauchten, einer Invasion gleich, in ganz Europa auf. Mit ihnen kamen – viel bestaunt – als Import aus den USA auch die ersten Medien über den Nordatlantik. Das waren Personen, die sich für die Vermittlung vorgeblicher »Botschaften aus dem Jenseits« als besonders geeignet zeigten. Die »Mittler« fielen gewöhnlich in einen »Trance« genannten, veränderten Bewußtseinszustand, in dem sie so zu sprechen begannen, als ob ein »Verstorbener« aus ihnen rede.

1852, vier Jahre nach den »Rochester-Klopftönen«, trat in England die Amerikanerin Mrs. Hayden auf. Ihr folgte wenig später deren Landsmännin Mrs. Roberts. Beide Medien verstanden es, mit ihren Darbietungen in kürzester Zeit eine Schar begeisterter Bewunderer an sich zu fesseln. Ihre Klientel rekrutierten sich, wie zeitgenössische Berichte betonen, ausschließlich aus »sehr distinguierten« und »exklusiven« Kreisen. Einladungen zum »Fünf-Uhr-Tee mit Tischrücken« wurden die große Mode.

Viele der einflußreichsten Zeitungen veröffentlichten zwar Berichte voller Hohn und Spott über das, was sich angeblich auf jenen Séancen ereignete. Es fehlte jedoch auch nicht an Stimmen namhafter Persönlichkeiten, die gewillt waren, die Erscheinungen durchaus ernst zu nehmen und sich um wissenschaftliche Erklärungen zu bemühen. Auseinandersetzungen mit heftigem Pro und Contra waren bald an der Tagesordnung. Der Physiologe Carpenter schrieb in den Mitteilungen der Londoner »Royal Institution« – und er eilte mit dieser Erkenntnis seiner Zeit weit voraus – über vom Willen unabhängige, von ihm »ideomotorisch« genannte Bewegungen. Dr. James Braid, der bekanntlich den Begriff Hypnose geprägt hatte, erklärte 1853, die Bewegungen der Möbel beim »Tischrücken« kämen unter dem Einfluß der Erwartungen bei den Sitzungsteilnehmern zustande.

Der große englische Physiker und Chemiker Michael Faraday, ebenfalls um eine wissenschaftliche Erklärung bemüht, unternahm sogar ein berühmt gewordenes Experiment. Mit Hilfe einer Reihe raffiniert ausgeklügelter Apparate wies er nach, daß auf keinen Fall Elektrizität oder gar Magnetismus im Spiel sein könne: Die Bewegungen, die der Tisch ausführe, gingen von den Händen aus!

Damit war für die Naturforscher die mysteriöse Angelegenheit mit ihren angeblichen Botschaften Verstorbener aus dem Jenseits erledigt! In der Öffentlichkeit jedoch nahm man die Gelehrten nicht ernst, am wenigsten in mystisch gesinnten Kreisen. Viel überzeugender und beweiskräftiger fanden deren Angehörige eine andere Demonstration, die der Geistliche Godfrey angestellt hatte: Ein Tisch, der sich heftig bewegte, sei sofort stehengeblieben, nachdem er eine Bibel daraufgelegt hatte, nicht aber, wenn es ein anderes

Buch war. Das zeige, wie Reverend Godfrey daraus schloß, unmißverständlich: Tischrücken sei nichts als infames Teufelswerk.
Auch die Spiritisten ließen sich durch Faradays Argumente keineswegs beirren. Was fast bescheiden mit Klopfzeichen und umherrückenden Tischen angefangen hatte, begann sich im Gegenteil mehr und mehr auszuweiten. Angeregt durch Berichte aus den USA, wurden bald nämlich noch andere »Techniken« für »Botschaften aus dem Jenseits« ausprobiert, die in den Jahrzehnten nach 1850 als neue, außergewöhnliche Phänomene auftauchten. Fast schien es, als seien die Medien – jene geheimnisvollen angeblichen Vermittler zur Welt der Abgeschiedenen –, ermutigt durch die Erfolge und das Interesse weiter Kreise, geradezu darauf bedacht, weitere verblüffende »abnormale« Fähigkeiten zu demonstrieren. Die Skala der Para-Produktionen verbreiterte sich in erstaunlicher Weise.
1860 führte das englische Medium, Mrs. Marshall, erstmals etwas sehr Merkwürdiges vor: In einer Séance wurden die Teilnehmer gebeten, ihre Schnupftücher unter den Tisch zu legen. Darauf nahm Mrs. Marshall selbst ein Stück Glas zur Hand, bestrich es mit einem Gemisch aus weißem Farbpulver und Öl und hielt es kurz ebenfalls unter die Tischplatte. Als sie es wieder hervorzog, stand darauf deutlich zu lesen: »Knoten an Knoten«. Das bezog sich, erklärte sie, auf die Tücher. Und als man nach unten griff, zeigte sich: Sie alle waren auf geheimnisvolle Weise miteinander verknotet! Das Phänomen wurde als »Tafelschrift« bekannt. Gebildete sprachen von »Psychographie«. »Direkte Schrift«, wie sie auch heißt, wurde sehr oft vor allem von zwei berühmten englischen Medien gezeigt, von Henry Slade und William Eglinton. Meist legte man vor Beginn einer Sitzung einen Schieferstift zwischen zwei Tafeln, die man zusammenband und außerdem versiegelte. Während das Medium die Tafeln unter den Tisch hielt, waren deutlich die charakteristischen, schrill kratzenden Töne zu hören, die beim Schreiben auf Schiefer auftreten. Wenn der Verschluß danach gelöst war, befanden sich auf der Tafel Schriftzeichen. Bei manchen Séancen soll »direkte Schrift« auch erzeugt worden sein, wenn die Tafeln – ohne vom Medium berührt oder unter die Platte gehalten zu werden – allen Teilnehmern sichtbar mitten auf dem Tisch liegenblieben.
Um dieses Phänomen hat es von Anfang an viele Diskussionen gegeben. Seine Echtheit wurde vor allem mit dem Argument bestritten, daß die Möglichkeiten eines Betruges dabei sehr groß seien, vor allem durch Einschmuggeln bereits beschriebener Tafeln.
Zur Tafelschrift kamen weitere Produktionen hinzu, die weit mehr als diese die Menschen beeindruckten, da es bei ihnen zu geradezu gespenstisch anmutenden Inspirationen und Offenbarungen aus der »Geisterwelt« kam. Medien begannen nämlich – unter rätselhaftem, fremdem Einfluß scheinbar – in der Trance zu sprechen oder auch zu schreiben. Sie hielten Reden religiö-

sen oder moralischen Inhalts, oder sie beschrieben, wie das Jenseits beschaffen sei und das Leben der Verstorbenen sich abspiele. Es wurden aber auch Verse, ganze Romane und zuweilen sogar wissenschaftliche Sujets »automatisch« zu Papier gebracht.

Das war durchaus nichts Neues. Bereits der bekannte schwedische Hellseher Swedenborg hatte eines Tages offen gestanden: »Ich schreibe nur durch die Eingebung und bin eigentlich lediglich der Sekretär meines Geistes.« Und hatten nicht in der Antike Denker und Dichter ihre Werke als Inspirationen der Musen angesehen? Sie schrieben im übrigen nicht nur poetische Eingebungen, sondern auch Prophezeiungen derselben Quelle zu. Ihnen galt nämlich Apoll, der durch die Pythia in Delphi weissagte, als Führer der Musen und Gott der Poesie zugleich.

Von inspirierten Niederschriften ist auch in der Bibel wiederholt die Rede. »Es kam aber Schrift zu ihm von dem Propheten Elia, und die lautete . . .«, erzählt die zweite Chronik 21, 12 vom König Joram. Automatisch schreibend – würden wir heute sagen – verewigte der Herrscher Israels, was als Botschaft – unüberhörbar für andere – an ihn gerichtet war. Der Islam weiß von etwas Ähnlichem. Wie es heißt, soll es der Engel Gabriel gewesen sein, der Mohammed eines Tages den Koran diktiert habe.

Das »automatische Schreiben« begann damals nach der Mitte des 19. Jahrhunderts mehr und mehr das Tischrücken abzulösen. Es war weniger umständlich und zeitraubend als das mühsame Buchstabieren anhand der Klopftöne eines Tisches. Die Methode ist denkbar einfach: Man legt ein Stück Papier vor sich hin und nimmt einen Bleistift in die Hand. Dabei darf man sich sowohl unterhalten als auch lesen. Sich auf das Papier zu konzentrieren, wirkt sich nur störend aus, denn der klare Verstand soll möglichst ausgeschaltet sein. Nach einer Weile kann – wie die Erfahrung zeigt – etwas sehr Erstaunliches eintreten: Die ganz ungezwungen auf dem Tisch ruhende Hand fängt plötzlich an, sich selbständig zu bewegen. Zumeist sind es anfangs einige Kritzeleien oder sehr große, ungefüge Buchstaben, die auf dem Papier entstehen. Nach einigen Übungen – medial sehr Begabte können es oft auf Anhieb – beginnt die Hand dann immer deutlicher, lesbarer und schneller zu schreiben.

Durch eine wahrhaft erstaunliche Begabung auf diesem Gebiet zeichnete sich David Duguid aus, ein englischer Kunstschreiner. Er schrieb in Trance ein Buch, dem er nach seinem Inspiranten, angeblich einem älteren Zeitgenossen von Jesus, den Titel gab »Hafed, Prinz von Persien«. Ausführlich beschreibt dieser sein Leben, seine Kämpfe mit Arabern, seine Hochzeit und den Tod seiner Frau. Oft bis ins Detail zeichnen sich die Schilderungen durch eine erstaunlich genaue Kenntnis des antiken Lebens aus. Bereits diese Feststellung seitens einiger Historiker rief höchste Verblüffung hervor. Konnte doch der einfache Handwerker davon unmöglich etwas gewußt haben!

Eingeführt von Hafed, gibt noch ein anderer, längst Verstorbener Kunde von seinem früheren Leben – Hermes, ein Priester aus Ägypten. Schließlich offenbaren sich auch die Maler Ruysdael und Jan Steen und beantworten Fragen über das Jenseits.
Als das Buch erschien, war es obendrein illustriert. Es enthielt Zeichnungen, die – so gab Duguid an – ohne sein Zutun »direkt« von den Geistern hervorgebracht seien. Sie zeigen Szenen und Begebenheiten aus dem Leben Jesu und des persischen Prinzen.
Noch etwas fiel den Gebildeten an dem Werk auf und verwunderte sie: Das Ganze war bemerkenswert gut geschrieben. Auch das ging über die Fähigkeiten eines so einfachen Mannes weit hinaus. Für die Spiritisten jedenfalls galt mit dem »Prinzen Hafed« ein weiterer unwiderlegbarer Beweis für die Richtigkeit ihrer Überzeugungen als erbracht!
Gegen 1860 gab es erneut eine amerikanische Invasion nach England, diesmal noch zahlreicher. Zudem hatte sich die Skala des medialen Könnens noch mehr erweitert. Ein Mr. Charles H. Foster zeigte sich in der Lage, Wörter und Schriften aller Art auf seiner Haut erscheinen zu lassen, eine Mrs. Lottie Fowler sagte in Trance Zukünftiges voraus, und die Gebrüder Davenport produzierten die unglaublichsten Phänomene der Fernbewegung oder, wie man auch bald sagte, »Telekinese«. Nicht weniges von dem, was damals die angeblich mit »übernatürlichen Fähigkeiten« begnadeten Medien vorführten, begann bedenklich an die Schaustellungen von Zauberkünstlern zu erinnern, wie sie einem kritiklosen und auf billige Sensationen bedachten Publikum auf Jahrmärkten feilgeboten wurden. Die Andacht, wie sie bisher bei privaten Séancen im kleinen Kreis geherrscht hatte, wich immer häufiger dem Lärm geschäftstüchtig inszenierter öffentlicher Vorführungen. Damit schlich sich oft der dreisteste Betrug ein, und mehr als einmal konnten betrügerische Machinationen aufgedeckt werden.
Auch die Davenport-Brothers wurden eines Tages entlarvt. Beide hatten in englischen Städten in kurzer Zeit sensationelle Erfolge einheimsen können. Was sie angeblich vermochten, mag heute wie billiges Varieté anmuten. Damals – in der Zeit der Hochflut spiritistischen Geisterglaubens mit seinen klopfenden und umherrückenden Tischen – wurde es von Abertausenden als geheimnisvolles Phänomen bestaunt. Die Darbietung der Brüder Davenport sah so aus: Beide nahmen in einem kleinen Kabinett Platz. Zuvor wurden ihre Körper auf eventuell verborgene Geräte visitiert. Vor aller Augen band man ihre Arme und Beine mit Schnüren fest an Lehne und Beine der Stühle. Nach abermaligem Überprüfen durch Zuschauer, ob die Knoten auch wirklich fest und unlösbar sitzen, wurde es halbdunkel im Raum. Die spannungsvolle Stille wird plötzlich durch ein merkwürdiges Spektakel unterbrochen: Instrumente erscheinen, bewegen sich, wie von Geisterhand gesteuert, durch die Luft und beginnen von selbst zu spielen. Ein ohrenbetäu-

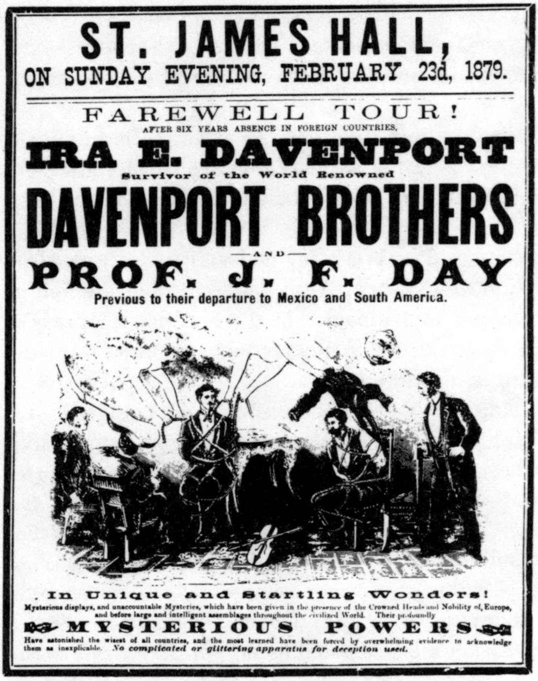

Die aus den USA kommenden Brüder Davenport nutzten in den sechziger und siebziger Jahren des 19. Jahrhunderts das weitverbreitete Interesse für okkulte Phänomene, indem sie in öffentlichen Vorstellungen »mysteriöse Kräfte« demonstrierten. Gefesselt ließen sie u. a. angeblich durch »Geister« Musikinstrumente ertönen. Plakat aus dem Jahre 1879.

bendes Konzert setzt ein. Genauso abrupt, wie es anfängt, bricht mit einem Male alles wieder ab. Volles Licht flammt auf – und die sofort angestellte Untersuchung ergibt: Keine Schnur ist gelöst, beide Brüder haben sich unmöglich im Sitzen auch nur rühren können!

Die Darbietung war derart geschickt ausgeführt und schien nach all den Untersuchungen so unerklärlich, daß sie helles Erstaunen auslöste. Bis eines Tages ein Zuschauer darum bat, die Magier selbst fesseln zu dürfen. Sie sagten zu – und das »Geisterkonzert« fiel an diesem Abend aus! An jenem als »Tom Fool's knot« bezeichneten »Narrenknoten« scheiterten die Entfesselungskünste der Davenports. Ihre Karriere war schlagartig zu Ende, und sie verschwanden aus England.

Daß betrügerische Manipulationen nicht noch mehr um sich greifen konnten, war weniger der äußersten Skepsis bei Naturforschern und Gelehrten zu verdanken als dem Bemühen ehrlich überzeugter Spiritisten. Gerade sie betätigten sich eifrig als Trick-Detektive – und das aus gutem Grunde. Denn nur so war es möglich zu verhindern, daß alles in Bausch und Bogen verurteilt und damit auch die echten Phänomene als Scharlatanerie abgelehnt wurden. Es waren Spiritisten, die allzu geschäftstüchtige »Medien«, wie Foster und

Colchester, um nur ein paar Namen zu nennen, öffentlich des Betruges überführten.

Um so mehr Ruhm und weltweites Ansehen vermochte ein Mann einzuheimsen, der als das bedeutendste und vielseitigste Medium der Neuzeit in die Geschichte eingegangen ist: Daniel Dunglas Home. Obwohl Home nahezu zwei Jahrzehnte lang und in fast allen Ländern Europas wie in Amerika die aufsehenerregendsten und unwahrscheinlichsten Phänomene vorführte und sich dabei wiederholt Kontrollen unterzog, gelang es auch nicht in einem einzigen Fall, ihm einen Schwindel nachzuweisen.

Home wurde in Currie bei Edinburgh am 20. März 1833 geboren. Mit seinen Eltern, die neun Jahre später auswanderten, kam der Knabe nach Amerika. Er war siebzehnjährig, als er – angeregt durch die Berichte über die Schwestern Fox – bei sich selbst eines Tages ähnlich abnormale Fähigkeiten entdeckte: In seiner Gegenwart gab es nicht nur Klopftöne, es kam auch zu noch weit mysteriöser anmutenden Erscheinungen. Damit waren die Weichen für sein Leben gestellt.

Als er im März 1855, zweiundzwanzigjährig, zum ersten Male wieder nach England kam, hatte er auf Anhieb ungeheuren Erfolg. Home war in London in einem an der Jermin Street gelegenen Hotel abgestiegen, und das brachte ihm Glück. Der Eigentümer, William Cox, interessierte sich nämlich für Spiritismus und Okkultes. Als Home davon hörte, benutzte er die erste Gelegenheit dazu, seinen Wirt aufs äußerste zu verblüffen: Er ließ ihn neben einer Karaffe für Wein eine zweite sehen, die gleich darauf wieder spurlos verschwand.

Zutiefst beeindruckt, arrangierte Cox eine Séance. Zusammen mit Lord Brougham wurde auch ein angesehener Gelehrter eingeladen, der Physiker Sir David Brewster. Dieser zählte zu den wenigen Wissenschaftlern, die sich, wie Faraday, ernstlich um eine Erforschung okkulter Vorgänge bemühten. In einem hinterlassenen Bericht hat er beschrieben, was sich an jenem Tage und bei einer weiteren Sitzung zutrug.

Der Tisch bebte, so heißt es, und »eine heftige Bewegung lief von oben nach unten durch unsere Arme«. Zahllose Klopftöne waren überall im Holz des Tisches zu vernehmen. Dann erhob sich das Möbelstück augenscheinlich aus eigener Kraft in einem Augenblick vom Fußboden, als keine Hand es berührte. Eine Glocke, die Home mit dem Rand nach unten abseits von den Anwesenden auf den Teppich gestellt hatte, so daß niemand sie erreichen konnte, begann plötzlich zu klingeln. »Es geschah, obwohl tatsächlich nichts sie berührt haben konnte.«

Doch das war nur das Vorspiel.

Bald danach wurde Home zu einer weiteren Demonstration in privatem Zirkel gebeten. Ein Mr. William White, der darüber berichtete, holte ihn in einer prachtvollen Kalesche ab, und sie fuhren zu einem Landhaus in Islington. Im Eßsaal warteten bereits zwölf Herren. Home hatte keinen zuvor je gesehen und war, als er die ihm fremden Personen antraf, offensichtlich etwas bestürzt. Eine größere Gesellschaft, so meinte er, erschwere seine Manifestationen außerordentlich, doch er fügte hinzu: »Aber wir können jetzt nichts Besseres tun, als es zu versuchen«.

Die Vorhänge wurden – wie allgemein üblich bei Séancen zu jener Zeit – zugezogen und Kerzen angezündet, die den Saal gut erleuchteten. Home bat, die Hände auf die Tischplatte zu legen und sich ungezwungen zu unterhalten. Es verstrichen knapp fünf oder sechs Minuten, als deutlich »raps« ertönten. Sie kamen von allen Seiten – aus dem Tisch, dem Parkettboden, den Wänden. Auf Homes Frage, ob »die Geister so freundlich sein wollten, zu klopfen«, war ein zustimmendes Zeichen zu vernehmen. Eine kleine Glocke, auf den Boden gestellt, schlug mehrmals heftig an.

Home fragte nach einem Akkordeon. Der Hausherr besaß ein solches Instrument nicht. Ein Diener, der zu einem Nachbarn geschickt wurde, kam mit einer Concertina zurück. Auch damit gehe es, meinte Home und legte sie unter den Tisch, wo sie wenig später von selbst zu spielen anfing. Seine Hände befanden sich dabei allen sichtbar regungslos auf der Tischplatte. Gleich danach bemerkte Mr. White, wie einem ihm gegenüber sitzenden Gast der Angstschweiß auf die Stirn trat. Seine Hand, flüsterte dieser ihm zu Tode erschrocken zu, sei soeben mehrmals auf die gleiche Art fest gedrückt worden, wie sein seliger Vater es immer getan habe. In demselben Augenblick sah White deutlich auch eine Hand vor der Brust seines Gegenübers auftauchen. Sekunden danach gab es einen Aufschrei, und einer der Anwesenden sprang voller Entsetzen vom Tisch auf. Die unheimliche Hand war zu ihm geschwebt und hatte ihm sanft übers Haar gestrichen.

Über Nacht war Home das Gesprächsthema von London. Die Spitzen der Gesellschaft rissen sich um ihn. Kutschen adliger und schwerreicher Familien holten ihn täglich in der Jermin Street zu Séancen ab. Der Politiker und Schriftsteller Sir Edward Bulwer-Lytton empfing ihn bei sich auf seinem Landsitz zu Knebworth in Hertfordshire.

Bulwer-Lytton, der eifrig mittelalterliche Schriften über Wahrsagekünste und Magie studierte, hatte neben okkulten Erzählungen und Theaterstücken auch Romane historischen Inhalts geschrieben. Berühmt bis heute blieben seine »Letzten Tage von Pompeji« sowie »Zanoni«. In »Zanoni« läßt der Autor seinen Helden Glyndon beschreiben, wie das Porträt eines Ahnen ihn fasziniert habe, der in dem Ruf stand, durch Studium der Geheimwissenschaften in den Besitz seltsamer Kräfte gekommen zu sein.

Home beeindruckte seinen Gastgeber zutiefst, indem er den Geist herbeirief und sprechen ließ, der jenem eingegeben habe, »Zanoni« zu schreiben. In der Tat gehörte, was Home nicht wissen konnte, zu Bulwer-Lyttons Vorfahren väterlicherseits ein im siebzehnten Jahrhundert lebender Dr. John

Bulwer, der sich intensiv mit Alchimie und neuplatonischer Mystik beschäftigt und 1644 auch ein Werk mit dem Titel »Chirologia – die natürliche Sprache der Hand« veröffentlicht hatte.
Mochte auch ein Freund Bulwer-Lyttons, der Dichter Robert Browning, nach einer Séance Homes Darbietungen als Schwindel abtun und auf ihn gezielt die satirischen Verse »Mr. Sludge (Schlamm), das Medium« veröffentlichen, mochte auch selbst ein Charles Dickens ihn öffentlich einen Halunken betiteln – Homes bereits grenzenloser Erfolg steigerte sich nur noch um so mehr.
1857 reiste er nach Frankreich und führte in Paris in den Tuilerien Napoleon III. höchstpersönlich seine ungewöhnlichen Kräfte vor. Als er das erste Mal im kaiserlichen Palast erschien, fand er nahezu die gesamte Hofgesellschaft versammelt vor. Es blieb nichts übrig, als dem Kaiser und seiner Gemahlin klarzumachen, daß es sich bei einer Séance, um die er gebeten sei, nicht um eine theaterähnliche Schaustellung handele. Die Majestäten hatten ein Einsehen. Nur wenige enge Vertraute durften bleiben und erlebten, wie Home einen schweren Tisch sich vom Boden erheben ließ. Das Medium wurde nochmals an den Hof geladen.
Auf dieser zweiten Sitzung gelang ihm etwas vollends Frappierendes: Aus dem Nichts bildete sich plötzlich eine Hand, griff nach einem Bleistift und brachte ein einziges Wort zu Papier – »Napoleon«. Der Kaiser selbst prüfte den Schriftzug, verglich ihn mit schnell herbeibeorderten Originalen und erklärte: »Das ist der echte Namenszug Bonapartes!«
Fasziniert wie Napoleon III. von Homes völlig rätselhaften medialen Fähigkeiten waren später auch der russische Zar und der deutsche Kaiser.
Lord Adare, der in den Jahren 1867 bis 1869 an nicht weniger als 78 Séancen in England und auf dem Kontinent teilnahm, hat seine Erlebnisse der Nachwelt überliefert. Sie lauten: »Erfahrungen im Spiritismus mit Mr. D. D. Home«.
Als sie 1924 mit seiner Erlaubnis von der »Society for Psychical Research« neu herausgebracht wurden, unterstrich er in einem Vorwort, seine feste Überzeugung, daß die Phänomene echt seien, habe sich nicht geändert. Eines sei für sie alle charakteristisch: »Sie beweisen augenscheinlich, daß eine Kraft oder auch Kräfte, und zwar nicht physikalischer Art, wie wir sie kennen, veranlaßt werden können, auf unbelebte Objekte einzuwirken«. Home sei zwar sehr stolz auf seine Begabung gewesen, aber alles andere als glücklich darüber. Er habe sie nämlich nicht beliebig kontrollieren können und sei so wiederholt in äußerst peinliche Situationen geraten.
Über eine der dramatischsten und am meisten in der Öffentlichkeit diskutierten Sitzungen verfaßte Lord Adare als Zeuge einen ausführlichen Bericht. Sie fand am 16. Dezember 1868 nach einem Dinner in seinen eigenen Gemächern am Buckingham Gate 5 in London statt. Zugegen waren an jenem

Abend außer dem Hausherrn ein Lord Lindsay und ein Kapitän Charles Wynne, ein Vetter Adares.

Home verfiel in Trance, und der Geist einer Schauspielerin, der in demselben Jahre gestorbenen Adah Menken – Adare wie Home hatten sie gut gekannt –, begann durch ihn zu sprechen. Danach setzte sich plötzlich ein Stuhl in Bewegung. Von der Wand, wo er gestanden hatte, glitt er langsam durch den Raum und blieb vor Wynne stehen. Dieser wie Lindsay hatten das Gefühl, in dem Stuhl sitze irgend jemand. Wegen der Abdunkelung konnten jedoch beide nichts Genaues erkennen.

Inzwischen war Home vom Tisch aufgestanden. Während er ein paar Mal auf und ab ging, hörte Lindsay ein Wispern an seinem Ohr. Es war deutlich Adah Menkens Stimme: »Er wird durch ein Fenster hinausschweben und zum anderen wieder herein.« Der erschrockene Lindsay hatte kaum den beiden anderen Teilnehmern mitgeteilt, was er vernommen hatte, als Home mit verhaltener, eindringlicher Stimme sagte: »Erschrecken Sie nicht und verlassen Sie nicht Ihre Plätze – auf keinen Fall!« Dabei erhob er sich vom Boden, bewegte sich auf die Wand zu und verschwand. Alle hielten den Atem an, denn das Gemach befand sich drei Stockwerke hoch über der Straße. Alle hörten, »wie im Nebenzimmer das Schiebefenster hochklappte«, und Augenblicke später nur tauchte Home »draußen vor dem Fenster unseres Raumes frei in der Luft schwebend auf. Er verharrte einige Sekunden in dieser Lage, schob dann das Fenster hoch, glitt – die Füße voran – zurück ins Zimmer und sank in einen Sessel.« Adare stellte eine Frage, da wiederholte Home – noch immer in Trance – im Nebenraum das unheimliche Experiment: Mit dem Kopf zuerst schwebte er in horizontaler Lage und steif zum Fenster hinaus und kehrte – die Füße vorweg – wieder zurück. »Es war so stockdunkel«, vermerkte Adare, »daß ich nicht erkennen konnte, auf welche Weise er sich selbst etwa stützte.« Als Home wieder zu sich kam, war er äußerst erregt und erschöpft und äußerte, er habe das Gefühl, in entsetzlicher Gefahr gewesen zu sein. In jener Nacht zog Home weitere Register seiner geheimnisvollen Kräfte: Flammen züngelten unerwartet auf seinem Kopf empor, von oben erklang, bald von hier, bald von da, ein Zirpen, als fliege ein Vogel im Raum umher. Dann wieder rauschte es, vermischt mit wehklagenden Lauten und Stimmen, einem mächtigen, unheimlichen Sturmwind gleich, über den Anwesenden. Home war während all dem erneut in Trance gefallen und sprach in einer sonderbar klingenden, völlig unbekannten Sprache ...

Was vermochte dieser medial so unwahrscheinlich begabte Mensch wirklich? Besaß er »übernatürliche« Fähigkeiten, oder war alles nur ein raffiniert ausgeklügeltes Spiel eines Zauberkünstlers, ermöglicht vielleicht zusätzlich durch Suggestion?

Unter den Wissenschaftlern waren die Meinungen geteilt. Jedoch nur einer unter ihnen war es, der sich mehr als alle anderen um eine kritische Aufklärung bemühte – Sir William Crookes. Der große englische Physiker und Chemiker – er entdeckte 1861 das chemische Element Thallium und konstruierte die nach ihm benannte Gasentladungsröhre – hatte jahrelang nicht nur Séancen besucht, sondern selbst eifrigst experimentiert, auch mit Home. Als er 1871 in dem von ihm gegründeten angesehenen »Quarterly Journal of Science« ausführlich darüber berichtete, stießen vor allem seine Schlußfolgerungen auf heftigsten Protest. Er hatte es gewagt, folgendes festzustellen: Seine Laboruntersuchungen bezüglich Homes medialer Begabungen wiesen »zwingend darauf hin, die Existenz einer neuen Kraft anzunehmen, die in einer noch unbekannten Weise mit dem menschlichen Organismus in Verbindung steht und die zweckdienlich ›Psychische Kraft‹ benannt werden könnte«.

Und wie reagierten die britischen Geistesgrößen jener Zeit auf diese epochale Erkenntnis? Darwin verhielt sich vorsichtig: »Ich kann Crookes' Dar-

Der Engländer D. D. Home, der im vergangenen Jahrhundert als größtes physikalisches Medium ungeheures Aufsehen erregte, soll die Fähigkeit besessen haben, sich wie schwerelos in die Luft zu erheben. Ein zeitgenössischer Stich zeigt ihn, umgeben von umherfliegenden Gegenständen, darunter einer Glocke, bei einer Levitation während einer Séance in London.

stellungen weder in Zweifel ziehen noch seinen Resultaten Glauben schenken.« Hingegen schrieb der bekannte Anthropologe und Erbforscher Sir Francis Galton an einen arg zweifelnden Kollegen: »Crookes ist – und darüber bin ich, was meine Auffassung angeht, sicher – in seinem Vorgehen durch und durch wissenschaftlich. Ich bin überzeugt, es handelt sich bei der Sache keinesfalls nur um vulgäre Gaukeleien.«

Im gleichen Sinne äußerte sich auch der bedeutende Mathematiker und Logiker Augustus De Morgan. In der Vorrede zu dem 1863 erschienenen Buch »From Matter to Spirit« erklärt er: »Ich bin vollständig überzeugt, daß ich sogenannte spirituelle Dinge sowohl gesehen als auch in einer Weise gehört habe, die jeden Unglauben unmöglich machen sollte – Dinge, die von keinem vernünftigen Wesen als durch Betrug, Zufall oder Irrtum erklärlich betrachtet werden können ... Doch wenn es darauf ankommt zu sagen, was die Ursache dieser Phänomene ist, so finde ich, daß ich keine der bisher gegebenen Erklärungen akzeptieren kann ...«

An Crookes ist dann später – als er allzu phantastisch klingende Berichte über Experimente mit »Katie King«, dem materialisierten Geist des viel Staub aufwirbelnden Mediums Florence Cook geschrieben hatte – noch heftige Kritik geübt worden.

Zu Recht?

Ist es möglich, daß der Gelehrte auch im Falle Home einem Selbstbetrug zum Opfer fiel? Daß seine Bereitschaft, an derlei Dinge zu glauben, ihn zum unkritischen Helfer werden ließ?

Das Unglück will es, daß heute nachträglich keine Überprüfung mehr möglich ist. Nach Crookes' Tode fielen alle persönlichen Aufzeichnungen über seine Experimente Unverantwortlichen in die Hände und wurden vernichtet. Nur was er zuvor veröffentlicht hatte, liegt der Nachwelt vor.

Unbeantwortet blieb auch die immer wieder gestellte Frage, wie Home jene geradezu bizarren Phänomene zustande brachte. Lediglich einige Proben seiner Handschrift existieren noch unversehrt und können studiert werden. Aber liefern sie einen Schlüssel?

»Was für Kräfte, falls überhaupt welche«, bemerkt spekulativ dazu der englische Autor John Symonds, »enthüllt sie? Wenn es möglich ist, Materie magisch zu kontrollieren, das heißt, eine psychische Kraft auf Materie zu übertragen, und zwar so, daß diese sich zu bewegen anfängt, dann war Home – graphologisch betrachtet – eine Person, so etwas bewerkstelligen zu können.«

IX. Rätselhafte Gebilde aus dem Nichts

Unheimlicher noch und weit erregender als alle anderen Demonstrationen abnormaler Erscheinungen – und diese als Sensation weit übertreffend –, tauchten schließlich im vergangenen Jahrhundert noch Phänomene auf, denen man völlig fassungslos gegenüberstand – es waren dies die sogenannten Materialisationen. Hierbei sollten sich mit Hilfe eines Mediums die »Geister« Verstorbener durch einen sichtbaren Körper oder zuweilen auch nur durch einzelne Gliedmaßen manifestieren. In der Para-Forschung spricht man in solchen Fällen auch von »Ektoplasma«, was »das außerhalb (des Mediums) Gebildete« bedeutet. Viele behaupten, es handele sich dabei um eine »fluidale«, feinstoffliche, sogar fühlbare Substanz, die von den dazu besonders befähigten Sensitiven, wie man die Medien auch nennt, produziert werden kann.

Für die Wissenschaftler, die sich um eine Untersuchung jener Phänomene bemühten – es waren immer nur wenige, denn die Mehrheit der Gelehrten stand dem allen nach wie vor ablehnend gegenüber –, bedeutete es, neue Methoden und Geräte auszutüfteln und einzusetzen, um betrügerischen Manipulationen auf die Spur kommen zu können. Da außerdem auch überzeugte Spiritisten, denen es um das Ansehen und die Glaubwürdigkeit ihrer Bewegung ging, dabei behilflich waren, gelang es, eine ganze Reihe von Medien zu entlarven. Nicht selten jedoch geschah auch genau das Umgekehrte: Es gab Sensitive, die so geschickt zu agieren verstanden, daß sie selbst jene täuschten, die glaubten, sie bei einem Trick oder Bluff ertappt zu haben. Solche Medien wurden dadurch nur noch berühmter und begehrter; Forscher von Rang und Namen aber konnte eine Affäre dieser Art Ruf und Ansehen, wenn nicht gar die Karriere kosten.

Charakteristisch dafür ist ein Fall, der sich in London Anfang der siebziger Jahre des vorigen Jahrhunderts zutrug. Es handelte sich um eines der berühmtesten Materialisationsmedien jener Zeit; es verdankte seinen Erfolg entscheidend der Tatsache, daß ein bekannter Naturforscher – derselbe Crookes, der auch mit D. D. Home experimentierte – Untersuchungen mit ihr angestellt hatte und zu positiven Resultaten gekommen war.

Das Medium hieß Florence Cook und war ein erst sechsjähriges Mädchen, als seine Laufbahn begann. Sobald Florence bei einer Séance in Trance verfiel, pflegte ihr eine weibliche Gestalt zu erscheinen, die sich »Katie King« nannte. Wie sie Florence wissen ließ, habe sie früher schon einmal gelebt, und zwar zur Zeit der Königin Katharina, der Gemahlin Karls II. von England. Damals allerdings habe sie anders geheißen, nämlich Annie Morgan.

»Katie King« fiel ganz aus dem Rahmen der bis dahin üblichen Geistererscheinungen. Sie trat nämlich über Florence Cook nicht nur in Gedankenaustausch mit den Anwesenden. Das Unfaßbare war: Sie erschien persönlich auf den Séancen, und zwar voll materialisiert, leibhaftig also!

Am 9. Dezember 1873 kam es während einer spiritistischen Sitzung im Haus der Eltern von Florence Cook zu einem Zwischenfall:

Ein Skeptiker unter den Gästen, Mr. Volkmann, sprang – was als absolut unzulässig galt, da es, wie es hieß, das Medium schwer gefährden könne – plötzlich auf und stürzte sich auf »Katie King«, kaum daß diese aufgetaucht war. Wie er später bezeugte, habe sich die Gestalt völlig materiell angefühlt, also wie ein richtiger lebender Körper. Zu weiteren Feststellungen kam Mr. Volkmann indes nicht. »Katie King« selbst hatte sich heftig gesträubt und war von zwei anderen Teilnehmern an der Sitzung dabei noch kräftig unterstützt worden. Als einige Minuten später das durch Vorhänge geschlossene Kabinett, in dem, wie üblich, das Medium saß, geöffnet wurde, saß Florence auf ihrem Stuhl und jammerte. Sowohl die Fesseln, mit denen man sie angebunden hatte, als auch die Siegel waren unverändert.

Als Sir William Crookes davon vernahm, erbot er sich, exakte Untersuchungen vorzunehmen. Da das Medium einwilligte, kam es zu mehreren Sitzungen. Sie fanden in verschiedenen Häusern statt.

Bei einer Séance bei dem Friedensrichter Luxmoore diente ein Nebenraum, der zuvor genau abgesucht worden war, als Kabinett. Crookes beobachtete, wie plötzlich ganz in seiner Nähe eine weibliche Gestalt auftauchte. Ihre Figur ähnelte sehr der von Florence. Aber es konnte sich keinesfalls um dieselbe Person handeln, denn zur gleichen Zeit war aus dem mehrere Schritte entfernten Kabinett die leise Stimme des Mediums zu hören.

Am 12. März 1874 erlebte Crookes in seinem eigenen Hause etwas noch Konkreteres: Wiederum tauchte »Katie King« auf, gekleidet in ein weißes langes Gewand, eine Art Turban auf dem Kopf. Diesmal redete sie ihn sogar an. Sie bat den Gelehrten, in das Kabinett zu gehen und Florence zu helfen, da sie fast vom Sofa gerutscht sei. Crookes ging an der Gestalt vorbei in das Kabinett und hob das Medium hoch. Es hatte wie zuvor ein schwarzes Kleid an und war eindeutig spürbar ein lebendiger menschlicher Körper. »Nicht mehr als drei Sekunden«, berichtete Crookes, »waren verflossen zwischen dem Augenblick, da ich die vor mir stehende weißgekleidete ›Katie King‹ sah und Miss Cook auf dem Sofa im Kabinett aus der Lage hochhalf, in die sie zusammengesunken war.« Es schien also unmöglich, daß Florence Cook und »Katie King« ein und dieselbe Person waren.

Auch im Elternhaus der Florence in Hackney konnte sich Crookes nochmals davon überzeugen, es mit zwei materiellen Wesen zu tun zu haben. Mit einer schwach leuchtenden Lampe betrachtete er im Kabinett aus allernächster Nähe das in Trance liegende Medium, auch diesmal wieder im schwarzsamtenen Kleid. Unmittelbar dahinter aber sah er »Katie« stehen. Sie nickte ihm zu, während er selbst die Hand von Florence ergriff!

Es kam noch zu mehreren weiteren Sitzungen. Crookes war dabei immer wieder ernsthaft bemüht, Sicherungen gegen alle nur möglichen Täuschungen einzubauen. So berichtet Cromwell F. Varley, ein Physiker und Ingenieur, der bekannt ist durch die Verlegung des ersten transatlantischen Kabels, über die Anwendung von elektrischen Apparaturen: An den Handgelenken des Mediums wurden Drähte befestigt und unter schwachen Strom gesetzt. In dem gleichen Augenblick, da das Medium die Drähte entfernt hätte, würde ein Galvanometer es angezeigt haben. Trotzdem sah man eine Gestalt aus dem Kabinett herauskommen. Als das Experiment in einem anderen Haus wiederholt wurde, verwendete Crookes Drähte, die so kurz waren, daß sie nicht über den Raum des Kabinetts hinausreichten. Ohne diese abzustreifen, hätte das Medium also nicht ins Sitzungszimmer kommen können. Auch diesmal erschien die Gestalt, und das Galvanometer zeigte nichts Auffälliges an.

Crookes ging noch weiter: Er ließ sich selbst einmal mit Florence Cook, ein anderes Mal mit »Katie King« fotografieren. Wie er berichtete, zeigten die Bilder deutliche Unterschiede. So hatte das Medium eine Narbe am Hals und durchbohrte Ohrläppchen. Beides besaß »Katie« hingegen nicht. Ebenfalls verschieden war die Haarfarbe. Gemessen wurde bei anderen Untersuchungen auch beider Puls: Florence wies 90 Schläge auf, Katie nur 75 in der Minute.

»Ich habe die absoluteste Gewißheit«, erklärte Crookes öffentlich, »daß Miss Cook und ›Katie‹ – was ihre Körper betrifft – zwei getrennte Individuen sind. Sich vorzustellen, daß die ›Katie King‹ der letzten drei Jahre das Ergebnis eines Betruges sei, tut jedermanns Vernunft und gesundem Menschenverstand mehr Gewalt an, als ihr zu glauben, was sie selbst zu sein behauptet.«

Aus unerfindlichen Gründen endete bald danach die irdische Laufbahn der »Katie King«. Sie erschien im Mai 1874 zum letzten Mal, um ihre Mittlerin nach einem rührenden Abschied für immer zu verlassen. Von den fotografischen Aufnahmen abgesehen, blieb nur eine abgeschnittene Locke als Erinnerung an die berühmt gewordene »vollmaterialisierte Botin aus dem Jenseits« zurück.

Mochte auch Crookes als angesehener Gelehrter die Echtheit der von ihm untersuchten mediumistischen Phänomene versichern, unter den Skeptikern blieb der Zweifel, mehr noch – ein ausgesprochenes Unbehagen, vor allem, was die Berichte über die Sitzungen mit Florence Cook betraf.

Was man vermutete, sollte sich Jahre später tatsächlich erweisen.

Florence, die geheiratet hatte und nun Mrs. Corner hieß, machte in den Jahren 1879 bis 1880 erneut von sich reden: Sie veranstaltete in der »British National Association of Spiritualists« mehrere Séancen. Dabei kam es erneut zu »Vollmaterialisationen«. Diesmal ließ sie einen Geist »Mary« erscheinen. Nachdem man Florence in einem abgetrennten Kabinett fest an

einen Stuhl gefesselt hatte, tauchte davor wenig später eine Gestalt in langwallendem weißem Gewand auf.
Am 9. Januar 1880 wurde die Illusion jäh zerstört und Florence als Betrügerin entlarvt. Als ein Mr. Sittwell plötzlich vorsprang und »Mary« ergriff, fand er in seinen Armen die bewußtlose Mrs. Corner. Der Stuhl im Kabinett war leer. Das Medium hatte sich geschickt zu entfesseln verstanden und den Geist selbst gemimt.
Zwei Jahrzehnte später fast hörte man nochmals von Florence: im Sommer 1899 aus Warschau.
Polnische Gelehrte, unter ihnen der bekannte Psychologe Julius Ochorowicz, hielten sechs Sitzungen mit Mrs. Corner als Medium ab. Einige Damen (anders ging es in jener Zeit nicht!) hatten zwar jedesmal eine Körpervisitation vorgenommen, aber es war Florence dennoch gelungen, weißen Stoff einzuschmuggeln, einmal versteckt unter einer Leibbinde. Elektrische Signale zeigten außerdem an, daß der Stuhl, kurz bevor die Erscheinung auftauchte, verlassen wurde.
Das Urteil der Prüfer lautete: Weitere Experimente seien überflüssig, da sich die »beobachteten Erscheinungen zu einer armseligen, schlecht einstudierten Komödie reduzieren lassen. Sie haben mit dem Mediumismus nichts gemeinsam«.
Damit war die Laufbahn der Florence für immer zu Ende. Trotzdem hielt der Berichterstatter Dr. von Watraszewski die Bemerkung für angebracht: Mit diesen Feststellungen sei nicht der Stab über die früheren Séancen mit Crookes gebrochen. In ihrer Londoner Zeit könne Mrs. Corner durchaus mediale Kräfte besessen haben.
Das zielte mit Recht auf eine Erfahrungstatsache, die bis in unsere Tage feststellbar geblieben ist: daß abnormale Begabungen sich alles andere als konstant erweisen. Aus unerfindlichen Gründen können sie plötzlich völlig verschwinden – sei es vorübergehend, sei es für immer. Das ist dann auch für ehrgeizige und erfolggewohnte Medien der kritische Punkt, an dem sie Gefahr laufen, zu Tricks zu greifen. Geschieht dies und kommt der Betrug heraus, ist der Schaden um so größer. Denn nun pflegen Skeptiker und prinzipiell negativ Eingestellte alles in Bausch und Bogen zu verdammen. Selbst das, was an echten para-normalen Phänomenen oder Begabungen tatsächlich in Erscheinung getreten ist, gerät damit in Verruf. Auch dies zählt zu den Dilemmata, die eine nüchterne Erforschung jener Erscheinungen so außerordentlich erschweren.
Inzwischen war ein Bericht veröffentlicht worden, der dem Für und Wider nur noch mehr Auftrieb gab. Er stammte von Mitgliedern der »Dialectical Society«, der Wissenschaftler, Richter, Ingenieure und angesehene Persönlichkeiten angehörten. Eine Kommission von 30 Mitgliedern teilte ihre Erfahrungen bei Experimenten mit abnormalen Phänomenen mit.

Wie der »Astralleib« angeblich beim Tode eines Menschen dessen Körper verläßt und von einem Engel empfangen wird. Illustration aus einer alten Lutherbibel.

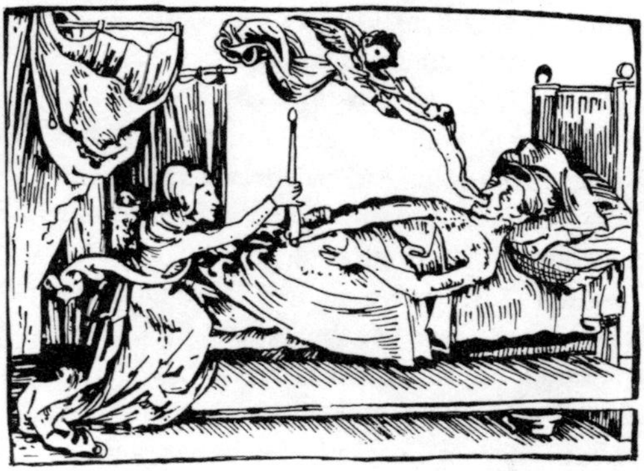

Das Interesse hatte vor allem den bekannten Klopflauten und Schwingungen in Möbeln gegolten, dem also, was jedem Teilnehmer einer spiritistischen Sitzung längst bekannt war.
Man hatte sich gegen alle Möglichkeiten der Täuschung oder gar des Betruges gesichert, hatte Möbel und Räume präzis inspiziert und statt beim Schein weniger Kerzen bei hellem Gaslicht experimentiert. Bei Versuchen an Eßtischen wurden, um jede »Beinarbeit« zu verhindern, die Stühle mit der Lehne zur Platte aufgestellt, und die Teilnehmer mußten auf ihnen knien. Alle hielten die Hände in einer Höhe von etwa zehn Zentimeter über den Tisch. Es konnte also keinerlei Berührung erfolgen, die nicht sofort hätte entdeckt werden können.
Nach einer kurzen Weile begann sich der Tisch dennoch zu bewegen, und das bei mehrmals wiederholten Versuchen.
Einstimmig kam die Kommission zu dem Schluß, »in festen Körpern könne ohne materielle Berührung Bewegung erzeugt werden durch eine bisher noch nicht bekannte Kraft, die innerhalb einer gewissen Entfernung vom menschlichen Organismus aus wirke und über den Bereich der Muskeltätigkeit hinausgehe.«
Die Spiritisten frohlockten: Hier hatte ein offenbar doch neutrales Gremium die Existenz übersinnlicher Vorgänge geprüft und bejaht! Doch die Freude verflog, nachdem man die Schlußfolgerung des Gutachtens sorgsam gelesen hatte. Denn da war mit keinem einzigen Wort von »Geistern« die Rede. Im Gegenteil: Eine zwar noch unbekannte, aber als durchaus natürlich bezeichnete »Kraft« wurde als Ursache der Erscheinungen angenommen. Und nach ihr – dieser neuen Energie – zu forschen, erging die Aufforderung: »behufs Ermittlung ihrer wahren Quelle, Natur und Kraft«.
Entrüstet nahmen die Kreise geistergläubiger Spiritisten auch von einer weiteren Stellungnahme Kenntnis, die zusätzlich von einigen Versuchsteil-

nehmern veröffentlicht wurde. »Alle Leistungen der sogenannten ›Trance-Medien‹, die wir gesehen haben«, heißt es darin, »waren aller Wahrscheinlichkeit nach in den meisten Fällen nichts als gewöhnliche hysterische Affektionen, während sie in anderen Fällen das Gepräge eines absichtlichen Betruges hatten. Außerdem waren die Äußerungen, die die Medien im Trance-Zustand machten, meist unzusammenhängend und platt. Wir haben niemals durch Klopflaute oder in anderer Weise Mitteilungen von unbekannten Tatsachen erhalten können, die später als richtig nachgewiesen werden konnten. Die Mitteilungen ... waren entweder banal oder absurd. Wenn sie als Nachrichten von Geistern Verstorbener aufgefaßt werden sollen, so stehen sie in Widerspruch zu unseren natürlichen, erhabenen Vorstellungen vom Zustande der Seelen nach dem Tode. Die angeblichen Offenbarungen waren für intelligente, religiöse Menschen geradezu anstößig.«
Zuletzt aber wird dennoch eines ausdrücklich festgestellt: »Dessenungeachtet sind mehrere von uns Zeugen merkwürdiger Phänomene gewesen, die wir nicht auf bewußten oder unbewußten Betrug zurückführen konnten.«
Der sehr umfangreiche »Report über den Spiritismus« erschien 1871 in London. Von ihm gingen wertvolle Anregungen aus, die in Richtung einer modernen wissenschaftlichen und experimentellen Erforschung para-normaler Phänomene wiesen. Der Weg dahin sollte jedoch noch lang und dornenreich sein, voller Enttäuschungen und Rückschläge für alle ernsthaft darum Bemühten. Noch verhüllte tiefes Dunkel jene Phänomene, fast gleich Null noch war der Fonds verläßlicher Erkenntnisse auf jenem Gebiet.
Mühsam nur, Schritt für Schritt, gelang es einigen wenigen Forschern, durch zähes, unbeirrbares Beobachten und Experimentieren überhaupt erst einmal die Tatsachen zu sichern. Erfolge und Mißerfolge wechselten dabei nicht selten einander ab. Denn zumeist hatten diese Gelehrten alle Welt gegen sich: nicht nur die unwissenden Massen, die nicht gewillt waren, sich Illusionen – und seien sie auch noch so absurd – rauben zu lassen, sondern auch die Phalanx der Kollegen, die sie nur verspotteten oder nicht für voll nahmen. Dieser Widerstand erschwerte den Kampf der ersten Pioniere um die Erkundung einer noch weithin unbekannten Welt fast bis zur Aussichtslosigkeit.
Obendrein wurden sie von seiten sensationshungriger »Medien«, deren Zahl sich vermehrte wie die von Pilzen nach dem Sommerregen, immer erneut mit zuweilen höchst raffinierten Tricks konfrontiert. Oftmals galt es, wahre Meisterleistungen der Detektivkunst zu vollbringen – und trotzdem wurden sie nicht selten aufs Glatteis geführt.
Jene Jahre, da das Viktorianische Zeitalter gerade begonnen hatte, waren – ein Blick in britische Journale, spiritistische Blätter oder akademische Abhandlungen beweist es – erfüllt von Entdeckungen, Enthüllungen und Sen-

sationen aufregendster Art. Es wimmelte förmlich von Berichten über Sitzungen, öffentliche und private, über Untersuchungen und Experimente, in denen es oft um die ausgefallensten, höchst absonderlich anmutenden abnormalen Phänomene und Kräfte ging.
Es ist unmöglich, alles aufzuzählen. Einige besonders charakteristische Beispiele mögen genügen.
Noch immer kam es allerorts zu Materialisationen. Je nach den Medien, unter denen übrigens selbst Geistliche nicht fehlten, äußerten sie sich, den Berichten zufolge, auf die verschiedenartigste Weise. Bei W. Stainton Moses, einem im Schuldienst stehenden Theologen, beobachtete man unerklärliche Leuchterscheinungen. Bei dem Doktor der Theologie Monck, einem Baptistenpfarrer, wiederum zeigte sich in Trance etwas für jene Phänomene durchaus Typisches. Archidiakon Colley hat genau beschrieben, was er bei Versuchen im Jahre 1877 mit Monck erlebte:
»Wenn wir eine Materialisation erwarteten, dann sah man durch die schwarze Kleidung des Mediums hindurch, gleichsam wie aus einem Dampfkessel heraus, sich ein wenig unterhalb der linken Brust eine nabelartige Schnur erheben. Diese war kaum sichtbar, solange sie sich nur ein bis zwei Zoll vom Körper entfernt befand. Dann aber bildete die Schnur allmählich eine Art Wolke, aus der unsere psychischen Besucher heraustraten, indem sie sich anscheinend dieses fluidischen Dampfes bedienten, um daraus die weiten, weißen Gewänder zu formen, mit denen sie bekleidet waren.«
Colley schildert auch, wie sich bei den Séancen dann verschiedene »lebende Gestalten« bildeten. Einmal sah er ein Kind, das umherging und sprach, ein anderes Mal eine Frauengestalt. Die Gebilde wurden schließlich wieder vom Medium absorbiert, wobei sich erneut das eigenartige »fluidische Band« bildete.
Halluzinationen? Dagegen sprach, daß es kein Einzelfall war. Jene Erscheinungen waren relativ häufig, und über sie ist von vielen durchaus glaubwürdigen Zeugen berichtet worden. Zu ihnen gehört immerhin auch ein so anerkannter Gelehrter wie der Zoologe Alfred Russell Wallace – neben Darwin der Schöpfer der Selektionstheorie. Er war selbst bei einer Séance mit Monck zugegen, die an einem hellen Sommertag stattfand. Dabei bildete sich, so hielt Wallace es in seinen Aufzeichnungen fest, am Körper eine »wolkige Säule«. Während Monck in Trance etwas zur Seite trat, habe die Erscheinung die Gestalt einer dick bekleideten Frau angenommen. Als jener in die Hände klatschte, habe die »Weibsfigur« es nachgemacht, nur viel leiser. Wallace bestätigte auch, daß die Gestalt zuletzt wieder im Medium selbst verschwunden sei.
Um auch hartgesottene Skeptiker und jene, die alles rundweg als Betrug verdammten, von der Echtheit jener Materialisationen überzeugen zu können, hielt man nach möglichst stichhaltigen Beweisen Ausschau. Und fand

sie auch. Einen dachte sich Professor William Denton, ein Geologe aus Boston, USA, aus: Er wollte sich von der Anwesenheit der Geister mit Hilfe von Paraffinabgüssen vergewissern! Aus naheliegenden Gründen war es natürlich, da viel zu kompliziert, nicht möglich, die ganze Gestalt festzuhalten, wohl aber einzelne ihrer Glieder. In der Praxis sollte es sich dann überwiegend um Abdrücke von Händen oder Füßen der jeweils erscheinenden »Geister« handeln.

1875 wagte Denton ein erstes Experiment. Er bat das Medium, Mrs. Hardy, das er von früher kannte, um eine Séance, während der er versuchen wolle, Abgüsse von »Geisterhänden« zu machen, die bei Mrs. Hardys Sitzungen bereits wiederholt beobachtet worden waren. Er verschwieg, auf welche Weise er das vorhabe. Bevor er und das Medium Platz nahmen und dieses in Trance fiel, hatte Denton einen Behälter unter den mit Tüchern verhangenen Tisch gestellt. Er war mit heißem Wasser gefüllt, auf dem eine Schicht Paraffin schwamm. Nach einer Weile vernahm man ein plätscherndes Geräusch und zugleich Klopflaute, die besagten, das Medium solle seine Hände ein wenig unter die Platte halten. Dies geschah, und nicht lange danach brachte Mrs. Hardy mehrere Abgüsse hervor. Es waren alles Finger, darunter der eines Babys und ein riesiger Daumen von doppelter menschlicher Größe.

Nach der ersten geglückten Probe verfeinerte Professor Denton sein Verfahren noch und sicherte es vor allem noch besser gegen Betrug. Um zu verhindern, daß bereits fertige Formen verwendet wurden, wog er vor und nach einer Sitzung das Paraffin. Außerdem wurde neben den Behälter mit dem heißen Wasser und der Paraffinschicht ein zweiter mit kaltem Wasser für schnelleres Abkühlen und damit Erstarren der Abgüsse gestellt. Um auch dabei jedes Täuschungsmanöver zu unterbinden, brachte man beide Behälter zudem in einem Kasten unter, der durch ein Drahtgitter und einen mit Löchern versehenen Holzdeckel verschlossen und dazu versiegelt wurde.

Bei abgedunkeltem Lampenlicht nahm das Medium neben der Kiste Platz. Mehr als eine halbe Stunde verstrich, bis Klopfzeichen ertönten. Verschluß und Siegel an der Kiste waren, wie die Untersuchung zeigte, unverletzt. Als man sie öffnete, schwamm unter dem Draht eine plastische Hand. Sie war völlig verschieden von der des Mediums.

Die Untersuchung ergab etwas sehr Bemerkenswertes: Die Paraffinform war nicht etwa aus zwei Teilen zusammengesetzt. Sie bestand aus nur einem Stück! Eine normale menschliche Hand hätte aus dieser Hülle unmöglich herausgezogen werden können: Die oben breitere Fläche hätte dabei das Paraffin beim Passieren des viel engeren Teiles am Handgelenk aufbrechen müssen. Ein Bildhauer, John O. Brien, wurde als Begutachter hinzugezogen. Er wunderte sich darüber, daß keinerlei Spuren von Nahtstellen zu erkennen waren, die bei einem Zusammensetzen aus Einzelstücken unumgänglich sind.

Sein Urteil lautete: Es ist nur möglich, durch direkten Abguß eine solche Hand mit allen Feinheiten zu erhalten!
Das so erfolgreich erprobte Verfahren machte Schule. Andere Medien führten es für ihre Séancen ebenfalls ein. Es klappte auch in verschiedenen Abwandlungen, selbst dann, wenn das Medium bis zum Hals in einen Sack eingenäht oder in einen verschraubten Käfig gesteckt wurde. Zuweilen soll sogar die Gestalt sichtbar gewesen sein, wenn sie Abgüsse machte und sich diese dann von den Händen abziehen ließ.
Die Geistergläubigen frohlockten! Wer wollte angesichts dieser so verblüffenden Resultate noch Zweifel hegen?
Hatten sie recht? War tatsächlich ein objektiv zwingender Beweis für die Realität materialisierter Erscheinungen erbracht worden? Oder handelte es sich in Wirklichkeit doch eigentlich um nicht viel mehr als um einen Indizienbeweis? Aus den überlieferten Berichten geht jedenfalls nicht deutlich hervor, ob alle Versuchsfehler vermieden und wirklich alle Betrugsmöglichkeiten verhindert werden konnten.
Indes, die Paraffinhände aller Größen, jeden Alters und Geschlechts standen als stumme Zeugen ja nicht allein. Es tauchte noch ein weiteres, nicht weniger verblüffendes und ungemein eindrucksvolles Beweisverfahren auf – die Geisterfotografie!
Auch diese Erfindung war über den Atlantik gekommen. In England begann Mrs. Guppy, ein bekanntes Privat-Medium, entsprechende Versuche anzustellen. Es gelang ihr jedoch erst nach Hinzuziehung eines Fotografen namens Hudson, Bilder vorzuzeigen, auf denen deutlich materialisierte Erscheinungen zu erkennen waren. Das geschah im Jahre 1872. Hudson wurde ein begehrter Mann. Unzählige wollten nachholen, was sie zu Lebzeiten versäumt hatten, und wünschten sich nun wenigstens den »Geist« eines lieben Verstorbenen auf die Platte gebannt.
Der Boom währte nur kurze Zeit. Gläubige Spiritisten, denen die Sache allzu phantastisch vorkam, waren es, die Verdacht schöpften. Nach peinlich genauer Prüfung kam der Betrug ans Tageslicht: Hudson hatte mit doppelter Belichtung bearbeitet!
1882 erschien in London ein Buch von Mrs. Houghton, das die Fälschungen – bebildert mit Originalabzügen – ausführlich beschreibt.
Was half es? In den Jahren danach traten erneut mehrmals Geisterfotografen auf – und fanden ein gläubiges Publikum. Eine Zeitlang erregte M. Bugnet in Paris größtes Aufsehen mit seinen Aufnahmen. Vor allem, als in London der uns bereits bekannte Reverend W. Stainton Moses behauptete, der französische Geisterfotograf habe es fertiggebracht, ihn in Frankreich aufzunehmen, während er selbst sich in seiner Wohnung an der Themse in Trance befand. Als eines Tages auf Anzeigen hin die Pariser Polizei zugriff, entdeckte sie wohlvorbereitete Platten. Sie waren zwar noch

nicht entwickelt, aber bereits einmal belichtet – mit der Aufnahme eines Geistes.
Auch mit der Beweiskraft dieser Methode war es demnach nicht weit her. Aber das Verfahren galt damit keinesfalls als für alle Zeiten erledigt und ad acta gelegt. Auch darauf kommt man später nochmals zurück, ja sogar namhafte und seriöse Forscher scheuten sich nicht, es anzuwenden.
So rege das Interesse für para-normale Ereignisse auch war – ein Phänomen fand damals in England merkwürdigerweise kaum Beachtung, die *Psychometrie*. Man versteht darunter die Fähigkeit mancher Medien, ohne jedes Vorwissen allein anhand irgendeines Gegenstandes über dessen Herkunft und die »Geschichte« des Objektes, vor allem aber auch über das Leben und Schicksal von dessen Inhaber nähere Aussagen zu machen. Die Entdeckung geht auf den amerikanischen Professor Joseph Rhodes Buchanan zurück. Er selbst stellte bereits 1842 erste Forschungen an, die dann Professor William Denton, der Erfinder der Paraffinabgüsse, fortsetzte.
Buchanan hatte am Medizinischen Institut zu Covington in Kentucky etwas sehr Merkwürdiges an einem Mr. Charles Inman beobachten können. Wenn dieser mit seinen Händen kurze Zeit nur den Kopf eines Menschen berührte, war er in der Lage, erstaunlich genaue Angaben über dessen Charakter zu

Die »sprechenden Tische«: In Amerika entdeckt, verbreitete sich gegen die Mitte des vergangenen Jahrhunderts das Tischrücken um die halbe Welt. Es beruht auf dem Phänomen, daß ein hölzerner Tisch, sobald ein Kreis von Personen die Hände – ohne jeden Druck – auf die Platte legt, zumeist anfängt, in Bewegung zu geraten. Anhand der Klopftöne, die dabei durch Kippen entstehen, glaubte man durch Buchstabieren des Abc nicht nur Antwort auf allerlei gestellte Fragen erhalten, sondern in spiritistischen Kreisen auf diese Weise sogar in Kontakt mit Verstorbenen treten zu können.

machen. Das gelang auch dann, wenn es sich um wildfremde Personen handelte, die Inman zuvor nicht einmal zu Gesicht bekommen hatte. Wie Buchanan bei weiteren Experimenten herausfand, zeigte Inman dieselbe Fähigkeit, sobald er einen Brief oder irgendein paar Zeilen von jemandem einen Augenblick nur anfaßte. Er brauchte dazu keinen Blick auf die Schrift zu werfen oder gar Kenntnis von dem Inhalt zu nehmen.

Für diese bis dahin völlig unbekannte psychische Fähigkeit hatte Buchanan das Wort »Psychometrie« geprägt. Er meinte damit – es etwas sehr allgemein umschreibend – »praktisch das Messen durch die Seele oder das Erfassen und die Schätzung aller Dinge, die sich im Bereich der menschlichen Intelligenz befinden«.

Begeistert und mit Feuereifer ging er daran, Näheres über jenen rätselhaften Spürsinn und ihm Verwandtes zu eruieren. Über einen besonderen, höchst ungewöhnlichen Sinn für atmosphärische, elektrische und physikalische Bedingungen oder Zustände verfügte, wie er herausfand, der Baptistenbischof Leonidas Polk, der später als General des Sezessionskrieges bekannt wurde. Polk brauchte in der Dunkelheit beispielsweise nur ein Stück Metall zu betasten und wußte sekundenschnell – das ist Messing! Zugleich spürte er auch dessen typischen Geschmack auf der Zunge. Der Geistliche erkannte, wie Versuche ergaben, auch mit verbundenen Augen jedes andere Metall aufgrund einer ganz spezifischen Geschmacksempfindung. Aber auch Zucker, Pfeffer und Säure wurden auf diese Weise von ihm identifiziert.

Experimente mit Studenten ergaben, daß in einigen Fällen auch medizinische Flüssigkeiten in verschlossenen, nicht etikettierten Fläschchen richtig benannt werden konnten.

Den entscheidenden Teil seiner Forschungen widmete Buchanan jedoch Versuchen über Aussagen anhand von Schriftstücken. Auch mit seiner eigenen Frau Cornelia, die diesbezüglich eine erstaunliche Begabung zeigte, experimentierte er viel. Dabei geschah folgendes: Als er ihr einmal eine Fotografie von ihr selbst über den Kopf hielt, ohne daß sie diese sehen konnte, gab sie eine Charakterschilderung, die genau auf sie paßte. Zuletzt kam Buchanan zu der Überzeugung, daß es für sie wie für andere derart begabte Personen mit Hilfe dieser Methode sogar möglich sei, Blicke in die Zukunft wie auch in die Vergangenheit zu werfen. »Die Vergangenheit war vor ihr ausgebreitet«, schrieb er, »wie ein aufgeschlagenes Buch. Sie gab genaue Schilderungen und Portraits von historischen Persönlichkeiten, von denen ich selbst absolut nichts wußte. Als ich ihre Aussagen dann überprüfte, konnte ich in keinem Fall feststellen, daß sie von der Wahrheit abwichen.«

Als er eines Tages seiner Frau auf einen Zettel schrieb: »Der Kaiser von Rußland«, prophezeite sie, Alexander II. wird durch Mord ums Leben kommen – was dann auch geschah. Sie sagte auch – auf das entsprechende Stichwort – den Tod von Disraeli und Garibaldi voraus.

Buchanan war fest überzeugt, daß seine Entdeckungen der Menschheit ungeahnte neue Möglichkeiten eröffnen würden. Daher auch der Titel, den er dem Werk über seine Forschungen gab. Er lautete hochtrabend und zukunftsweisend »Manual of Psychometry, the Dawn of a New Civilization – Handbuch der Psychometrie, der Beginn einer neuen Kultur«!
»Die Vergangenheit ist in der Gegenwart lebendig begraben«, versicherte er, was damals kühn war und überschwenglich klang. »Die Welt ist ihr eigenes unvergeßliches Monument. Und das, was für ihre psychische Entwicklung zutrifft, ist gleichermaßen auch gültig für ihre geistige. Die Entdeckung der Psychometrie wird uns befähigen, die Geschichte des Menschen so zu erforschen, wie die Geologie diejenige der Erde. Es gibt geistige Fossilien für Psychologen, wie es Mineralien für Geologen gibt ... Das geistige Teleskop ist jetzt entdeckt, das die Tiefen des Vergangenen zu durchmessen vermag und uns eine volle Sicht der großen und tragischen Passagen der Alten Geschichte ermöglicht.«
Vielleicht war das alles etwas zu anspruchsvoll, vergleicht man es mit Geisterklopfen und Tischrücken, wobei es um mehr persönliche Dinge ging und zudem durch die spektakulären Ausdrucksformen die Sensations- oder Grusellust vieler Sitzungsteilnehmer voll befriedigt wurde. Mag sein, daß sich deshalb der Export der Psychometrie über den Atlantik verzögerte. Und dann gab es dafür sicher noch einen anderen, entscheidenden Grund: Buchanan ließ keinen Zweifel darüber, daß es sich bei ihr um eine rein menschliche Fähigkeit handele. Geister hatten damit nichts zu tun! Das aber war Buchanans Pech – denn so konnte seine Entdeckung nicht mit der spiritistischen Flutwelle um die halbe Erde branden.
Professor Denton setzte fort, was Buchanan begonnen hatte. Nach jahrelangen Forschungen kam auch er zu dem Schluß: Die Existenz psychometrischer Fähigkeiten steht außer Zweifel!
Er hatte das Glück, in seiner Schwester, Mrs. Anna Denton Cridge, ein äußerst begabtes Medium zu finden. Sie war in der Lage, Charakter, häusliche Umgebung, Lebensgewohnheit und Aussehen – sogar Haar- und Augenfarbe – einer ihr völlig unbekannten Person verblüffend genau zu beschreiben. Es genügte, ihr einen Brief in die Hand zu geben, den jene eigenhändig geschrieben hatte.
Es lag nahe, daß Denton als Geologe eines Tages auch daranging, anhand von allerlei Gesteinsproben psychometrische Experimente anzustellen. Die Resultate, die er dabei erzielen konnte, bestärkten ihn nur noch mehr im Glauben an das Vorhandensein jenes Phänomens. Unter den vielen von ihm veröffentlichten Beispielen finden sich einige besonders erstaunliche Fälle.
Als er Mrs. Denton Cridge ein Stück Lava vom Kilauea, dem größten, auch heute noch tätigen Vulkan auf der Insel Hawaii, reichte, gab sie an:
»Ich sehe den Ozean und Schiffe auf ihm segeln. Es muß sich um eine Insel

handeln, denn ringsumher ist Wasser. Ich habe meinen Blick von dort, wo ich die Schiffe bemerkte, abgewandt und sehe etwas ganz Erschreckendes: Es scheint, als stürze ein Meer aus Feuer in die Tiefe und brodele dabei. Der Anblick geht mir durch und durch und erfüllt mich mit Entsetzen. Ich sehe es in den Ozean fließen, und das Wasser kocht heftig.«

Ein Stück Kalkstein mit eiszeitlichen Gletscher-Schrammen auf der Oberfläche ließ sie empfinden:

»Ich habe das Gefühl, als wäre ich unter einer ungeheuren Masse aus Wasser – so tief, daß ich unten nichts erkennen kann, und doch scheint es, daß ich oben meilenweit hindurchzuschauen vermöchte. Jetzt gehe ich umher, gehe, und ich spüre über mir und um mich etwas. Es muß sich um Eis handeln. Ich bin darin eingefroren. Die Bewegungen der Masse, in der ich mich befinde, sind nicht gleichmäßig. Sie schiebt vorwärts, hält und schiebt erneut, dann mahlt es, preßt und rutscht es – eine Bergmasse.«

Auch bei Fossilien erzielte er Beschreibungen, die im Rahmen des Wahrscheinlichen lagen, im einzelnen jedoch nicht nachprüfbar waren. Als er ihr indes eines Tages das Fragment eines Zahnes von einem ausgestorbenen Mastadon in die Hand legte, lautete ihre Aussage: »Mein Eindruck ist das Stück eines riesiggroßen Tieres . . . Wahrscheinlich ein Stückchen von einem Zahn. Ich fühle mich wie ein richtiges Monstrum, mit schweren Füßen und einem mächtigen Körper. Meine Ohren sind sehr groß und wie aus Leder. Was für ein Lärm kommt da aus dem Gehölz? Ich kann nur mit Mühe sprechen, meine Kiefer sind so schwer. Da sind ältere als ich. Sie sind dunkelbraun. Ich sehe aber auch jüngere. Tatsächlich, da ist eine ganze Herde.«

In seiner 1863 veröffentlichten Schrift »Nature's Secrets – Geheimnisse der Natur« bemerkt Denton dazu wörtlich: »Vom ersten Lichtschimmer auf unserem gerade geborenen Globus an, als stürmische Nebelvorhänge noch seine Wiege verhüllten, hat die Natur alles fotografiert. Was für eine Bildergalerie ist in ihrem Besitz!«

Eine außergewöhnliche Sensibilität konnte Denton auch bei seinem zehnjährigen Sohn Sherman entdecken. Als er ihm ein Stück Stein gab, das von der sogenannten Villa des Sallust in Pompeji stammte, beschrieb der Knabe die berühmte Nachbarstadt Herculanum am Golf von Neapel. Ein anderes Fundstück aus wiederausgegrabenen Ruinen derselben Stadt erbrachte eine Beschreibung des Untergangs von Pompeji.

Von wissenschaftlicher Seite hat man Denton vorgeworfen, er sei methodisch nicht richtig vorgegangen. Das war wohl auch der Grund, warum diese Versuche nicht die Beachtung fanden, die sie der Bedeutung des Phänomens nach verdient hätten . . .

Gut zwei Jahrzehnte nach der Sensation in den USA mit den Fox-Sisters, die mit Klopftönen und Tischrücken den entscheidenden Anstoß für ein weltweites Interesse an rätselhaften Erscheinungen gegeben hatten, war in beiden

angelsächsischen Ländern ein erstaunlich vielseitiges Experimentieren in Gang gekommen. Es waren zum größten Teil noch unbeholfene und oft geradezu primitiv anmutende Versuche mit allen nur denkbaren Phänomenen, in öffentlichen und privaten Zirkeln oder Séancen. Neben vorwiegend der Schau- und Sensationslust dienenden oder auf religiöse Gefühle und eine Überzeugung zielenden Vorführungen stand eine ganze Anzahl seriös kritischer Untersuchungen durch Gelehrte, von denen jeder für sich frisch drauflos forschte. Eine Fülle von Berichten und Beobachtungen war das Ergebnis, das aber doch nicht mehr bedeutete als einen ersten Ansatz, zu beweisbaren Tatsachen vorzudringen. Noch fehlte die einheitliche Systematik, eine einwandfreie Methodik. Zu unerfahren waren die meisten noch in der Ausschaltung betrügerischer Machinationen, und es mangelte an exakten Kontrollen. Allzuviele der aus jener Zeit berichteten hochinteressanten Fälle büßen damit an Glaubwürdigkeit ein und können leider nicht als zwingend bewiesen angesehen werden. Dennoch – ein erster bedeutender Schritt war getan.
Was aber war inzwischen auf dem Kontinent geschehen? Wie sah es dort aus?

X. Deutsche Wissenschaft ohne Interesse

Ende März 1853 sperrten ein paar angesehene Bremer Bürger Augen und Mund weit auf: Reisende aus Amerika führten erstmals das Tischrücken vor. Wenige Tage später nur schlug es in Süddeutschland wie eine Bombe ein. In der »Augsburger Allgemeinen Zeitung« vom 4. April schrieb der bekannte Geograph Karl Andree als Augenzeuge über jene ersten Versuche in der Hansestadt. Der Bericht in dem damals angesehensten publizistischen Organ fand ein gewaltiges Echo. Überall begann man Versuche mit dem sensationell-rätselhaften USA-Import. Noch im gleichen Jahr erschien eine ganze Reihe von Schriften, inhaltlich ziemlich oberflächlich und dem eigentlichen Problem und den damit zusammenhängenden wichtigen Fragen keinesfalls gerecht werdend. Doch es sollte ein Strohfeuer sein, das allzu schnell wieder erlosch.
Gerade damals war in Deutschland die Zeit denkbar ungünstig für eine ernsthafte Auseinandersetzung – nicht nur mit Tischrücken und Klopfzeichen, mit Para-Phänomenen überhaupt. Das Gros der Wissenschaftler reagierte nur negativ. Sie leugneten – ohne auch nur den Versuch zu machen, sich damit zu befassen – die Existenz derartiger Phänomene von

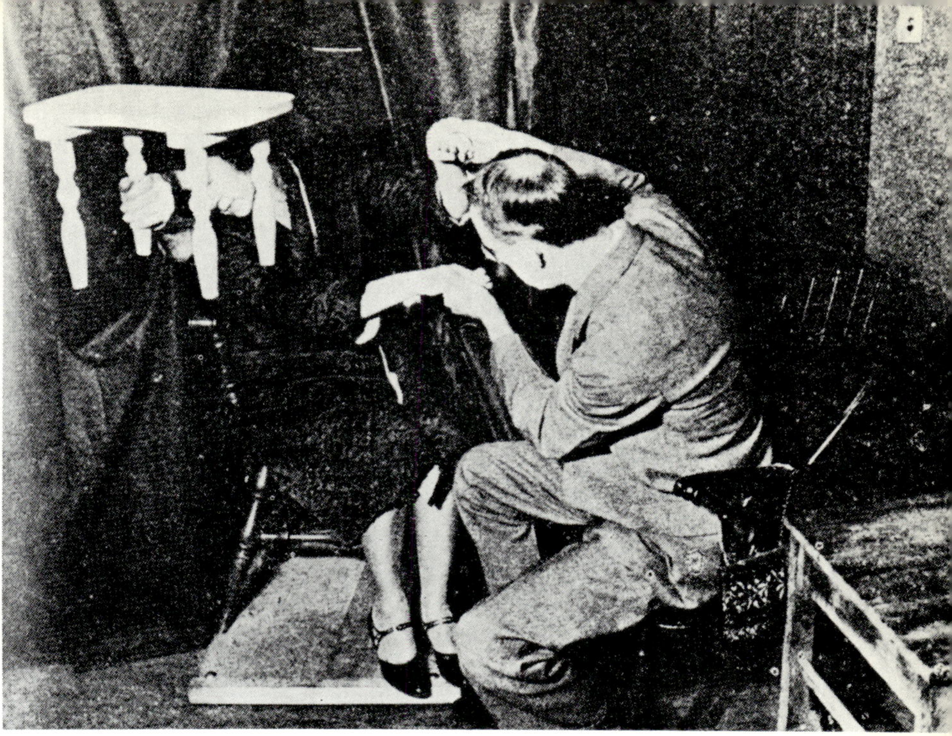

Oben: Eine »materialisierte Hand« mit einem Stuhl erscheint vor einem Vorhang, hinter dem »Margery« – ein umstrittenes US-Medium – sitzt, dessen Hände der Forscher B. K. Thorogood hält. Foto 1933. Unten: Gipsabgüsse von Hand und Fuß, die sich auf Séancen in Gegenwart des Polen Frank Kluski angeblich aus dem Nichts bildeten. Im modernen Labortest konnte bisher keine Materiebildung nachgewiesen werden.

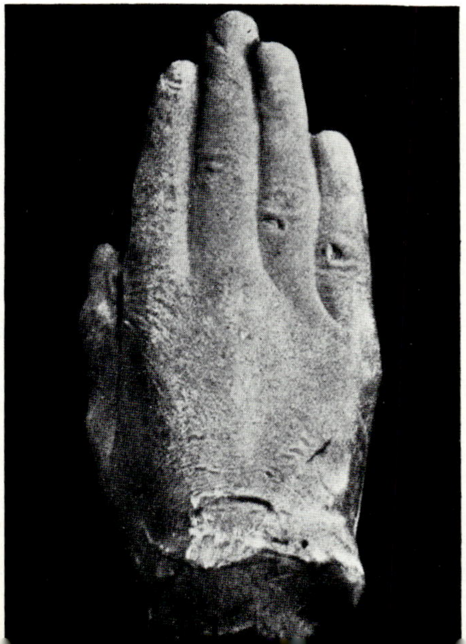

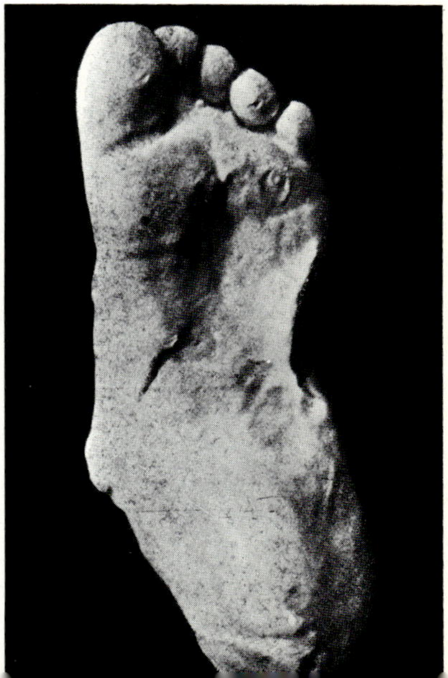

Oben: Mrs. R. Brown, London, die behauptet, in Kontakt mit verstorbenen Musikern zu stehen, korrigiert »auf Anweisung von Franz Liszt« dessen Noten. Unten: Automatisches Buchstabieren mit dem Ouija-Board.

vornherein grundsätzlich ab und hatten nur Spott und Hohn für solchen »abergläubischen Unsinn« übrig.
Längst vorbei war der Höhenflug des philosophischen Idealismus, der zu Beginn des Jahrhunderts noch kühnste metaphysische Bauten aufgetürmt hatte, vorbei auch der köstliche Traum der Romantik. Das Pendel war zur genau entgegengesetzten Seite hin ausgeschlagen. Für die Naturwissenschaften, bei denen eine beispiellos stürmische Entwicklung eingesetzt hatte, und ihre empirischen Forschungen existierte nur noch eine Welt – die materielle. Eine rein mechanistische Anschauung trat die Vorherrschaft an, und in der Medizin, die man nun ganz und gar lediglich als »angewandte Naturwissenschaft« verstand, sprach man überhaupt nicht mehr von der Seele, sondern nur noch vom Gehirn. Was man nicht messen und wiegen konnte, was sich nicht in Reihenversuchen zählen ließ, galt als nicht existent. Ablehnend, ja feindlich allem Metaphysischen, Nichtmateriellen gegenüber eingestellt war auch die Philosophie an den Universitäten.
Diesem Trend des Zeitgeistes wagte sich niemand zu widersetzen. Ganz im Gegensatz zu England und den USA blieb die Parapsychologie in Deutschland ein unbeschriebenes Blatt. »Es ist bedauerlich, aber auch kennzeichnend«, so urteilt Rudolf Tischner völlig zu Recht, »daß in Deutschland kein unbeschwerter jüngerer wissenschaftlicher Kopf sich diesem Gebiet eingehend gewidmet hat, so daß aus den nächsten 25 Jahren nichts von experimenteller Forschung zu berichten ist. Es spricht nicht für unsere Hochschullehrer, daß im Gegensatz zu den Angelsachsen damals alle im Zunftwesen steckenblieben oder aus Opportunismus die Finger von dem heißen Eisen ließen und sich mutig zurückhielten. Niemand hatte so viel wissenschaftlichen ›Instinkt‹ und überschauendes Denken, um zu sehen, daß gerade hier Probleme liegen.«
Das Tischrücken verschwand damit nicht etwa. Es wurde zum beliebten und aufregenden Frage-und-Antwort-Spiel kleinbürgerlicher Familien. Es diente, kritiklos betrieben, deren Unterhaltung und Ergötzung. Fachzeitschriften über okkulte Phänomene, die diesen Namen wirklich verdienten, gab es lange nicht. Erst ab 1874 kamen die »Psychischen Studien« heraus; sie brachten, vor allem auch durch Übersetzungen ausländischer Abhandlungen, einige Anregungen. In jenem Jahr erschienen auch »Studien über die Geisterwelt«, ein Buch, das die medial begabte ungarische Baronin Adelma von Vay über ihre eigenen Erlebnisse zum großen Teil automatisch niedergeschrieben hatte. Sie berichtet darin auch über ihre Erfahrungen mit dem Kristallsehen – wie bei konzentriertem Schauen in eine Kristallkugel Bilder vor ihr auftauchten, die sie ihrem Mann schilderte. Nachdem dieser sie aufgeschrieben hatte, pflegte ein »Geist« zu erscheinen, der erklärte, was sie im einzelnen zu bedeuten hätten. Nicht selten sei, was sie sah, später eingetreten. Auch über automatisches Schreiben hätten

sich ihr Ereignisse angekündigt. So erhielt sie von einem Verwandten, der sich 1866 auf dem böhmischen Kriegsschauplatz befand, nach einer Schlacht die Nachricht, daß er noch am Leben sei. Sein Name war zu dieser Zeit bereits in den offiziellen Verlustlisten genannt worden. Er tauchte indes tatsächlich wohlbehalten wieder auf.

Auf Umwegen – und zwar über wissenschaftlich-theoretische Spekulationen ganz anderer Art – kam schließlich in den siebziger Jahren ein namhafter Wissenschaftler dazu, sich mit Para-Phänomenen experimentell zu beschäftigen. Es war Friedrich Zöllner, Professor der Astrophysik in Leipzig. Mit ihm beginnt in Deutschland das erste Bemühen, auf dem Gebiet des Okkultismus wissenschaftliche Untersuchungen anzustellen. Wohl lösten Zöllners Versuche außergewöhnliches Aufsehen aus. Es war dennoch kein guter, vielversprechender Beginn. Leider nämlich verliefen die Experimente unter Bedingungen, die zu sehr umstrittenen Resultaten führten.

Was Zöllner Jahre hindurch brennend interessiert hatte, war ein höchst kompliziertes Problem – das der vierten Dimension. Gedanken daran waren nicht neu. Zuvor hatten sich bereits andere Physiker und Mathematiker – so Karl Friedrich Gauß und Bernhard Riemann –, aber auch der Philosoph Immanuel Kant mit ihr beschäftigt.

Eines Tages kam Zöllner der Gedanke: Sollte es nicht möglich sein, gewisse okkulte Erscheinungen zur Stütze der Theorie von der vierten Dimension heranzuziehen? Er erinnerte sich, Berichte über Séancen gelesen zu haben, bei denen auf höchst rätselhafte Weise Gegenstände aus geschlossenen Räumen – sei es aus einem Zimmer, sei es aus einer Kiste – verschwunden beziehungsweise in ihnen aufgetaucht seien. Für die uns vertraute Auffassung eines nur dreidimensionalen Raumes ist ein solcher Vorgang weder verständlich noch überhaupt denkbar. Aus einem fugenlosen Behälter kann unmöglich ein Körper ins Freie gelangen, ohne irgendwo in der Wandung ein Loch zu hinterlassen. Unterstellt man jedoch, es gebe eine vierte Dimension, wäre so etwas durchaus verständlich.

In England hatte das amerikanische Medium Henry Slade gerade viel von sich reden gemacht. Zöllner lud ihn nach Leipzig ein, und damit begann eine Reihe ungewöhnlicher Experimente.

Am 17. Dezember 1877 war die erste Sitzung.

Die Aufgabe, die Zöllner dem Medium stellte, lautete: Versuchen Sie, in einer unendlichen Schnur – einer ringförmig in sich geschlossenen also – einen Knoten anzubringen!

Der Professor hatte ein zu Hause bereits präpariertes Band mitgebracht: Einen ein Millimeter starken Hanfbindfaden, 148 Zentimeter lang, dessen Enden zusammengebunden und mit Siegellack auf einem Stück Papier befestigt waren, wobei den Verschluß obendrein der Abdruck eines Petschaftes sicherte.

Absonderlich anmutende und sehr umstrittene Experimente unternahm 1877/78 der Leipziger Professor Friedrich Zöllner mit dem physikalischen Medium H. Slade. Es geschah in der Hoffnung, die Existenz einer vierten Dimension anhand von Bewegungen lebloser Gegenstände nachweisen zu können. Bei einem Test wurden zwei gedrechselte Holzringe in einen verknoteten Darmring gehängt, dessen Enden Zöllner selbst am Rand eines Tisches festhielt (Bild oben). Nach etwa sechs Minuten soll ein Klopfzeichen angezeigt haben, daß der Versuch gelungen sei. Die Untersuchung habe ergeben, daß beide Holzringe auf unerklärbare Weise aus dem unverletzten Darmring verschwunden waren und sich nunmehr am Bein eines in der Nähe stehenden runden Tisches befunden hätten.

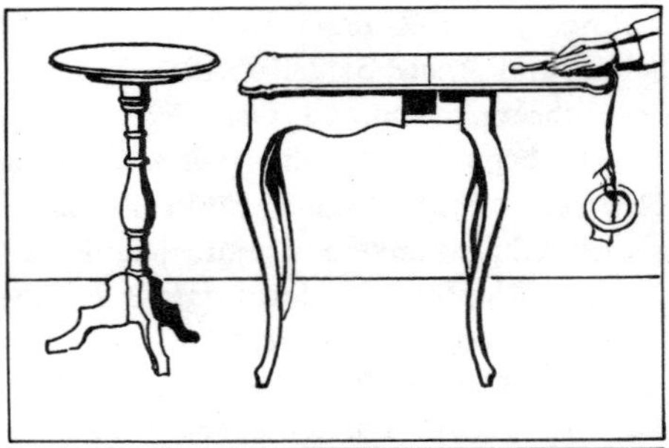

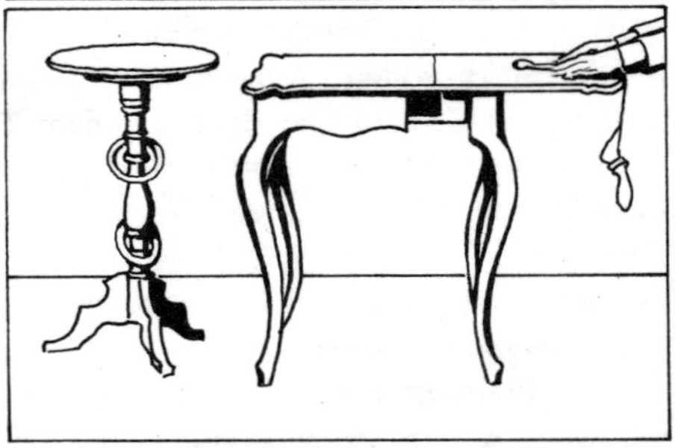

Es war 11 Uhr vormittags, taghell im Zimmer, und das Medium befand sich im Wachzustand, als der Versuch anfing. Zöllner legte das versiegelte Ende auf die Tischplatte und drückte beide Daumen darauf. Die übrige Schnur hing über die Tischkante herab.

Nach wenigen Minuten – die Hände des Mediums waren inzwischen offen sichtbar – war in der Schnur plötzlich nicht nur ein Knoten angebracht, sondern es waren sogar deren vier. Die versiegelte Stelle erwies sich als unverletzt.

Auf die berechtigte Frage, wie so etwas überhaupt möglich sei, erklärten Zöllner und Slade übereinstimmend: »Intelligente Wesen« aus einem vierdimensionalen Raum hätten das zustande gebracht. Slade redete von ihnen als von »spirits« – von »Geistern«.

Noch an demselben Dezembertag fand abends eine weitere Sitzung statt. Diesmal kam es zu einem Experiment auf dem Gebiet, das Slade ganz besonders zu seinem Ruf als hochbegabtes Medium verholfen hatte – dem der Tafelschrift. Auf Anregung Zöllners sollte jetzt jedoch etwas anderes als Schriftzeichen produziert werden. Er hatte, ohne daß Slade etwas davon wußte, zwei Blätter mit Ruß beschmiert, sie in eine Doppeltafel geklebt und diese verschlossen.

Während alle Anwesenden mit den Händen eine Kette bildeten, legte

Zöllner – das Zimmer war hell erleuchtet – die Doppeltafel auf seinen Schoß und fragte Slade, ob die »spirits« auf den Innenseiten Fußabdrücke hervorbringen könnten. Das Medium schien sich zunächst nicht ganz sicher zu sein, bemerkte aber dann: Er wolle es versuchen.

Nach etwa fünf Minuten fühlte Zöllner zweimal einen leichten Druck auf seinen Oberschenkeln, konnte jedoch nicht das geringste sehen. Ein dreimaliges Klopfen, das kurz darauf ertönte, deutete Slade als Zeichen, daß das Experiment beendet sei.

Die aufgeklappte Doppeltafel zeigte, deutlich markiert, auf der einen Seite den Abdruck eines linken Fußes, auf der anderen den eines rechten.

Weitere Versuche wurden angestellt. Dabei kam es auch zu einem besonders eindrucksvollen »Apport«. Ein in einer zugeklebten Apothekerschachtel befindliches Geldstück erschien auf dem Tisch, ohne daß die Schachtel oder der Klebestreifen verletzt worden wäre. Dann wurden am 8. Mai 1878 zwei Experimente vorgenommen, denen der Professor ganz besonderen Wert zumaß.

Bei dem einen wurde das Knotenexperiment abgewandelt wiederholt. Diesmal verwandte Zöllner zwei Lederbänder, 44 Zentimeter lang und einen Zentimeter breit. Er hatte jedes für sich an beiden Enden versiegelt, so daß sie zwei in sich geschlossene Schlingen bildeten. Beide bedeckte er auf dem Tisch mit seinen Händen. Slade berührte nur einmal ein wenig Zöllners Handrücken. Knapp drei Minuten später hatten sich beide Lederriemen mehrfach ineinander verknüpft.

Da die Streifen deutlich sichtbar Drehungen um die Längsachse aufwiesen, folgerte Zöllner, »die Knüpfung müsse in der vierten Dimension erfolgt sein«.

Für ein zweites Experiment am späten Nachmittag hatte Zöllner von einem Tischler zwei Ringe drechseln lassen, einen aus Eichenholz, den anderen aus Erlenholz. Obendrein hatte er aus einem Tierdarm ein ringförmig in sich geschlossenes Stück herausgeschnitten. Alle drei Objekte reihte er auf eine Darmsaite, deren Enden verknotet und versiegelt wurden. Diese hielt er mit beiden Händen auf der Tischkante fest.

Slade wurde aufgefordert, die beiden Holzringe ineinander zu verschlingen und in dem Darmstück, das in sich geschlossen und damit »unendlich« war, einen Knoten zu knüpfen.

Diesmal kam etwas anderes zustande, als verlangt war. Auf unerklärliche Weise waren nach wenigen Augenblicken beide Holzringe von der Darmsaite verschwunden. Man entdeckte sie am Fuß eines in der Nähe stehenden einbeinigen runden Tischchens. Um den kleinen Darmring hatten sich zu gleicher Zeit innerhalb der großen Schlinge zwei Knoten geschlungen. Bei diesem Versuch waren keine dritten Personen als Zeugen zugegen.

Professor Zöllner selbst zeigte sich zutiefst beeindruckt von den Resultaten. In der breiten Öffentlichkeit erregte das Bekanntwerden dieser Versuche beträchtliches Aufsehen. Um so schwerer traf ihn die Reaktion aus den Reihen der Wissenschaftler – weit über Deutschland hinaus. Die überwiegende Mehrheit der Gelehrten empfand es als einen Affront. Für sie stand fest: So etwas konnte nicht wahr sein!

Zöllners Gegner hatten nichts als Verachtung für ihn übrig und versuchten auf jede Weise, seine Versuche als unsinnig und völlig wertlos hinzustellen. Es kam sogar zu einem Bericht einer international besetzten Kommission, in dem Aussagen von Gelehrten, die an den Experimenten teilgenommen hatten, zitiert wurden. Davon bezeugten einige unter ihnen, so der Physikprofessor Gustav Theodor Fechner und der Mathematikprofessor W. Scheibner, Zöllner sei ihrer Ansicht nach »zu jener Zeit geistesgestört gewesen«.

Professor Zöllner experimentierte nach Slade auch noch mit den Medien Mrs. d'Esperance und William Eglinton. Bevor er darüber seinen Bericht fertigstellen konnte, starb er 1882 unerwartet an einem Schlaganfall. Seine Arbeiten blieben ohne weiteres Echo. Und kein Gelehrter der offiziellen Wissenschaft dachte daran, sich nach Zöllners Tod noch weiter mit diesem Gebiet zu beschäftigen.

Was in Deutschland zum Ansatzpunkt für eine kritische Auseinandersetzung mit jenen außergewöhnlichen Phänomenen hätte werden können, war vertan worden.

Nicht viel anders sah es für geraume Zeit in den übrigen Ländern des Kontinents aus.

Das Tischrücken wurde von Ludwig Güldenstubbe, einem Baron aus dem Baltikum, 1850 in Frankreich eingeführt und breitete sich, wie zuvor in England, geradezu epidemieartig aus. Es kam derart in Mode, daß es sich sogar im täglichen Gruß spiegelte: Wie Eugene Bonnemère im »Siècle« bemerkte, fragte man nicht mehr nach der Gesundheit, sondern wie es mit dem Tisch gehe. »Merci«, lautete die Antwort, »meiner geht bestens, und der Ihre?«

»Importeur« Güldenstubbe indes gab sich mit den »redenden Tischen« nicht zufrieden. Ihn drängte es danach, direkte schriftliche Mitteilungen von seiten der »Geister« zu erhalten, um deren Realität zu beweisen.

Und siehe – er hatte Glück damit. Sein Wunsch ging auf sensationelle Weise in Erfüllung.

Nachdem er wiederholt beobachtet hatte, wie auf Papier in seinem Schreibzimmer Schriftzeichen erschienen waren, deren bewußter Urheber er nicht war, beschloß er, diesen Dingen näher nachzugehen. Zu seinem größten Erstaunen und der noch größeren Verblüffung seiner Bekannten zeigte sich, daß er Nachrichten von allen möglichen Dahingeschiedenen erhielt. Bald

handelte es sich um Verwandte aus seinem Freundeskreis, bald um weltberühmte Geistesheroen. Sie alle schienen beglückt, endlich einen Weg eröffnet zu finden, der es ihnen ermöglichte, nochmals zu Wort zu kommen. Da meldeten sich Cicero und Wieland, Schiller und Voltaire. Graphologen beteuerten, die Schriftzüge seien identisch mit denen der Verstorbenen.
Am besten gelangen die Schriften in Museen oder auf Friedhöfen. Der Grund? Nach Güldenstubbes Überzeugung umschweben die Verstorbenen ihre Statuen, Gemälde oder Grabmale. Daher auch falle es ihnen an solchen Plätzen leichter, sich zu manifestieren. So verzeichnete Güldenstubbe seine schönsten Resultate im Louvre, in der französischen Königsgruft zu St. Denis, aber auch in der Münchner Glyptothek.
Im Jahre 1856, als man überall von diesen erstaunlichen »Geisterschriften« redete, erschien ein Werk, das in Europa weiteste Verbreitung finden sollte: »Das Buch der Geister«. Radikal abweichend von dem in angelsächsischen Ländern verbreiteten Glauben begründete sein Verfasser, Alain Kardec, damit den romanischen Spiritismus. Es handelt sich um eine Lehre, die er den Mitteilungen eines Mediums, der Célina Bequet, verdankte: Neben der materiellen Welt, so besagte sie, existiere eine unsichtbare, spirituelle Welt, die der Geister. Da die Geister in verschiedene Klassen gegliedert seien – die oberste Rangstufe bildeten die Engel –, es im Reich der Geister indes keinen Fortschritt gebe, sei eine Wiederverkörperung nötig, die in Menschenleibern erfolge. Jede Reinkarnation bringe einen Fortschritt, bis schließlich einmal alle Geister selig geworden seien.
Was Kardec in die Welt gesetzt hatte, waren phantasievolle Spekulationen und Theorien, die Anklang bei ganzen Scharen von Gläubigen fanden, denn der Siegeszug des Spiritismus, der sich so zu einer pseudoreligiösen Bewegung entwickelte, war nicht mehr aufzuhalten. Er verbreitete sich in Italien ebenso wie in Schweden, in Deutschland wie in Rußland, wo in St. Petersburg beispielsweise, dem heutigen Leningrad, Séancen mit Tischrücken und Geistermanifestationen zu einer beliebten Beschäftigung in den Salons russischer Adliger, ja sogar am Zaren-Hof wurden.
Was waren die Gründe dafür? Wie ließ sich diese Begeisterung der Massen erklären? Die Antwort: Der Spiritismus konnte einen derart tiefen Eindruck erwecken und die Menschen so in seinen Bann ziehen, weil man damals von den psychologischen Bedingungen jener so aufregenden Vorgänge, von der Existenz eines Unterbewußtseins, noch nichts wußte. Alles, was durch die »klopfenden Tische«, durch »Tafelschriften« produziert wurde oder was ein Medium von sich gab, galt als vom »Jenseits« kommend. Unzählige Menschen fanden nicht nur einen großen Trost darin, mit lieben Dahingeschiedenen angeblich in Kontakt treten zu können. Sie sahen sich durch jene »Botschaften« auch im Glauben an die Existenz eines »Drüben« bestärkt, dessen die kirchlichen Lehren sie nicht mehr zu versichern vermochten.

Denn die religiöse Gewißheit früherer Zeiten war in jenen Jahrzehnten bei unzähligen Menschen verlorengegangen. Seit der 1835 erschienenen Schrift von David Friedrich Strauß »Das Leben Jesu, kritisch bearbeitet«, seit Ernest Renans »La vie de Jésus« von 1863, Büchern, in denen die evangelische Geschichte als erdichteter Mythos dargestellt wurde, waren viele ungläubig geworden und hatten sich von der Kirche losgesagt. Mehr noch waren es Darwins Abstammungslehre und vor allem der als Welt- und Lebensanschauung mächtig aufstrebende Materialismus, die dazu beitrugen, die traditionellen religiösen Ansichten zu unterminieren und zu zerstören. In einer Welt, in der angeblich allein nur die Materie existierte, in der es keine Seele gab und die Frage, was nach dem Tode geschehe, als überholt galt, bot sich Abertausenden der Spiritismus als religiöse Bewegung an, die den Menschen wieder zum Glauben an ein »Jenseits« zu führen vermochte.
Die sonderbaren Erscheinungen, die dem spiritistischen Glauben zum Leben verhalfen – die »klopfenden Tische« und die in Trance sprechenden Medien –, erweckten in allen Ländern des europäischen Kontinents ungeheures Aufsehen. Indes, Anstoß zu einer echten wissenschaftlichen Erforschung der Phänomene selbst gaben sie dort nicht. Dazu kam es diesseits des Atlantiks erstmals in einem anderen Lande – in England!

Die Erforschung beginnt

> In der Wissenschaft geschah es schon öfter, daß die Feststellung neuer, durch zuvor Bekanntes nichterklärbarer Fakten zur Entdeckung unvorhersehbarer Seiten des Daseins geführt hat.
>
> L. L. WASSILJEW

XI. Wende in der Para-Forschung

Das Jahr 1882 sollte ein Markstein werden in der Geschichte des Okkultismus.

Eine Ironie des Schicksals indes wollte es, daß dies um ein Haar verhindert worden wäre. Nicht durch Geister etwa, wie zu vermuten naheliegend wäre, wohl aber durch höchst renommierte, durchaus diesseitige Personen, die eben jenen mitteilungsbedürftigen jenseitigen Wesen als Sprachrohre oder Mittelsmänner behilflich zu sein vorgaben. Konkret: Einige Medien waren in flagranti beim Mogeln ertappt worden.

Atemlos und gespannt hatten am 12. September 1876 in Glasgow Mitglieder der hochangesehenen »Englischen Vereinigung zur Förderung der Wissenschaften – British Association for the Advancement of Science« einem Vortrag von Sir William Fletcher Barrett gefolgt. Der bekannte Physikprofessor aus Dublin referierte über ein nicht alltägliches, in jenen Tagen sogar als kaum seriös geltendes Thema: die Übertragung von Gedanken, Empfindungen und Gemütsbewegungen bei Hypnose.

Wie Barrett in längeren Versuchsreihen hatte feststellen können, empfand ein Medium, dem die Augen verbunden waren, Hitze, wenn der Hypnotiseur seine Hand über eine brennende Kerze hielt. Es konnte auch Zucker und Salz unterscheiden, sobald er den Stoff mit der Zunge berührte. Das Medium zeigte sich ferner in der Lage, eine in ein Buch gesteckte Spielkarte zu benennen, die der Hypnotiseur einmal kurz zuvor angeschaut hatte. Barrett berichtete anschließend noch über erstaunliche musikalische Phänomene.

Der Vortrag, der ursprünglich zurückgewiesen und nur auf Betreiben des in der Wissenschaft sehr geschätzten Alfred Russell Wallace doch zugelassen worden war, löste eine äußerst erregte Diskussion aus, an der sich außer Wallace auch Professor Crookes und Lord Rayleigh beteiligten.

Damit war das Eis gebrochen. Die Mehrheit der Anwesenden zeigte sich so beeindruckt, daß niemand Widerspruch erhob, als zum Schluß Barrett offiziell beantragte, einen wissenschaftlichen Ausschuß zur Untersuchung jener umstrittenen Erscheinungen zu bilden.

Dazu kam es jedoch zunächst nicht. Schuld daran war eine Meldung, die ausgerechnet vier Tage später veröffentlicht wurde: Professor Lankester berichtete, das berühmte, in aller Welt ungläubig bestaunte Medium Slade entlarvt zu haben! Im Detail geschah das, wie sich herausstellte, folgendermaßen:

Auf einer Sitzung, bei der Slade wieder einmal sein Meisterstück, die geheimnisvolle »direkte Schrift«, produzieren wollte, hatte Lankester just in dem Augenblick, da das Schreiben beginnen sollte, blitzschnell zugepackt und dem Medium die Tafel entrissen. Es zeigte sich: Sie war bereits beschriftet!

Trotzdem gab Slade nicht klein bei. Er behauptete, er habe bereits kurz vor dem Eingriff gesagt: »Es schreibt schon!« Lankester verklagte Slade vor Gericht, das diesen wegen Betruges auch verurteilte. Allerdings mußte – und zwar wegen eines Formfehlers – dann doch ein Freispruch erfolgen.

Slades Entlarvung blieb jedoch kein Einzelfall. 1880 wurden zwei weitere, ebenfalls sehr angesehene Medien – beide berühmt durch aufsehenerregende Materialisationen – überführt. Zeitungen berichteten vom Kontinent:

In München habe man auf einer Tournee dem Engländer Eglinton betrügerische Machenschaften bei der Demonstration von Tafelschrift nachgewiesen. Das zweite »Opfer« skeptisch-aufmerksamer Beobachter wurde Mrs. d'Esperance.

Eine Frau aus einfacher Familie in New Castle, war Mrs. d'Esperance durch den Geologen Barkas zuerst als Schreibmedium entdeckt worden. Sie beantwortete aus dem Stegreif erstaunlich genau Fragen auch aus ausgefallenen wissenschaftlichen Gebieten, sei es der Akustik, der Anatomie oder der Musiktheorie. Mrs. d'Esperance verstand es zudem, verschlossene Briefe zu lesen. Am meisten Aufsehen erregte sie durch ihre Materialisationen. Während sie als Medium in einem Kabinett saß, pflegten Gestalten verschiedener Größe sichtbar zu werden. Zuweilen soll sie sich vom Stuhl erhoben und sich die materialisierten Erscheinungen selbst aus der Nähe angesehen haben. Bei einer Séance im Jahr 1880 aber sprang ein Teilnehmer auf und ergriff die im Raum herumwandelnde Gestalt: Es war das Medium selbst!

Zwei Jahre später kam es – erneut auf Betreiben Barretts – dennoch auf wissenschaftlicher Seite zu einem gar nicht hoch genug einzuschätzenden Entschluß: Nach einer vorbereitenden Sitzung im Januar, zu der er namhafte Gelehrte sowie Kenner des Gebietes eingeladen hatte, wurde am 20. Februar 1882 in London die »Society for Psychical Research – Gesellschaft für psychische Forschungen« (abgekürzt S.P.R.) gegründet.

Professor Henry Sidgwick, von einem Zeitgenossen als »der unbeeinflußbarste und unerbittlich kritischste und skeptischste Kopf« bezeichnet, hob als erster Präsident der »S.P.R.« in seiner Eröffnungsansprache hervor:

»Wir stimmen alle darin überein, daß der gegenwärtige Stand der Dinge ein

Skandal für das aufgeklärte Zeitalter ist, in dem wir leben, daß nämlich Dispute über die Realität dieser Phänomene nötig werden, deren Bedeutung man wissenschaftlich gar nicht hoch genug einschätzen kann, selbst wenn nur ein Zehntel dessen, was von glaubwürdigen Zeugen behauptet wird, als wahr angesehen werden kann. Ich meine, es ist ein Skandal, daß der Streit über die Realität dieser Phänomene weitergehen soll, da so viele kompetente Zeugen ihren Glauben daran erklärt haben, da so viele andere zutiefst daran interessiert sind, indem sie Fragen angemeldet haben, und daß trotzdem die gebildete Welt weiter in einer Haltung der Ungläubigkeit verharren soll ...
Wir haben alles unternommen, was getan werden kann, so daß der Kritik nichts bleibt, als zu behaupten, die Forscher seien getäuscht worden. Und wenn ihr nichts anderes übrig bleibt, wird sie das behaupten. Wir müssen die Gegner dahin bringen, daß sie gezwungen sind, entweder die Phänomene als unerklärlich, zumindest für sie selbst, anzuerkennen, oder aber die Forscher der Lüge oder des Betruges zu bezichtigen ...«

Ein unerhört mutiger Schritt, echtem und bestem Pioniergeist entsprungen und ohne Vorbild in der Geschichte, war getan. Zum ersten Male wagte es ein Kreis von Gelehrten, auf ein bis dahin dunkles, von so viel Aberglauben, falschen Vorstellungen, trügerischen Hoffnungen und Erwartungen und oft auch Betrügereien umwuchertes Gebiet, um das auch die Mehrheit aller Akademiker und Gebildeten stets voller Scheu nur einen Bogen gemacht hatten, das helle Licht nüchtern-kritischer Erforschung zu richten. Auch zuvor schon hatten sich Forscher wiederholt mit jenen Erscheinungen zu befassen gewagt, aber immer nur als Einzelgänger. Jetzt endlich gab es einen Mittelpunkt, geeignet, den geplanten Untersuchungen und Experimenten den gebührenden Respekt und die notwendige Beachtung zu verschaffen.

Als Zweck der Gesellschaft wurde statuiert: Alle zu vereinigen, die die Absicht haben, die Erforschung »gewisser dunkler Phänomene einschließlich derer, die man gemeinhin psychische, mesmerische oder spiritistische nennt«, zu fördern. Dabei hob ein Paragraph ausdrücklich hervor, das Ziel sei, »den verschiedenen Problemen ohne jedes Vorurteil oder jede Voreingenommenheit irgendwelcher Art entgegenzutreten und sich damit im gleichen Geist einer leidenschaftslosen und exakten Untersuchung und Prüfung zu befassen, dank dessen die Wissenschaft in der Lage war, bereits so viele andere Probleme zu lösen, die einst ebenfalls nicht weniger obskur und nicht weniger heftig umstritten waren«.

An diese Forderung, stets im Geist einer vorbildlichen Unparteilichkeit zu verfahren, hat sich die S.P.R. immer gehalten. Niemals hat sie, und zwar bis heute, hinsichtlich von Para-Phänomenen, deren Existenz nachgewiesen werden konnte, zugunsten der einen oder anderen Theorie oder Hypothese Stellung genommen oder sich auch nur ein einziges Mal gegenüber einer spiritistischen Deutung für ein Pro oder Contra ausgesprochen.

Eine Schar illustrer Köpfe zählte zu den Gründern und ersten Mitarbeitern der S.P.R.: Dem Ruf Sir William Barretts folgten Sir Oliver Lodge, Professor der Physik an der Liverpool-Universität, Henry Sidgwick, Professor der Psychologie in Cambridge, dessen Schüler Richard Hodgson, der Altphilologe Frederic William Henry Myers, Edmund Gurney, Frank Podmore und Sir William Crookes, der bekannte Physiker und Chemiker.

Mit Eifer und großer Begeisterung ging es an die Arbeit. Ausschüsse wurden gebildet, die sich mit speziellen Fragen befaßten. Eine wichtige Rolle spielte für sämtliche Experimente: alle nur erdenklichen Sicherungen einzubauen, um gegen Täuschung und gegen bewußten Betrug möglichst gefeit zu sein. Die sich häufenden Fälle der Entlarvung von Medien bedeuteten ein warnendes Zeichen. Zwar gab es keine Wissenschaft, die nicht Gefahren solcher Art ausgesetzt wäre. Bei außergewöhnlichen Erscheinungen indes galt es doppelt vorsichtig zu sein. Denn hier mußte mit einer Irreführung – sei es bewußt, sei es unbewußt – von zwei Seiten gerechnet werden: Nicht nur der Versuchsleiter und dessen Helfer selbst können wie bei jedem anderen wissenschaftlichen Experiment irren oder mogeln; auch das zu untersuchende Medium kann das tun. Wer sich mit jenen Phänomenen befaßt, habe, wie zu Recht ein englischer Forscher gelegentlich bemerkte, »über die Eigenschaften des Naturforschers, des Psychologen, des Psychiaters, des Untersuchungsrichters und des Taschenspielers gleichermaßen zu verfügen«.

Schritt für Schritt wurde bei der S.P.R. ein umfangreicher »Täuschungskatalog« aufgestellt. Dabei schreckte man nicht einmal davor zurück, die Trickanfälligkeit in den eigenen Reihen zu erproben – bei Pseudo-Séancen!

Richard Hodgson selbst berichtete eines Tages über Experimente, die erwiesen, wie gering das Beobachtungsvermögen der Menschen ist und wie sehr zudem – und zwar völlig unbeabsichtigt – Berichte durch Gedächtnisfehler gefährdet seien. S. J. Davey, ebenfalls Mitglied der S.P.R., der heimlich mit Hodgson zusammenarbeitete, hatte sich zum Amateurtaschenspieler ausgebildet und seine Künste in Séancen so geschickt vorgeführt, daß alle Teilnehmer fest davon überzeugt waren, echte okkulte Phänomene erlebt zu haben. In zahlreichen Sitzungen produzierte er – wie der berühmte und des Betrugs bereits überführte Slade – Tafelschriften. Anhand der Originalberichte der Beisitzer wies er nach, wie oft sie trotz schärfster Aufmerksamkeit getäuscht worden waren. Mit dem gleichen Erfolg gelang es Davey zusammen mit einem Helfershelfer auch, »Materialisationen« – er ließ »Geister« erscheinen – zu produzieren, die von den Teilnehmern an der Sitzung als echt bezeugt wurden. Sie vermochten Daveys Manipulationen auch dann nicht zu entdecken, wenn – wie es in einigen Fällen geschah – im voraus mitgeteilt wurde, daß es sich um einen Trick handeln werde!

Diese Enthüllungen – sowie einige weitere Fälle, in denen Medien des Betrugs überführt werden konnten (1881 Mr. und Mrs. Fletcher, 1882 Mr.

Mit zwei jungen Engländerinnen gelangen Malcolm Guthrie im Beisein von Sir Oliver Lodge schon vor 1900 erstaunliche Telepathie-Experimente, wobei einfache geometrische Zeichnungen übertragen wurden. Zwei Beispiele zeigen links jeweils das Original und rechts die Wiedergabe.

Wood, 1884 der in ganz Europa berühmte Amerikaner Mr. Bastian) – machten einen so starken Eindruck, daß die S.P.R. jene Art physikalischer Phänomene für eine geraume Zeit fast ganz vernachlässigte.

Eine vorbildliche, weithin mit allergrößtem Interesse aufgenommene Pionierarbeit leistete die S.P.R. von Anbeginn ihrer Tätigkeit im Sammeln von Beweismaterial über Erscheinungen Toter und Lebender.

Von jeher war darüber berichtet worden, daß zuweilen Menschen in Augenblicken höchster Gefahr oder auch in der Todesstunde plötzlich Freunden oder Verwandten an anderen Orten erschienen seien oder sich sonst auf irgendeine Weise gemeldet hätten. Dabei konnte es sich um das unerklärliche Stillstehen einer Uhr handeln oder um das Zerbrechen einer Vase, das Herabfallen eines Bildes und dergleichen mehr. Man hatte das als ein »In-die-Ferne-Wirken« des Betreffenden aufgefaßt und allerlei Spekulationen angestellt, wie solche Phänomene wohl zustande kommen könnten. Manche waren überzeugt, bei den Erscheinungen handele es sich um einen »Astralleib«, der sich in einem solchen Augenblick zeige, andere dachten an eine Übertragung von Gedanken. Was freilich damals noch völlig fehlte, war jede wirklich exakte wissenschaftliche Untersuchung über Art und Charakter solcher Vorkommnisse.

Hier nun setzte eine der wesentlichsten Arbeiten der S.P.R. an: Mit bewundernswertem Fleiß begannen ihre Mitglieder spontane und gut bezeugte Fälle zusammenzutragen. Bereits nach vierjähriger Arbeit konnten die Forscher Gurney, Myers und Podmore eine umfassende, zweibändige Sammlung veröffentlichen. 1886 erschien in London das berühmt gewordene Standardwerk »Phantasmas of the Living – Erscheinungen Lebender«.

700 Fälle waren erfaßt, vervollständigt durch Abertausende persönlicher Rückfragen und Zeugenvernehmungen. Grundsätzlich handelte es sich nur um Berichte aus erster Hand, jeder von ihnen war abgesichert durch das Zeugnis zumindest einer zweiten Person. Besonderen Wert hatte man dabei auf solche Geschehnisse gelegt, in denen nachweislich ein Erlebnis bereits mit Datum zu Papier gebracht oder anderen mitgeteilt worden war, noch bevor die betreffende Nachricht den Empfänger tatsächlich erreicht hatte, oder aber auch irgend etwas unternommen wurde, das sich nur durch eine *vorherige* Kenntnis eines Ereignisses erklären ließ.

Ausführlich erörtert waren im einzelnen auch alle nur erdenklichen Fehlerquellen, ob Erinnerungstäuschungen oder Erinnerungsanpassungen, ob Erwartungen oder falsche und ungenaue Beobachtungen. Noch nie war so systematisch und kritisch eine so große Anzahl spontaner Phänomene untersucht worden.

Auch zur Frage, um was es sich bei all dem handeln mag, wird in »Phantasmas of the Living« Stellung genommen.

Gurney, der die Theorie dieser Phänomene erörtert, meint, man sei durchaus berechtigt, sie auf Gedankenübertragung zurückzuführen. Dabei handele es sich jedoch keinesfalls nur um die Übertragung einer Vorstellung des »Senders«. Auch der »Empfänger« sei zusätzlich dabei tätig, denn er gebe der Nachricht erst die seiner Eigenheit und seinem Wissen entsprechende Form. Die unbewußt auf telepathischem Wege wahrgenommene Krisensituation tauche als Halluzination im Bewußtsein auf.

Die »Erscheinung Lebender« hatte zwei wichtige Fragen offengelassen: Wie häufig derartige »Halluzinationen« überhaupt vorkommen und wie viele davon tatsächlich »wahrkündend« sind, also, was Inhalt und Zeit betrifft, mit ganz konkreten Ereignissen zusammenhängen. Auch diese Lücke wurde geschlossen. Es geschah mit einem umfassenden Bericht unter dem Titel: »Census of Hallucinations – Zählung der Halluzinationen«.

Auf Fragebogen, die die S.P.R. versandt hatte, waren nicht weniger als 17 000 Antworten eingegangen. Ihre Durchsicht ergab: 1684 Personen berichteten, sie hätten in ihrem Leben schon einmal eine Halluzination gehabt. Bei 1300 dieser Fälle war die Erscheinung als solche erkannt worden. Unter diesen wiederum gab es 62 Vorkommnisse, bei denen die Erscheinung tatsächlich mit dem Tode eines Menschen zusammengefallen war.

Um mögliche Fehlerquellen aller Art zu vermeiden, wurden nochmals alle nicht hundertprozentig überzeugenden Fälle eliminiert. So kam man schließlich zu dem Ergebnis: Auf 43 Erlebnisse dieser Art kam je ein Todesfall!

Wie außergewöhnlich hoch diese Zahl, prozentual gesehen, ist, ließ sich – angesichts der Tatsache, daß jeder Mensch nur einmal stirbt – anhand der Wahrscheinlichkeitsrechnung demonstrieren: Nach den amtlichen Sterberegistern kamen damals 19 Sterbefälle auf 1000 Personen. Die Wahrscheinlichkeit, daß jemand an einem ganz bestimmten Tag den Tod findet, betrug somit 19 zu 365 000 oder 1 zu 19 000. Danach mußte angenommen werden: Unter 19 000 Halluzinationen fällt nur einmal eine mit dem Tod der betreffenden Person zusammen. Da, wie festgestellt, bereits jeder dreiundvierzigste Fall sich auf ein solches Ereignis bezog, geschieht dies vierhundertvierzigmal häufiger, als zu vermuten stand: Eine so hohe Zahl kann nicht auf Zufall beruhen!

Zugleich mit der Erfassung spontaner Fälle aus dem täglichen Leben begannen auch erste systematische Experimente. Am erfolgreichsten von allen praktischen Forschungsarbeiten verliefen Versuche auf dem Gebiet psychisch-mentaler Erscheinungen. Erstmals gelang es, eine Schneise in ein bis dahin dunkles, unübersichtlich überwuchertes Dickicht zu schlagen. Was bis dahin dem Mesmerismus und Magnetismus zugeordnet worden war und zu vagen Spekulationen geführt hatte, konnte nun als ein Phänomen besonderer Art erkannt und nachgewiesen werden – das der Gedankenübertragung.

Noch im Gründungsjahr 1882 erschien ein Bericht über jene unheimlich anmutenden Hirn-zu-Hirn-Kommunikationen, denen zahlreiche weitere in den Jahren danach folgten. »Es waren die ersten Untersuchungsreihen, die von einem wissenschaftlichen Untersuchungsausschuß je angestellt wurden«, betont der Gelehrte Rudolf Tischner, »und sie sind insofern von historischer Bedeutung, als in ihnen die Gedankenübertragung sichergestellt wurde. Damit war der Grundstein gelegt zur Erforschung eines wichtigen psychischen Gebietes, das auch für alle möglichen anderen Fragen weltanschaulicher Art von größter Bedeutung ist.«

Große Beachtung fanden Experimente, die Malcolm Guthrie, ein wissenschaftlich sehr interessierter Kaufmann, unter Mitwirkung des Liverpooler Biologieprofessors Herdmann anstellte. Sie erwiesen sich als besonders evident. Geprüft wurden die para-normalen Fähigkeiten zweier junger Damen. Die Versuche erstreckten sich auf eine ganze Reihe sehr unterschiedlicher Aufgaben. Außer Gegenständen wurden Zeichnungen, Farben, Zahlen und Namen übertragen, aber auch Schmerzempfindungen und optische Vorstellungen. »Sender« und »Empfänger« waren dabei in einigen Fällen räumlich voneinander getrennt, in anderen wiederum durch Handauflegen oder auf andere Weise in direkter körperlicher Berührung miteinander. Die von der Empfängerin produzierte Nachzeichnung einer »gedanklich gesendeten« Originalskizze kam dem Original oft sehr nahe. Als inmitten einer Folge einfacher geometrischer Figuren plötzlich die Abbildung eines Vogels eingeschaltet wurde, geschah folgendes: Das Medium gab Kopf, Leib und Schwanz in entsprechender Anordnung wieder, jedoch als Kreis, Oval und spitzwinkliges Dreieck. Trotzdem vermittelte die Zeichnung durchaus den Eindruck des »gesendeten« Vogels. Bei 437 Versuchen konnten dem Bericht Guthries zufolge 237 richtige Lösungen erzielt werden.

Ebenfalls erstaunlich gut gelangen Versuche des Physikers Lodge mit denselben Medien. Dabei kamen ähnliche interessante Einzelheiten zutage wie bei Guthrie. So wurden wiederholt rechts und links sowie oben und unten verwechselt. Bei Übertragungen von Buchstaben konnte die Empfängerin diese wohl nennen, war aber nicht in der Lage anzugeben, ob er groß oder klein geschrieben oder ob er gedruckt sei. Bei »Geschmacks-Sendungen« fiel auf, daß häufig die Substanz des vorhergehenden Experimentes angegeben wurde.

Auch Mrs. Sidgwick, die Gattin des Psychologieprofessors Henry Sidgwick, berichtete über telepathische Versuche mit beachtenswerten Ergebnissen. Die Versuchsperson – eine Mrs. Johnson – stand dabei unter Hypnose. Sender und Empfänger waren etwa drei bis fünf Meter voneinander entfernt und durch Wände getrennt. Sie befanden sich einmal in nebeneinanderliegenden Räumen, ein andermal in zwei verschiedenen Stockwerken eines Gebäudes. Bei einer Folge von 252 Versuchen mit zweiziffrigen Zahlen wurden 27 richtige Lösungen gezählt, 109 völlig falsche, der Rest war nur teilweise richtig. Auch das war im Resultat weit mehr, als der pure Zufall zuwege bringen konnte.

Damals taucht für das Phänomen der Gedankenübertragung auch der bis heute gebräuchliche Ausdruck auf: *Telepathie.* Er stammt von Myers, der ihn 1883 zum ersten Male gebrauchte. Allerdings umfaßte der Begriff zunächst einen viel größeren Bereich – kein Wunder, man stand schließlich noch ganz am Anfang. Erst weitere Forschungen führten später zu der Erkenntnis, ihn nur auf ganz bestimmte Phänomene zu präzisieren: Danach versteht man unter Telepathie heute nur die Übertragung von seelischen Inhalten von einem Individuum auf ein anderes, und zwar ohne daß dies durch die uns bekannten fünf Sinnesorgane geschieht. Es handelt sich also um ein »Fernfühlen«, um ein »Abzapfen« von Gedanken, Stimmungen oder Gefühlen eines anderen Menschen auf bisher nicht erklärbare Weise, wobei die Entfernung zwischen beiden keine Rolle spielt.

Ganz verschieden davon ist ein anderes, oft damit verwechseltes Phänomen. Es betrifft jene Fälle, in denen es sich – ebenfalls ohne Zuhilfenahme unserer fünf Sinne – um das Erkennen von näher oder weiter entfernten Ereignissen, Geschehnissen oder Sachverhalten handelt, bei denen es keinen menschlichen »Sender« gibt und anscheinend nur die Psyche beziehungsweise die Seele oder das Gehirn des »Empfängers« eine Rolle spielen. Bei diesem »Schauen in die Ferne« handelt es sich um *Hellsehen,* um »Clairvoyance«, wie es im Französischen und Englischen heißt.

Erfolgt dies vorausschauend in die Zukunft, so spricht man von *Präkognition,* auch Prophetie, und *Prämonition* oder Vorwarnung, Vorahnung. Umgekehrt wird die Schau eines bereits in der Vergangenheit liegenden Ereignisses als *Retrokognition* bezeichnet.

In einer knappen Zeitspanne, in weniger als zwei Jahrzehnten nur, konnte die S.P.R. – zu der sich die im Jahre 1885 in Amerika gegründete Zweiggesellschaft (abgekürzt A.S.P.R.) gesellte – ein erstaunlich vielseitiges Pionierwerk vollbringen. Ihre Mitglieder bildeten einen mutigen Stoßtrupp ebenso gelehrter wie hochbegabter Persönlichkeiten. Mit unerhörtem Elan und bewundernswerter Entschlossenheit gingen sie an die Meisterung der zunächst so hoffnungslos scheinenden Aufgabe, endlich einmal Licht in ein bis dahin dunkles Gebiet uralter und geheimnisvoller menschlicher Erlebnisse zu werfen. Und sie haben es tatsächlich geschafft, mit ihren Forschungen, Untersuchungsreihen und Experimenten ein erstes solides Fundament zu legen, auf dem die kommenden Generationen von Wissenschaftlern weiterbauen konnten.

War es ein Zufall, daß sich zu jener Zeit die so seltene Gelegenheit bieten sollte, über lange Jahre auch Studien an para-normal ganz außergewöhnlich begabten Personen treiben zu können? Gerade damals tauchten einige der sensationellsten Trance-Medien auf, die je gelebt haben ...

XII. Die unheimliche Mrs. Piper

Kein anderes Medium ist so lange – nahezu ununterbrochen drei Jahrzehnte – und so intensiv von einer Vielzahl von Forschern und Experten studiert worden. Über kein anderes Medium sind so viele wissenschaftliche Abhandlungen und Studien verfaßt worden. Ihrem Fall allein hat die S.P.R. in ihren öffentlichen Publikationen, den sogenannten »Proceedings«, über 3000 Seiten gewidmet. Das Medium, das in aller Welt berühmt wurde und aufgrund der außergewöhnlichen von ihm in Trance produzierten Phänomene unlösbar verbunden ist mit der Geschichte der psychisch para-normalen Forschung, hieß Mrs. Leonore E. Piper. Wer war jene Frau mit den geheimnisvollen Fähigkeiten?

Leonore war achtjährig und spielte in Boston, ihrer amerikanischen Geburtsstadt, im Garten, als sie ein erstes sonderbares Erlebnis hatte: Sie verspürte plötzlich einen harten Schlag auf ihr rechtes Ohr. Zugleich vernahm sie einen langgezogenen zischenden Laut, dem, wie gehaucht, die Worte folgten: »Tante Sara – nicht tot – sondern noch bei dir.«

Tödlich erschrocken lief die Kleine ins Haus und berichtete, was vorgefallen war. Die Mutter hörte es sich ungläubig an, machte jedoch in ihrem Tagebuch abends eine kurze Notiz.

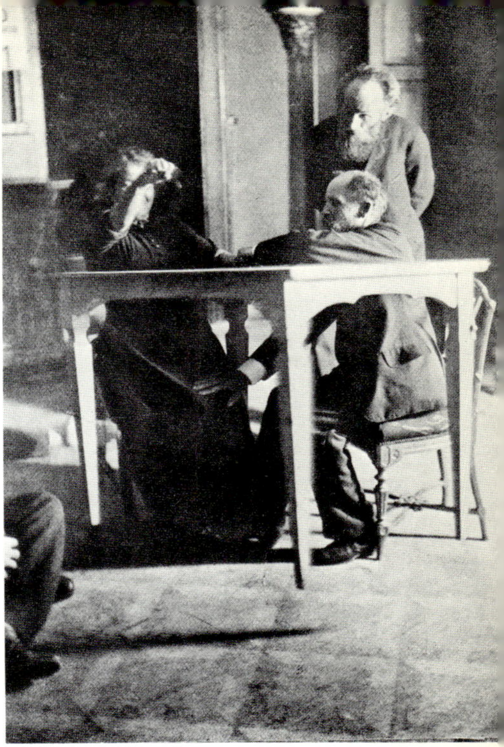

Oben: Eusapia Paladino bringt unter Kontrolle einen Tisch zum Schweben. Foto Mailand 1898. Unten: Eva C. in Trance mit »materialisiertem Geist«. Foto Paris 1912 (links). Bildung von »Ektoplasma« aus dem Mund eines Mediums durch engmaschige Gaze. Foto München 1913 (rechts).

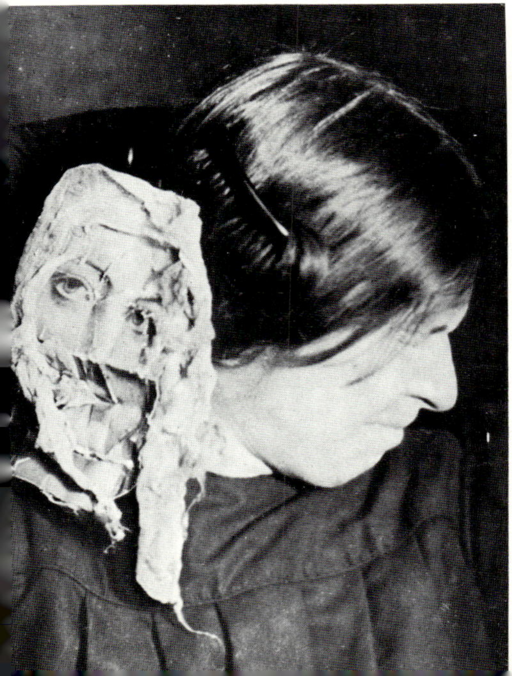

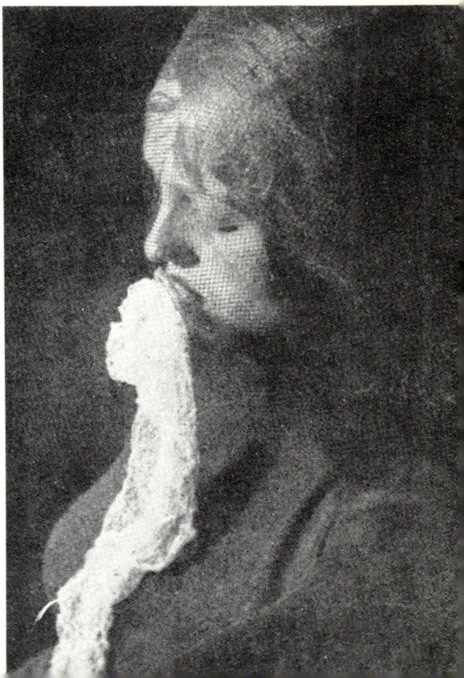

Oben: Rudi Schneider (in Weiß) 1926 auf einer Sitzung von Schrenck-Notzing (links im Korbsessel), bei der er Fernbewegungen von Objekten demonstrierte. Wie sein Bruder war auch Willy Schneider (unten: in Trance mit zwei Professoren) telekinetisch begabt. Am Trikot Leuchtnadeln und -streifen zur Kontrolle im Dunkeln.

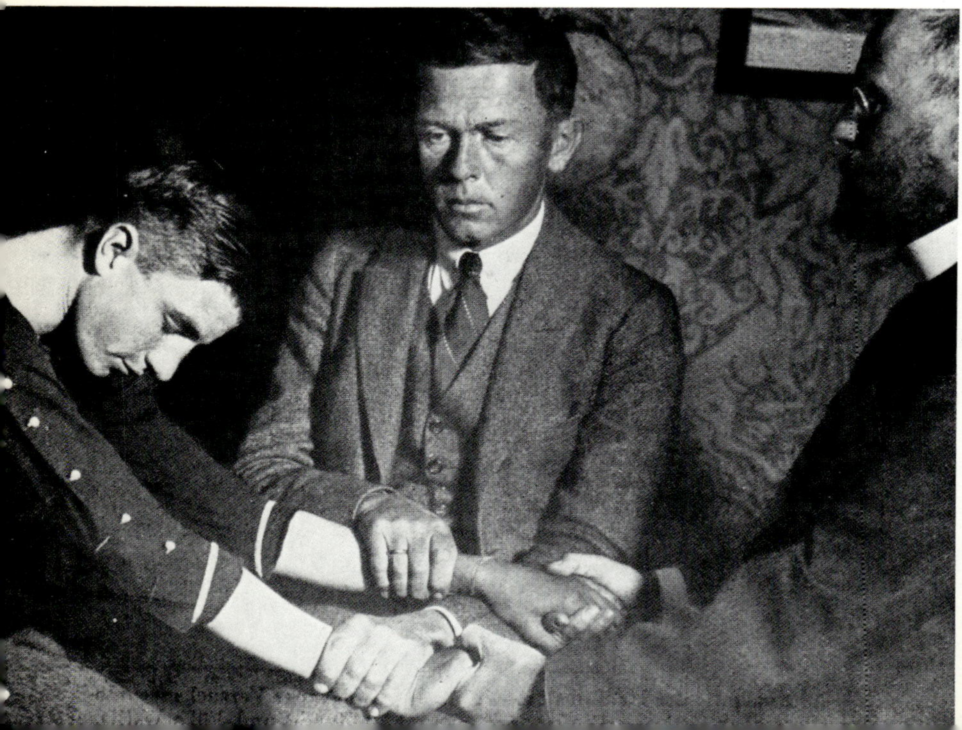

Wenige Tage später brachte ein Brief die Nachricht, daß Tante Sara überraschend verstorben sei. Tag und Stunde ihres Todes stimmten mit dem unerklärbaren Vorfall im Garten überein.

Einige Wochen danach schrie Leonore in der Nacht laut auf. Sie hatte ein »strahlendes Licht« im Zimmer gesehen und »viele Gesichter darin«, und ihr Bett sei »hin und her gerüttelt« worden. Merkwürdige Erlebnisse ähnlicher Art wiederholten sich gelegentlich, aber im übrigen verlief ihre Kindheit normal. Mit 22 Jahren heiratete sie in Boston William Piper. Drei Jahre später begann es.

Als sie 1884 erkrankte und Dr. J. R. Cocke aufsuchte, einen blinden Hellseher, der aufgrund seiner Diagnosen großen Zulauf hatte, fiel sie in dessen Praxis für kurze Zeit in Trance. Was für Fähigkeiten noch ungeweckt in ihr schlummerten, sollte sich wenig später zeigen.

Bei einem zweiten Konsultationsbesuch bei Dr. Cocke nahm sie an einer Sitzung für therapeutische Zwecke teil. Als Cocke ihr die Hand auf den Kopf legte, fiel sie erneut in Trance. Gleich darauf erhob sie sich, ging zu einem Tisch, ergriff Papier und Feder und begann erregt und hastig zu schreiben. Das Geschriebene drückte sie einem der ihr völlig unbekannten Anwesenden in die Hand. Es war Judge Frost, ein Jurist aus Cambridge.

Dieser überflog die Zeilen und wurde bleich: Was er gelesen hatte, war eine längere Botschaft von seinem verstorbenen Sohn. Sie enthielt so viele intime und höchstpersönliche Details, daß eine der Familie völlig fremde Person, wie Mrs. Piper es war, sie unmöglich wissen konnte.

Der Vorfall schien derart unbegreiflich und sensationell, daß Mrs. Piper im Nu in aller Munde war. Man bestürmte sie und bat, an Séancen mit ihr teilnehmen zu dürfen. Aber Mrs. Piper war alles andere als erfreut über die plötzliche Publicity und lehnte es ab, öffentlich aufzutreten. Nur im engsten Familien- und Freundeskreis hielt sie gelegentlich Zirkel ab.

1885 gelang es Professor William James, dem angesehenen amerikanischen Philosophen und Psychologen der Harvard-Universität, eingeladen zu werden und Mrs. Piper bei einer Sitzung beobachten zu können.

Der Gelehrte, bekannt für seine äußerst skeptische Einstellung gegenüber Erscheinungen dieser Art, wehrte sich zunächst zu glauben, was er miterlebte, als das Medium sich in Trance befand. Erst eine weitere Sitzung vermochte ihn davon zu überzeugen, daß hier offenbar andere Dinge im Spiel waren als irgendein raffinierter Trick oder ein billiges Täuschungsmanöver. Er begriff: Dieses Medium verfügte über abnormale Fähigkeiten.

Von nun an fehlte Professor James auf keiner Séance. Mehr noch: Er kontrollierte – Mrs. Piper hatte nichts dagegen – länger als eineinhalb Jahre minuziös sämtliche dafür getroffenen Anordnungen, ebenso alle Einrichtungsgegenstände in dem betreffenden Raum, und er zog im voraus auch Informationen über die jeweils gebetenen Teilnehmer ein.

»Und ich wiederhole es nochmals, was ich bereits gesagt habe«, lautete 1890 sein Urteil in einer wissenschaftlichen Abhandlung. »Wenn ich alles mir über Mrs. Piper Bekannte in Betracht ziehe, so ist das Resultat, daß ich mir persönlich über eines genau so sicher bin wie über irgendeine andere Tatsache dieser Welt, und zwar: Sie weiß in Trance Dinge, von denen sie unmöglich etwas im Wachzustand vernommen haben kann. Und die Philosophie, die ihre Fähigkeiten in Trance zu begreifen oder zu erklären vermag, gilt es noch zu finden.«
Wie es auf den Sitzungen zuging und was sich im einzelnen ereignete, haben unzählige Protokolle präzis festgehalten. Sobald Mrs. Piper in Trance gefallen war, pflegte ein »Vermittler«, englisch »control« genannt, sich aus dem Medium zu melden, unseren heutigen Kenntnissen zufolge eine Spaltpersönlichkeit der Sensitiven, die deren volles Bewußtsein ersetzt. Er gab die Nachricht – oft Antworten auf gestellte Fragen – weiter, die er selbst von einem Kommunikator, dem »Mitteiler« – vorgeblich ebenfalls der »Geist« einer verstorbenen Person – erhielt. Das Medium sprach es aus, schrieb es oft aber auch automatisch nieder. Zuweilen geschah beides.
Zu der Zeit, als Professor James seine Experimente begann, handelte es sich bei der »Kontrollpersönlichkeit« angeblich um den »Geist« eines französischen Arztes namens Phinuit. Dieser berichtete über sich selbst. Er gewährte Einblicke in sein früheres Leben auf Erden, die jedoch zum größten Teil nicht mehr nachprüfbar waren. Phinuit teilte aber auch Einzelheiten über verstorbene – und noch lebende – Freunde oder Verwandte von Sitzungsteilnehmern mit, die erstaunlich genau stimmten. Zuweilen, wenn er von jenen direkte Botschaften oder Antworten übermittelte, sprach das Medium verblüffend ähnlich in deren Stimme und Tonfall. Das verstärkte nur noch den unheimlichen Eindruck, daß der »Geist« des Toten tatsächlich, und zwar höchstpersönlich, anwesend sei und zu ihnen spreche. Phinuit selbst äußerte sich stets mit tiefer, sehr heiserer Stimme, ganz im Gegensatz zu der leisen, weich und hoch klingenden der Mrs. Piper.
Physikalische Phänomene zeigte Mrs. Piper nie. Mit einer Ausnahme: Sie vermochte es, Blumen den Duft zu entziehen und sie in kürzester Zeit verwelken zu lassen. Um in Rapport mit ihren Kommunikatoren kommen zu können, erbat sie sich zuweilen für »Mitteilungen aus dem Jenseits« einen Gegenstand, der dem Verstorbenen gehört hatte. In der Hypnose kamen bei ihr keinerlei Gedankenübertragungen zustande.
Als Professor James aus beruflichen Gründen nicht mehr Zeit fand, die Sitzungen selbst zu überwachen, wandte er sich an die S.P.R. in London. Deren Mitglieder erkannten die einmalige Chance, die sich ihnen bot, sofort, und sie nutzten sie: Mit dem Auftrag, die Forschungsarbeiten im Fall der Mrs. Piper weiterzuführen, reiste 1887 Dr. Richard Hodgson nach Amerika.

Die Wahl hätte auf keinen Geeigneteren fallen können. Jetzt erst begann die größte Zeit im Leben dieses außergewöhnlichsten aller Trance-Medien.
Hodgson war gefürchtet. Er galt zu Recht als erfolgreichster »Trick-Entlarver« von äußerster, geradezu pedantischer Skepsis.
Noch war sein Meisterstück in Erinnerung, das er vollbrachte, als man ihn drei Jahre zuvor nach Indien geschickt hatte, um an Ort und Stelle die geheimnisvollen, angeblich aus dem Innern Tibets kommenden Botschaften der »Mahatmas« genannten »Geheimen Meister« auf ihre Echtheit zu überprüfen. Sie sollten in Adyar, einem Vorort von Madras, wo die 1877 in den USA entstandene Theosophische Gesellschaft ihren Sitz hatte, plötzlich als »Apporte« erschienen sein, und zwar im Hause der Begründerin, Madame Helena Petrowna Blavatsky. Meist waren die Botschaften an Personen gerichtet, die sich zur theosophischen Lehre bekannten; sie enthielten Unterweisungen in uralten, streng geheimen okkulten Lehren, deren Weisheiten in riesigen unterirdischen Höhlen eines tibetanischen Heiligtums schriftlich niedergelegt aufbewahrt sein sollten. Mit zweien jener »Mahatmas«, die auch ihre geistigen Lehrer gewesen seien, behauptete Madame Blavatsky, telepathisch in besonders engem, ständigem Kontakt zu stehen: Koot Hoomi, der ihr auch das Buch »Die entschleierte Isis« diktiert habe, und Morya.
Auf unerklärliche Weise pflegten sich die aus der Ferne kommenden »Belehrungen« bei ihrer Ankunft in Adyar sehr konkret zu materialisieren. Man fand sie, säuberlich mit Tinte geschrieben, in einem Briefumschlag eindeutig chinesischer Herkunft, und zwar stets in einem heiligen Schrein – so jedenfalls behauptete es Madame Blavatsky.
Als auch bei der S.P.R. Anfragen über die Echtheit jener »Mahatma-Briefe« eingingen, die weltweit im Gespräch waren, beschloß die Society, einen »Detektiv« nach Adyar zu entsenden. Denn die Gesellschaft war zwar an den weltanschaulich-religiösen Fragen der theosophischen Lehre nicht im geringsten interessiert, sehr jedoch an den abnormalen Phänomenen der mysteriösen »Apporte«. Die Wahl fiel auf Dr. Richard Hodgson. Im November 1884 traf er in Madras ein und begann – Madame Blavatsky befand sich gerade in Europa – unverzüglich seine Untersuchungen. Es brauchte für den skeptischen und versierten Para-Forscher nicht viel Zeit, um die ganze Sache als einen fast plump zu nennenden Betrug entlarven zu können.
Hodgson fand heraus, daß ein Schlitz in der Rückwand jenes heiligen Schreins, der als »Briefkasten« für die Tibet-Post diente, direkt ins Schlafzimmer der Blavatsky führte. Eine ergebene Freundin, Madame Coulomb, hatte sie auftragsgemäß stets auf diese Weise »expediert«. Nach dieser Entlarvung wurde zudem herausgefunden: Nicht nur die Schriftzüge der »Mahatma-Briefe« ähnelten sehr auffallend der Handschrift der Madame Blavatsky, wie hinzugezogene Sachverständige feststellten, sondern auch der Text wies Ausdrücke auf, die ganz typisch für sie waren, ebenso wie die ihr

eigene Orthographie. Eine Reihe anderer »Wunder«, die sich öfter in ihrer Nähe ereigneten, so das »astrale Glockengeläut«, vermochten Hodgson nicht zu überzeugen. Er kam zu einem negativen Resultat.
Der »Detektiv« aus London hatte ganze Arbeit geleistet. Die Sache wurde – ohne sein Zutun – durch andere, den Theosophen feindlich gesinnte Kreise publik und führte zu einem Skandal, der internationales Aufsehen erregte. In dem Bericht, den die S.P.R. schließlich veröffentlichte, heißt es: »Was uns anbetrifft, so betrachten wir Madame Blavatsky weder als Sprachrohr geheimer Seher noch als eine nur vulgäre Abenteurerin. Wir sind der Ansicht, sie hat es verdient, daß man sich ihrer als eine der perfektesten, begabtesten und interessantesten Betrügerinnen der Geschichte erinnert.«
Kaum war Hodgson in Boston angekommen, als er auch schon alle nur denkbaren Vorsichtsmaßnahmen traf, um jedweden Betrug oder alle Möglichkeiten der Täuschung zu verhindern. Heimlich engagierte er sogar einen Privatdetektiv, der sich der nichtsahnenden Mrs. Piper auf Schritt und Tritt an die Fersen heftete. Jeder Versuch, sich vor einer Sitzung irgendwo über eventuelle Teilnehmer zu informieren, sollte registriert werden.
Vor einer Séance durfte Mrs. Piper auch drei Tage lang keine Zeitung zu Gesicht bekommen. Wer eingeladen wurde, bestimmte Hodgson allein. Dabei suchte er völlig unbekannte Personen aus, und diese wurden dann noch unter falschem Namen und unter Angabe eines anderen Berufes vorgestellt.
Mrs. Piper versagte trotzdem nicht – es kam selbst im Kreise völlig Fremder zu den unglaublichsten Mitteilungen. Nicht sehr präzis war sie dabei zumeist, was die Daten anbetraf. Sie nannte auch prinzipiell lieber Vornamen statt der Familiennamen. Vor allem aber machte sie auch nähere Angaben über Krankheiten, persönliche Eigenheiten, Vorlieben oder Schwächen von Anwesenden und beschrieb deren Charakter. Obendrein tischte sie plötzlich aus deren Leben in bunter Mischung bedeutende ebenso wie unwichtige Ereignisse oder Begebenheiten auf. Zuweilen handelte es sich um Dinge, die die Betreffenden selbst bereits vergessen hatten, deren Richtigkeit eine Nachprüfung indes einwandfrei ergab.
1888 beschloß Hodgson, einen weiteren Gelehrten zu den Forschungen hinzuzuziehen. Seine Wahl fiel auf James H. Hyslop, Philosophieprofessor an der Columbia-Universität. Auch er stand den Phänomenen äußerst skeptisch gegenüber.
Mrs. Piper erfuhr kein Sterbenswörtchen davon. Hyslops Ankunft selbst war zudem raffiniert getarnt. Denn zur Sitzung kam er in einer verhängten Kutsche, und außerdem hatte er eine Maske auf. Im übrigen wurde er als »Mr. Smith« vorgestellt.
Und was geschah? Das Medium begann Mitteilungen von sich zu geben, die unverkennbar nur vom Vater des Professors, einem verstorbenen Farmer, stammen konnten. »Er« gab viele Dinge an, die Mrs. Piper völlig

Friederike Hauffe, über deren para-normale Fähigkeiten der Arzt Justinus Kerner 1829 in seinem aufsehenerregenden Buch »Die Seherin von Prevorst« berichtete.

unbekannt sein mußten – über andere Angehörige der Familie, deren Bekannte und Freunde. Sogar kleine Gegenstände, die sich im väterlichen Hause befunden hatten, wurden beschrieben.

Auch Hyslop stand vor einem Rätsel. Nach zwölf Sitzungen bemerkte er: Er habe den Eindruck, sich tatsächlich mit seinem »Daddy« und anderen Verwandten unterhalten zu haben, »wie am Fernsprecher«. Sein von der S.P.R. veröffentlichter Bericht über die Séancen schließt: »Ich neige der Auffassung zu, daß es ein zukünftiges Leben gibt und ein Weiterbestehen der persönlichen Identität.«

Hodgson gab sich noch immer nicht zufrieden. In unstillbarem Eifer suchte er nach noch strenger gehandhabten Vorsichtsmaßnahmen und Sicherungen. Es ging ihm darum, alle nur möglichen Irrtümer und Fehlerquellen zu eliminieren. Die Idee, auf die er schließlich verfiel, fand in Kreisen der S.P.R. lebhaften Beifall: Mrs. Piper sollte in England getestet werden. Wenn sie plötzlich in ein fremdes Land versetzt wurde, unter fremden Leuten leben mußte – vielleicht würden da ihre medialen Kräfte versagen!

Als Mrs. Piper an einem grauen Novembertag des Jahres 1889 in London eintraf, waren bereits umfangreiche Vorbereitungen aller Art getroffen. Sie stand von dem Augenblick an, da sie englischen Boden betrat, unter genauer Aufsicht. Auf dem Bahnhof nahm Sir Oliver Lodge sie in Empfang. Tags darauf begleitete F. W. H. Myers sie nach Cambridge, wo sie in dessen Haus – Tag und Nacht behütet, beobachtet und kontrolliert – leben sollte. Der Hausherr hatte an alles gedacht, selbst beim Dienstpersonal.

»Das Mädchen«, schrieb er, »das sie und ihre beiden Kinder betreute, hatte ich selbst ausgesucht. Es war eine junge Frau aus einem Landstädtchen, bei der ich sicher sein konnte, daß sie vertrauenswürdig war und nichts davon wußte, was ich und meine Freunde vorhatten. In den meisten Fällen habe nicht ich selbst die Teilnehmer für die Sitzungen vorgeschlagen, sondern es dem Zufall überlassen. Viele von ihnen wohnten auch nicht in Cambridge, und von ein oder zwei Fällen abgesehen, wenn es nicht möglich war, die Anonymität strikt zu wahren, gab ich den Betreffenden falsche Namen – oder aber führte sie erst ins Zimmer, wenn Mrs. Piper sich bereits in Trance befand.«

88 Sitzungen – streng überwacht von Myers, Lodge und Dr. Walter Leaf – wurden vom November 1889 bis zum Februar 1890 veranstaltet. Wohin auch immer Mrs. Piper in dieser Zeit in England kam – an jedem Ort war alles vorbereitet. Man ließ sie nicht einmal bei Einkäufen aus den Augen. Selbst dabei begleitete sie ein Mitglied der S.P.R. Professor Lodge übertraf, was die Vorsichtsmaßnahmen anging, selbst Myers noch, als auch in seinem Haus einige Sitzungen geplant waren. Er kündigte dem gesamten Personal – vom Gärtner bis zu den Dienern – und stellte neue Leute ein. Außerdem hatte er sich die Genehmigung eingeholt, alle Korrespondenz von Mrs. Piper kontrollieren zu dürfen, und las jeden ankommenden oder abgehenden Brief.

Gleich in der ersten Séance meldete sich nicht nur Lodges Vater, sondern auch sein »Uncle William«, »Aunt Anne« sowie ein bereits sehr früh verstorbenes eigenes Kind. Persönliche, höchst vertrauliche Dinge wurden berichtet, Kosenamen von Verwandten und Freunden genannt. In weiteren Sitzungen ließ das Medium die vollen, korrekt geschriebenen Vor- und Zunamen der verstorbenen Angehörigen wissen und schilderte mit erstaunlicher Kenntnis in Einzelheiten die ganze Geschichte dieser Familie. Wie weit das ging, bezeugt Myers offiziell in einem Bericht. Als besonders verblüffend zählt er darin auf: Viele der Fakten hätte selbst ein geschickter Detektiv nicht herausfinden können. Bei anderen wiederum hätte es so viel an Geld und Zeit erfordert, wie Mrs. Piper überhaupt nicht zur Verfügung stand.

Sir Oliver Lodge selbst führt 38 Beispiele an, in denen es um Informationen ging, von denen kein einziger der Teilnehmer auch nur eine Ahnung gehabt hatte. In fünf Fällen konnten die Betreffenden später herausfinden, daß sie zwar früher einmal davon gewußt hatten, es ihnen aber völlig in Vergessenheit geraten war.

Angesichts der außergewöhnlichen Vertrautheit, die der »Geist« Phinuit selbst mit der Kindheit zweier Onkel von Sir Oliver Lodge bezeugt hatte, interessierte es diesen, wieviel darüber wohl auf normalem Wege auszukundschaften sei. Er beauftragte einen renommierten Auskunftei-Agenten, dort, wo die beiden Onkel einst aufgewachsen waren, alle noch erhältlichen Informationen zusammenzutragen. Als der Detektiv seine wochenlangen Nachforschungen beendet hatte, teilte er Lodge mit: »Mrs. Piper hat mich geschlagen. Meine Recherchen – Nachfragen bei den ältesten Bewohnern, sowie das Studium von Akten und Zeitungen von damals – haben weniger Tatsachen zutage gefördert, als sie anzugeben vermochte.«

Woher also mochte jene rätselhafte Kenntnis vergangener Dinge stammen?

Lodge konnte nur feststellen, sich dessen sicher zu sein, »daß viele der Informationen, über die sie in Trance verfügte, nicht auf allgemein üblichem Wege beschafft sein können, Mrs. Piper vielmehr einige ungewöhnliche Mittel besitzt, diese zu erlangen. Gelegentlich wurden Fakten erwähnt, deren Echtheit erst nachträglich festgestellt werden konnte und von deren Existenz die Betreffenden selbst nie etwas gewußt hatten. In Trance ist Mrs. Piper auch imstande, Krankheiten zu diagnostizieren und über die jetzigen oder früheren Eigentümer von beweglichen Gegenständen nähere Angaben zu machen. Das geschieht unter Umständen, die eine Anwendung der sonst üblichen Methoden ausschließen.«

Nachdem Mrs. Piper wieder nach Amerika zurückgekehrt war, übernahm es erneut Dr. Hodgson, sie zu beobachten und weiter mit ihr zu experimentieren. Dabei kam es zu einer neuen geheimnisvollen Erscheinung – der wohl ausdrucksvollsten, weil lebensähnlichsten und daher auch überzeugendsten Personifizierung oder Geister-Manifestation!

Zu jener Zeit begann ihr jahrelanger »Vermittler«, jener Dr. Phinuit, mehr und mehr zurückzutreten. Er wurde verdrängt von einem Kommunikator namens George Pelham.

Dr. Hodgson konnte folgende merkwürdige Zusammenhänge aufdecken und Beobachtungen machen: George Pelham, zumeist nur kurz »G. P.« genannt, war nur der Deckname. In Wirklichkeit handelte es sich um einen jungen New Yorker Rechtsanwalt und Schriftsteller mit philosophischen Interessen. Er hieß George Pellew. Hodgson selbst kannte ihn, und er wußte auch, daß er fünf Jahre zuvor einmal an einer Séance mit Mrs. Piper teilgenommen hatte. Sein Name war damals nicht genannt worden, da man ihn unter einem Pseudonym vorgestellt hatte.

Jener George Pellew lebte jedoch nicht mehr. Er war den Verletzungen bei einem Reitunfall erlegen.

Als Kommunikator überraschte »G. P.« durch seine umfassenden Kenntnisse über buchstäblich alles im Leben des verstorbenen Pellew. Als Hodgson die Probe machte, ergab sich folgendes: Aus einer – nach und nach – anonym eingeführten Gruppe von insgesamt 150 Personen fand »G. P.« genau jene 30 heraus, die Pellew persönlich gekannt hatte. Dabei begrüßte er sie obendrein teils herzlich, teils kühl-sachlich, genauso, wie auch der Verstorbene es zu seinen Lebzeiten gehandhabt hatte, nämlich der Nähe der Bekanntschaft oder dem Stand des Betreffenden entsprechend. Er wußte auch über deren privates wie berufliches Leben erstaunlich genau Bescheid. Nur in einem einzigen Fall unterlief »G. P.« ein Irrtum: Er unterließ es, ein junges Mädchen anzureden. Wie er dann zugab, hatte er es nicht wiedererkannt. Es war damals noch ein Kind gewesen.

»G. P.«, der ab 1892 allein die Kontrolle übernahm, vermittelte wie zuvor Phinuit zumeist »Botschaften« Verstorbener. Durch ihn fiel es den Dahingeschiedenen anscheinend leichter, sich direkt – sprechend oder schreibend – »mitzuteilen«, indem sie sich des Körpers von Mrs. Piper bedienten. Zudem zeigten sie eine Vorliebe für Schriftliches. Seit jenem Jahr wurden in Trance immer häufiger Niederschriften produziert. Gelegentlich kamen auch »Mitteilungen« simultan – gesprochen *und* geschrieben – zugleich an.

Ausführliche und exakte Protokolle wurden verfaßt und mehrmals Berichte in den »Proceedings« veröffentlicht. Mrs. Piper, damals gerade vierzigjährig, erhielt für ihre dankenswerte Bereitschaft, sich jederzeit wissenschaftlichen Untersuchungen zur Verfügung zu stellen, von der S.P.R. jährlich eine Apanage von 200 englischen Pfund.

Hodgson behielt die Kontrolle über alle Sitzungen bis 1897. In einem abschließenden Bericht aus jenem Jahr gab er zusätzlich auch seine rein persönliche Auffassung zu den erlebten und beobachteten Phänomenen bekannt. »Ich kann nicht umhin zu gestehen«, schreibt er, »daß ich keinen Zweifel habe, daß es sich bei den ›Haupt-Kommunikatoren‹ wirklich um die Persönlichkeiten handelt, die sie zu sein vorgeben; daß sie die Veränderung überlebt haben, die wir als Tod bezeichnen, und daß sie sich uns, die wir uns die Lebenden nennen, direkt durch den in Trance befindlichen Körper von Mrs. Piper mitgeteilt haben. Nachdem ich es mit der Hypothese über die Telepathie Lebender mehrere Jahre versucht habe und mit der ›Geister‹-Hypothese ebenfalls und genausolange, zögere ich heute nicht, mit absoluter Sicherheit zu behaupten: Die ›Geister‹-Hypothese ist gerechtfertigt durch ihre Resultate, und die andere Hypothese ist es nicht.«

Aus dem Saulus war ein Paulus geworden!

Wie in vielen anderen Fällen auch, dürfte zu dieser Einstellung ein persönliches, ihn zutiefst aufwühlendes Erlebnis entscheidend beigetragen haben. Hodgson hat darüber nie etwas verlauten lassen, noch ist es in einem Bericht erwähnt. Erst mehr als zwei Jahrzehnte nach seinem Tode erfuhr man davon. Der englische Para-Forscher Hereward Carrington veröffentlichte es 1930.

Hodgson, 1855 in Melbourne geboren und in Australien aufgewachsen, hatte sich als junger Mann unsterblich in ein Mädchen verliebt, das er auch zu heiraten gedachte. Seine Eltern jedoch, die aus religiösen Gründen dagegen waren, verstanden es, diese Verbindung zu vereiteln. Verzweifelt und verbittert wanderte der Dreiundzwanzigjährige 1878 nach England aus. Er blieb bis an sein Lebensende ledig.

Eineinhalb Jahrzehnte waren vergangen, seit er Australien für immer den Rücken gekehrt hatte. Er befand sich in Boston in den USA und experimentierte mit Mrs. Piper, als diese auf einer Sitzung aus heiterem Himmel etwas mitteilte, was Hodgson wie ein Blitzschlag traf. Wie beiläufig bemerkte das Medium plötzlich, es habe sich jemand gemeldet, der ihm etwas auszurichten wünsche. Es handele sich um jenes junge Mädchen, das er damals in Australien ehelichen wollte. Sie ließ Hodgson wissen, sie sei kürzlich gestorben.

Hodgson, so erschüttert er auch war, unterließ es selbst in diesem Fall nicht, zunächst seine Skepsis zu bewahren und konkrete Nachforschungen anzustellen. Es dauerte geraume Zeit, dann gab es keinen Zweifel mehr: Seine damalige Braut war in der Tat, kurz bevor sie sich über Mrs. Piper »gemeldet« hatte, verstorben.

Aus diesem ihn selbst betreffenden Erlebnis mag letztlich die zutiefst persönliche Überzeugung eines nüchternen und als äußerst kritisch geschätzten Gelehrten resultieren, daß »Geister« Verstorbener tatsächlich die Kommunikatoren sind – eine Überzeugung, zu der wie Hodgson auch noch einige andere gekommen waren. Aber keinesfalls die Mehrheit der Wissenschaftler. Damals schien eine einhellige Antwort auf jene letzte große Frage noch nicht möglich. Trotz aller Fortschritte blieb zu vieles ungeklärt, und es standen noch lange Jahre weiterer, sehr schwieriger und mühseliger Pionierarbeit bevor. Zu denen, die dabei unermüdlich mithalfen, sollte auch weiterhin Mrs. Piper zählen – bis lang über die Jahrhundertwende hinaus!

XIII. Eusapia Paladinos übernormale Kräfte

Um die physikalischen Phänomene – um Spuk, schwebende Tische oder Personen – war es in den angelsächsischen Ländern still geworden. Allzu viele Entlarvungen hatten eine äußerste Skepsis zur Folge gehabt. Man schien in wissenschaftlichen Kreisen geneigt, alles für Irreführung oder Betrug zu halten. Doch noch bevor das Jahrhundert zu Ende ging, sollte gerade auf diesem Gebiet das Interesse aufs neue geschürt werden. Der Anstoß dazu kam aus dem tiefsten Süden Europas.

Es war Italien, das der Welt ein wahrhaft sensationell befähigtes Wesen schenkte – ein Wesen, durch das die para-physische Forschung erneut angeregt und befruchtet wurde: Eusapia Paladino.

In einem unbekannten Landstädtchen, Minervino Murge, unweit von Bari in Apulien, wurde Eusapia 1854 unter ärmlichsten Verhältnissen geboren. Ihre Mutter starb bei der Geburt, ihr Vater, ein Landarbeiter, wurde wenige Jahre später von Briganten erschlagen. Da sie früh bereits mit auf die Felder mußte, besuchte sie kaum die Schule und war Analphabetin.

Niemand, der die kleine Waise damals sah, hätte sich auch in den kühnsten Träumen ausmalen können, welche geradezu märchenhafte Karriere für sie vorgesehen war, wieviel berühmte Gelehrte aus allen Ländern sich interessiert um sie scharen würden – unter ihnen die Crème de la Crème des ganzen Kontinents! –, daß ihr Name eines Tages Hunderttausenden in der Alten und der Neuen Welt bekannt sein würde als der eines mit unheimlichen Kräften begabten Wunderkindes, wie die Natur in einer unberechenbaren Laune sie gelegentlich präsentiert.

Eusapia Paladinos außergewöhnliche Demonstrationen haben Jahrzehnte lang zahllosen Forschern und Wissenschaftlern immer erneut Rätsel aufgegeben. Bei ihren Sitzungen produzierte sie – während zur sicheren Kontrolle ihre Hände und Füße festgehalten oder angebunden waren – im wesentlichen immer wieder die gleichen Phänomene: Es kam zu Klopf- oder Schlagtönen an Möbeln oder Wänden, die Körper der Experimentatoren wurden plötzlich berührt, und Gegenstände begannen sich »ferngesteuert« zu bewegen oder auch vom Boden zu erheben. Die Vorhänge des Kabinetts bauschten sich zuweilen auf, und es erschienen auch Materialisationen, Gebilde, die vom Medium produziert wurden und manchmal die Form von »Armen« oder »Händen« annahmen.

Sie war noch ein Kind, als in ihrer Umgebung bereits unerklärbare Klopf-

Indischer Brahmane, dargestellt bei einer Levitation.

laute ertönten. Das war der Grund, daß ein Signor Damiani, der sich für Okkultes interessierte, sie als knapp Zwanzigjährige mit nach Neapel nahm. Er verstand es, ihre medialen Fähigkeiten zu wecken. Auf Sitzungen in Privatzirkeln lernte Dr. med. Ercole Chiaja Eusapia kennen und nahm sich ihrer weiter an. Er stellte fest, daß sie schwer hysterisch sei und unter unberechenbaren Stimmungsumschwüngen litt. Obendrein neigte sie – was sie auch ihr ganzes Leben lang blieb und ihr viel Schaden bereiten sollte – krankhaft, triebhaft fast zu Betrügereien. Um so verblüffender war, was sie auch ohne Zuhilfenahme von Tricks zu produzieren vermochte. Doch zunächst blieb sie lange Zeit nur eine lokale Sensation. Aber das war nicht ihre Schuld, sondern hatte einen ganz anderen Grund: Italien hinkte, was das öffentliche Interesse an Para-Phänomenen betraf, im Vergleich zu den angelsächsischen Ländern der Zeit um Jahrzehnte hinterher.

Im Jahre 1891 kam für Eusapia Paladino die große Wende, die sie mit einem Schlage weltberühmt werden ließ. Nach jahrelangem Zögern war Cesare Lombroso, damals der angesehenste Psychiater Italiens, einer Einladung Dr. Chiajas gefolgt. Im Frühjahr kam er, begleitet von vier anderen Professoren, nach Neapel, um sich von der Realität des Phänomens Eusapia zu überzeugen.

Zwei Sitzungen wurden anberaumt. Beide Male spielte sich dasselbe ab. Lombroso – überskeptisch – untersuchte persönlich das Medium peinlich genau, ebenso den Raum. Eusapias Füße und ihre Hände wurden bereits vor den Versuchen unter Kontrolle genommen. Zwei Männer stellten rechts und links ihre Füße auf die ihren und saßen so, daß sie auch die Unterschenkel des Mediums berührten. Mehrere Kerzen waren angezündet, so daß man Eusapia gut beobachten konnte. Dann geschah es: Von einem abseits stehenden Schreibtisch kam eine kleine Handglocke auf den Tisch, an dem die Beobachter Platz genommen hatten. Gleich darauf setzte sich, aus einem Alkoven hervorrutschend, der zuvor untersucht worden war und vor dem Eusapia mit den zwei Kontrolleuren völlig regungslos saß, langsam ein Tisch in Bewegung. Lombroso war von der Echtheit des Gesehenen überzeugt. »Ich bin verwirrt und bedaure«, bekannte er, »daß ich so hartnäckig die Möglichkeit solcher Tatsachen bekämpft habe.«

Diese Äußerung des Gelehrten von internationalem Ruf schlug eine Bresche in die Vorurteile, die in Italien geherrscht hatten. Von nun an begann man, sich ernsthaft mit den so lange verfemten Erscheinungen zu befassen.

Für Eusapia Paladino aber fingen aufregende Jahrzehnte mit Demonstrationen in aller Welt an.

Schon im Jahr darauf fanden 17 Experimentier-Sitzungen in Mailand statt. Eine illustre Schar bedeutender Persönlichkeiten erschien als neugierig-kritische Beobachter: aus Moskau der Forscher und Schriftsteller auf dem Gebiet des Spiritismus Staatsrat Aleksandr Nikolajewitsch Aksakow, aus

Frankreich der Physiologe und spätere Nobelpreisträger für Medizin Charles Richet, aus Deutschland der philosophische Schriftsteller und Okkultist Karl Freiherr du Prel. Aus Italien waren außer Giovanni Virginio Schiaparelli, dem großen Astronomen, drei Professoren der Physik und ein Philosoph zugegen.
Diesmal traf man eine ganze Reihe moderner technischer Sicherungen: Fotoapparate wurden installiert, ferner leuchtende Platten sowie phosphoreszierende Schirme und eine Waage verwendet. Füße und Knie des Mediums waren durch neben ihr sitzende Teilnehmer kontrolliert.
Bei gutem Licht kam es zu Bewegungen des Tisches, um den man mit den Händen eine Kette gebildet hatte. Es wurden auch Hände gesehen, die sich deutlich gegen einen Leuchtschirm abhoben. Auf Papier mit Lampenruß tauchten Abdrücke von Händen auf, ohne daß nachher auch nur geringste schwarze Spuren an den Fingern des Mediums zu entdecken waren.
Ein zur besseren Kontrolle eingeführtes Novum in der Para-Forschung erregte damals weltweites Aufsehen: Zum ersten Male wurden während der Levitationen des Tisches auch Blitzlichtaufnahmen gemacht. Sie ließen eines deutlich erkennen: Ein Bein des Tisches war mit Eusapias Rock in Berührung. Als man dies unterband – blieb auch der Tisch bewegungslos.
In ihrem Bericht stellte die Kommission abschließend fest, »daß unter den gegebenen Bedingungen keines der Phänomene, die bei mehr oder minder starkem Licht erhalten worden sind, durch irgendein künstliches Mittel hätten hervorgebracht werden können«. Cesare Lombrosos Unterschrift fehlte. Er war bereits zuvor abgereist. Richet, der nur an einigen Sitzungen teilnahm und ebenfalls nicht unterzeichnet hatte, äußerte sich in einem Brief sehr vorsichtig: »Im Grunde glaube ich wohl, daß alle diese Phänomene, die wir in Mailand gesehen haben, echt sind. Aber ich bin dessen nicht in dem Grade gewiß, wie man es sein müßte, um für solch außerordentliche Dinge einzutreten!«
In ganz Europa riß man sich um Eusapia. Professor Julius Ochorowicz, der bekanntlich auch Mrs. Corner alias Florence Cook geprüft hatte, lud sie 1893/94 nach Warschau ein. Auf den Sitzungen, die im wesentlichen positive Ergebnisse zeitigten, führte er als Fortschritt elektrische Kontrollen ein. Mit Hilfe eines Dynamometers ließ sich angeblich nachweisen, daß alle Teilnehmer an Kraft verloren.
Von Polen rief Richet das Medium nach Frankreich. Zugleich lud er aus England Mitglieder der S.P.R., Sir Oliver Lodge, F.W.H. Myers und das Ehepaar Sidgwick sowie den Arzt und Parapsychologen Albert Freiherr von Schrenck-Notzing aus München ein. Eine ganze Reihe von Experimenten fanden auf Roubaud, einer kleinen Insel im Mittelmeer bei Toulon, und im Schloß Carqueiranne statt.
Diesmal wurde Eusapia an beiden Händen von zwei Gelehrten festgehalten.

Trotzdem begann ein etwa 35 Zentimeter von ihr entferntes Klavier Töne von sich zu geben. Als die Frage aufkam, ob Eusapia das nicht eventuell mit Hilfe eines Gegenstandes bewerkstellige, den sie mit den Zähnen halte, hielt ihr Richet bei einem weiteren Versuch die Hand auf den Mund. Das Phänomen wiederholte sich auch jetzt.

Auf die positive Beurteilung hin erreichte der überkritische Hodgson es, daß Eusapia von der S.P.R. zu Tests nach England gebeten wurde. 20 Sitzungen wurden in Cambridge abgehalten. Hodgson war dazu eigens aus den USA gekommen. Außerdem nahmen Sidgwick, Myers und Lodge teil. Gespannt wartete alles auf irgendein Echo.

Die Forscher ließen jedoch nichts verlauten, solange die Experimente noch liefen. Danach erst rückten sie mit der Wahrheit heraus, und die hieß: Alles Betrug!

Hodgson war es gelungen, Eusapia zu überführen. Sie schaffte es, wie er feststellen konnte, mehrmals, eine Hand oder einen Fuß unbemerkt aus der Kontrolle zu befreien und damit ein angebliches Phänomen zu produzieren. Myers, der sich in Frankreich noch so positiv geäußert hatte, erklärte, was sie festgestellt hätten, sei »bewußter und wohl ersonnener Schwindel von einer Art, für die es einer langen Übung bedurft haben müsse, um es zu einer so geschickten wie der jetzt gezeigten Perfektion zu bringen«.

Besorgt um den Ruf der S.P.R., deren Präsident Sidgwick gerade war, beeilte sich dieser, offiziell eine Erklärung abzugeben: Die »in Cambridge entdeckten Täuschungsmanöver« ließen – so hieß es wörtlich darin – »keinen Zweifel darüber, daß Eusapia sie bereits jahrelang vorgenommen hatte. Ich schlage daher vor, ihre Vorführungen zukünftig zu ignorieren, wie ich es mit denen anderer Personen halte, die sich mit derartigen Machenschaften abgeben«.

Eusapia war jedoch alles andere als erledigt. Man hielt den englischen Gelehrten vor: Es sei zuvor bereits wiederholt von Experimentatoren darauf aufmerksam gemacht worden, daß Eusapia charakterlich zu Schwindeleien neige. Hodgson habe sie, nur um ihren Tricks auf die Spur zu kommen, durch bewußt lässige Kontrollen geradezu zum Betrug ermuntert.

In Europa gingen die Experimente mit Eusapia trotz der schweren Vorwürfe weiter, Jahr um Jahr. Es gab kaum einen Gelehrten von Namen, der nicht an einer Séance mit ihr teilnahm. Zu ihnen zählten der französische Philosoph Henri Bergson, das Ehepaar Curie und der berühmte Astronom Camille Flammarion, der selbst Sitzungen mit ihr abhielt. Ganze Reihen von Berichten erwähnten Telekinese und Elevationen (Levitationen). Einmal war es ein Tisch, der schwebend beobachtet wurde, ein andermal wieder hieß es, habe das Medium mehrmals die Metallplatte einer Briefwaage, während ihre Hände festgehalten wurden, herunterzudrücken vermocht. Viel Aufsehen machte auch eine andere interessante Beobachtung: Eusapias Gewicht nahm bei jeder Elevation ungefähr um das des Tisches zu, wenn sie auf einer Waage saß.

Dreizehn Jahre nach ihrer vernichtenden, alles ablehnenden Kritik beschloß – angesichts der inzwischen zahlreichen weiteren, bei aller Skepsis durchaus positiven Veröffentlichungen – die S.P.R., nochmals Tests anzustellen. Es war 1908; Sidgwick, Myers und Hodgson lebten damals nicht mehr. Eusapia sollte diesmal in ihrer Heimat geprüft werden.

Die Experten, die man nach Neapel schickte, Everard Fielding, W. W. Baggally und Hereward Carrington, galten als Sachverständige für Taschenspielereien. Sie hatten sich durch unzählige Entlarvungen bereits einen Namen gemacht. Alle drei waren fest davon überzeugt: Para-physische Phänomene beruhen nur auf Schwindel!

Die Séancen fanden in der Stadt am Vesuv in Fieldings Hotelzimmer statt. Die drei stellten die Bedingungen für die Kontrolle, denen Eusapia sich auch nicht widersetzte. Danach wurden die Füße des Mediums an den Beinen zweier Stühle angebunden, auf denen Kontrolleure saßen, ihre Hände mit Schnüren von nur 40 Zentimeter Länge an deren Handgelenken. Eusapias Hände, die auf der Tischplatte ruhten, wurden außerdem von beiden Prüfern berührt. Die Kleider hatten keinen Kontakt mit dem Tisch, und Fielding legte sich obendrein auf den Boden und hielt seine Arme zwischen Tischbein und Eusapias Füße.

Und dann geschah es: Der Tisch hob sich mit allen vier Beinen! Und auch dies passierte: Ein Sessel neben ihr bewegte sich, ein Stuhl rückte, wie von Bewegungen ihrer Hand angezogen und abgestoßen, vorwärts erst, dann wieder zurück.

Es kam zu elf Sitzungen, auf denen 470 verschiedene Phänomene registriert werden konnten. Der mit Spannung erwartete Bericht der drei Experten vermerkt wörtlich: »Eusapia wurde nicht ein einziges Mal beim Betrug ertappt.«

Das Resümee ihrer Beobachtungen lautete: Sie seien »gezwungen anzumerken, daß Eusapias Phänomene nur erklärlich sind, wenn man ein Agens hinzuzieht, das völlig verschieden ist von ihrer rein körperlichen Geschicklichkeit«. Und weiter: »Wir sind der Ansicht, diese Erscheinungen sind irgendeiner außergewöhnlichen Kraft zuzuschreiben, die in Eusapias Organismus ruht, wogegen bei einigen Phänomenen es den Anschein hat, als handele es sich um die Aktion einer unabhängigen Energie.«

Zwei Jahre später, auf einer Tournee kreuz und quer durch Amerika, wurde Eusapia erneut ein paarmal ertappt.

War sie letztlich doch nur eine unwahrscheinlich geschickt manipulierende und mit starker Suggestionskraft ausgerüstete Schwindlerin?

Richet, der mit ihr an die 200 Seancen erlebte, schreibt in seinem Buch »Dreißig Jahre psychische Forschung«: »Selbst wenn es kein anderes

Medium als Eusapia in der Welt gäbe, würden ihre Manifestationen genügen, um wissenschaftlich die Realität von Telekinese und ektoplasmatischen Formen zu erweisen. Wenn ich an all die Sicherheitsvorkehrungen zurückdenke, die wir getroffen haben – nicht einmal, sondern zwanzigmal, hundertmal, wahrscheinlich sogar tausendmal –, so ist undenkbar, daß wir bei all diesen Gelegenheiten getäuscht worden sein sollen!«

Die Untersuchungsberichte, die über Eusapia Paladino und ihre Séancen von Forschern vieler Nationen – unter ihnen namhaften Gelehrten – veröffentlicht wurden, füllen eine kleine Bibliothek für sich. Viele davon bezeugen, daß jenes italienische Medium geheimnisvolle Phänomene zu produzieren verstand, deren Existenz und Wirkungen wiederholt selbst unter strengsten Absicherungs- und Kontrollmaßnahmen beobachtet werden konnten.

Dennoch blieben – ungeachtet der Zeugnisse reputierter Beobachter – jene para-physischen »Wunderleistungen« vom Zwielicht umgeben und die Gelehrten in zwei widersprüchliche Lager geteilt: Da waren jene – zu ihnen rechneten Dr. Hodgson, Frank Podmore, Professor Sidgwick und seine Frau –, die in Eusapia nur eine hochraffinierte, begabte Trickspezialistin sehen wollten. Auf der anderen Seite stand mit den Professoren Richet, Lombroso, Camille Flammarion, der selbst ein Sensitiver war, und Sir Oliver Lodge jene Gruppe, deren Angehörige die Betrügereien nur als bedauerliche »Unfälle« in der Laufbahn eines großen Mediums ansahen; ihnen zufolge ließen die Sitzungen mit Eusapia das Wirken seltsamer, noch völlig unbekannter Kräfte eindeutig zutage treten.

Wer von ihnen hatte recht? Die große Frage sollte sich wenig später erneut stellen, als plötzlich Medien mit ähnlich geheimnisvollen Begabungen ans Licht der Öffentlichkeit traten ...

XIV. Forscher diktieren aus dem »Jenseits«

Ein Vierteljahrhundert nach ihrer Gründung im Jahre 1882 konnte die S.P.R. mit Stolz auf eine erstaunliche Fülle des Geleisteten zurückblicken. Ihre inzwischen berühmt gewordenen »Proceedings« waren zu einer stattlichen Reihe von genau 20 Bänden angewachsen – ein einmaliger Erfahrungsschatz und Grundstock für kommende Forschungen! Zum ersten Male in der menschlichen Geschichte waren hier unter streng wissenschaftlichen Aspekten nüchterne Protokolle über kontrollierte und mehrfach bezeugte Séancen, Experimente und Untersuchungen aller Art mit Medien und Sensitiven von einer Gruppe von Gelehrten zusammengetragen worden. Es gab kaum ein physisches oder mentales Phänomen, das nicht in Spezialberichten ausführlich behandelt oder erörtert worden wäre.

Gerade zu dieser Zeit aber – beginnend im Jahre 1907 – sollte die S.P.R. plötzlich mit Erscheinungen konfrontiert werden, die mehr als unheimlich anmuteten und zudem ein völliges Novum darstellten.

Daß Verstorbene sich melden, indem sie den eigenen Hinterbliebenen oder Freunden erscheinen oder ihnen Mitteilungen zukommen lassen, war seit Menschengedenken wieder und wieder behauptet worden. Der Berichte darüber war Legion. Die Sitzungen mit Mrs. Piper hatten jüngst erneut besonders eindrucksvolle Beispiele für jene rätselhaften Vorkommnisse geliefert. Doch was jetzt entdeckt wurde, stellte alles bis dahin aus diesem Gebiet je Berichtete weit in den Schatten und die englischen Gelehrten vor ein einziges großes Rätsel.

Denn folgendes geschah: Es war zu Kundgebungen gekommen, bei denen alles darauf hinzudeuten schien, daß Experten aus den eigenen Reihen der S.P.R. selbst die Urheber waren. Aber – und damit erhielt das Ganze einen um so beklemmenderen, wahrhaft gespenstischen, ja makabren Charakter – es handelte sich dabei nicht etwa um noch lebende, sondern um bereits vor einiger Zeit verstorbene Kollegen! Das aber konnte nur bedeuten: Die Geister jener Gelehrten hätten ein noch nie zuvor gewagtes wissenschaftliches Experiment im Sinn, sie seien vom Jenseits aus bemüht, allen Zweiflern überzeugende Beweise für die Hypothese zu liefern, daß ein Verstorbener auch nach dem Tode nicht nur weiterexistiert, sondern auch in der Lage ist, mit den Lebenden in einen – in diesem Fall intellektuellen – regen Gedankenaustausch zu treten.

Es begann so: Durch ein Medium, das automatisch schrieb, hatte man aufsehenerregende Mitteilungen erhalten. Bei dem Medium handelte es sich um eine Dame mit dem Pseudonym »Mrs. Willett«, die einen Großgrundbesitzer geheiratet hatte. Durch dessen Schwester, die Frau des Altphilologen Myers, war sie eines Tages in Kontakt mit der S.P.R. gekommen und hatte bei dieser Gelegenheit einige prominente Mitglieder aus Cambridge kennengelernt, so Mrs. Sidgwick, Mrs. Verrall und deren Tochter Helen.

Mrs. Willetts Interesse an den Forschungen war jedoch erst 1908 nach dem Tode ihrer Tochter Daphne erwacht. In jenem Jahr hatte ein Bericht über automatische Schriften sie angeregt, es doch auch einmal selbst zu versuchen. Und siehe da – es klappte: Nahezu auf Anhieb zeigte sich bei ihr eine unerwartete Begabung.

»Nach einigen wenigen noch unbeholfenen Versuchen«, beschrieb sie es in jenen Tagen, »begann die Schrift plötzlich sehr schnell zu fließen. Aber sie erschien mir zu präzise, und das machte mich mißtrauisch, ob sie tatsächlich aus einer fremden Quelle herrühre. Es fanden sich darin ein oder zwei seltsame Stellen. Bedauerlicherweise habe ich aber alles zerrissen. Es machte mich auch stutzig, daß sich die Worte in meinem Gehirn zu formen schienen, ehe die Feder sie zu Papier brachte. Ich möchte sagen, es geschah um Haaresbreite zuvor.« Und es folgt die Feststellung: »Die meisten sind mit Myers oder einfach F.W.H.M. unterzeichnet. Aber ich glaube nicht, daß sie von Wert sind.«

Frederic William Henry Myers aber lebte damals bereits nicht mehr. Er war 1901 verstorben!

Mit jenen ersten tastenden Versuchen – sozusagen zunächst ins Unreine – begann die Laufbahn eines höchst eigenartig begabten Mediums. Die Berichte über sie zählen in der Geschichte der Parapsychologie zu den interessantesten aller Dokumentationen.

Mrs. Willett machte nur wenige Monate später spontan eine weitere bemerkenswerte Entdeckung. Im Januar 1909 erhielt sie während einer automatischen Schrift, die allem Anschein nach wiederum von Myers kam, den Befehl, mit dieser Art des Schreibens aufzuhören. Sie sollte dafür versuchen, die Ideen, die in ihren Kopf gebracht wurden, zunächst einmal selbst zu verstehen, um sie sofort danach niederzuschreiben. Sie versuchte es – und auch diesmal ging es.

Es war dies eine ganz besonders fortgeschrittene Art des Automatismus, der sich von dem sonst üblichen anderer Sensitiver wesentlich unterschied: Bei Mrs. Willett tauchte niemals ein »Kontrollgeist« auf. Ihr eigenes Bewußtsein trat auch nicht zugunsten irgendeiner Form sekundärer Persönlichkeit zurück.

Eigenartigerweise schienen die sich mitteilenden Wesen sehr großen Wert gerade auf ihren Wachzustand zu legen. Sie bestanden nämlich, wie aus einem Protokoll deutlich hervorgeht, ausdrücklich darauf, daß Mrs. Willett nur bei vollem Bewußtsein »arbeitete«. Dies geschah in Gegenwart von Sir Oliver Lodge als Experimentator auf einer Sitzung, bei der sich der inzwischen ebenfalls verstorbene Edmund Gurney durch Schrift mitteilte. Dabei kam es zu folgendem geradezu unheimlichem, minuziös protokolliertem »Zwiegespräch« zwischen Diesseits und »Jenseits«:

Gurney: »Sie ist sehr verwirrt. Sehen Sie nur!«

Sir Oliver Lodge bemerkt, daß Mrs. Willett in leichte Trance gesunken ist, und fragt: »Soll ich sie aufwecken?«

Gurney: »Ich werde es tun. Ich möchte nicht, daß sie sich zu einer zweiten Mrs. Piper entwickelt.«

Lodge: »Nein, ich weiß, daß Sie der Ansicht sind, so etwas schon gehabt zu haben, und daß Sie jetzt etwas völlig anderes hervorbringen wollen.«

Gurney: »Etwas Neues.«

Mrs. Willett empfand während solcher Sitzungen, wie ihre Kommunikatoren – jene Wesen oder Erscheinungen also, die sich ihr mitteilten und sie

steuerten – selbst »da« waren, also gegenwärtig. Der Eindruck war so persönlich und direkt, daß sie auch deren Fähigkeiten und Charaktereigenschaften unmittelbar spüren konnte. Das Absonderliche dabei schien: Sie war imstande zu verstehen, was jene sagten, ohne deren Worte zu hören!
»Die Gegenwart von F. W. H. Myers«, erklärte sie nach einer Séance einmal, »wurde mir so plötzlich und so seltsam bewußt, daß ich ausrief ›oh!‹, gerade so, als wäre ich mit jemandem zusammengestoßen. Im weiteren Verlauf der Sitzung war ich völlig normal. Ich hörte nichts, meine Ohren jedenfalls, die Worte kamen mir vielmehr von außen in den Sinn. Sagen wir – so etwa, wie es ist, wenn man für sich selbst ein Buch liest.
Ich erinnere mich nicht an die einzelnen Worte, aber der erste Satz hieß: ›Können Sie verstehen, was ich sage?‹ Ich antwortete in meinem Geist: ›Ja!‹ Ich bekam keinen Eindruck einer sichtbaren Erscheinung, spürte vielmehr nur die Wesensart und vernahm manchmal eine Stimme oder einen Ausspruch – was allerdings nicht besagen soll, daß meine Ohren es tatsächlich hörten . . .«
Und nochmals auf das intensive Gefühl eingehend, das sie – ohne die betreffende Persönlichkeit zu sehen – von ihr hatte: »Es war etwa so, wie ein Blinder es haben mag, der am Ausdruck der Stimme die Fröhlichkeit oder die Erregtheit des Sprechenden erkennen kann.«
Die Erlebnisse der Mrs. Willett konfrontierten die nüchternen Forscher der S.P.R. mit einer Reihe völlig unerklärbarer Erscheinungen, die sie in arge Verlegenheit versetzten. Denn hier handelte es sich um eine nicht nur unerhört interessante, sondern auch ungewöhnlich seltene Art der außersinnlichen Wahrnehmung. Was das Medium schilderte, konnte keinesfalls seiner eigenen Phantasie entsprungen sein. Allzu viele rein persönliche Merkmale und Eigenschaften der Kommunikatoren, die Mrs. Willett gespürt zu haben angab, entsprachen tatsächlich ganz deren charakteristischen Zügen zu Lebzeiten. Diese aber konnten Mrs. Willett selbst unmöglich alle von früher bekannt gewesen sein. Das galt vor allem für den häufig zusammen mit Myers und Sidgwick als Gurney auftretenden Kommunikator. Edmund Gurney, einer der Begründer der S.P.R. und Mitherausgeber der aufsehenerregenden Dokumentation »Erscheinungen Lebender«, war nämlich bereits 1889 verstorben.
Noch eines war auffällig: Die Kommunikatoren, gleich, um wen es sich auch handelte, gaben sich immer vollkommen natürlich. Sie sprachen genau in der Art, wie sie es getan hatten, als sie noch lebten. Als es beispielsweise nach einer längeren Unterbrechung wieder einmal zu einer Séance kam, wurde Sir Oliver Lodge persönlich begrüßt. Das Protokoll vermerkt:
Gurney: »Lodge, sind Sie es?«
Lodge: »Ja, ich bin es!«
Gurney: »Wie schön, Sie nach so langer Pause wiederzusehen. Ich freue mich sehr darüber. Wie geht es Ihnen, Lodge?«

Lodge: »Danke, gut. Auch ich bin sehr froh, Sie wiederzutreffen.«
Gurney: »Wir kommen durchaus voran. Die Menschen fangen jetzt an, sich damit vertraut zu machen, daß unsere Existenz und sogar unsere Identifizierung möglich ist.«
Lodge: »O ja, Sie haben recht.«
Gurney: »Es ist dies eine mühsame Kleinarbeit. Doch wir hoffen, daß wir die Grundlage für den Tempelbau schaffen. Haben Sie irgendeine besondere Frage, weil nämlich Myers gerade hier ist, und wenn er einmal ›da‹ ist, kann ich ihn nicht unterbrechen.«
Sobald Myers sich »meldete«, veränderte sich, wie Lodge bemerken konnte, sofort auch Mrs. Willetts Schrift. Sie begann langsamer, gleichsam bedächtiger zu schreiben.
Vom 17. Mai 1909 an war auf ausdrücklichen Wunsch der Kommunikatoren Sir Oliver Lodge bei den Sitzungen der Mrs. Willett als Zeuge zugegen. Zwei Jahre später bestand die Gurney-Persönlichkeit auf einem Wechsel. Es sollte zukünftig Gerald W. Balfour – der spätere zweite Earl of Balfour – hinzugezogen werden. Gurney und Balfour waren zu Lebzeiten eng befreundet gewesen und hatten gemeinsam viele Forschungsexperimente unternommen. Mrs. Willett, die Balfour persönlich nicht kannte, ließ ihm diesen Wunsch mitteilen, dem er dann auch Folge leistete.
Am 4. Juni 1911 wurde mit ihm die erste Sitzung anberaumt. Weder Balfour noch Mrs. Willett konnten ahnen, eine wie lange »Zusammenarbeit« daraus entstehen würde. Sie erstreckte sich über 20 Jahre! Auf Aberhunderten von Séancen – die teils im Hause der Familie von Mrs. Willett in Cadoxton, teils in Balfours Landsitz in Fisher's Hill stattfanden – kam es zu tiefgründigen Unterhaltungen mit Fragen und Antworten zwischen dem Beisitzer und den angeblichen Kommunikatoren.
Myers und Gurney erklärten dabei die Methoden, die sie anwandten, schilderten aber auch die Schwierigkeiten, die es ihnen bereitete, gewisse Dinge durch Mrs. Willett – einer Dame der Gesellschaft, die über keinerlei einschlägiges Spezialwissen verfügte und auch von Philosophie nichts verstand – zum Ausdruck zu bringen.
Ausführlich beschrieb Gurney dabei den Weg, den seine Gedanken durch das Unbewußte des Mediums zurücklegen müßten, und wie er häufig nur Wörter verwenden könne, die auch ihr selbst vertraut waren. Er müsse sich eben jener Vorstellungsbahnen bedienen, die in Mrs. Willett bereits existierten. Aber selbst dabei bestünde noch die Gefahr, daß seine Gedankengänge in eine falsche Richtung geleitet würden.
Und auch das betonten die Kommunikatoren: Es gebe in jedem Menschen mehrere Schichten. »Stufen von verschiedener Tiefe« lautet ein Satz in Mrs. Willetts Niederschrift.
Gurney sprach zu ihr von »den Tiefen des Unbewußten, die in aufsteigen-

den Schichten in das einmünden, was ich das transzendente Selbst, die zentrale Einheit benannt habe ...«

So etwas hatte es nie zuvor gegeben! Das waren Vorlesungen und Diskussionen auf höchster wissenschaftlicher Ebene, Botschaften von Experten, die aus dem »Jenseits« zu kommen schienen, um die noch lebenden Kollegen auf demselben Forschungsgebiet zu informieren, ihnen weitere Kenntnisse auf einem Spezialgebiet zukommen zu lassen. Reine Fachgespräche also zwischen »Jenseits« und Diesseits!

Seltsamerweise haben die Kommunikatoren Mrs. Willett – was sie selbst sicher weit mehr als alles Theoretisieren interessiert hätte – nichts über die Bedingungen ihrer jenseitigen Existenz wissen lassen. Nur einmal erwähnte Gurney, man könne diese nicht in Worten beschreiben.

Als gäben diese angeblich von verstorbenen Gelehrten aus dem Jenseits gesandten »Botschaften« nicht bereits genug an Rätseln auf – es sollten sich noch Vorkommnisse weit komplizierterer Natur hinzugesellen und den Spürsinn der englischen Para-Forscher auf eine harte Probe stellen.

Um die Zeit, da Mrs. Willett automatisch zu schreiben begonnen hatte, war man bei der S.P.R. noch einem anderen Phänomen auf die Spur gekommen. Auch in diesem Fall handelte es sich um automatisch zu Papier gebrachte Mitteilungen. Eigenartigerweise waren sie jedoch nicht von einer, sondern von mehreren Personen, zumeist innerhalb eines nur kurzen Zeitabstandes, empfangen worden. Zudem bestanden sie – und das machte die Sache um so rätselhafter und mysteriöser – jeweils nur aus Bruchstücken, Sätzen, wie aus dem Zusammenhang gerissen, oder lediglich Andeutungen, die plötzlich abbrachen – gerade so, als habe es irgendeinen Kurzschluß gegeben.

Die Produzenten dieser »Sendungen« waren sehr gebildete Damen. Auch sie kamen aus Familien und Kreisen, die an den Forschungen der S.P.R. großes Interesse nahmen. Eine von ihnen, Mrs. Verrall – uns bereits von Mrs. Willett her bekannt –, unterrichtete als Dozentin für klassische Literatur in Newnham. Auch ihre Tochter, Miss Helen Verrall, gehörte dazu, sowie unter Pseudonym eine »Mrs. Holland«.

Sie arbeiteten alle für sich und sandten ihre automatischen Niederschriften jeweils dem Research Officer der S.P.R. ein. Miss Alice Johnson, die diesen Posten damals innehatte, fand heraus: »Was wir erhalten, ist eine mosaikartige Äußerung in der einen Schrift, ohne besonderen Sinn und Verstand, und eine andere von gleichfalls scheinbar zwecklosem Charakter. Aber wenn wir beide zusammentun, sehen wir, daß eine die andere ergänzt und ihnen eine zusammenhängende Idee zugrunde liegt.«

Man nannte diese verteilt auftauchenden Botschaften »cross-correspondences – Kreuz-Korrespondenzen«.

Am 8. April 1907 kam es zu einem solchen Fall, wobei die Empfänger sogar weltweit verstreut waren:

Gerät für »automatisches Schreiben«, das 1855 der amerikanische Professor Robert Hare konstruierte. Auf eine mit dem Abc beschriftete Tafel, die das Medium selbst nicht sehen konnte, übertrug ein Zeiger die unbewußten Handbewegungen.

Um 7 Uhr mitteleuropäischer Zeit kritzelte in Indien Mrs. Holland auf ein Blatt: »Erinnern Sie sich des herrlichen Himmels, als die Dämmerung den Osten ebenso schön und reich färbte wie den Westen? . . .«

Um 1 Uhr mittags desselben Tages horchten in London die Beisitzer in einer Séance mit der berühmten Mrs. Piper, die gerade wieder einmal in England weilte, auf. Im Augenblick, als das Medium aus der Trance wieder zu sich kam, hatte es etwas vor sich hingeflüstert, was völlig sinn-, ja zusammenhanglos schien. Ihre Worte lauteten: »Licht im Westen.«

Es vergingen knapp zwei weitere Stunden, und in Cambridge begann auch Mrs. Verrall automatisch zu schreiben. Der Text lautete: »Die Worte stammen aus Maud. Rosig ist der Osten usw.« Dieser Hinweis enthielt, wie man schließlich herausfand, die Lösung. Es handelte sich nämlich bei den vorangegangenen Mitteilungen um Anspielungen auf ein Gedicht von Alfred Tennyson, betitelt »Maud«. In ihm finden sich die Worte »Rosig ist der Westen.« Und wenige Verse zuvor wiederum heißt es: »Röte vom Westen bis zum Osten – Röte von Ost bis West – bis der West Ost ist.«

Ein zufälliges Zusammentreffen? Wohl kaum, da alle drei Äußerungen an drei weit voneinander entfernt liegenden Orten und an demselben Tage erfolgten. Hier konnten nur übernormale Fähigkeiten im Spiele sein!

Telepathie – sie bot sich als Erklärung an. Daß mit ihrer Hilfe tatsächlich Kreuz-Korrespondenzen erzielbar sind, konnte später wiederholt experimentell festgestellt werden. Aber damit schienen die Fälle, die mit der Zeit immer häufiger auftraten, noch keinesfalls gänzlich geklärt. Denn eine Frage blieb unbeantwortet: Wer war jene »unbekannte Instanz«, die sich diese Puzzle-Spiele ausdachte und zerstückelte Teile eines Themas unter die automatisch Schreibenden verteilte? Alles bei diesen Produktionen wies auf eine einheitliche Leitung hin. Wo aber war diese zu suchen?

Eine Idee tauchte auf: Konnte es sich nicht vielleicht um die Regie eines Verstorbenen handeln?! Als man dem nachging, stieß man auf mehr als einen Hinweis, der eine solche Vermutung zu unterstützen schien.

Auffällig war, daß viele Niederschriften angeblich von verstorbenen Gelehrten der S.P.R. stammen sollten. Zu diesen vermeintlichen Kommunikatoren zählten anfänglich F. W. H. Myers, dann auch Edmund Gurney und Henry Sidgwick, der 1900 verschieden war. In Myers' hinterlassenen Schriften fand sich allerdings nirgends ein Hinweis auf Kreuz-Korrespondenzen. Bald nach seinem Tode jedoch tauchten die ersten Andeutungen darüber auf, und zwar über Mrs. Verrall im März 1901.

»Ich gebe Ihnen die nötigen Wörter«, heißt es in einem vorgeblich von Myers damals der Mrs. Verrall diktierten Text, »die weder die eine noch die andere allein verstehen kann; im Zusammenhang aber werden sie die Auflösung ergeben.«

Dafür, daß »Geister« ehemaliger Kollegen als Initiatoren hinter jenen seltsam verteilten Botschaften standen, sprach ganz offensichtlich auch deren Inhalt. Erstaunlich oft nämlich fanden sich kaum bekannte Passagen aus der klassischen Literatur eingestreut. Und nicht nur Myers war ein hervorragender Humanist und Kenner des Schrifttums der Antike gewesen. Das war der Fall auch bei dem sich später angeblich beteiligenden, 1912 verstorbenen Cambridger Gelehrten Dr. A. W. Verrall, dessen Frau die zuerst von Myers Angesprochene gewesen war. Und der dritte im Bunde, Henry Butcher, dessen Name ebenfalls seit seinem Tode im Jahre 1910 unter den Kommunikatoren auftauchte, hatte als Professor für Griechisch an der Universität Edinburgh gewirkt.

Einige Mitglieder der S.P.R. ließen sich durch diese Phänomene in der Überzeugung bestärken: Hier versuchen wirklich Verstorbene, in diesem Fall sogar einst bekannte Experten, mit Hilfe eines literarischen Puzzle-Spiels aus dem Jenseits einen Beweis ihres Überlebens zu geben!

»Es hat allen Anschein«, urteilte Alice Johnson, »als handele es sich um ein Element, das von außen her zu uns kommt. Es deutet auf eine aktive Intelligenz, die sich ständig, und zwar jetzt, äußert, nicht aber etwa auf ein Echo oder einen Rest von Persönlichkeiten aus der Vergangenheit!«

Im Laufe der Jahre liefen bei der S.P.R. immer erneut automatisch geschriebene Kreuz-Korrespondenzen ein. In den »Proceedings« sind ihnen lange Abhandlungen gewidmet. Einige waren so verzwickt und ausgetüftelt angelegt, daß man erst nach mühseliger Detektivarbeit auf ihre Lösung kam. Sie zählen zu den faszinierendsten Forschungsobjekten.

Mit dem Rätselraten um die mysteriösen »Botschaften« tauchte erneut jene große, die Menschen zutiefst bewegende Frage auf: Wie lassen sich jene Phänomene erklären? Seit eh und je stehen hier zwei Meinungen in hartem Widerspruch einander gegenüber, von denen jede die Alleingültigkeit für sich beansprucht. Die Vertreter der einen, die von dem russischen Okkultforscher Aksakow als »animistisch« bezeichnet wurde, sind der Auffassung, daß so mysteriös anmutende Para-Phänomene wie Hellsehen, Telepathie oder Vorausschau auf psychisch-seelischen Fähigkeiten des lebenden Menschen beruhen, die zwar zumeist unerkannt in ihm schlummern, ihm jedoch von Geburt an mitgegeben seien. Nur weil sie uns ungewohnt sind, erscheinen sie so geheimnisvoll. Die moderne Parapsychologie geht von dieser Auffassung aus. Sie weiß sich dabei – bis zurück in die Antike – in einer Reihe mit bedeutenden Persönlichkeiten. Bereits Aristoteles dachte in diesem Sinne. Er sah in der außersinnlichen Wahrnehmung eine natürliche, dem Menschen eingepflanzte seelische Veranlagung. Nicht anders deuteten Männer wie Plutarch und Porphyrios, Avicenna und Roger Bacon die Phänomene, desgleichen auch Agrippa von Nettesheim und Paracelsus.
Diese »animistische«, natürliche Lösung lehnen die Spiritisten entschieden ab. Sie glauben, daß außerirdische Kräfte bei den Para-Phänomenen im Spiel sind, daß es sich um die »Geister« Verstorbener handelt, die hier agieren.
Waren die Urheber wirklich die »Geister« bereits Verstorbener? Ist – mit anderen Worten – eine spiritistische Interpretation jener Phänomene berechtigt und stichhaltig?
Eine Antwort auf diese Fragen setzt voraus, sich zunächst einmal darüber klar zu werden, was durch das automatische Schreiben überhaupt zum Ausdruck kommt, welche Funktionen es erfüllt. Erst mit der Zeit begriff man, wie breit die Skala der Dinge ist, die sich dabei offenbaren können. »Automatismen«, so hat Rudolf Tischner es treffend erklärt, »spielen seit jeher in Magie und Mystik eine bedeutende Rolle, indem die Techniken – automatisches Schreiben und Sprechen, Kristallsehen und auch das Tischrücken – als ›Steigrohre des Unterbewußten‹ wirken und unbewußt seelische Gegebenheiten ans Tageslicht befördern. Das gilt vom Orakel bis zu den christlichen Ekstatikerinnen wie Frau de la Mothe-Guyon, die ausdrücklich sagt, ihre Schriften seien ohne Anteil des Bewußtseins geschrieben, und auch von Sprech- und Schreibmedien von heute. Und es liegt nahe, daß man sie deshalb für inspiriert hielt, sei es von einem Gott oder von einem Spirit.«
Die Kenntnisse des Unterbewußtseins, die durch Automatismen, eben über jene »Steigrohre des Unterbewußten«, ans Tageslicht kommen, können sehr verschiedener Art sein. »Alle Vorstellungen, Tätigkeiten und Erfahrungen unseres Lebens«, vermerkte Karl Freiherr du Prel einmal, »auch die vergessenen, hinterlassen einen Niederschlag.« Vielfach sind es normale Erlebnisse, an die man sich längst nicht mehr erinnert. Es kann sich aber auch um

Mitteilungen handeln, über die ein Medium sich im Wachzustand beispielsweise nie äußern würde, sei es, weil sie unangenehm und peinlich sind, sei es, daß es sie nicht wahrhaben will. So berichtet der russische Para-Forscher Aksakow: »Eine Sensitive fiel in Gegenwart von Freunden einmal in Trance und offenbarte zu ihrer eigenen Qual in diesem Zustand Dinge, die sie in normalem Zustand niemals eingestanden hätte.«

Damit nicht genug: Zudem gelangen auch noch »Nachrichten« ans Tageslicht, die von dritter Seite stammen – indem diese nämlich telepathisch oder hellseherisch aufgefangen werden. Kein Wunder also, daß im Hinblick auf die Beurteilung der Frage, wer der eigentliche »Urheber«, der »Sender« jener automatisch produzierten Aussagen sei, die Ansichten auch der Para-Forscher durchaus nicht immer inform gingen.

Das Problem para-normaler Erfahrungen im Hinblick auf ein Weiterleben nach dem Tode hat die bedeutendsten Mitglieder der »Society« wieder und wieder beschäftigt und nie zur Ruhe kommen lassen. Sie haben nichts an Experimenten und Untersuchungen unterlassen, um Beweise für eine Fortexistenz in irgendeiner Form erbringen zu können. Ist es ihnen gelungen?

Als im Jahre 1932 die S.P.R. ihr fünfzigjähriges Jubiläum beging, verlas Lord Balfour eine sehr kritische und äußerst vorsichtig urteilende Übersicht über das Erreichte. Sie war von Mrs. Henry Sidgwick – der greisen Präsidentin und Mitbegründerin – verfaßt und spiegelte die offizielle Stellungnahme der Gesellschaft wider. Unmittelbar danach aber fügte zur allgemeinen Überraschung Lord Balfour noch einige Worte – und bei diesen handelte es sich um den Ausdruck der rein persönlichen Überzeugung der Präsidentin, die seine Schwester war – hinzu. Sie lauteten:

»Manche von Ihnen werden empfunden haben, daß der Akzent der Vorsicht und Reserve in Mr. Sidgwicks Ausführungen vielleicht überbetont worden ist. Wenn dem so ist, werden Sie sich vielleicht über das, was ich jetzt sagen werde, freuen: Es ist bekannt, daß ein zwingender Beweis für das Überleben schwerlich zu erbringen ist. Aber das Beweismaterial kann immerhin so sein, daß es Glauben erzeugt, wenn das auch für einen zwingenden Beweis nicht genügt.«

Und nach einer kleinen Pause setzte er hinzu: »Ich habe Mrs. Sidgwicks Versicherung – und darf sie der Versammlung mitteilen –, daß sie angesichts des Tatsachenmaterials fest an das Überleben und die Wirklichkeit der Verbindung zwischen Lebenden und Toten glaubt.«

Glaubt! Das ist niemandem benommen.

XV. Wissen, was morgen geschieht

Können wir die Zukunft voraussagen? Gibt es die Möglichkeit, schon heute zu wissen, was morgen erst geschieht?

Diese Frage ist – in unserer Zeit wie Jahrhunderte zurück – leidenschaftlich bejaht und ebenso leidenschaftlich verneint worden. Zum Chor derer, die nur die Antwort »Unmöglich!« kennen, gehörte und gehört unveränderten Sinnes bis in unsere Tage das Gros aller akademisch Geschulten.

In die Zukunft sehen? – Das kann jedem Vertreter der klassischen Naturwissenschaften nur ein Ärgernis bedeuten. Denn diese basieren auf dem Gesetz von Ursache und Wirkung. Vorhersagen kann es, dem Kausalprinzip zufolge, zwar geben – aber nur bei Ereignissen, die nach bereits bekannten, genau bestimmbaren Gesetzmäßigkeiten ablaufen oder vor sich gehen.

So gesehen ist sogar ein Teil unseres täglichen Lebens auf die Vorhersage – ja Berechenbarkeit – zukünftiger Ereignisse eingestellt. Das gilt für Eisenbahn-Kursbücher und Flugzeit-Pläne wie für den Kalender, der Sonnen- wie Mondauf- und -untergänge exakt im voraus angibt, das gilt auch für die Voraussage der Zeiten von Ebbe und Flut. Und es gilt für kosmische Ereignisse wie Mond- und Sonnenfinsternisse, Kometenerscheinungen und dergleichen.

Aber sind auch Ereignisse vorhersehbar, die in keinem Fall aus Tatsachen gegenwärtiger oder vergangener Erfahrungen abgeleitet werden können, Ereignisse, die außerhalb der gegebenen Möglichkeiten menschlicher Berechnung liegen?

Stehen Prophezeiungen nicht offensichtlich in unlösbarem Widerspruch zu dem uns bekannten Gefüge der Welt? Kann es sich dabei nicht einzig und allein um Unsinn handeln, da Wirkung und Ursache unmöglich vertauschbar scheinen?

Das Nein zur Prophetie wird nicht nur mit dem Hinweis begründet, daß damit das Prinzip der Kausalität durchbrochen wäre. Man verweist auch auf eine schwerwiegende Folgerung, die sich aus der Existenz solcher Voraussagen ergeben müßte: daß es keine menschliche Willensfreiheit gäbe!

Und doch – es gibt unzählige Fälle, die offenbar genau das Gegenteil beweisen. Auch solche aus der Vergangenheit, und zwar so gut bezeugte, daß man sie kaum als Äußerungen »frommen Aberglaubens« etikettieren kann.

Englands Geschichte kennt zwei berühmt gewordene Fälle von Präkognition: Die Große Pest von 1665 und der Riesenbrand der Stadt London, der im Jahr darauf wütete, wurden in der Tat zuvor angekündigt.

Humphrey Smith sah das große Feuer 1660 voraus: » . . . nichts vermochte das Fundament zu bewahren, auf dem die Stadt ruhte, und all die hohen Gebäude fielen zusammen, und nur wenige blieben übrig . . . und so kam die Verwüstung über sie. Und die Vision blieb in mir als etwas, das der HErr mir heimlich gezeigt hatte.«

Ein Jahr später, 1661, erschien ein Buch, in dem George Fox der Jüngere erklärte, er habe Gott sagen hören: »Des Volkes ist zuviel, viel zu viel. Ich werde es verringern, und eine vernichtende Plage wird über das Land kommen.« Und weiter heißt es: »Und der Geist des HErrn bedeutete mir, daß die Zeit nahe bevorstehe und der Entschluß feststehe und nicht geändert werden würde.«

Ähnliche Prophezeiungen wurden noch mehrmals ausgesprochen. Am 29. Mai 1664 erklärte Captain Bishop aus Brüssel öffentlich in einer Niederschrift: »Dem König und beiden Häusern des Parlaments zur Kenntnis: So sprach der HErr: Gebt euch nicht mit dem Volk ab, weil es Mich verachtet. Denn so ihr das tut, werde Ich meine Plagen über euch senden, damit ihr wisset, daß Ich der HErr bin. Aufgeschrieben als gehorsamer Diener Gottes – George Bishop.« Als dritter Zeitgenosse sah William Bayley die schrecklichen Epidemien voraus. Er geriet eines Tages in Ekstase und warnte König und Parlament, von den religiösen Verfolgungen abzulassen: ». . . Plagen werden euch Vernichtung bringen, so ihr damit fortfahret . . . so sprach der HErr . . .«

Mehrmals vorausgesagt wurde der »Große Brand« von London, der 1666 ausbrach und in einer riesigen Feuersbrunst 13 000 Häuser und 89 Kirchen zerstörte. Zeitgenössischer Holzschnitt.

Die Große Pest forderte in der Themsestadt über 70 000 Menschenopfer von einer Bevölkerung, die sich damals auf etwa 460 000 belief.
Über 13 000 Häuser und 89 Gotteshäuser wurden bei dem Großbrand von London 1666 ein Opfer der Flammen. George Fox beschreibt in seinem Tagebuch über das entsetzliche Geschehen auch die Vision des Thomas Ibbott aus Huntingdonshire. Zwei Tage vor dem Riesenbrand kam dieser in die Themsestadt, sprang plötzlich wie verstört von seinem Pferd und lief, wobei er seine Kleider verlor, wie rasend auf Whitehall zu – genauso wie Tausende es 48 Stunden später vor den Flammen auch tatsächlich taten.
Aus dem vergangenen Jahrhundert ist eine andere Voraussage bezeugt. Am 30. August 1853 erklärte Daniel Offord, ein neunjähriger Junge, in zwei Monaten werde in Yorkshire die Cholera ausbrechen; er riet, jeder solle täglich einen halben Teelöffel Kohlepulver einnehmen. Die Epidemie traf genau wie angekündigt ein.
In Frankreich erregte eine Ankündigung des Ex-Jesuiten Beauregard enormes Aufsehen. Inmitten seiner Predigt vor dem versammelten königlichen Hof am 20. Mai 1789 wurde er plötzlich – wie es schien – vom Wahnsinn gepackt und sprach:
»Ja, HErr! Deine Kirchen wird man zerstören, Deine Gottesdienste abschaffen, Deinen Namen verspotten. Und was höre ich, großer Gott! Den heiligen Gesängen, die, Dich zu preisen, ertönten, werden profane und ausschweifende folgen. Die infamen Riten der Venus werden den Platz der Verehrung des Allerheiligsten besudeln. Und sie selbst wird auf ihrem Thron im Allerheiligsten sitzen und den Weihrauch ihrer neuen Verehrer empfangen.«
Die Vision wurde durch die Französische Revolution Wirklichkeit – in der Kathedrale von Notre-Dame, wo Madame Maillard die griechische Göttin verkörperte. Die gleiche Szene spielte sich in der Kirche von Saint-Sulpice ab.
Kaum ein Land, in dem es nicht derartige Voraussagen gab. Der amerikanische Sezessionskrieg hat mehrere Propheten. Die ersten Ankündigungen stammen aus dem Jahr 1854 von J. D. Stiles aus Weymouth in Massachusetts. Sie erschienen, als Buch gedruckt, lange bevor sie in Erfüllung gingen. Dabei wurden auch bereits der Ausgang der großen Auseinandersetzung und deren Folgen angegeben: der Sieg der Nordstaaten und die Aufhebung der Sklaverei.
1860 fiel Mrs. Hardinge Britten im Parlamentsgebäude von Alabama in Trance. Sie sah vor sich lange Reihen von Regimentern mit Musik vorbeimarschieren, dann plötzlich hörte sie schmerzerfüllte Schreie und Todesgestöhn. »Weh, weh dir, Alabama!«, stieß sie angsterfüllt hervor. Als sie wieder zu sich kam, sagte sie das Elend und entsetzliche Leiden voraus, die über ihre Heimat Alabama, den in der Verteidigung der Sklaverei aktivsten Südstaat, kommen würden. Ihre Prophezeiung wurde von einem Journalisten zu Papier gebracht und von sechs anwesenden Personen bezeugt.

Die Ermordung des Präsidenten Lincoln ist zwei Jahre vorher angekündigt worden. 1863 forderte ein Russe das Medium D. D. Home in Dieppe auf, in eine Kristallkugel zu schauen. Was er sah? Eine Menschenmenge und in ihrer Mitte einen Mann, der umgebracht wurde und von einem Sessel fiel. »Das ist Lincoln!«, sagte Home erregt. »Das wird innerhalb eines Jahres geschehen!« Nur letzteres stimmte nicht. Lincoln wurde am 15. April 1865 erschossen.

Vorausgesehen wurde auch das tödliche Attentat auf das serbische Königspaar in Belgrad am 10. Juli 1903. Monate vorher, am 20. März, ereignete sich folgendes: Nichtsahnend überreichte William Stead einer Seherin aus Yorkshire, Mrs. Burchell, deren Können er auf eine Probe stellen wollte, einen verschlossenen Briefumschlag. Er enthielt eine Unterschrift des serbischen Königs Alexander. »Das gehört einer königlichen Hoheit«, kam prompt die Antwort. Gleich danach wurde Mrs. Burchell äußerst erregt und stieß hervor: »Ich sehe das Innere des Schlosses. Ich kann den König und seine Gemahlin erkennen – jetzt sehe ich mehrere Männer, sie töten den Monarchen. Die Königin fleht um Gnade. Ich kann nicht sehen, ob die Monarchin umgebracht ist, aber der König ist tot. Es ist entsetzlich, ganz entsetzlich!«

Um diese Zeit hatte eine andere Sensitive, Mrs. Brenchley, ebenfalls die Vision des Attentats. Sie beschrieb wiederum andere Details.

Der Zufall wollte es, daß jenes Attentat noch ein drittes Mal – und zwar auf sehr merkwürdige Weise – angekündigt wurde. Diesmal fungierte eine höchst glaub- und vertrauenswürdige Persönlichkeit als Zeuge: Professor Richet. In seiner Gegenwart gaben auf einer Séance – am Tag vor dem Mord! – Klopftöne zunächst ein Wort bekannt: »Bancalamo.« Richet meinte, es sei lateinisch. Doch dann erst kam die eigentliche Botschaft: Sie lautete: »Banca la mort guette famille.« Es folgte etwas, das ohne Zusammenhang zu sein schien. Was der Satz bedeutete, wurde erst klar, als die Öffentlichkeit zusammen mit der Unglücksnachricht erfuhr, daß der Vater der erschossenen Königin Draga selbst Panka hieß. – »Panka – der Tod greift nach (deiner) Familie.« Wie Professor Richet im übrigen feststellen konnte, waren die Klopflaute um 10.30 Uhr ertönt. Genau zu diesem Zeitpunkt hatten die Attentäter ihr Hotel verlassen.

Auch die großen Kriege hatten ihre Propheten.

Im Februar 1914 wurde der Erste Weltkrieg vorausgesagt. Vor einer vielhundertköpfigen Zuschauermenge teilte Mrs. Forster Turner, ein weithin bekanntes Medium aus Australien, dem berühmten Schriftsteller und »Vater« des Sherlock Holmes, Sir Arthur Conan Doyle, mit: »Noch wird im Augenblick nichts über einen großen europäischen Krieg gemunkelt. Aber wisset: Noch bevor dieses Jahr zu Ende ist, wird Europa in ein Meer von Blut getränkt sein. Großbritannien, unsere geliebte Nation, wird in den furchtbarsten aller Kriege hineingezogen werden, den die Welt je gesehen hat. Deutschland wird der große Widersacher sein und andere Nationen mit sich reißen. Für Österreich wird es den Ruin bringen. Könige und Königreiche werden stürzen. Millionen kostbarer Menschenleben werden niedergemetzelt werden. Britannien aber wird zuletzt triumphieren und siegreich aus allem hervorgehen.«

Einen Monat später, im März 1914, veröffentlichte die in der französischen Stadt Beauvais erscheinende Zeitschrift »La Vie Nouvelle« die aufsehenerregende Aussage eines Bauernmädchens. Dieses prophezeite, daß ein Krieg bevorstehe, in dem Frankreich eine Invasion erleben würde. »Aber Frankreich ist nicht allein«, hatte sie, wie Abbé J. A. Petit mitteilte, geäußert. »Denn die Verletzung ihrer Neutralität, um einen direkten Zugang zur französischen Grenze zu schaffen, wird andere Mächte dazu bringen, sich auf die Seite der Franzosen zu stellen.«

Zukunftsvisionen erfolgen häufig auch in Träumen. Dreimal sah Joan Williams im Schlaf, wie der britische Premierminister Spencer Perceval erschossen wurde – zuletzt genau zehn Tage vor der Tat am 11. Mai 1812. Die Ermordung des englischen Schauspielers und Publikumsidols der spätviktorianischen Zeit William Terriss durch einen Verrückten, der ihn beim Betreten des Adelphi-Theaters am 16. Dezember 1897 niederstach, erlebten unabhängig voneinander zwei Personen, die Gräfin Tutschkow und Mr. Lane, lebhaft und plastisch im Traum eine Nacht zuvor. Der französische Astronom Camille Flammarion, der diesen Erscheinungen jahrelang nachgegangen war, schrieb dazu in seinem 1899 veröffentlichten Werk »L'Inconnu«: »Ich zögere nicht zu versichern, daß das Vorkommen von Träumen, die zukünftige Ereignisse genau ansagen, als gewiß akzeptiert werden muß.«

Ist auf alle diese Berichte Verlaß? Die meisten von ihnen lassen sich kaum mehr nachprüfen – vor allem nicht jene zeitlich bereits weit zurückliegenden. Aber sie stehen nicht allein. Es gibt heute – als Ergebnis eines bald hundertjährigen wissenschaftlich-kritischen Recherchierens – eine Fülle nicht weniger sensationeller und verblüffender, aber bestens bezeugter Fälle.

Eine einzigartige Fundgrube für exakt beobachtete und überprüfte Beispiele des Phänomens offenbaren Vorauswissens bieten die »Proceedings«, die Zeitschrift der S.P.R. Die dort veröffentlichten Protokolle umfassen die ganze Skala jener geheimnisvollen, auf die Zukunft bezogenen Signale und Informationen: von unbestimmten, dunklen Ahnungen, Vorgefühlen und Warnungen bis zu konkreten Voraussagen, Visionen und Prophezeiungen, erlebt im Wachzustand und im Traum.

Sir William F. Barrett, auf dessen Initiative die Gründung der S.P.R. zurückgeht, berichtete über ein merkwürdiges Erlebnis, bei dem dank einer eindringlichen »Warnung« zwei Jugendliche vor dem sicheren Tod bewahrt werden konnten.

Das Ganze spielte sich im Januar 1887 in der damaligen Vorstadt Brooklyn von New York ab. Captain A. B. MacGowan, der mit seinen beiden Söhnen in die Stadt gefahren war, hatte ihnen einen Theaterbesuch versprochen und bereits drei Karten gekauft. Doch merkwürdig: »Am Tage des beabsichtigten Besuches«, so gab er zu Protokoll, »schien es mir, als ob eine Stimme in mir ständig sage: ›Geh nicht ins Theater, bringe die Jungen nach Hause.‹ Die Worte wollten mir nicht aus dem Kopf gehen. Sie wurden immer eindringlicher, so daß ich am Nachmittag meinen Freunden und den Jungen schließlich erklärte, wir würden nicht gehen. Meine Freunde wollten mich umstimmen und meinten, es wäre hart, den Jungen dieses doch versprochene und für sie so seltene Vergnügen vorzuenthalten, auf das sie sich so gefreut hätten. Und ich ließ mich schon fast überreden. Doch die Worte wiederholten sich und prägten sich mir fest ein. Eine Stunde vor Beginn entschied ich: Die Jungen gehen mit mir nach New York zurück. Wir verbrachten die Nacht in einem Hotel in der Nähe des Bahnhofs. Ich schämte mich, daß ein bloßes Gefühl mich gezwungen hatte, so zu handeln. Aber ich hatte mich ihm nicht entziehen können.«

Und was geschah? An jenem Abend brach ein Großfeuer im Theater in Brooklyn aus. Es brannte völlig nieder. 305 Besucher fanden dabei den Tod. MacGowan gab an, nie zuvor etwas Ähnliches verspürt noch auch je sonst in seinem Leben irgendeine Halluzination gehabt zu haben. Seine in Brooklyn wohnende Schwester besaß noch die unbenutzten Eintrittskarten.

Ebenfalls eine Warnung, durch die ein Leben gerettet wurde, lag 1860 einem Erlebnis in Trinity bei Edinburgh zugrunde.

Mrs. W., die Frau eines Pfarrers, war, begleitet von einem Hausmädchen mit ihrem Töchterchen, zu Besuch in den kleinen Ort am Meer gefahren. Am Sonntag nach dem Mittagessen durfte die Kleine allein ins Freie, um zu spielen. Sie ging ganz in der Nähe auf eine Wiese, die zwischen der Kaimauer und dem Schienenstrang der Eisenbahn lag und zudem durch Tore auf beiden Seiten abgeriegelt war. Kein anderer Platz hätte sicherer sein können, zumal an einem solchen Tag, da der Verkehr fast ruhte.

Dennoch überkam, kaum daß die Tochter das Haus verlassen hatte, die Mutter eine unerklärliche Unruhe. »Deutlich«, so schilderte es Mrs. W., »vernahm ich eine Stimme, die in mir sagte: ›Hole sie zurück, oder es wird etwas Schreckliches geschehen‹.« Mrs. W. hörte nicht darauf. Nicht lange, und die Worte wurden wiederholt – diesmal noch bestimmter und eindringlicher als zuvor. Wiederum wehrte sich ihr Verstand dagegen, und sie weigerte sich, der Warnung zu folgen. Doch dann vernahm sie plötzlich dieselben Worte ein drittes Mal. Diesmal stieg eine furchtbare Angst in ihr auf. Sie rief das Mädchen und ließ ihre Tochter holen.

Die Kleine hatte kaum das Haus betreten, da war das beklemmende Angstgefühl wie weggeblasen. Unnötige Sorge und Aufregung – dachte Mrs. W.

im stillen. Zwei Stunden später ertönte ein ungeheures Krachen: Eine Lokomotive war entgleist und hatte die Kaimauer durchbrochen – genau dort, wo die Kleine gespielt hatte.

Auch in Träumen treten Ahnungen und Warnungen sehr häufig wiederholt auf.

Dreimal – »und zwar mit allen Einzelheiten« – erlebte und sah Lady Q. im Schlaf, was Jahre später sich genauso zutragen sollte. Sie lebte damals, da sie ihren Vater verloren hatte, längere Zeit auf dem Lande bei ihrem Onkel.

»Im Frühling des Jahres 1882«, gab sie zu Protokoll, »träumte mir, ich säße mit meiner Schwester im Wohnzimmer meines Onkels. Es war ein himmlischer Tag, und durch das Fenster sahen wir alles draußen voller Blumen. Aber über dem Garten lag eine dünne Schicht Schnee.

Ich wußte in meinem Traum, daß man meinen Onkel tot neben einem drei Meilen vom Landhaus entfernten Reitweg gefunden hatte. Ich war dort oft entlanggeritten, und auch er hatte es getan, wenn er an einem in der Nähe liegenden See angeln wollte. Ich wußte, daß sein Pferd neben ihm stand und er einen Homespun-Anzug trug aus der Wolle schwarzer Schafe – eine Herde solcher Schafe gehörte ihm. Ich wußte, daß sein Leichnam in einem von zwei Pferden gezogenen Wagen, auf dem Heu ausgebreitet war, nach Hause gebracht wurde und wir auf dessen Ankunft warteten. Ich sah den Wagen im Traum vor der Tür anhalten; zwei mir gut bekannte Männer, ein Gärtner und ein Jäger, halfen, den Toten über die sehr enge Treppe nach oben zu bringen. Mein Onkel war ein sehr großer und schwerer Mann, und ich bemerkte, wie die Männer viel Mühe hatten, ihn zu tragen. Seine linke Hand hing herab und schlug, als die Männer heraufkamen, plötzlich gegen das Geländer. Diese Szene meines Traumes jagte mir eine unbeschreibliche Angst ein.«

Lady Q. fand in jener Nacht keinen Schlaf mehr und war tags darauf sehr verstört. Als der Onkel sie nach dem Grund fragte, berichtete sie ihm von ihrem Traumgesicht. Zwei Jahre darauf hatte sie dasselbe Erlebnis und ließ es wiederum ihren Onkel wissen.

Ungefähr sechs Jahre nach dem ersten Traum wohnte Lady Q. nicht mehr bei ihrem Onkel. Sie hatte geheiratet und lebte nun in London. In einer Mainacht des Jahres 1888 sah sie im Traum plötzlich zutiefst erschrocken die ganze Szene ein drittes Mal. Kurz danach kam der Onkel tatsächlich auf einem Ausritt ums Leben. Wie zwei Augenzeugen ihr berichteten, lief alles genauso ab, wie sie es dreimal geträumt hatte – auch das Anschlagen der Hand des Toten beim Hinauftragen. Das Auftauchen der Blumen und des Schnees in ihrem Traumgesicht fand ebenfalls eine Erklärung. Befragungen ergaben, daß Blumen und Schnee in der Familie seit jeher als Todessymbole galten.

Sein eigenes Leben konnte ein Kaufmann retten, der eine zweifache Vision hatte, ihrer Aussage vertraute und dementsprechend handelte. Er entging dadurch einer weltbekannt gewordenen Katastrophe, bei der es kaum Überlebende gab.

Mr. J. O'Connor – der Name wurde als Pseudonym von der S.P.R. eingesetzt – hatte 1912 in Amerika zu tun. Am 23. März buchte er in London für die Überfahrt nach New York eine Kabine auf der »Titanic«, dem auf so tragische Weise bekanntgewordenen Dampfer der White-Star-Line. Doch bald danach erlebte er etwas, das ihm einen tiefen Schock gab.

»Ungefähr zehn Tage vor der Abfahrt«, so sagte er aus, »träumte ich, daß ich das riesige Schiff kielaufwärts auf dem Meere treiben und dessen Mannschaft und die Passagiere herumschwimmen sah.«

Um seine Bekannten nicht zu beunruhigen, schwieg er darüber. In der kommenden Nacht jedoch tauchte derselbe Traum nochmals auf. Er erzählte wiederum nichts – und beschloß vielmehr, zunächst noch ein geschäftliches Telegramm abzuwarten, das aus den USA kommen sollte. Dieses traf tatsächlich ein; ihm wurde darin empfohlen, die Reise zu verschieben. Sofort annullierte er die Buchung. Es war knapp eine Woche, bevor das Schiff auslaufen sollte.

Jetzt erst berichtete er seiner Frau und auch in seinem Bekanntenkreis, was er zweimal geträumt hatte. Drei Freunde bezeugten der S.P.R., daß Mr. O'Connor sie unterrichtet habe, noch bevor das Schiff die Anker gelichtet hatte. Das geschah am 10. April. An jenem Tage fuhr die »Titanic« von Southampton ab.

Viermal 24 Stunden später kam es zu dem entsetzlichen Unglück: In der Nacht vom 14. auf den 15. April fuhr die »Titanic« auf einen Eisberg und ging unter.

Aufgezeichnet in den »Proceedings« der amerikanischen S.P.R. findet sich auch eine höchst merkwürdige Vorausschau von Charles Dickens. Ihm erschien nachts im Traum eine junge Dame, die ein rotes Umschlagtuch trug. Sie erklärte mit deutlich vernehmbarer Stimme: »Ich bin Miss Napier.« Nach dem Aufwachen erinnerte sich der Schriftsteller sehr wohl daran, wunderte sich jedoch nur darüber, daß er ein Fräulein jenes Aussehens und Namens überhaupt nicht kannte. Die Überraschung folgte jedoch noch am gleichen Vormittag. Unerwartet erhielt er Besuch von zwei Damen. Eine, die jüngere von beiden, hatte einen roten Schal um. Erstaunt vernahm er beim Bekanntmachen ihren Namen: Sie hieß Miss Napier!

Einem höchst merkwürdigen Fall der Vorhersage kam eines Tages Mrs. Verrall auf die Spur. Sie entdeckte, daß einige ihrer automatisch verfaßten Niederschriften offensichtlich Hinweise auf kommende Geschehnisse zu enthalten schienen.

Am 11. Dezember 1911 hatte sie einige kaum verständliche Sätze zu Papier gebracht. Sie lauteten: »Nichts sollte unbeachtet bleiben, die trivialsten

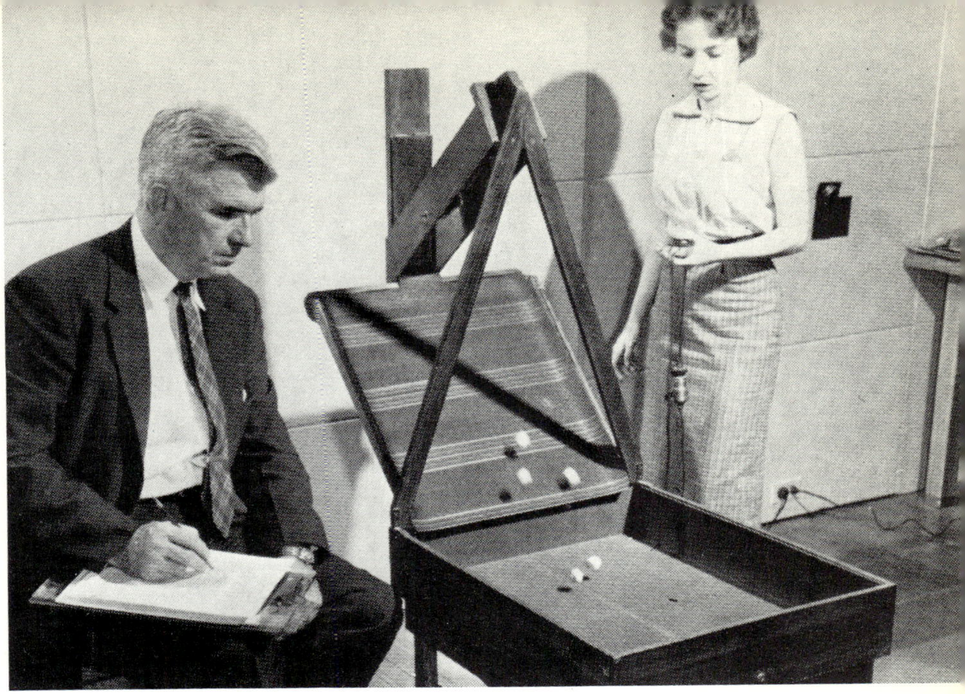

Oben: Prof. J. B. Rhine, Pionier der modernen Para-Forschung, bei einem Plazierungstest für Psychokinese in Durham, USA. Unten: Präkognitions-Test mit Kindern. Sie kreuzen Bilder an, die ihres Erachtens eine Rolle in der Geschichte spielen, die ihnen später vorgelesen wird.

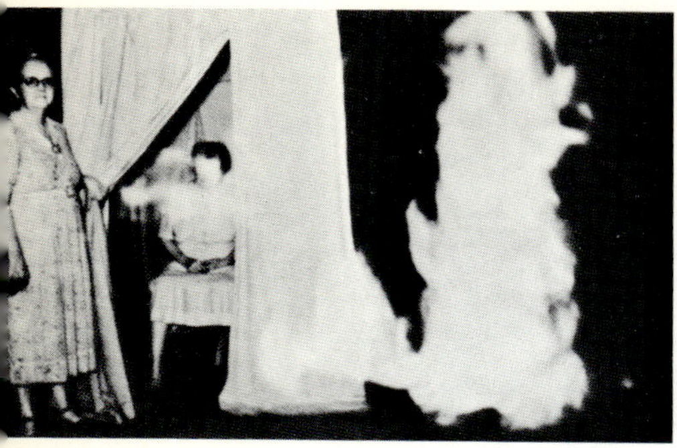 

Oben: Erscheinen eines angeblichen »Geistes« mit dem Namen Silver Belle in Anwesenheit eines in Trance versunkenen Mediums. Die sich aus einem wolkenartigen Fluidum bildende »Materialisation« wurde auf einer spiritistischen Séance in den USA fotografiert. Unten: Para-Phänomene vom einfachen Klopfzeichen bis zu Aussagen von Medien in Trance haben den spiritistischen Glauben begründet, es handele sich um »Botschaften aus dem Jenseits«. Teilnehmer an einer spiritistischen Sitzung in London.

Tatsachen können helfen. Hab Vertrauen ... Die Kälte war groß und eine einzige Kerze spendete mattes Licht. Er lag auf einem Sofa oder einem Bett und las Marmontel nur bei Kerzenschein ... Das Buch hatte er ausgeliehen, es gehörte ihm nicht.«

Mrs. Verrall konnte damit nichts anfangen. Der Text schien sinnlos zu sein. Nach einer Weile kam ein Schriftzug zustande, der, obwohl kaum lesbar, an den Namen »Sidgwick« erinnerte. Eine briefliche Rückfrage bei Mrs. Sidgwick ergab jedoch, daß auch ihr »Marmontel« nichts besage.

Am 17. Dezember produzierte Mrs. Verrall automatisch schreibend einen weiteren Text, bei dem es sich offensichtlich um eine Ergänzung zu den bis dahin höchst rätselhaften Andeutungen zu handeln schien. »Der Name Marmontel stimmt ...«, hieß es darin. »Ein französisches Buch. Ich nehme an, es sind Memoiren. Der Name Passy kann helfen. Erinnerungen an Passy oder Fleury. Das Buch bestand aus zwei Bänden, altmodisch eingebunden, und war ihm geliehen. Marmontel war außen nicht aufgedruckt ... Es ist nicht in irgendeiner Zeitung. Es ist ein Versuch, eine Person an etwas zu erinnern – eine geringfügige Angelegenheit.«

Jetzt war Mrs. Verralls Neugierde erwacht: »Als ich um den 25. Dezember 1901 wieder nach Cambridge zurückgekehrt war«, schreibt sie, »blätterte ich einen Bücherkatalog durch, auf den ich schon vor dem 11. Dezember einen Blick geworfen hatte. Und siehe, ich fand eine Anzeige: ›Marmontel, Moralische Geschichten, ausgewählt und übersetzt von G. Saintsbury‹. Ich muß gestehen: Ich erfuhr, soweit ich mich erinnern kann, auf diese Weise erstmals bewußt, daß es sich bei Marmontel um einen französischen Autor handelt.«

Des Rätsels Lösung kam aber erst im Jahr darauf. Am 1. März 1902 erhielt Mrs. Verrall Besuch. Es kam Mr. Marsh, ein Freund, von dem sie seit dem Sommer des vorangegangenen Jahres nichts mehr gehört und gesehen hatte. Zum größten Erstaunen der Gastgeberin erwähnte er, während sie sich unterhielten, plötzlich, er habe gerade »Marmontel« gelesen. Als Mrs. Verrall Näheres zu erfahren wünschte, erzählte ihr Mr. Marsh folgende Details:

Er habe sich das Buch aus einer Bibliothek in London besorgt – eine nicht modern gebundene Ausgabe, bei der aber der Name des Verfassers auf dem Rücken stand – und es dann mit nach Paris genommen. Dort habe er tatsächlich des Nachts darin gelesen, und zwar am 20. Februar und nochmals am 21. Februar. Beim ersten Mal habe er dabei im Bett gelegen, in der Nacht darauf jedoch auf zwei zusammengestellten Stühlen. Beidemal sei dies beim Schein einer Kerze geschehen. An beiden Tagen herrschte eine kalte Witterung.

Als Mrs. Verrall fragte, ob »Passy« oder »Fleury« ihm etwas sage, meinte Mr. Marsh mit Sicherheit, den Namen Fleury gelesen zu haben. An Passy konnte er sich nicht mehr genau erinnern. Er wollte jedoch zu Hause sofort nachschauen und sie informieren.

»Nach seiner Rückkehr in die Stadt«, heißt es in den Aufzeichnungen der Mrs. Verrall sodann, »schrieb mir Mr. Marsh am 4. März 1902, daß er am 21. Februar ein Kapitel des Bandes von Marmontels ›Memoiren‹ gelesen habe. Darin sei das Auffinden einer Kachel in der Ortschaft Passy beschrieben, die mit einer Geschichte zusammenhing, in der Fleury eine bedeutende Rolle spielte.«

Was also war in diesem so verzwickten Fall tatsächlich geschehen?

In einer automatischen Niederschrift vom Dezember 1901, die sich auf die Vergangenheit zu beziehen schien, war in Wirklichkeit ein Ereignis beschrieben worden, das sich erst danach – nämlich zweieinhalb Monate später, im Februar 1902 – zutragen sollte. Es handelte sich also um eine echte Vorausschau eines zukünftigen Geschehens, was angesichts der höchst spezialisierten Angaben um so verblüffender wirkt.

Auch in diesem Fall ging es – nicht anders als in den Beispielen davor – um ein spontan aufgetretenes Phänomen. In jener Zeit – um die Jahrhundertwende – war bereits eine solche Fülle überzeugenden Beweismaterials zusammengetragen und kritisch analysiert, daß die Tatsache der Existenz von Vorauswissen ernsthaft kaum mehr in Frage gestellt werden konnte . . .

Damit nicht genug. Der Forschung war noch ein weiterer Schritt gelungen: Damals konnten auch auf diesem Gebiet bereits erste positive Resultate auf experimenteller Basis verzeichnet werden.

Vor allem in Frankreich war bedeutende Pionierarbeit vollbracht worden. Sie ist im wesentlichen drei Forschern zu verdanken: dem Professor für Physiologie Dr. Charles Richet und den Direktoren des Pariser »Institut Métapsychique International«, Dr. Gustave Geley und Dr. Eugène Osty.

Alle drei haben sich jahrelang mit Sensitiven beschäftigt und auch experimentiert. Eine der Methoden beschreibt Professor Richet im »L'Avenir et la Prémonition«: »Dreißig Stück Papier, und auf jedes wird mit einem Bleistift eine Nummer geschrieben. Sie werden sorgfältig zusammengefaltet, und zwar alle auf die gleiche Weise. Armand, ein mir befreundeter Maler, der Bruder von Brigitta, nennt die Nummer, die seinem Gefühl nach Brigitta ziehen wird. Es kommt zu Irrtümern, gewiß. Armand trifft nicht immer das Richtige. Das Resultat insgesamt übertrifft jedoch bei weitem die Wahrscheinlichkeit. Es kommen ganze Perioden voller Irrtümer vor und dann auch wieder solche einer geradezu erstaunlichen Hellsichtigkeit.

Auf meinen Vorschlag macht Armand nur ein Experiment jeden Tag, das ergibt eine Wahrscheinlichkeit von 1:36. Immerhin gab es in einer bestimmten Woche, also bei einem sechsmaligen Versuch der Voraussage, volle fünf Treffer. Die Wahrscheinlichkeit für einen solchen Erfolg beträgt 1 zu 30 000 000.«

Für den Physiologen Richet, der selbst sensitiv begabt war, gab es keinerlei Zweifel an der Realität dieser Phänomene.

Szene aus Delphi, dem berühmtesten Orakel der Griechen: Aigeus, König von Athen, erwartet den Spruch der auf dem Dreifuß sitzenden Themis. Vasenmalerei um 440 v. Chr.

»Aus den Tatsachen«, erklärt er, »ist eine klare Schlußfolgerung zu ziehen: Die Präkognition ist eine bewiesene Wahrheit. Sie stellt zwar eine merkwürdige, paradoxe und anscheinend absurde Tatsache dar, die wir jedoch unbedingt zugeben müssen. Die Erklärung wird eines Tages – oder auch nie – kommen. Nichtsdestoweniger: Die Tatsachen sind authentisch und unwiderlegbar. Es gibt Vorahnungen.«

Ein anderes Mal bemerkt er: »Ja, wenn wir über alle Dinge der Gegenwart ein totales Wissen hätten, sollten wir auch total alles wissen können, was morgen geschieht. Unser Unwissen über das Zukünftige ist in unserem Unwissen des Heute begründet.«

Als »größte lebende Autorität auf dem Gebiet der Hellsichtigkeit, und zwar was praktische Erfahrungen mit Versuchspersonen wie auch deren theoretische Erörterungen betrifft«, bezeichnete Dr. Geley seinen Nachfolger als Direktor des Pariser Metapsychischen Instituts, Dr. Eugène Osty.

»Zwölf Jahre experimenteller Arbeit mit vielen Sensitiven und einer großen Anzahl von Versuchspersonen«, so stellt Osty fest, »haben mir die absolute Gewißheit gegeben, daß es Menschen gibt, die in der Lage sind, die Zukunft anderer Mitmenschen vorherzusagen. Ich betone ausdrücklich: die Zukunft anderer Menschen. Ich sage also nicht, die Zukunft im allgemeinen, weil ich persönlich das nicht habe beobachten können.«

Für die Exaktheit einer Aussage spielt, so meint Osty erkannt zu haben, der zeitliche Abstand zu dem betreffenden Ereignis eine entscheidende Rolle: Je weiter etwas in der Zukunft sich abspielen sollte, um so weniger deutlich und um so skizzenhafter würde es auch von Sensitiven beschrieben. Umgekehrt seien die Voraussagen um so präziser und detaillierter, je näher etwas zeitlich liege. Als typisches Beispiel schildert er einen Fall, der ihm selbst widerfuhr. Zweimal wurde ein ihn betreffendes Ereignis vorausgesagt:

»Es war zwei Jahre davor, als der Sensitive erstmals etwas – und zwar recht vage – aussagte: ›Oh! Lebensgefahr in einiger Zeit ... Möglicherweise ein Unfall ... Sie werden indes gerettet werden ... Ihr Leben geht weiter ...‹ Fünf Monate vor dem Eintreffen des Ereignisses enthüllte er sodann: ›Seien Sie vorsichtig, Sie werden bald einen ernsthaften Unfall haben! Ich höre einen entsetzlichen Zusammenprall! Zum Glück werden Sie keine Verletzungen erleiden ... Ich sehe einen Mann blutend am Boden liegen, er klagt, er stöhnt, und um ihn herum sind lauter Sachen verstreut. Ich kann nicht sagen, worum es sich handelt.‹«

Diese zweite Voraussage erfolgte im März 1911. Fünf Monate später geschah es, genau am 15. August.

»Ich fuhr«, so schildert es Osty, »gemächlich in meinem Wagen, als ein betrunkener Bäcker, rücksichtslos kutschierend, plötzlich sein Pferd am falschen Zügel herumriß und mit mir zusammenstieß. Der Aufprall war so heftig, daß die Deichselstange mein Vorderfenster durchstieß und zersplitterte und ein Rad auf das Wagendach flog und es durchbrach.

Mein Freund Th. Stenuit und ich waren durch das plötzliche Krachen zwar höchst erschrocken, blieben glücklicherweise jedoch völlig unversehrt. Als wir uns umschauten, sahen wir das Pferd davongaloppieren. Der Lieferwagen lag umgekippt im Graben und auf der Straße der Bäcker, blutend und jammernd. Mehrere Brote waren um ihn herum verstreut.«

Echte Vorausschau-Experimente machte Osty mit Pascal Forthuny. Dieser war nicht nur Schriftsteller, Dichter, Musiker und Maler, sondern verfügte auch, wie sich eines Tages herausstellte, über eine erstaunliche hellseherische Begabung.

Osty stellte bei den Versuchen folgende Aufgabe: Forthuny sollte sich bemühen, vorauszusagen, wer in einem Saal, der eine Stunde später für eine öffentliche Vorführung reserviert war, auf einem ganz bestimmten Stuhl Platz nehmen würde, und über die betreffende Person, wenn möglich, auch einige nähere Angaben machen.

Die Experimente gelangen eindeutig.

In einem Fall, über den Osty ausführlich in der »Revue Métapsychique« referierte, bestätigte die Dame, die den ausgewählten Sitz einnahm, ausdrücklich die Richtigkeit der sehr persönlichen Angaben über ihr Leben, als die schriftlich festgehaltene Voraussage Forthunys verlesen wurde. Dieses Experiment gab die Anregung für ähnliche »Versuche mit dem leeren Stuhl« in unserer Zeit.

Forthunys Para-Fähigkeiten hatten sich übrigens auch bereits bei einer schicksalhaften Voraussage gezeigt, die Dr. Geley, Ostys Vorgänger, betraf. Osty entdeckte erst Jahre später zufällig im Institut eine Notiz, die einen geradezu unheimlich anmutenden Fall enthüllte.

Im April 1924 suchte Forthuny völlig überraschend Dr. Geley auf und zeigte

sich äußerst erregt. Er habe, erklärte der Sensitive, soeben etwas Furchtbares geschaut: ein Flugzeugunglück! Es habe sich um einen Arzt gehandelt, der über Polen abgestürzt sei und den Tod gefunden habe. Wer es gewesen sei, könne er nicht sagen.
Forthuny bestand darauf, daß seine Aussage schriftlich und mit Datum versehen im Metapsychischen Institut zu den Akten genommen wurde. Was auch geschah.
Ein Vierteljahr später erhielt Dr. Geley eine Einladung nach Warschau, der er auch Folge leistete. Von dieser Reise kehrte er nie wieder zurück: Am 14. Juli 1924 wurde er unweit von Warschau bei einer Flugzeugkatastrophe getötet.
In den Akten des Pariser Instituts, das eng mit polnischen Forschern zusammenarbeitete, finden sich aus der Zeit des Dr. Geley übrigens auch dokumentierte Voraussagen auf politischem Gebiet, die zu den wohl eindrucksvollsten überhaupt zählen. Es handelt sich um Protokolle über Sitzungen mit Frau von Przybylska aus Warschau, einem Privatmedium. Diese machte Voraussagen über den Verlauf des Russisch-Polnischen Krieges von 1920, die sofort auch den französischen Kollegen mitgeteilt wurden. Sie enthalten Angaben über Ereignisse, die erst viele Wochen später eintrafen. Keines von ihnen konnte auf normalem Wege vorher gewußt werden. Einige davon mußten aufgrund des bisherigen Kriegsgeschehens sogar als völlig absurd und unglaubwürdig erscheinen.
Im Juni jenes Jahres waren die Polen noch an allen Fronten siegreich. Sie hatten einen bedeutenden Teil Westrußlands besetzt und Kiew eingenommen. Die Bolschewisten befanden sich in vollem Rückzug; gerade wurde der polnische Erfolg an der Beresina verkündet. Am 10. Juni vernahm Frau von Przybylska unerwartet eine angesichts dieser militärischen Lage um so unwahrscheinlicher klingende Botschaft und diktierte deren Inhalt. Sie besagte: »Noch dieser Monat wird Unglück über die polnischen Truppen bringen und Witos zum Premierminister ernannt werden. Ein bedeutender Mann wird Hilfe bringen. Im Laufe des August jedoch wird sich wiederum alles ändern. Ein Fremder wird großen Einfluß haben ... Gegen Mitte des Monats August wird das Unglück zu Ende sein, bis dahin aber nur Unheil herrschen.«
Es kam wie prophezeit: Am 28. Juni eröffneten die Bolschewisten ihre Offensive. Am 8. Juli mußte die Front an der oberen Beresina aufgegeben werden. Am 12. und 18. Juli gingen die Städte Wilna und Lida verloren. Am 13. August begann der feindliche Angriff auf die Hauptstadt Warschau. Jedoch bereits zwei Tage später nahm die Schlacht einen für die polnischen Truppen günstigen Verlauf. Nochmals drei Tage danach kam der Sieg – »das Wunder an der Weichsel«.
Und die Personen, die der Botschaft zufolge entscheidend in das Geschick Polens eingreifen würden? Am 28. Juli erschien der »Fremde«, der General

der französischen Armee Maxime Weygand, in Warschau und half dem bedrängten Land als militärischer Berater. Inzwischen war Wincenty Witos, ein bis dahin Unbekannter, am 24. Juli Premierminister geworden.

Originelle Tests ganz anderer Art als die in Frankreich durchgeführten hatte man sich in London ausgedacht: »Newspaper Tests«, Versuche mit Zeitungen also. Reverend Ch. Drayton Thomas und Sir William Fletcher Barrett führten die Experimente mit Mrs. Gladis Osborne Leonard durch, einem der berühmtesten Medien Englands.

Das ging so vor sich: Experimentator und Medium trafen sich am Nachmittag in einem Séance-Raum. Es kam darauf an, möglichst detaillierte Angaben über Nachrichten oder Anzeigen zu machen, die am nächsten Tag in der »Times« oder dem »Daily Telegraph« erscheinen würden. Die Angaben, die Mrs. Leonard mit Hilfe ihres vorgeblichen »Kontrollgeistes Feda« zu machen imstande war, wiesen eine geradezu verblüffend hohe Trefferzahl auf. Was dabei aber am erstaunlichsten schien: Sie war in der Lage, nicht nur eine Nachricht oder einen Namen vorauszubestimmen, sondern zumeist auch recht genau die Spalte und in ihr sogar die Stelle zu beschreiben, an der diese dann auf einer Seite der Zeitung tatsächlich stand. Zu der Stunde, in der »Fedas« Voraussagen erfolgten, war nämlich der Text zum Teil noch gar nicht gesetzt, und seine Placierung, der sogenannte Umbruch, erfolgte erst in den späten Abendstunden. Am Nachmittag läßt sich durchaus noch nicht voraussehen, wo dieser und jener Bericht oder eine Annonce stehen wird.

Sehr oft handelte es sich um die Nennung von Vornamen. So lautete die Aussage einmal: »In der zweiten Spalte ein wenig unterhalb der Mitte werden Sie den Namen Bernhard finden, ganz in der Nähe steht der Name John ...« Tags darauf sah man: John war 5 Zentimeter von Bernhard seitlich in der Nachbarspalte gedruckt!

Bei einem Test am 13. Februar 1920 mit der »Times« stimmten von zwölf detaillierten, um 15 Uhr protokollierten Voraussagen neun!

Bekannter jedoch als die interessanten Ergebnisse dieser »Newspaper Tests«, die wertvolle Beiträge für die Existenz der Präkognition lieferten, bekannter und berühmter in aller Welt wurde eine ganz andere »Voraussage« der psychisch so einmalig begabten Mrs. Piper. Zwar fehlte es dabei an näher präzisierten Angaben. Dennoch geht trotz gewisser Verschleierungen und Umschreibungen aus den gemachten Andeutungen unmißverständlich hervor, daß sie auf ein ganz bestimmtes bevorstehendes tragisches Schicksal gemünzt waren.

Gemeint ist die zunächst ebenso rätselhaft wie völlig unverständlich anmutende sogenannte »Faunus-Botschaft«. Sie erging am 8. August 1915.

Auf einer Sitzung an diesem Tage – es war in Greenfield im US-Staat Massachusetts – gab Mrs. Piper eine seltsame Botschaft zu Protokoll. Sie wurde ihr, wie sie erklärte, angeblich vom »Geist« des verstorbenen Dr. Hodgson im Auftrage des ebenfalls längst verschiedenen Myers übermittelt. Bestimmt war sie für Sir Oliver Lodge; sie lautete:

»Hör zu, Lodge, obwohl wir nicht so sind wie einst – sagen wir nicht ganz so –, sind wir doch imstande, Nachrichten geben und empfangen zu können. Myers sagt: Du bist der Dichter, und er wird Faunus sein. Faunus Myers. Schutz: Er wird verstehen. Was sagst du dazu, Lodge? Guter Rat: Frag Verrall. Sie wird es auch verstehen ...«

Die Nachricht, die sofort von Amerika nach England weitergeleitet wurde, verstand die literarisch äußerst versierte Mrs. Verrall sofort. Sie wußte: Faunus, der den Römern als guter Geist der Wälder und Fluren galt, wird in einer Ode des Horaz gepriesen, daß er den Dichter einmal davor bewahrt habe, von einem fallenden Baumstamm erschlagen zu werden.

Das schien eines anzudeuten: Myers »Geist« werde bemüht sein, Sir Oliver Lodge, seinem noch lebenden Freund von einst, angesichts eines drohenden Unglücks Schutz zu bieten.

Worauf aber zielte das ab? Was konnte gemeint sein?

Niemand ahnte es – bis gut einen Monat später, genau am 17. September 1915 – eine nüchterne Mitteilung die Lösung brachte. Und das war? An jenem Tage erreichte Sir Oliver Lodge vom englischen War-Office die traurige Nachricht: Sein über alles geliebter Sohn Raymond sei am 14. September in einem Gefecht an der Front gefallen ...

Wie der Blick in die Zukunft, so ist auch das genaue Gegenteil davon bezeugt: die Vision von Ereignissen, die sich in der Vergangenheit zugetragen haben. Dieses Phänomen wird *Retrospektie* oder auch *Retrokognition* genannt. Eines der sonderbarsten Erlebnisse dieser Art wurde durch eine Erzählung, mit dem Titel »An Adventure – Ein Abenteuer«, weithin bekannt. Als Verfasserinnen zeichneten zwei Engländerinnen, Miss C. A. E. Moberly und Miss E. M. Jourdain, beide recht gebildet und integren Charakters.

Sie waren 1901 nach Paris gereist und machten am 10. August einen Ausflug, um sich in der Umgebung eine ihnen empfohlene Sehenswürdigkeit anzuschauen – nämlich das 1766 von Ludwig XV. für die Dubarry erbaute Klein-Trianon bei Versailles. Außer der Tatsache, daß Marie Antoinette, die unglückliche französische Königin, dort einige Jahre vor der Revolution von 1789 gelebt hatte, wußten die beiden englischen Damen kaum etwas Näheres über den zauberhaften schloßartigen Landsitz.

Als sie das Gebäude von Groß-Trianon erreicht hatten, folgten sie einem Weg, der ihres Erachtens zum Lustschlößchen Klein-Trianon führen mußte. Nach einer Weile erblickten sie plötzlich zwei Männer. Beide waren, was ihnen jedoch im Augenblick gar nicht auffiel, in ein grünes Wams gekleidet, und beide trugen Dreispitze. Danach kamen sie an einem Häuschen mit einer steinernen Treppe vorbei, vor dem eine Frau und ein kleines Mädchen saßen.

Hellsehen wurde im vergangenen Jahrhundert zu einer auch bei Geselligkeiten beliebten Attraktion. Madame Robin bei einer Demonstration in Leipzig im Jahre 1853.

Bei diesem Anblick begannen die beiden Damen erstmals zu spüren, daß etwas nicht mit rechten Dingen zuzugehen schien. »Etwas sehr Bedrückendes und trostlos Verlassenes lag über dem Ort«, beschrieb es Miss Jourdain. »In mir stieg das Gefühl auf, als wandele ich im Schlafe umher. Es schien wie ein schwerer Alptraum. Schließlich erreichten wir einen Pfad, der den unseren kreuzte, und standen vor einem mit Säulen umgebenen Gebäude. Auf den Stufen saß ein Mann, der einen schweren schwarzen Mantel übergeworfen hatte und einen eingekniffenen Hut trug. In diesem Augenblick begann das unheimliche Gefühl, das ich bereits zuvor verspürte, in Angst umzuschlagen. Der Mann schaute sich langsam nach uns um. Sein Gesicht war voller Pockennarben und von sehr dunklem Teint. Es war mir unbehaglich, an ihm vorbeigehen zu müssen.« Sichtlich erleichtert erreichten die beiden Engländerinnen, nachdem ihnen noch ein Mann mit langwallendem schwarzem Haar begegnet war, schließlich Klein-Trianon. Dort sah Miss Moberly, was ihre Freundin nicht bemerkte, eine Frau mit einem grauweißen, großen Hut und einem Skizzenbuch.

Erst als die beiden wieder in ihrem Pariser Hotel waren, wurde ihnen voll bewußt, daß es sich bei den seltsamen Gestalten unmöglich um Personen aus der Gegenwart gehandelt haben konnte – so zog sich niemand mehr in diesen Tagen an. Das waren Kostüme und Kleider aus einer längst vergangenen Zeit. Aus welcher jedoch? Um nichts zu vergessen und alles korrekt festzuhalten, setzten sich beide – denn jede von ihnen hatte zuweilen etwas anderes gesehen – hin und schrieben alles nach bestem Wissen auf. Ihr gemeinsamer Bericht – eben die genannte Erzählung »An Adventure« – hatte ein unglaublich starkes Echo.

Historiker, die sich um eine genaue zeitliche Einstufung bemühten, kamen nach langem Hin und Her zu der Ansicht, es handele sich um das Leben und Treiben in Klein-Trianon um das Jahr 1770. Dafür sprachen acht Angaben der beiden Engländerinnen, darunter – abgesehen von den Trachten – auch ganz typische Beschreibungen des damals gerade in Mode gekommenen sogenannten »englisch-chinesischen« Gartenbaustils.

Auch im Traum kommt es zuweilen zu kaum begreiflichen Visionen in eine längst vergangene Zeit. Ein solcher »Blick« mehr als dreieinhalb Jahrtausende zurück in die ferne Historie verhalf in einem anderen vielbesprochenen Fall einem angesehenen Altertumswissenschaftler dazu, eine schwierige Frage buchstäblich »über Nacht« zu lösen.

Es handelt sich um den Professor der Assyriologie Hermann Hilprecht, der an der Pennsylvania-Universität lehrte.

»Ich plagte mich seit längerer Zeit bereits vergeblich damit ab«, berichtet er, »die Inschriften ... auf zwei kleinen Fragmenten aus Achat zu entziffern ... Sie gehörten vermutlich zu dem Fingerring eines Königs aus Babylonien, ungefähr aus der Zeit zwischen 1700 und 1140 v. Chr. ... Ich schrieb ein Fragment dem König Kurigalzu zu ... Das andere hingegen mußte ich wohl oder übel als nicht einzuordnend beiseite legen ...

Da hatte ich einmal gegen Mitternacht einen erstaunlichen Traum. Ein großer, schlanker Priester aus der Stadt Nippur erschien mir und führte mich in die Schatzkammer des Tempels. Dort erklärte er mir: ›Die beiden Fragmente gehören zusammen, aber es handelt sich nicht um Fingerringe. König Kurigalzu schickte eines Tages dem Tempel des Bel einen beschrifteten Votiv-Zylinder, der ganz aus Achat war. Doch bald danach bekamen wir Priester plötzlich den Befehl, für den Gott Nilib ein Paar Ohrringe aus Achat anfertigen zu lassen. Wir hatten aber keinerlei Achat zur Hand. Daher zerschnitten wir den Achat-Zylinder in drei Stücke und machten drei Ohrgehänge daraus. Jedes davon trug auf diese Weise einen Teil der ursprünglichen Inschrift. Die beiden gefundenen Fragmente sind zwei davon. Wenn du sie zusammenfügst, wirst du bestätigt finden, was ich dir gesagt habe.‹«

Als Professor Hilprecht morgens erwachte, erinnerte er sich noch wörtlich an alles, was der »Geist« des Priesters aus dem Vorderen Orient ihm erklärt hatte. »Ich fand den Traum präzise verwirklicht. Die beiden Fragmente zusammengefügt wiesen in Keilschrift den Text auf: ›Dem Gott Nilib, Sohn des Bel, hat Kurigalzu dies verehrt.‹«

Professor Hilprecht reiste darauf nach Konstantinopel. Dorthin sandten

Archäologen der Pennsylvania-Universität, die seit 1888 am Ort des einstigen Nippur eine großangelegte Ausgrabungskampagne durchführten, das wichtigste Fundmaterial. Hilprecht fand tatsächlich das noch fehlende Stück und setzte alles wieder zusammen. Auf diese kaum glaubliche Art bekam er nach seinen eigenen Worten tatsächlich »die Wahrheit des Traumes ad oculos« – vor Augen geführt!

Aus jüngster Zeit wären – um nur zwei von vielen anderen Beispielen herauszugreifen – die ungewöhnlichen »Rückschau-Begabungen« von zwei so verschiedenen Persönlichkeiten wie des amerikanischen Hellsehers und »Wunderheilers« Edgar Cayce und seines Landsmannes, des bekannten Generals George S. Patton, zu erwähnen.

Patton hatte ein unbegreifliches Gespür dafür, was sich militärisch an bestimmten Orten früher einmal abgespielt hatte. Während des Ersten Weltkrieges wurde er in Frankreich nahe der Front als junger Offizier in tiefster Nacht im Auto zu einer Besprechung gefahren. Der Ort war geheimgehalten, und er selbst kannte die Gegend nicht. Als, kaum sichtbar, schwarz die Silhouette eines Hügels auftauchte, brach Patton plötzlich das Schweigen und meinte, das Lager, zu dem sie unterwegs seien, liege doch wohl jenseits der Kuppe. Sein französischer Begleiter erklärte, sie seien noch lange nicht am Ziel. Hinter dem Hügel befinde sich zwar auch ein Lager, jedoch nur noch in Ruinen. Es sei wieder ausgegraben und habe einst – vor mehr als zwei Jahrtausenden – eine römische Legion beherbergt. Als General Patton im Zweiten Weltkrieg nach der geglückten Invasion auf Sizilien 1944, begleitet von einer Archäologin, eine Rundfahrt unternahm, schilderte er unter anderem detailliert in einer ihm völlig unbekannten Gegend die Etappen eines Vorstoßes der karthagischen Truppen auf die Stadt Syrakus.

Und Edgar Cayce? Er bekundete eines Tages – im Widerspruch zur herrschenden Auffassung aller Altertumswissenschaftler –, daß in Peru bereits vor der Inka-Zeit eine Kultur existiert habe. Wie recht er hatte, sollten erst Jahre danach archäologische Funde bezeugen, die tatsächlich auf eine solche frühere Kultur hinzuweisen scheinen. Dieser begabte Sensitive vermochte mühelos den »Zeitvorhang vor längst dahingegangenen Jahrhunderten zu heben«. Er legte sich schlafen und schritt nach Belieben in der Zeit zurück.

An der Möglichkeit, ja der Existenz der Retrokognition zu zweifeln, besteht kaum Anlaß. Warum – so läßt sich argumentieren – sollte es, da die Präkognition nachweisbar ist, nicht auch eine Vorschau sozusagen mit negativem Vorzeichen geben? Denn ein Faktum, die Zeit nämlich, spielt bei Para-Phänomenen keine Rolle. Ob es sich mithin um ein Ereignis von morgen oder von gestern handelt, macht somit keinen Unterschied aus. Und im übrigen deutet manches darauf hin, daß bei dem »Blick zurück« – genau so wie auch bei der »Vorausschau«, dem »Hellsehen in die Zukunft« – zuweilen auch ein anderes Phänomen mit im Spiel ist: die Clairvoyance.

XVI. Die umstrittene Eva C.

Noch lebte Eusapia Paladino, die mehr als eineinhalb Jahrzehnte Gelehrte in ganz Europa in Erstaunen versetzt und in Kontroversen verwickelt hatte, als ein weiterer Stern aufging.

Im November des Jahres 1905 vernahm die Fachwelt zum ersten Mal davon. In den »Annales des sciences psychiques« berichtete Professor Charles Richet ausführlich über Phänomene der Materialisation eines neuen Mediums – der, so hieß ihr Pseudonym, Eva C. Die Mitteilungen des angesehenen Wissenschaftlers und Präsidenten des Pariser »Institut Métapsychique International« erregten größtes Aufsehen. Zu Recht, denn er hatte erklärt: Er sehe einige der Erscheinungen, die er als Augenzeuge bei den Sitzungen selbst erlebt habe, als echt an!

Im Nu stand Eva C. im Brennpunkt eines weltweiten Interesses. Alles wollte wissen: Wer ist jene Eva C.? Über welche außergewöhnlichen Kräfte und Fähigkeiten verfügt sie?

Marthe Béraud – so lautete ihr richtiger Name – damals 18 Jahre alt, war die Tochter eines Offiziers der französischen Armee. Als ehemalige Verlobte von General Noëls Sohn Maurice, der im Kongo gefallen war, lebte sie im Hause ihrer Schwiegereltern in Algier.

Diese hatten eines Tages entdeckt, was für starke psychische Kräfte sie besaß. In einem Gartenpavillon ihrer Villa »Carmen« hielten sie mit dem Mädchen erste Séancen ab. Dabei zeigten sich sehr bald deren außergewöhnliche mediale Fähigkeiten: Es kam zu vollständigen Materialisationen.

Ein Phantom vor allem erschien wiederholt in voller menschlicher Lebensgröße. Es trug einen Helm auf dem Kopf und hieß, so erfuhr man, »Bien Boa«. Er sei, wie er wissen ließ, der Geist eines Brahmanen, also hinduistischen Glaubens, der vor 300 Jahren verstorben sei und sich jetzt um die Familie Noël kümmere.

Im Sommer 1905 erging eine Einladung an Richet. Man bat ihn, die Echtheit der Materialisations-Erscheinungen an Ort und Stelle zu prüfen. Der Gelehrte ließ sich die ihm gebotene Gelegenheit nicht entgehen und eilte nach Afrika.

Richet untersuchte zunächst den Pavillon sowie den Wagenschuppen darunter genau, ohne etwas Auffälliges finden zu können. Dann überprüfte er auch den Sitzungsraum, in dem durch einen Vorhang an einer Seite ein »Kabinett« gebildet worden war. Danach erst durfte die Séance beginnen.

Als »Bien Boa« auftauchte, machte Richet als erstes eine chemische Echtheitsprobe: Er bat die Erscheinung, mittels einer Röhre die ausgeatmete Luft durch ein Gefäß mit Barytwasser zu blasen. Das geschah, sofort trat eine Trübung auf – ein Zeichen, daß es sich um echte kohlensäurehaltige

Atmungsluft handelte. Das ließ nur einen Schluß zu: Es mußte sich um einen Organismus mit regelrechter Atmung handeln.

Richet machte auch fotografische Aufnahmen. Er verwandte drei Apparate; zwei davon waren stereoskopisch. Die entwickelten Bilder zeigen ein männliches Wesen mit Kinn- und Schnurrbart sowie einer Art von Turban und Helm auf dem Kopf. Im übrigen läßt das Foto der Materialisation eine Ähnlichkeit mit dem Medium erkennen.

Richet war äußerst beeindruckt von den Sitzungen. Dennoch war er sich der Ungeklärtheiten des Falles durchaus bewußt. »Da sind einmal«, bemerkte er abschließend in seinem Bericht, »die außerordentlich starken Gründe, die zugunsten der Wirklichkeit dieser Phänomene sprachen. Aber ich verhehle nicht die Stärke der Gegengründe. Und es wäre kindisch, sie nicht in ihrer ganzen Gewichtigkeit darzulegen ...« Schließlich gibt er zu: »Alles in allem kann es durchaus sein, daß ich getäuscht worden bin.«

Im Dezemberheft 1906 der »Proceedings« besprach Sir Oliver Lodge anhand der Veröffentlichung in den »Annales« die Fotos aus Algier ausführlich, analysierte das Für und Wider, ohne sich jedoch endgültig festzulegen. Auch seiner Ansicht nach spricht vieles dafür, daß es sich um echte Materialisationen gehandelt haben könne.

Richet selbst, dem das Ganze offenbar keine Ruhe ließ, hatte im Jahr 1906 übrigens Eva C. nochmals untersucht, jedoch in aller Heimlichkeit. Die Ergebnisse hat er erst viel später, 1922, in seinem vielbeachteten »Traité de métapsychique« veröffentlicht. In den damaligen Séancen in Algier tauchten seiner Beschreibung nach weißliche, leuchtende und sich bewegende Massen auf, zuweilen in Schlangenform. Sie stiegen vom Boden auf, legten sich auf Evas Oberschenkel und bildeten einen handähnlichen Körper, der im Raum umherfuhr. Als Richet ihn berührte, fühlte er sich »wie eine kühle Flüssigkeit« an. Drückte er einen der Finger, hatte er den Eindruck eines »kalten, nur mit Haut bedeckten Knochens«. Ganz ähnliche Feststellungen machten später auch andere Zeugen.

Eine neue Phase im Leben der Eva C. begann 1909. In jenem Jahr zog sie nach Paris ins Haus ihrer Adoptivmutter Juliette Bisson. Madame Bisson verstand es, durch geschickte erzieherische Behandlung Eva für experimentelle Untersuchungen geeigneter zu machen und Schwierigkeiten zu beheben, die in ihrem abnormalen medialen Charakter lagen. Im Mai jenes Jahres lernte bei einem Besuch in der Seine-Stadt Dr. Albert Freiherr von Schrenck-Notzing das Medium kennen.

Der in München lebende Arzt war damals der einzige Privatgelehrte, der sich in Deutschland, und zwar mit leidenschaftlichem Eifer, für die wissenschaftliche Erforschung der para-psychischen Phänomene einsetzte. Wie Professor Richet, mit dem er befreundet war und oft zusammenarbeitete, legte er größten Wert darauf, zunächst einmal Tatsachen festzustellen. Dabei war er vor allem bemüht, geeignete Methoden für eine objektive Beobachtung während der Sitzungen zu entwickeln und einzuführen. Durch die systematische Anwendung der Fotografie – er arbeitete zuweilen sogar gleichzeitig mit neun Apparaten – hat er sich große Verdienste erworben. Seine Aufnahmen von Materialisations-Phänomenen aller Art zählen zu den besten, die je gemacht wurden, und trugen viel zur Klärung umstrittener Erscheinungen auf diesem Gebiet bei.

Vier Jahre lang, bis zum Sommer 1914, konnte Schrenck-Notzing Eva C. in zahlreichen Sitzungen in Paris und an verschiedenen anderen Orten unter strenger Kontrolle ausgiebig studieren.

In gemeinsamen Experimenten mit Madame Bisson glückten viele sehr wertvolle neue Beobachtungen, und es gelang, eine Reihe von Ungewißheiten zu klären. Auch Professor Richet nahm wiederholt die Gelegenheit wahr, um seine früheren Erfahrungen erneut zu überprüfen.

Eva hatte sich – verglichen mit ihrem Verhalten in Algier – in vielem verändert. Sie schien außerordentlich zu leiden, sobald sie in Trance fiel. Oft krümmte sie sich vor Schmerzen wie eine Frau bei der Geburt, und ihr Pulsschlag stieg von 90 auf 120. Die Materialisationen – jetzt unter der Kontrolle eines Wesens namens »Berthe« – kamen nur sehr langsam und zuweilen unter großen Mühen zustande. Sehr wenige Formen wurden voll entwickelt oder blieben längere Zeit sichtbar. All das stand in krassem Gegensatz zu der Leichtigkeit, mit der sie die Phänomene in Algier hatte produzieren können.

Mag sein, daß die strikten Kontrollen schuld daran waren. Um unter möglichst exakten Bedingungen forschen zu können, traf Schrenck-Notzing stets peinlich genaue und häufig von Sitzung zu Sitzung völlig neue Sicherungsmaßnahmen. Nicht nur der Sitzungsraum, das Kabinett und die geladenen Teilnehmer wurden untersucht, sondern auch das Medium selbst. Meist mußte sich Eva C. im Beisein von Schrenck-Notzing und Madame Bisson zuvor völlig entkleiden und ein von ihm mitgebrachtes Kleid anziehen. Eine ihr nicht gehörige Trikothose mit Strümpfen wurde zusätzlich darunter angenäht. Oder aber sie mußte einen Trikotanzug anlegen, der aus einem einzigen Stück bestand. Manchmal ließ man sie auch völlig nackt. Schrenck-Notzing prüfte zudem ihre Haare, den Mund und die Nase auf Fremdkörper und nahm auch rektale und vaginale Untersuchungen vor. Immer ging es darum, herauszufinden, ob das Medium heimlich nicht irgendwo Gegenstände oder Hilfsmittel versteckt habe, mit deren Hilfe sie dann die Erscheinungen hervorbrächte. Bemerkenswerterweise wurde nie etwas Verdächtiges gefunden, noch konnte je ein Betrug nachgewiesen werden.

Die anfänglich mehrfach gesehene »Berthe« tauchte sehr bald nicht mehr auf. Dafür produzierte Eva andere Phänomene: Rauch- und schleierartige Wolken erschienen in der Luft oder irgendwo am Körper des Mediums, auch

Massen, die wie Gewebe aussahen, sowie Hände, Arme, Köpfe und ganze Gestalten. All das machte jedoch nicht den Eindruck von etwas Plastischem, Raumfüllendem, sondern wirkte flach, zweidimensional, wie Zeichnungen oder Fotos.
Anhand der Aufnahmen stellte man bei einigen Köpfen Ähnlichkeiten mit Bildern bekannter Persönlichkeiten fest, die in der Zeitschrift »Miroir« erschienen waren. Fachleute, die man hinzuzog, entschieden zwar, es könne sich nicht um fotografische Nachbildungen handeln, da solche erheblich flauer ausfallen würden. Die Frage blieb jedoch in der Schwebe und konnte nie einwandfrei geklärt werden.
Von einer Sitzung, an der auch der italienische, auf dem Gebiet der psychischen Erscheinungen arbeitende Autor und Forscher Graf C. B. de Vesme als Beisitzer teilnahm, schreibt Professor Richet: »Die Manifestationen begannen so: Eine weiße Substanz erschien zunächst am Nacken des Mediums. Dann bildete sich daraus ein Kopf. Er bewegte sich von links nach rechts und setzte sich auf die Haare. Ein Foto wurde gemacht. Nach dem Blitzlicht tauchte der Kopf neben Evas Gesicht auf, ungefähr acht bis zehn Zentimeter entfernt davon, und schien damit wie durch eine bandförmige weißliche Masse verbunden zu sein. Es sah aus wie der Kopf eines Mannes und machte Bewegungen, gerade so, als verbeuge es sich. Zwanzigmal, so zählten wir, bildete sich der Kopf und verschwand wieder. Danach erschien ein weibliches Gesicht, das ebenfalls mehrere Male abwechselnd sichtbar war und wieder verging.
Eva wurde vor und nach dem Experiment untersucht. Ich verlor sie selbst nicht einen Moment aus den Augen, und ihre Hände wurden festgehalten und waren auch immer zu sehen.«
Am 30. August 1910 konnte Madame Bisson die merkwürdige Masse angeblich sogar in die Hand bekommen. »Sie verlängert sich in meinen Fingern«, notierte sie danach, »hängt vor mir von der Hand herab, und ich kann sie ein bis zwei Minuten lang beobachten. Während ich fortfahre, sie behutsam auseinanderzuziehen, verschwindet und zerfließt sie mir zwischen den Fingern. Es ist schwer, die Masse zu beschreiben. Mein Eindruck war der einer flachen, klebrigen, kühlen, lebendigen Substanz. Sie hatte keinerlei Geruch und besaß eine hellgrau-weißliche Farbe.«
Daß die Gebilde spurlos vergehen, wird auch bei anderen Medien immer wieder berichtet. Es geschieht häufig – vor allem, wenn das Medium gestört wird oder unerwartet ein Blitzlicht aufflammt – in Sekundenschnelle.
Um einen Betrug entlarven zu können, gab man Eva gelegentlich vor der Sitzung Heidelbeer-Konfitüre zu essen. Das Ektoplasma behielt trotzdem seine weißliche Farbe. Um sicher zu sein, daß sie nicht etwa irgendwelche stoffartigen Gebilde nach dem Erscheinen selbst schnell hinuntergeschluckt habe, wurden ihr auch starke Brech- und Abführmittel verabfolgt. Es kam

jedoch nichts zutage, womit sie die Phänomene hätte künstlich erzeugen können.
Im Sommer 1912 reisten Eva C. und Madame Bisson nach München. Schrenck-Notzing hatte sie zu weiteren Sitzungen eingeladen. Dabei mißlang leider der Versuch, die Phänomene erstmals auch im Film festzuhalten.
Im Jahr darauf trat etwas Neues auf: Es erschien ein völlig ausgebildeter Finger. Er kam aus dem Munde des Mediums hervor. Beim nächsten Test umhüllte man daraufhin Evas Kopf mit einer Schleierhaube, die oben am Kostüm festgenäht wurde. Der Finger erschien auch nach dieser Sicherheitsvorkehrung wieder. In einer Sitzung am 16. Mai 1913, auf der auch fotografiert wurde, war er anfänglich innerhalb des Schleiers zu sehen, dann auch außerhalb. Auf welche Weise der Finger, ohne eine Spur zu hinterlassen, durch die Gaze gelangen konnte, blieb ein Rätsel.
Im Juni 1914 beendete Schrenck-Notzing seine jahrelangen Untersuchungen. Zuletzt nahmen der Physiologe Coustier sowie Flammarion als Beobachter teil. Beide sollen die Phänomene für überzeugend gehalten haben.
Später – 1917 bis 1918 – experimentierte Dr. Gustave Geley im Beisein von Madame Bisson in seinem Laboratorium am »Institut Métapsychique International« mit Eva C. An die 150 Personen, unter ihnen zahlreiche Wissenschaftler, wurden während dieser Zeit Augenzeugen der Phänomene.
»Es ist überflüssig zu sagen«, schreibt Geley darüber in seinem Werk »Vom Unbewußten zum Bewußten«, »daß während der Sitzungen die erforderlichen Vorsichtsmaßnahmen streng beachtet wurden. Sobald das Medium den Sitzungsraum betrat, zu dem ich allein vorher Zugang hatte, wurde es

Als »Beweismittel« in den mittelalterlichen Hexenprozessen zählte u. a. auch die »Wasserprobe«: Ging die gefesselte verdächtigte Person nicht unter, galt sie des Bundes mit dem Satan überführt.

in meinem Beisein völlig entkleidet und in ein enganliegendes Gewand gesteckt, das man an den Handgelenken zunähte. Eva wurde dann rückwärts zu ihrem Stuhl im Kabinett geleitet. Ihre Hände waren die ganze Zeit über sichtbar und der Raum auch genügend hell erleuchtet. Ich sage nicht nur: Es gab keine Tricks. Ich sage: Es gab keine Möglichkeiten für Betrügereien! Und noch eines: Ich kann nur immer wiederholen – nahezu alle Materialisationen ereigneten sich direkt vor meinen Augen, und ich habe beobachtet, wie sie entstanden und sich formten.«

Auf diese Bekundungen hin überwand die S.P.R. ihr Mißtrauen und lud 1920 Eva C. nebst Begleitung nach England ein. Insgesamt 40 Sitzungen wurden innerhalb von zwei Monaten abgehalten; auf 20 Séancen geschah überhaupt nichts. Aber auch der Rest brachte wenig Überzeugendes. Vielleicht war, wie Geley es erklärte, ein Grund dafür der, daß die psychischen Voraussetzungen nicht gegeben waren: In London sei man im voraus davon überzeugt gewesen, es handele sich um nichts als Taschenspielertricks. Zudem sei auch der Ort – die Séancen fanden in einem lärmerfüllten Geschäftshaus statt – denkbar ungeeignet gewesen.

Es mag zutreffen, daß diese Dinge zu dem Versagen führten. Auch Eusapia Paladino scheint ihren Mißerfolg bei ihrer Amerika-Tournee aufgrund ähnlicher Umstände gehabt zu haben. Als sie ein Reporter fragte, warum sie zu einem Trick gegriffen habe, als sie merkte, daß ihre Versuche in der Columbia-Universität nicht glückten, war die Antwort: »In der Sitzung sind einige Leute, die Tricks erwarten – noch mehr: Sie wollen welche sehen. Ich bin in Trance. Nichts geschieht. Jene werden ungeduldig. Dabei denken sie an die Tricks, an nichts als an die Tricks. Sie stellen ihre Gedanken auf die Tricks ein, und ich gehe automatisch – ohne es zu wollen – darauf ein. Aber das ist nicht immer so. Sie zwingen mir sozusagen ihren Willen auf, so etwas zu tun. So und nicht anders verhält es sich.«

Ohne jedes Resultat verliefen auch 15 Séancen, die mit Eva 1922 in Paris an der Sorbonne angesetzt wurden. Das Ergebnis wurde »als vollkommen negativ« bezeichnet.

Waren ihre einst so starken psychischen Kräfte verbraucht, aufgezehrt?

Schrenck-Notzing, der sie jahrelang untersucht hatte, war und blieb, nicht anders als auch Richet, Flammarion und Geley, die mehr als alle anderen mit ihr experimentiert hatten, von den außergewöhnlichen Fähigkeiten der Eva C. und der Echtheit der von ihr produzierten Phänomene und Erscheinungen überzeugt. Sein 1914 in München erschienenes Buch »Materialisationsphänomene«, in dem er ausführlich über seine Forschungen berichtete, erregte in Deutschland in der breiten Öffentlichkeit ungewöhnliches Aufsehen. Es war in diesem Lande die erste um nüchtern-kritische Sachlichkeit bemühte Veröffentlichung über dieses so unwahrscheinlich anmutende Gebiet rätselhafter und kaum glaubbarer menschlicher Fähigkeiten.

Oben: Die Katastrophe der »Titanic« am 15. April 1912 sah ein Engländer zweimal im Traum voraus. Unten: Tödlicher Flugzeugunfall des Schwergewichtsweltmeisters Rocky Marciano am 31. August 1969 in den USA. In einer zuvor in New York registrierten Mitteilung war der Absturz einer Maschine mit Kennziffer »N 129« oder »N 429 N« prophezeit worden.

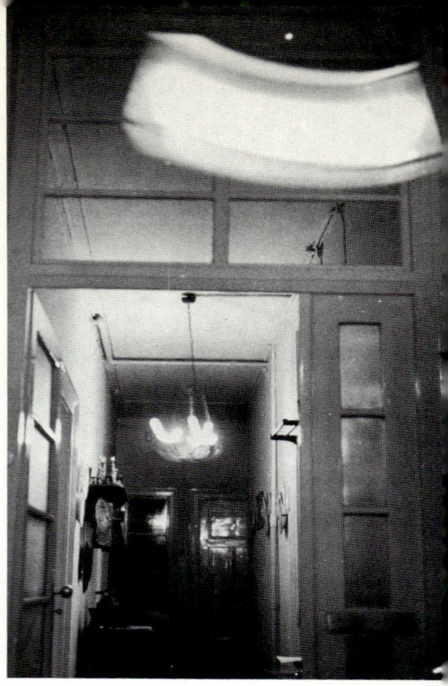

Oben: Grabungen nach Gebeinen am »Borley Rectory«, Englands berühmtestem Spukhaus (links). Lampen, die zu schwingen begannen, sobald eine junge Angestellte die Kanzlei betrat, gehörten 1967 zu den rätselhaften Phänomenen des Rosenheimer Spukfalls (rechts). Prof. Bender, der den Fall untersuchte, erklärte sie als »PK-bedingt«. Unten: Der namhafte Forscher bei einem Experiment mit Dias.

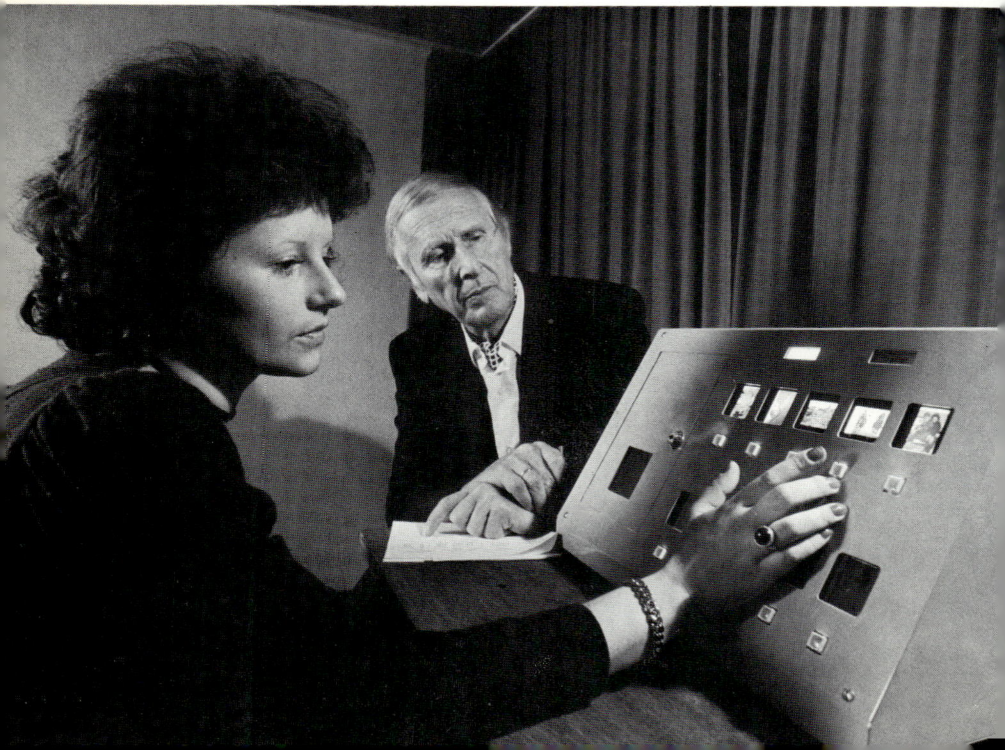

Aber eines blieb dennoch aus: die echte, fundierte Auseinandersetzung mit diesen die tiefsten Tiefen des menschlichen Ichs berührenden Erscheinungen seitens jener Kreise, die dazu berufen und verpflichtet gewesen wären – die der Gelehrten und Gebildeten.
»Es bildet keinen Ruhmeskranz der Wissenschaft«, bemerkt Dr. med. Rudolf Tischner, »wie voreingenommen man diesen Forschungen gegenübertrat. Es fehlte vielfach an der notwendigen objektiven Einstellung, ja vielfach urteilte man ab, ohne das Gebiet, ja auch nur das Buch zu kennen. Nach dem altbewährten Grundsatz, ich kenne die Forschungen nicht, aber ich mißbillige sie.« Diese Feststellung stammt aus dem Jahre 1924 und hat auch heute – nach einem halben Jahrhundert – noch nicht ihre Gültigkeit verloren.
Inzwischen hatte Schrenck-Notzing seine Pionierarbeit mit wahrhaft einzigartigen Erfolgen fortsetzen können. Das Glück wollte es, daß er nach Eusapia Paladino und Eva C. noch zwei weitere physikalisch phänomenal begabte Medien studieren und mit ihnen experimentieren konnte – den weltberühmten Gebrüdern Schneider!

XVII. Zwei Brüder, denen Materie gehorcht

Nach Italien und Frankreich sollte Österreich zu Beginn unseres Jahrhunderts das dritte Land sein, dem die parapsychologische Forschung die Möglichkeit des Studiums außergewöhnlicher physikalischer Phänomene verdankt. Den beiden weiblichen Medien Eusapia Paladino und Eva C. aus den romanischen Nationen gesellten sich zwei männliche hinzu, die wie jene zu den verblüffendsten Begabungen auf diesem Gebiet zählen. Sie hießen Willy und Rudi Schneider und kamen 1903 beziehungsweise 1908 in Braunau am Inn als Söhne eines Graphikers zur Welt.
In der Familie Schneider waren »spiritistische Gesellschaftsspiele« sehr beliebt. Man setzte sich gern zum Tischrücken zusammen, versuchte es aber auch mit automatischem Schreiben. Dazu benutzte man ein sehr niedriges, dreibeiniges Tischchen, an dessen einem Fuß ein Bleistift befestigt war. Man stellte Fragen und wartete gespannt, ob und was für eine Antwort auf das Papier gekritzelt wurde.
Willy war sechzehnjährig, als sich eines Tages zur Überraschung aller wie aus heiterem Himmel seine starke mediale Begabung offenbarte. Atemlos verfolgte die Familie, was sich da plötzlich vor ihren Augen abspielte.

Der Junge hatte seine Hand noch gar nicht – wie es üblich war – auf den Dreifuß gelegt, da kam dieser bereits in Bewegung. Auf die Frage: »Wer ist dort?« schrieb der Stift »Olga«. Es gab eine kleine Pause, dann fuhr die Schrift fort und teilte mit: Olga sei niemand anders als Lola Montez, die berühmt-berüchtigte, 1861 in New York verstorbene Maitresse König Ludwigs I. von Bayern. »Olga« war allerdings, wie sich bald zeigte, nicht sehr beschlagen. Sie vermochte weder Fragen aus dem Leben der Montez zu beantworten, noch sprach sie englisch, was die historische Geliebte perfekt getan hatte. Dennoch – sie wich nicht mehr und blieb Willys Trance-Geist, seine Spaltpersönlichkeit, um es modern zu sagen.

Erstaunliche andere Phänomene traten zutage: Gegenstände – hieß es – begannen sich, ohne berührt zu werden, zu bewegen, und ektoplasmatische Gebilde wurden beobachtet. Zudem begann Willy auch in Trance zu fallen, wobei aus ihm selbst »Olga« sprach.

Schrenck-Notzing, der von der »Sensation« in Oberösterreich erfahren hatte, nahm sich des noch jungen Mediums an. Ab Oktober 1919 fuhr er von München häufig nach Braunau. Er sah eine einzigartige Chance für die Forschung: durch sorgfältige Beratung die Entwicklung Willys so zu leiten, daß er sich als »wissenschaftliches Medium« eignen würde. Gemeint war: mit ihm experimentieren zu können, ohne daß dadurch seine Para-Fähigkeiten gestört würden.

Der Münchner Forscher schaffte es. 1921 holte er Willy, der beruflich als Zahntechniker ausgebildet wurde, in die bayerische Hauptstadt. Vom Dezember jenes Jahres bis zum Juli 1922 fand Sitzung auf Sitzung statt, in denen an die hundert Gelehrte – vorzugsweise Mediziner, Naturwissenschaftler, Philosophen – Gelegenheit hatten, als Augenzeugen die unwahrscheinlichen Phänomene der Telekinese und der Materialisation zu beobachten. Auf diesen Demonstrations-Séancen sollten – das bezweckte Schrenck-Notzing – möglichst viele Wissenschaftler persönlich sich ein Urteil über die Echtheit von Erscheinungen bilden können, deren Existenz, ja deren Möglichkeit offiziell total geleugnet wurden.

Die Séancen fanden unter außerordentlich strengen Bedingungen zur Absicherung gegen Betrugsmanöver statt. Willy mußte sich unter Aufsicht ausziehen und wurde in ein vom Hals bis zu den Füßen reichendes Trikot gesteckt, das man hinten schloß. Er wurde – was sonst nicht üblich war – *vor* das sogenannte Kabinett gesetzt anstatt hinein. Später isolierte man ihn zusätzlich sogar noch durch einen Gazekäfig. Zwei Mann, vor und neben ihm postiert, hielten die beiden Hände und umklammerten zugleich seine Beine mit den ihrigen. Da Willy sehr empfindlich war, brannte nur gedämpftes Rotlicht. Um trotzdem gut beobachten zu können, ließ Schrenck-Notzing am Trikot des Mediums und an den für Experimente vorgesehenen Gegenständen phosphoreszierende Nadeln und Streifen anbringen. Auf diese Weise konnte jede eventuelle Bewegung des Mediums sofort erkannt werden.

Sobald Willy in Trance gefallen war – was zuweilen einige Zeit beanspruchte, ja manchmal sogar überhaupt nicht eintraf –, traten verschiedene telekinetische Phänomene auf.

Über eine Sitzung bei Schrenck-Notzing mit Willy Schneider berichtete der Münchner Physikprofessor Leo Graetz sehr anschaulich und aufschlußreich:

»Abends am 5. Mai 1922 wurden von mir folgende Tatsachen beobachtet: In einem durch rotes Licht sehr schwach beleuchteten Zimmer befanden sich mit mir drei Damen und fünf Herren, die in einem ungefähren Halbkreis sitzend durch Fassen der Hände einen Zirkel bildeten. In einem verschlossenen, mit Musselin bespannten Käfig, der nur an der Vorderwand einen Ausschnitt in Sitzhöhe für Hände und Kopf hatte, saß das Medium, dessen Unterarme von dem neben mir sitzenden Herrn gehalten wurden, während ich die beiden Hände des Mediums hielt, und zwar jede getrennt. Im Halbkreis, anfangs etwa ein Meter von dem Käfig entfernt, befand sich ein ziemlich schwerer Tisch, etwa 15 Kilogramm schwer, auf dem eine Glocke, eine Spieldose und eine Harmonika lagen. Auf dem Tisch waren phosphoreszierende Bänder mit Reißnägeln befestigt ... Alle einzelnen Teilnehmer hatten leuchtende Bänder an den Armen oder Nadeln mit leuchtenden Knöpfen in den Kleidern ... Das Medium trug selbst solche Armbänder.

Ich bekam zu sehen, wie der Tisch zu mehreren Malen gekippt wurde, was durch Beobachtung der Leuchtbänder erkannt werden konnte. Er fiel dann wieder zurück, wobei seine Füße laut auf den Boden schlugen ... Der Tisch wurde darauf von seinem Platz kräftig verschoben und hin und her gerüttelt, so daß die auf ihm liegenden Instrumente deutlich zusammenschäpperten. Es schien mir, daß er von dem Käfig fort bewegt wurde ...

Die Glocke, die Spieldose und die Harmonika wurden dann von dem Sitzungsleiter auf den Boden gestellt ... Die Glocke wurde mehrmals, deutlich durch Leuchtfarbe sichtbar, in die Höhe gehoben und von ihrer Stelle hin und her geschoben, wobei sie erklang ...

Die Spieldose war vorher aufgezogen gewesen und fing in einem Moment an zu spielen. Auf mein Kommando ›aufhören‹ hörte sie auf, auf das Kommando ›anfangen‹ spielte sie wieder, und dieses auf Kommando fünf- bis siebenmal. Während dieser Zeit spürte ich immer die Hände des Mediums in meiner rechten Hand. Bei meinem Kommando wurde meine Hand von den Händen des Mediums fest gedrückt, aber nicht immer im Moment, wo ich das Kommando gegeben hatte, sondern einige Male, wie ungeduldig, schon vorher ...

Der schwere Tisch mit den Musikinstrumenten wurde dann von dem Sitzungsleiter in ein ... ›Kabinett‹ geschoben und ein leichter Tisch mit einer sehr schwach rot leuchtenden Stehlampe in den Zirkel gestellt. Unter denselben Umständen wurde die rote Lampe mehrfach leicht hin und her verschoben.«

Nach einer Pause ging es folgendermaßen weiter: »Unterhalb der Lampe, etwas von dem Tische entfernt, sah ich etwas Vollbeleuchtetes von der Dicke eines Unterarmes, aber etwa zehn bis fünfzehn Zentimeter lang, sich mehrmals hin und her bewegen: Das Bewegte hatte die Form etwa eines Armstumpfes, konnte aber auch ein Stück weichen Stoffes oder dergleichen oder auch eine Art Nebel sein. Dieses Phänomen zeigte sich mehrere Male, aber jedes Mal nur etwa ein bis zwei Sekunden lang . . .

Ein Taschentuch, welches der Sitzungsleiter auf den Boden in die Nähe des Tischchens gelegt hatte, schwebte plötzlich in der Nähe der Lampe auf und nieder und seitlich hin und her. Das Taschentuch hatte dabei die Form, als wenn innen ein Körper, zum Beispiel eine Hand oder ein Finger, steckte. Es bildete oben eine abgerundete Spitze und fiel von dieser in Falten herunter.«

Über letzteres Phänomen hat auch Thomas Mann berichtet, der an drei Sitzungen mit Willy Schneider im Hause Schrenck-Notzings teilnahm. Als Augenzeuge schildert er eine beim Auf- und Abschweben des Tuches beobachtete Materialisation:

»Das Taschentuch«, schreibt er, »hatte sich vom Boden erhoben und war aufgestiegen. Vor aller Augen, mit rascher, sicherer, energischer und fast schöner Bewegung stieg es aus Schattengründen in den Lichtschein der Lampe empor, der es rötlich färbte – stieg auf, sage ich, aber das war nicht richtig, nicht so war der Vorgang, daß es leer und flatternd emporgeweht wäre, es wurde genommen und erhoben, eine tätige Stütze steckte darin, die sich oben in knöchelartigen Erhebungen darunter abzeichnete, und von der es faltig herniederhing; von innen her wurde lebendig damit manipuliert, drückende und schüttelnde Umgestaltungen wurden damit vorgenommen in den zwei oder drei Sekunden, während welcher es frei ins Lampenlicht gehalten wurde – und dann kehrte es mit ebenso ruhiger und sicherer Bewegung zum Boden zurück.

Das war nicht möglich – aber es geschah. Der Blitz soll mich treffen, wenn ich lüge. Vor meinen unbestochenen Augen, die ebenso bereit gewesen wären, nichts zu sehen, falls nichts da sein würde, geschah es, und zwar nicht einmal, sondern alsbald aufs neue: kaum unten, so kam das Tuch schon wieder empor ans Licht, schneller diesmal als zuvor, und jetzt sah man mit unverkennbarer Deutlichkeit das von innen erfolgende Hinein- und Übergreifen der Glieder eines Greiforgans, das, schmäler als eine Menschenhand, klauenartig erschien. Hinab und wieder herauf . . . Zum drittenmal oben, wird das Tuch von etwas Unsichtbarem kräftig geschwenkt und gegen das Tischbein geworfen – nicht recht darauf, nicht gut gezielt, es bleibt an der Kante hängen und fällt auf den Teppich.«

Wie das alles zustande kommen mochte, blieb ein Rätsel. Als nach den Demonstrationen auch der Gazekäfig minuziös untersucht wurde, fand man – etwa in Hüfthöhe – einige Fäden beiseite geschoben. Dadurch war ein winziges Loch im Durchmesser von ungefähr drei bis fünf Millimeter entstanden. Da Willy sich mit keinem Glied hatte bewegen können, tauchte die Vermutung auf, ein »fluidales Glied« habe sich diese Öffnung geschaffen, um zu den zu bewegenden Gegenständen gelangen zu können.
Für Thomas Mann übrigens schienen diese außergewöhnlichen Erscheinungen durchaus nichts Ungeheuerliches oder gar Unnatürliches zu sein. Er begründet es auch, und zwar so: »Jedenfalls hieße es über das Materialisationsphänomen, wie über das Rätsel des Lebens überhaupt, aufs unzulänglichste denken und reden, wenn man nur seine physisch-materielle Seite ins Auge faßte, und nicht auch die psychische. Es war Hegel, der gesagt hat, daß die Idee, der Geist, als letzte Quelle anzusehen sei, aus der alle Erscheinungen fließen; und diesen Satz zu beweisen ist die supranormale Physiologie vielleicht geschickter als die normale – ja sie unternimmt es, den philosophischen Beweis des Primates der Idee, des ideellen Ursprungs alles Wirklichen neben den biologischen von der Einheit der organischen Substanz zu stellen.«
Nach den verblüffend erfolgreichen Demonstrationen bei Schrenck-Notzing fand auf Wunsch von Professor Erich Becher, der eigentlich Philosoph, aber gleichzeitig ein hervorragender Psychologe und Naturwissenschaftler war, im September und Oktober eine Reihe von Sitzungen mit Willy Schneider im Psychologischen Institut der Münchner Universität statt. Das Programm war das gleiche, nur wurden die Versuchsbedingungen nochmals verschärft, indem man einen weiteren Gazeschirm aufstellte. Es gelang, auf Befehl eine 1,10 Meter vom Medium entfernte Spieldose ein- und abzuschalten, ein Papierkorb schwebte über dem Boden, und eine Schreibmaschine begann zu tippen. Auch zu Materialisationen kam es. Vor Leuchtbändern tauchten gliederartige Gebilde auf. Betrug wurde nicht ein einziges Mal festgestellt!
Aus London kamen Doktor E. J. Dingwall, Research-Officer der S.P.R., und der Para-Forscher Harry Price. Sie nahmen an mehreren Séancen teil und unterzeichneten eine Erklärung: Es könne sich nur um echte Erscheinungen handeln.
Allmählich jedoch, und zwar je mehr sich Willy auf seinen vorgesehenen Beruf als Zahntechniker konzentrierte, schwächten sich die Erscheinungen zusehends ab. Er verließ Schrenck-Notzing und ging nach Wien, wo Dr. E. Holub, Oberarzt der Heilanstalt Steinhof, mit ihm Sitzungen abhielt, außerdem Physikprofessor Hans Thirring. Der Physiker begann seine Experimente in der festen Überzeugung, daß alles Schwindel sei. Er änderte seine Einstellung total, nachdem er Fernbewegungen im Rücken Willy Schneiders hatte beobachten können.
Auch die S.P.R. bemühte sich nochmals um das inzwischen weltberühmt ge-

wordene Medium. Im November und Dezember 1924 kam es in London zu zwölf Séancen. Aber die Phänomene waren nur noch schwach. Immerhin brachte Willy Schneider mehrfach Bewegungen und Schweben eines Tamburins zustande. Dr. E. J. Dingwalls offizieller Bericht besagt: Die Erscheinungen können weder auf Illusion noch auf betrügerische Maßnahmen zurückgeführt werden. Man habe Phänomene beobachtet, »die auf normalem Wege unerklärlich erschienen«, und »angesichts der Tatsachen sei man gezwungen, als einzige vernünftige Hypothese dafür anzunehmen, daß irgendeine übernormale Kraft – agency – die Resultate produzierte«.

Eine zweite Versuchsreihe in London im März 1926 mußte unverrichteterdinge abgebrochen werden. Willy war erkrankt und ging nach Davos in der Schweiz zur Genesung.

Während es um Willy, der sich nun völlig zurückzog, sehr still wurde, begann die nicht weniger sensationelle Laufbahn seines Bruders Rudi. Auch er verfügte als physikalisches Medium über ganz außergewöhnliche Kräfte.

Daß er, Rudi, nach seinem Bruder der kommende und vielleicht noch größere Stern sein würde, kündigte sich bereits früh auf unheimliche Weise an. Wie erst später vertraulich bekannt wurde, hatte die Familie eines Abends ein seltsames und höchst aufregendes Erlebnis, und zwar im Jahre 1919.

Alle saßen beisammen und warteten gespannt: Willy war in Trance gesunken. Doch nichts geschah. Es verging eine geraume Zeit, bis sich plötzlich sehr energisch »Olga« meldete. Was aber ließ sie wissen? Die Angehörigen glaubten zuerst, sich getäuscht zu haben. Aber nein, »Olga« wiederholte es, und es besagte: Rudi sei ein viel stärkeres Medium als Willy, und daher verlange sie ihn für sich!

»Nein!« stieß die Mutter protestierend hervor. Rudi – erst elf Jahre alt – sei noch viel zu jung.

In diesem Augenblick, heißt es, öffnete sich die Tür, und ins Zimmer herein kam – im Nachthemd, die Augen geschlossen und offensichtlich in tiefem Schlaf – Rudi. Während alle ihn entgeistert anstarrten, fing er an zu sprechen – als »Olga«. Sie hatte offenbar bereits Besitz von ihm ergriffen. Rudi begann genauso hastig und schnell zu atmen, wie Willy es in Trance zu tun pflegte, wenn »Olga« aus ihm sprach. Und bald danach zeigten sich bei dem jüngeren Bruder auch erste andere Para-Phänomene.

Bei Willy meldete sich merkwürdigerweise nach diesem Abend ein anderer »Trance-Geist«. Es war »Mina«. »Olga« aber blieb von da an für immer aufs engste mit Rudi verbunden, bis an sein Lebensende.

Zunächst widmete sich Vater Schneider der Ausbildung von Rudis Para-Fähigkeiten. Ab 1924 begann Schrenck-Notzing mit ihm zu experimentieren. Die Sicherungen wurden abermals erheblich verschärft: Eine elektrische Fesselung der Hände kam hinzu, weiter ein Doppelboden im Kabinett mit elektrischem Kontakt, der heimliches Mitwirken von Helfern verhinderte.

Experiment mit einem Hypnotisierten, der, völlig erstarrt, mühelos eine Person trägt. Holzstich aus dem Jahre 1880.

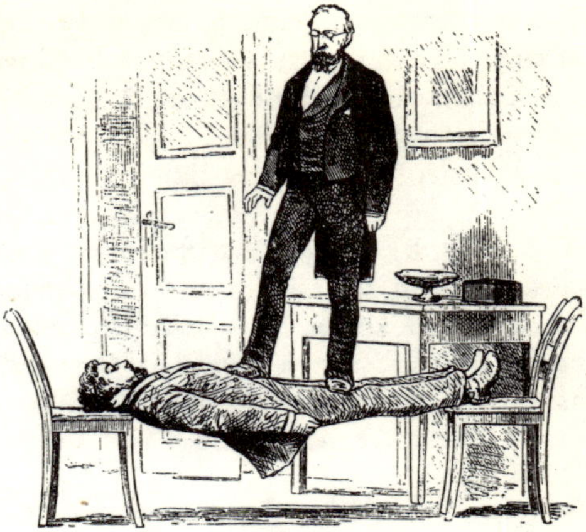

Rudi war, wie sich bald herausstellte, besonders telekinetisch begabt: Tische und Sessel bewegten sich in seiner Gegenwart, kleine Gegenstände erhoben sich und schwebten im Raum umher. Aus der Spalte des Vorhangs am Kabinett kam gelegentlich auch ein unbeschreibbares Etwas hervor, das einem Arm mit verkümmerter Hand ähnelte und ein Tuch aufhob. Bedauerlicherweise verstarb Schrenck-Notzing Anfang 1929, noch bevor er zusammenfassend über die Resultate seiner jahrelangen Versuche mit Rudi berichten konnte.

Inzwischen war Rudi international im Gespräch wie zuvor sein Bruder Willy. Noch 1929 lud ihn Harry Price nach London ein. Zwei Sitzungsreihen – im Frühjahr und Winter – wurden im »National Laboratory of Psychical Research« veranstaltet. Beide hatten großen Erfolg. Harry Price schrieb darüber in seinem 1930 veröffentlichten Buch »Rudi Schneider«:

»Tatsache ist, daß Rudi der gnadenlosesten dreifachen Kontrolle unterworfen wurde, die man je einem Medium, sei es in unserem oder irgendeinem anderen Lande, zumutete, und daß er diese harte Probe glänzend bestanden hat. Die Echtheit der Erscheinungen, die er auf seinen Londoner Séancen zeigte, hat an die hundert Personen beeindruckt, darunter Wissenschaftler, Doktoren, Geschäftsleute, Berufsmagier, Journalisten und so weiter.«

Über das, was auf den Sitzungen alles beobachtet werden konnte, berichtet Price:

»Kühle Brisen, die alle verspürten. Ein plötzlicher Temperaturabfall im Kabinett, heftige Bewegungen der Vorhänge, das Sichbewegen und Schweben eines leuchtenden Papierkorbs und eines Kaffeetisches, das Anschlagen von Glocken, das Schwirren einer Spielzeugzither, das Heraustreten und

Wiederverschwinden eines Schnupftuches am Kabinett, das später verknotet in einer Ecke gefunden wurde, das Berühren und Streicheln von Beisitzern auf der dreizehnten, fünfzehnten und einundzwanzigsten Sitzung, das intelligente Klopfen des Tisches ... und schließlich das Sichbilden und Wiederverschwinden von Armen, Händen und Tuben, einige davon perfekt geformt.«

Nach einer der Sitzungen hatte Harry Price erklärt: Er würde demjenigen tausend Pfund zahlen, der dieselben Effekte unter denselben Bedingungen hervorbringen könne. Der »Daily Express« und andere Zeitungen veröffentlichten das verlockende Angebot. »Niemand«, spottete Price, als keiner sich meldete, »scheint tausend Pfund brauchen zu können, und die Bruderschaft der Magier zeigt sich plötzlich merkwürdig uninteressiert an psychischen Dingen.«

Im Namen des »Council of the National Laboratory of Psychical Research« erhielt Rudi Schneider ein Zertifikat ausgehändigt, in dem ihm die Echtheit jener Phänomene ausdrücklich bescheinigt wurde.

Im Jahre darauf kam es in Paris zu einer der sensationellsten Entdeckungen unerklärlicher medialer Fernwirkungen.

Dr. Eugène Osty ließ Rudi kommen, um ihn im »Institut Métapsychique« an der Seine zu untersuchen. Es geschah unter völlig neuartigen, zum ersten Male erprobten Kontrollbedingungen: Osty führte die heute als Schutz gegen Einbruch oder für automatische Türbedienung überall verwendete Sperre durch infrarote Strahlen ein!

Der Versuch war so gedacht und abgesichert: Rudi wurde an Händen und Füßen gefesselt und am Körper mit Leuchtstreifen versehen. Seine Aufgabe sollte es sein, zu versuchen, ein Taschentuch zu bewegen, das auf einem eineinhalb Meter entfernten Tisch lag.

Um jede Annäherung – sei es eines Armes oder eines künstlichen Greifwerkzeuges – an das Tuch sofort feststellen zu können, hatte Osty dieses durch ein von Spiegeln mehrfach reflektiertes, etwa zehn Zentimeter dickes Strahlenbündel infraroten Lichts von allen Seiten gleichsam umgittern lassen. Sobald dieser »infrarote Detektiv« etwas entdeckte, das die Strahlung unterbrach, wurde automatisch ein Alarmsystem in Gang gesetzt. Und zwar: Eine Glocke gab ein Klingelzeichen, und gleichzeitig wurden von mehreren schußfertig auf das Taschentuch gerichteten Kameras Blitzlichtaufnahmen ausgelöst.

Nachdem Rudi Schneider über die Sicherungsmethodik informiert worden war, begann das mit größtem Interesse erwartete Experiment. Es herrschte im Laborraum nur ein mattrotes Licht.

In der vierzehnten Séance sah man plötzlich Bewegung am Tuch. In der gleichen Sekunde wurde auch der Kontakt ausgelöst: Es klingelte, und Blitzlicht erhellte die Szene. Osty und seine Mitarbeiter konnten nicht se-

hen, daß sich auf dem Experimentiertisch irgendein Fremdkörper befand. Eilends wurden die Aufnahmen entwickelt. Aber wie merkwürdig: Auch sie zeigten nichts. Da lag nur das Tuch auf der Platte.
Nur eines war bemerkt worden: Unmittelbar bevor der »infrarote Detektiv« Alarm gegeben und damit angezeigt hatte, daß »irgend etwas« – wenn auch Unsichtbares – in seinen Sperrbereich eingedrungen sei, hatte Rudis Kontrollgeist »Olga« wissen lassen: Sie gehe jetzt in den Strahl hinein.
Weitere Experimente ergaben, daß dieses Blockieren der Infrarotsperre stets der Fernbewegung des Taschentuches voranging.
Das war eine ebenso völlig neue wie zugleich höchst geheimnisvolle Erkenntnis! Es hatte sich erwiesen, wie Professor Hans Driesch es formulierte, »daß eine gewisse unsichtbare und nicht fotografierbare ›Substanz‹ vom Medium ausgeht und, seinem unbewußten Willen unterstehend, Telekinesen hervorbringt!«
Noch etwas wurde erkannt, das auf einen merkwürdigen Zusammenhang zwischen der Fernbewegung und dem Zustand des Mediums in jenem Augenblick deutet: Rudi hatte ein besonderes Verfahren, sich in Trance zu versetzen. Er begann, das Ein- und Ausatmen allmählich immer mehr zu beschleunigen und steigerte es, bis er schließlich zweihundert- bis dreihundertmal in der Minute atmete. Diesen rasend schnellen Atemrhythmus – medizinisch Hyperpnoë genannt – behielt er während des ganzen Trancezustandes bei. Ein Vergleich der automatischen Aufzeichnungen ergab deutlich: Die durch die Glocke angezeigten übernormalen Vorgänge erfolgten jeweils beim höchsten Atemtempo.
Daß es sich in Paris nicht um Zufallsresultate handelte, konnten zwei weitere Experimentierreihen in England bestätigen. Ostys Infrarot-Sicherungsgeräte wurden in London nachgebaut und zuerst von Harry Price am »National Laboratory of Psychical Research« mit Rudi Schneider erprobt. Danach – vom Oktober bis Dezember 1932 – verwandten Lord Charles Hope, Professor der Physik, und Lord Rayleigh sie bei Sitzungen im Auftrage der S.P.R. Die Resultate waren in beiden Fällen gleich positiv. Alle beteiligten Physiker erklärten, ein experimenteller Irrtum irgendwelcher Art sei unmöglich. Auch für sie blieb danach nur die eine Erklärung: Die Fernbewegungen durch Rudi Schneider werden erzeugt durch eine Substanz – oder etwas damit in engem Zusammenhang Stehendem –, die in normalem Licht nicht sichtbar ist, jedoch die Fähigkeit besitzt, auf infrarote Strahlen einzuwirken.
Seltsam war eines: Auch wenn Rudi auf manchen Séancen sich vergeblich um eine Telekinese bemühte, wurde mehrmals die infrarote Alarmanlage eingeschaltet. Es erfolgte jedesmal prompt, sobald »Olga« ankündigte, sie werde es jetzt versuchen.
Nach diesen sensationellen Experimenten begannen Rudi Schneiders mediale

Fähigkeiten zusehends abzufallen. Nochmalige Tests 1933 und 1934 in England verliefen völlig negativ. Waren es die ungeheuren Anstrengungen und der Energieverlust, die seine psychische Substanz aufgezehrt hatten? Sicher spielte das eine Rolle, denn bei anderen Medien ist Ähnliches beobachtet worden. Zudem gab es noch etwas, das ihn seelisch aufs schwerste belastet haben muß: der Vorwurf des Betruges.

Schon während seiner ersten Sitzungen in Wien hatten zwei Professoren – Dr. Stefan Meyer und Dr. Karl Przibram, beide vom Institut für Radiumforschung der Wiener Akademie der Wissenschaften – ihn öffentlich diffamiert. Sie haben später ihre Beschuldigungen zurückziehen müssen. Danach haben W. J. Vinton, Malcolm Bird und Dr. Walter F. Prince, die mit Rudi Sitzungen in Österreich abhielten, behauptet, die Phänomene seien nicht echt, und allerlei Vermutungen aufgestellt, die jedoch in keiner Weise fundiert waren.

Am schlimmsten wirkte sich eine Attacke aus, die völlig unerwartet Harry Price gegen Rudi Schneider ritt. Nachdem er grade erst – nach den erfolgreichen Séancen in London – öffentlich dessen ungewöhnliche mediale Fähigkeiten beglaubigt hatte, machte der englische Para-Forscher plötzlich eine jähe Kehrtwendung: Rudi betrüge, behauptete er und verwies auf ein Foto, auf dem deutlich sichtbar einer der beiden angeblich festgehaltenen und genau kontrollierten Arme des Mediums nach hinten greift. Eine heftige Kontroverse, an der sich alle Experten beteiligten, entflammte. Doch Price stand zuletzt allein. Das Foto, genauestens geprüft, erwies sich als eine – zudem retuschierte – Doppelbelichtung! Die zweite Aufnahme war nach dem Experiment gemacht worden. Bezeichnenderweise verweigerte Price die Herausgabe der Fotoplatte. Nicht Rudi, sondern Price hatte betrogen!

Die Gebrüder Schneider waren Star-Medien, beide psychisch wahrhaft außergewöhnlich große Begabungen. Sie standen, wie auch Eusapia Paladino und Eva C., bewundert und bestaunt, aber auch verleumdet im Lichte der Öffentlichkeit. Niemand zuvor wurde so oft, so gründlich und so kritisch von anerkannten, namhaften Forschern mit wissenschaftlichen Methoden getestet. Und doch waren sie nur einige in einer weit größeren Schar.

Kein Mensch wird wohl eine Erklärung für eine höchst auffällige und merkwürdige Tatsache wissen: Beginnend vor der Jahrhundertwende und in den Jahrzehnten nach 1900, häuften sich – vor allem in Europa – die para-physischen Begabungen. Es gab kaum ein Land, aus dem nicht Berichte über unerklärbare Demonstrationen oder Experimente kamen. Telekinese und Materialisationen wurden mit einem Male angeblich auch von dänischen und isländischen, von tschechischen, ungarischen, polnischen, rumänischen und russischen Medien bezeugt.

Waren es die einer Pubertät ähnlichen Zustände einer Zeit unmittelbar bevorstehender, umwälzend neuer wissenschaftlicher Erkenntnisse in Physik,

Chemie, Biologie und Psychologie? Oder lag die Ursache in den ungeheuren seelischen Spannungen in und zwischen den Völkern und Menschen, die sich dann weltweit in den blutigen Auseinandersetzungen des Ersten Weltkrieges entladen und nach seinem Ende weiterschwelen sollten?

XVIII. Romane – in Trance geschrieben

Völlig unerwartet offenbarte im ersten Viertel des vergangenen Jahrhunderts die Nonne Anna Katharina Emmerich, mit der auch ein langer Reigen stigmatisierter Jungfrauen begann, im Kloster Agnetenberg bei Dülmen in Westfalen eines Tages erstaunliche Kenntnisse über die Leidensgeschichte Jesu. Was sie in ihren Ekstasen sah und erlebte, brachte allerdings nicht sie selbst zu Papier. Das besorgte für sie, die als »Leidensbraut« seit der Aufhebung des Klosters 1811 in Dülmen wohnte, ein berühmter, sie verehrender Dichter der romantischen Schule, Clemens Brentano, der von 1818 an bis zu ihrem Tode sechs Jahre später bei ihr weilte. Es wurden mehrere Bände, angefüllt mit Aufzeichnungen. Ein erster »Das bittere Leiden unseres Herrn Jesu Christi nach den Betrachtungen der gottseligen Anna Katharina Emmerich« erschien 1833. Später folgten weitere Niederschriften, betitelt »Das Leben der heiligen Jungfrau Maria nach den Gesichten der gottseligen A. K. E.«.

Immer erneut tauchte – während des ganzen 19. Jahrhunderts – in der westlichen Welt, in Europa wie in den USA, »automatisch« produzierte Literatur auf. Das meiste war, wie die Visionen der »Nonne von Dülmen«, religiösen Inhalts. Aber auch weltliche Themen wurden behandelt. So schuf in Frankreich Hermance Dufeaux, ein vierzehnjähriges Mädchen, zwei Bücher: »Das Leben der Jeanne d'Arc« und »Bekenntnisse Ludwigs XI.«. Und erstaunt nahmen die Amerikaner 1874 zur Kenntnis, auf welche Weise einer ihrer Landsleute ein unvollendet gebliebenes Werk des großen englischen Schriftstellers Charles Dickens vervollständigt hatte.

Dickens arbeitete im Sommer 1870 in seinem geliebten Landhaus Gadshill Place an der Erzählung »The Mystery of Edwin Drood«, als am 8. Juli eine Hirnblutung seinem Leben jäh ein Ende setzte. Das Manuskript hinterließ er als Fragment. Zwei Jahre waren vergangen, als T. P. James, ein Handwerker, der in Brattleboro im US-Staat Vermont lebte, automatisch schreibend mehrmals Mitteilungen erhielt, in denen der britische Autor sich »meldete«. Beginnend Weihnachten 1872, kam es dann zu seiner großen Überraschung in

Abständen immer wieder zu »Diktaten«. Es war – wie sich zeigte – die Fortsetzung der nie fertiggestellten Novelle, deren Niederschrift bis zum Juli 1873 dauerte.

Die automatisch geschriebene Ergänzung war nicht nur wesentlich länger als der von Dickens nachgelassene Anfang. Experten, denen James das Manuskript vorlegte, waren verblüfft, feststellen zu müssen: Die Fortsetzung erschien bewundernswert perfekt – in Gedankengang und Stil, ja selbst in orthographischen Eigenarten von Dickens. Die auf so rätselhafte Weise entstandene »ergänzte Ausgabe« wurde zusammen mit dem abgebrochenen Original veröffentlicht. Der Titel dieses Unikums in der Welt der Literatur lautete: »The Mystery of Edwin Drood. Complete, by Ch. Dickens, Brattleboro, Vt., published by T. P. James, 1874«.

Um jene Zeit machte auch im zaristischen Rußland eine Schriftstellerin viel von sich reden. Es war die in Reval in Estland lebende Frau Kryschanowskaja-Rochester. Sie produzierte nicht weniger als 40 spannende okkulte Romane, die ihr vorgeblich »von einem materialisierten Inder« auf telepathischem Wege »diktiert« wurden. Dabei bewegte sich ihre Hand mit dem Schreibstift meist so blitzschnell über das Papier, daß das Medium selbst dem Inhalt nicht sofort folgen konnte. Seltsamerweise schrieb sie oft stundenlang in französischer Sprache, die sie normalerweise nur mangelhaft beherrschte. Trotzdem erwies sich das automatisch produzierte Manuskript als orthographisch fehlerlos und sprachlich perfekt. Erstaunt nahmen zudem Experten die in ihrem »Im Banne der Vergangenheit« betitelten Buch enthaltenen Schilderungen aus dem alten Ägypten zur Kenntnis. Die Beschreibungen festlicher Prozessionen zu Ehren besonderer Gottheiten stimmten ebenso wie Berichte über rituelle Handlungen der Priester oder die Innenansichten der Räume berühmter Tempelanlagen. Nur Ägyptologen wußten darüber so genau Bescheid, unmöglich aber ein Laie. In Anerkennung der historisch genauen Angaben sandte die Pariser Akademie der Autorin eine besondere Auszeichnung.

Der große englische Maler, Dichter und Mystiker William Blake bemerkt im Vorwort zu seinem Gedicht »Jerusalem«: »Ich habe es nach Diktat aufgeschrieben, immer gleich zwölf und zuweilen sogar zwanzig oder dreißig Zeilen hintereinander auf einmal, ohne zu überlegen und sogar gegen meinen Willen.« Auch Oscar Wilde schrieb häufig automatisch. Zuweilen benutzte er dazu eine sogenannte Planchette; sie besteht aus einem kleinen Holzbrett, unter dem Rollen befestigt sind und auf das die Hand mit dem Schreibstift gelegt wird, um auf diese Weise weniger schnell als sonst zu ermüden.

Eine ganze Bücherei ließe sich mit Werken füllen, die ohne eigenes Zutun der Autoren entstanden sind, weil diese nur »Empfangsstationen« waren. Zu ihnen zählt ein Buch mit dem Titel »Oahspe: A New Bible«, das Dr. John B. Newbrough 1881 automatisch niederschrieb, und zwar auf eine völlig

neuartige Weise: Es geschah mit Hilfe einer damals gerade in Mode gekommenen Neuheit – der Schreibmaschine!
Doch das alles waren gleichsam nur Auftakte, Vorläufer jener Reihe erstaunlicher, ohne Kontrolle des Wachbewußtseins hervorgebrachter schöpferischer literarischer Gestaltungen, die kurz vor und bald nach der Jahrhundertwende auftauchen sollten. Es handelte sich um Produkte psychischer Automatismen, die – was Inhalt, Umfang und Themenauswahl anging – alles bis dahin Bekannte weit in den Schatten stellten und Wissenschaftlern vieler Disziplinen, Medizinern ebenso wie Psychologen und Literaturhistorikern, mehr als ein Rätsel aufgaben.
1927 hatte Amerika eine Sensation, die die Wellen der Erregung hochschlagen ließ und zu heftigsten Disputen führte. Den Anstoß gab, was eigentlich nur als fachliche Information für Experten gedacht war: eine wissenschaftliche Arbeit, verfaßt von Dr. Walter Franklin Prince, einem Research-Officer der A.S.P.R. zu Boston. Sie hieß »The Case of Patience Worth – Der Fall der Patience Worth«. Ihr Inhalt: Der Bericht über die geheimnisvollen Fähigkeiten einer simplen Bürgersfrau Mrs. John H. Curran. Diese hatte – in Trance sprechend oder schreibend – in romanhafter Form eine riesige literarische Produktion zustande gebracht. Es gab nichts, was im Leben dieser aus einfachsten Verhältnissen stammenden, ungebildeten Frau auf so unwahrscheinliche Fähigkeiten hätte schließen lassen. Die 1883 in Mount City Geborene war mittelmäßig begabt. Sie verließ bereits als Vierzehnjährige die Schule, und ihre Allgemeinbildung war dementsprechend gering, auch in der Geschichte. So war sie der Ansicht, Heinrich VIII. sei enthauptet worden. Sie kannte nichts als ihre allernächste Umgebung, denn sie verreiste nie und hatte auch nur wenig gelesen. Eigentlich wollte sie gern Sängerin werden, aber es blieb bei dem Wunsch. So waren dreißig Jahre ihres Lebens völlig ereignislos vergangen. Sie hatte geheiratet und lebte als Mrs. John H. Curran in Saint Louis im Staate Missouri.
1913 brachte eine Freundin ein »ouija-board« – ein kleines, mit dem Abc und den Ziffern 0 bis 9 versehenes Brett, das dem automatischen Schreiben dient – und ließ es auch Mrs. Curran probieren. Nur einige nichtssagende Wörter kamen heraus. Aber immerhin, es funktionierte bei ihr.
Am 8. Juli desselben Jahres legte Mrs. Curran, nichts ahnend noch erwartend, aus purer Langeweile nochmals ihre Finger auf das »ouija-board«. Diesmal gab es sofort eine heftige Reaktion. Irgend etwas schien geradezu darauf zu drängen, sich mitzuteilen. Es war, wie sich – Buchstabe auf Buchstabe – herausstellte, ein Wesen namens »Patience Worth«. Diese »Patience« hatte sich kaum bekannt gemacht, als sofort auch allerlei Auskünfte und Erklärungen folgten.
Mrs. Curran stutzte anfänglich und glaubte sich geirrt zu haben, denn sie verstand vieles nicht. Kein Wunder, denn die »Botschaften« waren, wie

Experten später erst herausfanden, in »einem altmodischen und knappen Englisch geschrieben, das von der Umgangssprache im amerikanischen Mittelwesten jener Zeit völlig verschieden war«.
»Patience« selbst löste das Rätsel dieser historischen Ausdrucksweise. Befragt, wer sie sei und woher sie stamme, erzählte sie aus ihrem früheren Leben. Sie gab an, 1649 – möglicherweise aber auch erst 1694 – auf einem Bauernhof in Dorsetshire in England gelebt zu haben. Später sei sie nach der Neuen Welt gekommen und eines Tages von Indianern umgebracht worden. Sie konnte sich auch noch an ihr Vaterhaus und die Umgebung erinnern. Einige dieser Angaben, die man an Ort und Stelle überprüfte, stimmten in der Tat.
Von jenem denkwürdigen Julitag an fand Mrs. Curran keine Ruhe mehr. Das Leben einer unbekannten Kleinbürgersfrau war zu Ende. Die »Laufbahn« eines der erstaunlichsten und außergewöhnlichsten Medien hatte begonnen.

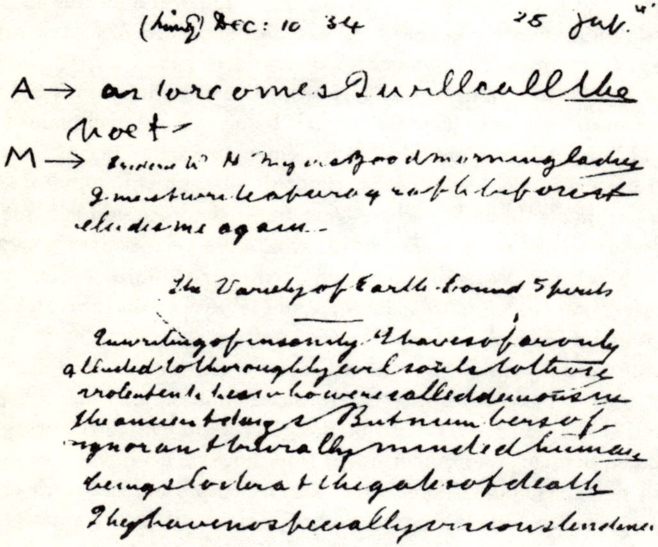

Ein besonders verblüffendes Beispiel vom »automatischen Schreiben« des englischen Mediums Miss Geraldine Cummins aus den zwanziger Jahren: Nach der Ankündigung »Astor comes ...« – »Astor« war ein angeblicher Kontrollgeist – ändert sich sofort die Schrift. Es folgen nun »Mitteilungen« des verstorbenen Forschers F. W. H. Myers, die tatsächlich dessen Schriftzüge tragen. Der Text lautet übersetzt: »Frederic W. H. Myers. Guten Morgen, meine Damen. Ich muß etwas schreiben, bevor ich es wieder vergesse. Die Mannigfaltigkeit erdgebundener Geister ...«

»Patience« entpuppte sich als ungeheuer schaffensträchtig. Sie »diktierte« unermüdlich. Anfänglich kamen alle Aussagen – was sehr mühselig und zeitraubend war – nur durch das »ouija-board«-Schreibbrett, später auch durch gesprochene Worte aus dem Munde von Mrs. Curran. Eine bestaunenswerte schriftstellerische Produktion kam zustande. Sie umfaßte schließlich, wie man feststellte – in angelsächsischen Ländern zählt man so den Umfang literarischer Werke – an die drei Millionen Wörter! Das meiste war in romanhafte Form gekleidet.

»The Sorry Tale« kam zuerst, ein Roman aus der Zeit Christi. »Und sein Bart hing hinab auf seine Brust, und er sprach zu den Männern aus Rom: ›Jehovas Friede sei mit euch!‹, und jene spuckten aus, redeten laut und sagten: ›Schau doch, ist nicht Jerusalem voll von Heuschreckenschwärmen und Sandflöhen? Und die Männer in der Stadt essen sich satt daran!‹ Und sie lachten und schritten die Stufen des Tempels hinauf und standen im Regen und schrien, ein Esel hätte den König geboren. Und sie warfen Steine an die Türen des Heiligtums. Die Juden kamen von den Marktplätzen, und neben ihren Bärten blitzte der Stahl, und Schwerter hieben durch die Luft. Und die Römer schwangen ihre Schwerter, und der Raum war voller Spottgebete von den Lippen der Römer.«

Es schien unfaßbar – das sollte eine einfache, ungebildete und unbelesene Hausfrau geschrieben haben! Staunend nahmen Literaturkenner und Historiker es zur Kenntnis. Woher aber das Wissen über unzählige damalige Zeitverhältnisse? Denn das Lokalkolorit stimmte ebenso wie die Atmosphäre an den heiligen Stätten.

Caspar C. Yost, der die »The Sorry Tale« historisch analysierte, schrieb: »Die Charaktere von Augustus und Tiberius werden getreu gezeichnet, obgleich es so aussieht, als ob die Schilderung des Tiberius eher mit den Berichten von Tacitus und Sueton übereinstimmt als mit den Ansichten moderner Historiker. Ein Wissen von der Größe des Römischen Imperiums, seiner ausgedehnten Handelsbeziehungen, der sozialen Struktur und der Sitten Roms, vom Luxus am kaiserlichen Hof, von Gewändern und von Waffen der Krieger, von Wettkämpfen in der Arena, von Spielen wie auch von Einzelheiten aus der römischen Staatsführung und aus dem Leben – ein solches Wissen verraten alle Anspielungen des Romans. Aber auch die Situation der Juden unter der römischen Herrschaft, ihre messianischen Hoffnungen, die Aufsplitterung in Glaubensgruppen, ihre Trachten und Sitten, die Geographie und Topographie von Palästina, insbesondere von Jerusalem, die Architektur der Heiligen Stadt, ihre Mauern, Paläste, Marktplätze, Wasserstellen – all dies und noch mehr war anscheinend dem Schreiber dieser Geschichte bis ins einzelnste vertraut.«

Man vermutete, Mrs. Curran habe heimlich Bibliotheken aufgesucht oder sich von Experten unterrichten lassen. Aber das war nie der Fall.

Und woher der gekonnte Stil, die plötzlichen Schreibkünste? Dr. Prince, der den Fall genau untersuchte, vermerkt, daß der geschichtliche Roman inhaltlich zwar frei erfunden sei, aber »auf einer überraschenden Konzeption aufgebaut ist: Sie macht aus einem der mitgekreuzigten Räuber einen Sohn des Kaisers Tiberius und einer griechischen Sklavin. Aus Rom verjagt, gebärt diese zu der Zeit, da Christus zur Welt kommt, bei Bethlehem einen Sohn – einen Ungeist des Hasses, der die Sünden der antiken Menschheit verkörpert, den Christus, der Geist der Liebe, sühnt und von der Welt vertreibt. Durch diese Darstellung wird Rom als Inkarnation des Bösen zu einem lebendigen Faktor in der Christus-Geschichte. Das Kapitel, das die Kreuzigung beschreibt und dessen 5000 Wörter an einem einzigen Abend diktiert wurden, ist eine Dichtung von erstaunlicher Kraft und Lebendigkeit und eine Interpretation auf hoher Ebene«. Und das Urteil eines Geschichtsprofessors, des Dr. Usher von der Washington-Universität in Saint Louis, Montana: »Das ist die größte Geschichte aus dem Leben und der Zeit Christi, die seit der Apostelgeschichte aufgezeichnet wurde.«
Auf »The Sorry Tale« folgten »Telka«, eine Erzählung in Gedichtform aus dem englischen Mittelalter – nach Meinung der Experten »einzigartig in der Reinheit ihrer angelsächsischen Sprache« –, und »Hope Trueblood«, eine Geschichte, die im 19. Jahrhundert spielt. Ferner »The Pot upon the Wheel« sowie eine Menge von Gedichten, Aphorismen, Gebeten und Kurzgeschichten. Charakteristisch für alle: Sie sind in verschiedenen Dialekten geschrieben und haben eine Tendenz zum Archaischen. In »Telka« wird kein einziges Wort verwendet, das nach der Mitte des 17. Jahrhunderts in Gebrauch kam! Woher kannte Mrs. Curran, der nur die amerikanische Umgangssprache geläufig war, jene auf dem alten Englisch basierenden historischen Ausdrucksweisen?
Fragen über Fragen! Die Beschäftigung mit ihnen gab mehr Rätsel auf, als daß sie Antworten lieferte. Vor allem: Wer war jenes geheimnisvolle Wesen, das aus Mrs. Curran sprach oder schrieb? War »Patience Worth« wirklich ein englisches Mädchen aus dem 17. Jahrhundert – oder war sie eine zweite Persönlichkeit von Mrs. Curran?
»Entweder«, bekannte Dr. Prince, »müssen wir unsere Vorstellung von dem, was wir das Unbewußte nennen, radikal ändern, so daß es auch Fähigkeiten einschließt, von denen wir bisher noch keine Kenntnis hatten, oder aber es muß irgendein Einfluß anerkannt werden, der durch das Unterbewußte von Mrs. Curran zwar wirkt, aber ursprünglich nicht aus ihm stammt.« Und F. C. S. Schiller, der das Buch von Prince besprach, fügte hinzu: Der Fall der »Patience Worth« vertiefe seine Überzeugung, »daß sowohl die orthodoxe Psychologie als auch die Philosophie sehr weit davon entfernt sind, die Tiefen der menschlichen Seele ausgeschöpft zu haben«.
Fassungslos ahnen wir angesichts eines solchen Phänomens, wie außerge-

wöhnlich die Fähigkeiten und Möglichkeiten dieser Kräfte des Unterbewußten sind.

Berühmtheit als mediale Schriftstellerin erlangte auch Miss Geraldine Cummins, die Tochter eines Professors aus Cork in Irland. Ihre – wie es hieß – »aus dem Jenseits« erhaltenen Diktate haben größtes Aufsehen erregt. Auch sie sind seltsamerweise zum Teil in einem längst nicht mehr gebräuchlichen Altenglisch verfaßt.

Das automatische Schreiben überkam Miss Cummins aus heiterem Himmel im Dezember 1923. Sie entwickelte darin, nachdem sie sonst sehr langsam und bedächtig geschrieben hatte, sehr bald eine erstaunliche Geschwindigkeit, ja sie brachte wahre Rekorde an Schnelligkeit zustande. So produzierte sie einmal in nur einer Stunde und fünf Minuten 1750 Wörter!

Das Verblüffende war, daß sie sich mit den Themen ihrer Produktionen – es handelte sich vorwiegend ebenfalls um Berichte aus der frühchristlichen Geschichte – nie befaßt und die Länder, in denen ihre Bücher spielten, nie zu Gesicht bekommen hatte. Sie studierte weder Theologie noch Religionsgeschichte oder biblische Archäologie. Zwar war sie viel in ihrem Leben in der Welt herumgekommen, aber gerade Ägypten und Palästina waren ihr völlig unbekannt geblieben.

Ihr erstes Buch hieß »The Scripts of Cleophas«. Es ergänzt auf bewundernswerte Weise die Apostelgeschichte und die Briefe des Paulus. Kleophas war, wie Lukas 24, 18 bezeugt, einer der beiden Jünger, denen der auferstandene Christus auf ihrem Weg nach Emmaus erschien. Um ihn ranken sich bei Miss Cummins historische Schilderungen aus der Frühzeit der Kirche und dem Wirken der Apostel. Sie beginnen unmittelbar nach dem Tode Jesu und enden, als Paulus im Begriff ist, von Beröa in Mazedonien – jetzt Veria – nach Athen aufzubrechen. Ein zweiter Band »Paulus in Athen« setzt die Erzählung fort. Ein dritter, mit dem Titel »Die großen Tage von Ephesus«, läßt die Jahre von 52 bis 55 erstehen, in denen der Apostel auf seiner dritten Missionsreise in der einst durch ihren riesigen Artemis-Tempel berühmten kleinasiatischen Stadt wirkte und eine große Gemeinde gründen konnte.

Bedeutende Theologen und andere Autoritäten waren Zeugen, als diese Werke entstanden, und nahmen sie inhaltlich genau aufs Korn. Ihr Urteil lautete: Es werden nicht nur verschiedene, zuvor dunkel gebliebene Stellen der Apostelgeschichte verständlich. Die Schilderungen bezeugen auch ein sehr starkes Vertrautsein mit dem Leben der Apostel und allen Zeitumständen. Ein Beispiel von vielen: Das Oberhaupt der jüdischen Gemeinde in Antiochia wird in der »Chronik des Kleophas« als Archon bezeichnet. Das stimmt genau für jene Epoche, denn zuvor war der gebräuchliche Titel dafür Ethnarch gewesen. So etwas kann nur ein Experte wissen!

Das »Diktat« empfing Miss Cummins übrigens nicht direkt von Kleophas. Es kam durch »Boten«. Wie sie angab, waren es im Ganzen nicht weniger als

»sieben Schriftgelehrte«, die alle von Kleophas, der im Hintergrund blieb, geleitet wurden. Daneben gab es andere Kommunikationen, die ihr direkt vom »Evangelisten Philippus« – nach der Apostelgeschichte 6, 5 einem der sieben Almosenpfleger der Urgemeinde in Jerusalem – zugetragen wurden. Die Berichte selbst sollen, hieß es, den Mitgliedern der frühen Kirche bekannt gewesen sein, die einst vorhandenen Schriften seien jedoch verrottet und zu Staub zerfallen.

Ein viertes Buch beschäftigte sich nicht mehr mit geschichtlichen Dingen. Es heißt »The Road to Immortality – Der Weg zur Unsterblichkeit« und schildert in einer wahrhaft erstaunlichen Vision den Weg, den die Seele des Menschen nach dessen Tode angeblich von Stadium zu Stadium in der Ewigkeit durchschreitet. Diesmal sollte das automatisch Geschriebene von einem knapp ein Vierteljahrhundert zuvor erst verstorbenen Gelehrten stammen: Es war – wie Miss Cummins angab – F. W. H. Myers, der ihr seine kosmische Philosophie eingab. Daß jener der Autor sei, erfuhr unabhängig davon Sir Oliver Lodge auch noch von anderer Seite, nämlich durch das berühmte Medium Mrs. Osborne Leonard. Sie ließ ihn wissen: Myers teile sich durch Miss Cummins mit!

Ein dritter ungewöhnlicher Fall eines Trance-Mediums, dessen rätselhafte Produktionen sich von einer erstaunlichen Phantasie beflügelt zeigten, machte um die Jahrhundertwende in der französischen Schweiz von sich reden. Es handelte sich um die bald in Trance sprechende und schauspielerisch agierende, bald automatisch schreibende »Helen Smith«. Daß sie und die bei ihr auftretenden Phänomene ein geradezu weltweites Echo fanden, ist den Untersuchungen und kritischen Analysen eines Genfer Professors der Psychologie, Dr. Theodor Flournoy, zu verdanken.

Hätte Flournoy sich nicht für Catherine Elise Muller – so hieß Helen Smith bürgerlich – interessiert, wäre sie über einen kleinen Kreis begeisterter Spiritisten hinaus wohl kaum je bekannt geworden. Sie war bereits ein älteres Fräulein, als er sie 1894 kennenlernte.

Als Dreißigjährige hatte die Tochter eines aus Ungarn gebürtigen Kaufmanns erstmals Interesse am Spiritismus gezeigt und sich einem Zirkel zugesellt. Schon nach einigen Sitzungen traten in ihrer Anwesenheit allerlei Phänomene auf. Im April 1892 meldete sich durch Klopfen ein »Geist«. Er ließ wissen, er sei »Victor Hugo« und werde sie zukünftig leiten und beschützen. Dabei blieb es sechs Monate lang. Dann tauchte ein zweiter Kontrollgeist »Leopold« auf. Dieser zwang – trotz allen Warnungen durch »Victor Hugo« – Helen, in Trance zu fallen und verjagte jenen nach heftigem Streit schließlich für immer.

Unter ihrem neuen Betreuer entwickelte Helen sehr bald bedeutende mediale Fähigkeiten. »Leopold« selbst äußerte sich schriftlich wie mündlich. Was er sagte, kam als tiefer Baß aus ihrem Munde und hatte stark italienischen

Akzent. Schrieb er durch ihre Hand, so hielt Helen die Feder anders als sonst, und ihre Schrift nahm den Duktus des Jahrhunderts davor an. Die altmodische Schrift wie der südländische Tonfall hatten ihren guten Grund. Als »Leopold« eines Tages das Geheimnis seiner Identität lüftete, erfuhr man: Er sei einst Giuseppe Balsamo gewesen, alias Cagliostro!

Zu jener Zeit – es war im Winter 1894 auf 1895 – begann Professor Flournoy die Séancen regelmäßig zu besuchen. Unterschiedlichste Phänomene zeigten sich. Helen hatte nicht nur Visionen und vernahm Stimmen, Botschaften und Gespräche. In ihr verkörperten sich auch die verschiedensten Persönlichkeiten, historische Figuren ebenso wie Phantasiegestalten. Und es blieb nicht bei vereinzelten Verkörperungen. Eines Tages verdichtete sich alles zu Zyklen, in denen Helen – völlig verwandelt – ganze Szenen und Romane erlebte und auch dramatisch zur Schau stellte.

In einem ersten Zyklus ist sie – wie durch Klopfzeichen bereits am 30. Januar 1894 angekündigt worden war – die Reinkarnation der Marie Antoinette. Völlig verwandelt – elegant, vornehm, ganz Königliche Hoheit – trippelt sie mit einem Mal durch den Sitzungsraum. Als sei die Vergangenheit gegenwärtig, macht sie noch einmal durch, was der unglücklichen Königin damals geschah. Sie sieht um sich die Umgebung von einst und alle jene Personen, die in ihrer Nähe weilten. Einige von ihnen, Philipp von Orléans und der Graf Mirabeau, erkennt sie plötzlich in Teilnehmern an der Séance wieder. Sie streckt ihnen die Rechte zum Handkuß entgegen, begrüßt sie und plaudert mit ihnen. Natürlich fehlt Cagliostro nicht, der »cher sorcier«, der »teure Zauberer«, wie sie ihm schmeichelt.

Professor Flournoy – ebenfalls ins Gespräch gezogen – wurde während der Sitzungen sogar gut Freund mit Cagliostro und begann im stillen, jenes merkwürdige, unsichtbare, aber durch das Medium doch irgendwie existente Wesen genau zu studieren. »Es gibt keinen Grund, die reale Anwesenheit Giuseppe Balsamos hinter den Automatismen von Fräulein Smith zu bezweifeln«, notierte er zu Hause.

Mit aller Vorsicht gelang es Flournoy durch Rückfragen auch, das erste Auftauchen von »Leopold« zu rekonstruieren. Es geschah, als die zehnjährige Helen – damals noch Catherine Elise – auf der Straße plötzlich von einem großen Hund angefallen wurde und zu Tode erschrak. Just in diesem Augenblick tauchte ein Mann in langem, braunem Gewand und mit einem weißen Kreuz auf der Brust auf, verjagte das Tier und verschwand wieder. »Leopold« behauptete, das sei er gewesen. Jene braungekleidete Gestalt trat später noch mehrmals, sobald eine Gefahr drohte, auf und beschützte Helen.

Auch das fand Flournoy heraus: »Leopold« selbst verstand kein Wort italienisch. Seine durch Helen produzierte Schrift war im übrigen völlig verschieden von der des historischen Cagliostro, und er wußte auch in dessen Leben nur stümperhaft Bescheid. Aber er verriet eines: Seine Gefühle für

Helen seien nichts als eine Fortsetzung derer, die Cagliostro für Marie-Antoinette empfunden habe.
Dem »Königlichen Zyklus«, wie Flournoy ihn taufte, folgte der »Orientalische«. In ihm verkörperte Helen die Tochter eines reichen arabischen Scheichs und heißt Simandini. Ein vornehmer Verehrer macht dieser den Hof und bewirbt sich um ihre Hand: Es ist ein indischer Fürst, Prinz Sivrouka Nayaka, Gebieter über die Festung von Tschandraguri in der Provinz Kanara in Hindustan. 1401 wird Simandini seine Gemahlin. Jahre darauf stirbt er, und sie wird als Witwe zusammen mit dem Leichnam des Fürsten auf einem riesigen Scheiterhaufen lebendig verbrannt.
Auch hierbei führt das Medium ganze Szenen auf. Sie spielt nicht, sie ist mit einem Male die orientalische Prinzessin höchstpersönlich – in Haltung, Temperament und Gebärden. Sie berichtet über Begebenheiten und Ereignisse im Indien des 15. Jahrhunderts. Hie und da wirft sie sogar ein paar Worte auf »Hindustani« ein, schreibt auch einen Satz mit arabischen Schriftzeichen auf ein Blatt Papier.
Bei ihrem »Hindustani« – so stellte Flournoy fest – handelte es sich um ein Gemisch von improvisierten Artikulierungen und einigen echten Wörtern Sanskrit. Gerade das aber wurde in jener Gegend des Subkontinents nicht gesprochen. Die arabischen Schriftzeichen, die ein Sprichwort wiedergaben, erwiesen sich als echt. Sie stellen sich allerdings als eine Kopie der Schrift des Genfer Hausarztes der Familie Smith alias Muller dar, der sich mit jener Sprache beschäftigt und auch zuweilen arabische Sätze als Widmungen in Bücher geschrieben hatte. Vergeblich forschte Flournoy nach dem Prinzen Sivrouka wie auch nach Simandini und der Feste in Kanara. Kein Historiker hatte je davon gehört. Durch Zufall stieß er schließlich auf eine »Geschichte Indiens« von De Marles, die 1828 in Paris erschienen war. Sie enthielt in Umrissen auch eine Story wie in Helens »Orientalischem Zyklus«. Das Buch fand sich verstaubt in einer Genfer Bibliothek. Sein Autor galt jedoch als unseriös, seine Schilderung als nicht nachprüfbar. Daß Helen Smith dieses Werk je selbst zu Gesicht bekommen hatte, erschien jedoch sehr unwahrscheinlich und war nicht mehr nachweisbar.
So blieb vieles in geheimnisvolles Dunkel gehüllt und unerklärbar: »Der indische Roman«, bemerkt Flournoy, »bleibt psychologisch ein Rätsel, das noch nicht befriedigend gelöst werden konnte. Denn er enthüllt und zeigt, was Helen betrifft, bezüglich der Gebräuche und Sitten des Orients Kenntnisse, deren aktuelle Quelle festzustellen bis heute nicht möglich war.«
Helen gab eine noch phantastischere, einem Science-fiction-Drama ähnelnde Romanze zum besten. Diese spielte nicht mehr auf unserer Erde, sondern weit draußen im Weltenraum. Die Anregung dazu scheint Professor Lemaître, der auch an den Séancen teilnahm, gegeben zu haben. Er deutete einmal – es war vor der Zeit, in der Professor Flournoy erstmals erschien – kurz

an, es wäre doch interessant, etwas über den geheimnisvollen Mars erfahren zu können.

Am 25. November 1894 – so beschreibt es Flournoy – »erblickte Mademoiselle Smith gleich zu Beginn weit entfernt und in großer Höhe ein strahlendes Licht. Sie verspürte ein Zittern, so daß fast ihr Herz zu schlagen aufhörte, darauf das Gefühl, ihr Kopf sei leer, und sie verweile nicht mehr in ihrem Körper. Ein dichter Nebel umfing sie, der von Blau zu einem lebhaften Rosa wechselte, dann grau und zuletzt schwarz war. Sie schwebe, sagte sie, und zur gleichen Zeit erhob sich der Tisch und balancierte auf nur einem Bein. Ein Stern taucht auf. Er wird größer, immer größer. Helen fühlt, daß sie hinabsinkt. Der Tisch klopft plötzlich: ›Lemaître, was Sie sich solange gewünscht haben!‹ Helen, die vorübergehend von Schwindel erfaßt war, kommt wieder zu sich und blickt verwundert um sich. ›Wo befinde ich mich?‹ fragt sie. ›Auf einer anderen Welt – Mars!‹ antwortet der Tisch. Helen beginnt voller Staunen und dazwischen zuweilen belustigt zu beschreiben, was sie schaut.«

Doch was sie nun von sich gibt, bleibt für die Beisitzer völlig unverständlich. Denn sie schreibt in einer unlesbaren »Marsschrift« und spricht plötzlich auch nur noch in der angeblichen Sprache der Bewohner jenes Planeten. Aber die Zirkelteilnehmer kommen doch zu ihrem Recht: Wieder aus der Trance erwacht, setzt sich Helen hin und übersetzt ihre »Marsschrift« ins Französische. So erfahren alle, was sie gesehen hat:

»Wagen ohne Räder und Pferde, die Funken aussprühen, als sie vorbeigleiten. Häuser mit Fontänen auf den Dächern. Eine Wiege, deren Vorhänge die eisernen Flügel eines Engels sind. Das Baby allerdings, das darin lag, sah nicht anders aus als ein Neugeborenes auf Erden. Auch die Marsmenschen unterschieden sich in keiner Weise von den Erdbewohnern. Allenfalls durch die Kleidung, indem beide Geschlechter dasselbe anhatten, und zwar Hosen, sehr weite, und eine lange Bluse, eng in der Hüfte, und mit den verschiedensten Zeichnungen darauf.«

»Alles, was ich in der Urheberin der Mars-Romanze entdecken konnte«, urteilt Flournoy, »läßt sich in einem Satz zusammenfassen: ein zutiefst kindlicher Charakter.«

Aber die Mars-Sprache?! Auch davon bleibt nicht viel Bestaunenswertes, als Flournoy sie analysiert. Er stellt fest: Das ist nichts als ein gänzlich umgewandeltes Französisch. Grammatik und Syntax sind es ebenfalls. Er stellt auffallende Analogien fest, die kaum auf Zufall beruhen können. Die Sprache stammt nicht von irgendeinem anderen Planeten, folgert der Forscher. Sie entstand vielmehr im Unterbewußten des Mediums.

Als Helen davon erfuhr, hatte sie knapp zwei Wochen später ein noch viel weiter in den Weltraum hinaus führendes Erlebnis: Sie erreichte den Uranus. Und auch diesmal gab es – in der dort angeblich gebräuchlichen Sprache

– Beschreibungen des Geschauten: Die Bewohner des Uranus werden nur höchstens einen Meter groß, sie haben Köpfe, zweimal so breit wie hoch, und hausen in langgestreckten, fensterlosen Hütten, vor denen Tunneleingänge in die Tiefe führen. Die »Uranus-Sprache« wies einen ganz besonderen Rhythmus auf, war völlig anders konstruiert als das Französische und schien keiner bekannten irdischen Sprache ähnlich zu sein.
Zu näheren Untersuchungen kam Flournoy leider nicht mehr. Man sperrte ihn von weiteren Sitzungen aus. Die Teilnehmer – wie das Medium selbst durch die Bank überzeugte Spiritisten – hatten natürlich alles für bare Münze genommen. Sie waren zutiefst empört, daß ein Gelehrter es wagte, Zweifel an der Echtheit der produzierten Phänomene anzumelden. Schlimmer noch: diese sogar im einzelnen kritisch zu analysieren und auf natürliche Weise zu erklären versuchte und damit des anscheinend Wunderbaren zu entkleiden!
In allen einschlägigen Zeitschriften erschienen plötzlich Artikel, die gegen Flournoys Feststellungen Front machten. In den »Annales des Sciences« bestätigte 1897 Professor Lemaître ausdrücklich den angeblich außerirdischen Ursprung der umstrittenen Mars-Sprache. Flournoy ließ sich nicht beirren und schrieb ein auf den ganzen Fall eingehendes Werk, das wie eine Bombe einschlug. Es erschien 1900 in Paris und hieß: »Von Indien zum Planeten Mars«.
Das Buch räumt mit vielem auf, woran Spiritisten fest glauben: Die Kontrollgeister – legte er dar – sind nicht wirklich existente Geister Verstorbener, sondern nur imaginäre Personifikationen, die sich im Unterbewußten des Mediums bilden. Die Zyklen gehen seiner Ansicht nach auf Träumereien und Sehnsüchte in Helens Kindheit zurück.
Damit hat der Genfer Gelehrte die längst überfällige, nüchtern-wissenschaftliche Aufklärung gebracht und ein seit alters her von Aberglauben überwuchertes Dickicht gelichtet.
Und der Erfolg dessen, was er gewagt hatte?
Das Buch löste einen wahren Sturm an Protesten aus. Und nach seinem Erscheinen wurde – trotz des Inhalts – Helen Smith in kürzester Zeit weltberühmt in spiritistischen Kreisen. Eine reiche Amerikanerin machte alsbald eine Stiftung, um sicherzustellen, daß Helen sich von Sorgen unbeschwert nur noch mit den »Geistern des Jenseits« befassen konnte. Was sie auch tat. Und kein kritischer Forscher durfte ihren Séancen mehr beiwohnen!
Helens Erlebnisse im Weltraum wirkten im übrigen ausgesprochen anstekkend, und es tauchten bald vielerorts Epigonen auf. Eine amerikanische »Kollegin«, Mrs. Smead, stattete nicht nur dem Mars Besuche ab, sondern auch dem Jupiter. Planetarische Erlebnisse wurden zu einem beliebten, viel bestaunten neuen Programmpunkt noch vieler anderer, meist betrügerischer Medien . . .

Automatische Zeichnung der zwölfjährigen Jutta Kieser aus Bamberg, die 1930 mit ihren Schöpfungen aus dem Unterbewußten auf einer Münchner Ausstellung großes Aufsehen erregte. In ihren Bildern, die mit außerordentlicher Geschwindigkeit entstanden, tauchten vorwiegend altpersische und altägyptische dekorative Motive auf.

Helen Smith malte übrigens auch in Trance. Zumeist waren es farbige Bilder, die biblische Erzählungen zum Inhalt hatten. Ihre »Technik« dabei machte einen recht konfusen Eindruck, da ihre Hand den Pinsel zunächst nur scheinbar völlig zusammenhanglos bald hier, bald dort auf der Leinwand irgendein winziges Detail ausführen ließ. Erst wenn das Gemälde endgültig fertig war, was mit zahllosen, immer wieder unterbrochenen Fortsetzungen zumeist über ein Jahr dauerte, zeigte sich, daß alles harmonisch zusammenpaßte.

Automatisches Schreiben und Malen oder Zeichnen gehen zuweilen Hand in Hand und ergänzen einander sogar. Ein solches Erlebnis hatte eines Tages der bekannte englische Sensitive Reverend Stainton Moses. Er weilte am 21. Februar 1874 im Kreise von Freunden am Grosvenor Square in London, als ihn unerwartet eine unerklärliche Erregung überkam. Irgend etwas bestimmte ihn, Platz zu nehmen und nach Papier und einem Schreibstift zu greifen. Das war kaum geschehen, als seine Hand, wie geführt von einer unsichtbaren Kraft, anfing, eine Skizze hinzuwerfen. Was sie zeigte, sah aus wie die Gestalt eines Pferdes, die sich vor einer Art Wagen befand. Gleich darauf schrieb er daneben – wie abgerissen – Bruchstücke von mehreren Sätzen. Sie enthielten, richtig zusammengefügt, eine »Botschaft«: Ein unbekannter Mann teilte darin mit, er habe sich umgebracht, indem er sich in der Baker Street vor eine Dampfwalze geworfen habe. Als man der Sache nachging, ergab sich: In der Baker Street hatte am Morgen desselben Tages tatsächlich ein Mann Selbstmord verübt. Eine Walzmaschine war über ihn hinweggerollt. Noch verblüffender als diese Feststellung sollte jedoch sein, was ein Besuch am Tatort ergab: Vorn auf der Dampfwalze prangte als Firmenzeichen hellglänzend in Messing eine Pferdefigur – so wie Stainton Moses sie skizziert hatte.

Auch beim automatischen Zeichnen und Malen bleibt der »Künstler«, genau wie beim automatischen Schreiben, passiv; das schöpferisch zu Gestaltende kommt als bereits fertiger Entwurf oder als Vorbild auf ihn zu. Er hat es nur mit Pinsel oder Stift auf Leinwand oder Papier »nachzuziehen«. William Blake beschreibt einmal, wie er seine visionären Bilder sozusagen »abzeichnete«, vor allem auch die darin auftauchenden Personen, indem er – gerade als hätte er ein reales Bild als Modell vor sich – von Zeit zu Zeit aufschaute, um zu kontrollieren, ob seine »Kopie« auch stimme. Verschwand das Bild für Augenblicke, was zuweilen vorkam, dann hielt er mit dem Malen inne und wartete, bis es wieder auftauchte, um mit dem »Kopieren« fortzufahren.

Beträchtliches Aufsehen und viel Rätselraten in der englischen Öffentlichkeit erregte auch die mysteriöse Geschichte des Thompson-Gifford-Falles in England. Er begann 1905.

In jenem Jahre verspürte ein Goldschmied namens Frederic L. Thompson buchstäblich über Nacht plötzlich den unerklärlichen Drang, Bilder malen zu müssen. Er war zeichnerisch von Natur aus völlig unbegabt und hatte sich deshalb begreiflicherweise auch nie damit als Hobby befaßt. Zur gleichen Zeit begann er, unter merkwürdigen Halluzinationen zu leiden. Unbekannte Landschaften und Bäume tauchten vor ihm auf. Er nahm sie als Vorbild für seine ersten Malversuche, denn er konnte dem Zwang zum Malen nicht widerstehen. Die Bilder entstanden, wie er verwundert feststellte, ohne daß er sich darum zu bemühen brauchte, wie von selbst. Ein Jahr danach besuchte er – immer unter der ständigen Suggestion stehend, malen zu müssen – eine Ausstellung von Gemälden eines ihm völlig unbekannten amerikanischen Künstlers namens Robert Swain Gifford, der vor einiger Zeit, und zwar inmitten eines noch unvollendeten Schaffens, mit 65 Jahren unerwartet verschieden war. Während Thompson die Bilder des Verstorbenen betrachtete, hatte er mit einem Male das Gefühl, es fordere eine unhörbare Stimme ihn dazu auf, das zu beenden, was der tote Künstler sich vorgenommen hatte. Die unheimliche Suggestion schlug den Goldschmied völlig in Bann. Von jenem Tage an begann er, wie besessen zu malen. Auf Fragen nach der Herkunft der Motive vermochte er keinerlei Antwort zu geben: Er selbst wußte nicht, woher sie stammten. Es waren vor allem Landschaften, die er nie zuvor gesehen hatte, ja nicht einmal dem Namen nach kannte. Als Experten auf den »automatisch« produzierenden »Maler« aufmerksam wurden und sich die Bilder näher betrachteten, waren sie baß erstaunt: Jener Goldschmied malte in derselben Art und Pinselführung wie zuvor Gifford! Ein genaueres Studium der Motive ergab etwas noch viel Rätselhafteres: Thompson hatte unerklärlicherweise all jene Landschaften und Szenerien auf die Leinwand gebannt, die Gifford genau gekannt und besonders geliebt hatte – Küstengegenden und nordafrikanische Idylle. Der amerikanische Maler hatte, um seine Vorbilder stets greifbar zu haben, von einigen dieser Motive fotografische Aufnahmen machen lassen. Man fand sie im Hause des Verstorbenen, das Thompson nie betreten hatte, in einem Album.

Beim automatischen Malen treten zuweilen Besonderheiten auf, die das Phänomen noch weitaus weniger begreiflich erscheinen lassen. Derlei Gemälde oder Zeichnungen können nämlich nicht nur mit unvorstellbarer Geschwindigkeit entstehen, sondern auch in stockdunklen Räumen. David Duguid aus Glasgow, dem Leser bereits als Verfasser des in Trance geschriebenen und illustrierten Buches »Hafed, Prinz von Persien« bekannt, erregte ungläubiges Staunen dadurch, daß er stets nur nachts, und dann ohne jede Lichtquelle, zum Pinsel griff. Auch Marjan Gruzewski, ein Mal-Medium aus Polen, das in den zwanziger und dreißiger Jahren unseres Jahrhunderts viel von sich reden machte, war dafür berühmt. Als man ihn zu Experimenten nach Paris einlud, malte er im »Institut Métapsychique« unter strengsten Kontrollen bei totaler Dunkelheit Porträts in Öl!
Den Rekord in automatischer Schnellmalerei dürfte ein Deutscher halten: Heinrich Nüßlein, ein Zeitgenosse von Thompson übrigens, brachte es fertig, in etwa zwei Jahren an die 2000 Bilder zu produzieren. Sie waren vorwiegend von sehr kleinem Format und wurden in nur drei bis vier Minuten vollendet; auch für größere benötigte er nie mehr als 30, allerhöchstens 40 Minuten. Nüßlein gelangen außerdem Porträts von Personen, die ihm absolut unbekannt waren. Es genügte ihm, irgendeinen Gegenstand aus deren Besitz in der Hand zu halten. Auch Nüßlein malte zuweilen – vor allem, wenn ihn Visionen überkamen – im Dunkeln.
Keiner, bei denen urplötzlich das »automatische« Talent ausbrach, hatte zuvor eine Begabung gezeigt. Die meisten hatten, wie einer von ihnen, der Engländer William Howitt, offen zugab, »nie auch nur eine Stunde Unterricht gehabt« und vermochten normalerweise höchstens Strichmännchen zu zeichnen. Sie alle »überkam es« eines Tages – wie ein unwiderstehlicher Befehl, den sie zu befolgen hatten.
Woher kam er? Wer erteilte ihn? Und aus welchen unbekannten Quellen brach plötzlich die schöpferische Begabung hervor?

XIX. Gedanken – übertragen von Hirn zu Hirn

»Es existiert in manchen Menschen zu gewissen Zeiten eine Fähigkeit des Erkennenkönnens, die keinerlei Beziehung hat zu unserer normalen Art, Kenntnis von etwas zu nehmen«, hatte Dr. Richet bereits 1888 erklärt. Das war für ihn das Ergebnis einer zweijährigen Versuchsreihe mit vier Sensitiven – genannt Alice, Claire, Eugénie und Leontine. Sie hatten – zum

Teil in Hypnose versetzt, zum Teil auch im normalen Wachzustand – die Aufgabe bekommen, zu versuchen, Zeichnungen, die in einem versiegelten Umschlag steckten, zu reproduzieren. Dies gelang in einem kaum erwartet hohen Ausmaß tatsächlich.

Um die Jahrhundertwende lag als Beweis für jene Art »außersinnlicher Erfahrung«, für die F. W. H. Myers schon 1882 das Wort »Telepathie« geprägt hatte, ein ungemein vielseitiges und höchst beeindruckendes Material vor. Da waren nicht nur aus aller Welt die sehr umfangreichen Sammlungen gut bezeugter spontaner Fälle. Hinzu kamen Berichte über erste Reihen erfolgreicher Experimente, in denen jene merkwürdigen Phänomene nachgewiesen werden konnten, und zahlreiche Untersuchungen an hochbegabten Medien. »Was wir der Royal Society unterbreiten können«, erklärte Sir Oliver Lodge 1903 in einem Interview dem »Pall Mall Magazine«, »und womit wir das Urteil der ganzen Welt herausfordern könnten, das ist die Telepathie!«

Nur über eines war man sich damals noch immer nicht völlig im klaren: ob es sich im einzelnen Fall auch wirklich um Telepathie handele oder nicht doch vielleicht um Hellsehen.

Trotzdem dachte die offizielle Wissenschaft nicht daran, diese Resultate, die völlig neue, bislang unbekannt gebliebene Seiten und Fähigkeiten des Menschen aufzeigten, zur Kenntnis zu nehmen. Der Grund?

Allmächtig und unverändert – wie in den Jahrzehnten zuvor – beherrschten, geistesgeschichtlich gesehen, der philosophische Materialismus und der Naturalismus das akademische Feld. Gegen die Metaphysik feindlich eingestellt war auch die Schulphilosophie. »Was die Schulwissenschaft über Para zu sagen hatte«, bemerkt der Gelehrte Rudolf Tischner über die damaligen Verhältnisse in Deutschland, »braucht nur mit wenigen Worten gekennzeichnet zu werden. Wilhelm Wundt erwähnt einmal ganz nebenbei die ›Telepathie und ähnliche Verirrungen‹. Jodl, Wien, nennt in seinem ›Lehrbuch der Psychologie‹, 1908, die Telepathie einen ›schwindelhaften und schwärmerischen Gedanken‹. Die Telepathie würde ›einen Riß durch die Fundamente unserer gesamten Naturanschauung bedeuten‹. Wenn es sie gäbe, müßte sie ›zu einer gänzlichen Revision unserer Grundbegriffe führen‹.« Sieht man einmal von dem Astronomen Zöllner ab, der schließlich wegen seines Eintretens für die Realität der Para-Phänomene als geisteskrank bezeichnet wurde, hat sich zu jener Zeit kein einziger angesehener deutscher Hochschullehrer der experimentellen Forschung in der Parapsychologie gewidmet – und dieser Vorwurf trifft vor allem die Psychologen.

Zu Beginn des 19. Jahrhunderts war die Situation in Deutschland völlig anders gewesen. Damals hatte das hell leuchtende philosophische Dreigestirn, hatten Fichte, Hegel und Schelling sowie etwas später auch deren großer Gegner Arthur Schopenhauer die Bedeutung der Para-Phänomene sehr wohl

erkannt. Von den nach 1810 Geborenen aber hat sich keiner mehr für dieses Gebiet interessiert oder gar eingesetzt. Jene neue Generation kam auf die Hochschulen, als der Stern der Romantik schon im Sinken war, und sie wuchsen wie selbstverständlich hinein in die Zeit der nahezu absoluten Herrschaft einer rein mechanistisch denkenden Naturwissenschaft. So blieb es über viele Jahrzehnte, und erst Hans Driesch kam, im letzten Jahrzehnt des 19. Jahrhunderts, auf Grund biologischer Experimente zu der Auffassung, daß das Organische sich nicht völlig physikalisch-chemisch, also mechanistisch erklären lasse. Er, der später zur Philosophie überwechselte, setzte sich bald nach Anfang unseres Jahrhunderts als erster Forscher in Deutschland dafür ein, die Parapsychologie als Wissenschaft anzuerkennen.
Auch in der übrigen Welt stand die offizielle Wissenschaft den Para-Phänomenen zwar nach wie vor noch ablehnend gegenüber. Es gab jedoch – vor allem in England und den USA, aber genauso in Frankreich – eine bereits beachtliche Anzahl namhafter Gelehrter, darunter auch Hochschulprofessoren, die längst zu einem bejahenden Urteil gekommen waren. Sie waren es, die allen Anfeindungen zum Trotz die Forschung unbeirrt weiter vorantrieben. Aber auch Angehörige nichtwissenschaftlicher Berufe trugen wertvolle Erkenntnisse bei.
Zu ihnen gehörte William T. Stead, ein Londoner Verleger und Publizist. Er entdeckte – merkwürdigerweise, nachdem er 1892 eine Serie von Geistergeschichten herausgegeben hatte – eines Tages seine Fähigkeit, Gedanken Dritter auf dem Weg über das automatische Schreiben empfangen zu können. Von da an trafen, vor allem von guten Bekannten, häufig »Nachrichten« ein. So begann eines Tages – ihm ging zufällig der Name einer befreundeten Dame durch den Kopf – zu seinem Erstaunen seine Hand folgendes zu schreiben:
»Es tut mir leid, aber mir ist etwas sehr Peinliches passiert, daß ich mich fast schäme, darüber zu sprechen. Ich fuhr um 2.27 Uhr nachmittags von Haslemere mit dem Zug ab und saß in einem Zweiter-Klasse-Abteil mit zwei Damen und einem Herrn. Beim Zwischenhalt in Godalming stiegen die beiden Damen aus, und ich blieb allein mit dem Mann. Der Zug war kaum angefahren, da stand er auf und kam ganz nahe an mich heran. Empört stieß ich ihn zurück. Er aber versuchte, mich zu küssen. Ich wurde wütend, und es kam zu einem Handgemenge. Der Schirm, mit dem ich auf ihn einschlug, zerbrach. Ich hatte furchtbare Angst, er könnte mich überwältigen, als plötzlich der Zug zu bremsen begann. Wir näherten uns bereits der Station Guildford. Jetzt bekam er es mit der Angst, ließ von mir ab und sprang aus dem noch fahrenden Zug.«
Stead schickte sofort einen Brief, in dem er sein Bedauern über den Vorfall ausdrückte. Die Antwort lautete: »Es tut mir leid, daß Sie alles darüber erfahren haben. Ich hatte mir fest vorgenommen, niemandem davon etwas zu

erzählen.« Die Dame hatte also – ohne es selbst zu wissen – gegen ihren Willen »gesendet«.
Größtes Aufsehen erregte ein 1930 erschienenes Buch mit dem Titel »Mental Radio, Does It Work and How?« Als Autor zeichnete der bekannte amerikanische Schriftsteller Upton Sinclair. Er berichtet darin über hochinteressante Telepathie-Experimente mit seiner Frau Mary Craig Sinclair. Das Buch, für dessen englische Ausgabe der bedeutende Psychologe Professor William McDougall eine Einleitung schrieb – für die deutsche verfaßte sie kein Geringerer als Albert Einstein –, gibt sehr aufschlußreiche Einblicke.
Mrs. Sinclair war eine hochbegabte Sensitive. Sie wurde sich der in ihr schlummernden medialen Kräfte durch einen Gast bewußt, der eine Zeitlang im Hause der Sinclairs wohnte. Es war ein Pole namens Jan, der lange Zeit in Indien Yoga studiert hatte und es in einigen Disziplinen meisterhaft beherrschte. Angeregt und geleitet von ihm, entwickelte Mrs. Sinclair verblüffende Fähigkeiten. Sie war plötzlich in der Lage – sei es hellwach oder auch im Traum –, ihren Mann auf Schritt und Tritt, wo immer er sich auch befand, zu sehen und genau anzugeben, was er gerade tat.
Sinclair war anfangs äußerst irritiert darüber, begreiflicherweise. Dann kam ihm jedoch der Gedanke, die so unerwartet zutage getretene Begabung experimentell zu erproben.
Die Versuche, bei denen er selbst den »Sender« spielte, verliefen wie folgt: Sinclair machte etwa ein halbes Dutzend Zeichnungen von Dingen, die ihm gerade in den Sinn kamen, jede auf ein Stück Papier, das sorgfältig zusammengefaltet wurde. Mrs. Sinclair, die sich inzwischen in einem verdunkelten Zimmer befand, nahm ein Blatt nach dem anderen entgegen und bemühte sich, die betreffende Abbildung zu erfassen und nachzuzeichnen. Zuweilen schrieb sie noch eine kurze Bemerkung dazu.
Die Resultate waren beachtlich. Bei 290 Zeichnungen gab es 65 Volltreffer und 155 teilweise richtige Lösungen. Nur 70 waren Nieten. Das Kuriose schien, daß manchmal erst ein auf dem nächsten Zettel abgebildetes Objekt bereits bei dem gerade vorliegenden vorausgesehen wurde. So zeichnete Mrs. Sinclair in einem Fall richtig eine Krawatte und fügte eine kleine Rauchwolke hinzu. Der folgende Gegenstand war ein brennendes Streichholz!
Der sehr kritische Dr. Walter F. Prince hat die Experimente überprüft und ihre Gültigkeit in einem Bulletin der Bostoner A.S.P.R. ausdrücklich anerkannt. Er schildert dabei auch Versuche, die zwischen Mrs. Sinclair und ihrem Schwager gemacht wurden. Sie gingen über eine Entfernung von 45 Kilometer. Auch dabei gelangen gute Treffer und Halbtreffer.
So erstaunlich diese Erfolge waren, sie wurden noch weit in den Schatten gestellt durch Telepathie-Experimente, die Professor Gilbert Murray gelangen. Der bekannte Ordinarius für Griechisch an der Oxford-Universität hatte, wie er 1929 dem »Sunday Express« gestand, seine Fähigkeiten beim

»Rate-Spiel« mit seinen Kindern entdeckt. Wenn er hinausgeschickt wurde und vor der Tür wartete, wußte er in dem gleichen Augenblick, in dem man sich geeinigt hatte, um was für ein Thema es ging. Ja, er konnte sogar die Gedanken der Kinder erkennen, noch bevor diese sie ausgesprochen hatten. Mrs. Sidgwick rechnet seine Begabung mit »zu den bedeutendsten, die der S.P.R. jemals zur Kenntnis kamen«.
Dennoch blieben die Versuche weitgehend unbekannt. Dazu trug sicher die Tatsache bei, daß sie ganz bewußt – um das Phänomen unter völlig ungezwungenen, natürlichen Bedingungen studieren zu können – nicht im Labor unternommen wurden. Murray betrieb die »Gedankenübertragung« ausschließlich im Kreise seiner Familie oder mit engsten Freunden, und zwar als eine Art Gesellschaftsspiel. Einer der Anwesenden, zumeist eine Tochter Murrays, war jeweils der »Hauptsender«, die anderen bemühten sich ebenfalls zu »senden«. Als Thema wurden Szenen aus der Familie oder aus Romanen und Dramen gewählt, aber auch selbstausgedachte Geschichten.
Professor Murray erzielte im Gesamtergebnis wahrhaft unwahrscheinlich hohe Resultate: 35 Prozent Treffer und 25 Prozent Teiltreffer. Er schilderte dabei nicht nur die ausgewählten Szenen zumeist detailliert genau, er nannte auch Autor und Werk.
Murrays Experimente waren es, die einen weltberühmten Gelehrten von der Realität der Telepathie überzeugten – Sigmund Freud.
Sehr gewichtige Untersuchungen gelangen in den Jahren 1921 und 1922 auch Professor S. G. Soal von der Londoner Universität mit dem Medium Mrs. Blanche Cooper. Bei den Mitteilungen, die sie empfing, handelte es sich – wie sie vorgab – um Botschaften, die Verstorbene ihr zukommen ließen. Dabei kam es zu einem besonders erstaunlichen Fall außersinnlicher Wahrnehmung.
In einer Séance – es war am 4. Januar 1922 – erklärte das Medium, es habe sich bei ihr der »Geist« eines ehemaligen Schulkameraden des Professors gemeldet. Sein Name sei Gordon Davis. Dessen Anschrift – so wurde etwas mysteriös angedeutet – enthalte zwei große E!
Soal erinnerte sich zwar noch an ihn, aber nur sehr dunkel, denn sie hatten früher kaum miteinander verkehrt. Er war allerdings aufgrund eines Gerüchtes der Annahme, Davis sei bereits tot, nämlich während des Ersten Weltkrieges gefallen. Um so erstaunter war Soal, daß der angeblich Verstorbene nur wenige Tage später ihm durch Mrs. Cooper etwas anscheinend durchaus Diesseitiges mitteilen ließ: Am 9. Januar begann nämlich das Medium plötzlich dessen Wohnung zu beschreiben. Dabei wurden sogar besondere Einzelheiten erwähnt – so beispielsweise, daß am Eingang mehrere Stufen seien. In den Räumen befänden sich viele Bilder mit Berg- und Meeresmotiven. Auf einem sehe man einen Pfad zwischen zwei Hügeln. Auch von einem sehr hohen Spiegel und einigen großen Vasen war die Rede. Sehr

anschaulich wurden auch die Lage des Hauses und dessen Besonderheiten beschrieben.

Professor Soal wußte mit all dem nichts anzufangen. Die zu Protokoll genommenen Aussagen der Mrs. Blanche Cooper wanderten mit einem entsprechenden Vermerk in einen Aktenschrank. Soal hatte sie längst vergessen – inzwischen waren drei Jahre vergangen –, da erfuhr er durch einen Zufall, Davis lebe noch. Auf Nachfrage stellte sich heraus, er wohne in Southend-on-Sea in einer Straße namens »Eastern Esplanade«. Soal stutzte, als er diese Adresse vernahm. Sollten das etwa die genannten »zwei großen E« sein?

Mit der Aussage des Mediums in der Tasche suchte er eines Tages den tot geglaubten Bekannten auf und mußte mehrere sehr erstaunliche Dinge feststellen: Davis selbst hatte zu der Zeit, als das Medium die Aussagen machte, noch gar nicht in Southend gewohnt. Er war jedoch am 6. Januar zum ersten Mal hinausgefahren, um sich das Haus anzusehen. Dessen Einrichtung hatte damals noch völlig anders ausgesehen und einige Bilder ihm auch noch gar nicht gehört. Auf einem der Gemälde, die er dann übernahm, sah man tatsächlich einen Weg, der sich durch Hügel hinzog. Zwei Leuchter wiederum, die nach Angaben des Mediums unten an einer Treppe stehen sollten, befanden sich im Eßzimmer, zu dem einige Stufen hinunterführten. Die Plastik eines schwarzen Vogels, der damals noch in einer Kiste verpackt war, wurde in der neuen Wohnung, was das Medium ebenfalls ausgesagt hatte, wiederholt auf das Klavier gestellt.

Wie Davis zugab, habe er sich in der Zeit zwischen den beiden Séancen oft überlegt, wie er die neue Wohnung wohl einrichten würde. Der Beschreibung, die das Medium gegeben hatte, mußten diese Gedanken zugrunde gelegen haben. Sie hatte es – ein Beweis einer besonders starken Hellsehbegabung –

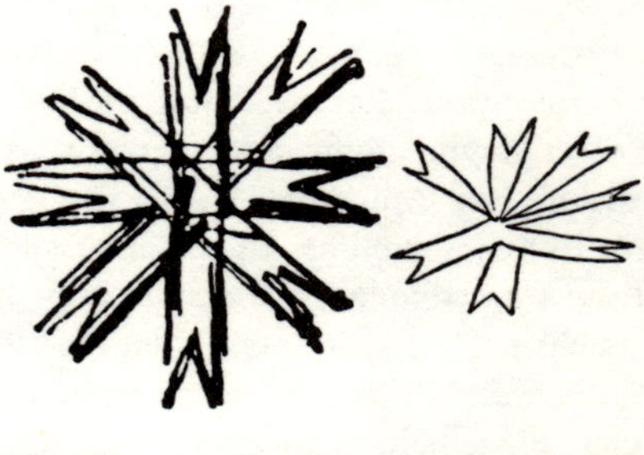

Verblüffende Ergebnisse außersinnlicher Wahrnehmung, über die er in seinem Werk »Mental Radio« berichtete, erzielte der bekannte amerikanische Schriftsteller Upton Sinclair in Experimenten mit seiner Frau. Mrs. Mary Craig Sinclair war in der Lage, kleine Skizzen, die – von ihr entfernt – ihr Mann zu Papier brachte, erstaunlich

vermocht, zugleich auch die zukünftige Entwicklung der Dinge vorauszusehen!
Immer wieder – und zwar über Jahrzehnte – hatte es in jener Zeit auch ein anderes Medium verstanden, verblüffende und dem nüchternen Alltagsverstand völlig unerklärliche Beweise wahrhaft ungewöhnlicher übernormaler Befähigung zu liefern – die zu Recht weltberühmt gewordene Mrs. Gladis Osborne Leonard. Sie und ihre amerikanische »Kollegin« Mrs. Piper galten als die allergrößten Begabungen auf mentalem Gebiet.
Die 1882 in Lancashire geborene, einer reichen Familie entstammende Engländerin veranstaltete in London seit 1909 Séancen. In aller Welt bekannt wurde sie durch ein Buch von Sir Oliver Lodge, der darin Sitzungen mit Mrs. Leonard schilderte, die ihn fest daran glauben ließen, mit seinem 1915 im Krieg gefallenen Sohn Raymond mehrmals Kontakt gefunden zu haben.
Mrs. Leonard gab an, daß ihr »Kontrollgeist« ein junges Mädchen namens »Feda« sei, das ihr alles vermittelte, was sie höre oder sehe. Da sie eine überzeugte Spiritistin war, glaubte sie, auf diese Weise auch von Verstorbenen aus dem Jenseits Mitteilungen zu erhalten. Mehr als einmal erwiesen sich ihre Angaben als so unfaßbar, daß tatsächlich der Eindruck einer Mitwirkung Verstorbener nahelag. Selbst unter den kritischsten und nüchternsten Experten fehlte es zuweilen nicht an Stimmen, denen eine solche Erklärung durchaus einleuchten wollte.
Mit welchen Schwierigkeiten die Forscher sich dabei konfrontiert sahen, lassen zwei berühmt gewordene, heftig umstrittene Fälle erkennen. Beide sind in den »Proceedings« der S.P.R. bezeugt.
Eine Londonerin, Mrs. X., erhielt – es war während des Ersten Weltkrieges – telegraphisch die Nachricht, ihr Mann sei bei einem Gefecht in Mesopotamien gefallen. Jede nähere Angabe fehlte.

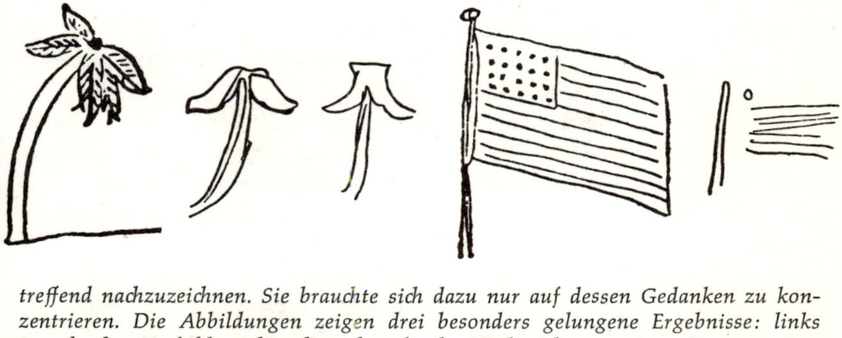

treffend nachzuzeichnen. Sie brauchte sich dazu nur auf dessen Gedanken zu konzentrieren. Die Abbildungen zeigen drei besonders gelungene Ergebnisse: links jeweils das Vorbild, rechts die telepathische Nachzeichnung eines Sternes, einer Palme und des Sternenbanners.

Auf Bitten von Mrs. X. empfing Mrs. Leonard sie zu einer privaten Séance. Obwohl Frau X. dem Medium völlig unbekannt war, sagte es ihr Dinge aus dem Eheleben, von denen nur diese selbst und der Gefallene etwas gewußt haben konnten. Dann kam die Sprache auf das tragische Ereignis an der Front: Ihr Mann sei nicht auf der Stelle tot gewesen, sondern habe erst nach einer Dreiviertelstunde sein Leben ausgehaucht. Eine Reserve-Abteilung habe seinen Leichnam begraben. Seine Uhr und andere Sachen werde man ihr schicken. Auf einer weiteren Sitzung erfuhr Mrs. X. noch weitere Einzelheiten: Er habe zwei schwere Verwundungen gehabt, am Brustkorb und am Hals. Die erste sei tödlich gewesen, da die Lunge zerschossen wurde.

Es war naturgemäß unmöglich, solche detaillierten Angaben über Vorgänge am fernen Euphrat in London sofort auf ihre Richtigkeit überprüfen zu können.

Wochen vergingen. Dann trafen Schreiben des höchsten Offiziers der Einheit und eines Kameraden ein. Sie bestätigten alles, was Mrs. X. bereits durch das Medium erfahren hatte.

Mrs. X. quälte damals noch etwas, und so suchte sie Mrs. Leonard ein drittes Mal auf. Ihre Frage lautete: ob ihr Mann geahnt habe, daß er tödlich verwundet worden sei. Sie erhielt die Antwort: »Ja, er wußte: ›Jetzt hat es dich erwischt‹, und sagte: ›Kismet!‹« Jahre danach kam auf einem Regimentstreffen Mrs. X. mit einem Angehörigen der Einheit ihres Mannes nochmals auf dessen tragisches Ende zu sprechen. Dabei erfuhr sie – der Sterbende habe zu seinem Adjutanten gesagt: »Kismet! Trag mich weg!«

Nicht weniger Rätsel gab der ungewöhnliche »Fall des schwarzen Notizbuches« auf. Auch hier handelte es sich um eine Witwe, von der Mrs. Leonard zuvor nicht einmal den Namen gewußt hatte. Es war Mrs. Hugh Talbot, die im Dezember 1917 zu ihr kam.

»Feda«, der »Kontrollgeist«, beschrieb zunächst sehr genau das Aussehen des verstorbenen Ehemannes. Dann wurden, so vermerkte Mrs. Talbot, »Ereignisse der Vergangenheit besprochen, die nur mir und ihm bekannt waren. Es ging um Angelegenheiten, die an und für sich trivial waren, für ihn jedoch, was ich wußte, von besonderem persönlichem Interesse. Auch sie wurden minuziös und korrekt geschildert.«

Dann aber kam es plötzlich zu einer Information über etwas, das überhaupt keinem lebenden Wesen bekannt sein konnte. Es ging um einen schmalen, etwa 20 bis 25 Zentimeter langen schwarzen Lederband. »Eigentlich ist es kein Buch«, hieß es, »es ist nicht gedruckt . . . aber es enthält etwas Geschriebenes.«

Mrs. Talbot erinnerte sich an ein Notizbuch aus rotem Leder, das ihrem Mann gehört hatte, ein »Logbuch«. Doch diese Vermutung wurde abgelehnt. Das Buch, vernahm sie, sei dunkel, und es hieß, daß sie »auf Seite 12 nachsehen solle, wo etwas geschrieben stehe – und das werde nach dieser Unter-

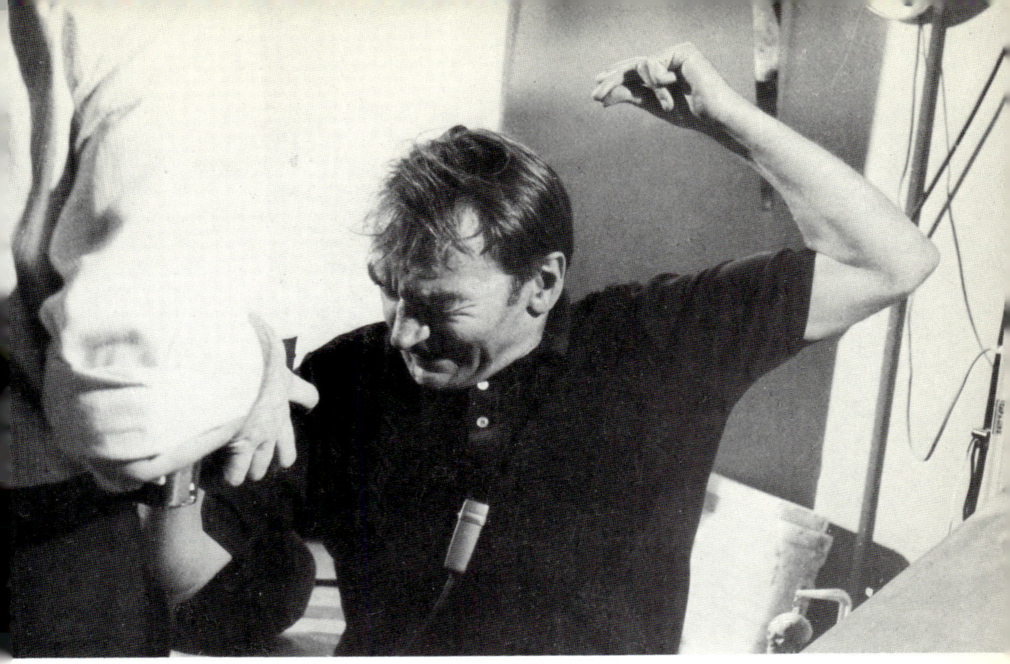

Oben: Ted Serios, der Chicagoer »Gedankenfotograf«, bringt es nach äußerster Konzentration auf rätselhafte Weise fertig, auf unbelichteten Filmen in einer Polaroid-Kamera Bilder zu produzieren. Unten: »Gedachtes Bild« der Türme der Münchner Frauenkirche (links), daneben normales Foto.

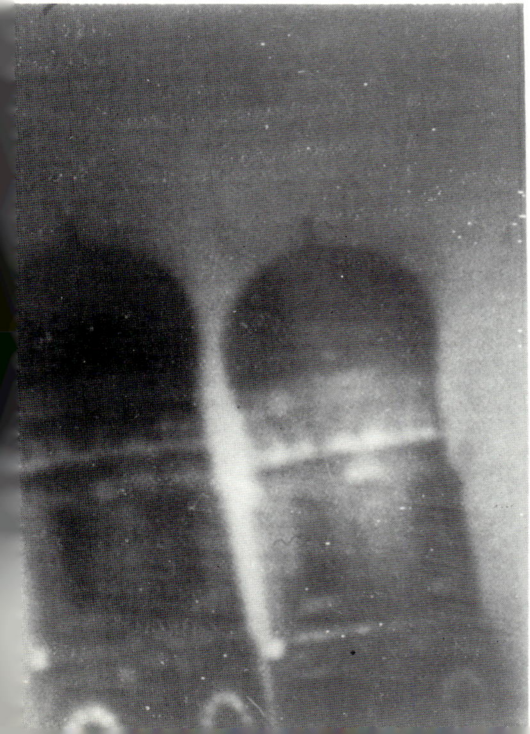

»Gedanken-Foto« aus Japan. Die Buchstaben, die »myo ho« bedeuten, wurden von Mrs. Nagao, einer Versuchsperson, während eines Experimentes im Jahre 1930 in Gegenwart von Professor T. Fukurai von der Universität in Tokio auf eine unbelichtete Platte »gedacht«. Der Gelehrte wurde aufgrund seiner Versuche derart angegriffen, daß er seinen Lehrauftrag verlor.

Geheimnisvolle »Stimmen aus dem Jenseits« behauptet der in Süddeutschland lebende Konstantin Raudive auf Tonbändern empfangen zu können. Es sind meist kurze Sätze in fünf Sprachen – deutsch, lettisch, spanisch, schwedisch, englisch –, die er selbst auch spricht. Zu vermuten steht, daß es sich um einen para-normalen Vorgang handelt, bei dem durch psychokinetische Einwirkung mikrophysikalische Veränderungen auf dem Band hervorgerufen werden.

haltung sehr interessant sein ... Es kann auch auf Seite 13 sein.« Mrs. Leonard fügte noch hinzu: »Es handelt sich um zwei Bücher. Welches gemeint ist, werden Sie an einer Aufschrift auf dem Titelblatt in verschiedenen Sprachen erkennen: indo-europäische, arische, semitische Sprachen ... Eine Tabelle arabisch-semitischer Sprachen ...«

Mrs. Talbot durchsuchte die ganze Bibliothek – ohne Erfolg. Schließlich entdeckte sie ganz hinten in einem Bücherregal zwei alte Notizbücher ihres Mannes. Eines davon hatte einen abgegriffenen schwarzen Einband aus Leder und auch die angegebenen Maße. Und erstaunt stellte sie fest: Es enthielt eine »Tabelle von semitischen oder syro-arabischen Sprachen« und eine »allgemeine Tabelle arischer und indo-europäischer Sprachen«. Auf Seite 13 aber stand geschrieben:

»Durch ein Flüstern, von dem man annahm, daß ich es nicht hören konnte, und aus gewissen neugierigen und mitleidigen Blicken, die ich nicht sehen sollte, wurde mir bewußt, ich war dem Tode nahe ... Da erfüllte sich meine Seele nicht nur mit einem Gefühl tiefster Freude über das, was mir bevorstand, sondern ich genoß voll auch die Glückseligkeit meines augenblicklichen Zustandes. Ich sah lange vergessene Gestalten auftauchen – Spielkameraden, Schulfreunde, Gefährten meiner Jugend und meines Alters, die mir alle zulächelten. Aber sie lächelten nicht aus irgendeinem Mitgefühl, denn ich spürte, das brauchte ich nicht länger. Es geschah mit einer Freundlichkeit, wie sie zwischen Menschen besteht, die alle gleich glücklich sind. Und ich sah auch meine Mutter, meinen Vater und die Geschwister, die ich alle überlebt habe. Sie sprachen nicht, und dennoch fühlte ich ihre Nähe, in unveränderter Zuneigung. In dem Augenblick, da sie erschienen, versuchte ich, mir meine körperliche Situation vorzustellen ... Ich bemühte mich, meine Seele mit dem Körper zu verbinden, der auf dem Bett in meinem Hause lag ... Der Versuch mißlang ... Ich war tot.«

Das also war das »Geschriebene«, das für Mrs. Talbot »nach dieser Unterhaltung sehr interessant sein werde«. Es handelte sich um eine Abschrift ihres Mannes aus einem alten Buch, betitelt »Post mortem«, in dem der Autor den glückseligen Zustand nach dem Sterben beschreibt.

Die Art und die Umstände, wie diese Hinweise auf ein Buch und dessen Inhalt gegeben wurden, an das die Besitzerin selbst sich nicht mehr erinnern konnte, zielten ganz offenbar auf eines: Mrs. Talbot von der Weiterexistenz ihres toten Gatten zu überzeugen. Das war die – möglicherweise sogar unbewußt – betriebene »Werbung«, die Mrs. Leonard dabei über den Kontrollgeist »Feda« mit ihren Para-Fähigkeiten bezweckte. Indes, die beiden Fälle vermögen nur eines zu bezeugen: wie ungeheuer stark die Fähigkeiten der Mrs. Leonard auf dem Gebiet der Telepathie, wobei auch Clairvoyance mitgespielt haben mag, waren. Räumliche und zeitliche Entfernung spielen dabei keine Rolle. Im Fall des in Mesopotamien tödlich Verwundeten wußten dessen Kameraden den Hergang und hatten ihn in ihrem Bewußtsein »parat«, telepathisch »abgezapft« zu werden. Das Wissen vom »schwarzen Notizbuch« hingegen kann im Unterbewußtsein der Mrs. Talbot geschlummert haben und wurde dort durch das Medium bzw. dessen Spaltpersönlichkeit »Feda« erfaßt. Doch wie dem auch sei: Für die Existenz von Para-Phänomenen hatte Mrs. Leonard mit diesen bei der S.P.R. beurkundeten Fällen erneut einen einzigartigen und überzeugenden, ja zwingenden Beweis geliefert!

Telepathie scheint im übrigen nicht nur auf den »Herrn der Schöpfung« beschränkt zu sein. Es gibt Fälle, die dafür sprechen, daß solche »Verbindungen« auch zwischen Mensch und Tier auftreten.

Im Oktober 1904 brachte das Journal der S.P.R. einen Bericht über ein sehr eindrucksvolles Erlebnis dieser Art mit einem Hund. Er stammt von dem Schriftsteller Rider Haggard.

Mrs. Haggard hörte in der Nacht zum 7. Juli jenes Jahres ihren Mann ächzen und unartikulierte Laute ausstoßen. Es klang wie das Klagen eines verwundeten Tieres. Sie weckte ihn, und er erzählte ihr, was er gerade geträumt und im Augenblick des Wieder-zu-sich-Kommens empfunden habe. Zunächst verspürte er eine beklemmende Angst, er hatte das entsetzliche Gefühl, ersticken zu müssen. Im Augenblick, als seine Frau ihn anrief, wurde der Traum schlagartig anschaulich und sehr lebhaft. »Ich sah«, schildert es Haggard, »plötzlich den guten alten Bob, auf der Seite liegend, inmitten eines Gestrüpps nahe am Wasser. Er hob den Kopf, als bemühte er sich, mir etwas mitzuteilen. Und da er dazu nicht imstande war, machte er sich durch Laute verständlich, die mir auf eine undefinierbare Art Kenntnis davon gaben, daß er im Begriff sei, zu sterben.«

Vergeblich suchte das Ehepaar noch in derselben Nacht und am nächsten Morgen mit Nachbarn nach seinem Hund. Er war verschwunden. Vier Tage später entdeckte jemand seinen Leichnam. Er schwamm im Fluß. Als man ihn herausfischte, zeigte sich: Der Schädel war zerschlagen und die Füße gebrochen. Auf einer Eisenbahnbrücke in der Nähe fand man schließlich auch sein blutverschmiertes Halsband. Der Hund war offenbar beim Überqueren der Gleise von dem Zug erfaßt und ins Wasser geschleudert worden.

War in diesem Fall sozusagen das Tier, »Bob«, der »Sender« und der Mensch der »Empfänger« einer außersinnlichen Wahrnehmung, so sind andererseits auch genau umgekehrte »Signal«-Übertragungen bezeugt. Ein sehr frappierendes Beispiel hierfür lieferte der Lieblingshund des britischen Königs Georg VI., der »Jack of Sandringham« hieß. Als der Monarch im Jahre 1952 todkrank darniederlag und die Ärzte sich darüber klar waren, daß das Ende nahe bevorstand, schien Jack, obwohl er nicht in der Nähe seines Herrn untergebracht war, das genau zu spüren. Er kauerte verängstigt und wie verstört in einer Ecke seines Zwingers und rührte auch sein Fressen nicht an. Das blieb so mehrere Tage lang, bis er plötzlich aufsprang und in ein langgezogenes, klagendes Geheul ausbrach – in genau jenem Augenblick, in dem Georg VI. sein Leben aushauchte.

Reaktionen dieser Art konnten auch dann beobachtet werden, wenn die Personen, zu denen ein Tier in besonders enger Beziehung stand, sehr weit von ihm entfernt waren. In einem dem Freiburger Institut aus Frankfurt am Main berichteten Fall war es eine Siamkatze, die zu gleicher Zeit reagierte, als »Herrchen« und »Frauchen« unerwartet etwas zustieß. Die Besitzer hatten das Tier bei Freunden untergebracht, da sie eine längere Reise antreten mußten. Die Katze hatte sich bereits an die neue Umgebung gewöhnt, als sie nach mehr als drei Wochen an einem Vormittage plötzlich wie verwandelt schien. Sie miaute kläglich, fauchte zwischendurch, sprang mit gesträubtem Fell aus dem Fenster und verschwand. Vor dem Hause ihrer Besitzer fand man sie schließlich wieder. Diese waren an jenem Vormittag schwer verunglückt.

Während die großen Medien mit ihrem Wissen um die geheimnisvollsten und verborgensten Dinge Fachwelt und Laien immer aufs neue in Erstaunen versetzten, blieb die Forschung nicht untätig. Mit dem ehrgeizigen Ziel, jene spontan so oft bezeugten mentalen Phänomene auch experimentell in den Griff zu bekommen, probierte man es mit verschiedensten Methoden.

In Groningen versuchte es gegen 1920 der Holländer Brugmans mit Hilfe einer Art Schachbrett. Nur der »Sender« sah es und konzentrierte sich auf ein Feld. Die Versuchsperson saß unmittelbar daneben, allerdings hinter einem Vorhang, und sollte »blind« den Finger auf das ihrer Vermutung nach gemeinte Viereck legen. Bei 77 Versuchen wurden 23 Treffer erzielt, also 30 Prozent Treffer. Sie entsprechen einer Wahrscheinlichkeit von 1 zu 60 000 000 000 000 000 000 – das ist eine Wahrscheinlichkeit von einem Sechzigtrillionstel!

In einer weiteren Serie wurden die Bedingungen geändert. Diesmal befand sich der »Sender« genau über der Versuchsperson – in einem Raum oberhalb des Zimmers. Er konnte auf das Brett durch eine verglaste Platte hinabschauen. Das verlief noch günstiger. 80 Versuche ergaben 32, d. h. 40 Prozent Treffer, was einer Wahrscheinlichkeit von einem Neunundsiebzigquintillionstel (eine Quintillion ist eine 1 mit 30 Nullen) entspricht.

Auch die Amerikaner begannen, Serien zu erproben. Am »Psychological Laboratory« in Harvard, das der sehr angesehene William McDougall leitete, startete 1925 G. H. Estabrooks mit Studenten eine Art Erraten von Karten. Die Versuche fanden von Zimmer zu Zimmer statt. Der »Sender« – meist Estabrooks selbst – bemühte sich, die in einem Spiel von 52 Stück jeweils oben liegende Karte zu übertragen. Ein Klopfzeichen bedeutete: Jetzt! Die »Versuchskaninchen« im Nebenraum sollten darauf die Karte aufschreiben, die ihnen in diesem Augenblick in den Kopf kam.

Die Ergebnisse lagen weit jenseits der Zufallserwartung – jedenfalls bei den ersten Durchgängen. Später ließen sie auffällig nach.
Auf die Berichte von diesen Erfolgen schaltete sich auch in England die S.P.R. ein. Das »Journal« forderte die Mitglieder auf, sich an solch einem Para-Experiment zu beteiligen. Auch hierbei ergab sich eine – wenn auch nicht sehr hohe – Überschreitung der Zufallsgrenze.
Jetzt konnte es kaum noch Zweifel geben: Es schien tatsächlich möglich, die Existenz außersinnlicher Wahrnehmungen auch mit Hilfe von Versuchsreihen im Labor nachzuweisen. Die bahnbrechende Arbeit mutiger Forscher über mehr als ein halbes Jahrhundert begann erste bedeutende Resultate zu zeigen. Die Zeit schien reif für einen weiteren großen Schritt nach vorn. Ihn zu tun, sollte einem jungen amerikanischen Wissenschaftler vorbehalten sein – Joseph Banks Rhine ...

XX. Wenn Dinge ihre Geschichte erzählen

1922 sucht der Sensitive Pascal Forthuny das »Institut Métapsychique« in Paris auf. Er hat eine Verabredung mit dem Direktor Dr. Geley. Dieser ist jedoch gerade beschäftigt, und der Besucher muß ein wenig warten. Dann führt man ihn zum Direktionszimmer. Dort ist auch Madame Geley, die ihrem Mann zuweilen hilft, anwesend. Beide sind eben dabei, für Experimente mit einem Medium einige Dinge vorzubereiten. Diese liegen vor ihnen auf einem Tisch ausgebreitet.
Zu ihrem Erstaunen streckt Forthuny – kaum daß man sich begrüßt hat – wie magisch angezogen die Hand aus und ergreift einen frisch versiegelten Umschlag. Im gleichen Augenblick beginnt er – ohne dabei noch weiter auf den Brief zu schauen – aufs genaueste das Innere und Äußere eines Landhäuschens bei dem Ort Gambais zu beschreiben, in dem eine ganze Reihe von Frauen auf bestialische Weise umgebracht worden seien.
Dr. Geley hatte kurz zuvor in den Umschlag ein Stück Papier getan, auf dem sich das Original einer Unterschrift von Landru – dem berüchtigten »Blaubart«-Mörder – befand!
Als Madame Geley, wie um die Probe aufs Exempel zu machen, darauf vom Tisch einen Fächer nimmt, ihn Forthuny reicht und fragt: »Und wo kommt der her?«, lautete die Antwort: »Ich habe das Gefühl, als würde ich ersticken, und ich höre deutlich Elisa neben mir!«
Auch damit hatte Forthuny genau ins Schwarze getroffen. Denn der Fächer

hatte einer alten Dame mit dem Vornamen Elisa gehört. Sie war an einer Lungenblutung erstickt!
Es waren französische Forscher, vor allem Geley, Richet und Osty, die sich Jahrzehnte nach der Entdeckung der Psychometrie durch den Amerikaner Dr. Joseph Rhodes Buchanan im Jahre 1842 erneut intensiv mit dem Phänomen befaßten. Seine Existenz konnte in zahlreichen Versuchen mit Begabten, zu denen auch Forthuny zählte, in Frankreich ebenso wie im Ausland nachgewiesen werden. Immer wieder zeigte sich: Der bloße Kontakt mit irgendeinem Gegenstand genügte, um die verblüffendsten Enthüllungen über damit in Zusammenhang stehende Ereignisse auszulösen, von denen der Sensitive unmöglich vorher etwas gewußt haben konnte. Merkwürdigerweise schien es keinen Unterschied zu machen, ob es sich um Begebenheiten aus der Gegenwart oder aus der Vergangenheit handelte.
Von brennendem Interesse war dabei vor allem die Frage: ob die zutage kommenden »Informationen« in irgendeiner Weise dem Gegenstand selbst anhafteten, mit anderen Worten also eine Art auf geheimnisvolle Weise gespeicherten Wissens darstellten. Die zugrunde liegende Idee ist uralt. So glaubte man im alten Ägypten, alles, was auch immer der Mensch sein eigen nannte, habe auf magische Weise an ihm teil. Nicht nur seine abgeschnittenen Nägel oder Haare blieben weiterhin mit ihm verbunden. Auch alle Dinge, mit denen er einmal in Berührung gekommen war, seien von seiner Persönlichkeit »durchtränkt«.
Professor Richet berichtet, wie es einem Kriminalisten, Dr. Dufay, mit Hilfe eines psychometrisch begabten Mädchens namens Marie gelang, ein Verbrechen aufzuklären. Er übergab ihr etwas, das er zuvor dick mit Papier umwickelt hatte, so daß nichts zu sehen war. Marie hatte das Paket kaum in die Hände genommen, als prompt ihre Antwort kam: Was sich darin befinde, habe einen Mann getötet. Seine Frage: »Ein Seil also?« verneinte sie und fügte sofort hinzu: »Eine Halsbinde!« Dann fuhr sie fort: »Sie gehört einem Gefangenen, der sich damit aufhängte, weil er einen Mord begangen hatte. Er tötete sein Opfer mit einer Holzfäller-Axt.«
Maries Information – es erschien gerade so, als spule sie das ganze Geschehen zeitlich rückwärts ab – ging noch weiter. Sie gab auch an, in welcher Gegend das Mordinstrument sich noch befinde, und beschrieb sogar dessen Lage. Alles, was sie, das Paket noch in den Händen, aussagte, stimmte. Die Axt wurde bei einer Suche am angegebenen Ort ohne Mühe gefunden.
Eines Tages hatte Dr. Osty für Testzwecke ein verschlossenes Kuvert von einem Schiffskapitän C. zugesandt erhalten. Den Inhalt kannte er nicht. Nur eines war ihm mitgeteilt worden: Die Person, von der die Zeilen in dem Brief stammten, lebe nicht mehr.
Auf einer Sitzung am 18. Mai 1922 überreichte Osty – gespannt auf die Reaktion – den Umschlag einer Sensitiven namens Madame Vivian, ohne

etwas Näheres zu sagen. Diese zerknüllte ihn in ihrer Hand und erklärte – der Schreiber sei bereits tot! Dann begann sie im gleichen Atemzuge und wie aus der Pistole geschossen, mit einer wahren Flut von detaillierten, wirr aneinandergereihten Aussagen visionsartig ihre Eindrücke zu schildern.

»Ein Soldat im Krieg«, heißt es unter anderem in dem mitstenographierten Bericht, »sonnengebräunt, mit sehr offenem Blick, willensstark und kämpferisch, unsentimental, intelligent, gutmütig, energisch, liebenswert, katholischen Glaubens, mit einem Hang zur Mystik, betete, wenn er traurig war, aber nicht bigott, hochbegabt, aus frommer Familie und einem Land, wo man Schiffe nach dem Namen von Heiligen benennt, so wie in England, hatte einen älteren Bruder, mit dem er sehr vertraut war, seine einzige Angst galt einer geliebten Frau, ja, da ist ein Kind, ein Gefühl des Schwankens, Rollens, Feuchtigkeit und Wasser, meine Lippen sind salzig, als wenn ich auf dem Meer wäre, ein Offizier, jung, starb gegen Kriegsende, nicht verwundet, erstickt, ein plötzlicher Schmerz im Kopf, starb nicht im Bett, kleine Häuser, Soldaten, Ingenieure, Spitzhacken, Zelte drumherum.«

Das ist nur ein Auszug. Was Madame Vivian tatsächlich heraussprudelte, war um vieles länger. Es übertraf an Fülle und Ausführlichkeit alles, was ein kurzer Brief je an Informationen hätte geben können.

Wie Dr. Osty durch eingehende Rückfragen herausfinden konnte, stimmten 25 Angaben, vier blieben unklar. Und nicht eine einzige Aussage war falsch! Geschrieben hatte den Brief der Bruder des Kapitäns C., und zwar – daher die Beschreibung des »Schwankens«, »Rollens« und auch des Salzgeschmacks auf den Lippen – bei schwerer See. Das Schiff – eines von denen mit »Namen von Heiligen« – hieß »St. Anna«. Der Schreiber, der als Soldat an der Front war, fiel nicht im Kampf. Er starb an einer Infektionskrankheit.

Als psychometrisch sehr begabt erwies sich auch der polnische Ingenieur Stefan Ossowiecki. Mit ihm experimentierten wiederholt Osty wie auch Geley. Ossowieckis Begabung schien jedoch auf merkwürdige Art begrenzt zu sein: Sobald es sich um mechanisch hergestellte Schriftstücke – sei es gedruckte oder getippte – handelte, versagte er völlig. Nur bei »lebender« Schrift, wie er es nannte, bei handgeschriebenen Zeilen gelangen ihm hellseherische Aussagen, diese dann aber erstaunlich präzise. Das zeigte sich deutlich auf einer Sitzung in Warschau.

Professor Richet kritzelte heimlich auf einen Zettel: »Das Meer wirkt niemals so weit, als wenn es ruhig ist. Der aufgewühlte Zustand läßt es kleiner erscheinen.«

Er faltete das Papier mehrmals und steckte es in einen Umschlag. Ossowiecki preßte diesen wie fiebernd in seiner Hand zusammen. Es vergingen zehn Minuten, dann stieß er hervor: »Ich sehe viel Wasser, sehr viel Wasser. Sie wollen eine Idee mit dem Meer verbinden. Das Meer ist so groß, daß neben seiner Bewegung ... mehr kann ich nicht sehen.«

Geley schrieb unter dem Tisch auf eine Karte: »Nichts ist erhebender als der Gebetsruf der Muezzins, der arabischen Gebetsrufer.« Als das Medium diesen Umschlag betastete, sagte es: »Da ist ein Gefühl von Beten, ein Ruf von Menschen, die gerade verwundet oder getötet werden ... Nein, das ist es nicht ... Es gibt nichts, was das Gefühl mehr erhebt, als der Ruf zum Gebet, es ist wie ein Ruf zum Gebet, für wen? Eine bestimmte Kaste von Männern, mazzi, madz ... Eine Karte. Mehr vermag ich nicht zu sehen.«

Wie kommt es zu diesen so mysteriös anmutenden Visionen? Was geht in einem Sensitiven in solchen Augenblicken vor? Ossowiecki hat seine eigenen Eindrücke einmal präzis geschildert:

»Ich fange damit an, jegliches Denken auszuschalten und meine ganze innere Kraft auf die Wahrnehmung seelischer Empfindungen zu konzentrieren. Ich versichere, daß diese Situation durch meinen unerschütterlichen Glauben an die seelische Einheit der gesamten Menschheit zustande kommt. Ich befinde mich dann in einem neuen, außergewöhnlichen Zustand, in dem ich, unabhängig von Zeit und Raum, sehe und höre ... Ob ich einen versiegelten Brief lese oder eine verlorene Sache finde oder psychometrisiere – die Sinnesempfindungen sind nahezu gleich. Ich scheine dabei einige Energie einzubüßen. Meine Körpertemperatur wird fieberig und der Herzschlag unregelmäßig. Ich werde in dieser Annahme dadurch bestätigt, daß, sobald ich zu denken aufhöre, etwas wie Elektrizität für einige Sekunden durch meine Glieder fließt. Aber das währt nur einen Augenblick, dann überkommt mich Hellsichtigkeit, Bilder tauchen auf, gewöhnlich aus der Vergangenheit. Ich sehe den Mann, der den Brief schrieb, und ich weiß auch, was er schrieb. Ich sehe den Gegenstand in dem Augenblick, da er verloren wird, mit allen Einzelheiten der Begebenheit, oder aber ich nehme wahr oder fühle die Geschichte des Körpers, den ich in meinen Händen halte. Die Sicht ist nebelig, und es bedarf großer Spannkraft. Besondere Anstrengungen sind erforderlich, um Details und die näheren Umstände einer auftauchenden Szene erkennen zu können. Die Hellsichtigkeit kommt manchmal innerhalb weniger Minuten. Ein anderes Mal wiederum bedarf es stundenlangen geduldigen Wartens. Im übrigen hängt sehr viel von der Umgebung ab. Skepsis, Ungläubigkeit oder auch eine zu sehr auf mich konzentrierte Aufmerksamkeit lähmen sehr schnell den Erfolg.«

»Viele verschiedenartigste Experimente, die ich mit Madame Morel machte«, sagt Osty über ein anderes psychometrisches Medium, »zeigten mir, daß der Gegenstand, den man ihr in die Hand legt, auf irgendeine Weise ihre Fähigkeit in Gang setzt. Und das nicht durch die Tatsache, daß er diesem oder jenem Menschen gehört, sondern weil er von einem Menschen berührt worden ist.«

Das würde bedeuten, daß das Wissen selbst nicht dem Gegenstand anzuhaften scheint. Der Gegenstand dient, mit anderen Worten gesagt, nur dazu, die

»Wahrsagen« aus Teeblättern. Da diese, nicht anders als eine Kristallkugel, als sogenannte »Steigrohre des Unterbewußten« dienen, kann es bei konzentriertem Betrachten zu außersinnlichen Wahrnehmungen kommen.

medialen Fähigkeiten zu konzentrieren und in die richtige Bahn zu lenken. Aber selbst wenn es so wäre, bliebe es völlig rätselhaft und unvorstellbar, auf welche Weise so etwas geschehen könnte.

»Für Aussagen über jemanden, der räumlich und zeitlich entfernt ist«, erklärte Osty und berührte im folgenden ein weiteres Gebiet, »verlangen viele Sensitive einen dem Betreffenden gehörenden Gegenstand. Bei einigen wenigen genügt es indes, wenn der Versuchsleiter an diese Person denkt. Unter den Sensitiven, die offenbar im Wachsein arbeiten, benötigen einige wiederum nur ihren eigenen psychischen Impuls. Andere jedoch regen ihre Fähigkeiten durch verschiedene Hilfsmittel an.« Osty führt an: Manche betrachten die Hände, andere die Handschrift, einige benutzen Spielkarten oder Kristallkugeln, andere hingegen ein Glas Wasser, Kaffeesatz, eine Kerze oder auch ein Bündel hölzerner Stäbchen.

»Viele meinen«, so bemerkt Professor George N. M. Tyrrell, der als Physiker und Mathematiker sich intensiv mit parapsychologischen Phänomenen beschäftigte, zu diesem Thema, »es sei abergläubisch, derart närrische und scheinbar bedeutungslose Praktiken überhaupt zu beachten. Aber diese Praktiken bewirken ohne Zweifel, daß eine Schicht der Persönlichkeit mit einer anderen in Verbindung tritt, wobei es nicht so sehr auf ihre eigentliche Bedeutung als vielmehr auf ihren Effekt ankommt.«

Eine Abhandlung über eine längere Reihe psychometrischer Versuche – die erste wissenschaftlich verwendbare in Deutschland überhaupt – veröffentlichte 1919 Dr. Rudolf Tischner. Seine begabteste Versuchsperson war ein gebildeter Herr H., dem hellseherische Angaben fast ausschließlich anhand von Gegenständen gelangen. Bei Telepathie-Experimenten dagegen versagte er total. Verwendet wurden gut verpackte Sachen. Bemerkenswert schien, daß er – ganz im Gegensatz zu anderen Sensitiven – nichts über die »Geschichte« des Gegenstandes oder über das Schicksal des Besitzers aussagte. Er beschrieb vielmehr den Gegenstand selbst, dessen Gestalt und Material, Zweckbestimmung und Inhalt. Einen Rosenkranz beispielsweise bezeichnete er als eine »Perlenkette mit anhängendem Kreuz«. Er erkannte auch das Bild auf einem ausländischen, ihm fremden Geldschein, beschrieb es und zeichnete es in etwa richtig nach.

So wissenschaftlich aufschlußreich diese Resultate waren, sie blieben kaum beachtet. Denn um jene Zeit kamen aus Mittelamerika Berichte über die wahrhaft phänomenale psychometrische Begabung einer Sensitiven, die Fachleute und Laien weltweit in Erstaunen setzten. Es handelte sich um Señora Maria Reyes de Z., eine Mexikanerin aus angesehener Familie.

Entdeckt hatte sie Sanitätsrat Dr. Gustav Pagenstecher, ein in Mexiko-City lebender deutscher Arzt. Señora Z. war in seine Praxis gekommen, weil sie an Schlaflosigkeit und einer schweren Magenerkrankung litt. Als alle sonst erprobten Mittel nichts halfen, schlug er ihr eine hypnotische Behandlung vor. Dabei stellte er etwas höchst Merkwürdiges fest: Sie erlitt einen kataleptischen Anfall. Ihre Arme und Hände wurden vollkommen starr. Als Pagenstecher ihr in diesem Zustand einen Gegenstand auf die Hände legte – es geschah beim ersten Mal rein zufällig –, begann die Señora eine ausführliche Beschreibung über dessen »Erlebnisse« zu geben. Auch wenn sie aus der Hypnose bereits wieder zu sich gekommen war, zeigte sie sich noch in der Lage, Fragen über diesen Gegenstand zu beantworten.

Dr. Pagenstecher probierte es mit den verschiedensten Objekten. Es klappte immer. Manchmal ging Señora Z. in ihrem Bericht bis auf den Zeitpunkt der Entstehung zurück und beschrieb genau, auf welche Weise, mit Hilfe welcher Werkzeuge und von wem der Gegenstand hergestellt worden war, ein anderes Mal wiederum schilderte sie Begebenheiten, die sich unmittelbar vor ihm abgespielt hatten.

Nachdem Dr. Pagenstecher sie über ihre ungewöhnliche psychometrische Begabung unterrichtet hatte, war Señora Z. bereit, sich in regelrechten Versuchen näher testen zu lassen. Es kam zu sensationellen Resultaten.

In einer der ersten Sitzungen erhielt sie ein Stück Marmor. Woher es stammte – nämlich von einem Tempel des Forum Romanum –, wurde ihr nicht gesagt. Sie beschrieb dennoch den wichtigsten öffentlichen Platz des antiken Rom. Dabei mochte allerdings auch Telepathie hineinspielen. Pagenstecher hatte sich nämlich zuvor einen Bildband über die Ewige Stadt angesehen, in dem natürlich auch der berühmte Blick vom Kapitol hinab nicht fehlte.

Ein Bimsstein, der aus dem Texcoco-See stammte, löste eine ganze Reihe von Beschreibungen aus. Es begann mit der Geschichte, wie er überhaupt entstanden sei – nämlich bei einem vulkanischen Ausbruch. Dann beschrieb die Señora genau die verschiedenen Fischarten, die in jenem See über dem Stein und um ihn herum geschwommen seien. Schließlich erklärte sie, das Ticken und Schlagen einer Uhr zu hören! Auch das stimmte: Man hatte den Stein vor dem Versuch für drei Wochen in das Gehäuse einer Standuhr gelegt.

Im März 1921 reiste Professor Dr. Walter Franklin Prince – damals Amerikas bedeutendster Para-Forscher, der später auch durch den Fall der »Patience Worth« Aufsehen erregte – nach Mexiko, um in Pagenstechers Praxis die Fähigkeiten der Señora Z. in einer Reihe von Experimenten zu untersuchen. Vor einer Sachverständigenkommission unter seinem Vorsitz legte sie bei einem Test ein einmaliges, kaum faßbares Glanzstück ihres ungewöhnlichen Könnens ab.

Alles war aufs beste vorbereitet. Professor Prince übergab zu Beginn der Sitzung dem Medium einen Umschlag, der zwei sorgfältig versiegelte Briefe enthielt. Keiner der Anwesenden hatte von deren Inhalt Kenntnis. Sie stammten von einem Freund Pagenstechers, der sie ihm aus Tokio, wo er lebte, geschickt hatte. Pagenstecher hatte die Briefe nicht geöffnet.

Als Señora Z. in Hypnose versetzt worden war, begann sie – den Umschlag vor sich in den Händen haltend – zu erzählen: »Es ist Nacht ... stockdunkel ... heftige Bewegung ... ich glaube, ich bin auf einem Schiff ... da sind viele Leute. Sie alle sind voller Entsetzen. Ich sehe Frauen, die vor Schrecken ohnmächtig werden ... andere umarmen Mann und Kinder ... knien und beten ...«

Dr. Pagenstecher fragte, ob ihr jemand besonders auffalle. »Ja«, lautete die Antwort, »ein Herr. Es ist ein Weißer, hat einen Bart und Schnurrbart ... über seiner linken Augenbraue eine große Narbe ... ein großer, sehr kräftiger Mann. Seine Augen sind schwarz, auch seine Haare ... Jetzt reißt er eine Seite aus einem Heft und schreibt etwas auf ... Die anderen schreien, weinen ... Ich höre eine Explosion ... Sie binden sich Schwimmwesten um ... wieder eine Explosion ... Der Mann, er zieht eine Flasche aus der Tasche, stopft den Zettel hinein, korkt sie zu ... Das Schiff sinkt sehr schnell ... alle ertrinken ... Vor mir taucht der Mann aus den Fluten auf ... er schreit ... ruft flehend: Dios mio, mis hijos! – Mein Gott, meine Kinder ...«

Dr. Pagenstecher weckte das Medium, das am ganzen Leib zitterte, wieder aus der Hypnose auf. Die Frau war so mitgenommen von dem, was sie soeben »gesehen« und erlebt hatte, daß es einer ganzen Weile bedurfte, bis sie nicht mehr schluchzte und ihr Herz sich wieder beruhigte.

Nach dieser hochdramatischen Sitzung gingen Professor Prince, Pagenstecher und die anderen Beisitzer zu einem Notar, der die versiegelten Briefe öffnete und ihnen dann deren Inhalt zur Kenntnis gab. Jetzt erst waren sie in der Lage zu beurteilen, was für eine phänomenale Leistung die Señora Z. vollbracht hatte.

Einer der Umschläge enthielt einen ziemlich verwitterten Zettel – aus einer Flaschenpost. Portugiesische Fischer hatten sie bei den Azoren aus dem Meer gefischt. Auf dem Stück Papier stand, in kaum noch lesbarer Schrift, die letzte Botschaft eines Schiffbrüchigen. Ihr Wortlaut war: »Leb wohl, Luisa, sorge dafür, daß die Kinder mich nicht vergessen. Dein Ramon.«
In dem zweiten Schreiben erklärte Pagenstechers Freund aus Tokio alles, was man nach längeren Recherchen über die Flaschenpost hatte rekonstruieren können. Der Absender war ein Kubaner aus Havanna, der als politischer Flüchtling unter falschem Namen von den USA mit der »Lusitania« nach Europa reiste, dem großen Passagierschiff der Cunard Line, das am 7. Mai 1915 durch ein deutsches U-Boot versenkt wurde, wobei 1200 Menschen ertranken. Señora Z. hatte, wie aus dem Begleitbrief hervorging, das Aussehen des Mannes sogar bis auf die Narbe treffend genau beschrieben.
In einer weiteren Séance machte Señora Z. übrigens noch nähere Angaben über die Familienverhältnisse des Ertrunkenen und berichtete, daß die Narbe von einem politischen Anschlag herrühre. Die Witwe, der man dies mitteilte, bestätigte erschüttert die Richtigkeit auch dieser Aussagen . . .

Durchbruch zur Wissenschaft

Der Nachweis der Existenz von Psi gibt dem Menschen eine Ahnung seiner überphysikalischen Natur.

J. B. RHINE

XXI. Para-Phänomene im Labor

33 Kilometer von Raleigh entfernt liegt im amerikanischen Bundesstaat North Carolina das Städtchen Durham, bekannt geschichtlich, da sich hier 1865 der Konföderierten-General Josef E. Johnston ergab, und wirtschaftlich durch Tabakfabrikation. Doch es hat auch ein geistiges Zentrum. Baumbestandene Alleen mit den typischen säulengeschmückten Landhäusern im alten Kolonialstil umrahmen das Gelände der Duke-Universität. Der Turm einer kleinen Kathedrale ragt auf ihm empor. Und auch die beiden Campusse spiegeln ein Stück Vergangenheit: Im normannischen Stil ist der eine erbaut, im klassizistischen der andere. Ein Idyll dem Augenschein nach. Und doch gerade in dieser so gestrig wirkenden Umgebung kam die große Wende. Hier begann in dem wohl bedeutendsten Forschungsunternehmen der Menschheit überhaupt ein neuer Abschnitt: An der Duke-Universität zu Durham gelang der entscheidende Schritt, der die parapsychologische Forschung für immer aus dem »Dunstkreis des Okkulten« befreien und sie – nach mehr als fünfzigjähriger Pioniervorarbeit zahlreicher Gelehrter in der Alten und der Neuen Welt – endlich hochschulreif machen sollte. Es ist das Verdienst eines anfänglich kaum bekannten jungen, als Biologe ausgebildeten amerikanischen Gelehrten, ihr den Platz einer ernst zu nehmenden und wissenschaftlich diskutablen Disziplin erkämpft zu haben.

»Die Forschung, auf der der Name ESP – Extra Sensory Perception – (auf deutsch ASW – Außersinnliche Wahrnehmung) basiert, geht zurück auf einen Tag im Jahre 1930 an der Duke-Universität«, heißt es in einem Rückblick. »Man kann sagen, damals begann es, obwohl sie selbstverständlich, wie alle wissenschaftlichen Untersuchungen, ihre Wurzeln bereits in der Vergangenheit hatte. An jenem Tage gab der junge Assistent eines psychologischen Seminars, Joseph Banks Rhine, jedem seiner Studenten einen gutversiegelten, undurchsichtigen Umschlag und erklärte, er wolle einen neuen, jedoch simplen Versuch machen. Jedes Kuvert enthalte eine Karte mit einer aufgedruckten Ziffer von 0 bis 9. Er bat, jeder möge raten, welche Zahl es sei, und sie dann auf den Umschlag schreiben.«

Als Grund für den Test erfuhren die Studenten: Rate-Experimente in Harvard und anderswo hätten ergeben, daß gelegentlich jemand gefunden werde, der unter den zehn Ziffern mehr Treffer erziele, als der Zufall zulasse.
»Natürlich ging es ihm«, so Louisa E. Rhine, die Frau und langjährige Mitarbeiterin jenes Assistenten, »um etwas ganz anderes als nur ein einfaches Rate-Experiment. Er hatte das viel größere Ziel im Kopf, etwas über die äußerste Grenze der menschlichen Seele herauszufinden.«
Konnte die Seele – das stand als große Frage unausgesprochen im Hintergrund – Informationen über die objektive Welt erhalten, die nicht auf dem Weg über die fünf Sinne zu ihr gelangten?
An fünf Tagen verteilte Rhine die Kuverts. Die Prüfung der Resultate ergab jedoch nichts Besonderes. Unter insgesamt 495 Versuchen fanden sich nur 60 Treffer. Das war nur wenig höher als die Zufallserwartung, die 49,5 betrug. Einer der Studenten, Adam I. Linzmayer, allerdings fiel ganz aus dem Rahmen: Er hatte auf drei von fünf Umschlägen die richtige Zahl geschrieben.
Linzmayer wurde getrennt weiter getestet. Eine unvorstellbar hohe Trefferzahl blieb. Man entdeckte noch einen zweiten, allen anderen hochüberlegenen »Rekordler«. Es war Hubert J. Pearce. Ihm gelang es, auf Wunsch hohe, weit über dem Zufall liegende Resultate zu erzielen – oder aber sehr niedere. Es stellte sich heraus: Er war vor allem ein Star – im Hellsehen.
Mit ihm führte J. G. Pratt – Rhines langjähriger Mitarbeiter – auf dem Campus der Duke-Universität ein berühmt gewordenes Experiment durch: Es ging dabei um die Frage, ob eine größere Entfernung die hellseherischen Leistungen beeinträchtige. Mit anderen Worten: Ob der Raum bei dieser Psi-Fähigkeit – dieser Begriff wurde nach dem griechischen Buchstaben Psi (Ψ) geprägt – eine Rolle spiele oder nicht. Pratt und Pearce wurden nicht, wie es bis dahin üblich war, in demselben Zimmer oder in zwei benachbarten Räumen plaziert, sondern sogar in verschiedenen Gebäuden. Dabei waren sie einmal – in Luftlinie gemessen – 90 Meter, ein anderes Mal sogar 225 Meter voneinander getrennt. Jede Sitzung bestand aus zwei »Runs«. In 74 Runs kam es zu 1850 Einzelversuchen. Jeder verlief nach genau der gleichen Schablone: Von einer vereinbarten Uhrzeit ab legte Pratt jede Minute aus einem Spiel eine Karte verdeckt vor sich auf den Tisch. Pearce – 90 Meter bzw. 225 Meter entfernt – schrieb zu gleicher Zeit jeweils die Karte auf, die es seines Erachtens nach sei.
Das Ergebnis war mehr als aufregend. Der von Pearce erzielte Trefferüberhang betrug 188. Das entsprach nach den Gesetzen der mathematischen Statistik einer Zufallswahrscheinlichkeit, die kleiner ist als 1 zu 10 000 Trillionen (das ist eine 1 mit 22 Nullen)!
Das aber hieß: Ein solches Resultat konnte absolut unmöglich auf einen Zufall zurückgeführt werden.

Weit bestürzender noch war die Folgerung, die sich daraus ergab: Es hatte sich in einer großangelegten Versuchsreihe *mathematisch* beweisen lassen, daß eine Versuchsperson ohne Vermittlung ihrer Sinnesorgane hellsehend weit entfernte Objekte wahrzunehmen vermochte, die jedem uns bekannten normalen Erkenntnisvorgang entzogen waren!

Nicht lange nach diesem sensationellen Erfolg begann Pearce übrigens völlig zu versagen. Wie man vermutet, spielten dabei ihn sehr erregende familiäre Nachrichten eine Rolle. Auch Jahre später – Pearce war bereits als methodistischer Pfarrer tätig – blieben erneute Tests mit ihm erfolglos. »Die Kontrollreihe war«, bemerkt Professor Hans Bender, Freiburg, »der parapsychische Schwanengesang dieses Sensitiven gewesen. Was sich hier vollzog, ist typisch: Psi-Erfolge sind nicht wiederholbar. Sie können auch bei begabten Sensitiven plötzlich aufhören. Es scheint, als ob sie von besonderen Situationen, ›Feld-Bedingungen‹, abhängig sind, die noch nicht voll erfaßt werden können. Momente der Spannung und der emotionalen Beteiligung spielen eine wichtige Rolle. In dieser Hinsicht sind Psi-Phänomene mit schöpferischen Leistungen vergleichbar ... Auch ein Künstler kann nicht zu jeder beliebigen Zeit originelle Werke schaffen, und trotzdem ist seine schöpferische Begabung eine psychologisch feststellbare Realität.«

Die Tests mit Linzmayer und Pearce erbrachten, so erinnert sich Louisa E. Rhine, »einen starken Beweis von Hellsehen. Indes, das waren nur die Resultate von zwei außergewöhnlich Begabten. Aber das bedeutete lediglich den allerersten Anfang. Mit ihnen begann erst der Nachweis hellseherischer Fähigkeiten in der Duke-Universität.«

Die Rhines hatten das große Glück, für ihre Pläne einen großzügigen Protektor zu finden. Es war Professor William McDougall. Als dieser – nachdem er von 1920 bis 1921 Präsident der S.P.R. in London gewesen war – England verließ und einen Lehrstuhl für Psychologie an der Harvard-Universität, dann an der Duke-Universität in North Carolina annahm, setzte er sich auch in den USA energisch für die akademische Eingliederung der Parapsychologie ein. Er gehörte zu den ganz wenigen Gelehrten, die die volle Tragweite des revolutionierenden Problems, um das es hier ging, sehr wohl erkannt hatten und sich dessen ungeheurer Bedeutung für die Menschheit längst bewußt geworden waren. Seine Gedanken über die Parapsychologie, die McDougall wiederholt niederschrieb, zeigen die Weitsicht und das geistige Format dieses britischen Forschers, der seiner Zeit weit voraus dachte, die noch hoffnungslos verstrickt war in den inzwischen bereits überholten Auffassungen eines vergangenen Jahrhunderts.

»Wenn der Materialismus recht hat«, erklärte er einmal, »so wollen wir uns dieser Tatsache mit allen Mitteln vergewissern und diese Wahrheit auch verkünden, selbst wenn darüber der Himmel einstürzt mitsamt den Göttern. Und wir wollen dann nur hoffen, daß es der Kultur gelingen möge, sich mit

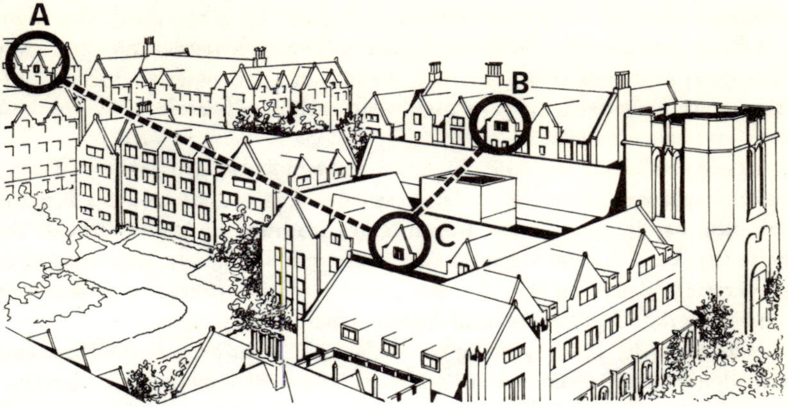

Die Szenerie berühmter Pionier-Versuche mit Psi-Phänomenen: Im Campus der Duke-Universität in Durham, North Carolina, USA – dem Sitz des »Parapsychologischen Laboratoriums« von J. B. Rhine – fanden Anfang der dreißiger Jahre aufsehenerregende Hellseh-Distanz-Experimente statt. Dabei gelang es dem begabten Studenten Hubert J. Pearce, ESP-Karten, die der Forscher J. G. Pratt, ohne sie selbst anzuschauen, in einer Zufallsfolge auswählte, bei zahlreichen Tests sowohl aus einer Entfernung von 90 Metern (B zu C) als auch von 225 Metern (A zu B) zu benennen. Die Zahl der Treffer lag astronomisch hoch über der Zufallserwartung.

dieser Wahrheit zurechtzufinden und mit ihrer Hilfe das menschliche Dasein lebenswerter zu gestalten. Denn im Augenblick ist es klar, daß die zivilisierte Welt durch diese Frage – nämlich die nach der Wahrheit des Materialismus – in zunehmendem Maße gespalten wird. Dieser Mangel an fundiertem Wissen und die sich daraus ergebenden immer weiter auseinanderklaffenden Meinungen sind ein Skandal, eine Schande für unsere vielgerühmte wissenschaftliche Kultur und zudem eine akute und stetig wachsende soziale Gefahr. Deshalb ist es nicht mehr als recht und billig, daß der überzeugte wissenschaftliche Materialist die psychischen Forschungen unterstützen sollte.«

Und ein anderes Mal wird McDougall, anklagend und mahnend zugleich, noch deutlicher. »Es geht«, so erklärt er, »ganz einfach gesagt darum: Wenn der Materialismus recht hat, dann ist das Leben des Menschen, grundsätzlich und allgemein gesehen, nicht wert, gelebt zu werden. Und Männer wie Frauen, die an die Wahrheit des Materialismus glauben, werden es auf die Dauer sich selbst gegenüber nicht mehr rechtfertigen können, noch neues Leben in die Welt zu setzen, das sich wiederum den unvermeidlichen Plagen, Sorgen und Mühen des Daseins konfrontiert sehen und Gefahren riskieren soll, die schlimmer sind als der Tod. Das menschliche Leben – so wie wir es erfahren – ist tragisch und erschütternd. Und das kann nur durch den Glauben oder zumindest die Hoffnung wieder aufgewogen werden, die eine tiefere Bedeutung erkennen lassen als jene, die sich mit der materialistischen Auffassung vereinbaren läßt, ganz gleich, auf welche edle stoische Weise diese auch vertreten sein mag.«

Der Gelehrte beläßt es nicht – wie sonst generell das Gros anderer Deuter unserer »spätkapitalistischen« Zeit – bei der Analyse. McDougall begnügt sich nicht damit, aufzuzeigen, woran seines Erachtens unsere Welt heute zutiefst krankt. Er hat im Gegensatz zu jenen auch Ideen, wie dem abzuhelfen sei. Er zeigt den Weg auf, der aus dieser Situation führt. Es geschieht in seinem Werk: »Die Religion und die Wissenschaft vom Leben«.

»Bevor nicht die Parapsychologie«, erklärt er darin, »das heißt Forschung nach den strikten Grundsätzen der empirischen Wissenschaft, in der Lage ist, Tatsachen zu entdecken, die mit dem Materialismus unvereinbar sind, wird sich der Materialismus weiter ausbreiten. Keine andere Macht der Welt wird ihn aufhalten können. Gegen dessen immer noch anschwellende Flut sind die Offenbarungsreligionen ebenso wie die metaphysischen Philosophien gleichermaßen wehr- und hilflos. Und wenn diese Flut weiter so steigt und sich ausweitet, wie das heute geschieht, dann deutet alles darauf hin, daß es eine vernichtende Flut sein wird – eine Flut, die alle hart erkämpften Errungenschaften der Menschheit hinfortspülen, die auch alle moralischen Werte und Traditionen zerstören und auslöschen wird, die Anstrengungen, die wir den zahllosen Generationen für das große Ziel von Wahrheit, Gerechtigkeit und Menschlichkeit verdanken.«

McDougall nahm sich selbst beim Wort. Ihm allein ist es zuzuschreiben, daß – nicht ohne Widerstand – von der Duke-Universität Mittel und Räume für ein langfristiges Forschungsprogramm bereitgestellt wurden. Damit erblickte 1931 das »Parapsychologische Laboratorium« das Licht der Welt, dem Rhine innerhalb nur weniger Jahre eine international führende Stellung zu erobern verstand.

Hier wurden nicht nur die heute bereits als klassisch geltenden Experimente mit ESP-Karten durchgeführt. Hier – und das war das revolutionierend Neue – gelang es Rhine und seinen Mitarbeitern, die ersten streng quantitativen Beweise für die Existenz von Telepathie, Hellsehen und Präkognition zu erbringen.

Denn das war Rhines Gedankengang: Daß Medien und besonders Begabte die erstaunlichsten Leistungen zu vollbringen vermochten, schien sicher. Dafür sprachen Unmengen historischer Fälle und die Ergebnisse jahrzehntelanger Untersuchungen in Europa wie in den USA. Daneben aber gab es jene immer wieder auftretenden und aus allen Jahrhunderten überlieferten spontanen Fälle, sei es der Gedankenübertragung, sei es der Visionen. Und bei diesen waren es ganz normale Menschen, die das aufregende Erlebnis

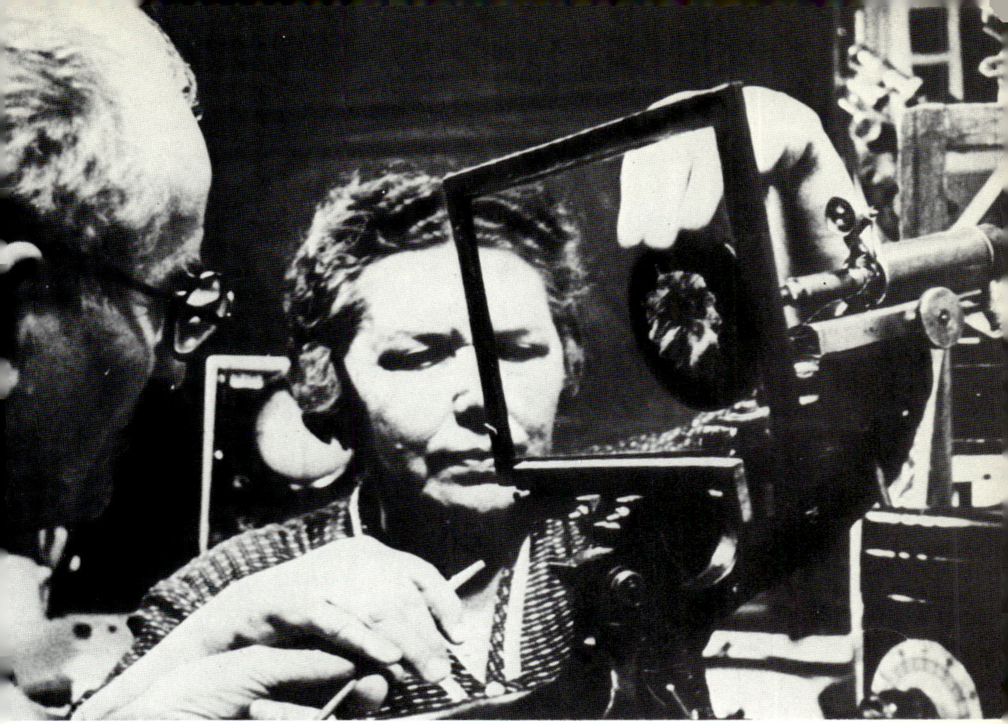

Oben: Semjon Dawidowitsch Kirlian, Elektriker aus Krasnodar, UdSSR, und seine Frau Walentina entwickelten eine Methode der Hochfrequenz-Fotografie, die eigenartige »Coronar«-Effekte von lebendem wie totem Gewebe sichtbar macht. Nach sowjetischer Ansicht handelt es sich dabei um eine neue Form noch unbekannter Energie. Unten: Kirlian-Foto eines Salamanders. Das Tier ist allseitig von einer Art Strahlenkranz umgeben.

Oben: Kirlian-Foto eines frisch gepflückten Blattes zeigt leuchtende Energiepunkte und Flammen an den Rändern, die bei kranken oder welken Blättern verblassen. Unten: Starkes »Strahlen« an der Daumenkuppe des sowjetischen Heilers A. Kriworotow beim Konzentrieren auf eine Behandlung.

hatten. Gerade von dieser Erfahrungstatsache wollte Rhine bei seinen Forschungen ausgehen. Was ihn interessierte, war der Versuch, eine Antwort auf die Frage zu finden, ob jene außergewöhnlichen Begabungen nicht vielleicht *in jedem Menschen* schlummern.

Eine so kühne Frage hatte bis zu jenem Zeitpunkt noch kein Wissenschaftler aufzuwerfen gewagt, keiner, der zugleich auch entschlossen war, sie experimentell zu ergründen! Aber Rhine tat es. Und später gestand er auch, was ihn dazu entscheidend ermutigt hatte: Es waren jene ersten Zahlen-Tests mit einer Gruppe wahllos zusammengewürfelter Studenten, die ein so überaus positives Resultat erbracht hatten!

Nachdem die Duke-Universität grünes Licht gegeben hatte, begann eine der aufregendsten und umfassendsten wissenschaftlichen Testreihen zur Auslotung der tiefsten Geheimnisse und Kräfte der menschlichen Psyche, die die Welt je gesehen hatte. Das geradezu unheimlich Anmutende dabei war die so nüchtern-kritische, rein sachliche Atmosphäre, in der dies geschah. Para-Phänomene – im Labor aufs Korn genommen, auf Herz und Nieren geprüft, ständig kontrolliert mit Hilfe speziell konstruierter, voll mechanisierter Geräte! Welch ein Kontrast, denkt man zurück an jene Séancen in den Jahrzehnten davor, als in den Salons der viktorianischen Gesellschaft Englands bei zugezogenen Vorhängen und dem trüben Schein oft nur einer Kerze Gelehrte den rätselhaften, von Medien produzierten Phänomenen auf die Spur zu kommen trachteten!

Jetzt rückte man den ältesten Menschheitsgeheimnissen mit den modernsten Hilfsmitteln auf den Leib. Eine ganze Reihe von Neuerungen wurde dazu eingeführt.

»Nach den anfänglichen Tests«, berichtet Louisa E. Rhine, »wurden die mit Zahlen versehenen Zielkarten, bei denen nur eine Chance von 1 zu 10 bestand, durch andere ersetzt: durch die eigens entworfenen ›ESP-Karten‹, die auf der Vorderseite geometrische Symbole besaßen. Da es fünf waren, betrug die Chance für einen Treffer somit 1 zu 5. Die Symbole – Kreuz, Stern, Zirkel, Quadrat und Wellenlinie – waren danach ausgesucht, möglichst einfach und leicht voneinander unterscheidbar zu sein. Je fünf Reihen mit diesen Symbolen bildeten ein Spiel, das zu einem Standard-Satz der Forschung wurde.«

Diese Karten wurden nach ihrem Erfinder Dr. Zener, einem Mitarbeiter in Durham, »Zener-Karten« getauft. Sie und die Wahrscheinlichkeitsrechnung bildeten zunächst die ganze Ausrüstung für die Erforschung der außersinnlichen Wahrnehmungen in Massenversuchen im Rhineschen Labor.

Ganz systematisch ging es an die Arbeit: Als erstes wurde das Hellsehen aufs Korn genommen, nicht die Telepathie, und das aus wohlüberlegtem Grund.

»Jeder Test des Gedankenlesens«, so erklärt es Rhine, »hat von vornherein

ein Handikap. Die Durchsicht aller zuvor angestellten Telepathie-Experimente ergab nämlich, daß keines davon als ganz korrekt anzusehen war – das heißt so durchgeführt war, daß die Versuchsperson ihre Information nicht sowohl durch Hellsehen als auch durch Gedankenlesen hätte erhalten können. Denn der ›Sender‹ hatte dabei stets auf ein Bild oder ein Objekt geschaut. Es fand niemals ein völlig ›reiner‹ Telepathie-Versuch statt, bei dem jedes Hellsehen ausgeschlossen war . . . Daher wurde das Testen des Hellsehens in der systematischen experimentellen Parapsychologie zuerst in Angriff genommen.«

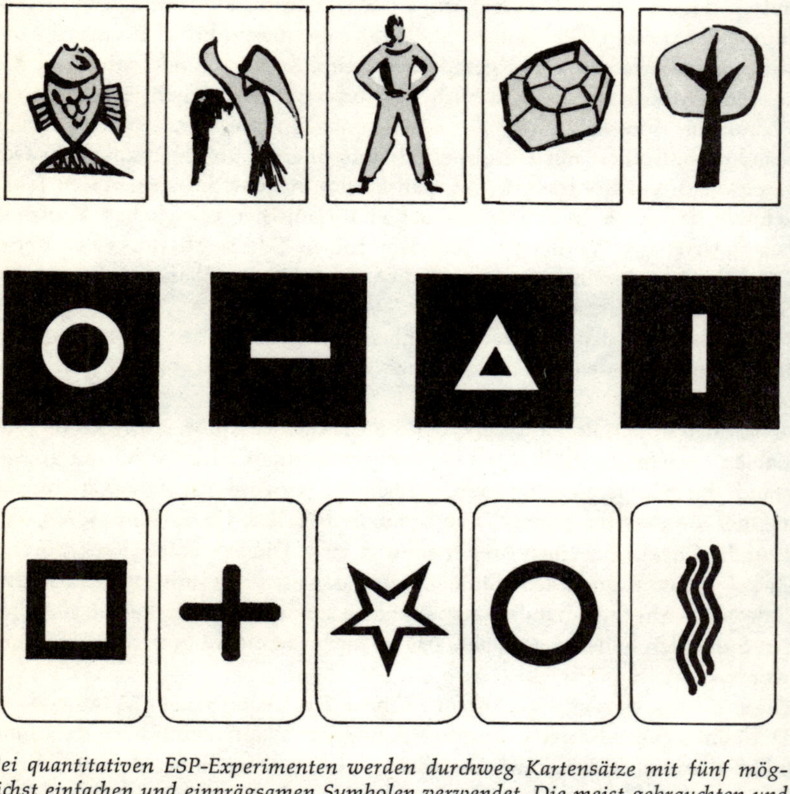

Bei quantitativen ESP-Experimenten werden durchweg Kartensätze mit fünf möglichst einfachen und einprägsamen Symbolen verwendet. Die meist gebrauchten und international anerkannten ESP-Karten der Duke-Universität heißen nach ihrem Erfinder, einem Forscher vom Rhine-Institut, auch »Zener-Karten« (unterste Reihe). Polen verwendet Karten (mittlere Reihe), die vom Parapsychologen S. Manczarski entworfen wurden. Karten mit farbigen Bildern (obere Reihe) für Bulgarien stammen von dem Gelehrten G. Lozanow.

Worauf es dabei ankam? Niemand der am Versuch Teilnehmenden durfte die Lage der einzelnen Karten im Spiel kennen, auch der Leiter des Experiments selbst nicht. Denn dann hätte sein Wissen darüber – eben telepathisch – »abgezapft« werden können. So wurde für diese Tests ein besonderes Gerät konstruiert: eine automatische Kartenmischmaschine.

Nachdem diese die Karten vorbereitet hatte, verlief das Experiment so: Die Versuchspersonen bemühten sich, die Lage der einzelnen Karten zu bestimmen. Sie begannen oben, um unten zu enden. Das Ergebnis: Trefferzahlen, die erheblich über dem lagen, was der Zufall ergeben hätte. Als man die Versuchspersonen und den zu »erratenden« Kartensatz räumlich voneinander entfernte, gab es positive Resultate bis auf eine Distanz von mehr als 50 Metern. Es wiederholte sich also das gleiche ungeheuer Aufregende wie bei den allerersten Versuchen mit Pratt und Pearce.

»Gegen Dezember 1933«, stellte Rhine fest, »schien der Hellseh-Typ der ESP gut genug nachgewiesen, um einen weiteren Schritt zu rechtfertigen. Es wurde beschlossen, die Präkognition als nächstes zu untersuchen. Außer dem seit alters her überlieferten Glauben an eine solche Fähigkeit der Vorausschau gab es unzählige Fälle spontaner Erfahrungen, die für die Hypothese einer außersinnlichen Wahrnehmung zukünftiger Ereignisse sprachen. Die bereits angestellten Hellseh-Versuche hatten auch bei einer größeren Distanz zwischen Subjekt und Objekt keine Minderung der erfolgreichen Resultate ergeben. Wenn der Raum demnach keinen Einfluß auf das Zustandekommen der Funktionen der ESP-Phänomene, wie es gut bezeugt zu sein schien, ausübte, sollte es auch keinen Grund geben, anzunehmen, daß die Zeit den Erfolg einschränken würde!«

Im letzten Monat jenes Jahres wurde mit derselben Versuchsperson, die bereits zuvor bei Distanz-Versuchen im Hellsehen so gut abgeschnitten hatte, ein entsprechender Test unternommen. Die Aufgabe lautete: Versuchen Sie, vorauszusagen, in welcher Reihenfolge die 25 Karten liegen werden, nachdem sie von der Maschine automatisch gemischt worden sind. Zugleich sollte für einen anderen Satz, der sich inzwischen unberührt in einer Schachtel befand, die Lage der einzelnen Karten von oben nach unten angegeben werden.

»In beiden Serien«, so resümierte später Rhine, »– einer, mit der die Präkognition getestet wurde, und einer anderen, die hellseherisch einen ruhenden Stoß Karten betraf – erzielte die Person eine annähernd gleichhohe, signifikante Trefferzahl«, wobei »signifikant« bedeutet, daß der Trefferüberhang eindeutig nicht auf Zufall beruht.

1934 veröffentlichte das Duke-Laboratorium einen ersten Bericht. In einer Monographie mit dem Titel »Extra Sensory Perception« gab Rhine die Resultate der ersten Massen-Tests der Öffentlichkeit bekannt: Sie waren sensationell:

85 000 Kartenversuche waren mit einer Anzahl ausgewählter Versuchspersonen unternommen worden. Bei jeweils 100 Einzelexperimenten hatten sich dabei im Durchschnitt statt der zu erwartenden 20 Treffer 28 ergeben. Die Wahrscheinlichkeit dafür, daß es sich bei diesem Resultat nicht um Zufälle gehandelt haben konnte, war geradezu astronomisch hoch: Sie lag in der Größenordnung von Millionen! Damit war wissenschaftlich der Beweis für die Existenz der außersinnlichen Wahrnehmungen erbracht! Das bedeutete den ersten Durchbruch zur Anerkennung der ASW!
Die Experimente hatten zudem, wie ebenfalls der Bericht ergab, bei jeder fünften Versuchsperson einwandfrei die Phänomene Telepathie und Hellsehen nachweisen können.
Was weiter angeführt war, schien noch unfaßbarer: daß auch die Entfernung die Ergebnisse nicht wesentlich beeinflußt hatte. Als besonders eindrucksvoll erwiesen sich einige erste Telepathie-Tests, bei denen ein »Empfänger« zu erraten hatte, an welche Karte ein »Sender« gerade »dachte«. Dabei gelangen Versuche über Entfernungen von 500 Kilometer!
Aber das war nur eine erste Information – über die Ouvertüre sozusagen. Andere, nicht minder erstaunliche, sollten folgen! Einige Jahre später erst wurde die wissenschaftliche Welt mit der weiteren Sensation konfrontiert: Diesmal gab Rhine die statistischen Ergebnisse ganzer Serien von Kartenexperimenten bekannt, in denen es gelungen war, die Vorausschau, das »Hellsehen in die Zukunft«, die Präkognition, nachzuweisen.
Das Verblüffende an diesen Feststellungen war: Die Fähigkeit, »prophezeien« zu können, hatten nicht etwa auf diesem Gebiet als besonders begabt geltende Medien gezeigt. Ganz im Gegenteil: Als Versuchspersonen waren im Parapsychologischen Laboratorium der Duke-Universität – wie zuvor bereits – wiederum nur »normale« Studenten herangezogen worden – alles Personen, die nichts anderes für die Tests mitgebracht hatten als einen gewissen Eifer, Begeisterung oder auch nur Neugierde.
Allerdings: Diese Voraussagen wiesen nicht so frappante Abweichungen von der Zufallserwartung auf, wie das bei den Hellseh- und auch bei den Telepathie-Serien der Fall gewesen war. Aber die Resultate waren dennoch eindeutig positiv: Den Versuchspersonen war es gelungen, jede Wahrscheinlichkeit übertreffende Voraussagen darüber zu machen, in welcher Reihenfolge die Karten in einem Spiel liegen würden, das erst später – in einigen Fällen handelte es sich um zwölf Tage! – automatisch gemischt werden würde.
Inzwischen war in Kreisen der Wissenschaft ein wahrer Sturm an Vetos, Widersprüchen und Protesten ausgebrochen gegen das, was J. B. Rhine in seinem ESP-Bericht bekanntzugeben gewagt hatte. Es hagelte von allen Seiten Angriffe, gerichtet gegen eine Forschungsarbeit, die es mit Hilfe eines ebenso leicht zu handhabenden wie einfach auszuwertenden Verfahrens fer-

tiggebracht hatte, die Untersuchung der außersinnlichen Wahrnehmungen für immer in der nüchtern-sachlichen Atmosphäre eines modernen wissenschaftlichen Labors zu etablieren. In der Skala der Einwände fehlte kaum ein Argument – angefangen von so billigen Verdächtigungen wie der des Betruges, sei es durch Versuchspersonen oder die Versuchsleiter, oder auch Behauptungen, man sei in Durham Täuschungen zum Opfer gefallen. Kritik wurde laut an den Methoden und der Technik der Experimente. Natürlich fehlte auch nicht das alte Argument aller Skeptiker: daß Experimente der exakten Wissenschaft jederzeit wiederholbar und in ihren Ergebnissen vorhersagbar seien – also Kriterien, die zwar nach wie vor in den Naturwissenschaften gelten, jedoch beispielsweise schon längst nicht mehr in jenem Gebiet der Psychologie, die sich mit dem autonomen Nervensystem befaßt.
Aufs Korn nahmen viele Skeptiker vor allem auch die Stichhaltigkeit der statistischen Auswertung. Man stieß sich an den angeblich viel zu hoch angesetzten Antizufallswahrscheinlichkeiten. Die Antwort darauf wurde dem großen Pionier aus Durham vom »American Institute for Mathematical Statistics« abgenommen. Es erklärte 1937, die Ergebnisse seien mathematisch einwandfrei, und bemerkte zusätzlich: »Wenn die Forschungen J. B. Rhines angegriffen werden sollen, so müßte dies schon beim Nicht-Mathematischen ansetzen.« Gerade die statistischen Ergebnisse von Rhine liefern den stärksten Beweis für das Vorhandensein von ESP!
Alle Einwürfe und Gegenargumente der Unüberzeugbaren konnten mit der Zeit zu Fall gebracht und widerlegt werden. Kritiken an der Versuchstechnik beispielsweise beantwortete man in Durham, indem noch verfeinertere Methoden entwickelt wurden. Vor allem weitere, auf diese Art durchgeführte Massentests von Pratt und J. L. Woodruff trugen dazu bei, Schritt für Schritt die anfänglich starken Zweifel von dritter Seite zu zerstreuen. Dabei wurden mit 300 Versuchspersonen nochmals 60 000 Experimente unternommen. Das Resultat war auch in dieser Mammut-Testreihe positiv.
Nur in einem Fall, der natürlich dementsprechend auch international allergrößte Beachtung fand, schien ein Gegenbeweis schwerwiegendster Art gelungen zu sein. Geeignet, alle im Parapsychologischen Laboratorium an der Duke-Universität geleistete Forschungsarbeit total in Frage zu stellen:
1934 hatte auch Dr. S. G. Soal, damals Dozent für Mathematik am University College in London und begeisterter Mitarbeiter der S.P.R., über die Rhine-Experimente gelesen und beschlossen, sie nachzuexerzieren. Fünf Jahre lang, bis 1939, experimentierte er mit mehr als 160 Personen. Dabei wurden mit Zener-Karten nicht weniger als 128 350 Versuche unternommen. Das Ergebnis war völlig negativ! Kein Wunder, daß Professor Soal, wie Louisa Rhine erklärte, »zu dem Schluß kam: Entweder seien die Berichte aus den USA falsch, oder aber Engländer verfügen nicht über außersinnliche Wahrnehmungen«.

Diese, wie es schien, »totale Panne« sollte jedoch, was man nicht ahnte, in Wirklichkeit einen, und zwar sogar großartigen Erfolg beinhalten. Denn, was stellte sich bei einer nochmaligen, sehr mühseligen Überprüfung, die Soal auf dringendes Anraten eines Kollegen, des Parapsychologen Whately Carrington, unternahm, heraus?

Die Experimente hatten tatsächlich – vor allem mit einer Versuchsperson, Basil Shackleton, einem Fotografen und hochbegabten Sensitiven – zu wahrhaft sensationellen Resultaten geführt. Angesagt worden war nämlich nicht – wie erwartet und im Versuch vorgesehen – die jeweils bereitgelegte und zu erratende Karte, sondern bereits die danach folgende. Statt einem völlig mißlungenen Hellsehen war es zu erstaunlich erfolgreichen Voraussagen gekommen!

Professor Soal lud B. Shackleton zu neuen Experimenten ein und erfahrene Para-Forscher der S.P.R. dazu als Zeugen. Dabei konnte einwandfrei festgestellt werden: Schaltete der Experimentator zwischen dem Raten einer Karte und der nächsten eine längere Pause ein, so schrieb Shackleton schon das Symbol der Karte auf, die erst als nächste kommen sollte. Zu diesen Ergebnissen kam es mit Zener-Karten wie auch mit Karten, auf denen sich Tierabbildungen, Farben oder einzelne Wörter befanden. Die Treffer waren weit mehr als astronomisch hoch. Die Zufallswahrscheinlichkeit betrug 1 zu 10^{35} (»zehn hoch fünfunddreißig«, das ist eine Eins mit 35 Nullen, eine völlig unvorstellbare Zahl!). Dabei gehörten die Versuchsanordnungen im Labor zu den strengsten nur denkbaren. C. D. Broad, Professor der Philosophie in Cambridge, der darüber ausführlich berichtete, sah sich bemüßigt, zu erklären: »Es kann keinerlei Zweifel geben, daß die Ereignisse geschehen und korrekt beschrieben worden sind. Auch nicht darüber, daß sich die Wahrscheinlichkeit gegen zufällige Übereinstimmungen auf bis zu Milliarden zu eins beliefen, und daß diese Vorgänge, die sowohl Telepathie als auch Präkognition einschließen, im Widerspruch zu einem oder mehreren elementaren Gesetzen der Physik stehen.«

Aber J. B. Rhine hatte noch längst nicht alle seine Karten aufgedeckt. Was damals – außer einem kleinen Kreis Eingeweihter – niemand ahnte: Er war unterdessen bereits konsequent einen weiteren Schritt auf dem Wege seiner kühnen experimentellen Vorstöße in die Welt geheimnisvollster uralter Phänomene der Menschheit vorangegangen: der Untersuchung der so umstrittenen Einwirkung der Psyche auf die Materie! Stimmte es, was so oft behauptet wurde, daß »mind over matter«, daß der Geist über die Materie bestimmt, daß die Psyche stärker ist als die gegenständliche Welt?

Unheimliche physikalische Geschehnisse spontaner Art, die an den Menschen gebunden zu sein schienen, hatten zur Hypothese der Psychokinese, abgekürzt PK, der »Bewegung durch seelische Kraft«, geführt. Bezeugte Fälle reichten vom plötzlichen Herabfallen eines Bildes von der Wand, vom Zerspringen eines Glases oder vom Stehenbleiben einer Uhr im Augenblick eines Todesfalles bis zu immer wiederkehrenden umstrittenen physikalischen Erscheinungen, die populär als »Spuk« oder »Poltergeister« bezeichnet werden. Es zählen dazu aber auch jene unerklärlichen Einwirkungen auf die Materie wie die Levitationen von Tischen, die nur ganz wenige Begabte, die sogenannten »physikalischen Medien«, zustande bringen, ferner das Bewegen von Gegenständen aus der Ferne, das man Telekinese nennt.

Trotz einer Fülle von Hinweisen, trotz der umfangreichen Fallsammlungen etwa der S.P.R. oder durch Schrenck-Notzing war in neuerer Zeit noch nichts Entscheidendes unternommen worden, um die Untersuchung auch dieser Phänomene ins Labor zu bringen.

Das wußte Rhine. Doch der Anlaß, daß er sich 1934 plötzlich auch mit der PK zu beschäftigen begann, entsprang anderen, rein logischen Gründen. Den Ausschlag gaben die Resultate seiner damals vierjährigen Forschungen über ESP. Sie führten zu folgender Überlegung: Könnte es sich nicht bei dem als existent erwiesenen Hellsehen eventuell um einen Einfluß des Gegenstandes, der Materie also, auf die Psyche handeln? Müßte es also – dies einmal unterstellt – dann nicht auch eine reziprok wirkende Kraft geben – eben eine Einwirkung der Psyche auf die Materie?

Diese Gedanken führten Rhine 1934 zu dem Entschluß, sich experimentell mit der Erforschung der Psychokinese zu befassen. Aber welche Methode mochte dafür geeignet sein?

War es ein Zufall, daß gerade zu dieser Zeit eine entscheidende Anregung von außen, und zwar durch einen Besucher, kam?

»Die ganze Frage«, schreibt Louisa E. Rhine, »wurde eines Tages blitzartig zu praktischer Forschung durch einen jungen Studenten. Dieser behauptete, daß er gelegentlich, wenn er entsprechend aufgelegt sei, die Würfel so fallen lassen könne, wie er es wolle.

Würfel unter dem Befehl der Psyche?

Der Hinweis war nicht nur realisierbar, sondern sogar leicht zu erproben ...«

Die Frage war nur: Sollte ausgerechnet das seit Menschengedenken bekannte, uralte Würfelspiel tatsächlich die geeignete Methode für eine hochmoderne experimentelle Erforschung der PK sein? Sollte man sich bemühen, im Labor das nachzuexerzieren, wodurch dem indischen Epos Mahabharata zufolge die Königssippe der Kauravas ihre verhaßten Vettern, die Pandavas, angeblich um deren gesamtes Hab und Gut gebracht hatte?

Dr. Rhine und seine Gattin begannen, zusammen mit einigen Studenten, es zunächst einmal selbst zu probieren – in aller Stille. Noch sollte niemand offiziell davon etwas erfahren. Das Ziel war klar: Fallende Würfel sollten »willensmäßig« so beeinflußt werden, daß eine gedanklich im voraus bestimmte Punktzahl oben liegen würde.

Die Zufallserwartung war unschwer zu bestimmen: Sie beträgt, entsprechend den sechs Seiten des Würfels, vier Treffer bei 24 Einzelversuchen. Wie bereits bei den Kartenexperimenten ließ sich auch hierbei statistisch errechnen, wie hoch die Wahrscheinlichkeit ist, einen Treffer rein zufällig zu erzielen.

Man begann, Würfel unter den verschiedensten Bedingungen zu werfen. Zunächst so, wie es beim normalen Würfelspiel üblich ist: Die Würfel wurden einmal in der hohlen Hand geschüttelt, dann wieder in einem Becher, bevor man sie warf. Bei anderen Tests ließ man die Würfel über eine schräge Fläche auf ein Brett rollen. Um Tricks oder mögliche Beeinflussungen auszuschließen, ging man sehr bald dazu über, Geräte zu konstruieren, die die Würfel mechanisch schüttelten und warfen.

Und wie sahen die Resultate aus? »Die ersten PK-Tests«, berichtet J. Gaither Pratt, »erreichten statistisch sehr beachtliche Ergebnisse. Die Versuchspersonen erzielten zwar nur einen leicht mittleren Trefferüberhang in bezug auf das bezeichnete Zielobjekt. Der Erfolg aber wurde über eine große Anzahl von Versuchen durchgehalten, und so waren die Treffer gegenüber der Zufallswahrscheinlichkeit sehr hoch.«

Inoffiziell informierte Dr. Rhine einige wenige Kollegen über die Ergebnisse und regte sie an, ebenfalls PK-Tests zu machen. Einige taten es. Die Versuche wurden noch immer als vertraulich behandelt, und dabei sollte es noch eine geraume Weile bleiben – genau bis zum Jahre 1942. In den acht Jahren nach 1934 wurden immer nur einige wirklich Interessierte unterrichtet, und das waren wenig. Warum diese »Geheimhaltung«?

Rhine und der kleine Kreis von Experimentatoren um ihn im Duke-Laboratorium befürchteten, die PK-Hypothese würde vor allem in Kreisen der Wissenschaft – und auf diese kam es ja gerade an – als allzu große Provokation empfunden werden. Nicht zu Unrecht!

Viele zwar mögen bereit sein, der menschlichen Psyche außergewöhnliche Wahrnehmungsfähigkeiten zuzugestehen. Ganz anders aber ist es bei der Psychokinese: Hier sträuben sich die meisten hartnäckig. Man will die Möglichkeit einer außergewöhnlichen Einwirkung auf die Materie nicht wahrhaben. Das gilt vor allem für die breite Front der Wissenschaftler, für die »nicht sein kann, was nicht sein darf«.

Auch in Rhines Parapsychologischem Laboratorium selbst kam es übrigens anläßlich der ersten Versuchsreihen zu einer Auseinandersetzung über die PK. Dabei ging es allerdings nicht um eine ablehnende Einstellung, sondern im Gegenteil um eine extrem entgegengesetzte Auffassung.

»Die anfängliche, obwohl rein zufällige Verbindung der PK-Experimente mit Würfel und Würfelspiel«, erinnert sich Louisa E. Rhine, »störte einige der Versuchspersonen, vor allem einen Theologiestudenten namens Williams Gatling. Denn er sah in der Erforschung der Psychokinese ungeheure Folgerungen für das Verhältnis zwischen Seele und körperlicher Welt. Er war nämlich der Ansicht, daß das Prinzip, das diesen geheimnisvollen Phänomenen zugrunde liege, jenem des Gebetes ähnlich sein könnte. Und daher, so argumentierte er, sei PK keineswegs nur speziell etwas für Spielernaturen. Diese seien auch nicht einmal eine besonders begabte Gruppe, und das glaubte er sogar beweisen zu können.«

Es kam tatsächlich zu einem »Duell«. Zwei Teams wurden aufgestellt: Eines bestand aus vier Theologiestudenten, die wie Gatling meinten, es handele sich um eine von Gott jedermann gegebene Befähigung. Für das andere Team suchte Rhine sich vier Studenten aus, die behaupteten, für das Würfeln eine glückliche Hand zu haben. Jedem der Teilnehmer wurden 24 Würfe unter den gleichen Standardbedingungen zugebilligt.

Wer gewann? »Beide Parteien«, bemerkt Louisa E. Rhine, »gegen den Zufall, aber nicht gegen das gegnerische Team. Ihre Trefferzahl war nahezu fast gleich hoch. Dieser Wettstreit zwischen Theologen und Spielbegeisterten war nur eine kleine Episode inmitten der langen Serien von Experimenten, bei denen es herauszufinden galt, ob der menschliche Geist die unbelebte Materie unmittelbar beeinflussen könne.

Obwohl bei einigen Versuchen die Ergebnisse normal im Rahmen des Zufalls lagen, ergab bei anderen die statistische Auswertung wieder und wieder, daß sie bedeutend höher lagen. Dafür gab es nur eine verstandesmäßig vernünftige Erklärung: Eine ›geistige Aktion‹ der Versuchsperson hat das verursacht. Bei rein persönlichen Erlebnissen – so wenn im Augenblick irgendwelcher menschlicher Krisen plötzlich Bilder zu Boden stürzen oder Uhren stehenbleiben – neigt man zu der Annahme, daß es sich um einen physischen Effekt handelt, der für einen Menschen von besonderer Bedeutung ist und daher vermutlich eine geistige Ursache habe. Hier, bei diesen Experimenten, kam es zu einem physischen Effekt, der – wie es schien – nur eine geistige Ursache gehabt haben konnte, nämlich eben jene Psychokinese.«

Acht Jahre lang wurden die Experimente fortgesetzt, und von jeder der Serien die Gesamtresultate errechnet. Die Protokolle jedoch wurden den Akten des Archivs einverleibt, die sich immer mehr anhäuften. So waren in einer Zwölfer-Serie mit einem automatisch arbeitenden Gerät allein fast 700 000 Einzelwürfe erfaßt und analysiert worden. Dann endlich sah man im Parapsychologischen Laboratorium der Duke-Universität den Grad der Bestätigung für ausreichend genug an, um die Bekanntgabe der Ergebnisse zu wagen.

Dies geschah im März 1942 durch Professor Rhine selbst. Jetzt erfuhr es alle Welt: Eine physikalisch unerklärbare menschliche Einwirkung auf die Materie existiert!

»Die Sache der Psychokinese war zwingend bewiesen«, kommentiert nüch-

tern J. G. Pratt, »zumindest so zwingend, wie es auf der Grundlage einer größtenteils auf ein Laboratorium zentrierten und durch dieses geleisteten Arbeit sein konnte. Die Veröffentlichung dieses Überblicks des Beweismaterials bildete den Schlußpunkt des ersten Stadiums der PK-Forschung. Von diesem Augenblick an hatte die Hypothese einen wissenschaftlichen Status erreicht und forderte die intensive Beachtung der Forscher auf dem Gebiet der Parapsychologie heraus. Die Aufgabe verschob sich auf eine Bestätigung des Beweises durch Experimentatoren an anderen Forschungszentren.«
Zahlreiche Gelehrte in der Neuen Welt und in England begannen die Versuche Rhines zu wiederholen: Zu ihnen zählten unter anderem Haakon Forwald von der Duke-Universität, Dr. R. H. Thonless in Cambridge und G. W. Fisk aus dem Vorstand der S.P.R. Das Ergebnis? Auch sie erzielten durchweg positive Resultate. Diesen Tatsachen konnten sich nur noch ewig Unbelehrbare und Böswillige widersetzen.
Über Jahrzehnte blieben die von J. B. Rhine ausgegangenen Impulse und Anregungen, die in Durham entwickelten Methoden, Analysen und Kontrollen dominierend. Die in dem Parapsychologischen Laboratorium der Duke-Universität zuerst in Millionen von Versuchen wiederholten Karten- und Würfelexperimente haben die Erforschung der Para-Phänomene – von ASW und PK – in eine empirische Wissenschaft verwandelt. Rhines Forschen und Wirken bedeutet eine der großen, unvergeßlichen Sternstunden in der Geschichte der Parapsychologie!

XXII. »Geister«, die im Fernsehen sprachen

An einem Septembertage des Jahres 1967 hatten Millionen in Kanada und in den angrenzenden Staaten der USA am Bildschirm ein Erlebnis, das in seiner Art einmalig und erstmalig sein dürfte und zu Recht ein außerordentlich starkes Echo und heftige Diskussionen auslöste: In einer von der Station in Toronto ausgestrahlten Fernsehsendung war deutlich »live« – über ein berühmtes Medium – die Stimme eines verstorbenen jungen Studenten zu vernehmen. Es schien, als sei es wirklich der Tote, der sich mit seinem im Studio anwesenden Vater, einem bekannten Geistlichen, unterhielt! Dieser war James A. Pike, Bischof der Episkopalkirche in Kalifornien. Jenem »Zwiegespräch zwischen Diesseits und Jenseits« war ein tragisches Ereignis vorausgegangen, das sich anderthalb Jahre davor zugetragen hatte.
Anfang Februar 1966 weilte Bischof Pike in England, wo er in Cambridge

Gastvorlesungen hielt, als die entsetzliche Nachricht kam: Sein Sohn Jim, der gerade ein Semester in New York studierte, habe sich in einem kleinen Hotel erschossen!
Pike und seine Frau standen vor einem Rätsel. Sie suchten vergeblich nach einem Motiv für den Selbstmord. Jim selbst hatte keine Zeile, nicht einmal ein Wort des Abschieds an seine Eltern hinterlassen. Er war weder schwer krank gewesen noch in beruflichen Schwierigkeiten oder etwa unglücklich verliebt. Sein Verhältnis zu seinem Vater wie zu seiner Mutter hätte nicht herzlicher und harmonischer sein können. Was also hatte ihn dazu getrieben, aus dem Leben zu scheiden?
16 Tage nach der unseligen Tat – Jim war inzwischen beerdigt worden – wurde Bischof Pike, unterdessen wieder nach England zurückgekehrt, durch merkwürdige Vorkommnisse erschreckt und beunruhigt. In seiner Cambridger Wohnung geschahen plötzlich unerklärliche Dinge. Bücher wurden verrückt, aufgeklappt, umgekehrt oder auch zugeschlagen, Fotografien wechselten ihre Plätze. Auf geheimnisvolle Weise tauchten überall im Zimmer verstreut Sicherheitsnadeln auf. Sie waren geöffnet, und zwar alle so, daß die beiden Seiten einen bestimmten Winkel bildeten. Alle lagen gleich ausgerichtet. Als Pike sie näher betrachtete, schienen sie ihn mit einem Male an Uhrzeiger zu erinnern. Die Stunde, die sie anzeigten, war 8.19 Uhr. Das entsprach – wie eine Nachprüfung später bestätigte – in Mitteleuropäischer Zeit dem Augenblick, in dem sich Jim in New York das Leben genommen hatte.
65 abnormale Vorkommnisse ereigneten sich. Jedoch nur von einem Vorfall wurden Pike und zugleich mit ihm sein Mitarbeiter, der Pfarrer David Barr, sowie sein Sekretär Augenzeugen: Alle drei erlebten, wie ein Spiegel, den der Sohn bei seinem letzten Besuch in England benutzt hatte, ohne jedes Zutun in Bewegung geriet.
Erregt suchte Pike den Bischof von Southwark, Mervin Stockwood, auf, um sich Rat zu holen. Er wußte, daß jener Geistliche sich mit Fragen des Spiritismus beschäftigte. Als er alles berichtet hatte, meinte dieser, es könne sich um eine Art von Poltergeist-Phänomen handeln. Es sei denkbar, daß Jim auf diese Weise versuche, Kontakt mit seinem »Daddy« zu bekommen.
Auf Empfehlung seines Kollegen ging Pike zu Mrs. Ena Twigg, einem Medium. Diese kannte ihren Besucher nicht. Es gelang ihr jedoch augenscheinlich mühelos, in Kontakt mit dem Sohn Jim zu treten. Jedenfalls übermittelte sie Pike »Botschaften«, deren Inhalt dafür sprach, daß sie von dem Verstorbenen stammten. John S. Pearce-Higgins, Zweiter Propst der Londoner Southwark-Kathedrale, der bei der Séance zugegen war, bezeugte später, Jim habe erklärt, er bereue seine Tat und würde sie gern ungeschehen machen. Es sei von ihm auch »etwas von Drogen« erwähnt worden und von »völligem Durchgedreht-Sein«. Zuletzt ließ Jim durch das Medium

noch wissen: Er werde am 1. August wieder zu erreichen sein! Das wäre in fünf Monaten, denn damals war es noch März.
Pike war nach Beendigung seiner Vorlesungen nach Kalifornien zurückgekehrt und hatte sich in Santa Barbara niedergelassen. Es ist nicht bekannt, ob er das Datum des 1. August vergessen hatte. Tatsache ist, daß er an diesem Tage völlig unerwartet Besuch erhielt, der ihn an die merkwürdige Botschaft durch Mrs. Twigg erinnerte. Der Besucher war ein Mr. John McConnoll aus New York, der kurz davor von Reverend George Daisley – einem am gleichen Ort wohnenden Spiritisten – etwas sehr Aufregendes erfahren hatte: Pikes Sohn Jim habe sich bei diesem gemeldet! Mit Daisleys Hilfe wolle er Verbindung zu seinem Vater aufnehmen.
Der Bischof rief den ihm völlig unbekannten Reverend Daisley an und ließ sich erzählen, was vorgefallen sei. Er erfuhr, der Verstorbene habe Daisley mit einer deutlich vernehmbaren Stimme erklärt: »Ich bin Jim Pike, der Sohn des Bischofs«. Nach diesem Gespräch kam es mit Pike zu mehreren Séancen.
Der »Geist« des Verstorbenen meldete sich prompt wieder. Es schien aber, als wolle Jim zunächst einige Beweise dafür liefern, daß wirklich er und niemand anderes es sei – gerade so, als gelte es, bei dem Bischof Zweifel an der Identität und an einer echten Kommunikation mit dem Jenseits zu zerstreuen. So erwähnte Jim durch Daisley gleich anfangs eine banale Kleinigkeit, die – von einem nicht anwesenden Zeugen abgesehen – nur der Bischof selbst wissen konnte. Es handelte sich um ein Buch, das Pike einmal vergeblich in seiner Bibliothek gesucht und dann zu seiner großen Überraschung im Schlafzimmer wiedergefunden hatte. Dieser Vorfall wurde von Jim völlig zutreffend geschildert. Pike erinnerte sich noch genau daran.
Auch später, in weiteren Sitzungen, schien Jim vor allem eines am Herzen zu liegen: Die Menschen über das »Danach« zu unterrichten. Er sehe es, so erklärte er einmal, als seine Aufgabe an, das »Wissen über das Leben nach dem Tode zu erweitern«.
Ein Jahr später, im September 1967, kam es dann zu der aufsehenerregenden Fernsehsendung in Kanada. Die »Canadian Broadcasting Corporation« hatte in Toronto eine Sendung aufs Programm gesetzt, in der über den Bildschirm spiritistische Phänomene diskutiert werden sollten. Eingeladen dazu waren das berühmteste Medium der Neuen Welt, Arthur Ford – ein überzeugter Verfechter des Spiritismus – und Bischof Pike, der als fortschrittlich denkender Geistlicher galt.
So wie Ford es schilderte, soll Pike ihn kurz vor der Sendung um eine private Sitzung gebeten haben, worauf er vorschlug, diese sofort – nämlich vor den Fernsehkameras – abzuhalten. Da die TV-Leute sich einverstanden erklärten, habe man die Diskussion fallengelassen und sendete dafür ein »Gespräch mit dem Jenseits«.

Atemlos verfolgten die Zuschauer auf ihren Bildschirmen als World-first etwas nie zuvor Erlebtes!
Unter der gleißenden Hitze der Scheinwerfer, eingekreist von den Objektiven zahlreicher TV-Kameras, versetzte sich Arthur Ford – damals bereits ein Siebzigjähriger – im Studio in Trance. Neben ihm hatten Bischof Pike und der Moderator der Sendung Platz genommen. Es war knapp eine Minute vergangen, und schon meldete sich der Kontrollgeist des Mediums, der ihm bereits seit 1924 stets zur Seite stand – »Fletcher«, angeblich ein im Ersten Weltkrieg gefallener Kanadier. Ford erklärte, »Flechter« habe Kontakt mit Pikes Sohn. Der Bischof, sichtlich bewegt, wollte gern Näheres über den Tod wissen, vor allem den Grund dafür. Gleich darauf begann »Fletcher« zu übermitteln, was er angeblich von Jim vernommen habe. Es lautete:
»Ich will dir so viel sagen, Dad ... Er nannte Sie Dad ... Es begann mit jemandem, der Halverston heißt.« »Fletcher« schien nicht recht verstanden zu haben, denn er fuhr fort: »Ich weiß nicht ... ist der Name Halverston oder Halvertson ...« Und nach einer kleinen Pause: »... Er ist jetzt hier, dieser Halverston. Ich sah ihn soeben. Er scheint um dieselbe Zeit herübergekommen zu sein wie Jim. Ist Ihnen eine Person dieses Namens bekannt?«
»Ich glaube ja ... Aber kennengelernt habe ich ihn nicht«, antwortete Pike stockend.
Aus dem Munde von Arthur Ford sprach es – immer wieder abgerissen – weiter: »Einen Moment, überlegen Sie mal. Er hatte ... Sein Vorname war Marvin ... Und, ah ... etwas mit moderner Musik oder modernem Tanz oder mit Kunst oder etwas in der Kirche zu tun, und ... ah ...«
»Den gibt es«, unterbrach Pike. Jetzt erinnerte er sich: Marvin Halverson war ein junger Mann, der einmal für den »National Council of Churches« tätig gewesen war. Er hatte sich vor allem mit Fragen der Einstellung kirchlicher Kreise zur modernen Kunst befaßt. Pike war vor mehr als zwei Jahren mit ihm sogar auf einer Diskussion persönlich zusammengekommen.
Daß auch sein Sohn jenen einmal gekannt habe, davon wußte der Bischof nichts. Er erfuhr es erst jetzt im Studio. Und außerdem noch etwas, das nicht nur für ihn bedrückend und tieftraurig war, sondern schicksalhaft auch zahllose andere Eltern einer heranwachsenden jungen Generation betraf: Durch jenen Halverson sei er, Jim, während seines Studiums an der Berkeley-Universität in Kalifornien verleitet worden, Rauschgift zu nehmen, vor allem LSD. Um davon wieder loszukommen, habe er Kalifornien verlassen und in New York weiterstudiert. Doch auch dort sei er wieder mit drogensüchtigen Studenten zusammengekommen. Und nach einem entsetzlichen »Trip« habe er sich erschossen!
Die Sendung lief noch, als sich bereits telefonisch erste Zeugen meldeten, die einige der von Ford gemachten Angaben bestätigten. Nachher konnte auch festgestellt werden, daß Halverson in Berkeley tatsächlich in zahlrei-

che Rauschgiftaffären verstrickt gewesen war und ein Jahr nach Jim starb. In einer Privatsitzung erfuhr Pike dann noch weitere Details, auch die Namen noch Lebender, die mit seinem Sohn bis kurz vor dessen Selbstmord zusammengewesen waren. Anhand all der Hinweise gelang es, diese Leute ausfindig zu machen und so die ganze Geschichte vom Tod Jim Pikes zu rekonstruieren.

Dieses ihn zutiefst aufwühlende Erlebnis war es, das Bischof James Pike – einen nüchtern und sachlich denkenden Mann – veranlaßte, ein Buch mit dem Titel »The Other Side« zu schreiben, in dem er seinen Glauben an die Echtheit jener Kommunikation mit dem Jenseits bekundet. Es wurde ein Bestseller und trug, zusammen mit der sensationellen TV-Séance 1967, mehr als alles andere entscheidend dazu bei, den Spiritismus, der längst und – wie die meisten Amerikaner annahmen – für immer seine Bedeutung verloren zu haben schien, erneut in den Brennpunkt des Interesses zu bringen.

Fast genau ein halbes Jahrhundert war es her, daß ein anderer – merkwürdigerweise ähnlich gelagerter – Fall, in dem ebenfalls ein toter Sohn im Mittelpunkt stand, ungeheures Aufsehen erregte. Er trug sich im Ersten Weltkriege zu.

Begonnen hatte es in den USA mit jener zunächst recht rätselhaft formulierten »Faunus-Botschaft«, die Mrs. Piper auf einer Séance am 8. August 1915 – angeblich im Auftrage der verstorbenen S.P.R.-Mitglieder Hodgson und Myers – Sir Oliver Lodge übermittelt hatte. Was jedoch wirklich gemeint war, stellte sich einen Monat später heraus: Am 17. September erfuhr Sir Oliver, daß sein Sohn Raymond am 14. September in einem Gefecht gefallen sei.

Am 25. September des gleichen Jahres hatte Lady Lodge in London eine Sitzung mit Mrs. Gladis Osborne Leonard, dem vielbewunderten englischen Star-Medium. Was Lady Lodge vermutlich im stillen erhofft, aber mit keinem Wort erwähnt hatte, trat ein: Die beiden hatten kaum mit dem Tischrücken begonnen, als eine Botschaft aus dem Jenseits angekündigt wurde. Es war Raymond, der sich meldete. Die Klopfzeichen von ihm besagten: »Erzähl Vater, ich habe Freunde von ihm getroffen!« Lady Lodge schien nicht ganz sicher zu sein und bat, so erregt sie war, doch zu sagen, wer jene Freunde seien. »Myers«, kam die Antwort.

Nach jenem Tage vereinbarte Sir Oliver Lodge für jede Woche ein Zusammentreffen mit Mrs. Leonard in seinem Londoner Haus. Die Sitzungen erstreckten sich über Jahre. Auf ihnen äußerte sich Raymond ausführlich über das Leben im Jenseits. Was er im einzelnen beschrieb, mutet durchaus irdisch an. Nicht nur, daß man dort ißt, trinkt und raucht, man bekommt – so geschah es vorgeblich mit Raymond – sogar anstelle eines verbrauchten Zahnes einen neuen.

Sir Oliver hielt es nicht anders als fünfzig Jahre später Bischof Pike. Er veröffentlichte alles, was er auf diese Weise erfuhr, zusammen mit den Mitteilungen anderer Medien, aus denen seiner Ansicht nach ebenfalls sein gefallener Sohn gesprochen hatte, in einem Buch. Es hieß: »Raymond or Life and Death – Raymond oder Leben und Tod«.

Lodge hielt es für durchaus möglich, daß es »drüben« so, wie er es über Mrs. Leonard vernommen hatte, auch zugehe. Daher auch scheute er sich nicht, selbst den angeblichen Genuß von Whisky, Soda und Zigarren zu erwähnen. Viele stießen sich daran und mokierten sich darüber. Aber Sir Oliver Lodge meinte es tiefernst. »Meine Ansicht«, so schreibt er, »hat sich in langen Jahren gebildet, obwohl sie zweifellos auf der stets gleichen Erfahrung basiert. Aber dieses Erlebnis hat meine Überzeugung noch bestärkt. Ich besitze nun auch meine eigene persönliche Erfahrung und nicht nur die anderer.«

Und in einer Jubiläumsrede vor der S.P.R. im Jahre 1932 betonte er, nachdem er darauf hingewiesen hatte, daß wohl alle Mitglieder inzwischen an die Existenz von Telepathie glaubten: »Viele von uns sind heute ähnlich überzeugt von der Realität einer geistigen Welt und deren Einwirkung auf diese Welt. Ich frage mich, ob es verfrüht wäre, das zu sagen und damit zu zeigen, daß wir nicht nur auf ein völlig unbekanntes und möglicherweise nutzloses Ziel hinarbeiten, sondern der Auffassung sind, wirklich Fortschritte zu machen. Ich meine, daß die Zeit dafür gekommen ist und daß wir dies in den kommenden fünfzig Jahren als eine bewiesene Hypothese verkünden und sie als Erklärung für Vorkommnisse verwenden können, bei denen sie offensichtlich einen in Wirksamkeit tretenden Faktor darstellt.«

König Saul erfährt von dem verstorbenen Propheten Samuel, den eine offenbar medial begabte Wahrsagerin, das »Weib zu Endor«, heraufbeschwören half, was ihm als Schicksal bevorsteht: daß er am Tage darauf die Schlacht gegen die Philister verlieren und zusammen mit seinen Söhnen den Tod finden werde (1. Samuel 28, 7 bis 20). Bibelillustration von Gustave Doré.

Lodge war nicht nur überzeugt von einem Weiterleben nach dem Tode. Er selbst wollte auch einen Beweis dafür liefern – nach seinem Hinscheiden. Das versprach er öffentlich 1931 in einer Rede in Oxford: »Wenn ich eine Gelegenheit finde, mich mitzuteilen, so werde ich versuchen, meine Identität nachzuweisen. Es wird geschehen, indem ich auf eine bereits bei Lebzeiten vorbereitete, und zwar absurd kindliche Absonderheit in allen Einzelheiten eingehen werde, die von mir bereits in einem versiegelten Dokument im Safe der S.P.R. deponiert worden ist. Ich hoffe, daß es mir gelingen wird, mich an die Details zu erinnern und darüber in unmißverständlicher Weise zu äußern. Der Wert der Kommunikation wird nicht in der Substanz dessen liegen, was mitgeteilt werden soll, sondern darin, daß ich keinem Lebenden darüber etwas auch nur angedeutet habe und niemand eine Idee hat, was es enthält. Verständige Leute werden es nicht als triviale Absurdität abtun, sondern als wertvollen Beitrag für den Beweis des Überlebens der persönlichen Identität anerkennen.«

Dieses Dokument schlummert noch heute unter Verschluß in den Räumen der S.P.R. Es ist nicht das einzige seiner Art. Auch andere haben ein Gleiches getan. Es ist bei der Absicht geblieben. Der Versuch, vom Jenseits aus mit Hilfe derart angelegter Gedanken-Spiele den Beweis für die Weiterexistenz des Ichs anzutreten, wurde mehr als einmal unternommen. Ist er bis heute irgend einem Menschen jemals gelungen?

Für die überzeugten Spiritisten kann die Antwort nur lauten: ja! Es hat in den USA sogar einen berühmten – allerdings sehr vom Skandal umwitterten – Fall gegeben, bei dem, spiritistischem Glauben zufolge, das angeblich geschehen sein soll.

Kurz bevor Harry Houdini, Amerikas vielbewunderter Entfesselungskünstler, Zauberer und Magier, im Jahre 1926 verstarb, gab er bekannt, er werde sich als »Geist« wieder zeigen und dabei mit seiner Frau Bess in Kommunikation treten. Als Beweis solle die Nennung eines Code-Wortes dienen, von dem außer ihm nur seine Frau Kenntnis habe. Eine für damalige Zeiten riesige Summe wurde als Belohnung ausgesetzt: 10 000 Dollar solle das Medium erhalten, das in der Lage sei, die Botschaft zu empfangen, von der angedeutet war, daß sie nur aus zwei Wörtern bestehe.

Drei Jahre lang rührte sich nichts. Dann brachte am 8. Januar 1929 die New Yorker Zeitung »Graphic« die große Sensation. Die dickbalkige Schlagzeile verkündete: Arthur Ford empfing Houdinis Botschaft! Diese lautete: »Glaube, Rosabelle!« Und Mrs. Houdini habe die Richtigkeit bestätigt.

Rosabelle – so erfuhren die Leser – war Houdinis heimlicher Kosename für seine Frau gewesen. Er stammte von einem Song, den sie einst im Varieté gesungen hatte, als er sie kennen und lieben lernte.

Mrs. Houdini gab eine öffentliche Erklärung ab, in der sie bestätigte, daß Ford die vereinbarten richtigen Code-Wörter empfangen und ihr mitgeteilt

habe. Als Zeugen fungierten ein United-Press-Reporter und der stellvertretende Chefredakteur der hochangesehenen Fachzeitschrift »Scientific American«.
Zwei Tage danach brandmarkte »Graphic« seine eigene Sensationsmeldung als falsch: Man sei einem Schwindel aufgesessen. Eine Meldung, die hart an den Tatbestand der Verleumdung grenzte, ließ durchblicken, Arthur Ford, Frau Houdini und der Reporter hätten unter einer Decke gesteckt.
Arthur Ford, vor die New Yorker Liga der Vereinten Spiritisten zitiert, fiel es nicht schwer, den Vorwurf, er habe sich an einer Schwindelei beteiligt, zurückzuweisen. Er behauptete, »Fletcher« habe ihm das Code-Wort gebracht.
Der Skandal mit einer ganzen Kette von Beschuldigungen und Gegenbeschuldigungen beschäftigte monatelang die Boulevardpresse. Trotz allen Verdächtigungen gelang eines jedoch nicht: nachzuweisen, daß Ford gemogelt hatte.
Wozu auch hätte er das nötig gehabt? Was er offiziell »Fletcher« zuschrieb – in Wahrheit seine eigene, so oft bewiesene phänomenale telepathische Begabung –, reichte vollkommen dazu aus, das Code-Wort, das Mrs. Houdini ja kannte, bei ihr direkt »abzulesen«! Des Umweges über die angebliche Kommunikation mit einem Verstorbenen bedurfte es dazu gar nicht.
Aber gibt es nicht immer wieder Vorkommnisse, für die sich augenscheinlich keine Erklärung finden läßt – es sei denn, man gibt zu, es könnten Geister im Spiele sein? Aus der Zeit vor 1900 ist mehr als ein solcher Fall glaubhaft und zuverlässig überliefert. Und wieviel Geschehnisse dieser Art ereigneten sich wohlbezeugt selbst noch in unserem so aufgeklärten, so rationalen Jahrhundert – Geschehnisse, die selbst den hartnäckigsten Skeptiker vor ein unlösbares Rätsel zu stellen scheinen.
Zu ihnen zählt eine gut dokumentierte Geschichte, die in den »Proceedings« der S.P.R. Ende der zwanziger Jahre veröffentlicht wurde. Sie wird gern als angeblicher Beweis für eine »Kommunikation Verstorbener« angeführt. Folgendes trug sich zu und wurde einwandfrei bezeugt:
Im Staate North Carolina, USA, lebte ein Farmer namens J. L. Chaffin mit seiner Frau und seinen vier Söhnen. Im November 1905 machte er ein von zwei Zeugen beglaubigtes Testament, in dem er sehr einseitig über seinen gesamten Nachlaß verfügte. Seine Farm, so bestimmte er, sollte nach seinem Tode allein dem dritten Sohn gehören. Die anderen Söhne wie auch die Ehefrau wurden enterbt.
Anderthalb Jahrzehnte später war er anderen Sinnes geworden. Er setzte – es war im Januar 1919 – einen zweiten Letzten Willen auf, diesmal ohne Zeugen hinzuzuziehen. Da er dieses Testament jedoch mit eigener Handschrift zu Papier brachte, mußte es rechtsgültig sein. Es begann mit der Bemerkung, er habe es unter dem Eindruck des 27. Kapitels im Ersten Buch

Mose – der Geschichte, wie Jakob dem altgewordenen Isaak den Erstgeburtssegen ablistet – geschrieben.

Sein Wunsch sei nun, seine Habe zu gleichen Teilen allen vier Söhnen zukommen zu lassen, die dafür die Sorge für ihre Mutter übernehmen sollten. Das Schriftstück steckte er in einer älteren Familienbibel zwischen die Seiten des genannten Kapitels im Alten Testament. Er informierte niemand in der Familie von der Existenz dieses zweiten Letzten Willens. Als er zwei Jahre später starb, trat daher das erste Testament in Kraft. Sein dritter Sohn erbte alles.

Im Juni 1925, vier Jahre nach Chaffins Tod, hatte James, der zweitgeborene Sohn, eine Reihe lebhafter Träume, in denen ihm der Vater erschien. Zuletzt vernahm er von diesem sogar eine Botschaft. James sah den Verstorbenen ganz deutlich vor sich. Er war in einen alten Mantel gekleidet und sagte zu ihm: »Mein Testament werdet ihr in der Manteltasche finden.«

James begann nach jenem alten Mantel zu suchen und stöberte ihn eines Tages im Schrank seines Bruders auf. In der Tasche befand sich ein Zettel, der auf die Familienbibel verwies. In Gegenwart von Zeugen schlug man in ihr nach und entdeckte, eingeklebt zwischen zwei Seiten im Alten Testament, das Schriftstück. Die Sache kam vor das Nachlaßgericht, das nach eingehender Prüfung entschied, daß das zweite Testament gültig sei, und das erste annulliere.

Ein einmaliger, ungewöhnlicher Zufall? Durchaus nicht. Verblüffende Vorkommnisse ähnlicher Art sind in ganzen Serien berichtet, so zum Beispiel dieses:

Im Februar 1903 hörte Dr. J. K. Funk von einer Familie in Brooklyn, bei der in Anwesenheit nur weniger geladener Gäste an jedem Mittwoch Séancen abgehalten wurden. Auf seinen Wunsch wurde auch er gebeten. Als er zum dritten Mal teilnahm, geschah folgendes:

Der Kontrollgeist »George« des Mediums wollte, wie aus heiterem Himmel, plötzlich wissen: »Hat irgend jemand hier etwas im Besitz, das Mr. Beecher gehört?« Alles sah sich fragend an, und niemand antwortete. »George« wiederholte die Frage mehrmals; er schien sicher zu sein, daß eine Antwort erfolgen werde. Dr. Funk fiel beim Überlegen plötzlich ein möglicher Zusammenhang ein. »Ich habe in meiner Tasche einen Brief von Reverend Dr. Hillis«, bemerkte er. »Er ist Mr. Beechers Nachfolger. Meinen Sie das?« Es kam die Erwiderung: »Nein. Ein Geist, der gerade anwesend ist, John Rakostraw, sagt mir, Mr. Beecher – der nicht hier ist – zeigt sich besorgt über eine alte Münze, die als ›Scherflein der Witwe‹ bezeichnet wird. Diese Münze ist nicht an ihrem richtigen Platz und sollte an ihn zurückgebracht werden. Und Mr. Beecher meint, es sei an Ihnen, dies zu tun.«

Dr. Funk war äußerst überrascht. »Ich habe keine Münze von Mr. Beecher«, bemerkte er und bat um eine Erklärung.

»George« versicherte, er wisse darüber nichts. Er habe nur erfahren, daß die Münze sich bereits seit Jahren irgendwoanders befinde und daß Mr. Beecher der Ansicht sei, Dr. Funk könnte die Münze zurückgeben, da sie in einem Safe zwischen vielen Papieren liege. Jetzt erinnerte sich Dr. Funk: Vor Jahren hatte er sich die wertvolle Münze von einem kürzlich ebenfalls verstorbenen Freund Mr. Beechers ausgeliehen, um sie in einem Standardwerk genau beschreiben zu können. Er habe die Münze jedoch, so erklärte er jetzt, seinerzeit an Mr. Beechers Freund zurückgegeben.

Die Antwort lautete: »Nein.« Dr. Funk gab daraufhin den Auftrag, in seinem Arbeitszimmer nachzuforschen, und man fand das »Scherflein der Witwe« (Markus 12, 42; die kleinste griechische Münze, Lepton genannt) tatsächlich wie angegeben. In einer späteren Sitzung ließ der Kontrollgeist wissen: Es sei Mr. Beecher gar nicht so sehr auf die Rückgabe der Münze angekommen. Er wollte Dr. Funk vielmehr eine Probe liefern, daß es eine Kommunikation zwischen dem Diesseits und Jenseits gebe.

Traf dies wirklich zu? Wurde hier – wie in den davor zitierten Fällen – tatsächlich ein solcher Beweis erbracht?

Längst ist es gelungen, jenen angeblichen »Botschaften aus der Geisterwelt« ihren geheimnisvollen, mystischen Schimmer zu nehmen und sie in den Bereich para-normaler Fähigkeiten einzuordnen. Allein die Spiritisten – nicht gewillt, die modernen Erkenntnisse der parapsychologischen Forschung zur Kenntnis zu nehmen – halten krampfhaft an ihrem Glauben fest, es gebe eine echte Kommunikation mit der Welt des Jenseits.

Daß immer wieder sowohl naiven als auch gebildeten Menschen »als eine Wirkung von Geistwesen erscheint«, bemerkt Professor Bender, »was unterbewußt von der Psyche hervorgebracht wird, hat seinen Grund in der affektiven Erschütterung, die solche ichfremden, das heißt dem wahren Ich unbekannten Äußerungen mit sich bringen.«

Bereits Professor Charles Richet hatte gestanden: »Ich gebe offen zu, daß es einige sehr irremachende Vorkommnisse gibt, die einen dazu verleiten könnten, das Überleben der menschlichen Persönlichkeit zu unterstellen – die Fälle der Mrs. Piper, von Raymond Lodge und andere zählen dazu ...« Und zur spiritistischen Hypothese sagt er: »Es wäre kühn, das Fortleben zu leugnen, aber es wäre noch tausendmal kühner, es zu behaupten«, um dann zu erklären: »Ich gehe so weit zu behaupten, daß eine subjektivistische Metaphysik immer absolut unfähig sein wird, den Beweis für ein Überleben zu führen.«

Und doch wird immer aufs neue leidenschaftlich die Überzeugung verteidigt, daß Verstorbene sich den Lebenden mitteilen können. Hinweise, die im Traum auftauchen, wie im Fall des Chaffin-Testamentes, oder Aussagen, die Medien über ihre angeblichen Kontrollgeister machen, werden als Beweise für einen solchen »Verkehr mit der Geisterwelt« in Anspruch genommen.

Völlig zu Unrecht. Denn, wie Professor Bender ausdrücklich hervorhebt: »Dieser Schluß ist keineswegs zwingend.«

»Nimmt man einmal an«, begründet er es bezüglich des Chaffin-Testamentes, »daß der Traum von dem versteckten Dokument nicht auf normale Weise erklärbar ist, so ist die Hypothese zu berücksichtigen, daß der Träumer durch den Sechsten Sinn das Versteck erfahren habe und daß die Information in die personifizierende und dramatisierende Bildsprache des Traumes eingekleidet wurde.«

Der Sohn hat, anders ausgedrückt, durch Hellsehen das Wissen von der Existenz des Letzten Willens erhalten können oder durch Telepathie, die ihn noch zu Lebzeiten seines Vaters dessen Vorhaben »abzapfen« ließ, und es in seinem Unterbewußtsein gespeichert. Und eines Tages brachte ein Traum es an die Oberfläche seines Bewußtseins.

Gleiches gilt auch für die Fälle des Bischofs Pike und des Sir Oliver Lodge wie überhaupt für die vielbewunderten, weil so genau ins Ziel treffenden Aussagen hochbegabter Medien, etwa der Mrs. Piper und der Mrs. Leonard. »Bei erfolgreichen Sitzungen sind die Klienten oft tief ergriffen von dem anscheinenden Kontakt mit einem geliebten Menschen im Jenseits«, schreibt Bender. »Angesichts dieser Ergriffenheit scheut man sich geradezu, darüber aufzuklären, daß solche ›Botschaften aus dem Jenseits‹ wissenschaftlich nicht als solche beweisbar sind. Sie – die Medien – können die Informationen über den Verstorbenen telepathisch dem Angehörigen ›abzapfen‹ oder hellseherisch zu den so eindrucksvollen Mitteilungen kommen. Die Vermittlung durch einen ›Kontrollgeist‹ – eine Personifikation des Unbewußten des Mediums – kann als theatralische Einkleidung verstanden werden, die durchaus ein gutgläubiges Arrangement des Unbewußten sein kann.«

Und denken wir zurück an die Botschaften, die zum Beispiel Mrs. Willett angeblich von den »Geistern« Myers', Gurneys und Sidgwicks erhielt. Noch am Leben und sogar bei diesen Séancen anwesend waren Menschen, die als Freunde und Kollegen der Verstorbenen deren Gedankengänge und Eigenarten genau kannten. So konnten sie diese – selbstverständlich unbewußt – dem Medium telepathisch übermitteln, oder das Medium war in der Lage, ihnen ihr Wissen »abzulesen«.

Doch was nützen alle wissenschaftlichen, alle noch so begründeten Argumente und Beweise! Der »Geister«-Glaube hält sich zäh. Und immer, wenn man ihn bereits längst erloschen glaubt, passiert eines Tages wieder ein Fall, der aus der Asche erneut die Flammen des Spiritismus aufflackern läßt...

XXIII. Zukünftige Ereignisse – in Karteien

Im Jahre 1930 wurde England von dem entsetzlichsten Unglück in der Geschichte seiner zivilen Luftfahrt betroffen.

In den frühesten Stunden – genau um 2.05 Uhr – des 5. Oktober jenes Jahres explodierte – von einem Sturm bei der nordfranzösischen Stadt Beauvais zu Boden gerissen – das neuerbaute Luftschiff »R 101« und wurde in einer über hundert Meter hohen Stichflamme total zerstört. Es hatte am Abend zuvor von der Britischen Insel aus, London überfliegend, seine Jungfernreise angetreten, die nach Indien gehen sollte. »R 101« galt als die modernste und ausgeklügeltste Konstruktion ihrer Art und wurde, wie zuvor die »Titanic«, als unzerstörbar angesehen. Die besten Ingenieure und Luftfahrtexperten hatten beim Entwurf und beim Bau mitgearbeitet. An einem Erfolg des geplanten Weltfluges hätte keiner der beteiligten Fachleute zu zweifeln gewagt. Und doch: Nicht anders als eine Generation zuvor bei der »Titanic« stand auch die Jungfernfahrt der »R 101« im Brennpunkt unerklärbarer Para-Phänomene. In diesem Fall kam es sogar zu einer erstaunlich großen Anzahl außersinnlicher Wahrnehmungen.

Eine erste »Warnung« erhielt Sir Sefton Brancker, der Direktor der zivilen Luftfahrt, höchstpersönlich. Es geschah im Jahre 1924: Bei einem Frühstück in Paris fragte ein Freund Sir Sefton aus heiterem Himmel, ob er sich ein Horoskop habe stellen lassen und was es besage. »Es heißt darin«, antwortete Sir Sefton, »für sechs Jahre ist mit mir alles in Ordnung.« »Und danach?«, wollte der Freund wissen. »Danach«, vernahm er wörtlich, »ist nichts mehr zu sehen.«

Zu jener Zeit, 1924, befand sich die »R 101« gerade erst im Zustand des Projekts: Es war beschlossen worden, daß sie im Auftrag der Regierung gebaut werden sollte.

Zwei Jahre danach, 1926, hatte Mrs. Eileen Garrett, Englands berühmtes Medium, eine Vision – die erste von insgesamt drei: Es schien ihr, als sehe sie ein Luftschiff über dem Hyde-Park in Schwierigkeiten. Wie sie jedoch gleich darauf bemerkte, konnte es sich nur um ein »Phantom« gehandelt haben.

Abermals zwei Jahre später, 1928, tauchte dasselbe Traumbild eines Luftschiffes ein zweites Mal vor ihr auf. Deutlich »sah« sie, wie es hin und her schwankte, in die Tiefe sank und Wolken von Rauch ausstieß. Vergeblich blätterte Mrs. Garrett die Tageszeitungen durch – sie fand keinen Bericht über ein Luftfahrzeug, das sich in Not befunden hätte.

»1929 sah ich das Luftschiff wiederum über mir«, berichtete sie, »und erneut drang Qualm aus der großen Hülle. Ich erinnere mich, daß ich stehen blieb, wie erstarrt auf der Stelle. Weiße Auspuffgase verwandelten sich in eine riesige dichte Wolke. Wiederum überschatteten Nebelschwaden das rauchende Schiff. Diesmal war ich innerlich zutiefst aufgewühlt. Ich wußte, daß es sich um etwas Ernstes handelte.«

Nach diesem Gesicht bat Mrs. Garrett einen Freund, Sir Sefton Brancker zu warnen. Sie befürchtete, daß der damals bereits im Bau befindlichen »R 101« ein Unglück zustoßen würde. Sir Sefton gab nichts darauf. Er war bereits fest entschlossen, am ersten Flug des Luftriesen nach Indien teilzunehmen.

Es mutet geradezu gespenstisch an: Sir Sefton erhielt noch von anderer Seite eine Warnung – und schlug auch sie in den Wind. Es geschah dies unter recht dramatischen Umständen, und zwar auf einer Party, die er selbst in London gab. Unter den Gästen befand sich auch eine bekannte Hellseherin, Vera Woodruft, genannt »Woody«.

Als Sir Sefton seinen Freunden eine aparte junge Schauspielerin vorstellte, gab er vertraulich zu verstehen: »Woody« würde sicherlich seine Heirat mit ihr voraussagen. »Woody«, die das sehr wohl gehört hatte, war zutiefst empört. Doch Sir Sefton trieb es noch weiter. Er erhob sein Glas zu einem auf »Woody« gezielten Toast, in dem er ironisch sagte: »Auf die Wahrsagerin unter uns, die nicht weiß, worüber sie sich ausläßt.« »Woodys« zornige Replik kam blitzschnell: »Und dies auf Sie, Sir. Mögen Sie in den Flammen der Hölle in die Tiefe fahren!« Sie hatte das kaum gesagt, als zu ihrem eigenen Entsetzen kaum hörbar ergänzend noch ein paar Worte über ihre Lippen kamen: ». . . wie es Ihnen in drei Monaten, von diesem Abend an gerechnet, widerfahren wird!«

Die Voraussage traf exakt ein: Ein Vierteljahr danach kam Sir Sefton mit 48 Passagieren im Flammenmeer der explodierenden »R 101« ums Leben.

Es gab noch eine weitere Person, die das Unglück voraussah – R. G. Napier, ein fünfzehnjähriger Junge. Er besuchte, während der Rumpf des Luftriesen in einer mächtigen Halle in Cardington gebaut wurde, die Schule im benachbarten Ort Bedford und hatte mit einigen Kameraden den Arbeiten oft interessiert zugeschaut. Eines Nachts – noch vor der Jungfernfahrt – wurde er mit starkem Herzklopfen nach einem schrecklichen Traum wach.

»Ich sah das Luftschiff«, berichtete er, »auf einem hügeligen Hang zum Teil verbrannt, das metallene Gerippe bloßgelegt. Am Heck flatterte noch die Fahne. Ich sah das Bild so deutlich, daß ich es am Morgen meinen Mitschülern im Schlafsaal beschrieb, worauf wir sogar darüber stritten, ob es angebracht sei, die Leute vom Luftschiffbau in Cardington zu warnen. Ich tat es nicht, weil ich noch so jung war und befürchtete, man würde mich nur auslachen.«

Als der Junge ein ganzseitiges Foto des Wracks in der »Sunday Graphic« fand, erschrak er: »Genauso sah es aus, was ich im Traum erlebte.«

Auch unter den Besatzungsmitgliedern und deren Angehörigen hatte es an bösen Vorahnungen nicht gefehlt.

Mrs. Walter Radcliffe, deren Mann als Bordmonteur mitfuhr, wußte vom Morgen des 4. Oktober – es war dies der Tag des Startes –, daß sie ihn nicht wiedersehen würde. Auch Mr. Radcliffe selbst schien das zu spüren, denn er kam, obwohl sie sich bereits verabschiedet hatten, ganz kurz vor dem Aufsteigen noch ein zweites Mal zurück, um seine Frau und seinen kleinen Sohn abermals zu umarmen. Ein anderer, der Erste Steuermann G. W. Hunt, hatte ebenfalls seiner Familie schon Lebewohl gesagt und war bereits im Begriff, an Bord zu gehen, als er plötzlich nochmals umkehrte. Ganz ernst – was bei ihm ungewöhnlich war, denn man kannte ihn sonst stets fröhlich und zu Scherzen aufgelegt – ging er auf seinen am Gatter stehenden vierzehnjährigen Sohn zu, nahm dessen Hand und sagte leise: »Was du auch immer machen wirst, Junge – kümmere dich um Mutter!«

Radcliffe und Hunt kehrten nie wieder. Ein anderes Besatzungsmitglied, ein junger Ingenieur, war sich eines bevorstehenden Unglücks so sicher, daß er sich im letzten Augenblick weigerte, mitzufliegen. Trotzdem vermochte er dem, was ihm als Schicksal zugedacht schien, nicht zu entkommen. Er erlitt wenige Stunden später mit seinem Motorrad in der Nähe von Cardington einen tödlichen Unfall!

Die »R 101« hatte in der letzten Abenddämmerung das weitgestreckte Häusermeer Londons überflogen und den Kanal passiert, als sie in einen Sturm geriet, der so heftig war, daß sie wie ein Spielball von den Böen hin und her gerissen wurde. In dieser bereits beängstigenden und höchst heiklen Situation – man befand sich inzwischen über Nordfrankreich in der Nähe des Städtchens Beauvais – machte sich zum Entsetzen aller an Bord zudem noch ein Maschinenschaden bemerkbar. Damit nahte das furchtbare Ende der kaum begonnenen Jungfernfahrt.

Im gleichen Augenblick, als der riesige Rumpf auf dem Boden aufschlug und eine hochaufflammende Gasexplosion ganz Beauvais taghell erleuchtete, fuhr in Cardington der wachhabende Offizier, der in einem Stuhl vor sich hindöste, wie elektrisiert in die Höhe. Was war das? Die Glocke der Rufanlage hatte geklingelt, an der Anzeigetafel war eine Nummer heruntergefallen. Verwundert schob der Diensttuende sie wieder hinauf – er wußte, daß außer ihm und einem Kameraden niemand im Gebäude war. Aber es schellte erneut und kurz danach nochmals. Die Nummer zeigte – wie sich herausstellte – das Zimmer an, das Flugleutnant Carmichael »Bird« Irwin, der Kapitän der »R 101«, bis zum Start bewohnt hatte!

Doch auch damit sollte die Kette abnormaler Vorgänge noch nicht beendet sein.

Drei Tage nach der Katastrophe, am 8. Oktober 1930, trafen sich Mrs. Eileen Garrett und der Para-Forscher Harry Price in dessen Laboratorium für psychische Forschung zu einer Séance. Das Medium war kaum in tiefe Trance gefallen, als »Uvani«, dessen angeblich arabischer »Kontroll-Geist«, über-

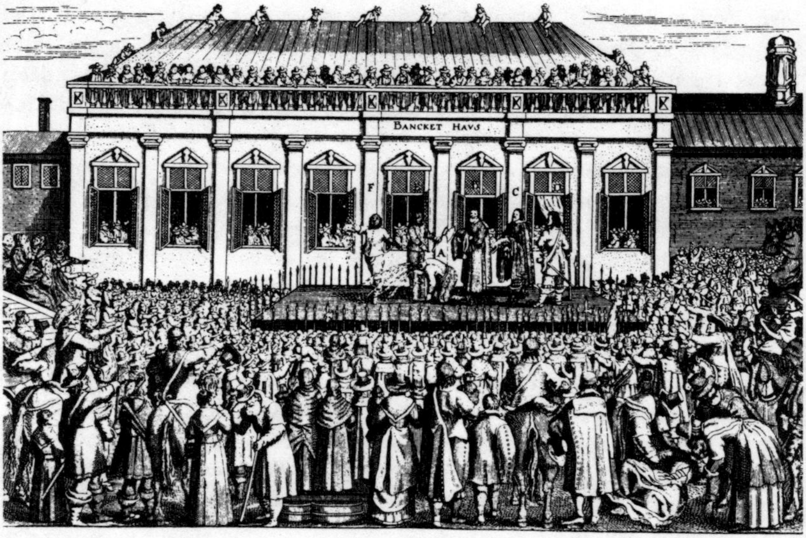

Öffentliche Hinrichtung Karls I. am 30. Januar 1649 vor dem White-Hall-Palast zu London. Sie wird vielfach als jenes von Nostradamus vorausgesehene »Blutvergießen« angesehen, »nach dem sich das Britenvolk in 290 Jahren siebenmal verändern wird«.

raschend einen fremden »Besucher« ankündigte. Deutlich buchstabierte er zweimal den Namen: erst »I-r-v-i-n-g«, dann »Irvin«. Der tödlich verunglückte Kapitän »schilderte« ausführlich und bis ins Detail die Defekte, die zum Untergang der »R 101« geführt hatten. Der Bericht war so mit technischen und aerodynamischen Fachwörtern gespickt, daß nur ein Experte ihn verstehen konnte. Zu dieser Zeit hatte eine Untersuchungskommission ihre Arbeit an den Trümmern gerade erst begonnen. Erst als deren offizieller Bericht Monate später veröffentlicht wurde, erwies sich die Richtigkeit der Angaben, die Mrs. Eileen Garrett »empfangen« hatte. Zu jener Zeit hatte es nur sechs Augenzeugen gegeben – fünf Ingenieure und den Bordfunker –, die wie durch ein Wunder in Beauvais mit dem Leben davongekommen waren.

Eine geradezu ungeheuerliche Zusammenballung abnormaler Phänomene also. Und doch keine allein dastehende Ausnahme. Denn Tatsache ist: Neben der »Vorausschau«, die sich lediglich auf kommende Ereignisse oder Erlebnisse einer einzelnen Person bezieht, ist wiederholt auch die »Vision des Zukünftigen« sozusagen plural, also als Gruppenerfahrung, bezeugt. Ein überzeugendes Beispiel dafür lieferte erst jüngst ein tragisches Massenunglück,

das die britische Bevölkerung aufs schmerzlichste traf – die Katastrophe von Aberfan in Wales.
Durch das Abrutschen einer riesig hoch aufgetürmten Kohlenhalde war am 21. Oktober 1966 das ganze Schulgebäude der Siedlung meterhoch unter einer alles erstickenden schwarzen Masse begraben worden. 144 Personen, fast alles Kinder – denn es war gerade Unterrichtszeit – konnten nur als Leichen wieder ans Tageslicht gebracht werden.
Der Psychiater Dr. J. C. Barker ging der Frage nach, ob und in welchem Umfange das kommende unglückselige Ereignis in der Bevölkerung vorausgeahnt worden sei. Die sehr gründliche Untersuchung kam zu dem kaum erwarteten Ergebnis, daß eine prozentuell erstaunlich große Zahl von Personen zuvor »Informationen« erhalten hatte. Konkret: Nicht weniger als 60 Leute bekundeten, in den Wochen beziehungsweise Tagen davor etwas von dem Unheil geahnt zu haben. Im 24 Fällen konnten Berichte von Zeugen beigebracht werden, die bestätigten, daß ihnen Träume erzählt worden seien, bevor die Katastrophe geschah. So hatte ein Bewohner von Aberfan eine Woche vorher von schreienden Kindern geträumt, die unter einer Lawine von Kohle begraben seien. Ein anderer sah – zwei Wochen vorher – im Schlaf ein Schulhaus, weinende Kinder und eine pechschwarze, schleimige Masse. Ein dritter hatte in der Nacht zuvor plötzlich die Vision einer Schule und von Kindern in der Volkstracht von Wales, die in den Himmel hinaufschwebten. Ein vierter empfing eine »Geister-Botschaft« über 100 Kinder, die von schwarzem Moder umgeben waren. Die meisten Vorausahnungen der Katastrophe erlebten im übrigen Menschen, die nicht in Aberfan selbst wohnten, sondern an anderen, zum Teil weit davon entlegenen Orten.
Angesichts dieser verblüffenden Tatsachen faßte Dr. Barker einen bedeutsamen Entschluß: In Zusammenarbeit mit der englischen Zeitung »Evening Standard« – insbesondere mit dem Wissenschaftsredakteur Mr. Peter Fairley – wurde in London ein in seiner Art in der ganzen Welt einmaliges Institut ins Leben gerufen: das »Premonition Bureau«. Mit anderen Worten – eine Einrichtung, die »Vorausahnungen künftiger Ereignisse« registriert und auswertet.
Das Beispiel machte bald Schule, und zwar in den USA. Im Juni 1968 wurde in New York das »Central Premonitions Registry« – kurz C.P.R. genannt – gegründet. Pate standen Robert D. Nelson, der Manager des »College and School Service Department« bei der »New York Times«, der auch die Leitung übernahm, und Dr. Stanley Krippner vom berühmten »Traum-Laboratorium« am Maimonides-Hospital in Brooklyn. In Deutschland werden »präkognitive« Träume bereits seit 1954 im Freiburger »Institut für Grenzgebiete der Psychologie« gesammelt und archivarisch erfaßt.
»Können parapsychologische Vorausahnungen tatsächlich Zukünftiges vorhersagen? Gibt es Personen, die ständig etwas über bevorstehende Ereignisse

träumen? Können Unglücksfälle verhindert werden, wenn para-psychische Warnungen beachtet werden? Das sind«, so erklärte R. D. Nelson, »einige der Fragen, die das C.P.R. durch eine wissenschaftliche Erforschung paranormaler Voraussagen zu beantworten versucht.«

Das Echo zeigte, wie aufgeschlossen viele Amerikaner den Fragen und Problemen der Parapsychologie gegenüber sind. Innerhalb von 14 Monaten trafen 668 »Berichte über die Zukunft« ein. Die meisten davon stammten aus Kalifornien und dem Mittleren Westen.

Die eingegangenen »Prophezeiungen« wurden in 13 verschiedene Kategorien der »Präkognitions-Alarmbereitschaft« eingeordnet. Eine davon – die populärste und am meisten beachtete – hat den Titel: »Prominente Persönlichkeiten – Verletzungen oder Tod«. Sie besitzt unter anderem ein besonderes Dossier für die Familie Kennedy. An zweiter Stelle rangieren »Naturkatastrophen, Erdbeben, Überschwemmungen u. a.«, an dritter »Krieg und internationale Beziehungen«, an vierter »Weltraum-Wettlauf«. Es folgen »Innere Unruhen« und »Flug- und Schiffskatastrophen«. »Wirtschaft« steht an letzter Stelle.

Eingetroffene Voraussagen aus der Kartei?

Zwei Tage vor der Ermordung Senator Robert Kennedys am 6. Juni 1968 traf die Ankündigung der Untat bei der C.P.R. ein. Und am 23. Juni 1969 wurde eine Voraussicht registriert, in der es hieß: »Es betrifft die Kennedys – es wird eine Explosion geben und Feuer auf dem Wasser . . . Ted K. – (Edward M. Kennedy) – scheint darin verwickelt zu sein. Dies wird in Kürze eintreten. Es handelt sich nicht um Sabotage, sondern um einen Unglücksfall, der durch Unachtsamkeit verursacht wird . . .« Einen Monat später berichteten die Schlagzeilen über den tragischen Vorfall bei Chappaquiddick!

Ein New Yorker, Th. Casas, teilte am 12. Mai 1969 mit: »Ich sah im Traum ein Flugzeug vom Typ Piper mit dem Kennzeichen N 129 N, N 429 N oder N 29. Es machte eine Bruchlandung und neigte sich nach vorn. Die Tür sprang auf, und der Pilot prallte auf den Boden. Er schien verletzt zu sein . . .«

Am 31. August 1969 starb der Boxchampion im Schwergewicht Rocky Marciano bei einem Flugzeugunfall in Iowa. Es war eine Piper-Maschine mit der Nummer N 3149 X. Außer der 3 und dem X waren alle anderen Ziffern geträumt worden. Die Maschine wurde – wie vorausgeschaut – mit dem Cockpit nach unten und aufgerissener Tür aufgefunden.

Eine sensationelle »Vorwarnung« zu dem um ein Haar tragisch ausgegangenen Apollo-13-Raumflug wurde am 12. November 1969 registriert. Sie stammt von Alan Vaughan, dem Mitherausgeber der amerikanischen Zeitschrift »Psychic«, dessen Visionen sich bereits mehrmals erfüllten. Er schrieb:

»Während ich heute über den bevorstehenden Mondflug meditierte, überkam mich das Gefühl, daß für dieses Unternehmen eine ernste Gefahr besteht. Wenn man nicht etwas am Treibstoff- oder am Strom-Versorgungssystem korrigiert, wird es eine Explosion geben, die die Astronauten töten könnte. Es kann sein, daß dieser Flug fehlschlägt, denn ich habe nicht das Gefühl, daß die Astronauten den Mond erreichen.«

Vaughans Schau, die zwei Tage vor dem Start von Apollo 12 registriert wurde – und diesen auch zu meinen schien – bewahrheitete sich geradezu verblüffend genau, allerdings beim Flug von Apollo 13, der am 11. April 1970 begann. Während am 14. April jedoch nach der Explosion an Bord die halbe Welt um das Schicksal von Lovell, Swigert und Haise bangte, meditierte Vaughan erneut. Was er voraussah, teilte er telefonisch am gleichen Tage James Bolen mit, dem Verleger von »Psychic«, und sandte dem C.P.R. folgenden Text zu: »Sie werden wohlbehalten zurückkehren und einen ungeheuren Empfang als Helden erhalten. Mir erschien ein Bild, auf dem sie mit Konfetti überschüttet wurden, und seltsamerweise hielten die Astronauten dabei Flaggen oder Banner in den Händen. Es ist möglich, daß ein Foto in der Presse sie so zeigen wird.«

Die »New York Times« vom 2. Mai brachte ein Foto von der Konfetti-»ticker-tape«-Parade, mit der Chikago die glücklich geretteten Raumfahrer begrüßt hatte. Über ihnen sah man auch zwei amerikanische Fahnen. Aber sollten die Astronauten sie nicht in den Händen halten?

Auch das war der Fall – man brauchte dazu die Seite nur gegen das Licht zu halten: Genau auf der Rückseite, hinter den Astronauten sozusagen, fand sich nämlich ein anderes Foto, und zwar vom Protestmarsch einer Gruppe Schwarzer Panther, die Flaggen hochhielten! So war auch die Vorausschau dieses Details – allerdings mit einem kleinen Irrtum – eingetroffen.

Im C.P.R. ist man voller Hoffnungen und Pläne. »Unser Ziel ist es auch«, bemerkte R. D. Nelson, »Leute herauszufinden, die echte para-psychische Fähigkeiten aufweisen. Wir wollen sie ermutigen, an ESP-Experimenten teilzunehmen, um herauszufinden, welche Hirnwellen-Aktivität bei vorausschauenden Träumen auftritt. Wir werden sie auch dazu anhalten, ›Traum-Tagebücher‹ zu führen, um Dingen und gewissen Anzeichen auf die Spur kommen zu können, die auf bevorstehende Ereignisse hinzuweisen scheinen.« Und das ganz große Ziel lautet, »in den nächsten Jahren Personen auszubilden, die ständig von der Zukunft träumen«.

So optimistisch und positiv das alles klingen mag – taucht nicht trotzdem angesichts dieser hochmodernen Organisation »archivierter Prophezeiungen« stumm und antwortheischend eine sehr entscheidende Frage auf, die gleiche, wie sie unzählige Male sich auch viele Menschen gestellt haben mögen, die plötzlich eine Vision in die Zukunft, eine Vorausschau erlebten? Sie lautet: Gibt es denn überhaupt eine Möglichkeit, das Vorausgesehene zu ändern, es abzuwenden? Oder ist die Präkognition unfehlbar? Wobei die Bejahung der letzteren Frage folgerichtig sofort die noch weit schwerer wiegende nach sich

ziehen würde, wo denn in einer Welt, in der bereits alles vorbestimmt sei, noch Platz für eine freie Willensentscheidung wäre.
Erstaunlicherweise gibt es jedoch tatsächlich Fälle, in denen »Interventionen« glückten. Louisa E. Rhine, die Frau und Mitarbeiterin des großen Para-Forschers in Durham, hat in ihrem Buch »Hidden Channels of the Mind« eine ganze Reihe von Beispielen dazu aufgeführt. So brachte ein Busfahrer, der im Traum ganz real einen Zusammenstoß erlebt hatte, es tatsächlich fertig, durch blitzschnelles Bremsen einen schweren Unfall zu vermeiden, als er einige Tage später in die vorausgeträumte Situation geriet. Seiner Erklärung nach sei das nur möglich gewesen, weil er »den Ablauf aus dem Traum kannte, wußte, was kommen würde, und daher schneller reagierte, als er es üblicherweise getan hätte«.
Ein anderer Fall betraf einen jungen Mann. Er berichtete später: »Als ich ungefähr 19 Jahre alt war, wurde mir eine Arbeit angeboten, nach der ich schon ein Jahr gesucht hatte. In der Nacht vor dem Antritt der Stelle als Heizer in einem Dampfkraftwerk träumte ich dreimal dasselbe: Eine Explosion schleuderte mich aus dem Gebäude, und ich starb im Krankenhaus. Ich nahm die Arbeit nicht an. Ungefähr eine Woche später geschah das Unglück. Der Arbeiter, der an meine Stelle getreten war, wurde aus dem Gebäude geschleudert und starb.«
Die Chance, dem Schicksal zu entgehen, besteht demnach also. Zumindest gibt es Fälle, die auf eine solche Möglichkeit hindeuten. Vielleicht wird es eines Tages gelingen, herauszufinden, unter welchen Voraussetzungen »Vorausgeschautes« sich ändern oder zumindest abschwächen läßt. Zunächst bleibt nur festzustellen, wie Tyrrell bemerkt, »daß das Universum viel komplizierter ist, als wir annehmen, und unser Geist viel beschränkter, als wir zugeben wollen. Vielleicht sollten wir erst versuchen, noch mehr von dem Wesen des Unbewußten zu verstehen, ehe wir die Probleme der Zeit und der Präkognition in Angriff nehmen«.

XXIV. Poltergeister — vom Video-Recorder erfaßt

»Ich habe gestern abend auf dem Treppenabsatz eine mir unbekannte ältere Dame in einem grauen Kleid getroffen. Ich habe mich ihr vorgestellt, doch scheint sie schwerhörig zu sein, denn sie nahm hiervon keine Notiz. Ich bitte Sie, mich ihr vorzustellen, wenn sie nachher zum Frühstück kommt.« Es war Paul von Hindenburg, der mit diesen Worten eines Morgens seinen Gast-

Die Spukgestalt einer »Weißen Frau« auf einer Notgeldserie der zwanziger Jahre.

geber auf Schloß Ostrau bei Köthen in Anhalt, wo er zur Jagd eingeladen war, begrüßte. Zu seinem Erstaunen erfuhr er, daß es sich bei der Begegnung nicht um ein lebendes Wesen, sondern nur um die »Graue Dame« gehandelt haben könne. Dieses »Gespenst« sei bereits wiederholt von Gästen gesehen worden.

Genauso rätselhaft, aber – im Gegensatz zu jener unbekannten anhaltinischen »Geisterdame« – berühmt in ganz Deutschland und von vielen Sagen umwoben war ein anderes Schloßgespenst: die »Weiße Frau« des Hauses Hohenzollern. Der Überlieferung nach soll es sich um den »Geist« einer Stammmutter, der Gräfin Agnes von Orlamünde, handeln. Sie habe, so heißt es, derart abscheuliche Missetaten begangen, daß sie zur Strafe verdammt worden sei, zu spuken. 1486 erschien sie, den Chroniken zufolge, zum ersten Male im Schloß von Bayreuth, danach tauchte sie wiederholt auf weiteren hohenzollernschen Schlössern auf – so in Berlin und Ansbach. Aber auch die Burgen und Schlösser anderer Fürstenhäuser hatten ihre »Weiße Frau«, beispielsweise Altenburg und Darmstadt.

Bei geheimnisvollen Spukgestalten dieser Art – soweit sie nicht auf Irreführung, unbewußter Täuschung oder gar einem dummen Schabernack beruhen – wird es sich zumeist um Halluzinationen handeln. Im Falle der »Weißen Frau« des Hauses Hohenzollern hatte ihr Erscheinen, wie sich nachweisen läßt, oft den Charakter von Warnungen vor bedrohlichen schicksalhaften Ereignissen oder auch von Ankündigungen bevorstehender Todesfälle. Die Veranlagung für die merkwürdige Begabung, die »Weiße Frau« zu sehen, scheint in diesem Falle sogar von Generation zu Generation vererbbar zu sein.

Nicht alle »Gespenster« geben sich so friedlich und begnügen sich damit, lautlos zu »spuken«. Andere machen sich zuweilen recht drastisch und handgreiflich bemerkbar: Es sind die berüchtigten »Poltergeister«. Auch sie kennt man bereits seit langem – zumindest seit der Antike.

Ein bekannter römischer Schriftsteller hat uns den wohl ältesten Bericht darüber überliefert. Es ist Plinius der Jüngere, Gaius Plinius Caecilius Secundus, wie er mit vollem Namen hieß, der von 62 bis 113 n. Chr. lebende geschätzte Anwalt und angesehene Staatsmann. Er schreibt in einem an einen gewissen Sura gerichteten Brief aus der von ihm selbst veröffentlichten und wegen der sehr frühen Erwähnung kleinasiatischer Christengemeinden berühmt gewordenen Sammlung seiner »Epistolae«:

»In Athen gab es ein großes und geräumiges, aber übel beleumundetes und verrufenes Haus. In tiefer Nacht war dort häufig ein Geräusch zu hören, das an rasselndes Eisen erinnerte. Wenn man genauer hinhörte, klang es wie das Klirren von Ketten.

Zunächst schien es entfernt, aber es kam näher und näher. Unmittelbar danach tauchte ein Phantom in Gestalt eines alten Mannes auf, erschreckend mager und elend aussehend, mit langem Bart und borstigem Haar, der die Fesseln an seinen Händen und Füßen schüttelte.

Die bedauernswerten Bewohner verbrachten stets schlaflose Nächte, gepeinigt von den schrecklichsten Ängsten. Da ihre Nachtruhe gestört war, wurden sie von Unmut befallen, und das wurde schließlich, je länger sie dem Grausen ausgesetzt waren, zu einer Bedrohung ihres Lebens. Denn auch tagsüber war, obwohl das Gespenst sich nicht zeigte, die Erinnerung an dessen Erscheinung derart stark, daß sie es immer vor Augen zu haben glaubten, und das Entsetzen blieb, selbst wenn dessen Ursache verschwunden war.

Aus diesem Grunde lag das Haus schließlich verlassen da, weil es von jedermann als unbewohnbar gemieden wurde, und so war es völlig dem Gespenst preisgegeben.

Trotzdem wurde, in der Hoffnung, es könnte sich irgendein Mieter finden, der von dem ihm anhaftenden Unheil nichts ahnte, bekanntgegeben, daß es entweder zu mieten oder zu kaufen sei.

Zu der Zeit kam Athenodoros, der Philosoph, nach Athen und las die Bekanntmachung. Der außerordentlich niedrige Preis machte ihn stutzig. Trotzdem ließ er sich, selbst als er die ganze Geschichte gehört hatte, nicht entmutigen, sondern war eher noch fester entschlossen, es zu mieten, was er auch bald darauf tat.

Als der Abend nahte, befahl er, sein Lager im vorderen Teil des Hauses zu richten, und, nachdem er sich Licht sowie sein Schreibgerät hatte bringen lassen, schickte er all seine Bediensteten zur Ruhe. Und damit sein Geist nicht unbeschäftigt und damit dem falschen Schrecken eingebildeter Geräusche und Erscheinungen empfänglich sei, gab er sich mit all seiner Konzentration dem Schreiben hin.

Der erste Teil der Nacht verlief ruhig. Dann erklang plötzlich das Gerassel eiserner Ketten. Er jedoch blickte nicht auf noch legte er seinen Schreibstift nieder, sondern verschloß vielmehr seine Ohren, indem er sich noch mehr auf seine Arbeit konzentrierte.

Das Geräusch nahm zu und kam näher, bis es vor der Tür ertönte und schließlich im Zimmer. Er blickte sich um und sah die Erscheinung genauso, wie sie ihm beschrieben war. Sie stand vor ihm und winkte ihm mit dem Finger.

Athenodoros gab ihr mit einer Geste seiner Hand zu verstehen, daß sie warten sollte, und vertiefte sich weiter in seine Arbeit. Aber der Geist rasselte mit den Ketten über seinem Kopf, während er schrieb, und als er sich umblickte, sah er ihn wie zuvor winken. Darauf nahm er seine Lampe und folgte ihm.

Das Gespenst schritt langsam voran, gerade als wäre es durch seine Ketten behindert, und war, als es im Innenhof des Hauses anlangte, mit einem Male verschwunden. Athenodoros, so unvermutet allein gelassen, kennzeichnete die Stelle mit Gras und Blättern.

Am nächsten Tag ging er zur Stadtverwaltung und riet, an dieser Stelle nachgraben zu lassen. Man fand dort ein Durcheinander von Knochen, umschlungen von Ketten ...

Die Knochen wurden eingesammelt und auf öffentliche Kosten beerdigt. Und nachdem so der Geist ordnungsgemäß beigesetzt war, hatte der Spuk im Haus ein Ende.«

Plinius versichert, »... die Geschichte so exakt wiedergegeben zu haben, wie sie mir selbst berichtet wurde«. Er sagte auch warum: »Ich bin äußerst interessiert, deine Einstellung, was Gespenster betrifft, zu erfahren: Ob du nämlich daran glaubst, daß sie tatsächlich existieren und eine ganz spezielle Gestalt haben, oder ob es sich nur um irrtümliche Eindrücke einer zutiefst erschrockenen Einbildungskraft handelt.« Er selbst gesteht offen ein, »dazu zu neigen, an ihr Vorhandensein zu glauben«.

Wie der Philosoph Athenodoros auf die Erscheinung reagierte, mutet fast wie ein erster historischer Versuch parapsychologischer Forschung an. Doch bis es zu solchen Untersuchungen kam, die streng wissenschaftlich diese Bezeichnung verdienen, sollten noch bald zwei Jahrtausende verstreichen. Ob man an Gespenster glaubte oder sie nicht für ernst nahm – niemand dachte ernstlich daran, diesen mysteriösen Phänomenen nüchtern untersuchend auf den Leib zu rücken.

Eine Ausnahme – eine erste – bildete Reverend Joseph Glanvill, der sich 1663 im englischen Ort Tedworth in der Grafschaft Wiltshire um die Aufklärung mysteriöser Poltergeist-Erscheinungen bemühte. Sie waren als »Trommeln von Tedworth« überall im Lande im Gespräch. Wie Athenodoros ging auch Glanvill den Dingen konsequent nach – nicht umsonst wurde er bald darauf Mitglied der 1660 gegründeten »Royal Society«, der ältesten Akademie der Wissenschaften in Großbritannien. Glanvill wartete geduldig am Tatort, dem Landhaus des Friedensrichters John Mompesson, wo man wiederholt unheimliches Trommeln und Pochen gehört hatte und wo Sachen plötzlich herumgeflogen waren. Als es gegen Abend wieder losbrach, notierte er alles Beobachtete genau: so, daß »in dem Schlafzimmer, in dem zwei kleine Mädchen – zwischen sieben und elf Jahre alt – im Bett lagen ... ein kratzendes Geräusch« zu vernehmen war. Es dauerte über eine halbe Stunde lang, und Glanvill bemühte sich vergeblich, herauszufinden, was die Ursache sei. Danach ertönte es wie das Hecheln eines Hundes, ein Fenster schlug zu und ein leinerner Sack bewegte sich. Glanvills Beobachtungen und Untersuchungsergebnisse wurden 1681 in seinem nachgelassenen Werk »Sadducismus Triumphatus« veröffentlicht. Bitter beklagt er sich darin auch über das Unverständnis jener Tage: »Die Welt heute reagiert auf all diese Geschichten mit Gelächter oder Spott und ist fest davon überzeugt, daß man keine Mühe daran verschwenden, sondern sie als Altweibergeschwätz abtun sollte ...« Glanvills Ansatz war viel zu früh gekommen, die Zeit dafür noch lange nicht reif.

Hat sich die Einstellung weitester Kreise der Bevölkerung zu jenen Phänomenen inzwischen entscheidend geändert? Kaum: 71 Prozent der Bevölkerung der Bundesrepublik Deutschland halten, wie das Allensbacher Institut jüngst ermittelte, Spuk für puren Aberglauben. 11 Prozent haben überhaupt keine Meinung darüber oder lehnen es ab, sich zu äußern.

Dabei ereignen sich unverändert auch in unserer Zeit noch immer Spukfälle, und zwar weit häufiger, als gemeinhin angenommen wird. Recherchen, die einige Wissenschaftler angestellt haben, zeigen dies deutlich: Wie Walter Gerteis in England ermittelte, zählt man dort noch heute an die 1700 Gebäude mit Spukerscheinungen. In Frankreich scheint es weniger zu poltern. Protokolle der französischen Polizei erfaßten aus den Jahren 1925 bis 1950 nur 100 Spukfälle. Geändert aber hat sich etwas anderes – die Einstellung einer zwar noch immer kleinen, jedoch stetig wachsenden Anzahl Forscher, die sich ernsthaft mit jenen Phänomenen befassen.

»So seltsam es klingen mag«, erklärte bereits 1932 Professor Hans Driesch, »aufgrund der vorliegenden Berichte kann eine gewisse Wahrscheinlichkeit der Echtheit von Spuk-Phänomenen nicht mehr geleugnet werden. Die Wissenschaft ist geradezu verpflichtet, diesen Dingen nachzugehen.« Und zu jener Zeit hatte auch der Schweizer Tiefenpsychologe C. G. Jung bereits längst die grundsätzliche Skepsis der meisten Gelehrten als »primitive Gespensterfurcht« verurteilt.

Seitdem – nur vier Jahrzehnte danach – ist ein gewaltiger Sprung nach vorn geschafft: Heute kann sich – wer daran interessiert ist – die rätselhaften Bewirkungen von »Poltergeistern« im Tonfilm vor Augen führen lassen. Eine moderne Supertechnik hat es geschafft, sogar spontane »Spuk-Phänomene« mit dem Video-Recorder einzufangen!

Oben: Nina Kulagina, das physikalische »Wunder«-Medium der UdSSR. Sie bewegt kleine Objekte – hier Streichhölzer – allein durch ihren Willen. Am Kopf Elektroden zur Aufzeichnung der Hirnströme. Unten: Das polnische Medium Stanislawa Tomczyk läßt eine Zelluloidkugel schweben. Foto 1912.

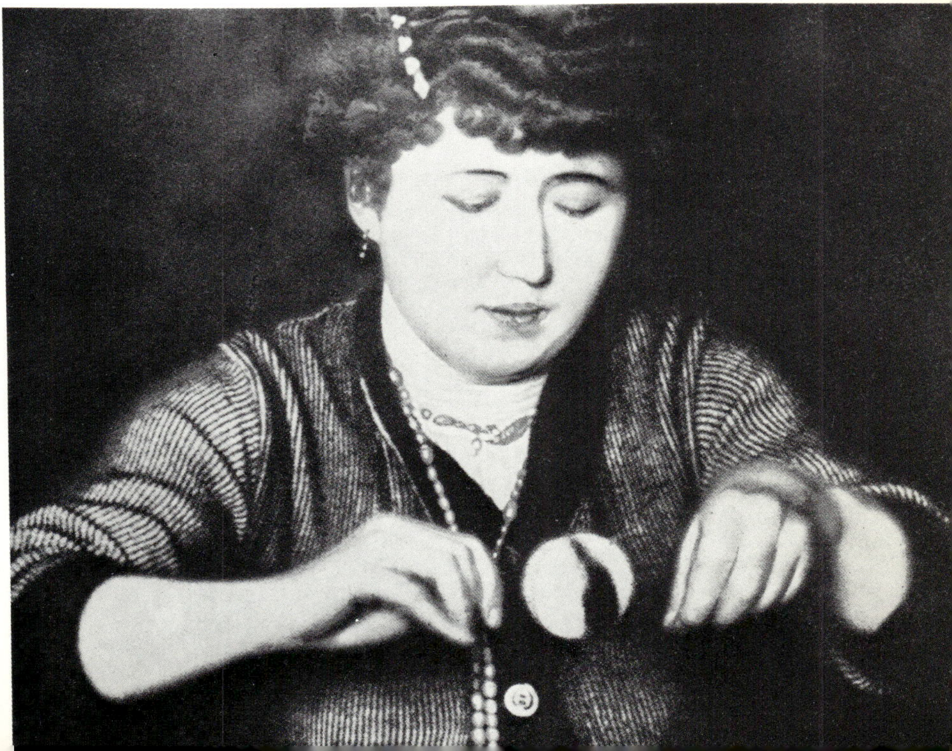

Die Hellseherin Mrs. Eileen Garrett, eines der begabtesten Trance-Medien der jüngsten Zeit. Die erst kürzlich verstorbene Engländerin, die u. a. die Katastrophe des Luftschiffes »R 101« im Jahre 1930 voraussah, stellte sich bereitwillig wissenschaftlichen Experimenten zur Verfügung. Sie arbeitete mit Prof. J. B. Rhine wie auch mit Prof. Hans Bender zusammen. In den USA gründete sie die »Parapsychological Foundation« in New York, deren Präsidentin sie auch war.

Jeanne Dixon – die wie Helen Stalls auch die Kennedy-Morde voraussagte – gilt als erfolgreichste lebende Hellseherin der USA. Die Kristallkugel, in die sie schaut, dient zur Ausschaltung störender Gedanken und erleichtert mit dem Zugang zum Unbewußten das Auftreten außersinnlicher Wahrnehmungen wie Telepathie, Clairvoyance und Präkognition.

Ein Pionier auf diesem Gebiet in Deutschland ist Professor Hans Bender, der Leiter des Freiburger »Instituts für Grenzgebiete der Psychologie«. Die von ihm und seinem Team durchgeführten Untersuchungen spontaner Spukerscheinungen fanden internationale Beachtung. Sie trugen entscheidend dazu bei, endlich jene Bedenken auszuräumen, die – selbst von seiten nicht weniger Parapsychologen – diesen vorläufig noch unerklärlichen Phänomenen entgegengebracht wurden.
Zwei Felduntersuchungen vor allem – von insgesamt sieben seit 1948 – überzeugten durch das spektakuläre Beweismaterial, das dabei mit wissenschaftlicher Akribie sichergestellt werden konnte:
Die Porzellan-Abteilung eines Bremer Lebensmittelgeschäftes machte im Jahr 1965 Schlagzeilen in den Zeitungen. Der vielgerühmte »gesunde Menschenverstand« vieler Leser mochte sich weigern, es für wahr zu halten, aber da stand es schwarz auf weiß: In jener Abteilung geht es nicht mehr mit rechten Dingen zu. Tassen, Teller und chinesische Vasen, so wird berichtet, scheinen plötzlich fliegen zu wollen. Sie springen seitwärts aus den Regalen, um gleich darauf am Boden zu zerschellen. Reporter-Fotos zeigen die Scherben im Laden und die verdutzten Gesichter von Verkäufern.
Erschrocken und völlig ratlos ruft man die Kriminalpolizei. Ungläubig nehmen die Beamten vom Ladeninhaber zur Kenntnis: Er habe deutlich gesehen, wie ohne jede Ursache Tassen durch den Raum geflogen seien! Die Untersuchung erbringt keinerlei Ergebnis. Trotzdem gibt es weiterhin Scherben.
Eines Tages endlich hört der Spuk auf, nachdem Heiner Sch., ein vierzehnjähriger Lehrling, nicht mehr im Geschäft erscheint. Der Inhaber hat ihn entlassen, und zwar auf den Rat eines parapsychologisch bewanderten Bremers. Dieser hatte vermutet: Der Jugendliche könnte möglicherweise die mysteriösen Vorgänge verursacht haben. Nicht etwa mutwillig, bewußt, aus Schadenfreude etwa oder um seinem Lehrherrn einen Schabernack zu spielen. Ganz im Gegenteil: Völlig unbewußt, durch psychische Kräfte, die mit seiner Entwicklung – er befand sich in der Pubertät – in Zusammenhang stehen könnten.
Als Professor Bender in Bremen eintrifft, bleibt ihm nur noch, den Tatort mit dem Schaden zu fotografieren und die Berichte aller Zeugen auf Band zu nehmen. Doch dann wendet er sich der wichtigsten Spur zu: Er kümmert sich um den Lehrling Heiner Sch. Der ist inzwischen zur Beobachtung in eine Psychiatrische Klinik gebracht worden. Auch dort kommt es zu merkwürdigen Phänomenen. Als er von einer Psychologin erfährt, daß sie ihn testen möchte, springt ein Dübel aus der Wand. Das daran befestigte Büchergestell stürzt um. Ein anderes Mal fliegt ein Gewicht plötzlich aus einer Schale zu Boden. In Heiners Beurteilung heißt es: »Unbewältigte Konfliktspannung im Zusammenhang mit der Pubertät und ein hohes Maß an Frustration und Aggression mit der Tendenz zu explosiver Entladung.«

Bender sorgt dafür, daß der Junge bei Pflegeeltern in Freiburg untergebracht wird, und beschafft ihm eine Stelle als Lehrling bei einem Elektriker.

Im März 1966 kommt es in Heiners Gegenwart erneut zu mysteriösen physikalischen Effekten. Im Untergeschoß einer neu erbauten Schule waren elektrische Kabel zu verlegen. Eine größere Anzahl von Haltehaken mußte in die Wände eingedübelt werden. Mit Schlagbohrern wurden Löcher in den Beton getrieben und die Haken mit zwei Schrauben angebracht. »Sie saßen so fest, daß man Klimmzüge daran machen konnte. Gleich darauf aber waren sie plötzlich wieder locker und ließen sich mühelos herausziehen. Am zweiten Tage kamen, wie mehrere Zeugen beobachteten, sieben Haken mitsamt den Dübeln aus der Wand heraus. Einer davon flog sogar hinter Heiner her, als er gerade vorbeiging.«

»In erwartender Beobachtung haben wir daraufhin«, so berichtet Bender, »ein Experiment veranstaltet, an dem das Team des Institutes und einige andere Beobachter teilnahmen. Zwei Haken wurden in der Betonwand befestigt und auf ihre Festigkeit geprüft. Der Lehrjunge stand einen Meter von der Wand entfernt und wurde aufgefordert, sich darauf einzustellen, daß die Schrauben herauskommen. Wir beobachteten mit gespannter Aufmerksamkeit und machten Blitzlicht- und Tonbandaufnahmen. Innerhalb von zwei Minuten waren die Schrauben lose. Keiner von uns hat sie herauskommen sehen.«

Auch an anderen Arbeitsplätzen kam es zu ähnlichen Vorkommnissen. Heiner wurde schließlich entlassen. Denn »im Lager des Elektrikers wiederholten sich dieselben Zerstörungsphänomene, wie sie bereits in Bremen beobachtet werden konnten«.

Noch viel tollere Dinge aber sollten sich im Jahr darauf in der oberbayerischen Stadt Rosenheim abspielen!

Ende November kam es in der Kanzlei des Rechtsanwalts Adam zu völlig absurden und höchst rätselhaften Vorgängen: Neonröhren, die in zweieinhalb Meter Höhe an der Decke montiert waren, gingen unentwegt aus. Elektriker, die man herbeirief, stellten fest: Sie waren nicht ausgebrannt, sondern um 90 Grad aus ihren Fassungen gedreht worden. Es knallte von Zeit zu Zeit heftig, und Sicherungsautomaten lösten sich ohne jeden Grund selbständig aus. Ein Kopiergerät verspritzte immer wieder die Flüssigkeit. Es gab Telefonstörungen, die die Arbeit in der Kanzlei zeitweise durcheinanderbrachten, ja mitunter total unmöglich machten: Manchmal klingelten vier Apparate – es waren normale Siemens-Geräte – gleichzeitig, Telefonate wurden unterbrochen, die amtlich notierten Gespräche erreichten schwindelnd hohe Zahlen, ohne daß die Leitung vom Büro öfter als sonst benutzt worden wäre.

Die Stadtwerke wurden benachrichtigt, da man Stromstörungen im elektrischen Versorgungsnetz als Ursache vermutete. Eine gründliche Überprüfung

von Amts wegen begann: Spannungs- und Stromschreiber wurden in der Kanzlei installiert, die eine ständige automatische Überwachung ermöglichten. Die Angestellten der Kanzlei wurden gebeten, alles Auffällige und Absonderliche sofort zu melden. Es kam zu den verblüffendsten Beobachtungen: Die Registrierstreifen der – wohlweislich plombierten! – Prüfgeräte wiesen völlig unerklärbare Ausschläge bis zu höchstmöglichen Werten auf.
»Am Montag um 7.30 Uhr«, vermerkt der Revisionsbericht der Stadtwerke, »ist im Chefzimmer nach starkem Knall eine Leuchtstoffröhre aus der Fassung heraus auf den Boden gefallen und zerschellt. Die Stromkreissicherungen hatten jedoch nicht ausgelöst. Der Stromschreiber registrierte diese schriftlich fixierten Meldungen des Büros mit zwei Vollausschlägen bis ca. 50 Ampere. Das war unerklärlich, vor allem der Umstand, daß die Sicherungen nicht auslösten. Höchst eigenartig ist die Tatsache, daß die Umkehr der Schreibfeder am maximalen Ausschlagspunkt in einer Schleifenform erfolgte und nicht wie üblich völlig gradlinig.«
Als man aus Sicherheitsgründen anstelle der Neonleuchten normale Glühbirnen anbrachte, explodierten auch von diesen verschiedene, und andere Beleuchtungskörper gingen ebenfalls in Scherben. Um Verletzungen durch herabfallende Glassplitter zu vermeiden, umgab man die Lampen mit Drahtnetzen. Alle Bemühungen, der Störungen Herr zu werden, fruchteten nicht. Es wurde sogar von der Kanzlei ein besonderes Kabel direkt zur städtischen Zentrale gelegt, um mögliche Einwirkungen von dritter Seite auszuschließen. Die unheimlichen Phänomene traten weiter auf, auch als man für die Büroräume eigens ein Notstromaggregat aufstellte.
»Wir fanden völlig ratlose Techniker vor«, berichtete Professor Bender, »als wir am 1. Dezember 1967 mit der Untersuchung begannen. Mittlerweile hatten Hängelampen zu schwingen begonnen, oft in immer stärker werdenden Ausschlägen, bis sie an die Decke anschlugen.« Gleich zu Anfang konnte jedoch etwas sehr Entscheidendes festgestellt werden. »Bereits bei einer ersten Analyse ergab sich: Nur während der Bürozeiten zeigten die Meßdiagramme Ausschläge und wurden die außergewöhnlichen Erscheinungen beobachtet.«
Das konnte noch weiter präzisiert werden: »Die Instrumente registrierten den ersten Ausschlag mehrmals genau zu dem Zeitpunkt, als die neunzehnjährige Annemarie Sch. das Büro morgens betrat. Auch andere Beobachtungen wiesen darauf hin, daß die Phänomene von ihrer Gegenwart abhängig waren. Ging das junge Mädchen durch den Flur, begannen die Lampen hinter ihr zu schwingen, explodierten Beleuchtungskörper, flogen die Scherben auf sie zu. Sie schien der unbewußte Auslöser der Erscheinungen zu sein.«
Mit anderen Worten: Die Vermutung lag nahe, daß all die höchst mysteriösen Vorgänge in der Kanzlei auf psychokinetische Einwirkungen zurückzuführen seien.

Um diese Hypothese auf ihre Richtigkeit zu überprüfen, wurden zwei Experten hinzugezogen: Dr. F. Karger vom Max-Planck-Institut für Plasmaphysik in München-Garching und Diplomphysiker G. Zicha. Die beiden Physiker untersuchten alle nur erdenklichen Ursachen, die für die unerklärlichen Ausschläge der Meßinstrumente in Betracht kommen konnten. Vergeblich, sie fanden nichts. Sie konnten in ihrem abschließenden Gutachten nur – gleichsam resignierend – bemerken, daß »eine Beschreibung der Phänomene mit den vorhandenen Prinzipien der Physik nicht möglich ist«.

Damit war klar: Auf die Zeiger der völlig abnormal reagierenden Meßgeräte »mußte eine Kraft eingewirkt haben, vermutlich dieselbe«, so Bender, »die die Neonröhren aus den Halterungen drehte, Glühbirnen platzen ließ,

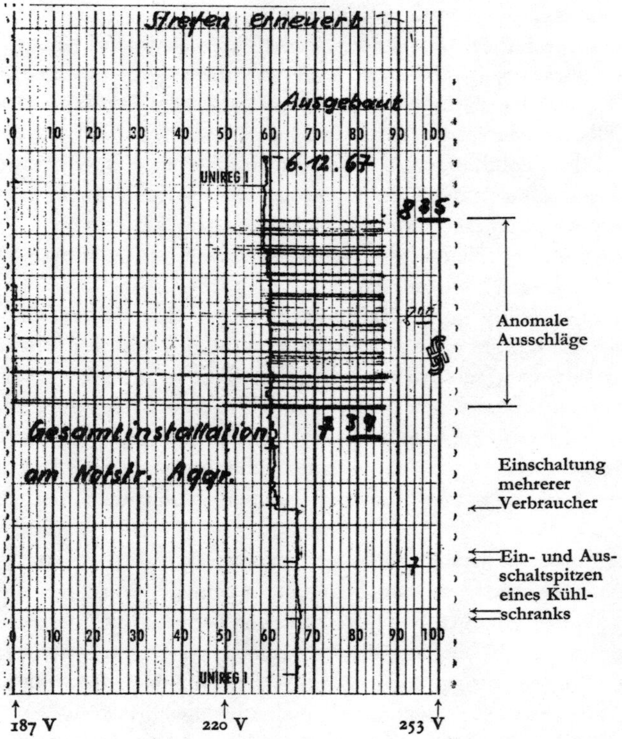

Abnormale Ausschläge am Spannungslupenschreiber, den die Städtischen Elektrizitätswerke zur Untersuchung des Spukfalls in der Rosenheimer Anwaltskanzlei 1967 installierten. Sie zeigen deutlich das Auftreten physikalisch unerklärbarer, vermutlich psychokinetisch ausgelöster Phänomene.

Hängelampen zum Schwingen brachte, Knalltöne erzeugte und – wie die Entwicklung des Falles in der Folgezeit zeigte – Bilder von den Wänden fallen ließ und schließlich einen etwa dreieinhalb Zentner schweren Aktenschrank zweimal um zirka 30 Zentimeter von der Wand abrückte«.
Auch die Telefonstörungen gingen, wie weitere Untersuchungen ergaben, mit großer Wahrscheinlichkeit auf Annemarie Sch. zurück. Das Fernmeldeamt hatte nämlich auf Beschwerde über unvorstellbar hohe Rechnungen ein besonderes Kontrollgerät aufgestellt, das alle in der Kanzlei gewählten Nummern registrierte. Was ergab sich? Oft wurde innerhalb einer einzigen Minute vier- bis fünfmal das Wählen der örtlichen Zeitansage 01 19 vermerkt – ohne daß jemand das Telefon auch nur berührt hatte. Manchmal wurde diese Nummer auch vierzig- bis fünfzigmal hintereinander angezeigt. Wiederholt konnten Zeugen ebenfalls beobachten, daß die Zähluhr lief, ohne daß gesprochen wurde.
Wie sich das erklärt? Professor Bender vermutet, »daß Annemarie unbewußt auf Federn im Gehäuse des Telefonapparates einwirkte, was allerdings eine steuernde unbewußte Intelligenz, verbunden mit außersinnlicher Wahrnehmung, voraussetzt.« Für letzteres spricht auch, daß später »bei Laboratoriumsuntersuchungen mit Annemarie Sch. im Freiburger Institut hochsignifikante Treffer in telepathischen Experimenten erzielt wurden«. Psychokinetische Tests dagegen erbrachten – wie auch im Falle des Bremer Lehrlings Heiner – keinerlei positive Resultate.
Nach Weihnachten 1967 kam Annemarie Sch. – da man sie beurlaubt hatte – nur noch für etwa knapp zwei Wochen ins Büro, und auch dies nur unregelmäßig. In dieser Zeit steigerten sich die Phänomene. Der Physikprofessor P. Büchel war Augenzeuge, als Schubläden von sich aus hervorkamen, Bilder und Kalender sich drehten oder herabfielen. Knallende Laute und das Zerspringen von Lampen traten gehäuft auf. Annemarie wurde hysterisch, sie klagte über Ohrenschmerzen, wobei sich die Haut stark rötete. Es zeigten sich auch Gelenkversteifungen an Armen und Beinen.
Von dem Tage an, da Annemarie die Kanzlei nicht mehr betrat, blieben auch schlagartig die beunruhigenden Phänomene aus. Alles verlief wieder normal. Dafür kam es jedoch wenig später in einem anderen Anwaltsbüro, wo die jugendliche Angestellte ihre Ausbildung vollenden wollte, ebenfalls zu Poltergeist-Erscheinungen. Sie wurden indes vertuscht, denn der neue Chef wollte keinen öffentlichen Rummel und keine Schlagzeilen in den Zeitungen.
Für die parapsychologische Forschung bedeutete die Chance, Annemaries psychokinetische Fähigkeiten testen zu können, einen Glücksfall; das Mädchen selbst erlitt dadurch viel Kummer. Nicht nur beruflich. Sogar eine bereits beschlossene Ehe scheiterte daran.
Annemarie hatte sich mit einem Ingenieur verlobt. Dieser kegelte gern mit

Freunden. Als er eines Tages auch seine Braut mitnimmt, gibt es ein Desaster. Das elektrische System der Kegelbahn funktioniert plötzlich nicht mehr. Das geschieht achtmal. Der Verlobte gibt Annemaries Poltergeist die Schuld und löst die Verbindung auf. Für ihn als Ingenieur ist der Gedanke unmöglich, mit einer Frau verheiratet zu sein, deren Anwesenheit genügt, technische Systeme durcheinanderzubringen.

Annemarie war hübsch genug, um einen anderen zu finden, der sie zum Altar führte. Sie ist jetzt glückliche Mutter von zwei Kindern und hat ihre para-normalen Fähigkeiten völlig verloren.

In den Annalen der internationalen Para-Forschung ist der »Rosenheimer Fall« ein echtes Paradestück. Hier gelang mit Hilfe von Video-Recordern und komplizierten elektronischen Testgeräten eine einmalige objektive Dokumentation. Kein anderer Fall ist außer ihm so hervorragend bezeugt: An die 40 Personen aus den verschiedensten Berufen, Experten wie Laien, haben als Augenzeugen die diversen abnormalen Vorgänge und deren Folgen erlebt und eidesstattlich bekundet – Techniker, Polizisten, Ärzte, Physiker, Psychologen, Klienten der Kanzlei und Büroangestellte!

Was bleibt, ist die Frage: Worum handelt es sich bei jener so geheimnisvollen »unbekannten Energie«, die in der Lage ist, »mechanisch« auf leblose Gegenstände einzuwirken?

»Die Spukphänomene«, formuliert Professor Bender vorsichtig, »scheinen affektive Entladungsvorgänge zu sein und sind daher nicht nur eine wissenschaftliche, sondern auch eine ärztliche Aufgabe.«

Und Tyrrell meint, es sehe so aus, »als ob irgendeine unbewußte Schicht der Persönlichkeit, die über eine unterbewußte Intelligenz verfügt, dazu fähig sei, sich kundzutun, indem sie einen physikalischen Effekt unbekannter Art ausübt«. Um was für eine Art von Kraft es dabei gehe, sei noch ein Geheimnis.

Für die psychologische Motivierung aus dem »affektiven Feld« gibt es einen vieldiskutierten Fall, den C. G. Jung berichtet hat. Als dieser eines Tages eine sehr ernste, entscheidende Auseinandersetzung mit Sigmund Freud, seinem großen Lehrer, hatte, kam es plötzlich zu einem lauten Krachen im Bücherschrank. Die Ursache konnte nicht geklärt werden. Wie Jung annimmt, war es die innerseelische Spannung zwischen beiden – er hatte sich von Freud getrennt und damit »befreit« –, die sich als Geräusch auch in die äußere Umwelt projizierte.

Spontane PK-Phänomene, ähnlich denen, die in Rosenheim auftraten, sind in neuester Zeit auch aus den USA, der Schweiz, aus Österreich, Frankreich und England berichtet worden. Es ist für nahezu alle Fälle charakteristisch, daß sie in Gegenwart jugendlicher Menschen auftauchen, zumeist solcher im Pubertätsalter. »In diesem Alter ungelöster Probleme scheinen sich tiefgreifende seelische Spannungen psychokinetisch in die Umwelt zu projizieren«, erklärt H. C. Berendt. Bei Vorfällen, die sich 1958 im Hause einer Familie in Seafort auf Long Island ereigneten und die von J. G. Pratt und W. G. Roll vom Parapsychologischen Laboratorium der Duke-Universität untersucht wurden, konzentrierten sich die Phänomene – sehr oft flogen mit lautem Knall Korken aus Flaschen – um einen zwölfjährigen Sohn.

Mit »Poltergeistern« und mit »Spuk« sind die Erscheinungen, die absonderliche Bewirkungen in der materiellen Umwelt auslösen, alles andere als erschöpft. Es existieren weitere, nicht minder erregende Phänomene, bei denen es den Anschein hat, als bezwecke der »physikalische Effekt« geradezu, auf irgendein Geschehen hinzuweisen, jemandem kundzugeben, daß – oft genau im gleichen Augenblick – ein bestimmtes, ihn persönlich emotional berührendes Ereignis vorfalle. Meistens handelt es sich um den Tod, oft aber auch um einen Unfall oder die Krise in der Krankheit eines besonders nahestehenden, befreundeten oder verwandten Menschen. Die Ankündigung kann durch auffällige Geräusche – Klopftöne, Klingeln, Schritte – oder aber dadurch erfolgen, daß Objekte ohne jede erklärliche Ursache sich plötzlich bewegen oder zerspringen. Manchmal ist es ein Spiegel oder ein gerahmtes Foto, die mit einem Male von der Wand fallen oder zersplittern, dann wieder eine Uhr, die plötzlich stehenbleibt, oder auch eine Vase, die zerbricht. Gegenstände werden aus heiterem Himmel durch ein abnormales Verhalten, wie der Psychologe Dr. John Mischo es formuliert, »zum Künder eines bösen Omens«.

Über einen typischen Vorfall dieser Art, den H. C. Berendt zitiert, berichtete Professor St. aus Haifa, ein nüchterner, der Parapsychologie fernstehender Geophysiker: »Es handelt sich um drei Uhren, um eine Kuckucksuhr, einen Tischwecker und eine Armbanduhr. Nach dem plötzlichen, absolut nicht zu erwartenden Tode unseres Freundes – Herzschlag im einundvierzigsten Lebensjahr – stellten wir am folgenden Tage fest, daß obengenannte Uhren standen, ob zu genau der gleichen Zeit, können wir nicht mehr authentisch sagen. Aber es wäre uns nicht aufgefallen, wenn es uns natürlich erschienen wäre – zum Beispiel Vergessen des Aufziehens und so weiter –, denn es waren nicht die einzigen Uhren im Hause, und die anderen gingen weiter. Unser Freund ... widmete sich hauptsächlich dem Studium und der Verbesserung aller Systeme von Uhren und galt als ganz besonderer Experte und Liebhaber von Uhren. Er zerlegte sie zu seinem Vergnügen und pflegte so auch unsere Uhren, und damit auch die, um die es sich hier handelte ...«

Eine besonders enge Mutter-Kind-Beziehung stand im Hintergrund eines Falles, über den Louisa Rhine in »Hidden Channels of the Mind« referiert.

In einer Familie in Nevada war unter mehreren Kindern der Sohn Frank der Liebling der Mutter, und beide hatten eine sehr innige Beziehung zueinander. Eines Tages brachte Frank der Mutter eine Kristallschale mit.

Sie freute sich ganz besonders über das schöne Geschenk und stellte es im Eßzimmer auf. Als einige Zeit danach die übrigen Geschwister plötzlich an Windpocken erkrankten, wurde Frank zu den Großeltern nach Grand Haven in Michigan geschickt, das etwa 60 Kilometer entfernt lag.
Zwei Tage, nachdem Frank abgereist war, geschah folgendes: Die Mutter unterhielt sich mit einer Nachbarin beim Frühstück im Eßzimmer, als ganz plötzlich die Kristallschale in zwei Teile zersprang. »Mein Gott, Frank ist tot!«, schrie die Mutter im gleichen Augenblick. Alle Versuche der Nachbarin und der Kinder, sie zu beruhigen, sie von diesem schrecklichen Gedanken abzubringen, blieben erfolglos. Sie wisse es ganz genau, lautete immer wieder die Antwort. Was zunächst nur eine dumpfe Ahnung schien, fand eine erste Bestätigung, als knapp eine Stunde später ein Telegramm eintraf, in dem der Großvater um den Besuch der Mutter bat, da Frank »etwas zugestoßen« sei. In Grand Haven angekommen, war die erste Frage der Mutter, als man sie auf dem Bahnhof abholte: »In welcher Leichenhalle liegt er?«
Die Ärmste hatte sich nicht getäuscht. Frank war durch die Unachtsamkeit eines Nachbarjungen, der mit einem geladenen Gewehr gespielt hatte, erschossen worden. Die tödliche Kugel hatte ihn, wie sich genau rekonstruieren ließ, im selben Augenblick getroffen, als vor den Augen der Mutter sein Geschenk, die Kristallschale, zersprang.
Bestens dokumentierte ähnliche Vorfälle gibt es genügend – historische wie moderne. Trotzdem wurden merkwürdigerweise gerade sie – weit mehr als andere Psi-Phänomene – als Aberglauben abgetan. Und sie blieben zudem selbst für Parapsychologen ein Stiefkind. Erst in jüngster Zeit begann man sich erstmals näher mit ihnen zu beschäftigen. Die Analyse zeigt, so Bender, »daß der ›physikalische Effekt‹ meist an einem Gegenstand ansetzt, der im Augenblick der Ankündigung am ehesten geeignet war, die Bezugsperson nach dem Prinzip der Analogie im Lebensraum ihrer Angehörigen oder Freunde zu repräsentieren«.
Doch ungeklärt bleiben nach wie vor die brennenden Fragen: Wie mag eine solche Einwirkung auf ein Stück Materie aus der Ferne funktionieren? Handelt es sich dabei überhaupt um eine parapsychische Übertragung von Energie von einem Ort an einen andern? Oder aber ist es vielleicht nur eine Para-Information, die den Tod, einen Unfall oder eine Krisensituation einem Verwandten oder Freund lediglich signalisiert und dieser darauf mit einer psychokinetischen Affektentladung reagiert, die einen Gegenstand zerstört?

XXV. Was die Kräfte der Psyche vermögen

»Es ist nützlicher, mit besonders befähigten Versuchspersonen zu arbeiten«, bemerkt G. N. M. Tyrrell einmal im Hinblick auf die Frage, ob normale Menschen oder besonders begabte geeigneter für die Erforschung der Psi-Bedingungen seien, »als eine Menge indifferenter heranzuziehen; genauso wie es erfolgversprechender ist, bei der Suche nach Gold nach einer Goldmine Ausschau zu halten, als sich vielmehr anzustrengen, Gold aus dem Meereswasser zu gewinnen.« Das mag richtig sein, setzt allerdings voraus, daß es überhaupt Begabungen aufzutreiben gibt. Was die »physikalischen« Medien betrifft, herrschte merkwürdigerweise in den vergangenen vier Jahrzehnten ausgesprochene Ebbe. Nach den letzten ebenso aufregenden wie umstrittenen Demonstrationen der österreichischen Brüder Willy und Rudi Schneider war es still auf diesem Sektor der Psi- oder Para-Phänomene geworden.

Um so interessierter horchten die Experten auf, als es gegen 1965 plötzlich hieß, es sei ein neuer Stern am Firmament dieses – trotz aller beweisenden Experimente Rhines – noch immer so unglaubhaft erscheinenden Gebietes aufgegangen. Die Sensation kam, was noch mehr überraschte – aus dem Osten: Eine sowjetische Hausfrau, Nina Kulagina aus Leningrad, so vernahm man, besitze die Fähigkeit, Materie psychokinetisch zu bewegen! Ihre außergewöhnliche Begabung sei von Wissenschaftlern der UdSSR unter strengsten Bedingungen im Labor getestet und bestätigt worden.

Es sollte eine Weile dauern, bis endlich 1968 einigen Experten aus dem Westen Gelegenheit gegeben wurde, sich von der Echtheit der Kulagina-Phänomene in der Sowjetunion zu überzeugen. Mit allerhöchster Genehmigung durfte sogar ein Filmstreifen, der sie bei Experimenten zeigt, den Eisernen Vorhang passieren. Inzwischen sind auch die Details um dieses russische »Wunderkind« und dessen abnormale Kräfte international bekannt geworden: Sie zählt heute zu den ungewöhnlichsten psychokinetischen Begabungen, die je streng wissenschaftlich kontrolliert worden sind – und Anerkennung gefunden haben.

Zeuge dafür, wie überlegen und quasi aus dem Stegreif Nina Kulagina ihre Befähigung zu meistern versteht, wurde jüngst Dr. Montague Ullman, Direktor am Maimonides Medical Center zu Brooklyn, in Leningrad: »Frau Kulagina kam zusammen mit ihrem Mann und Dr. Genadij Sergejew, einem Neurophysiologen, der sie studiert, in mein Hotel. Angeblich fühlte sich Frau Kulagina nicht wohl. Sie würde daher nichts zu demonstrieren versuchen, mir aber gern ein Interview geben.« Nach einer längeren Unterhaltung erlebte der amerikanische Gelehrte plötzlich etwas sehr Überraschendes.

Nina Kulagina »stand ganz ruhig vom Tisch auf, an dem wir saßen, und ging ein paar Schritte weg. Ich dachte, sie wollte telefonieren. Statt dessen packte sie ein paar kleine Gegenstände, darunter eine hölzerne Streichholzschachtel, aus und begann, mit ihrer Hand darüber hinwegzufahren. Meine Frau und der Intourist-Dolmetscher sahen, daß die Schachtel sich bewegte.

Einige Minuten darauf setzte sie sich wieder zu uns an den Tisch. Jetzt begann sie, ungefähr eine Stunde lang der Reihe nach mehrere kleine Gegenstände in Bewegung zu setzen – Füllhalterkappen, Büroklammern, Streichhölzer. Es geschah dies, indem sie mit ihren Händen in der Luft darüber hinwegstrich und auch ihren Oberkörper über den Objekten bewegte. Und sie bewegten sich alle.

Bei den Füllhalterkappen war dies besonders überraschend, da die Unterlage eine rauhe Tischdecke war. Sie blieben dabei aufrecht und rutschten in Intervallen von ungefähr zweieinhalb Zentimeter auf Nina Kulagina zu. Eine Füllhalterkappe bestand aus Plastik, eine andere aus Metall. Beide bewegten sich unabhängig voneinander. Sie brachte eine nahe zur anderen und setzte sie dann gemeinsam in Bewegung. Danach ließ sie einige hölzerne Streichhölzer umherwandern. Diese Demonstration bei hellem Tageslicht in meinem Hotelzimmer war sehr eindrucksvoll.«

Nina Kulagina ist jahrelang von sowjetischen Wissenschaftlern aufs exakteste getestet worden, bevor der Westen und auch die sowjetische Öffentlichkeit von ihr etwas erfuhren. Das hatte politische und nicht etwa wissenschaftliche Gründe.

Wie alle Para-Phänomene ist die Psychokinese drüben ein heißes Eisen. Nach der Ideologie des Dialektischen Materialismus darf es Psychisches, Seelisch-Geistiges – als etwas getrennt von der Materie Existierendes – überhaupt nicht geben. Man denke nur an die Folgen, die das nach sich ziehen würde. Psychokinese bedeutet aber, daß es das Geistige ist, das der Materie befiehlt!

Im übrigen sei J. B. Rhine zitiert, der die Folgerungen, die sich aus dem Existenznachweis für jedermann – vom Physiker bis zum Mann auf der Straße – ergeben, so umriß: »Die Psychokinese erbringt den Beweis eines nichtphysikalischen, nichtmateriellen Aspektes des Menschen und unterstützt die uralte Erfahrung der Willensfreiheit des einzelnen.«

Im Hinblick auf das als unfehlbar geltende sowjetische Dogma konnte es nur einen Ausweg geben: Die roten Wissenschaftler mußten sich – koste es, was es wolle – um eine materialistisch akzeptable Erklärung jener Phänomene bemühen.

Als erster scheint Leonid L. Wassiljew, Professor der Physiologie an der Leningrader Universität, mit der Kulagina experimentiert zu haben. Es war in den Jahren vor seinem Tode 1966. Er soll – die verschiedenen Berichte widersprechen hier einander – zunächst ihre Fähigkeit entdeckt haben, mit den Händen zu sehen. Daß sie tatsächlich über eine übernormale Empfänglichkeit für optische Reize durch einen »Hautsinn« verfügt – man nennt es dermooptische Begabung –, ist durch den tschechischen Psychologen Dr. Zdenek Rejdák bezeugt. Als er die Kulagina im Februar 1968 in Leningrad kennenlernte, zeigte er ihr zur Probe einen tschechischen Presseausweis, der in einer Lederhülle steckte: »Ohne diese zu öffnen, betastete sie nur die äußere Hülle und konnte danach feststellen, wie der Ausweis innen aussah, indem sie erklärte, wo der Name des betreffenden Journalisten stand, wo sich seine Fotografie und der Stempel befanden, und gab auch dessen Farbe genau an.« Das war höchst verwunderlich, denn »zu jener Zeit waren sowohl die Form als auch die innere Aufteilung völlig verschieden von denen entsprechender sowjetischer Ausweise.«

Während Professor Wassiljew das »Blindsehen« der Kulagina testete, kam ihm der Gedanke an Experimente des griechischen Gelehrten Dr. Angelos Tanagaras mit einer Versuchsperson namens Cleo, die in der Lage war, die Magnetnadel eines Kompasses zu bewegen. Er bat die Kulagina, es ebenfalls zu versuchen. Und es klappte auf Anhieb – ohne die geringste Vorbereitung! Die Nadel folgte – auf geheimnisvolle Weise – ihren Händen! Sie führte dabei im Abstand von etwa fünf bis zehn Zentimeter über dem Kompaß schnelle kreisförmige Bewegungen aus.

Gegner brachten 1968 vor, sie erziele die Effekte mit Hilfe »einiger kleiner Magnete, die sie an ihrem Körper verberge«. Das beruhte jedoch auf einem Mißverständnis. Man hatte nämlich, wie eine Untersuchung richtigstellte, bei Tests im Metronomischen Institut um ihren Körper ein verstärktes magnetisches Feld gemessen. Im gleichen Jahr äußerte Professor J. P. Terletskij, der weltbekannte sowjetische theoretische Physiker: »Ich beobachtete die Tests mit Nina Kulagina aus der Entfernung von einem halben Meter. Ein irgendwie gearteter Betrug ist ausgeschlossen. Ich bin jedoch nicht überrascht, daß alle meine Fachkollegen solche Phänomene als ziemlich abwegig betrachten. Vom Standpunkt der theoretischen Physik aus sind sie nicht unsinnig. Das einzige ungelöste Problem besteht in der Tatsache, daß wir immer noch nicht wissen, wie wir sie bewältigen und eventuell hervorrufen können.«

Die Vielfalt der Aufgaben, die Frau Kulagina psychokinetisch zu meistern versteht, erlebte Dr. Zdenek Rejdák im Beisein ihres jetzigen Experimentators, Dr. G. A. Sergejew vom Uktomskij-Laboratorium, das der Roten Armee untersteht. Sergejew ist Kybernetiker, Neurophysiker und Fernmeldespezialist zugleich. Nachdem sie auf Wunsch eine Kompaßnadel mehrmals rechts oder links herum dirigiert hatte, »bewegte sie den ganzen Kompaß auf dem Tisch, eine Streichholzschachtel und sogar einen kleinen Stoß von etwa 20 Streichhölzern alle auf einmal. Ich legte meinen goldenen Ring hin: Dessen Bewegungen waren die schnellsten aller benutzten Gegenstände. Von einem Regal nahm ich verschiedene Gegenstände aus Glas und Porzellan, jeder mit einem Gewicht zwischen 100 und 200 Gramm, und Nina Kulagina bewegte auch sie, ohne sie zu berühren. All dies erfolgte bei heller Beleuchtung. Sie war auch in der Lage, Objekte sowohl auf sich zu wie von ihr hinweg in Bewegung zu setzen.«

Aufzeichnungen der Hirn-Aktionsströme zeigten deutlich Veränderungen im gleichen Augenblick, in dem es Nina gelungen war, einen Gegenstand zu bewegen. Zugleich erhöhte sich die Herzfrequenz beachtlich. Und jedesmal verlor sie an Gewicht. Nach einer Experimentierzeit von 300 Minuten registrierte man Gewichtsverluste, die zwischen 800 und 1000 Gramm schwankten.

»Die meisten Menschen erzeugen in den hinteren Gehirnpartien eine drei- bis vierfach höhere elektrische Spannung als in der vorderen«, bemerkt Dr. Sergejew. »Frau Kulaginas Gehirn dagegen erzeugt im Hinterkopf die fünfzigfache Spannung gegenüber der Vorderseite.« Als man ihr bei Versuchen in einer Dunkelkammer einen Filmstreifen um den Kopf legte, zeigte sich dieser, nachdem man ihn entwickelt hatte, an der Stirn fast unbelichtet. An den Schläfen und am Genick war die »Belichtung« indes sehr stark.

Die Forschungen, die mit Nina Kulagina unablässig fortgesetzt wurden, führten inzwischen zu weiteren spektakulären Erfolgen. Seit April 1970 gelingt es ihr sogar, kleinere Gegenstände – zumeist Kugeln – zu »levitieren«. Mit anderen Worten, sie bringt es fertig, diese zwischen ihren Händen frei in der Luft schweben zu lassen!

Auch der Westen kann jüngst wieder mit psychokinetischen »Wunderkindern« aufwarten. Es handelt sich um Fälle, die um so größeres Aufsehen erregten, als hier erstmalig zum Teil völlig neuartige physikalische Bewirkungen auf visuellem und akustischem Gebiet unter Zuhilfenahme der modernsten Technik zustande gebracht wurden.

Ted Serios ist der eine, inzwischen international bekannt gewordene Name. Als er zuerst von sich reden machte, klang das, was er zu produzieren vorgab, so absurd, daß selbst Parapsychologen es nicht wagten, sich offiziell mit ihm zu beschäftigen.

1963 war in einem anerkannten Magazin zum ersten Mal über ihn berichtet worden. Ted Serios, ein ungebildeter, arbeitsloser Chikagoer, so hieß es, sei fähig, auf Polaroid-Filmen fotografische Aufnahmen zu erzeugen, »indem er lediglich mit intensiver Konzentration in die Linse starrte«.

Trotz absoluter Skepsis ließ sich Dr. Jule Eisenbud, Professor der Psychoanalyse an der Universität Denver, schließlich eines Tages darauf ein, sich das so unglaubhaft erscheinende Phänomen einmal vorführen zu lassen.

Am 3. April 1964 traf er Ted Serios im »Palmer-House« in Chikago. Er konnte nicht ahnen, daß daraus eine enge, sich über viele Jahre erstreckende Forschungsarbeit entstehen sollte, während der Eisenbud selbst aus einem Saulus zum Paulus wurde.

»Ich zog einen neuen Film aus dem versiegelten Behälter«, berichtete er später, »und lud die Polaroid-Kamera, die ich selbst mitgebracht hatte und keinen Augenblick aus den Augen gelassen hatte.« Vom ersten Augenblick an war die ganze Aufmerksamkeit des Professors darauf gerichtet, jedwedem Täuschungs- oder Betrugsmanöver zuvorzukommen. Ted Serios gelang es tatsächlich, auf dem Fotofilm mehrere Bilder zu produzieren, von denen einige – so die Teilansicht eines Turms der Westminster-Abbey – ohne weiteres identifizierbar waren, andere hinwiederum nicht.

Doch Eisenbud war alles andere als bereits überzeugt von der Echtheit jener »Psycho-Fotos«: »Ich konnte und konnte nicht verstehen, wie jemand, beim Teufel, solche Bilder wie Ted zu erzeugen vermochte ...« Sein Interesse für die rätselhafte Einwirkung war jedoch erwacht. Er beschloß, die merkwürdige Begabung des Chikagoers auf Herz und Nieren zu prüfen und lud ihn zu sich nach Denver ein.

Wenige Monate später begannen in der Universitätsstadt Reihen von Experimenten, die sich über drei Jahre erstrecken sollten. Zu ihnen bat Eisenbud ständig Wissenschaftler als Zeugen – Physiker, Psychologen, Psychiater von der Colorado-Hochschule sowie Experten auf dem Gebiet der Optik und Fernseh-Teams.

Das »Zeremoniell« um das Zustandekommen der »gedachten Fotos« verlief, von kleinen Variationen abgesehen, fast immer gleich: Der kleinwüchsige Chikagoer pflegte sich zunächst durch reichlichen Genuß von Bier und Whiskey in – wie er es nannte – »Schußstimmung« zu bringen. Unter sichtbaren Anstrengungen beginnt er, sich auf den bevorstehenden Akt zu konzentrieren. Er stöhnt, sein Pulsschlag ist sehr hoch. Eine Polaroid-Kamera ist inzwischen auf »Unendlich« gestellt und aufnahmebereit. Ted hat neben sich einen kleinen Gegenstand bereitliegen, den er »Gismo« nennt. Er besteht aus einem einfachen schwarzfarbenen Pappröhrchen, zwei Zentimeter lang mit drei Zentimeter Durchmesser. Fühlt er den geeigneten Moment gekommen, so hält er das Röhrchen sich, in die Kamera starrend, vor ein Auge, stößt dann plötzlich einen lauten Schrei aus und gibt zugleich, den rechten Arm nach unten schlagend, das Zeichen zum Knipsen, worauf die Kamera mit Blitzlicht ausgelöst wird. Erschöpft unternimmt er nach kurzer Pause einen weiteren Versuch. Oft vergehen Stunden auf diese Weise.

Inzwischen wird Film auf Film von neutralen Personen entwickelt. Etwas höchst Merkwürdiges zeigt sich dabei: Auf den Negativen erscheinen – was logischerweise zu erwarten steht – nicht etwa nur Bilder, die Ted Serios mit seinem »Gismo« am Auge und den Hintergrund des Experimentierraumes zeigen. Es tauchen neben total schwarzen, unbelichteten Filmen, sogenannten »Blackies«, auf einem Teil der Negative völlig andere Objekte auf: Motive verschiedenster Art wie Straßen oder Häuser, Türme von Kathedralen, Menschen, Autos oder auch Weltraumkapseln. Zumeist handelt es sich, wie man feststellen konnte, um Bilder oder Szenen, die er kannte, selbst »live« oder in einem Album gesehen hatte. Manchmal aber waren es auch Ein-

Die »Knüppel-aus-dem-Sack«-Szene aus dem Grimmschen Märchen »Tischlein deck dich«. In ihm spiegelt sich der Volksglaube an die Existenz telekinetischer Phänomene. Zeichnung von Ludwig Richter.

drücke, die er Jahre zuvor unbewußt aufgenommen hatte und an die er sich im Augenblick gar nicht mehr erinnerte.
Unter strengsten Kontrollen entstanden in Denver vor denkbar kritischen Zeugen Aberhunderte »fotografierter Gedanken«. Die Qualität der »gedachten Fotos« ist recht unterschiedlich. Zuweilen erschienen nur verschwommene Umrisse, bei denen es erst eines genauen Studiums oder eines Kommentars bedurfte, um erkennen zu können, was das Bild darstellen soll. In anderen Fällen wiederum gelang es Ted, nacheinander immer schärfere Bilder zu produzieren.
Kommen die Bilder durch einen raffinierten Trick zustande?
Nicht weniger als 25 Experten haben Ted Serios bei seinen Experimenten haargenau überwacht. Sein »Gismo«, das zunächst Verdacht erregte, war tatsächlich nichts als eine harmlose Papprolle. Seine Begründung, warum er es benötige, lautete: um ein seitliches Eindringen von Licht zu verhindern. Aber es gelangen zuletzt auch Bilder ohne »Gismo«! Die Filme konnten von Ted Serios ebensowenig präpariert sein wie die Kamera selbst, da sie, von dritter Seite beschafft, vorher geprüft worden waren und bis zum Experiment versiegelt blieben. Das Entwickeln geschah sofort in Gegenwart aller Versuchsteilnehmer, ohne daß Ted den Film berühren konnte.
Aber hatte nicht doch irgendein Mikrofilm eingeschmuggelt werden können? Dagegen sprach, daß – auch dann, wenn es ein Vorbild gab, auf das er sich konzentrierte – auf dem Film erstaunlicherweise sehr häufig Ansichten des Objekts aus verschiedener Perspektive oder auch nur Ausschnitte erschienen – so waren etwa vom Roten Platz in Moskau nur die Soldaten bei der Wach-

ablösung zu sehen oder vom Platz vor der Peterskirche in Rom nur die Bernini-Arkaden.
Niemand, weder Professor Eisenbud noch die Zeugen seiner wissenschaftlichen Tests, hat während der dreijährigen Versuche Ted je bei einem Betrug erwischen können. Dabei wurden die Experimente im Laufe der Zeit abgewandelt und immer schwieriger gestaltet. Ted Serios erzielte zuletzt sogar »linsenlose« Bilder, Fotos also mit Kameras, bei denen man die Optik entfernt hatte. Er »fotografierte« aber zuweilen auch mit geschlossenen Augen und aus Abständen bis zu 20 Meter vom Fotoapparat entfernt, wobei manchmal andere für ihn das »Gismo« hielten.
Professor Eisenbud ging noch weiter: Er schloß Ted Serios in einen sogenannten Faradayschen Käfig (ein allseitig geschlossenes Gitter aus Metalldraht, das gegen elektrische Schwingungen abschirmt) ein, während die Kamera draußen blieb. Auf dem Film tauchten trotzdem Bilder auf. Und es gelangen selbst dann Fotos, wenn Ted von dem Apparat durch eine Bleiglaswand getrennt war, wie sie als Strahlenschutz in Röntgenlabors verwendet wird.
Im Mai 1967 experimentierten Jan Stevenson und J. G. Pratt an der Universität in Virginia mit dem Chikagoer. Auch dabei kam es zu zahlreichen »Gedanken-Fotos«, und nichts Verdächtiges konnte entdeckt werden.
Das Phänomen, so unglaubhaft es auch erscheinen mag, existiert also, darf als echt angesehen werden. Wie aber läßt es sich deuten?
Über Vermutungen sind auch die Parapsychologen bis heute nicht hinausgekommen. Professor Eisenbud erklärte: »Für alle, die sich von philosophischen Abstraktionen nicht trösten lassen, bleibt das Problem, wie der Geist ein einziges Molekül bewegen könne. Erklärt das – und der Rest ist leicht.«
Dr. Heinz C. Berendt, Vorsitzender der Israelischen Parapsychologischen Gesellschaft, sieht es so: »Damit eine Schwarz-Weiß-Fotografie entstehen konnte, mußte sich die vorher einheitliche Schicht chemischen licht- oder strahlenempfindlichen Materials geändert haben, das heißt, bestimmte Stellen sind so ›exponiert‹ worden, als ob Licht- oder Röntgenstrahlen auf sie gewirkt hätten. Diese Bestrahlung hat zu mikrochemisch-physikalischen Veränderungen geführt, die, im Entwicklungsprozeß verstärkt, erkennbare Abbildungen zur Folge hatten.
Die Ausstrahlung erfolgte hier nicht von einem äußeren Objekt, sondern von einer offenbar aus der Persönlichkeit Ted Serios' sozusagen ›austretenden Projektion‹ eines inneren Bildes – mit anderen Worten aufgrund eines psychokinetischen Vorganges. Bei dieser Deutung der mikrophysikalisch-chemischen Veränderung hört unser Versuch der Erklärung auf ...«
Ein Novum als Phänomen? Keinesfalls.
Französische Forscher behaupteten bereits gegen Ende des vergangenen Jahrhunderts, der menschliche Organismus, besonders der Geist – im Gegensatz

zum materiellen Gehirn –, sende psychische Strahlungen aus, die nach Ansicht dieser Privatgelehrten indes genügend physikalische Eigenschaften besäßen, um Fotos entstehen zu lassen. Es war ein Offizier Kommandant Darget, der sich als erster systematisch darum bemühte, »gedankliche Bilder« aufzunehmen. Zuerst – es war im Mai 1896 – hatte er Versuche mit direkter Berührung von Fotoplatten angestellt. Als er im Entwicklerbad seine Hand auf die Gelatineschicht legte, zeigten sich an allen fünf Fingern kräftige Strahlenbündel, die er als Abbilder einer mesmerisch-»magnetischen« Strahlung deutete.

Ermutigt ging er einen Schritt weiter: Er machte ein Experiment mit einer Flasche Cognac.

»Eine halbe Stunde lang hielt ich sie vor meine Augen. Ich bekundete – mehr im Scherz – meinen Willen, wieder aus ihr zu trinken, da dies mehr ›Fluidum‹ geben würde. Dann legte ich eine Fotoplatte ins Bad und berührte sie nur auf der Glas-, nicht auf der Gelatineseite.« Auf der fertig entwickelten Filmschicht soll deutlich der Umriß einer Flasche zu sehen gewesen sein. Ein zweiter Versuch gelang, aber nicht so deutlich. Danach experimentierte Darget mit seiner Frau. Er hielt ihr eine unbelichtete Platte in nur zwei bis drei Zentimeter Abstand vor die Stirn. Nach zehn Minuten, während derer sie vor sich hingedöst hatte, nahm er die Platte und entwickelte. Sie zeigte – als »Traum-Fotografie« – das Bild eines Adlers.

Der Physiker H. Baraduc wiederholte diese Versuche von »Gedanken-Fotografie« – angeblich ebenfalls mit Erfolg. Doch eine systematische weitere Klärung der merkwürdigen Phänomene unterblieb, da ein zu heftiger Streit um das Für und Wider ausbrach. Um 1910, als es in Frankreich wieder still um diese Versuche geworden war, begann im Fernen Osten ein Gelehrter auf dem gleichen Gebiet zu experimentieren: Es war Professor Tomokichi Fukurai von der Universität Tokio. Als Versuchspersonen nahm er häufig Frauen seiner Kollegen. Auch er benutzte ursprünglich keine Kamera, sondern nur lichtdicht eingewickelte Platten, die er entweder selbst hielt oder auch dem »Fotografen« in die Hände gab. Aufsehenerregende Erfolge erzielte er 1911 mit Frau Ikuro Nagao. Nachdem sie sich eine halbe Minute auf eine Platte konzentriert hatte, erschienen – entwickelt – in japanischen Lettern die Wörter »myo ho«. Bei Demonstrationen, die er später vor mehreren tausend Zuschauern gab, durften diese wählen, was auf den Platten erscheinen sollte. Dabei kam es einmal auf Wunsch zu einem, wie man erkennen wollte, allerdings ziemlich verschwommenen Bild des Schlosses von Ogaki auf der Insel Honschu. Die noch erhalten gebliebenen Fotos machen durchaus den Eindruck von Psycho-Bildern.

Leider durfte Professor Fukurai seine Experimente nicht systematisch zu Ende führen. Im Gegensatz zu Professor Eisenbud, der zwar auch allerlei Anfeindungen durchfechten mußte, wurde sein japanischer Vorgänger ge-

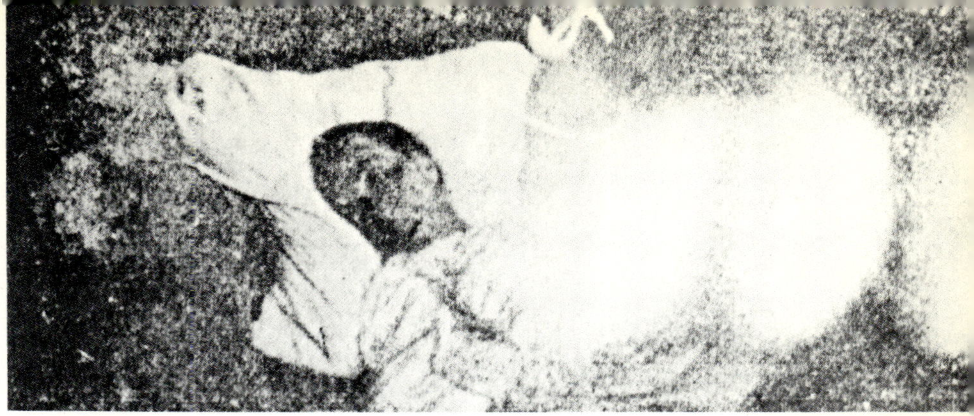

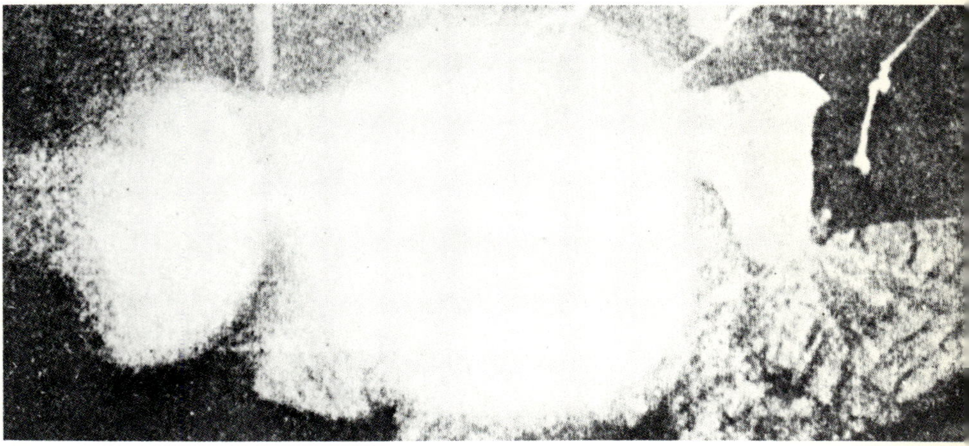

Oben: Der französische Forscher Hippolyte Baraduc erregte um 1900 größtes Aufsehen durch ein in der Tat außergewöhnliches Experiment: Er fotografierte seine Frau, und zwar zuerst 15 Minuten (oberes Bild) und dann eine Stunde (Bild darunter) nach ihrem Tode. Bei dem auf seinen Fotos sichtbaren »nebligen Etwas« handelt es sich, so behauptete er, um die Seele, die dem Körper nach dem Dahinscheiden entweiche. Rechts: Flammen als Zeichen der geistigen Kraft umgeben Mohammed, dem hier der Engel Gabriel eine Botschaft überbringt. Sie entsprechen dem Heiligenschein oder dem Strahlenkranz in Darstellungen der christlichen Kunst. Schon die antiken Völker zeichneten mit einem Heiligenschein, auch Gloria oder Nimbus genannt, ihre Götter, Heroen und Könige aus.

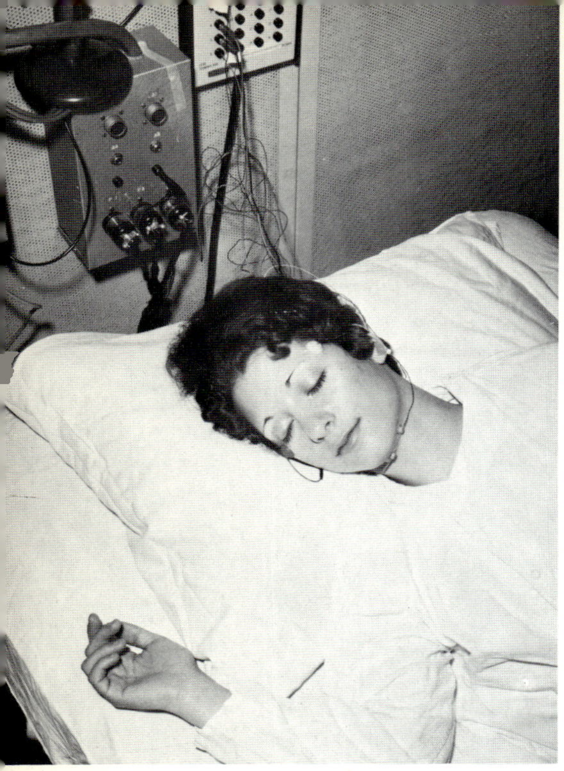

Experimente im Traum-Laboratorium des Maimonides-Hospitals in Brooklyn, New York. Links: Einer Versuchsperson sind in einem schalldichten Raum vor dem Einschlafen Elektroden an Stirn, Kopfhaut und Schläfen angebracht worden, um die Hirn- und Augenmuskel-Aktionsströme zu registrieren. Unten: Ein Experimentator – hier Dr. Stanley Krippner, der Direktor des Instituts – überwacht den Versuch in einem anderen Raum an einem Spezialgerät. Sobald eine REM-Phase (schnelle Bewegungen der Augäpfel) eintritt und sich eine bestimmte elektrische Aktivität des Gehirns (Alpha-Wellen) zeigt, setzt der Versuch ein, den Traum der Testperson mittels telepathischer Übertragungen von Bildern durch einen menschlichen »Sender« zu beeinflussen.

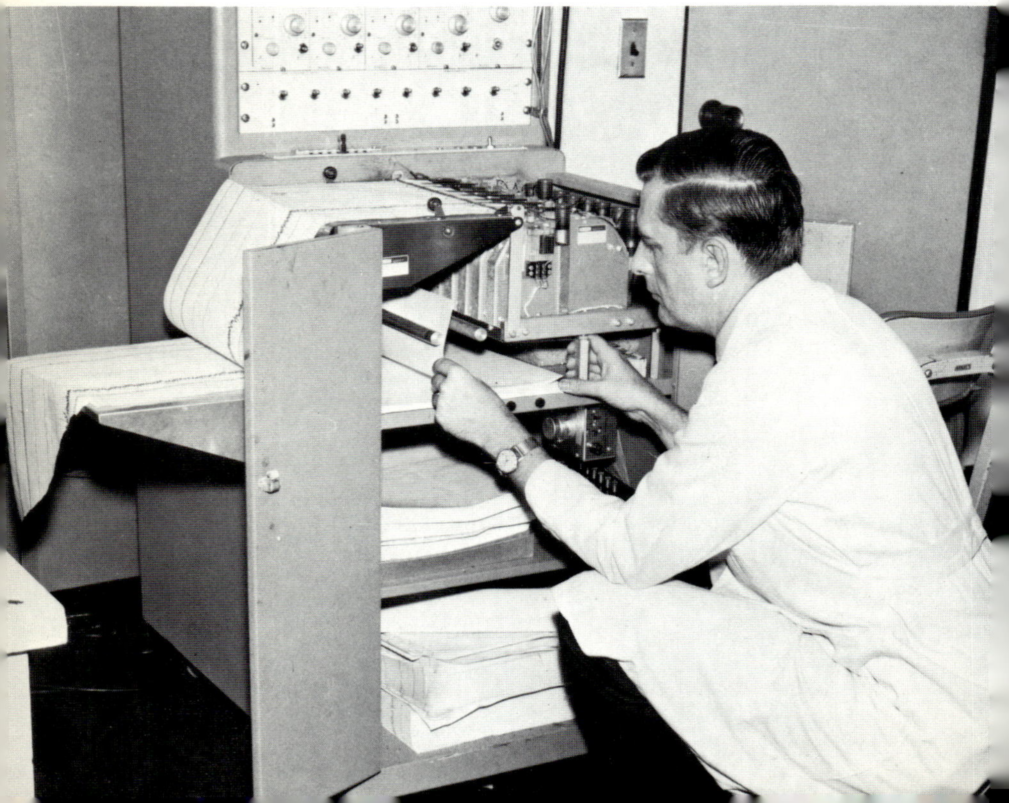

zwungen, seine Lehrtätigkeit aufzugeben. Verständnislos und völlig zu Unrecht hatte man ihn der Beschäftigung mit der verpönten »Geisterfotografie« bezichtigt, die im übrigen ein Jahrzehnt später wieder einmal von sich reden machen sollte.

In den zwanziger Jahren nämlich brach in England plötzlich geradezu eine Epidemie para-normaler Foto-Phänomene aus – und zwar von »Geisteraufnahmen« ganz besonderer Art: Medien traten auf, die sich anheischig machten, jemanden zu fotografieren und zusätzlich beim Entwickeln auf dem Negativ das Gesicht eines Verstorbenen erscheinen zu lassen. Doch zu gleicher Zeit begannen auch äußerst seriöse Experimente. Neben Frederic Bligh Bond und F. W. Warrick, einem Chemiker, war es vor allem Hereward Carrington, der sich jahrzehntelang fast ausschließlich der »psychischen Fotografie« widmete. Eine seiner Versuchspersonen, Joseph Rusk, mit dem er zuletzt sehr erfolgreich experimentierte, war – wie aus einem bedauerlicherweise erst 1953 veröffentlichten Bericht hervorgeht – fähig, auf Fotoplatten, die man etwa 30 Zentimeter vor seine Stirn hielt, Gedanken sichtbar zu machen. Wenn er sich beispielsweise auf die Sonne konzentrierte, so erschien ein strahlenförmiges Gebilde. Er brachte allerdings nie Bilder hervor, sondern nur merkwürdige und unerklärbare Gebilde wie helle Streifen, Punkte, Kreise oder dergleichen.

Leider war zu jener Zeit die »Gedankenfotografie« noch offiziell tabu. So fanden die Pionierarbeiten von seiten der Wissenschaft weder Beachtung noch Unterstützung. Um so erfreulicher ist es, daß Ted Serios – ein Fall ungewöhnlicher Begabung auf diesem Gebiet –, wenn auch nach anfänglich längerem Zögern, die gebührende Würdigung fand. Inzwischen heißt es für die Parapsychologie allerdings warten, bis ein neuer Stern auftaucht. Denn auch das Phänomen Ted Serios gehört heute bereits der Geschichte an. Der Chikagoer hat inzwischen seine einmalige Begabung verloren ...

»Sprechfunk mit Verstorbenen« lautet der vielversprechende Titel eines 1967 erschienenen Buches. Der Autor, Friedrich Jürgenson, ein 1903 in Odessa geborener und in Schweden lebender Balte, schildert darin höchst merkwürdige Beobachtungen an Tonband- und Radiogeräten.

Es war im Sommer 1959. Jürgenson hatte in der freien Natur die Stimmen verschiedener Vogelarten mit einem Tonbandgerät aufgenommen, als er eine frappierende Entdeckung machte: Beim Abhören des Bandes tauchte – inmitten der Vogellaute – plötzlich eine männliche Stimme auf. Diese murmelte auf norwegisch etwas von »nächtlichen Vogelstimmen«. Gleich danach ertönte – wenn auch undeutlich –, wie ihm schien, der Ruf der Rohrdommel.

Das Erlebnis war für Jürgenson so stark, daß er sich von Stund an mit jenem Phänomen intensiv beschäftigte. Es blieb nicht bei den Tierlauten. War er zuerst bereits davon betroffen, warum ausgerechnet ihm, »der sich auf der Suche nach Vogelstimmen befand, norwegische Nachtvogellaute in das Band gesendet wurden?« – so sollte er bald noch ganz andere, viel mysteriösere Überraschungen erleben. Folgendes nämlich geschah: Er empfing auf seinem Tonbandgerät mit einem Male Stimmen, die ihm ganz persönliche Mitteilungen machten! Kontrollen ergaben einwandfrei: Diese Stimmen waren, während die Aufnahme lief, nicht zu hören, und dennoch befanden sie sich beim Abspielen auf dem Band. Sie waren allerdings zuweilen so leise, daß man recht intensiv hinhören mußte, um sie vernehmen und verstehen zu können.

Um sicher zu sein, daß er nicht irgendwelchen Täuschungen zum Opfer gefallen war, zog Jürgenson Zeugen hinzu und experimentierte weiter. Aber er hatte sich nicht geirrt. Auch in Gegenwart des schwedischen Parapsychologen Dr. J. Björkhen sowie von Arne Weisse, einem Mitarbeiter des schwedischen Rundfunks, und weiteren Beobachtern tauchten unerwartet wiederum »Einspielungen« auf. Eine ältlich klingende Männerstimme rief deutlich einmal »Poskala« – so heißt eine schwedische Ortschaft – dazwischen, ein anderes Mal in einem italienisch-englischen Sprachcocktail »tanto parties« – »viele Gesellschaften«. Dann wieder ertönte mit finnischem Akzent das Wort »tanner«. Als man das Bandgerät laufen ließ, ohne sich dabei zu unterhalten, war beim Überspielen plötzlich fernes Straßengeräusch zu vernehmen sowie eine Stimme, die »graecula« sagte, was lateinisch »kleine Griechin« bedeutet. Die »Zwischenrufe« waren so absonderlich und doch so deutlich, daß Auszüge solcher »Einspielungen« später auf einer Schallplatte dem Buch von Jürgenson beigefügt wurden.

Soweit die Tatsachen. Jürgenson begann sie auf seine Weise zu deuten: Er wurde immer mehr davon überzeugt, daß es sich bei den »Einflüsterungen« um »Mitteilungen« handele, die Verstorbene – unter ihnen viele frühere Freunde – ihm zukommen ließen. In diesem Glauben wurde er vor allem durch eine weibliche Stimme bestärkt, die ihn angeblich sogar wiederholt wörtlich aufgefordert habe, »Kontakt zu halten«, und »zu hören, bitte, bitte hören!«

Es blieb nicht beim Tonbandgerät mit Mikrofon. Angeblich auf Anraten seiner »anonymen Freunde« begann Jürgenson, auch mit Radiogeräten zu arbeiten. Besonders geeignet erwiesen sich Einstellungen, bei denen – mangels Sendern oder Sendungen – üblicherweise nichts als das bekannte »Rauschen« ertönt.

Zweimal hatte das Freiburger »Institut für Grenzgebiete der Psychologie« Gelegenheit, sich von der Echtheit der merkwürdigen Phänomene zu überzeugen. Zusammen mit Professor Bender unternahm ein ganzer Stab von Experten – Physiker, Nachrichten- und Fernmeldespezialisten sowie Funktechniker – zahlreiche Tests. Sie erfolgten 1964 in Northeim und 1970 im Heim von Jürgenson in Nysund in Schweden. Die ausgefallensten, zur Identifizierung und Analysierung von Stimmlauten entwickelten Kontrollgeräte

wurden verwandt, darunter ein Sonagraph, der elektronisch ein Oszillogramm der Schallschwingungen schreibt.
Das Urteil der Experten? Nach den Untersuchungen des Freiburger Institutes »scheint der para-normale Ursprung der unter gesicherten Bedingungen erhaltenen ›Einspielungen‹ kaum bezweifelt werden zu können«.
Jürgensons Veröffentlichung über die Stimmphänomene – zumal in seiner Auslegung als »Kommunikationen aus dem Jenseits« – löste, emotional bedingt und viele Hoffnungen weckend, ein starkes Echo aus. Wie üblich tauchten bald in Schweden mehrere Epigonen auf, die angeblich ebenfalls »Botschaften« empfangen haben wollten. Um sie wurde es jedoch bald wieder still. Nicht so bei einem Mann, der – in die Fußstapfen Jürgensons tretend – in der Folgezeit viel von sich reden machte. Er heißt Konstantin Raudive und ist ein gebürtiger Lette.
»Unhörbares wird hörbar«, hieß der 1968 veröffentlichte Bericht über seine Experimente, der ihn schlagartig bekannt werden ließ – nicht zuletzt aufgrund des bezeichnenden Untertitels: »Auf den Spuren einer Geisterwelt«.
Auch Raudive bringt es zustande, auf Tonband menschliche Stimmen erklingen zu lassen, die nachweislich nicht von irgendwelchen Funksendern stammen. Fachleute, unter ihnen der Physiker Alex Schneider aus St. Gallen und andere Ingenieure, haben das in zahlreichen Versuchen einwandfrei nachweisen können. Merkwürdigerweise wurden Stimmen auch dann hörbar, wenn der Recorder ohne Mikrofon lief oder dies in einem Raum erfolgte, wo sich niemand befand. Die Äußerungen sind in ihrer Deutlichkeit sehr unterschiedlich. Meist handelt es sich um nur knappe Sätze oder Satzteile, die zudem – und das ist auch in diesem Falle charakteristisch – bunt durcheinandergemischt sind und, bald auf deutsch oder englisch, bald auf lettisch, spanisch oder schwedisch erfolgen. Zuweilen entstand in einer »Einspielung« sogar jedes Wort in einer anderen Sprache, wobei in der Übersetzung dennoch ein sinnvoller Zusammenhang bleibt. Raudive beherrscht diese Sprachen alle.
Raudive läßt in seinem Buch keinen Zweifel über seine Meinung: Das seien Aussprüche bereits Verstorbener, die ihm – der oft auch mit seinem Namen angeredet werde – gut zugesprochen oder vor etwas gewarnt hätten. Einige gehörten seiner eigenen Familie an, andere seien frühere Bekannte oder fremde Personen, mit denen er sich irgendwann geistig auseinandergesetzt habe. Ihm sei es gelungen, so glaubt Raudive felsenfest, eine Verbindung zu einer tatsächlich vorhandenen Geisterwelt zu schaffen. Die Anregung dazu sei allerdings »von der anderen Seite« ausgegangen. Denn jene Stimmen brächten unmißverständlich das Verlangen zum Ausdruck, mit uns Lebenden in Kontakt zu treten!
»Konstantin Raudive«, so bemerkte Dr. Heinz C. Berendt nach einem Besuch, »macht den Eindruck eines an seine Arbeit hingegebenen, ernsthaften Forschers. Doch hat er etwas von einer dämonischen Besessenheit, einer Art

übergroßen Überzeugungswunsches an sich.« Und vom wissenschaftlichen Standpunkt fügt er, im Hinblick auf das Zustandekommen jener Phänomene, hinzu: »Viele Dinge sprechen dafür, daß letzten Endes Raudive selbst der Erzeuger seiner Stimmen ist.« Dies solle aber keinesfalls heißen, »daß wir K. R. irgendwelches Falschspiel unterstellen wollen oder gar den Versuch, zu betrügen. Gegen einen solchen Verdacht sichern Raudive schon die vielen in Gegenwart von zahlreichen Zeugen gelungenen Aufnahmen. Ich halte Raudives Resultate für echt.«

Man sollte, so heißt es weiter, zur Erklärung Ted Serios heranziehen und sich darüber im klaren sein, »daß wir damit lediglich die psychophysische Seite zu behandeln versuchen, während letzten Endes die Erklärung der phänomenalen Vorgänge weiterhin rätselhaft bleibt wie bei Ted Serios. Wie dieser imstande ist, seine Bilder auf den Filmstreifen zu ›projizieren‹, auf dem mikrophysikalische Veränderungen dann Bilder entstehen lassen, so gelingt es jenem, Laute zu ›projizieren‹ – wobei ja ohnehin das Mikrofon unnötig wäre – und im Tonbandstreifen analoge mikrophysikalische Veränderungen hervorzurufen, die sich – in seinem Fall – als akustisch wahrnehmbare Phänomene äußern.«

Also keine »Telekinese – aus dem Jenseits«!?

Die Mehrzahl der Experten hat sich für die Echtheit der Stimmen ausgesprochen und sieht sie als para-normale Bewirkungen an. Dennoch halten Wissenschaftler, die sich damit beschäftigen, die Zeit für ein abschließendes Urteil noch nicht für gekommen. Sie raten, das Ergebnis weiterer Arbeiten abzuwarten. Noch steht die Forschung in hartem Ringen mit diesen bizarren, unerwartet aufgetauchten neuen Erscheinungen und Problemen – eines auch physikalisch noch keineswegs hinreichend erklärbaren Phänomens, das zu erkennen erst unsere moderne Technik ermöglicht hat.

XXVI. Den Geheimnissen der menschlichen »Aura« auf der Spur

Ende der sechziger Jahre tauchten, aus der Sowjetunion kommend, in den Ländern der westlichen Welt erstmals sehr eigenartig aussehende Fotografien auf. Es waren Aufnahmen von Pflanzen, Tieren und auch menschlichen Körperteilen, die wie von einer Art leuchtenden Strahlenkranzes umgeben waren. Die Bilder beruhen, so war zu erfahren, auf einer hochbedeutenden Entdeckung – dem sogenannten Kirlian-Effekt. Gespannt horchten vor allem

die Parapsychologen in der Neuen und Alten Welt auf. Worum handelte es sich? War den Sowjets tatsächlich eine, wie es hieß, umwälzende neue Erfindung gelungen?
Was als Frucht mehrerer Besuche von – vorwiegend amerikanischen – Fachleuten sich schließlich eruieren ließ, war in etwa folgendes: Die eigentliche Erfindung liegt bereits an die dreieinhalb Jahrzehnte zurück. Es war ein Elektriker namens Semjon Dawidowitsch Kirlian aus Krasnodar, der Hauptstadt des Kubangebietes, der aufgrund einer zufälligen Beobachtung an einem elektrotherapeutischen Gerät eine völlig neue Aufnahmemethode entwickelte: die Fotografie mit elektrischen Hochfrequenzfeldern. Er konstruierte dazu einen Generator, der, gekoppelt mit optischen Geräten – sei es mit Mikroskopen oder auch mit Elektronenmikroskopen –, auf Fotopapier bei Objekten lebender wie toter Substanz eine Art Lumineszenz sichtbar werden ließ.
Die Gegenstände waren von eigenartigen Mustern heller oder schwächer strahlender oder flammenförmiger »Lichter« umgeben. Wie Kirlian in jahrelangen Versuchen feststellen konnte, zeigt jede Substanz eine ganz typische Struktur. Ein menschlicher Finger beispielsweise hat eine völlig andere, vielfach funkelnde Struktur als das Blatt einer Pflanze. Metall wiederum weist nur einen unscheinbaren Glanz am Rande auf.
Erst Anfang der sechziger Jahre begannen sich sowjetische Universitäten und Institute für Kirlians Erfindung zu interessieren. Eine intensive Forschung setzte ein, die angeblich zu einer ganzen Reihe weiterer Entdeckungen führte. So sollen sich in der Lumineszenz auch ganz charakteristische Krankheits- und Gesundheitssymptome bei Mensch, Tier und Pflanze erkennen lassen, und es sollen sich auf der menschlichen Haut besonders auffällige Strahlenbündel angeblich an genau denselben Stellen zeigen, die bei der chinesischen Therapie der Akupunktur eine Rolle spielen. Wohlgemerkt: sollen – denn eine experimentell detaillierte und kontrollierbare Vorführung wie auch eine präzise Erklärung dieser Dinge sind westlichen Experten bisher vorenthalten worden. Man begnügte sich damit, beschreibende Referate, Artikel und Fotos zu überreichen, oder mit einer kurzen Demonstration.
Dafür werden die sowjetischen Gelehrten nicht müde, offiziell eines immer wieder zu unterstreichen: Es handele sich bei dem Kirlian-Effekt um eine bisher unbekannte, neue Form von – physischer Energie. Für sie wurde sogar eigens ein Begriff geprägt: »Bio-Plasma«.
Ein Novum – mit dem der Rote Osten die Welt überrascht? Oder handelt es sich nicht vielmehr bloß um eine Variante von Experimenten, die im Westen schon seit Ende des vergangenen Jahrhunderts wiederholt vorgenommen wurden? Nur ging es bei diesen nicht um die Erforschung einer vermuteten Energiequelle der sozusagen grobphysischen Welt – wohl aber der einer höchst immateriellen, nämlich einer solchen psychisch-seelischer Art.

Es waren Mesmers unerklärbare »magnetische« Heilerfolge, die ein erstes Suchen nach den geheimnisvollen Ursachen veranlaßt hatten. Gab es wirklich, so fragte man sich nach wie vor, außer dem leiblichen, unseren fünf Sinnen wahrnehmbaren Körper noch ein unbekanntes, »feinstoffliches«, unsichtbares »Fluidum«? Existierte das, was Reichenbach das »Od« taufte? Strahlte um den Menschen, wie seit alters her geglaubt, eine rätselhafte »Aura«? War sie irgendwie feststellbar, war sie gar sichtbar zu machen?
Ein Jahrhundert zurück schon liegen die ersten Versuche, jenes noch unbekannte »Etwas« mit Hilfe fotografischer Aufnahmen nachzuweisen. 1879 unternahm John Beattie, ein pensionierter Fotograf aus Clifton in England, zusammen mit Dr. Thomson und dem Trance-Medium Mr. Butland zahlreiche Experimente. Seine Aufnahmen erregten beachtliches Aufsehen. Sie zeigten mysteriöse Lumineszenz-Flecken. Der Zufall wollte es, daß zur gleichen Zeit, als Darget in Frankreich auf Fotoplatten das »magnetische Fluidum« des Menschen sichtbar machen konnte, in England entsprechende Untersuchungen angestellt wurden, jedoch ausschließlich mit leblosen Gegenständen. Dr. W. J. Russell, ein reputierter Chemiker, legte Metall, Pappe, Stroh, Holz und dergleichen in der Dunkelkammer auf die Glasseite der Fotoplatten. Nach dem Entwickeln stellte sich – nach seinen Angaben – heraus: Auch diese Stücke unbelebter Materie hinterließen Spuren auf der lichtempfindlichen Emulsionsschicht.
1896 kam der französische Forscher Albert de Rochas, Direktor des Pariser Polytechnischen Kollegs, zu sehr merkwürdigen und frappierenden Beobachtungen. Sie betrafen das menschliche Empfindungsvermögen. Er hatte Somnambule, also mesmerisierte, in magnetischen Schlaf versetzte Personen, zu Testzwecken in völlig abgedunkelte, totenstille Räume unter der Erde gebracht, um sie gänzlich ungestört von allen optischen und akustischen Einflüssen beobachten zu können. Trotz stundenlanger angestrengter Bemühungen vermochte er selbst nicht das geringste an ihnen zu erkennen. Ganz anders verhielt es sich mit Sensitiven, die er darauf hinzuzog. Sie berichteten ihm die erstaunlichsten Dinge: Sie sähen die Körper der Somnambulen mit einem wunderbar anzuschauenden Schein umhüllt. Es seien buntschillernde und leuchtende Schichten, deren Aussehen, Form und Farben sie genau schilderten. Versuche mit anderen Sensitiven bestätigten diese merkwürdigen Feststellungen.
Bemüht, sich selbst auf andere Weise von der Existenz dieses mysteriösen Phänomens vergewissern zu können, unternahm de Rochas ein anderes Experiment: Nachdem er sich die Ausdehnung der Schicht genau hatte schildern lassen, nahm er eine Nadel zur Hand und näherte sich damit einer Somnambulen. Die Reaktion der Versuchsperson darauf war ebenso seltsam wie unbegreiflich: Sobald die Nadelspitze, gleich auf welcher Seite, in die unsichtbare, vom Körper mehrere Zentimeter entfernte »Hülle« eindrang, verspürte

die Mesmerisierte deutlich einen Stich. Es schmerzte genauso, lautete die Erklärung, als sei die Haut selbst verletzt worden.
Jene Schicht schien unerklärlicherweise übrigens noch eine andere Eigenschaft zu besitzen – nämlich auch alle Gegenstände zu durchdringen und an ihnen haften zu bleiben, die man eine Zeitlang in sie hineinhielt. So konnte Wasser in einem Glas offenbar damit »aufgeladen« werden, denn der Stich in die Flüssigkeit wurde ebenfalls gespürt. Als der Forscher eine Fotoplatte nahe an den Körper hielt und eine Aufnahme machte, merkte die Versuchsperson es angeblich ebenfalls, wenn die Platte in einem anderen Raum in das Entwicklerbad gelegt wurde.
De Rochas war mit diesen Experimenten einem höchst ungewöhnlichen Phänomen auf die Spur gekommen. Man hat es die »Ausscheidung des menschlichen Empfindungsvermögens« genannt.
Zusammen mit Dr. Jacques Narkiewicz-Jodko vom »Kaiserlich-Russischen Institut für Experimentelle Medizin« in St. Petersburg, dem heutigen Leningrad, unternahm der französische Forscher auch Versuche, jene unsichtbaren Ausstrahlungen bildlich zu fixieren. Auf Fotos, die von einer hypnotisierten Versuchsperson, Madame Lambert, gemacht wurden, sollen leuchtende Flekken und Strahlenbündel zu erkennen gewesen sein.
Ebenfalls um die Jahrhundertwende behauptete dann der Amerikaner Elmer

»Aura« umgibt Lebewesen: Seit alters her findet sich bei vielen Kulturvölkern die Auffassung, daß neben dem greif- und sichtbaren physischen menschlichen Körper ein eigenartiges, dem bloßen Auge unsichtbares feinstoffliches Fluidum existiere. Es soll aus mehreren Hüllen bestehen, die den Menschen, wie auch Tiere und Pflanzen, umgeben. Vieles deutet darauf hin, daß es neuerdings gelungen zu sein scheint, jene mysteriöse »Aura« mit besonderen Aufnahmetechniken zu fotografieren.

Gates, der spätere Gründer und Leiter des »Laboratory of Psychology« in Washington, herausgefunden zu haben, daß Licht den menschlichen Körper durchdringe. Es hinterlasse auf einer Fotoplatte deutlich sichtbare Spuren.
Großes Aufsehen und mehr Diskussionen als andere Experimente löste der französische Arzt Hippolyte Baraduc mit seinen oft recht ausgefallenen Methoden zur Erforschung der menschlichen Ausstrahlungen aus. Er hatte es sich zum Ziel gesetzt, die Seele mit ihren Manifestationen bildlich festzuhalten, und war überzeugt, daß ihm dies in einigen Fällen auch gelungen sei. Eine seiner Methoden bestand darin, in Anwesenheit einer Versuchsperson eine Fotoplatte einem elektrostatischen Feld auszusetzen. Zuweilen zeigten die entwickelten Bilder dann kuriose Schattenformen und helle Streifen, die von einem Zentrum auszustrahlen schienen. Bei einem Aufenthalt in Lourdes, dem wegen der Wunderheilungen weltberühmten französischen Wallfahrtsort, versteckte er eine unbelichtete Kassette in seinem Hut. Auf den Abzügen kam merkwürdigerweise eine größere helle Fläche zum Vorschein. Baraduc war um eine Erklärung nicht verlegen. Das sei, meinte er, die Strahlung des Heiligen Sakramentes im Augenblick, da es zu einem Mirakel der Gesundmachung kam. Der Forscher schreckte, wie besessen in seinem übergroßen Eifer, auch nicht vor Versuchen mit Toten aus seiner eigenen Familie zurück.
Als 1907 sein neunzehnjähriger Sohn gestorben war, fotografierte er dessen Leichnam im Sarg. Auf dem Bild, das er sogar veröffentlichte, zeigte sich etwas wahrhaft Unheimliches: Von dem toten Körper aus, der dadurch kaum noch zu sehen ist, ragen weiße Gebilde, von denen einige an verschneite Tannen erinnern, in die Höhe. Ein halbes Jahr später wiederholte Baraduc den Test, als ihn das Unglück traf, auch noch seine Frau zu verlieren. Er machte Aufnahmen im Sterbezimmer, die erste bereits wenige Minuten, nachdem sie ihr Leben ausgehaucht hatte, dann weitere in kürzeren zeitlichen Abständen. Die Fotos zeigen, wie von der Toten eine Art weißer Nebel ausgeht, der zuletzt – auf einer Aufnahme, die etwa eine Stunde nach dem Dahinscheiden gemacht wurde – alles andere verhüllt. Baraduc war fest davon überzeugt, es handele sich um die Seele beim Verlassen des Körpers.
In dem heftigen Disput, der über Pro und Contra dieser Versuche und der daraus gezogenen Folgerungen entbrannte, kam es zu »Gegen-Experimenten«, unter denen manche eines recht makabren Charakters nicht entbehrten. Der französische Fotograf Paul Yvon verschaffte sich aus der Anatomie die Hand eines Verstorbenen. Als er an dieser und an der Hand eines Lebenden Aufnahmen machte, zeigte sich ein deutlicher Unterschied: Die lebendige »strahlte«, bei der toten sah man nichts. Das änderte sich jedoch erstaunlicherweise, nachdem er die Leichenhand auf normale Körpertemperatur erwärmt hatte: Jetzt plötzlich zeigte auch sie Ausstrahlungen! Auf diese Ergebnisse hin unternahm Dr. Menager vom Pariser »Institut Métapsychique

International« ähnliche Experimente, nur in etwas abgewandelter Art. Statt einer toten Hand verfertigte er eine künstliche Hand aus Gummi, die er mit Wasser von 37 Grad füllte und dann fotografierte. Auf den Bildern, die auch veröffentlicht wurden, war ebenfalls rund um die Gummihand eine Art Lumineszenz erkennbar.
Aber auch diese Testergebnisse vermochten nicht restlos zu überzeugen. Denn das Gegenargument der überzeugten »Seelenfotografen« lautete: Natürlich spielt die Temperatur – als physische Einwirkung – mit eine Rolle, aber keinesfalls sie allein!
Das aufregende Phänomen wurde nicht zu den Akten gelegt. Es beschäftigte die Geister weiter. Und es sollte nicht lange dauern, bis die Bekanntgabe einer weiteren sensationellen Erfindung alle Interessierten wiederum aufhorchen ließ. 1911 erschien in England ein Werk mit dem Titel »The Human Atmosphere« von Dr. Walter J. Kilner. Der Autor, ein Arzt vom St. Thomas Hospital in London, beschrieb darin verblüffend neue, bedeutsame Forschungsergebnisse über die »Aura«. Ein von ihm entwickeltes, neuartiges »Gerät«, mit dem er sie erzielen konnte, war als Überraschung im Buchdeckel der ersten Ausgabe beigefügt: Es handelte sich um einen Schirm aus zwei hermetisch versiegelten Glasplatten, zwischen denen sich eine alkoholische Lösung von Chinolinblau, einem jodhaltigen Farbstoff, befand. Die Gebrauchsanweisung lautete: Man solle bei vollem Tageslicht zuerst eine Weile durch die Platten schauen, sodann in einem Raum mit dämmerigem Licht einen vor dunklem Hintergrund stehenden, unbekleideten menschlichen Körper betrachten. Deutlich würden dann mit dem bloßen Auge drei verschiedene Strahlungsschichten – alle am ultravioletten Ende des Spektrums liegend und durch die sensibilisierende Wirkung des Farbstoffs sichtbar gemacht – zu erkennen sein. Kilner beschrieb sie genau: Die erste – farblos und dunkel – umgebe den Leib bis zu einem Abstand von einem halben bis zu einem Zentimeter. Er nannte sie das »ätherische Doppel«. Die zweite, »innere Aura« genannte Schicht erstrecke sich bis zu acht Zentimeter und die dritte »äußere Aura« bis zu knapp 30 Zentimeter. Die Ausdehnung der »Aura« könne, wie sich experimentell ergeben habe, sowohl durch einen Magneten verändert werden als auch durch elektrische Ströme oder chemische Dämpfe. Bei hypnotisierten Personen verliere sie ihren Glanz. Krankheiten beeinflußten Größe und Farbe der Aura. Verminderte geistige Fähigkeiten und Schäden lassen angeblich die Strahlungsschicht schrumpfen, auch Nervenkrankheiten verursachten auffällige Veränderungen.
Dr. Kilner schloß daraus: Die höheren Hirnzentren stünden in engstem Zusammenhang mit dem Hervortreten einer »aurischen Kraft«. Das würde eine Art »Nerven-Aura« bedeuten, deren Existenz schon Dr. Joseph Rhodes Buchanan, der Entdecker der Psychometrie – und zwar bereits 1852 –, behauptet hatte.

Ein bahnbrechender Durchbruch zu neuen Erkenntnissen, zu Einblicken in eine bis dahin unsichtbare Welt also? Der Kilner-Schirm hatte leider einen Nachteil. Sein Erfinder erwähnte ihn selbst: Nicht alle können damit eine Aura wahrnehmen. Seiner Schätzung nach aber sollen immerhin 50 Prozent aller Menschen dazu fähig sein.

Kilners Vorstoß blieb nicht der einzige, wenn er vielleicht auch zu den interessantesten und aufschlußreichsten zählen mag. Zahlreiche weitere Forscher haben seitdem auch in anderen Ländern, in Europa wie in den USA, eine »menschliche Ausstrahlung« mit technischen Meßinstrumenten zu erfassen versucht. In vielen Fällen ist es tatsächlich gelungen, gewisse Licht- und Farbenerscheinungen oder Lumineszenzen aufzuzeigen, die offenbar vom Körper ausgehen.

Aber handelt es sich dabei tatsächlich um ein Abbild jenes noch unergründeten, so geheimnisvollen Teiles des menschlichen Wesens, der normalerweise unserer sinnlichen Wahrnehmung unzugänglich ist und auf dessen Existenz doch so viele, sonst völlig unerklärliche Para-Phänomene hinzudeuten scheinen?

Die Frage kann vom Standpunkt einer kritischen Wissenschaft aus heute noch in keinem Fall bejahend beantwortet werden.

XXVII. Sensationelle Experimente der Zukunftsschau

Auf einer Party in den USA fällt plötzlich – es ist im Juni des Jahres 1965 – eine Bemerkung, die von den Anwesenden teils mit gläubiger Bewunderung, teils mit großer Skepsis zur Kenntnis genommen wird. Sie lautet, wie der Schriftsteller Jess Stearn als Augenzeuge berichtet: »Jacqueline Kennedy wird binnen zwei Jahren heiraten, und zwar auf den Griechischen Inseln.«

Es war Mrs. Helen Stalls, eine der ganz großen hellseherisch Begabten, die das erklärte. Und es traf – bei Zeitangaben irren sich Sensitive oft und verwechseln sogar Zukünftiges und Vergangenes – mit einer Verspätung von einem Jahr ein, als die Präsidenten-Witwe den bekannten griechischen Reeder Aristoteles Onassis auf der Insel Skorpios ehelichte.

Von Helen Stalls sind ganze Reihen unglaublich anmutender Voraussagen bezeugt, die danach tatsächlich sich auch bewahrheiten sollten. Drei Tage vor dem tragischen Ereignis erklärte sie, daß John F. Kennedy ermordet werden würde. Etwas Ähnliches, sagte sie, werde auch dessen Bruder widerfahren: »Bobby wird nie Präsident der USA sein«, bemerkte sie mehrmals. Sie pro-

phezeite sowohl Präsident Johnsons Unterleibsoperation als auch seinen Verzicht auf eine nochmalige Kandidatur im Jahre 1968. Als nächsten Präsidenten sah sie einen Republikaner aus Kalifornien ins Weiße Haus ziehen und erklärte auch, Adlai Stevenson werde auf einer Auslandsreise sterben.
Helen Stalls gehört zu jenen seltenen Menschen, die die unfaßbare Gabe der Zukunftsschau besitzen. So Außergewöhnliches sie auch zu leisten vermögen – sie sind alles andere als unfehlbar: Auch die besten unter ihnen irren zuweilen. Oder aber es gibt Zeiten, Tage oder Stunden, da sie ihr Sechster Sinn völlig verlassen zu haben scheint. Oft aber auch – und das ist ebenfalls typisch – eine Vision, eine Prophezeiung ist so verschwommen oder ungenau in den Angaben, daß sie mehrfach gedeutet werden kann. Das wiederum hängt, wie man annimmt, mit der Schwierigkeit zusammen, Psi-Signale in uns verständliche Botschaften zu transponieren.
So wertvoll glaubhaft bezeugte spontane Fälle eingetroffener Präkognition auch sind – der Wissenschaft ist mehr gedient, wenn sie diese Phänomene experimentell überprüfen und erforschen kann. So allein winkt die Chance, eines Tages vielleicht den geheimnisvollen und noch völlig ungeklärten Prozessen und Wechselwirkungen zwischen Psyche und Bewußtsein auf die Spur kommen zu können, die sich dabei abspielen. Die große Schwierigkeit, Sensitive in besonderen Versuchen zu testen, liegt jedoch darin, daß sich jene Psi-Leistungen nur selten »kommandieren« lassen.
Um so mehr ist es im Interesse der Forschung zu begrüßen, daß dennoch – und zwar in jüngster Zeit – Parapsychologen in Westeuropa wiederholt Gelegenheit hatten, verblüffende und in hohem Maße überzeugende »Prophetie-Experimente« durchführen zu können. Dies hatten sie der Tatsache zu verdanken, daß sich glücklicherweise Sensitive fanden, die nicht nur über jene seltene Begabung verfügten, »in die Zukunft schauen« zu können, sondern auch bereit waren, sich den strengen Bedingungen für wissenschaftliche Versuche zu unterwerfen.
Zu ihnen zählt der Holländer Gerard Croiset. Der von Professor W. H. C. Tenhaeff entdeckte »Paragnost« erregte in wissenschaftlichen Kreisen internationales Aufsehen vor allem durch die sensationellen sogenannten »Platz-Experimente«, wie sie schon Dr. Osty mit Forthuny exerziert hatte.
Es geht dabei um eine Aufgabe, die zu lösen unwahrscheinlich anmutet: Im voraus sollen Angaben über eine noch völlig unbekannte Person gemacht werden, die bei einer zukünftigen Veranstaltung in einem Vortragssaal auf einem ihr durch das Los bestimmten Stuhl sitzen wird. Unter strengsten Kontrollen, die jeden Trick und jedes Täuschungsmanöver eliminierten, führte Professor Tenhaeff im Laufe der Jahre an die 200 Versuche durch. Dabei war ein Erfolg von mehr als 80 Prozent zu verzeichnen. Croisets phänomenale Begabung konnte später auch von Wissenschaftlern in Deutschland, Israel und den USA mehrfach experimentell bestätigt werden.

Das Wahrsagen aus der Leber eines geopferten Tieres, zumeist eines Schafes, oblag bei den Etruskern einem priesterlichen Beschauer, dem Haruspex. Die Leberschau entstammt dem Alten Orient. Etruskischer Bronzespiegel mit dem Seher Kalchas, der u. a. geweissagt haben soll, daß der Trojanische Krieg zehn Jahre dauern werde.

Die Versuche spielten sich – von kleinen Variationen abgesehen – fast immer nach dem gleichen Schema ab wie jener, der am 6. Januar 1957 begann. An diesem Tage legte Professor Tenhaeff im Parapsychologischen Institut zu Utrecht in Gegenwart mehrerer Mitarbeiter Gerard Croiset den Plan eines Versammlungsraumes vor, auf dem 30 Plätze eingezeichnet und mit Nummern versehen waren. Ohne langes Zögern tippte der Sensitive mit einem Finger auf das Quadrat, das die Nummer 9 trug. Zugleich begann er, intuitiv die »Zielperson« zu schildern, jenen Menschen also, der seiner Vorausschau nach an dem vorgesehenen Tage – man hatte den 1. Februar 1957 bestimmt – auf diesem Stuhl sitzen würde.
Ein Tonband lief, und Croiset sprach seine Eindrücke spontan, wie sie ihm kamen, ins Mikrofon. Er erklärte zunächst, es werde sich um eine weibliche Person handeln. Danach gab er nähere Beschreibungen. Die Stuhlinhaberin, sagte er präzisierend voraus, werde eine »kleine, frauliche und aktive Dame mittleren Alters« sein. Sie habe für Kinder großes Interesse. Sodann kam etwas Merkwürdiges: Er sehe einen Vorfall, der sich ungefähr in den Jahren 1928 bis 1930 in Scheveningen unweit des dortigen Kurhauses und des Zirkus zugetragen habe: Ein Herr, etwa fünfundvierzigjährig, habe einen Disput mit einer Dame. Beide werfen einander vor, mit anderen Partnern intime Verhältnisse zu haben.
Croiset erklärte ferner: Die Dame auf Platz 9 sei Mutter von drei Söhnen; einer davon lebe in einem England gehörigen Gebiet im Fernen Osten. Die Platzinhaberin habe im übrigen auch mit einer etwa vierundvierzigjährigen Bekannten über sexuelle Probleme gesprochen und dieser den Rat gegeben,

einen Psychiater zu konsultieren. Er sehe, sagte Croiset außerdem, die »Zielperson« habe als erste Oper in ihrem Leben »Falstaff« von Verdi gehört, was bei ihr einen überaus starken Eindruck hinterließ. Zuletzt bemerkte der Sensitive wie beiläufig noch: Die Dame werde am 1. Februar mit ihrer kleinen Tochter einen Zahnarzt aufsuchen.

Das war ein ganzes Sammelsurium höchst merkwürdig klingender Details, die jemand unmöglich von einer ihm wie auch den Experimentatoren noch völlig unbekannten Person wissen konnte. Gespannt erwartete man den Tag des Hauptversuches.

Um jede auch nur denkbare Möglichkeit einer Beeinflussung zu unterbinden, wurde bestimmt, das Experiment in einem Privathaus in Den Haag abzuhalten, das Croiset nie zuvor betreten hatte. 30 Gäste wurden eingeladen. Jeder der Erschienenen zog nach seiner Ankunft selbst ein versiegeltes Los, auf dem die Sitznummer vermerkt war. Croiset wurde von einem Assistenten erst zu dem Haus gebracht, nachdem alle Teilnehmer bereits ihre Plätze eingenommen hatten.

Auf dem Stuhl mit der Nummer 9 hatte sich, wie Professor Tenhaeff überrascht gleich zu Anfang bemerkte, tatsächlich eine Dame »mittleren Alters« – wie sich hernach herausstellte, von 42 Jahren – gesetzt. Das war bereits ein erstaunlicher Treffer. Doch die große Überraschung sollte erst kommen, als Croisets protokollierte Voraussagen verlesen wurden. Die »Zielperson« konnte sie in wesentlichen Punkten tatsächlich bestätigen und machte nur geringfügige Ergänzungen.

Sie war in der Tat äußerst kinderlieb, und es sei schon ihr Jugendwunsch gewesen, »hundert Kinder zu haben«. Ein Sohn, ihr ältester, war im Dienst der englischen Armee nach Singapur versetzt worden. Auch die Szene in Scheveningen hatte sich abgespielt. Es war eine Auseinandersetzung zwischen den Eltern der Dame, die beide außereheliche Beziehungen hatten und sich aus diesem Grund dann eines Tages auch scheiden ließen. Über sexuelle Probleme hatte die »Zielperson«, wie sie zugab, ebenfalls eine Aussprache gehabt, allerdings nicht mit einer, sondern mit zwei ihr bekannten Frauen.

Auch die rückblickende Aussage über die Oper »Falstaff« stimmte ebenso wie die allerletzte »Prophezeiung«: Die Dame bestätigte, sie sei nur wenige Stunden vor dem Experiment mit ihrem Töchterchen zu einer zahnärztlichen Behandlung gegangen!

»Croisets Voraussagen waren Volltreffer«, konnte Professor Tenhaeff zu Recht in seinem Buch »De Voorschouw – Die Vorschau« erklären. Sein Paradepferd hatte in der Tat eine verblüffende Probe seiner abnormalen Fähigkeiten abgelegt.

Zu nicht weniger erstaunlichen Resultaten kam es bei qualitativen Tests, die Professor Hans Bender in Deutschland wiederholt mit dem holländischen Sensitiven durchführen konnte. Auch hierbei erwiesen sich die voraus-

schauenden Beschreibungen noch unbekannter Personen in nicht wenigen Fällen als überraschend konkret, so diejenigen, die – als Beispiel für viele andere – der Holländer im Sommer 1953 auf einer Vortragsreise durch die Pfalz zu Protokoll gab.
Kurz nach der Mittagszeit macht Croiset in Gegenwart von Professor Bender in dem Ort Neustadt an der Weinstraße eine Voraussage. Sie betrifft eine Frau, die auf einer am Abend in Pirmasens angesetzten Veranstaltung der dortigen Volkshochschule auf dem Stuhl mit der Nummer 73 Platz nehmen wird. Croiset erklärt unter anderem, es werde sich um eine Person »in weißer Bluse, von ungefähr 30 Jahren« handeln. »Sie kommt in ein rotes Gebäude mit hohen Stufen und hohen Säulenträgern. Vor kurzem hat sie etwas über Oberschlesien gelesen.« Ein Mann, der mit ihr in Verbindung stehe, habe einen Plan, der nicht in Erfüllung gehe. Croiset bemerkt, auch ein grünfarbiges Zigarettenetui zu sehen.
Der Sensitive äußert den Wunsch, an jenem Abend noch zusätzlich ein weiteres Experiment anzustellen – einen »Greifversuch«. Von den Anwesenden im Saal sollen in seiner Abwesenheit irgendwelche Dinge erbeten und – für ihn unsichtbar – irgendwo zusammen hingelegt werden. Die Aufgabe, die er damit lösen will, sieht so aus: Die Platzinhaberin auf Nr. 73 – so versichert er – wird, dazu aufgefordert, von den Sachen eine auswählen, über dessen Besitzer er jetzt bereits etwas aussagen möchte. »Wohnt in einem Haus, das auf einer Anhöhe steht«, erklärt Croiset. »Hat man im Haus über Kurzwellenbestrahlung gesprochen? Jemand hatte Schmerzen in der Lendengegend. Waren die früheren Bewohner streng orthodox?« Und weiter: Auf einem Klavier sei eine Beethovensonate nicht zu Ende gespielt worden, weil es so unschön geklungen habe. Unweit des Hauses führe ein Landweg in die Höhe.
Abends strömen 250 Menschen in den Saal, dessen Plätze nicht numeriert sind. Man hat des Andranges wegen Stühle hinzugestellt, die auf der zuvor angefertigten Zeichnung nicht vorhanden waren. Eine Durchzählung ergibt, daß genau zwei Plätze neben dem 73. Stuhl eine Frau sitzt, auf die Croisets »Prophezeiung« zutrifft: eine zweiunddreißigjährige Apothekerin in weißer Bluse. Das beschriebene rote Gebäude hatte sie zwei Tage zuvor betreten – es ist die Friedhofskapelle in Pirmasens. Ein verheirateter Bekannter, mit dem sie einst befreundet war, hatte ihr am Tage zuvor angetragen, ihre früheren Beziehungen wiederaufzunehmen, was von ihr zurückgewiesen wurde. Von ihm hatte sie einmal eine grüne Zigarettendose geschenkt bekommen. Während alles atemlos lauscht, bestätigt die »Zielperson« noch weitere Voraussagen: so, daß sie gerade Besuch aus dem früheren Oberschlesien bei sich habe und aus diesem Anlaß das Buch »Schlesien – Biographie der Landschaft« von Will-Erich Peuckert gekauft hat.
Unter höchster Spannung kommt es dann zum »Greifexperiment«. Die Apo-

thekerin geht zu den in einem Nebenraum liegenden, zuvor eingesammelten Sachen und nimmt sich etwas heraus: Er handelt sich um ein rotes Brillenfutteral. Sie zeigt es den Anwesenden; die Eigentümerin meldet sich. Was stellt sich heraus?
Die Betreffende lebt auf einem Hügel in einem Haus, in dessen Nähe ein Weg weiter aufwärts führt. Da deren Mutter nierenkrank ist, wurde eine Behandlung mit Kurzwellen erwogen. Mitbewohner gehören dem orthodoxen Glauben an. Sie selbst wollte einer Cousine die erwähnte Sonate vorspielen, gab es indes auf, da das Instrument verstimmt war.
Wie sieht die Parapsychologie das Zustandekommen solcher Phänomene? Professor Bender ist der Ansicht, daß verschiedene Para-Fähigkeiten zusammenwirken – Präkognition und Telepathie. Durch Vorausschau erhält der Sensitive unbewußt Kenntnis davon, welche Personen sich auf die durch reinen Zufall bestimmten Plätze setzen werden. Nachdem er dies weiß, kann er das Unterbewußtsein jener Menschen auf telepathischem Wege »anzapfen«. Das größte, unerklärbare Rätsel bleibt dabei die Frage, wie eine solche »Präkognition« überhaupt zustande kommen mag.
Da der Raum bei Psi-Phänomenen keinerlei Rolle spielt, gelangen kontrollierte Experimente auch über sehr große Entfernungen. 1969 fand ein Platz-Experiment mit einem auf diesem Gebiet ebenfalls abnormal begabten Sensitiven, dem Deutschen Artur Orlop, zwischen Mannheim und Jerusalem statt.
»Drei Wochen vor dem Experimentalabend«, vermerkt Dr. Heinz C. Berendt aus Israel, der den Versuch inszenierte, »erhielt Orlop einen Plan des Sitzungsraumes, auf dem 16 Plätze numeriert waren. Er sollte für eine Person, die auf einem der 16 Stühle sitzen würde, nach freier Wahl eine Aussage machen. Diese traf einen Tag vor dem Experiment in Jerusalem ein. Sie bezog sich auf eine Dame, die auf Platz 14 sitzen werde ... Ein Teil der Aussagen war unzutreffend. Eine ganze Reihe der Aussagen aber war so spezifisch richtig und so wenig ›zufällig‹, daß das Experiment zumindest als ein teilweiser Erfolg gebucht werden muß.«
Folgende detaillierte Fakten der Voraussagen stimmten genau: Die Betreffende war in der »Altersgruppe 40 bis 50«, ihre Haare »dunkelbraun«, »ihre Größe über 170 Zentimeter«. Sie besaß auch eine »klassisch gerade Nase«. Als Schauspielerin beschäftigte sie sich beruflich tatsächlich mit der »Unterhaltung von Menschen in deren Freizeit«. Um Fast-Treffer handelte es sich bei einer schmerzhaften Beinverletzung »vor einem halben Jahr«, nur daß sie sich diese nicht, wie Orlop sagte, am Knie, sondern am Knöchel zuzog. Mehrere Angaben über ihre Wohnung trafen auf die danebenliegende zu, die jedoch ursprünglich dazugehört hatte und erst später durch eine Wand abgetrennt worden war.
Ein großes Echo fand auch ein erfolgreiches »transatlantisches« Experiment,

das 1968 Dr. Jule Eisenbud von der amerikanischen Colorado-Universität – der Forscher, der Ted Serios jahrelang prüfte – unternahm. Dabei »prophezeite« Gerard Croiset in der holländischen Stadt Utrecht, welche Person bei einer später stattfindenden Veranstaltung in Denver, USA, auf einem durch das Los zu bestimmenden Stuhl Platz nehmen werde.

Ewig unruhig-rastloser, forschender Geist, der sich offenbar nie zufriedengeben mag!

Auch jene äußerst erstaunlichen Ergebnisse der »Platz-Experimente«, die die Existenz menschlicher Voraussagefähigkeit wissenschaftlich zu erweisen vermochten, schienen noch nicht zu genügen. Weitere bohrende Fragen wurden gestellt: Wie weit geht diese Gabe der »Prophetie«? Und wo sind ihre Grenzen? Ist sie auf die Vorgänge der von uns sicht- und beobachtbaren Umwelt, ist sie auf menschliches Verhalten beschränkt – oder vermag sie auch Aussagen über den Bereich jener tiefen und tiefsten Schichten weit jenseits der grobphysischen Welt, jenseits der Materie zu machen, die sich unserer Vorstellung entziehen und allenfalls noch mathematisch-statistisch berechenbar sind?

Gemeint sind die Prozesse im subatomaren Bereich.

So kühn der Gedanke erscheinen mag – er wurde in die Tat umgesetzt. Der Mensch schuf sich die Möglichkeit, die Gültigkeit der Präkognition auch jenseits der bekannten Materie zu testen.

Der Pionier dieser ultramodernen und zugleich unheimlichen Forschung leitete, als Nachfolger Dr. Rhines, das »Parapsychologische Laboratorium« in Durham. Es ist der Physiker Helmut Schmidt, der zuvor in den Forschungslaboratorien der amerikanischen Boeing-Werke tätig war. Was er konstruierte, ist eine vollelektronische Präkognitionsmaschine, die ein Geiger-Müller-Zählrohr enthält. Dieses Gerät, eine Art »subatomarer Detektiv«, dient bekanntlich zum Nachweis der Zerfallsprozesse bei radioaktiven Substanzen.

Tatsache ist: Selbst für die moderne Kernphysik und die Quantentheorie ist es völlig unmöglich, vorherzubestimmen, in welcher Abfolge zeitlich dieser radioaktive Prozeß verläuft. Dies scheint völlig unberechenbar – sozusagen zufällig – zu geschehen. Die Schmidt-Maschine weist vier Lampen auf, die abwechselnd aufleuchten, sobald dieser oder jener subatomare Zerfallsvorgang eintritt.

Was beabsichtigt war, erschien mehr ins Gebiet der Science-fiction zu gehören als in den Bereich nüchtern forschender Wissenschaft: Die Testpersonen sollten sich nämlich bemühen, zu erraten, welche jener vier Lampen als nächste aufflammen werde.

Zwei Reihen von Experimenten – die erste umfaßte 63 066, die zweite 22 000 Einzelversuche – wurden probeweise durchgeführt. Das Ergebnis? Die Trefferzahl war – gemessen an der Zufallswahrscheinlichkeit – mit 1 zu 500 000 000 beziehungsweise 1 zu 10 000 000 000 wahrhaft astronomisch hoch! Das bedeutet etwas kaum Faßbares: Der Mensch ist auch fähig, den Verlauf von subatomaren Vorgängen vorauszusagen, die allein schon von der Theorie her kein einziger Physiker zu berechnen vermag! Das ist – mit anderen Worten – Prophetie in einer unsichtbaren Welt, weit jenseits der Barriere des Grobmateriellen!

XXVIII. Hypnotische Befehle aus der Ferne

An einem Abend – es ist im Jahr 1915 – sitzt Albert Einstein mit dem ihm befreundeten Sigmund Freud in seiner Bibliothek. Der große Physiker hat noch einen zweiten Gast gebeten, der seinem Beruf nach eigentlich nicht recht in den Kreis zweier solcher Koryphäen des Geistes zu passen scheint. Es ist Wolf Messing aus Polen, ein Mann, der öffentlich auftritt und das Publikum mit Demonstrationen von Gedankenlesen und Hellsehen verblüfft. Damals noch in seinen Anfängen und wenig bekannt, wurde er später ein berühmtes und international bestauntes Medium.

Freud, an parapsychologischen Problemen ohnehin höchst interessiert, entschloß sich kurzerhand, die Probe aufs Exempel zu machen. Er schlug vor, dem Sensitiven telepathisch, von Hirn zu Hirn also, einen Auftrag zu erteilen, den dieser dann ausführen sollte. Messing war einverstanden. Freud konzentrierte sich und gab ihm gedanklich einen Befehl.

Gleich darauf erhob sich der Hellseher, und es geschah etwas sehr Merkwürdiges: Er ging in das Badezimmer seines Gastgebers, kehrte mit einer Pinzette zurück und zupfte Einstein drei Haare aus dem Bart. Freud beeilte sich, dem etwas verdutzt dreinblickenden Freund zu erklären – genau das zu tun habe er telepathisch befohlen.

Der Test, den Freud anstellte, war alles andere als neu. Bereits ein Dritteljahrhundert zuvor hatten die ersten Experimente, auf mentalem Wege andere Personen zu beeinflussen, stattgefunden und zu kaum für möglich gehaltenen Erfolgen geführt. Einer der Pioniere auf diesem unheimlichen Gebiet war ein namhafter französischer Neurologe, Pierre Janet.

Dem Forscher gelang etwas geradezu ungeheuerlich Anmutendes: Er setzte – durch lediglich gedachte Befehle – eine Versuchsperson in hypnotischen Schlaf und konnte sie auf gleiche Weise ganz nach Belieben wieder ins normale Bewußtsein zurückrufen. Dabei gab er der Eingeschläferten auch Aufträge, die erst nach Beendigung der Hypnose ausgeführt werden sollten. Als er Léonie B., einer fünfzigjährigen Bäuerin, mit der er viele Versuche unternahm, beispielsweise befahl, beim Aufwachen ihre Schürze aufzubinden, tat diese das prompt.

Die Tests funktionierten, wie Janet erproben konnte, bis zu einer Distanz von zwei Kilometern. Die Berichte darüber, 1885 in einem Bulletin in Paris veröffentlicht, hatten ein enormes Echo. Im Jahr darauf sollte es als Folge davon zu einem Experiment kommen, das so einzigartig und frappierend erschien, daß es Eingang in die Annalen der internationalen Para-Wissenschaft fand.

In Le Havre hatten sich in Janets Haus eingefunden: Dr. M. Gibert, Janets Mitarbeiter, ferner Frederic W. H. Myers, das bekannte Mitglied der englischen S.P.R., Dr. Julius Ochorowicz aus Warschau sowie drei weitere Gelehrte. Die Forscher wollten sich davon überzeugen, ob es tatsächlich möglich sei, einem Menschen auf telepathischem Wege hypnotisch Fernbefehle zu erteilen, die dann auch tatsächlich befolgt werden. Janet überließ seinem erprobten Mitarbeiter die Demonstration.

Man vereinbarte eine Zeit für den Beginn des Experiments und verglich die Uhren. Dann zog sich Dr. Gibert auf sein Arbeitszimmer zurück. Die Gäste wanderten, geführt von Janet, querfeldein, machten nach etwa einem Kilometer in der Nähe eines Gartenhäuschens halt und versteckten sich ringsum im Gebüsch. In dem Pavillon, der zu dem Anwesen einer Schwester von Janet gehörte, wohnte zu jener Zeit Léonie, die Versuchsperson. Man wartete gespannt – dann öffnete sich, kurz nach der verabredeten Zeit, die Tür, und die Bäuerin Léonie erschien. Der polnische Forscher, der sich ganz in ihrer Nähe befand, sah deutlich, daß ihre Augen geschlossen waren.

Mitten im Gehen hielt Léonie jedoch mit einem Male inne. Sie schien unschlüssig zu sein, machte nach einigen Augenblicken plötzlich kehrt und verschwand wieder hinter der Tür. Dr. Gibert hatte sich, wie nachher herausgefunden wurde – wohl in Anbetracht der illustren Zeugen –, so angestrengt konzentriert, daß ihm für einen Augenblick das Bewußtsein geschwunden war. Doch gleich darauf tauchte Léonie erneut auf und strebte eilenden Schrittes, die Augen geschlossen und doch ohne mit einem Passanten oder einer Laterne zusammenzustoßen, auf das Haus zu, aus dem die Befehle kamen. Als sie es erreicht hatte, lief sie wie verstört von Zimmer zu Zimmer, bis Gibert sie an die Hand nahm. Dann erst schien sie ihn zu erkennen und – noch immer in Hypnose – hocherfreut zu sein.

So sensationell und aufschlußreich Janets wegweisende Experimente auch waren – sie wurden nicht weiter verfolgt. Daß die von ihm entdeckte »Mentalsuggestion« jedoch, wie es zunächst schien, keinesfalls völlig in Vergessenheit geraten war, sondern daß man im Gegenteil, wenn auch in einem ganz anderen Lande, jahrelang auf diesem Gebiet sogar sehr intensiv weiterexperimentiert hatte – ohne daß die Weltöffentlichkeit davon ein Sterbens-

wörtchen erfuhr –, sollte erst etwa ein Dreivierteljahrhundert danach bekannt werden.
Überraschend erschien 1959 – im Staatsverlag der UdSSR – erstmals in Großauflage das Buch »Geheimnisvolle Erscheinungen der menschlichen Psyche« des Leningrader Professors für Physiologie Wassiljew. Es behandelte Suggestion und Hypnose, Schlaf und Traum, psychische Automatismen und anderes. Darüber hinaus aber wagte der Autor es sogar, mit Kapiteln aufzuwarten, deren Titel so lauten: »Gibt es ein Gehirn-Radio?«, »Ist eine Übertragung von Muskelkraft auf Entfernung möglich?« und ... »Was läßt sich zur ›Außersinnlichen Wahrnehmung‹ sagen?«
Im freien Westen glaubte man seinen Augen nicht zu trauen. Denn was Wassiljew da plötzlich mit höchster Genehmigung publizieren durfte, behandelte ein Gebiet, das in der Sowjetunion als Tabu galt. Parapsychologie existierte offiziell im Osten nicht, weil es sie – aufgrund der materialistischen Weltanschauung – nicht geben konnte.
Wie informiert darüber die »Sowjetische Enzyklopädie« noch aus dem Jahre 1956?
»Telepathie ist eine antisozialistische, idealistische Fiktion von übernatürlichen Kräften des Menschen, Erscheinungen wahrzunehmen, die nicht wahrgenommen werden können, wenn man den zeitlichen und räumlichen Abstand in Betracht zieht.«
Und nun dies!
Wassiljew beschreibt nicht nur die ganze Skala rätselhafter Erscheinungen, von der Wünschelrute bis zu Stigmatisierungen Heiliger, er berichtet auch über Präkognition und Psychokinese. Ein zweites Buch von ihm, »Experimentelle Untersuchungen zur Mentalsuggestion«, erhält wenig später ebenfalls die staatliche Druckerlaubnis.
Woher der plötzliche Umschwung? Wassiljew gibt zwischen den Zeilen selbst einen Hinweis. Er habe Ende 1959 und zu Beginn 1960 aus Frankreich zwei Artikel aus populärwissenschaftlichen Zeitschriften erhalten. Darin »wird der sensationelle Versuch von Mentalsuggestion genau beschrieben, der im Sommer 1959 an Bord des amerikanischen Atom-U-Bootes ›Nautilus‹ stattgefunden habe. Dieser Versuch zeigte – und darin besteht seine Hauptbedeutung –, daß die telepathische Information die Masse des Meereswassers und die hemmende metallische Verkleidung des U-Bootes – das heißt diejenigen Stoffe, die die Funk-Kommunikation in hohem Maße erschweren – ohne Verzögerung durchdringen kann. Diese Stoffe nehmen kurze und zum Teil lange Radiowellen völlig auf oder schwächen sie sehr stark ab, während der uns noch unbekannte, die Mentalsuggestion übertragende Faktor sie leicht durchdringt«.
Und nach diesen Bemerkungen läßt Wassiljew die Katze aus dem Sack: »Dieses Ergebnis erhielten die Amerikaner drei Jahrzehnte nach unseren eigenen

Versuchen aus den dreißiger Jahren, wodurch letztere vollauf bestätigt werden.«

Nun, da es vor dem Westen kein Geheimnis mehr zu bewahren gibt, wird der Eiserne Vorhang hier wenigstens gelüftet, und man gibt bekannt, womit sich sowjetische Wissenschaftler bereits vor Jahrzehnten intensiv beschäftigt hatten!

Im Jahre 1932, so erfährt der Leser, erhielt das Bechterew-Hirnforschungsinstitut in Leningrad die Aufgabe, »die experimentelle Erforschung der Telepathie mit dem Ziel in Angriff zu nehmen, nach Möglichkeit ihre physikalische Natur zu erklären. Das Problem war, welche Wellenlänge die elektromagnetischen Wellen hatten, die das ›Hirn-Radio‹ bilden, das heißt wie die Übertragung einer Information von einem Gehirn auf ein anderes vor sich geht«. Wassiljew selbst war die wissenschaftliche Leitung übertragen worden.

Es waren übrigens nicht die ersten Telepathie-Versuche in der UdSSR. Der Gelehrte, dessen Namen das Leningrader Institut trägt, der Neurologe Wladimir M. Bechterew und große Lehrer von Wassiljew, hatte bereits in den zwanziger Jahren auf einem hochinteressanten Spezialgebiet dieser Art von Psi-Phänomenen umfangreiche Forschungen unternommen. Es handelte sich um die telepathische Kommunikation mit Tieren, und zwar mit dem Ziel, deren Verhalten suggestiv zu beeinflussen. Der sowjetrussische Wissenschaftler wurde ein Pionier auf diesem Feld, auf dem später in den fünfziger Jahren auch Dr. Karlis Osis und in neuester Zeit Helmut Schmidt in den USA ebenfalls Versuche anstellten.

Bechterew hatte das Glück, in dem begabten Dompteur Durow und dessen dressierten Tieren ideale »Mitarbeiter« für ausgedehnte Reihen von Experimenten zu finden. Durow hatte zudem, bevor er staatlicher Zirkusartist wurde, Zoologie studiert. Weithin bekannt wurde ein erster Test, der Bechterew dazu veranlaßte, sich mit diesem Spezialgebiet näher zu befassen. Der Gelehrte schrieb einen »Befehl« auf einen Zettel und übergab ihn Durow, der mit einem seiner »Stars«, einem Schäferhund namens Mars, in dessen Labor gekommen war. Der Dompteur las den Inhalt, nahm den Kopf des Hundes zwischen seine Hände und schaute ihn wortlos an. Nach einer kleinen Weile machte sich Mars frei und lief in einen Nebenraum. Dort standen Schreibtische, voll belegt mit Büchern und Schriften. Der Hund zögerte einen Augenblick, dann sprang er auf einen Tisch, schnappte sich ein Telefonbuch und brachte es seinem Herrn. Die wort- und zeichenlose Kommunikation hatte in geradezu verblüffender Weise funktioniert: Bechterews »Befehl« war exakt ausgeführt worden. Die Resultate seiner Untersuchungen veröffentlichte der sowjetische Wissenschaftler später in seiner Arbeit »Versuche über die unmittelbare Einwirkung auf das Verhalten von Tieren«.

Fünfeinhalb Jahre – von 1932 bis 1938 – wurde im Leningrader Hirn-

forschungsinstitut experimentiert, das gewünschte Ziel aber keineswegs erreicht. Allen bekannten physikalischen Gesetzen zum Trotz durchdrangen, wie man immer wieder feststellen mußte, die Psi-Signale »selbst die sorgfältigste metallische Abschirmung«. Für die Para-Phänomene versagte also die elektromagnetische Theorie total!
Dessenungeachtet hatten die sowjetischen Gelehrten in der Praxis – die sich mitnichten um materialistische Hypothesen kümmert – in den zwanziger und dreißiger Jahren aufregende Erkenntnisse gewonnen. In ausgedehnten Versuchsreihen wurde im Prinzip fortgesetzt und vertieft, womit die französischen Forscher Janet und Gibert einst begonnen hatten.
Zu einem der sensationellsten Erfolge kam es bei einem Versuch der Mental-Suggestion auf eine sehr große Entfernung: von Sewastopol nach Leningrad – das sind ungefähr 1700 Kilometer Luftlinie!
Nachdem Tag und Stunde genau festgelegt worden waren, fuhr der »Induktor« – zugleich Sender und Hypnotiseur – Tomaschewski nach Sewastopol.
An einem 15. Juli, so schreibt Wassiljew, »erschien die Versuchsperson, Iwanowa, um ungefähr 10 Uhr abends – diese Zeit war vereinbart – im Dispensarium der Psychotherapeutischen Abteilung des Leningrader Instituts. Um 10.10 Uhr schritt Tomaschewski – er befand sich in diesem Moment allein auf dem Primorskij-Boulevard in Sewastopol – zur Mentalsuggestion.
Um 10.11 Uhr wurde bei der Versuchsperson der hypnotische Zustand konstatiert. Um 10.40 Uhr begann der ›Induktor‹ von Sewastopol aus mit dem mentalen Aufwecken. Und in derselben Minute erwachte Iwanowa wieder aus dem hypnotischen Zustand, wie sich beim Vergleich der Versuchsprotokolle zeigte.«
1960 bekam die Leningrader Universität auf höhere Weisung – trotz des früher gescheiterten Nachweises von elektromagnetischen Wellen – erneut grünes Licht für die Fortsetzung der Forschung. Ein Speziallaboratorium für die Untersuchung telepathischer Erscheinungen wurde eingerichtet.
Was entscheidend an diesem Beschluß mitgewirkt haben mag – nämlich strategische und die Rüstung betreffende Gründe –, spiegelte sich deutlich in den Fragen, mit denen Jahre später vor allem amerikanische Parapsychologen in der UdSSR immer wieder überhäuft wurden. »Sind das Militär oder die NASA im ESP-Programm?«, wollte man von Dr. Montague Ullman wissen. »Benutzen amerikanische Astronauten Psi-Techniken, um Dinge herausfinden zu können, die unten – also auf der Erde – vor sich gehen?« Mit anderen Worten: Wird Hellsehen bei den Raumflügen etwa zu Spionagezwecken eingesetzt? In Fragen wie diesen, die auch anderen Amerikanern von sowjetischen Wissenschaftlern wiederholt gestellt wurden, spiegelt sich unausgesprochen und uneingestanden die Befürchtung, es könne nach dem Wettlauf im Weltraum nun auch zu einem solchen »um den inneren Kosmos« kommen.

Tatsächlich wird – beginnend 1959 – die Para-Forschung in der UdSSR mit allen Mitteln gefördert. Es gibt außer in Leningrad und Moskau bereits Institute an mehreren anderen Universitäten. Auch in den roten Satellitenstaaten, vor allem in der Tschechoslowakei, in Jugoslawien und Bulgarien, sind einschlägige Forschungsstätten errichtet und zahlreiche Experimente im Gange.
Wassiljew fand äußerst geschickt auch das Schlüsselwort, unter dem sich die offiziell plötzlich unternommene Kehrtwendung in der Sowjetunion begründen und rechtfertigen ließ, ohne mit einem materialistischen Dogma in Konflikt zu kommen. Er erklärte nämlich: »Die Entdeckung der Energie, die mit psychischen Vorgängen assoziiert ist, wird so bedeutend, wenn nicht sogar noch um vieles bedeutender sein als die Entdeckung der Atomenergie.« Dem verlockenden Ziel der Erforschung einer neuen gewaltigen Kraftquelle konnte sich die UdSSR natürlich nicht widersetzen. »Bio-plasmische Energie« heißt die Zauberformel, hinter der sich allerlei angeblich neuartige, noch geheimgehaltene Entwicklungen und Entdeckungen verbergen. In der Tschechoslowakei ausgetüftelte sogenannte »psychotronische Generatoren« gehören dazu, Apparate, die in der Lage sein sollen, die von den Sowjets angeblich entdeckte »biologische Energie« zu speichern.
Doch zurück zu den Möglichkeiten, mit Hilfe der Telepathie Menschen gedanklich zu beeinflussen oder ihnen sogar zu befehlen, etwas zu tun. Erstaunliche Erfolge ganz besonderer Art, die mit Recht weltweite Beachtung fanden, konnte nach jahrelangen Versuchen Dr. Milan Rýzl erzielen, ein seit 1967 in den USA lebender tschechischer Biologe. Er brachte es fertig, durch hypnotisches Training bei ganz normalen, keinesfalls besonders begabten Versuchspersonen die Psi-Fähigkeit zu wecken und auszubilden. Sie wurden dadurch in die Lage versetzt, versteckte Gegenstände oder auch Zener-Karten außersinnlich zu erkennen. Ja, sie waren, was noch weit unfaßbarer scheint, sogar imstande, räumlich entfernte Szenen »fernzusehen« und zu beschreiben, ohne das Labor auch nur zu verlassen.
Eines solcher höchst erstaunlichen Experimente unternahm Dr. Rýzl am 10. Dezember 1961 mit Ctibor S. als Versuchsperson. Dieser sollte – in Hypnose versetzt – hellseherisch seine Eindrücke in einem ungefähr einen Kilometer entfernten Raum schildern, den er nie zuvor zu Gesicht bekommen hatte. Es war die Urnengruft im Kellergewölbe einer Kirche, in dem sich, wie auf Friedhöfen, Blumen und Kerzen befanden. Die Mauern, aus massiven Blöcken gefügt, konnten, flüchtig betrachtet, den Eindruck von Regalen einer Bücherei machen. In den Wänden selbst gab es Nischen für zahlreiche Urnen.
Zwischen Dr. Rýzl und Ctibor S., der neben ihm saß – nachstehend kurz Vl und Vp genannt –, entspann sich, wohlweislich im Labor, das folgende, auf Tonband genommene Gespräch:

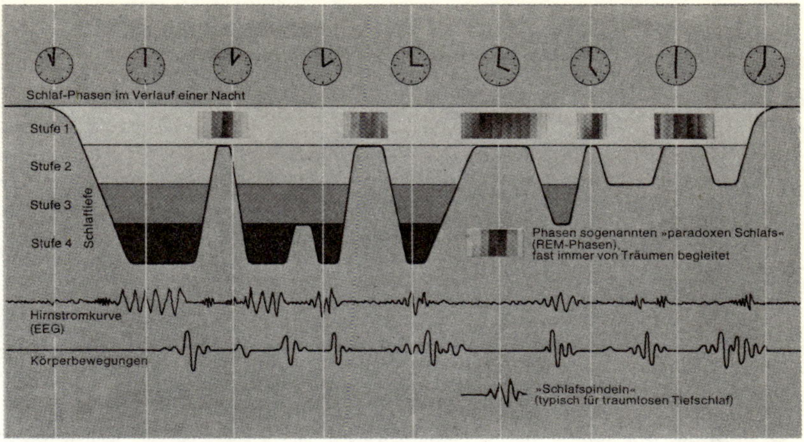

Wenn wir träumen: Lebhafte Augenbewegungen (engl. »Rapid Eye Movements«, abgekürzt REM) des Schlafenden, meist fünfmal in einer Nacht, sind gekoppelt mit Hirn-Aktionsströmen einer Frequenz von 10 bis 12 Hertz (sogenannte Alpha-Wellen). In dieser REM-Phase träumt der Schlafende; weckt man ihn auf, kann er genau angeben, was er geträumt hat – eine Methode, mit der sich prüfen läßt, ob man Träume telepathisch beeinflussen kann.

Vl: »Treten Sie in die Tür ein, die ich Ihnen beschrieben habe. Sie werden sich dort in einem Raum befinden, und beschreiben Sie mir, was Sie dort erblicken.«
Vp: »Der Raum ist ziemlich klein, es sieht so aus, als hätte er keine direkte Beleuchtung. An den Wänden befinden sich Regale, als ob Bücher dort oder ähnliches . . . Bücher sind dort, und zwar viele Bücher.«
Vl: »Sehen Sie deutlich, daß es Bücher sind?«
Vp: »In einer Art von Fächern, in die man Bücher stellt . . . Ob es Bücher sind, das weiß ich nicht genau, es ist nicht hell genug dort. Wahrscheinlich sind es Bücher.«
Vl: »Nun schalten Sie einmal von neuem Ihre Gedanken ab und warten Sie, bis Ihnen weitere Einzelheiten erscheinen. Sehen Sie sich ruhig in dem Raum um, orientieren Sie sich nach den verschiedenen Einzelheiten und kommen Sie so der richtigen Wahrnehmung näher.«
Vp: »Es ist, als ob selbständige Fächer dort wären . . . Einfach so ein großer Block und darin selbständige Unterabteilungen . . . Ich habe das Gefühl wie auf einem Friedhof.«
Vl: »Was bedeuten alle die, wie Sie sagen, einzelnen, selbständigen Unterabteilungen? Was mag das sein?«
Vp: »Es ist ein eigenartiges Gefühl, alle sind gleich und dabei doch alle ver-

schieden. Ich kann es nicht sagen ... Es sieht aus wie ein Friedhof, aber das ist doch nicht möglich.«
Vl: »Und was erweckt in Ihnen den Eindruck eines Friedhofes?«
Vp: »Ich habe ein so merkwürdiges Gefühl, beengend, wie auf einem Friedhof. Als ob ich Kerzen riechen würde. Es ist etwas um mich, ich kann nicht sagen was, etwas, das man normalerweise nicht sieht.«
Vl: »Sagen Sie mir doch Näheres von den abgeteilten Fächern, die es, wie Sie sagten, dort gibt.«
Vp: »Ja, es sieht so aus, als ob jedes seinen eigenen Namen hätte, es ist so merkwürdig. Ich habe noch niemals so etwas Ähnliches gesehen ... Eigentlich ja, ich habe es schon gesehen, es sind Krypten oder so etwas Ähnliches. Es sieht so aus, als ob die Asche toter Menschen dort aufbewahrt würde.«

Seit eh und je verlassen Menschen Nacht für Nacht das bewußte Leben, sinken in Schlaf und haben das Erlebnis des Traumes. In jenem Zustand kommt es, wie immer wieder beobachtet werden konnte, nicht selten zu überraschenden außersinnlichen Wahrnehmungen. Mehr noch: Annähernd die Hälfte aller spontanen Phänomene ereignet sich, so haben internationale statistische Untersuchungen ergeben, während des Träumens. Kein Wunder, daß die Parapsychologen sich nichts sehnlicher wünschten, als forschend in jenen so geheimnisvollen, gleichsam hermetisch verschlossenen Bereich vorstoßen zu können. Doch das schien pure Illusion und jeder Zugang versperrt. Wußte man doch bis in allerjüngster Vergangenheit noch nicht einmal, ob und wann ein Schlafender träumt.
Doch völlig unerwartet sollte sich ein Tor auftun, das schlagartig früher für undenkbar gehaltene Chancen eröffnete. Der Umbruch kam dank erregender Entdeckungen der Amerikaner N. Kleitman und W. Dement, der Begründer der modernen neurophysiologischen Schlaf- und Traumforschung. Was sie herausfanden, waren die Signale, die untrüglich erkennen lassen, wann im Schlaf ein Traum stattfindet: Die Hirn-Aktionsströme zeigen – im Elektroenzephalogramm deutlich sichtbar – eine ganz bestimmte Frequenz an, während die Augen zugleich schnelle Bewegungen ausführen. Weckt man den Schlafenden sofort nach einer solchen »REM-Phase« – so genannt nach der Abkürzung für »Rapid Eye Movements« –, so ist er in der Lage, das Traumerlebnis »taufrisch« und fast lückenlos zu erzählen. Solche Augenbewegungen treten allnächtlich vier- bis sechsmal auf, und zwar für eine Dauer von jeweils 20 bis 25 Minuten. Die altbekannte Vorstellung, ein Traum laufe in Sekundenschnelle ab, stimmt also nicht.
Dank dieser neuen Erkenntnis konnten inzwischen auf einem zuvor unbetretbaren Niemandsland höchst bedeutsame Forschungen angestellt werden. Erstmals war der Mensch zu etwas früher völlig Undenkbarem in der Lage: im Reich der Träume zu experimentieren!

Der Ort, an dem es zu diesen kühnen Pioniervorstößen kam, wurde schnell in aller Welt berühmt: Es ist das Maimonides-Hospital, gelegen in Brooklyn, einem Stadtteil New Yorks. In einer »Dream Experiment Unit« genannten Abteilung gelang es Professor Montague Ullman und Dr. Stanley Krippner mit Sol Feldstein als Mitarbeiter, Träume telepathisch zu beeinflussen!

Die Versuche – sie begannen 1964 – verlaufen etwa so: Ein »Sender« – getrennt in einem anderen Raum sitzend – bemüht sich, sobald ihm durch ein Lichtsignal der Beginn eines Traumes angezeigt wird, dem Schlafenden »gedanklich« ein Bild zu vermitteln. Zumeist benutzt man emotional betonte Fotos oder Reproduktionen bekannter Kunstwerke.

In einem Fall handelte es sich um das Gemälde »Das letzte Abendmahl« von Salvador Dali, das in der National-Galerie Washington hängt. Es zeigt Christus mit erhobener Hand und die Jünger innerhalb eines vielflächigen Gebäudes, dessen weit offene Fenster den Blick auf eine Meeresstimmung mit Fischerbooten freigeben.

»Da war eine Szene mit einem Meer«, sprach der geweckte Träumer auf Tonband. »Es hatte eine merkwürdige Schönheit und Struktur.« Nach einer zweiten Traumphase fuhr er fort: »... Irgendwie kommen mir Boote in den Sinn. Fischerboote ... Es ist ein großes Gemälde ... Etwa ein Dutzend Männer, die ein Fischerboot gerade nach der Rückkehr vom Fang an Land ziehen ...« Nachträglich, nochmals befragt, erklärte der Träumer: »Der Traum vom Fischer läßt mich ans Mittelmeergebiet denken. Vielleicht sogar irgendwie an biblische Zeiten. Gerade jetzt gehen meine Assoziationen zu Fisch und Brot oder selbst zur Speisung der vielen ... Außerdem denke ich an Weihnachten ...«

Was man im »Traum-Labor« beweisen konnte, war dies: Träume lassen sich tatsächlich telepathisch beeinflussen. Nur wenige Versuchspersonen indes erzielten besondere Erfolge. Zuweilen wurden auch ganz andere, keinesfalls für das Experiment berechnete Gedanken oder Empfindungen des »Senders« spontan übertragen und geträumt. Als Prof. Ullman einmal heftige Magenschmerzen hatte und daran dachte, daß er sich operieren lassen müsse, träumte die Versuchsperson prompt von einer Magenoperation! Ähnliches geschah, als Dr. Feldstein während einer Nachtwache in einem »Life«-Magazin Bilder mit »Oben-ohne«-Badeanzügen angeschaut hatte. Der Schläfer berichtete nachher, er habe unbekleidete weibliche Statuen aus der Antike gesehen.

Noch liegt ein weiter Weg vor den Forschern. Doch sie sind zuversichtlich und bereits voller neuer Pläne. »Wir sind dabei«, erklärte Professor Ullman, »auch den Einfluß anderer veränderter Bewußtseinszustände aufzuspüren. Dazu gehört die Erforschung hypnotischer Träume. Versuche haben gezeigt, daß sich dabei statistisch bedeutsame außersinnliche Wahrnehmungen nachweisen lassen.«

XXIX. Was begabte Sensitive leisten

In Blankenberge, einem belgischen Seebad, herrscht große Aufregung. Ein kleiner Junge, der am Strand gespielt hat, ist spurlos verschwunden. Rettungsboote fahren aus, Taucher werden eingesetzt. Alles Suchen bleibt umsonst. Da kommt jemand auf den Gedanken, einen Mann aus Antwerpen herbeizurufen, von dem es heißt, daß er hellsehen kann. Sein Name ist Peter Hurkos. Mit unverhohlener Skepsis begegnen ihm, als er eintrifft, die zuständigen Beamten ebenso wie die Männer vom Seenotdienst.

Hurkos ignoriert das und bittet die Eltern, ihm ein Foto und ein Spielzeug ihres Sohnes zu geben. Er konzentriert sich auf beides für eine Weile, dann zeigt er auf eine Stelle im Meer und erklärt – dort liege das Kind. Die Umstehenden schütteln ungläubig den Kopf. Gerade dort sei alles gründlich abgesucht worden. Doch Hurkos scheint seiner Sache völlig sicher zu sein. Er selbst taucht, obwohl das Meer ziemlich bewegt ist, am bezeichneten Ort. Nur kurz bleibt er verschwunden – er hat es abgelehnt, eine Taucherausrüstung anzulegen –, dann erscheint er wieder und hält einen Handschuh hoch. Gleich darauf holt er einen Gummistiefel aus der Tiefe. Als er ein drittes Mal wieder hochkommt, hält er den Leichnam des vermißten Jungen in den Armen.

Im Sommer 1951 faßt ein höherer Beamter von Scotland Yard, der für ihre hervorragende Detektivarbeit weltberühmt gewordenen Londoner Polizeibehörde, einen Beschluß, der ihm alles andere als leicht fällt. Er beauftragt zwei seiner Mitarbeiter, nach Antwerpen zu fliegen, um Peter Hurkos zu bitten, in die Themsestadt zu kommen. Man wolle ihn zu Rate ziehen.

Es ist etwas vorgefallen, das seit einiger Zeit bereits die englische Öffentlichkeit aufs äußerste erregt hat. Ein unglaubliches Bubenstück war entdeckt worden: Aus der Westminster-Abbey war der schottische Krönungsstein – ein zentnerschwerer Koloß – verschwunden. Dieser Steinblock trägt traditionsgemäß den Thron, auf dem die Könige von England und Schottland während der Krönungszeremonien Platz zu nehmen pflegen. Trotz fieberhafter Arbeit waren alle Bemühungen von Scotland Yard fruchtlos verlaufen. Es war weder gelungen, den Stein ausfindig zu machen, noch den Tätern auf die Spur zu kommen.

Hurkos, der in den Zeitungen bereits von dem sensationellen Fall gelesen hatte, sagt zu. In London angekommen, läßt er sich tags darauf in die Westminster-Abbey führen. Am Tatort schließt er die Augen und nennt einige Augenblicke später Straße und Hausnummer in einer ziemlich obskuren Gegend der Stadt. Dort findet sich eine Metallwarenhandlung. Was Hurkos behauptet, stimmt: In dem Geschäft haben zwei Unbekannte kurz vor der Tat Werkzeuge erstanden. Nähere Angaben kann der Inhaber nicht machen.

Der Sensitive begibt sich erneut in die Kirche. Wiederum steht er am leeren Platz des verschwundenen Steins und nimmt alle Kraft zusammen. Dann nennt er den Beamten, die in der Nähe warten, erst zwei Namen, danach noch zwei Adressen.
Der leitende Inspektor setzt – wenn auch skeptisch – eine überraschende Fahndung an. Das Resultat? Schlagzeilen der Zeitungen melden es: Der Krönungsstein wieder aufgefunden und an seinen traditionellen Platz gebracht! Vier Täter verhaftet und geständig.
Hurkos, der »Mann mit dem Radar-Gehirn«, hatte nach dem Zweiten Weltkrieg in seiner Heimat bei der Auffindung von Vermißten oder Toten und bei der Aufklärung von Verbrechen wiederholt einen geradezu phänomenalen Spürsinn bewiesen. Später gelangen ihm auch in England und in den USA ebenso sensationelle Erfolge. Doch so oft er auch bei der Aufklärung von Verbrechen tätig war, er nahm für diese Dienste nie eine Bezahlung an.
Er hatte, wie es scheint, seine außergewöhnlichen Fähigkeiten einem Unfall zu verdanken. Als Anstreicher war er eines Tages schwer gestürzt. Nach seiner Genesung entdeckte er zu seiner eigenen großen Überraschung, daß er plötzlich den »Sechsten Sinn« besaß.
So stolz er auf seine Begabung und vor allem auf die Hilfe ist, die er der Polizei so oft zu leisten vermochte – die Bitte, sich testen zu lassen, hat er stets ausgeschlagen. Dr. J. B. Rhine lud ihn vergeblich zu Experimenten nach Durham ein. Hurkos soll, wie verlautet, befürchtet haben, in der technisch-nüchternen Atmosphäre des Labors werde seine Sensibilität versagen. Das wäre geradeso, als würde man einem großen Schriftsteller oder Dichter zumuten, sich an einen Elektroenzephalographen anschließen zu lassen und dann von ihm verlangen, in einem von Professoren allseitig beobachteten Kontrollraum ein literarisches Werk zu schreiben.
Ganz im Gegensatz zu Peter Hurkos hat dessen holländischer »Kollege« Gerard Croiset – mit ihm stellte Professor W. H. C. Tenhaeff unter anderem die frappierenden Platz-Experimente an – sich wieder und wieder von Wissenschaftlern testen lassen. Von diesem Sensitiven waren bemerkenswerte Erfolge bei der Auffindung Vermißter – meistens Ertrunkener – bekannt geworden. So kam es, daß ihn eines Tages die Bitte um Hilfe auch aus einer norddeutschen Kleinstadt erreichte. Wie er es dabei zustande brachte, in einer ihm völlig fremden Gegend einen tragischen Unfall zu klären, grenzt ans Unfaßbare.
In Buxtehude, an dem Flüßchen Este, war am Weihnachtsabend 1957 ein fünfjähriger Bub nicht nach Hause zurückgekehrt. Die Mutter hatte ihn kurz vor Ladenschluß beauftragt, noch schnell etwas zu besorgen. Danach hatte niemand den Kleinen wieder gesehen.
Obwohl das halbe Städtchen suchen half und die Kriminalpolizei ermittelte, verlief alles ergebnislos. Es gab keine einzige Spur. Man ahnte nicht einmal, ob es sich um ein Verbrechen oder einen Unfall gehandelt haben könnte.

In ihrer Verzweiflung schrieben die Eltern gegen Mitte Januar 1958 an Croiset, von dessen hellseherischer Begabung sie gehört hatten, und baten um seinen Rat. Der Reporter einer Hamburger Zeitung, der davon erfuhr und sich eine interessante Geschichte versprach, beschloß, den Fall genau zu verfolgen. Er fuhr nach Utrecht und suchte Croiset in seiner Wohnung auf.
Der Journalist hatte sich kaum bekannt gemacht und sein Anliegen noch gar nicht vorbringen können, als er bereits die erste Überraschung erlebte. »Sie haben irgend etwas mit einem Buben zu tun«, erklärte Croiset und fuhr, während er die Visitenkarte betastete, gleich darauf fort: »Bitte sagen Sie jetzt kein Wort. Später. Der Bub ist nicht aus irgendeiner großen Stadt wie Hamburg. Ich möchte sagen, er lebt in der näheren Umgebung. Mag sein, so an die 30 Kilometer davon entfernt. Er hat etwas mit Wasser zu tun. Er kann auch am Wasser wohnen.«
Der Reporter war sprachlos. Was dieser Sensitive – der im Ausland und an die 500 Kilometer entfernt von dem Ort des Geschehens lebte – sozusagen auf Anhieb ungefragt ausgesagt hatte, stimmte genau. Und woher wußte er sofort, schoß es ihm durch den Kopf, warum ich ihn aufgesucht habe?
Aber gleich darauf stellte sich noch etwas weit Erstaunlicheres heraus: Croiset, von dem Journalisten auf den Brief der Eltern aus Buxtehude angesprochen, zeigt sich ahnungslos. Er hat ihn noch gar nicht gelesen. Das Schreiben befand sich, wie sich nach kurzer Suche ergab, noch inmitten eines Haufens unerledigter Post – ungeöffnet!
Croiset entnahm dem Brief ein beigefügtes Foto des Kleinen, betastete es und erklärte, als sei es das Selbstverständlichste auf der Welt: »Der Bub hat sich zuletzt an einem Kiosk aufgehalten, danach ist er an einer Wirtschaft oder einem Café gewesen, in dessen Nähe sich eine Markise mit Streifen befindet. Diese ist an der rechten Seite kaputt.« Die Spur hatte sich tatsächlich beim Bahnhofskiosk verloren. »Der Kleine lebt nicht mehr«, sagte Croiset nach einer Pause plötzlich. »Es ist das Wasser. Er ist ertrunken.«
Wie abwesend nahm der Sensitive jetzt ein Stück Papier zur Hand und entwarf eine Skizze von der Stelle, wo sich der Leichnam befinde. Dort solle man suchen. Er selbst war nie in Buxtehude gewesen, ja er hatte den Namen der Stadt bis zu dieser Stunde überhaupt nicht gekannt. Croiset sagte schließlich noch, daß man den Kleinen finden werde, allerdings erst nach einiger Zeit, da der tote Körper mit dem Wasser abgetrieben sei.
Von Utrecht eilt der Reporter mit dem Bericht und der Zeichnung Croisets nach Buxtehude. Erstaunt muß er dann feststellen, wie genau die Angaben des Sensitiven waren. Gegenüber dem Kiosk steht ein Hotel mit einem Gaststättenbetrieb. Ganz in der Nähe hängt auch – unübersehbar – tatsächlich eine rot-weiß-gemusterte Markise über einem Schaufenster. Deutlich sieht man in ihr einen Riß, und zwar rechts. Auch das Haus der Eltern steht, wie von Croiset »ferngesehen«, am Wasser, am Ufer der Este nämlich.

Der Leichnam des Knaben wurde – wie vorausgesagt – in einem Seitenarm der Este erst Wochen später aufgespürt. Er befand sich, von der Strömung mitgenommen, fast genau in dem angegebenen Gebiet. Wie war es möglich, fragte sich alles, daß der Holländer mit derart unheimlicher Präzision aus der Ferne Tatbestände anzugeben vermochte, die keinem einzigen Menschen bekannt sein konnten?

Geht man den allein in Holland bezeugten Fällen außersinnlicher Wahrnehmungen Croisets nach, so kommt man aus dem Staunen nicht heraus. Da wandte sich einmal ein Schulrat V. B., der dringend benötigte wissenschaftliche Dokumente verlegt hatte und trotz allen Suchens nicht wiederfinden konnte, an den Sensitiven. Er erfuhr, genau beschrieben, wo sie lagen: In einem von zwei Schränken eines Büroraumes, und zwar »auf der rechten Seite«. Wiederholt konnte Croiset auch telefonisch bei der Suche nach Vermißten exakte Angaben über den späteren Fundort machen. Dabei war ihm nachweislich die betreffende Landschaft sehr oft völlig unbekannt. Trotzdem scheint eine von ihm vollbrachte Superleistung alle anderen ähnlichen – zumindest was die riesige Entfernung angeht – in den Schatten zu stellen. Diese nämlich:

In den USA ist ein Vater in heller Verzweiflung – seine vierundzwanzigjährige Tochter ist seit sechs Wochen aus einem Krankenhaus verschwunden und nicht wieder aufgetaucht. Als alle Nachforschungen von Polizei und Privatdetektiven ergebnislos bleiben, entschließt sich der Vater, Dr. W. E. S., Professor an der Universität von Kansas, der von Croiset gehört hat, in Holland anzurufen. Er läßt sich mit dem Parapsychologischen Institut der Universität Utrecht verbinden und trägt Professor Tenhaeff sein Anliegen vor. Dieser ruft Croiset, der gerade zufällig anwesend ist, ans Telefon. Und nun geschieht etwas Unglaubliches.

Der Sensitive schließt die Augen und stellt sich auf einen Schauplatz ein, der jenseits des Atlantik in über 7000 Kilometer Entfernung von ihm liegt. Dann beginnt er plötzlich, detaillierte Aussagen zu machen: daß er die Tochter über eine weite Rasenanlage rennen sehe und durch eine Unterführung. Die Beschreibung paßt genau auf die Umgebung des Krankenhauses. Blitzlichtartig tauchen ihm andere Gesichte auf. Croiset sieht die Tochter »per Anhalter« auf verschiedenen Fernstraßen fahren. Zuletzt ist sie in einem Ort an einem Wasser, wo es von Sportbooten nur so wimmelt.

Croiset scheint völlig sicher zu sein, als er schließlich dem Professor beruhigend sagt, er brauche sich nicht zu sorgen. In sechs Tagen werde er Nachricht von seiner Tochter haben.

An jenem Tag ist der Professor vom frühen Morgen an voller Ungeduld. Als es Nachmittag wird und das so sehnlich Erhoffte noch immer nicht eingetreten ist, meldet er ein Gespräch nach Utrecht an. Er will nochmals mit Professor Tenhaeff sprechen. Die Verbindung ist noch nicht hergestellt, da klingelt es an der Tür: Es ist die Tochter, die draußen steht! Als sie dem Vater auf dessen dringliche Bitten erzählt, wo sie inzwischen überall gewesen sei, vernimmt er, was ihm – in Stichworten – schon Croiset über den Nordatlantik hinweg von Holland aus angedeutet hatte. Dessen »Sechster Sinn« hatte sich nicht getäuscht, von der Flucht durch die Straßenunterführung an bis zu jener »Stadt mit Booten«. Es handelte sich um einen Ort namens Corpus Christi in Texas, wo sich die Tochter zuletzt aufgehalten hatte.

Unbegreiflich bleibt es für den nüchternen Verstand, wie es möglich ist, über weiteste Entfernungen völlig unbekannte Orte oder Landschaften zutreffend beschreiben zu können. Aber auch die Wissenschaft steht hier noch vor einem Rätsel. Sie weiß nur: Bei der »para-normalen Landschaftsbeschreibung« handelt es sich nicht um Phantasieprodukte. Es gibt sie wirklich. Man

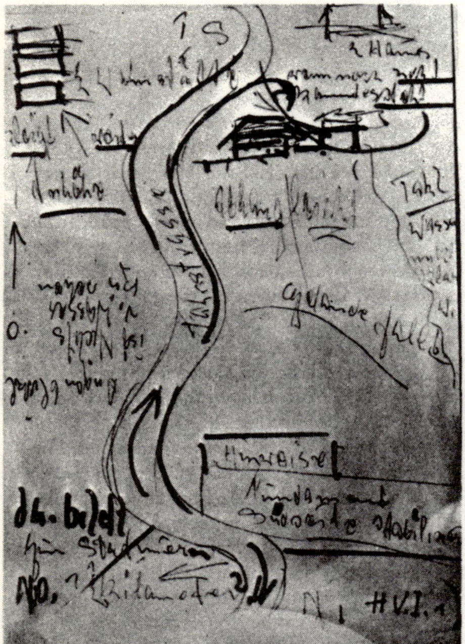

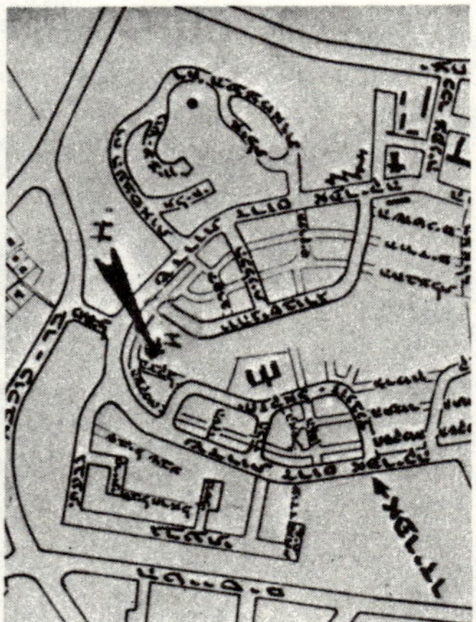

Links: Skizze, die der Sensitive Orlop auf Wunsch des Para-Forschers Berendt von der Stadt Aschkelon in Israel anfertigte, die er nie gesehen hatte. An einem gewundenen Weg liegt – von Orlop richtig angegeben – das Haus von Berendt.

Rechts: Stadtplan von Aschkelon. Er zeigt (Pfeil) die Lage des Hauses von Berendt, die Orlop richtig skizziert hatte.

konnte diese außergewöhnliche Fähigkeit bei Sensitiven wiederholt im Experiment testen und so ihre Existenz unbezweifelbar nachweisen. Mehrmals gelang das bei Artur Orlop, der, wie Croiset, durch seine Platz-Experimente bekannt geworden ist. Bei einer Versuchsreihe in Professor Benders Freiburger Institut beschrieb er das elterliche Haus eines Studenten aus Island, der stumm neben ihm saß und ihm völlig unbekannt war. Orlop zeichnete sogar eine Lageskizze und beschrieb auch die nähere Umgebung. Es gab dabei zwar einige Ungenauigkeiten, aber im großen und ganzen stimmten seine Angaben. Als sehr präzis erwies sich vor allem seine detaillierte Schilderung des Elternhauses.

Professor Berendt stellte Orlop ein anderes Mal eine Aufgabe, bei der er nur kurz sagte: »Ich habe noch eine zweite Wohnstätte in Israel.« Orlop zeichnete, nachdem er sich einige Minuten konzentriert hatte, die Lage dieses – in Aschkelon gelegenen – Hauses nebst der näheren Umgebung. Zutreffend war die Skizzierung eines gewundenen Hauptweges und die Position des Hauses. Auch die Entfernung zum Stadtzentrum war mit »annähernd anderthalb Kilometer« richtig angegeben. Steinfliesen vor dem Gebäude, die er eingezeichnet hatte, existierten zwar nicht. Es war eigenartigerweise jedoch in der Familie oft darüber diskutiert worden, ob man sie nicht legen lassen sollte.

Das Wissen könnte sich Orlop, wie es bei diesen Beispielen anzunehmen naheliegt, durch telepathisches »Abzapfen« beschafft haben. Es gibt aber auch Fälle, bei denen die Kenntnis durch Telepathie unwahrscheinlich, ja unmöglich scheint und gleichwohl erstaunlich genaue Ortsbeschreibungen über große Entfernungen erfolgen. Orlop selbst erklärt es so: Er begebe sich hellwach »wie der geölte Blitz« in die gewünschte Gegend, um dann, »wie aus der Vogelschau«, seine Angaben zu machen. Das erinnert an ein berühmt gewordenes Erlebnis des Mediums Léonie B., über das Professor Richet in seinem Werk »Dreißig Jahre psychischer Forschung« berichtete. Nach einem Besuch bei Pierre Janet, der in Le Havre die Experimente mit Fernhypnose praktizierte, war Richet nach Paris zurückgekehrt. Janet versetzte Léonie in Trance und gab ihr auf, nach dem Professor in der Seinestadt Ausschau zu halten. Verblüfft und voller Skepsis nahm er zur Kenntnis, wie Léonie reagierte: Sie zeigte sich plötzlich in höchstem Maße erregt und behauptete, Richets Laboratorium stehe in Flammen! Sie hatte richtig gesehen, wie bald ein Brief aus Paris bestätigte. Der Brand war genau zu dem Zeitpunkt ausgebrochen, zu dem Léonie die Vision hatte. Da dieses Phänomen des »In-die-Ferne-Schauens« den Eindruck nahelegt, als begebe sich das Medium tatsächlich auf eine »Fernreise«, nannte man es »Travelling Clairvoyance«.

Angesichts solcher wiederholt bezeugter, geradezu märchenhaft anmutender »Radar-Leistungen« stellt sich fast automatisch immer wieder eine Frage: Warum werden begabte Sensitive nicht regelmäßig für kriminalistische Aufgaben herangezogen? »Wenn wir im Leben mit Dingen praktisch operieren wollen«, lautet die Antwort Dr. Berendts dazu, »so setzt dies unsere Erfahrungen über deren Zuverlässigkeit voraus. Wie verhält es sich bei paranormalen Aussagen: Sind sie zuverlässig? Selbst der beste Paragnost kann irren. Zuweilen trifft er mit seiner Aussage ins Schwarze, manchmal geht seine Aussage völlig fehl. Er selbst kann hierbei willentlich kaum präzisere Aussagen herbeiführen, denn es liegt in der Natur der Psi-Prozesse, daß sie oft traumhaft-verwaschen sind, zuweilen nur symbolisch ausdrücken, um was es sich handelt.«

Croiset, der Vielbewunderte, gibt selbst offen zu, bei Ermittlungen für die niederländische Polizei nur in einem Fünftel aller Fälle hundertprozentig erfolgreich gewesen zu sein! Bei ungefähr 40 Prozent der Fälle sah er zwar para-normal Dinge, die richtig waren, jedoch nicht zur Aufklärung beitrugen. In ebensoviel Prozent hatten seine »Visionen« absolut nichts mit dem eigentlichen Vorkommnis zu tun.

Etwas anderes kommt hinzu. Es ist eine Tatsache, die Professor Bender ausdrücklich unterstreicht, »daß kein Medium an der Art seiner Eindrücke erkennen kann, ob sie reine Phantasie, telepathisch, hellseherisch oder Misch-Phänomene sind.« Zudem kommt es bei den Aussagen Sensitiver nicht selten zu »Verwechslungen« der Zeit im Hinblick auf ein bestimmtes Ereignis oder Erlebnis. Es wird beispielsweise etwas »vorausgesagt«, was sich in Wirklichkeit bereits abgespielt hat, und umgekehrt. Das liegt daran, daß – da für außersinnliche Wahrnehmungen die Kategorien Raum wie Zeit nicht zu existieren scheinen – ein Sensitiver, wenn er etwas »schaut«, nie mit Gewißheit sagen kann, ob es sich um Vergangenes, Gegenwärtiges oder Zukünftiges handelt. Zuweilen werden gestern, heute und morgen vertauscht.

Aus diesen Gründen ist bei jeder Aussage allergrößte Vorsicht am Platze. Wie leicht auch können Angaben eines »Hellsehers« auf eine ganz falsche Spur führen und unter Umständen sogar einen völlig Unschuldigen aufs schwerste belasten, ja möglicherweise zu dessen Verurteilung führen. Dann nämlich, wenn der Sensitive – ohne es zu ahnen – das Wissen des ihn beauftragenden Kriminalisten anzapft. Ein Verdacht, den dieser heimlich hegt, kann – auf diese Weise plötzlich offen von einem »Hellseher« ausgesprochen – leicht zu einem gefährlichen »Beweis« werden.

Seitdem – trotz allerhöchster Bedenken – in der UdSSR die »Para-Forschung« offiziell freigegeben ist, sind immer wieder Berichte über erstaunliche Erfolge von Versuchsreihen sowjetischer Wissenschaftler in den Westen gelangt. Sie lassen deutlich erkennen, über welch außerordentliche Begabungen auch der Osten verfügt. Amerikanische Parapsychologen hatten inzwischen Gelegenheit, sich vor allem mit zwei russischen Sensitiven zu unterhalten, deren sensationelle Ferntests größte Bewunderung verdienen. Es handelt sich um Karl

Oben: Gerard Croiset auf einem Parapsychologischen Kongreß in Utrecht, für den er die Teilnahme einer Dame in weißer Bluse (rechts) voraussagte. Links: Die Forscher Bender und Tenhaeff. Unten: Artur Orlop besitzt die para-normale Gabe, »aus der Vogelschau« fremde Ortschaften zu skizzieren.

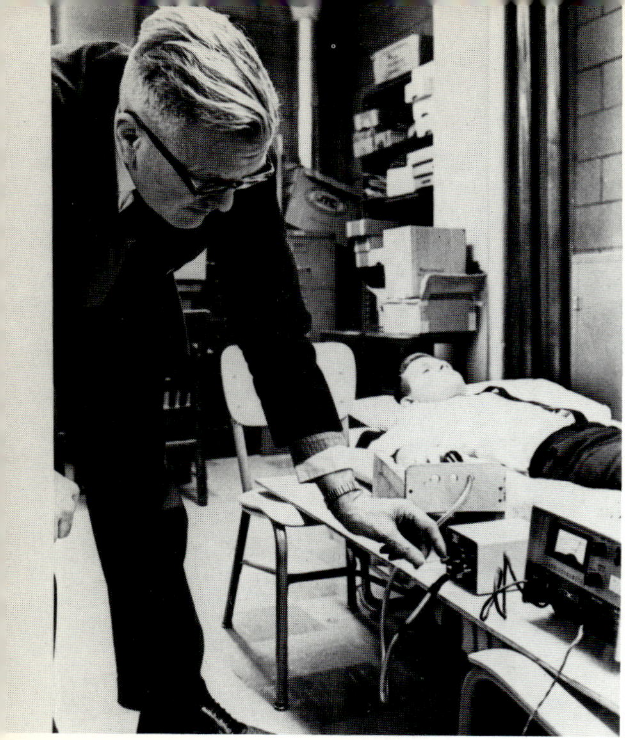

Prof. E. Douglas Dean vom »Newark College of Engineering« bei einem Test mit dem Plethysmographen. Dieses Gerät, das Veränderungen der Durchblutung registriert, setzte der Forscher jüngst erfolgreich bei einem sensationellen transatlantischen Telepathie-Experiment ein: Para-Signale emotionellen Inhaltes wurden zur abgestimmten Zeit aus einer Taucherkugel vom Meeresboden vor Florida »gesendet«. In Zürich registrierte sekundengleich ein mit dem »Empfänger« verbundener Pletysmograph durch Ausschläge, daß die Signale im Unterbewußtsein des Betreffenden »angekommen« waren.

Erster Para-Test aus dem Weltraum. Zu einem ungewöhnlichen Experiment, von dem die Weltöffentlichkeit nichts ahnte, kam es während der Apollo-14-Mission der USA Anfang Februar 1971. Wie zuvor verabredet, »sendete« der Astronaut Edgar D. Mitchell (hier bei einem Mondspaziergang) zweimal – am 1. und 2. Februar – während des Hinfluges zum Mond und zweimal – am 8. und 9. Februar – auf dem Rückflug zu unserem Planeten »Psi-Signale«, die für vier Sensitive auf der Erde bestimmt waren und auch tatsächlich empfangen wurden. Die NASA war, nach Aussagen Mitchells, von dem Experiment nicht unterrichtet.

Nikolajew und Juri Kamenskij. Der erste ist ursprünglich Schauspieler gewesen, letzterer ist Biophysiker, der sich speziell mit dem Einfluß von Mikrowellen auf lebende Organismen befaßt. Beide sind staatliche Angestellte eines Forschungsinstituts, das erst 1965 an der Moskauer Universität eingerichtet und bezeichnenderweise als »Bio-Informationsabteilung« der »Wissenschaftlich-technischen Gesellschaft für Radiotechnik und Elektro-Kommunikation« angegliedert wurde. Zweigstellen entstanden unter anderem in Nowosibirsk, Odessa, Saporoschje, Taganrog und Alma Ata.

Zu einem außergewöhnlichen Fernexperiment kam es im Jahre 1966. Es verlief sehr erfolgreich. An einem Apriltag jenes Jahres traf Karl Nikolajew in Nowosibirsk ein und wurde von einigen Gelehrten aus Akademgorod, der »Stadt der Wissenschaften«, in Empfang genommen. Sie sind recht skeptisch, wissen sie doch genau, was geplant ist, denn nach Weisungen aus Moskau haben sie alle Vorbereitungen für den Versuch getroffen.

Es ist kurz vor Mitternacht, als Nikolajew – in Gegenwart mehrerer Experten – sich »empfangsbereit« macht. Er entspannt sich durch besondere Übungen. An die 3000 Kilometer entfernt von ihm ist in Moskau sein Partner, Juri Kamenskij, auf gleiche Weise bemüht, sich auf seine bevorstehende Aufgabe zu konzentrieren: Er soll als »Sender« fungieren.

Kamenskij befindet sich – streng kontrolliert – in einem hermetisch verschlossenen Laborraum. Kurz vor der für den Test vereinbarten Zeit werden ihm einige versiegelte Päckchen hineingereicht. Er ahnt nicht, was sie enthalten. Erst als ein Lichtsignal aufflammt, das im gleichen Augenblick auch Nikolajew in Nowosibirsk übermittelt wird, öffnet er eines davon. Eine Metallfeder mit sieben Spiralen kommt zum Vorschein.

Ganz konzentriert, läßt Kamenskij das Bild dieses ersten Ziel-Objektes auf sich einwirken und stellt sich dabei den »Empfänger« in Sibirien vor. Augenblicke später nur schreibt Nikolajew, dessen Augen wie abwesend in die Ferne gerichtet sind, auf ein Stück Papier: »Rund, metallisch ... Es glänzt ... Ist gekerbt ... sieht aus wie eine Rolle ...«

Nachdem die zehn Minuten, die als »Sendezeit« vorgesehen waren, verstrichen sind, wickelt Kamenskij ein zweites Päckchen aus. In ihm befindet sich ein Schraubenzieher, dessen Griff aus schwarzem Plastikstoff besteht. Während er sich darauf konzentriert, notiert Nikolajew: »Lang und dünn ... Aus Metall und Kunststoff ... Schwarzer Kunststoff.«

Im Laufe einer Woche folgen noch vier weitere Versuche mit telepathischen »Fernkontakten«. Dabei wirkte eine weitere Person als »Sender« in Moskau mit, der Student A. G. Arlaschin. Aus mehreren ihm vorgelegten Bildern wählte er das einer Hantel für gymnastische Übungen aus. Der Eindruck, den Nikolajew empfing, lautete: »Aus Metall, rund, lang, dick ... Nicht verchromt ... Eisenstange ... Von grauer Farbe, wie unbearbeitetes Eisen ... Schwer ... Könnte es eine Hantel sein?«

Auch ein Test mit ESP-Karten wird vorgenommen. Von 20 in Moskau nacheinander aufgedeckten und »gesendeten« Symbolen benennt der »Empfänger« in Nowosibirsk zwölf richtig. Die Wahrscheinlichkeit, daß dies rein zufällig geschah, betrug 1 zu 1000.

Die Erfolge waren so umwerfend, daß sie den Bann brachen, der bis dahin in der Sowjetunion auf jenem Gebiet gelegen hatte. Die Zeitungen durften plötzlich über das »Mirakel Nikolajew« und dessen »geistiges Funkgerät« berichten. Dr. Ippolit Kogan, Mathematiker und Kybernetiker, stellte in der Zeitschrift »Radiotechnika« fest, Nikolajew habe die Hälfte der telepathisch übermittelten Bilder zufriedenstellend empfangen. Und in der amtlichen Jugendzeitschrift »Komsomolskaja Prawda« vom 7. Juli 1966, in der die Moskau-Nowosibirsk-Experimente beschrieben wurden, erklärte Kogan sogar, er sei überzeugt, »daß die Parapsychologie, so rätselhaft die Zusammenhänge auch erscheinen mögen, nun als eine Wissenschaft akzeptiert werden wird«. Was tatsächlich auch geschah.

1967 begannen unter strengsten Laborbedingungen Testreihen zwischen Leningrad und Moskau. Als bewährte »Versuchskaninchen« fungierten wiederum Nikolajew und Kamenskij. Diesmal allerdings umgab man sie mit einem ganzen Arsenal von Geräten. Auf der Jagd nach der noch unbekannten, hinter den Para-Phänomenen vermuteten Energiequelle gingen die sowjetischen Gelehrten – nach westlichem Vorbild – daran, physiologisch alle nur denkbaren Messungen vorzunehmen: vom Herzschlag und der Atmung über Muskelaktionen bis zu den Hirnströmen.

Nikolajew, der »Empfänger«, begab sich nach Leningrad, begleitet von dem Wissenschaftler E. K. Naumow. In einem isolierten Raum des Labors für Arbeitsphysiologie der Universität »präparierte« ihn in Gegenwart Dr. G. A. Sergejews, der auch die Experimente mit der Kulagina durchführt, die Physiologin Dr. L. Pawlowa. Das Ziel ist, die eintreffenden telepathischen Signale – unabhängig davon, ob sie dem Empfänger bewußt werden – auch elektrophysikalisch festzuhalten und zu messen.

Diesmal sind die Versuchsbedingungen erschwert. Es ist keine präzise »Sendezeit« im voraus ausgemacht. Nikolajew soll selbst herauszufinden suchen, wann Kamenskij in Tätigkeit tritt, und auch, wie lange das der Fall ist. Und in der Tat – es klappt auch ohne Terminfestlegung. Dabei kommt es sogleich zu einer hochinteressanten Feststellung.

In dem gleichen Augenblick, in dem Kamenskij in Moskau sich konzentriert und zu »senden« beginnt, verändern sich in Leningrad schlagartig Nikolajews Hirnströme. Diese »ungewöhnliche Aktivierung des Gehirns«, erklärte Dr. L. Pawlowa, »stellten wir innerhalb einer bis fünf Sekunden nach dem Beginn der Übertragung fest, und zwar immer einige Sekunden, bevor sich Nikolajew selbst einer telepathischen Botschaft bewußt wurde.« Dabei wurden zuerst die vorderen und mittleren Partien seines Gehirns angeregt, und erst nachdem er die Signale bewußt empfangen hatte, die am Hinterkopf gelegenen.

Der geheimnisvolle »Sendevorgang« hinterließ sichtbare Spuren aber auch im Moskauer Labor: Der Moment »der Gedankenübertragung war«, so berichtete Dr. Kogan später in der Zeitschrift »Sputnik«, »durch drastische Änderungen auf dem EEG-Streifen bei der Versuchsperson gekennzeichnet«.

Dr. Thelma Moss, Professorin am Neuropsychiatrischen Institut der kalifornischen Universität in Los Angeles, hatte 1971 in Moskau Gelegenheit, sich mit Nikolajew und Kamenskij eingehend zu unterhalten. Sie erzählten, daß sie bestimmte Yoga-Übungen praktizieren, die ihnen, wie sie glauben, bei ihren telepathischen Rapporten helfen.

Wie in der Sowjetunion, so hat, wie bereits erwähnt, auch in anderen osteuropäischen Staaten die Erforschung jener rätselhaften Phänomene offiziell begonnen. Neben der Tschechoslowakei ist es vor allem Bulgarien. Wanga Dimitrowa, eine blinde Bäuerin, gilt als erfolgreichste bulgarische Hellseherin, mit der – als staatlich angestelltem Medium – eine Gruppe von Parapsychologen unter Dr. G. Lossanow seit Jahren experimentiert ...

Die Gründe für jenen mit größten staatlichen Mitteln unterstützten neuen Schwerpunkt der Forschung im Osten, vorab in der Sowjetunion? Dr. Milan Rýzl, der aus Prag nach den Vereinigten Staaten emigrierte Para-Experte, zählt als wichtigste folgende Möglichkeiten auf: Parapsychologie in der Spionage und als Waffe militärisch einsetzen zu können; die Umwälzungen, die als Folge zukünftiger Fortschritte in der Parapsychologie zu erwarten sind; die Chance telepathischer Kommunikationen mit intelligenten Wesen, die in anderen Sternsystemen existieren mögen; die Entdeckung neuer Methoden zur Informations- und Wissensübermittlung, im Hinblick auf die rapid wachsenden Erkenntnisse der Wissenschaft ...

XXX. Seelen, die auf Reisen gehen

»Nun ritt ich auf dem Fußpfade gegen Drusenheim, und da überfiel mich eine der sonderbarsten Ahnungen. Ich sah nämlich nicht mit den Augen des Leibes, sondern des Geistes, mich mir selbst, denselben Weg, zu Pferde wieder entgegenkommen, und zwar in einem Kleide, wie ich es nie getragen: Es war hechtgrau mit etwas Gold. Sobald ich mich aus diesem Traum aufschüttelte, war die Gestalt ganz hinweg. Sonderbar ist es jedoch, daß ich nach acht Jahren in dem Kleide, das mir geträumt hatte, und das ich nicht aus Wahl, sondern aus Zufall gerade trug, mich auf demselben Wege fand, um Friedriken noch einmal zu besuchen.«

Was Goethe in »Dichtung und Wahrheit« schildert – sich selbst gesehen zu haben –, ist kein Ausnahmefall. Alfred de Musset, Percy B. Shelley, Jules Lemaître und viele andere Schriftsteller und Poeten haben es erlebt. Von Guy de Maupassant blieb folgendes bekannt: 1889, als sich bei dem bereits schwerkranken Dichter die Paralyse ihrem Endstadium zuneigte, saß er eines Nachmittags wie üblich an seinem Schreibtisch, als er plötzlich das Gefühl hatte, daß sich hinter ihm die Tür geöffnet habe. Er schaute sich um und sah zu seiner nicht geringen Überraschung sich selbst in den Raum kommen. Sein zweites Ich trat näher, setzte sich vor ihn hin, senkte den Kopf in die Hände und begann genau das zu diktieren, was er gerade im Begriff zu schreiben war. Der letzte Satz war kaum beendet, da erhob sich das andere Ich wieder und verschwand.

Fälle dieser Art, bei denen ein sogenannter »Doppelgänger« erscheint – genauer und besser bezeichnet man das Phänomen mit dem Fremdwort *Exteriorisation* –, sind beileibe nicht nur für Künstler oder für andere schöpferisch tätige Persönlichkeiten bezeugt, denen man gern besondere »Phantasie« zubilligt.

Berühmt geworden sind beispielsweise ähnliche Erlebnisse zweier bekannter historischer Persönlichkeiten. Von der englischen Königin Elisabeth I. wird berichtet, sie habe sich selbst »bleich, unselig und kränklich« in einem Bette liegend erblickt. Der Anblick habe ihr einen lähmenden Schrecken eingeflößt. Das Erlebnis hatte sie tatsächlich, wie sich herausstellte, kurz vor ihrem Tode. Auch Katharina der Großen trat eines Tages in einem ihrer Schlösser ihr eigenes Doppel entgegen. Die russische Kaiserin ließ sich indes in keiner Weise davon beeindrucken. Sie erteilte vielmehr der Leibwache, die sich gerade in ihrer Nähe befand, den Befehl, auf das Phantom sofort das Feuer zu eröffnen. Charakteristisch für diese sehr unheimlichen Erscheinungen ist, daß sich dabei offenbar etwas vom inneren Organismus und Bewußtsein des Menschen trennt – von dessen leiblich-physischem Körper also – und außerhalb desselben, eben »exterior«, auftaucht.

So glaubwürdig auch die Personen sein mochten, die solche Erfahrungen schilderten – der Chor der Skeptiker, der die Existenz dieser unheimlichen Erlebnisse nicht akzeptieren wollte, verstummte nicht; er war und blieb bis heute stets groß. Niemand könne, so lautet ihr Argument, den Nachweis erbringen, daß derartige Erscheinungen nicht nur bloße Illusionen seien, Ausgeburten der Phantasie, entstanden unter besonderen körperlich-seelischen Umständen, sei es durch Krankheit oder Ahnung des Todes, sei es durch starke Erregung, um nur einige zu benennen.

Das mag nicht selten in der Tat der Fall sein. Es gibt jedoch Exteriorisationen, bei denen diese Einwände hinfällig zu werden scheinen. Dann nämlich, wenn jene merkwürdigen »Doppelgänger«, wie sie als Phantome des eigenen Ichs erscheinen, auch von einem oder sogar von mehreren anderen gesehen werden konnten. Auch das ist mehr als einmal bezeugt, im weltlichen wie im kirchlichen Bereich. Und die Kirche gibt sogar die Existenz jener Phänomene zu, und zwar spricht sie von *»Bilokation«*, wenn es sich um das Auftauchen des »Doppelgängers« an einem anderen Ort handelt.

Im Jahre 1226 – so ist es überliefert – hielt der heilige Antonius von Padua am Gründonnerstag einen Gottesdienst in der Kathedrale Saint-Pierre-du-Queyroix in Limoges ab. Mitten während der Predigt erinnerte er sich plötzlich daran, daß er zugesagt hatte, zur selben Zeit auch eine Messe in einem Kloster zu zelebrieren, das am anderen Ende der Stadt lag. Was tat er?

Die Gemeinde in der Kathedrale sah, wie der heilige Antonius sich die Kapuze seiner Kutte über den Kopf zog und am Hochaltar niederkniete. So verharrte er mehrere Minuten lang, während deren tiefste Stille herrschte. Im gleichen Augenblick erlebten die versammelten Mönche im entfernten Kloster, wie der heilige Antonius aus seiner Zelle kam, sich in die Kapelle begab, das Gebet sprach und danach wieder verschwand.

Ähnliches ist in der Kirchengeschichte auch vom heiligen Severus von Ravenna wie auch von den römischen Heiligen Ambrosius und Clemens beurkundet. Zu den bekanntesten Ereignissen dieser Art zählt jenes vom 17. September 1774.

Alfons von Liguori befand sich damals im Gefängnis in der Stadt Arezzo. An diesem Tage blieb er in seiner Zelle und verweigerte auch jede Nahrung. Wie seine Bewacher bekundeten, schien er in einen schlafähnlichen Zustand versunken zu sein. Erst fünf Tage später schlug er wieder die Augen auf und erzählte, was niemand im Gefängnis ihm glauben wollte: Er sei am Totenbett des Papstes Clemens XIV. gewesen. Seine Aussage sollte sich jedoch wenig später tatsächlich bestätigt finden. Berichte, die aus dem Vatikan kamen, besagten, Alfons sei unter den Trauernden gesehen worden, die im Sterbezimmer dem toten Papst die letzte Ehre erwiesen hätten.

Die Kraft der Bilokation schrieb man auch dem 1967 verstorbenen stigmatisierten Padre Pio aus Apulien zu. Der weit über Italien hinaus bekannt gewordene Kapuzinermönch soll Kranken, die ihn aus der Ferne anriefen, erschienen sein und ihnen geholfen haben. 1950 sah ein Schwerkranker in Viareggio, dem beliebten Badeort der Toscana, den Padre Pio in seine Stube kommen, während dieser sich in Wirklichkeit zur selben Zeit über fünfhundert Kilometer entfernt davon im Kloster San Giovanni Rotondo im tiefen Süden des Landes befand.

Nicht nur Heilige und Vertreter der Kirche werden »im Doppel« von anderen

Menschen gesehen. Über einen »Doppelgänger«, der es zustande brachte, in kürzester Zeit mehr als tausend Kilometer weit zu »reisen«, berichtete 1850 in Berlin der evangelische Erzbischof der schwedischen Stadt Uppsala. Der Geistliche war, begleitet von einem Regierungsvertreter sowie einem Arzt, in amtlichem Auftrag nach dem hohen Norden des Landes gereist. In Finnmarken und Lappland wurden nämlich, wie man erfahren hatte, noch viele okkulte Praktiken angewandt. Diesem »anstößigen und unsinnigen Treiben« wünschten maßgebliche kirchliche Kreise ein Ende zu setzen. Daraus wurde allerdings nichts, denn der Erzbischof sollte dort ein Erlebnis haben, das ihn sehr nachdenklich stimmte.

Als er nach vielen Strapazen schließlich Lappland erreicht hatte, war er froh, von einem angesehenen und begüterten Lappen namens Peter Lärdal gastlich aufgenommen zu werden. Der Geistliche ahnte nicht, daß er sich sozusagen in der Höhle des Löwen eingenistet hatte. Sein Gastgeber war, wie sich schnell herausstellte, selbst in allen okkulten Künsten der Schamanen äußerst bewandert. Obwohl der Zweck der Reise streng geheimgehalten worden war und kein Wort darüber gesprochen wurde, zeigte sich Lärdal – der offenbar Gedanken lesen konnte – genauestens informiert. Er gestand dies nicht nur ganz offen, sondern machte dem Erzbischof sogar einen frappierenden Vorschlag. Er erbot sich, seine Fähigkeiten unter Beweis zu stellen, indem er seinen »Geist« an einen beliebigen Ort senden werde, den der Bischof selbst auswählen möge. Nur eine Bedingung stellte er: Sein Leib dürfe, während er abwesend sei, nicht berührt werden. Das wurde zugesagt, und der Erzbischof stellte die Aufgabe, Lärdal möge sich in seine – des Geistlichen – Wohnung begeben und darüber dann berichten.

Der Lappe verbrannte Räucherwerk und verfiel in einen kataleptischen Zustand. Nach einer Stunde kam er wieder zu sich und berichtete, er sei in Uppsala in der Wohnung des Bischofs gewesen. Er beschrieb sie genau und bemerkte, er habe in der Küche dessen Frau getroffen, die gerade eine Mehlspeise zubereitete. Als zusätzlichen Beweis für seine Anwesenheit gab er an, den Ring der Ehefrau in der Kohlenkiste versteckt zu haben.

Der Erzbischof war über die Schilderung aus dem fernen Uppsala, die genau stimmte, zwar höchst überrascht. Er blieb jedoch skeptisch und schrieb seiner Frau, sie möge ihn doch wissen lassen, was sie zur fraglichen Stunde an jenem Tage getan habe. Die Antwort schien unfaßbar. Sie lautete: An dem betreffenden Tag – einem 28. Mai – sei ihr Trauring plötzlich verschwunden. In Verdacht habe sie einen Mann, der, gekleidet wie die Bewohner von Lappland, für einige Augenblicke in der Küche aufgetaucht sei. Ohne ihre Frage, was er wünsche, zu beantworten, sei er allerdings spurlos wieder verschwunden. Der Ring fand sich übrigens später tatsächlich, wie angegeben, in der Kohlenkiste wieder.

Die englische Zeitung »Daily News« veröffentlichte am 17. Mai 1905 die

Aussage der Abgeordneten Parker und Hayter über eine völlig mysteriöse Begebenheit. Beide erklärten, sie hätten Major Raschse im Parlament gesehen und seien auf ihn zugegangen, um ihn zu begrüßen. Merkwürdigerweise habe dieser jedoch, nachdem sie ihn angesprochen hatten, keinerlei Antwort gegeben und sei, ohne von ihnen weiter Notiz zu nehmen, weitergegangen und plötzlich verschwunden. Als die Abgeordneten, die mit dem Major gut bekannt waren, der Sache nachgingen, da sie sich das sonderbare Benehmen in keiner Weise erklären konnten, stellte sich zu ihrer großen Überraschung heraus: Raschse war an jenem Tage überhaupt nicht im Parlament gewesen. Er hatte erkrankt zu Hause das Bett gehütet.

Die Episode mutet wie die Replik eines ähnlichen Vorfalles im Jahre 1897 an. Damals hatte man im House of Commons den Abgeordneten T. P. O'Connor bei einer Debatte auf seinem gewohnten Sitz erblickt, er blieb allerdings stumm. Dabei war er an jenem Tage gar nicht mehr in London. Er befand sich, wie Zeugen aussagten, bereits auf dem Wege nach Irland, um einen todkranken Verwandten noch ein letztes Mal zu besuchen.

Zu den wohl absonderlichsten Auswirkungen einer »Doppelgänger«-Erscheinung kam es im Fall der Mrs. Butler, über die der englische Schriftsteller Augustus Hare in seinem Buch »Die Geschichte meines Lebens« (1896–1900) berichtet.

Mrs. Butler, die mit ihrem Mann in Irland lebte, hatte 1891 einen eigenartigen Traum. Sie sah sich in einem wunderschönen Haus, das mit allem nur erdenklichen Komfort eingerichtet war. Das Erlebnis im Schlaf, das sich auch in den kommenden Nächten noch mehrmals wiederholte, machte einen unvergeßlich tiefen Eindruck auf sie.

Der Zufall fügte es, daß die Butlers im Jahr darauf nach London zogen, um sich dort niederzulassen. Durch Vermittlung eines Maklers suchten sie einen in Hampshire gelegenen Besitz auf. Als sie beim Häuschen des Wärters am Tor angekommen waren, blieb Mrs. Butler wie versteinert stehen. Es dauerte eine Weile, bis sie sich gefaßt hatte und begeistert ausrief: »Das ist ja das Haus aus meinen Träumen!« Bei der Besichtigung zeigte sich, daß sie jeden Raum bis ins Detail genau kannte. Nur eine Tür war ihr fremd – man hatte sie erst kürzlich durchgebrochen. Der Besitz stand, wie die Butlers erfuhren, zu einem ihres Erachtens viel zu niedrigen Preis zum Verkauf. Das machte sie stutzig. Auf ihre entsprechende Nachfrage gab der Agent offen zu, daß das seinen Grund habe. Im Hause sei nämlich etwa vor einem Jahr mehrmals eine Spukgestalt gesehen worden. Von einem früheren Angestellten lag auch eine nähere Beschreibung des Phantoms vor. Sie paßte haargenau auf – Mrs. Butler.

Einer der verblüffendsten Fälle, die dafür zu sprechen scheinen, daß »Erscheinungen Lebender« tatsächlich vorkommen, ist die oft diskutierte »Fernreise« einer amerikanischen Ehefrau.

Mrs. Wilmot aus Bridgeport im Staate Connecticut wälzte sich eines Nachts ruhelos im Schlafe hin und her. Eine große Angst hatte sie gepackt. Sie fürchtete plötzlich um das Leben ihres Mannes, der sich gerade auf der Rückkehr nach Amerika befand. Er fuhr auf dem Dampfer »City of Limerick«, der – wie sie deutlich sah – auf dem Nordatlantik in einen furchtbaren Sturm geraten war. Mit einem Male – Mrs. Wilmot wußte nicht, wie ihr geschah – bemerkte sie, daß sie über die aufgewühlten Wogenfelder dahinflog und schließlich das Schiff erreichte. An Bord fand sie ohne Mühe den Weg zur Kabine ihres Mannes und sah ihn deutlich vor sich. Er lag trotz des schweren Unwetters in seiner Koje und schlief. Als sie sich ihm nähern wollte, zögerte sie einen Augenblick. Denn sie entdeckte in einer zweiten Koje einen anderen, ihr völlig unbekannten Mann, der sie erstaunt anschaute. Schließlich beugte sie sich doch über ihren Mann, gab ihm einen Kuß und kehrte flugs wieder nach Brigdeport zurück. Am nächsten Morgen erzählte Mr. Wilmot allen an Bord, er habe im Schlaf seine Frau gesehen. Sie sei gekommen und habe ihn geküßt. Natürlich wollte niemand ihm das glauben. Um so verdutzter war Mr. Wilmot – und alle anderen mit ihm –, als sein Kabinengenosse, Mr. William Tait, von sich aus erklärte, er habe eine Besucherin ganz deutlich mit seinen eigenen Augen in der Kabine gesehen. Auf Befragen beschrieb er genau die Ehefrau seines Kabinengenossen, die er überhaupt nicht kannte!

Daß der »Doppelgänger« eines Menschen im Augenblick seines Todes anderen erscheint, wird in unzähligen Geschichten, Legenden und Berichten durch die Jahrhunderte und von allen Völkern immer wieder bekundet. Hier mag nur ein historisches Beispiel angeführt sein.

Am Abend des 24. April 1891 waren, wie Eckart von Naso berichtet, im Hause des Generalfeldmarschalls Helmuth von Moltke in Berlin dessen Freund Friedrich August Dreßler und Moltkes Sohn, der ebenfalls Helmuth hieß, anwesend, um den greisen Heerführer mit Hausmusik zu erfreuen und mit ihm Whist zu spielen. Mitten beim Musizieren erhob sich Moltke – die beiden bemerkten, daß seine Augen groß und seltsam leuchtend schienen –, ging aus dem Raum, begab sich auf sein Zimmer und legte sich einsam zum Sterben nieder. Zur gleichen Zeit verließen zwei Kavallerieoffiziere, Max Prinz zu Hohenlohe und Harald Graf von der Gröben, das Generalstabsgebäude am Königsplatz. Sie wollten zum Abendessen gehen und freuten sich auf eine gute Flasche Wein, da sie lange gearbeitet hatten. Kaum waren sie aus dem Portal herausgetreten, als sie plötzlich den Generalfeldmarschall auf sich zukommen sahen. Die beiden Offiziere nahmen sofort Haltung an und grüßten, und auch die Wache präsentierte das Gewehr. Indes, der »große Schweiger« ging grußlos an ihnen vorüber. Sie wunderten sich noch, daß er weder Mütze noch Degen trug. Doch als sie ihm nachblicken wollten, war er verschwunden. Da sich die Nachricht von Moltkes Tod mit Windeseile verbreitete,

Als menschenköpfiger Vogel verließ nach dem Glauben der alten Ägypter die Seele den menschlichen Körper im Augenblick des Todes. Darstellung aus einer Grabkammer.

erfuhren die beiden Offiziere bald, daß der Generalfeldmarschall zu genau der Minute gestorben war, als sie ihn an sich hatten vorbeischreiten sehen.

Das ohne Zweifel frappierendste Beispiel eines durch zahlreiche Personen bezeugten »Doppelgängertums« dürften die unwahrscheinlich anmutenden Beobachtungen sein, über die der russische Para-Forscher Aleksandr Nikolajewitsch Aksakow in seinem 1905 erschienenen Buch »Animismus und Spiritismus« ausführlich berichtet.

An die 65 Kilometer von der livländischen Hauptstadt Riga entfernt gab es im vergangenen Jahrhundert unweit des Städtchens Wolmar das »Pensionat von Neuwelke«, das einen vorzüglichen Ruf als Erziehungsstätte für junge Mädchen genoß. 1845 beherbergte es 42 Töchter aus angesehenen Familien des Landes. In jenem Jahr hatte die Direktion als neue Lehrkraft Mademoiselle Emilie Sagée engagiert.

Wenige Wochen nur, nachdem die zweiunddreißigjährige Französin ihre Tätigkeit aufgenommen hatte, kam es unter den Schülerinnen wiederholt zu recht verwirrenden Aussagen. Wurde nämlich gelegentlich gefragt, wo sich Mademoiselle Sagée gerade befinde, gab es die widersprüchlichsten Antworten. Einige Mädchen erklärten, sie sitze im Bibliothekszimmer. Andere hingegen behaupteten, sie seien ihr soeben auf der Treppe begegnet. Anfänglich gab man nichts darauf. Denn man vermutete, es habe sich nur um Versehen gehandelt.

Das änderte sich erst, als es bald darauf zu Vorfällen kam, die sich kaum mehr auf eine Täuschung oder einen Irrtum zurückführen ließen. Als Mademoiselle Sagée eines Tages in einer Klasse 13 Zöglinge unterrichtete und dabei mit Kreide an die Wandtafel schrieb, ereignete sich etwas Unglaubliches: Zutiefst erschrocken sahen die Schülerinnen plötzlich die Lehrerin zweimal vor sich auf dem Katheder. Die eine stand dicht neben der anderen. Beide glichen einander nicht nur aufs Haar genau, sie führten auch – den Lehrsatz demonstrierend und schreibend – die gleichen Bewegungen aus. Nur etwas unterschied sie: Eine der beiden hatte keine Kreide in der Hand.

Die Stunde mußte abgebrochen werden, und es gab auf Anweisung der Direktion, die auf den Ruf ihres Instituts bedacht war, eine peinlich genaue Untersuchung. Jede Schülerin wurde einzeln befragt und alles zu Protokoll genommen. Und was ergaben die Ermittlungen? Alle 13 Anwesenden hatten das »Doppelwesen« von Mademoiselle Sagée gesehen und beschrieben es übereinstimmend gleich.

Die Phänomene wiederholten sich auch in den Wochen darauf, jedesmal auf eine andere Art. So erblickten die Zöglinge das Phantom der Französin einmal beim gemeinsamen Mittagsmahl. Es stand hinter deren Stuhl und ahmte alle Handbewegungen der Lehrerin beim Essen nach, nur eben ohne Messer und Gabel. Ein anderes Mal tauchte die Gestalt plötzlich in einem Raum mitten unter den Schülerinnen auf und ging stumm auf und ab. In Wirklichkeit indes lag Mademoiselle Sagée zu dieser Zeit mit einer Erkältung im Bett.

Durch einen weiteren äußerst mysteriösen Vorfall geriet eines Abends buchstäblich das ganze Pensionat in hellste Aufregung und größten Schrecken. Dabei spielte sich dies ab: Alle 42 Zöglinge waren mit Stickereien beschäftigt. Sie saßen an einem langen Tisch in der Halle im ersten Stock. Durch die vier großen, weitgeöffneten Glastüren ließ sich der ganze Garten bequem überschauen. Dort befand sich, wenige Schritte nur vom Hause entfernt, Mademoiselle Sagée. Die Schülerinnen sahen, wie sie mit Blumenpflücken beschäftigt war.

Als sich die Lehrerin, die zur Aufsicht der Mädchen im Raum war, nach einer Weile erhob und hinausging, um irgend etwas zu erledigen, sahen die Schülerinnen einen Augenblick später erstarrt und ungläubig nach dem Ende des Tisches. Auf dem Lehnsessel, aus dem eben die Lehrerin aufgestanden war, saß plötzlich, stumm und regungslos, aber in voller Gestalt Mademoiselle Sagée. Dabei pflückte unterdessen, worüber ein Blick hinunter in den Garten ihnen Gewißheit verschaffte, die Französin seelenruhig weiter Blumen. Nur schien es, als seien ihre Bewegungen jetzt langsamer und schlaffer, als ob sie sehr schläfrig oder entkräftet wäre.

Nach einer Weile rafften sich zwei der Mädchen, die sich inzwischen bereits an jenes sonderbare Phänomen gewöhnt hatten, auf. Klopfenden Herzens näherten sie sich dem Lehnstuhl und versuchten, die Gestalt zu berühren. Wie sie nachher aussagten, hätten sie einen leichten Widerstand gespürt, vergleichbar dem eines feinen Gewebes wie etwa Musselin. Eine der beiden, die ganz nahe herangetreten war, gab sogar an, sie habe mit ihrer Hand mühelos durch die Gestalt hindurchfahren können. Das Phantom zeigte sich merkwürdigerweise durch das Vorgehen der beiden Schülerinnen in keiner Weise behelligt. Es blieb noch eine Weile sichtbar und verschwand dann wieder. Gleichzeitig begann sich auch Mademoiselle Sagée im Garten erneut lebhafter zu bewegen. Als man ihr von der Erscheinung erzählte und fragte, ob sie zu dieser Zeit etwas empfunden habe, antwortete sie: Sie hätte gesehen, wie ihre Kollegin wegging, und sich Gedanken gemacht, daß die Mädchen nun nicht mehr richtig weiterarbeiten würden.

Nahezu eineinhalb Jahre lang, von 1845 bis 1846, erschien das unheimliche Phänomen immer wieder. Nicht nur die Schülerinnen, sondern auch alle Hausangestellten hatten in dieser Zeit die »Doppelgängerin« gesehen. Da die Zahl der Schülerinnen infolge dieser Vorfälle rapid zurückging – denn die meisten Eltern weigerten sich, ihre Töchter noch weiterhin einem solchen Spukhaus anzuvertrauen –, wurde Mademoiselle Sagée entlassen. Sie war sehr unglücklich, als die Direktion ihr dies mitteilte, und erklärte, es sei nun schon das neunzehnte Mal, daß sie dieses harte Los treffe. Sie hatte, wie sie jetzt offen gestand, zuvor bereits in 18 anderen Schulen ihre Stellung verloren – aus demselben Grunde!

Jahre später traf eine der früheren Schülerinnen aus Neuwelke ihre ehemalige Lehrerin nochmals als Erzieherin auf einem Gutshof. Mehrere Kleinkinder im Alter von drei bis vier Jahren, die sie dort zu betreuen hatte, erzählten – daß sie »zwei Tanten Emilie« hätten. Danach verlor sich, wie Aksakow ermittelte, jede weitere Spur der Mademoiselle Sagée.

Eine Erklärung? Die heute herrschende Tendenz, alles zu psychologisieren und zu subjektivieren, hat zu dem Versuch geführt, das Phänomen der Exteriorisation als sogenanntes »Projektionserlebnis« darzustellen, als »echte optische Halluzination« also. Bei den livländischen Doppelerscheinungen der französischen Lehrerin würde das bedeuten: Die Zöglinge wie das Lehr- und Dienstpersonal des Pensionats wären alle lediglich einer Massenhalluzination zum Opfer gefallen. Und dies nicht nur einmal, sondern in zahlreichen Fällen über einen Zeitraum von eineinhalb Jahren. Das aber ist höchst unwahrscheinlich. Gegen eine solche Annahme spricht außerdem, daß die gleichen Phänomene zuvor an vielen anderen Schulen ebenfalls aufgetaucht waren.

Außer dem Gewahrwerden eines »Doppelgängers«, sei es in eigener oder in fremder Gestalt, gibt es Phänomene gleich unheimlichen Charakters, bei denen der Betreffende sich außerhalb seines eigenen leiblichen Körpers zu befinden meint und diesen betrachten und beobachten kann. Die »vision de soi«, wie die Franzosen sagen, das »Sich-selbst-Sehen«, tritt sehr oft in Krisensituationen auf, sei es in Momenten größter Gefahr, unerträglicher Schmerzen, bei tödlicher Erkrankung oder auch kurz vor dem Dahinscheiden eines Menschen.

Professor Richet berichtete über zwei außergewöhnliche Erlebnisse eines gewissen L. L. Hymans. Das eine spielte sich in der Praxis eines Zahnarztes während eines chirurgischen Eingriffes ab, der unter Vollnarkose vorgenommen wurde. »Ich hatte mit einem Male das Gefühl, hellwach zu sein und in dem Raum in der Luft zu schweben«, erklärte der Patient später. »Zu meinem größten Erstaunen sah ich, wie der Zahnarzt an meinem Körper tätig war. Sein Assistent stand ihm dabei zur Seite. Der Körper war ohne jede Bewegung, das Bild jedoch sehr belebt. Nach einigen Minuten verlor ich dann das Bewußtsein und kam wieder im Behandlungsstuhl zu mir. Ich konnte mich jedoch sehr deutlich noch an alles erinnern, was ich zuvor gesehen hatte.«

Noch seltsamer mutet an, was Hymans in London in einem Hotel erlebte. »Morgens wachte ich mit Schmerzen – mein Herz ist etwas schwach – auf und wurde bewußtlos. Zu meiner Verblüffung fand ich mich plötzlich hoch oben im Zimmer, von wo ich – zutiefst erschrocken – meinen eigenen Körper erspähte, der mit geschlossenen Augen im Bett ausgestreckt lag. Ich bemühte mich, in meinen Körper zurückzukehren, was mir jedoch nicht möglich war, und ich schloß daraus, daß ich gestorben sei. Ich konnte aber das Hotelzimmer nicht verlassen und fühlte mich wie daran gefesselt. Nach ein oder zwei Stunden hörte ich, wie es an der Tür klopfte. Es geschah wiederholt. Ich war nicht in der Lage, zu antworten. Bald danach kam der Hotelportier über die Feuerleiter auf den Balkon geklettert und betrat den Raum. Ich sah ihn beunruhigt auf meinen Körper schauen und dann die Tür von innen öffnen. Nicht lange, und es kam mit dem Direktor und einigen Hotelangestellten auch ein Arzt. Dieser untersuchte mein Herz, schüttelte den Kopf und führte dann einen Löffel in meinen Mund. In diesem Augenblick verlor ich mein Bewußtsein und wachte im Bett wieder auf.«

Erlebnisse solcher und ähnlicher Art zeigen, daß ein durchaus klares Bewußtsein auch existieren kann, wenn der leibliche Organismus sich in einer abnormalen Situation befindet. »Sie legen nahe – obwohl sich hier kein strenger Beweis führen läßt –«, bemerkt Tyrrell dazu, »daß das Bewußtsein nicht an die normale Funktion des Gehirns gebunden ist, sondern durch dieses nur bedingt und geleitet wird. Vor allem zeigen diese Fälle die sehr bedeutsame Tatsache, daß unter ganz besonderen psychophysischen Umständen nicht nur eine Trennung der Psyche vom Körper erfolgen kann, wohl aber auch eine Spaltung innerhalb der Persönlichkeit selbst.«

Zuweilen konnten Personen, die solche Exkursionen erlebten, sich sogar genau erinnern, auf welch merkwürdige Art sie ihren Leib verlassen hatten. In der Sammlung der englischen S.P.R. lautet eine Schilderung wörtlich: »Als ich aus dem Kopf heraustrat, schwebte ich auf und ab und nach allen Richtungen, wie eine Seifenblase, die an einem Rohr hängt.« Ein anderes Mal heißt es: »Da bin ich nun, wie ein Ball, mitten in der Luft, wie ein Ballon, der immer noch durch irgendeine elastische Schnur an die Welt gebunden ist.«

Berechtigtes Aufsehen erregte, was Sir Alexander Ogston als Soldat während des Ersten Weltkrieges in Südafrika widerfuhr, als man den schwer an Typhus Erkrankten in ein Hospital zu Bloemfontein gebracht hatte und er im Delirium lag. »Tag und Nacht waren«, schreibt er, »fast gleich. Ich lag wie betäubt in einem völligen Stumpfsinn, der weder Furcht noch Hoffnung aufkeimen ließ. Dabei schienen indes Seele und Körper zweierlei und gewissermaßen voneinander getrennt zu sein. Meines Leibes war ich mir gleichsam als einer trägen, hingestreckten Masse bewußt. Er gehörte wohl zu mir, aber mein Ich war das nicht.«

Sein geistiges Ich, dessen war er gewiß, verließ regelmäßig den Leib. Es löste sich von ihm und wanderte – »einsam, aber nicht unglücklich« – unter einem bleifarbenen Himmel, der weder Mond noch Sterne kannte, auf einen Schimmer am fernen Horizont zu. Sir Alexander erspähte, wie er sich weiter entsann, »auch andere dunkle Schatten, die lautlos dahinschwebten«. Als ihm ins Bewußtsein kam, daß die Masse, derer er sich als seines eigenen Körpers erinnerte, »irgendwie aufgerüttelt wurde«, fühlte er sich dorthin gezogen, kehrte widerwillig in seinen Leib zurück und wurde wieder er selbst. Er wußte jetzt, daß man ihn pflegte, mit ihm sprach und ihm Nahrung einflößte. Dennoch schien es ihm, als verließe er weiterhin seinen Körper, um wie zuvor umherzuwandeln.

Diese Exkursionen wiederholten sich mehrmals, bis Sir Alexander »beim Abklingen des hohen Fiebers« endgültig zurückgerufen wurde »zu der amorphen Masse. Und als ich mit heftigem Abscheu näherkam, hörte ich eine Stimme sagen: ›Er wird durchkommen.‹ Ich weiß nur, daß ich diesmal die Masse als weniger kühl empfand. Von jenem Augenblick an schienen auch die Wanderungen immer seltener und kürzer zu werden. Das Ding, das da lag, und ich wuchsen mehr zusammen und hörten auf, zwei getrennte Einheiten zu sein.« Im übrigen hatte Sir Alexander Ogston in jenen Tagen, da seine Körperkräfte auf den Nullpunkt gesunken waren und er mit dem Tode rang, auch mehrmals para-normale Wahrnehmungen, an die er sich nachher sehr deutlich erinnern konnte. Er vermochte durch alle Mauern des Gebäudes hindurchzusehen, als seien sie gläsern, und beobachtete unter anderem, was tatsächlich der Fall war, wie in einem anderen Flügel des Hospitals ein Arzt starb und in der Nacht heimlich zum Friedhof hinausgetragen wurde.

Auch der Schock bei einem Unfall kann ein solches »Außerhalb-des-Körpers-Erlebnis« zur Folge haben. Professor William Denton notierte die Aussage eines Maurers, der vom hohen Gerüst eines Neubaus in die Tiefe gestürzt und dabei um ein Haar ums Leben gekommen war. »Als ich auf dem Boden aufschlug«, berichtete dieser, »sprang ich aus mir heraus. Es war mir, als habe ich plötzlich einen neuen, anderen Körper, und es kam mir vor, als stünde ich mitten unter den Zuschauern, die auf meinen daliegenden Leib starrten. Ich sah, wie sie sich bemühten, ihn wieder zu sich zu bringen. Vergeblich versuchte ich es mehrmals, in meinen Körper zurückzukehren, bis es mir schließlich doch gelang.«

Mit den hier aufgeführten Beispielen ist die Reihe dieser außergewöhnlichen Phänomene keineswegs abgeschlossen. Es gibt außerdem noch völlig andersartige, nicht minder verblüffende Erlebnisse »außerkörperlicher Erfahrungen«. Bei ihnen ist das Ich offenbar in keiner Weise mehr irgendwie körperlich gebunden. Es begreift und empfindet sich als »körperfreies Bewußtsein«, das »Astralreisen« unternimmt.

Swedenborg ist der erste gewesen, der Erfahrungen dieser Art ausführlich beschrieben hat. Natürlich sind sie – was auch für die »vision de soi« gilt – einer besonders starken Skepsis und oft genug einer heftigen Kritik ausgesetzt. Sie haben aber dafür auch unzweifelhaft einen Vorteil. Während die durch Fremde gesehenen und bezeugten Phänomene am stärksten für den objektiven Charakter der Exteriorisation sprechen, ermöglichen die Selbstzeugnisse informativ einen viel tieferen und klareren Einblick in die inneren Vorgänge, in die Gefühle und Empfindungen beim Austritt aus dem Körper und beim Wiedereintritt sowie während des »körperfreien« Sich-Bewegens eines hellwachen Bewußtseins im Raum.

Besonders aufschlußreich sind die Erfahrungsberichte eines Nordamerikaners, der den Ruf als berühmtester »Astralreisender« der Neuzeit genießt. Es handelt sich um Sylvan J. Muldoon, der mit seinem in Zusammenarbeit mit dem Forscher Hereward Carrington 1929 veröffentlichten autobiographischen Werk »The Projection of the Astral Body« Aufsehen erregte.

Muldoon, der immer kränklich war, hatte seine ersten Erfahrungen bereits als Zwölfjähriger. In der Nacht plötzlich wachwerdend, stellte er entsetzt fest, völlig gelähmt zu sein. Doch die Starre löste sich bald und machte einem Gefühl der Schwerelosigkeit Platz. Als er schließlich auch wieder sehen konnte, fand er sich im Raum schwebend, in aufrechter Stellung. Er schaute sich um und bemerkte eine silberne Schnur, die seinen »Astralleib« mit dem Körper verband. Eine solche Verbindung wird übrigens bereits seit alters her in Berichten über derlei Phänomene erwähnt.

Muldoon hatte jahrelang Aberhunderte Erlebnisse dieser Art. Sie wurden ihm schließlich zu etwas Selbstverständlichem. »Wenn ich darüber nachdenke«, schreibt er, »so fällt es mir schwer zu glauben, daß ein bewußtes astrales Sich-hinaus-Versetzen nicht allgemein bekannt ist. Ich kann mir kaum vorstellen, daß ein so wirkliches Erlebnis je bezweifelt wird, daß man es nicht akzeptiert, gerade wie man das körperliche Leben gelten läßt. Aber schließlich würde ich nicht so denken, wenn ich es nicht selbst oft erlebt hätte. Ist man bewußt hinausversetzt, so gibt's kein Fragen mehr. Dann weiß man es.«

Nach vielem Bemühen schaffte Muldoon es nämlich eines Tages auch, jene außergewöhnlichen Erlebnisse bewußt herbeizuführen. Das wichtigste dabei sei, stellt er fest, vor allem das Bewußtsein wach zu erhalten. Dazu bedarf es eines eifrigen Trainings. »In der Regel schwindet bei normalen, ungeübten Personen das Bewußtsein, noch bevor das Phänomen überhaupt beginnt.«

Was befähigte Muldoon zu diesen überraschenden Erfahrungen, mit deren exakter Beschreibung er der Forschung so viele wertvolle Fingerzeige zu geben vermochte? War es sein stets kränklicher Zustand? Auffällig ist, daß von der Zeit an, da er anfing, gesund zu werden, auch seine »Astralreisen« allmählich immer seltener wurden und schließlich ganz aufhörten. Der einst Vielbewunderte und Bestaunte starb, zurückgezogen lebend, 1971 in dem Städtchen Darlington in Wisconsin, wo er zuletzt einen Schönheitssalon betrieben hatte.

Zur gleichen Zeit, als Muldoon seine astralen Abenteuer hatte, entdeckte ein Engländer, der unter dem Pseudonym Oliver Fox bekannt wurde, bei sich ebenfalls ähnliche Befähigungen. Auch er brachte es fertig, auf Wunsch seinen Körper zu verlassen. Er beschrieb seine Erfahrungen in »Astral Projection«.

So viele gut bezeugte Beobachtungen und Berichte, unter ihnen die berühmte englische Sammlung »Phantasmas of the Living« mit zahlreichen Fällen, auch vorlagen – diese Phänomene blieben lange ein Stiefkind der Forschung. Erste Versuche, dem Geheimnis jener »Out-of-Body-Experiences« auf die Spur zu kommen, fanden erst im vergangenen Jahrhundert statt. Es waren Franzosen, die sich auf dieses Gebiet vorwagten und zu experimentieren begannen. Unter ihnen bemühten sich Dr. H. Durville und Albert de Rochas, das »Double« einer Person auf die fotografische Platte zu bannen und damit einen objektiven Beweis für dessen Existenz zu erbringen. Zwei andere Forscher, Dr. Malta und Zaalberg van Zelst, wollten den Nachweis auf andere Weise führen. Sie behaupteten eines Tages, es sei ihnen mit Hilfe einer allerdings sehr komplizierten Methode angeblich gelungen, das Gewicht von »Doppelgängern« zu ermitteln. Experimente, die dann später Dr. Dunkan McDougall in Haverhill in Massachusetts anstellte, erschienen fast wie eine Bestätigung: Beim Wiegen sterbender Patienten sollte sich, so wurde berichtet, nach dem Eintritt des Todes ein Gewichtsverlust zwischen 50 und 75 Gramm ergeben haben. Abgesehen von gelegentlichen weiteren Bemühungen, hat das Interesse sich danach jedoch wieder anderen Para-Phänomenen zugewendet. Dabei blieb es. Erst in jüngster Vergangenheit gab es eine Wende:

1953 eröffnete Professor Hornell Hart in der Abteilung für Soziologie und Anthropologie an der Duke-Universität eine Forschungsstelle, die sich der Frage widmen sollte, ob es »Astralreisen« gibt. Es galt zunächst, festzustellen, was bisher an Tatsachen bekannt war, und zu prüfen, wie weit die vorliegenden Berichte als überhaupt glaubwürdig angesehen werden können. Ein Sammeln und Sichten kam in Gang; das Material stammte vor allem aus westlichen Ländern. Das war immerhin ein Auftakt.

Erst vor knapp einem Jahrzehnt begannen dann mutige Einzelgänger die Erforschung der »Erfahrungen außerhalb des Körpers« gegen heftige Widerstände von seiten der offiziellen Wissenschaft ernsthaft in Angriff zu nehmen. Einer von ihnen ist der englische Gelehrte Dr. Dr. Robert Crookall. Er

ging in den sechziger Jahren daran, gut bezeugte Fälle zu sammeln – sie belaufen sich bereits auf nahezu 1000 an der Zahl – und sie kritisch zu analysieren. Anhand von über 300 Beispielen gelang es ihm, bereits sechs ganz charakteristische Merkmale herauszufinden, die bei jenen Erlebnissen aufzutreten pflegen. Es sind dies folgende: Wer das Phänomen erlebt, hat das Gefühl, er verläßt seinen physischen Körper durch den Kopf. Dabei kommt es in dem Augenblick, in dem das Bewußtsein sich vom Körper trennt, zu einem »Black out«, einem ganz kurzen Schwinden des Bewußtseins. Danach schwebt der Scheinkörper über dem Leib. Das geschieht, bevor die Erfahrung zu Ende geht. Beim Wiedereintreten kommt es erneut zu einem »Black out«. Eine zu schnelle Rückkehr verursacht einen Schock im Körper.
Noch etwas Interessantes fand Dr. Crookall heraus: Die Erlebnisse, die spontan auftreten oder durch natürliche Zustände ausgelöst werden – sei es im Halbschlaf, sei es bei Krankheit oder Erschöpfung –, sind stets viel lebhafter als die durch Hypnose, Schock oder Konzentration bewußt herbeigeführten. Weitere aufschlußreiche Enthüllungen folgten.
Dem unermüdlichen, methodischen Vorgehen Dr. Crookalls verdankt die Parapsychologie heute bereits auf dem Gebiet der außerkörperlichen Projektion neue, fundamental wichtige Einblicke. Inzwischen ist man noch einen Schritt weitergegangen und hat mit Experimenten begonnen.
Die Initiative ergriff Professor Dr. Charles T. Tart. Nach ersten Tests 1965 und 1966 an der Universität von Virginia gelang es ihm dann, an der Universität von Davis in Kalifornien beachtliche Beobachtungen zu machen.

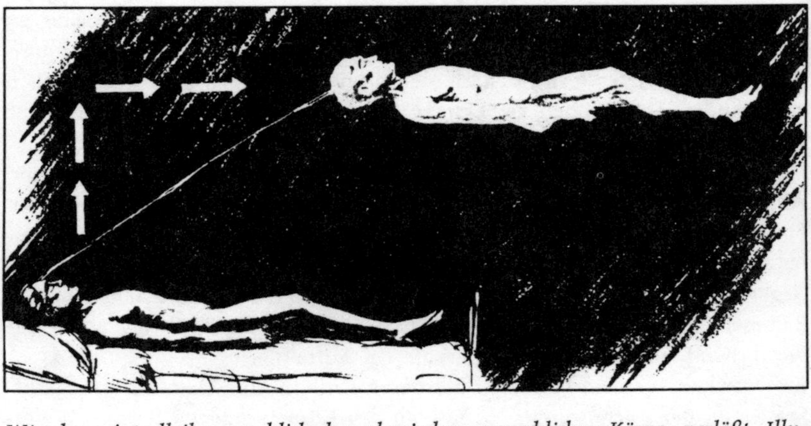

Wie der »Astralleib« angeblich den physischen menschlichen Körper verläßt. Illustration aus dem 1929 erschienenen Werk des berühmten amerikanischen »Astralreisenden« Sylvan J. Muldoon.

Rechts: Hinter einem Vorhang sitzend, bemüht sich eine Versuchsperson, auf ein Signal »blind« mit ihrer Hand tastend, ein von einem Zufallsgenerator aus 25 Feldern gerade gewähltes Viereck zu »erraten«. Eine oben angebrachte Video-Kamera überträgt den ganzen Vorgang auf den Bildschirm in einen Kontrollraum (unten), in dem der Experimentator den Verlauf des ESP-Tests überwacht. Mit Hilfe dieser Anlage werden auch Versuche angestellt, vom Kontrollraum aus die Entscheidungen der Testperson zu beeinflussen, indem der Experimentator, sich auf den TV-Schirm konzentrierend, die Hand in ein bestimmtes Feld suggestiv zu lenken trachtet.

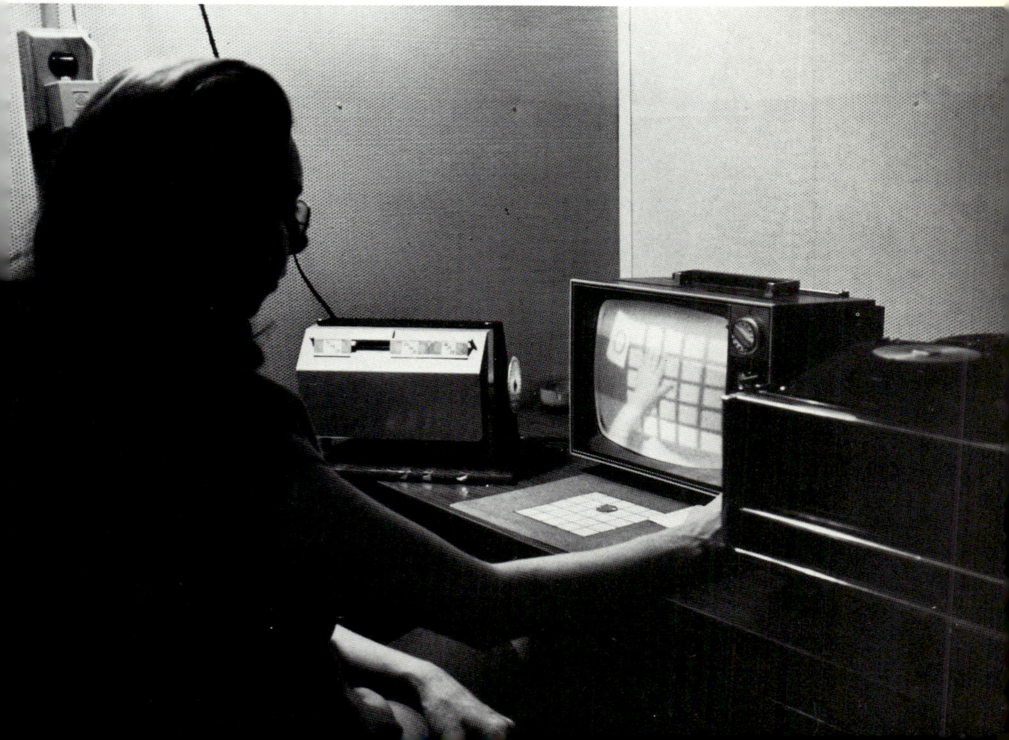

Mit Elektronengeräten den noch geheimnisvollen Ursachen der Psi-Phänomene auf der Spur. Links: Janet Mitchell, jahrelange Forschungsassistentin bei der American Society for Psychical Research in New York, und ein Mitarbeiter beobachten an einem Polygraphen den Verlauf eines Experiments, bei dem es darum geht, die physiologische Indikation für Para-Erscheinungen zu erforschen. Unten: Zwei Personen in einem isolierten Raum beim Versuch, in einen Zustand zu gelangen, bei dem die für Psi offenbar typischen Alpha-Wellen auftreten. Elektroden an den Köpfen übermitteln die Hirnströme zum Kontrollraum.

Es ging Tart darum, festzustellen, ob Personen, die öfter »außerkörperliche Erlebnisse« haben, solche auch im Labor hervorrufen können, so daß es möglich wird, dort psychologisch-physiologische Untersuchungen an ihnen vorzunehmen. Einer dieser Versuche sah so aus: Miss Z., wie sie kurz im Bericht genannt wird, die einschlägig begabt war, wurde an einen Elektroenzephalographen, einen Polygraphen und weitere Registriergeräte angeschlossen und dann an Füßen und Oberkörper so angebunden, daß sie sich unmöglich erheben konnte. Eine besondere Alarmanlage wäre im übrigen sofort ausgelöst worden, sobald sie ihre horizontale Lage verlassen hätte. Über der Versuchsperson war – und zwar in mehreren Metern Höhe, unerreichbar also auch für jedermann im Stehen – ein Gestell angebracht, auf das ein Zettel mit einer durch einen Zufallsgenerator ausgewählten Zahl gelegt wurde, und zwar durch eine sonst am Versuch völlig unbeteiligte dritte Person und geraume Zeit, bevor Miss Z. gegen Abend den Raum betrat.

Drei Nächte lang gelang es Miss Z. nicht, ihren Körper zu verlassen. In der vierten Nacht nannte sie plötzlich eine Zahl – es war genau die oben auf dem Gestell befindliche, wohin man nur gelangen konnte, wenn man sich »in die Luft erhob«.

Im Herbst 1971 beschloß auch Dr. Karlis Osis, Forschungsdirektor der »American Society for Psychical Research«, mit experimentellen Untersuchungen zu beginnen. Die A.S.P.R. wandte sich auf der Suche nach geeigneten Versuchspersonen an die Öffentlichkeit. Nach vielen Aspiranten, die jedoch alle nur spontane Erlebnisse zu verzeichnen hatten, meldete sich eines Tages Ingo Swann, ein begabter Künstler und Schriftsteller. Mit ihm hatte man genau das gefunden, was man sich vorstellte. Er war nämlich, wie er der Forschungsassistentin Mrs. Janet Mitchell erklärte, in der Lage, »sich von seinem Körper zu exteriorisieren«, und zwar »an jedem Ort und zu jeder Zeit«.

Mr. Swann hatte sein erstes Erlebnis bereits als Dreijähriger. Während einer Mandelentfernung unter Narkose sah er, wie der Arzt ihn operierte, und konnte nachher alles detailliert beschreiben. »Als Junge«, so gab er zu Protokoll, »verließ ich beim Spielen oft meinen Körper und ging hinab in die Erde. Ich bin in den Rocky Mountains geboren, und es machte mir Spaß, den verschiedenen Metalladern mitten durch die Felsen zu folgen.« Als Zwanzigjähriger begann er sein Training mit dem Ziel, auf Wunsch seinen Körper verlassen zu können, was ihm auch tatsächlich gelang.

Bei den Experimenten mit Ingo Swann bei der A.S.P.R. ging es zuerst darum, herauszufinden, ob er in der Lage sei, bestimmte Gegenstände, die sich außerhalb seiner Sichtweite befanden, identifizieren zu können. Die Erfolge, die dabei erzielt werden konnten, »schließen allerdings«, wie Mrs. Mitchell zugibt, »nicht die Möglichkeit aus, daß er die Informationen über Clairvoyance, Telepathie oder auch Präkognition erhielt.« Man ist jedoch inzwischen dabei,

»neue Techniken und Methoden zu entwickeln, die diese anderen Zugänge zu den Zielobjekten ausschließen«. Noch ist es verfrüht, stichhaltige Resultate zu erwarten. Man wird sich damit noch gedulden müssen – vielleicht sogar lange Jahre.

Wichtiger ist: Auch die »außerkörperliche Erfahrung« – einst nur im Bereich des Anekdotenhaften angesiedelt und offiziell als nicht existent behandelt – hat nun als ernst genommenes Phänomen ihren Einzug gehalten in die nüchtern-kritische Atmosphäre der modernsten Laboratorien.

Zu welchen neuen Erkenntnissen werden uns die Experimente eines Tages führen?

Wir können es nur vermuten und einige Möglichkeiten andeuten. Neue Beobachtungen und Entdeckungen bei der Erforschung der Exteriorisation könnten unsere bisherigen, noch recht unklaren und begrenzten Vorstellungen von dem, was wir als »Bewußtsein« ansprechen, revolutionierend erweitern. Hier mag sich ein bisher noch verschlossener Zugang zur Welt der Psyche eröffnen. Es kann auch sein, daß wir zu völlig unerwarteten, ganz neuen Einsichten in das Wesen jener bisher nicht erklärbaren »Erscheinungen von Lebenden« und »Erscheinungen von Toten« gelangen. Denn Professor H. Hart, der beide Formen eingehend analysiert hat, konnte feststellen, daß beide die gleichen charakteristischen Merkmale aufweisen. Aber es ist noch etwas Drittes denkbar. Janet Mitchell deutete es in »Psychic« an: »Wenn es einen bewußten Teil im Menschen gibt, der unabhängig von dem körperlichen Leib operieren kann, solange dieser lebt, dann drängt sich die Vermutung auf, daß jener ›Teil‹ auch in der Lage sein könnte, weiterzuexistieren, wenn der Körper stirbt.« Zwei angesehene Forscher sind in dieser Hinsicht durchaus optimistisch. Sowohl Professor H. Hart als auch Dr. Crookall sind aufgrund ihrer umfassenden Fallstudien über jene Phänomene der Meinung, daß das »Verlassen des eigenen Körpers« für die Existenz eines vom Leib unabhängigen Bewußtseins spreche. Damit aber ist eine weitere Frage aufgeworfen: Wird es eines Tages gelingen – was bisher unmöglich war –, den wissenschaftlichen Nachweis für ein »Weiterleben nach dem Tode« zu führen?

Wird es einmal eine verläßliche und fundierte, durch nichts widerlegbare Antwort auf jene große, wenn nicht größte und aufwühlendste aller Menschheitsfragen geben – die der Weiterexistenz der Seele?

Mag sein, daß sich dann vielleicht auch das Geheimnis einer anderen uralten, vor allem im Geistesgut des Ostens tiefverwurzelten Lehre lüften wird – das der Reinkarnation, der »Wiederverkörperung«. Eine Chance dafür winkt. Denn tatsächlich haben inzwischen auch auf diesem Gebiet in jüngster Zeit – seit knapp eineinhalb Jahrzehnten – erste wissenschaftliche Untersuchungen begonnen, und zwar im Orient wie im Okzident zugleich. In Indien ist es Professor Hemandra Banarjee, Direktor der Abteilung für Parapsychologie

an der Universität von Radschasthan, der praktische Forschungen betreibt. In den USA befaßt sich Jan Stevenson, ebenfalls Professor der Psychiatrie an der Universität von Virginia in Charlottesville, theoretisch-analytisch mit Fällen, die für eine Wiedergeburt zu sprechen scheinen.
Im Hinduismus wie im Buddhismus ist der Glaube an das »Wieder-auf-die-Welt-Kommen« seit eh und je selbstverständlicher Bestandteil der Lebensanschauung. Zur Zeit der Antike jedoch ist auch im Raum der Mittelmeerländer erstmals eine ähnliche Auffassung bezeugt. Sie taucht im orphischen Kult auf. Pythagoras, der große Philosoph und Mathematiker des sechsten vorchristlichen Jahrhunderts, und die Anhänger der von ihm in Kroton in Unteritalien gegründeten Sekte gehörten zu denen, die an eine »Metempsychosis«, was wörtlich etwa »Umbeseelung« heißt, also eine Seelenwanderung glaubten. Von Empedokles, der um 450 v. Chr. in Agrigent auf Sizilien lebte, wird berichtet, er habe sich sehr gut daran erinnern können, früher einmal als Fisch, ein anderes Mal als Vogel, aber auch als Jüngling und als Mädchen gelebt zu haben. Auch Platon weiß von der »Rückkehr der Seelen«. Später vertraten auch Gruppen der Gnostiker diese Vorstellung. Wie aus römischen Quellen ersichtlich, soll der Gedanke an eine Reinkarnation außerdem bei den Kelten, vor allem unter deren mächtigem Priesterstand der Druiden, verbreitet gewesen sein. Die Reinkarnation konnte jedoch im Okzident nie festen Fuß fassen. Dazu hat im übrigen ein allerhöchstes Verbot sicher das seine getan: Die Lehre verfiel 553 auf dem von Kaiser Justinian einberufenen zweiten Konzil zu Konstantinopel offiziell der Verdammnis. Erst in der Neuzeit befaßten sich in Europa vereinzelt wieder Denker mit dem Problem, unter ihnen in Deutschland Kant und Schopenhauer. Zugleich fand die Lehre mit den Theosophen, den Anthroposophen und in einigen spiritistischen Sekten erneut Anhänger im Westen.
In ganz Asien hingegen gibt es seit Jahrtausenden eine Flut von Berichten, frommen Erzählungen und Legenden über die Reinkarnation – angefangen von den Erlebnissen der Götter und der Heiligen bis zu denen normaler Sterblicher. Merkwürdigerweise fehlt es jedoch auch im Westen keineswegs an Vorkommnissen, angesichts derer sich die Frage aufdrängt, ob man es hier nicht auch mit Fällen zu tun habe, die auf eine Wiedergeburt hinzudeuten scheinen.
Das gilt unter anderem für die sogenannten Déjà-vu-Erlebnisse. Man kommt beispielsweise in eine völlig fremde Gegend, sieht eine Szenerie oder erblickt jemanden zum ersten Male in seinem Leben – und hat plötzlich das ganz sichere Gefühl, jene Landschaft oder jenen Menschen bereits zu kennen, sie schon einmal gesehen zu haben. Was liegt näher als die Vermutung, es habe sich um ein »Wiedererleben« gehandelt? Um ein Erlebnis mithin, das scheinbar zwingend auf eine eigene frühere Existenz schließen läßt.
In Wirklichkeit lassen sich solche Erscheinungen jedoch aufgrund der Erfah-

rungen der experimentellen Psychologie durchaus natürlich und »diesseitig« erklären: Wir alle nehmen viel mehr wahr und speichern an Informationen und Eindrücken viel mehr in uns auf, als wir auch nur ahnen. Nur einen winzigen Bruchteil davon behalten wir im Gedächtnis. Aber das, was einmal gespeichert ist, kann durch irgendeinen Anlaß plötzlich in unser Bewußtsein gelangen. Und schon ist angeblich eine »Erinnerung« da an etwas, das wir mit dem Verstand zuvor gar nicht zur Kenntnis genommen hatten.

Zuweilen mag einem Déjà-vu-Erlebnis auch ein präkognitiver Traum zugrunde liegen, der wieder vergessen wurde. Wenn das vorausgesehene Ereignis dann wirklich eintrifft, kann aufgrund einer dunklen Erinnerung an das Geträumte ebenfalls der Eindruck des »bereits Erlebten« entstehen.

Beträchtliches Aufsehen in Fach- wie in Laienkreisen erregte ein Buch, betitelt »The Search of Bridey Murphy«, das 1952 in den USA erschien. Sein Verfasser, ein Amateur-Hypnotiseur namens Morey Bernstein, veröffentlichte die auf Tonbändern zu Protokoll genommenen »Erinnerungen an ein früheres Leben«. Der Fall war sensationell: Bernstein hatte eine junge Pueblo-Indianerin, Virginia Tighe – im Buch Ruth Simmons genannt –, hypnotisiert. Als diese in tiefen hypnotischen Schlaf gesunken war, hatte sie begonnen, eine merkwürdige Geschichte zu erzählen. Sie habe früher einmal in Irland gelebt und sei auch auf der »Grünen Insel« geboren, und zwar im Jahre 1798. Damals habe sie Bridey Murphy geheißen.

Im Verlauf von weiteren fünf Sitzungen schilderte Ruth Simmons unzählige Episoden aus ihrem damaligen Leben als Bridey Murphy. Da viele Angaben sehr detailliert waren, gingen später Bernstein und andere Interessierte aus den USA und aus Irland daran, sie an Ort und Stelle zu überprüfen. Eine erstaunliche Anzahl hat sich dabei, so jedenfalls behauptete Bernstein, als richtig erwiesen. Da nicht alle ihm glaubten, entbrannte über das Ja oder Nein zu der großen Frage, die im Hintergrund des Falles stand, eine ungewöhnlich heftige Diskussion. War es hier gelungen, die Existenz jenes geheimnisvollen Phantoms der Seelenwanderung nachzuweisen?

Der Philosoph und Forscher C. J. Ducasse hat in seinem Werk »The Believe in Life after Death – Der Glaube an ein Leben nach dem Tode«, in dem er auch auf den Fall Bridey Murphy eingeht, die Frage verneint. Er ist der Ansicht, daß »die sechs Gespräche von Bernstein mit Ruth Simmons nicht die Reinkarnation von Bridey Murphy in Ruth Simmons alias Virginia Tighe beweisen. Sie stellen auch keinen sehr überzeugenden Fall dar. Andererseits bedeuten sie ein recht gutes Beweismaterial dafür, daß in hypnotischer Trance para-normale Kenntnisse unterschiedlichster Art über dunkle Tatsachen aus dem Irland des 19. Jahrhunderts manifestiert worden sind.«

Inzwischen ist – herausgegeben 1966 von der A.S.P.R. – das wohl bedeutendste Werk über Wiedergeburt erschienen: »Twenty Cases Suggestive for Reincarnation – Zwanzig Fälle, die für eine Wiederbeseelung zu sprechen scheinen« von Jan Stevenson. Die Dokumentation behandelt, ausgewählt aus etwa 600 Vorkommnissen, ausführlich 20 einschlägige Ereignisse aus Indien und Ceylon sowie aus den Indianergebieten Alaskas, aus Brasilien und dem Libanon. Eingehend werden Leben und Persönlichkeit sowohl des Verstorbenen als auch jener Person beschrieben, in der sich der Tote reinkarniert haben soll. Meist handelt es sich dabei noch um ein Kind, das – und damit beginnt das zuweilen ebenso unheimlich Erscheinende wie zugleich Faszinierende und den Glauben an die Echtheit des Phänomens Stärkende – oft schon im Alter von nur drei oder vier Jahren mit einem Male behauptet, jemand anders zu sein. Zumeist gibt es an, einen ganz anderen Namen zu haben, auch andere Geschwister, Eltern und sonstige Verwandte. Auch stamme es aus einem anderen Ort. Was unbegreiflich anmutet: Diese Angaben pflegen nicht selten bis ins winzigste Detail zu stimmen. Professor H. Banarjee, der in Indien solchen Fällen seit vielen Jahren nachgeht und sie persönlich an Ort und Stelle überprüft – und als Feldforscher auf dem Gebiet der Reinkarnation einer der größten Experten ist –, hat sich von der Richtigkeit derartiger Behauptungen in zahlreichen Fällen überzeugen können. Kleine Mädchen und Buben führten den Gelehrten – wenn man sie an den genannten Ort brachte, der oft ein weit entlegenes, kaum dem Namen nach bekanntes Dorf war – zumeist wie selbstverständlich umher.

Berühmt wurde der von ihm untersuchte Fall eines kleinen Mädchens namens Shanti Devi, die 1926 in Neu-Delhi zur Welt gekommen war. Auch sie wurde, kaum daß sie sprechen konnte, nicht müde zu behaupten, bereits einmal gelebt zu haben, nannte auch die Stadt ihrer früheren Geburt und erwähnte unzählige Einzelheiten von dem, was sie angeblich damals erlebte. Als Professor Banarjee mit der Kleinen in die Stadt fuhr, zeigte Shanti Devi nicht nur ihre – zuvor von ihr beschriebenen – einstigen Spielplätze und die Stellen, wo sie ihr Spielzeug zu verstecken pflegte. Sie fand auch mühelos den Weg zu dem Haus, in dem sie gewohnt hatte, und identifizierte ihren einstigen Ehemann.

Fälle dieser Art sind es, die Professor Stevenson in seinem Werk einer kritischen Analyse unterzogen hat. Bei einem von ihnen geht es um folgendes:

Im Jahre 1951 war in dem indischen Ort Kanaidsch ein entsetzliches Verbrechen entdeckt worden. Man hatte Munna, den sechsjährigen Sohn von Prasad, einem wohlhabenden Einwohner, ermordet aufgefunden. Ihm war mit einem Messer der Kopf abgeschnitten worden. Der Verdacht fiel auf zwei Nachbarn, auf Jahavar, der mit Prasad verwandt war, und einen gewissen Chaturi. Das Motiv zur Tat lag für Jahavar klar: Ihm winkte nach dem Tode des kleinen Munna als einzigem Nachkommen die Chance, Prasad einmal beerben zu können. Es kam zum Prozeß. Da Chaturi indes ein zunächst abgelegtes Geständnis widerrief, erging kein Urteil. Beide Angeklagte mußten mangels Beweises freigesprochen werden.

Einige Jahre waren vergangen, als man Prasad heimlich höchst merkwürdige Geschichten zutrug. Folgendes sollte sich ereignet haben: Etwa ein halbes Jahr nach der Ermordung seines Sohnes sei in einer Familie namens Shankar ein Sohn zur Welt gekommen, der den Namen Ravi erhielt. Ravi jedoch hatte eines Tages aus heiterem Himmel behauptet, er habe einen anderen Vater. Er sei nämlich der Sohn von Prasad. Nicht nur das. Der kleine Ravi begann – er war gerade erst vierjährig – auch aus seinem früheren Leben als Munna zu erzählen. Er beschrieb sein Elternhaus, sein Spielzeug und die Gefährten, mit denen er oft zusammen gewesen war. Das Kind wußte alles – selbst »seine« Ermordung. Ravi beschrieb den Platz, wo Munna umgebracht worden war, und auch, wie die beiden Mörder ausgesehen hatten.

Als Ravi sechs Jahre alt war und noch immer auf jene »früheren« Erlebnisse zurückkam, zeichnete ein Schullehrer seine Aussagen auf. Was nahegelegen hätte, blieb jedoch aus. Ravi durfte nie seinen »richtigen« Vater besuchen. Shankar, der vielleicht insgeheim befürchtete, seinen Sohn zu verlieren, verstand es, auch den geringsten Kontakt zu verhindern. Erst nach seinem Tode war es möglich, Ravis Angaben zu überprüfen. Zahlreiche Tatsachen konnten sowohl durch Aussagen von Angehörigen beider Familien als auch von anderen Zeugen als wahr bestätigt werden. Was besonders auffiel, war unter anderem die Angst und Wut zugleich, die Ravi befallen hatte, als er »seinen« beiden Mördern plötzlich auf der Straße begegnet war. Völlig unerklärlich erschien auch ein Muttermal am Hals des kleinen Ravi. Es zog sich – unverkennbar an die vernarbte Wunde eines Schnittes erinnernd – rings um dessen Hals!

Was konnte Stevenson anhand seiner ausführlichen Analysen von zwanzig ausgewählten, bestens bezeugten und dokumentierten Fällen feststellen? In der überwiegenden Mehrzahl erwiesen sich die Übereinstimmungen als so spezifisch, daß die Annahme eines Zufalls ausgeschlossen werden konnte. Und welche natürlichen Erklärungen lassen sich dafür erbringen? Für möglich hält der amerikanische Gelehrte, daß die sogenannte Kryptomnesie, also ein Wiederhervorbringen vergessener Bewußtseins-Inhalte, hineinspielen könnte, aber auch, wie er es nennt, ein »genetisches Gedächtnis«, worunter ein von den Eltern ererbtes Wissen zu verstehen wäre. Ohne Zweifel jedoch spielen seiner Ansicht nach bei vielen Erscheinungen para-normale Prozesse eine entscheidende Rolle. Informationen über den Verstorbenen und dessen Leben können durch Hellsehen und Telepathie »eingeholt« werden.

Aber damit ist längst nicht alles erklärt. Denn jene Kinder haben nicht nur »Erinnerungen« aus ihrem »einstigen Leben«. Sie zeichnen sich oft nämlich auch durch spezifische Verhaltensweisen – in Bewegungen oder Gewohnheiten –, durch bestimmte Begabungen und zuweilen sogar durch körperliche Besonderheiten – eben Muttermale – aus, die ganz charakteristisch für den Verstorbenen waren. Manche bevorzugen dasselbe Handwerk, zeigen die

gleiche erstaunliche Sprachbegabung oder sind »wie früher« leidenschaftliche Jäger.
Angesichts solcher Tatsachen fängt das große Rätselraten an. Es setzt sich fort, wenn man herauszufinden sucht, warum sich ein bestimmtes Kind überhaupt und gerade mit einem ganz bestimmten Verstorbenen so intensiv und völlig überzeugt identifiziert. Auch hierfür fehlt bisher, wie Stevenson selbst offen zugibt, jede Erklärung. Diese Feststellungen und Erkenntnisse bilden das Fazit der aufschlußreichen Forschungsarbeiten des amerikanischen Gelehrten.
Was sie bedeuten?
Der Schleier tiefen Geheimnisses, der seit eh und je die Lehre von der Reinkarnation verhüllte, konnte noch um keinen Zipfel gelüftet werden.

XXXI. An vorderster Front

»Ein weiteres Kapitel in der Geschichte der Psychokinese (PK) darf zuversichtlich erwartet werden«, schrieb Louisa Rhine 1968. »Wir stehen gerade erst am Anfang.« Sie hatte nicht zuviel prophezeit. Und nicht nur in der Erforschung der physikalischen Phänomene, auch auf den übrigen Gebieten der Psi-Phänomene konnten inzwischen enorme Fortschritte erzielt werden.
Nichts vermag diese Tatsache einleuchtender zu illustrieren als ein Gang durch die Räume der »Foundation for Research on the Nature of Man« in Durham, USA. Diese »Stiftung zur Erforschung der menschlichen Natur« wurde von Professor Rhine nach seiner Emeritierung gegründet und beherbergt seit einigen Jahren das von der Duke-Universität heute unabhängige »Institut für Parapsychologie«. Auf relativ kleinem Raum findet man hier die ausgetüfteltsten Geräte für die moderne »Psi-Jagd«. Fast jeder Mitarbeiter ist auf seinem Gebiet Experte und Erfinder zugleich.
Da arbeitet William E. Cox, der unermüdlich neue Apparate für psychokinetische Versuche konstruiert. Nach den ersten Würfel-Automaten schuf er Geräte, in denen äußerlich nicht voneinander unterscheidbare Murmeln aus Keramik, Stahl-, Blei- und Plastikkugeln rollen, die es psychisch zu beeinflussen gilt. Interessanterweise ergab sich, daß auch bei Kugeln aus Blei – die jedoch so aussahen, als seien sie aus leichtem Zelluloid – Bewegungen hervorgerufen werden konnten. Cox koppelte auch Pendel mit hochempfindlichen elektronischen Zählgeräten, mit deren Hilfe der Nachweis erbracht werden konnte, daß die Dauer einer Schwingung durch PK beeinflußbar ist.

Von festen Gegenständen wechselte Cox zu Flüssigkeiten über. Es entstand eine Sprühmaschine, in der Wassertropfen in eine von zwei möglichen Abflußrohren mental »dirigiert« werden können, aber auch Behälter mit elektrolytischen Lösungen, deren elektrische Leitfähigkeit zu verändern war. Dann wieder bastelte er nach dem Vorbild der Sanduhr ein Gefäß, das es ermöglicht, die Sandkörnchen entweder langsamer als normal oder aber auch schneller hinabrieseln zu lassen. Zu seinen jüngsten Schöpfungen zählt eine elektronisch betriebene Uhr, deren Geschwindigkeit »auf Wunsch« veränderbar ist.

Dr. Helmut Schmidt, der bereits die »Präkognitions-Maschine für Radioaktivität« entworfen hat, konstruierte inzwischen parallel dazu ein Gerät für PK-Experimente. Neun kleine Lampen, im Kreis angeordnet, leuchten der Reihe nach im Abstand von ein bis zwei Sekunden auf, sobald in einem radioaktiven Präparat ein Kernteilchen abgestrahlt ist. Eine Versuchsperson soll sich bemühen, diesen subatomaren Zerfallsprozeß willentlich zu bremsen oder zu beschleunigen. Versuche mit 18 Studenten erwiesen, daß es tatsächlich möglich ist, den radioaktiven Zerfall zu beeinflussen! Sie erzielten statistisch signifikante Resultate. Mit diesem »subatomaren Testgerät« hat sich der Weg eröffnet zu weiteren, völlig neuen Forschungen. Ihr Ziel ist es, die psychischen Bewirkungen auf lebende Organismen zu studieren.

Kann der menschliche Wille – das gehört zu den kühnen Fragen, auf die man hier eine Antwort zu finden hofft – auch auf pflanzliches Verhalten einwirken? Das Tor zu diesem Neuland der Forschung hatten aufsehenerregende Entdeckungen des New Yorkers Cleve Backster aufgestoßen, die auf die Existenz para-normaler Wahrnehmungen bei Pflanzen hinzudeuten schienen. Was er nach jahrelangen Versuchen 1968 erstmals berichtete, stieß auf ungläubiges Staunen. Es handelte sich um die Beobachtungen bei folgendem Experiment: An den Blättern eines Philodendron wurden die Elektroden eines Polygraphen befestigt, der in mehreren Kurven die normalen rhythmischen Schwankungen in den Lebensäußerungen der Pflanze aufzeichnet. In dem Augenblick jedoch, in dem Backster den Gedanken faßte, ein Feuerzeug anzuzünden und es brennend an ein Blatt zu halten, registrierte der Polygraph einen auffallenden Ausschlag! Da Backster sich selbst nicht bewegt und auch die Pflanze nicht berührt hatte, lag die Vermutung nahe, daß bereits die Absicht, der Pflanze einen Schaden zuzufügen, die Reaktion ausgelöst habe. Backster schloß daraus, daß »im pflanzlichen Leben eine noch undefinierbare primäre Wahrnehmung existiert«.

Weitere Experimente ergaben sogar etwas noch weniger Vorstellbares: Pflanzen reagieren offenbar auch auf drastische Eingriffe in tierisches Leben, Wenn nämlich Garnelen in kochendes Wasser geworfen wurden, schlug der mit dem Philodendron verbundene Polygraph ebenfalls aus. Das erschien mehr als rätselhaft. Was mochte die Ursache sein?

Ist es vielleicht so, fragte sich Backster, um eine Erklärung bemüht, »daß Zellen bei ihrem Tode an alle anderen Lebewesen ein Signal aussenden, das außerhalb aller uns bisher bekannten Frequenzen liegt?« Die Antwort steht bislang aus und wird vermutlich auch noch geraume Zeit auf sich warten lassen. Trotzdem erscheint eines heute bereits klar: Die Forschung steht im Begriff, in völlig neue Gebiete vorzustoßen und in noch gänzlich unbekannten Sphären zu operieren, an deren Existenz das Gros der Wissenschaftler vor wenigen Jahrzehnten noch überhaupt nicht zu denken wagte.

Backster forscht inzwischen mit einem ganzen Team von Mitarbeitern weiter, und zwar an allerlei Arten grüner Pflanzen, deren Blättern und Früchten, an Schimmelpilz- und Hefe-Kulturen sowie an Eiern und isolierten lebenden Zellen. Auch im »Institut für Parapsychologie« zu Durham laufen Untersuchungen, die das von Backster entdeckte Phänomen klären sollen. Hier ist es Dr. Robert Brier, der ebenfalls mit Philodendron-Blattpflanzen experimentiert. Auch ihm gelang der Nachweis, daß bereits der Gedanke, Einfluß auf das Gewebe der Pflanze zu nehmen, Ausschläge am Polygraphen hervorzurufen vermag.

Doch es blieb nicht nur bei Tests mit pflanzlichen Wesen. ESP-(ASW-) Experimente mit Tieren – »Animal-Psi« genannt – sind hinzugekommen. Es gibt so zahllose Beispiele unerklärbaren tierischen Verhaltens, daß es durchaus nicht abwegig schien, auch dort Funktionen außersinnlicher Wahrnehmung als eines echten Naturphänomens zu vermuten. Noch ist es den Biologen unbekannt, auf welche Weise viele Vogelarten, Schmetterlinge oder auch Meerestiere auf ihren jährlichen Wanderungen, die sich zuweilen viele Tausende von Kilometern über offenes Meer erstrecken, geführt werden und sich überhaupt räumlich orientieren. Hinzu kommen jene zum Teil noch weit rätselhafter erscheinenden Fälle des Heimfindens von Haustieren über größte Entfernungen, das sogenannte »Psi-Training«, wie man in den USA das Wiederaufspüren des weit fortgezogenen Besitzers durch ein Haustier nennt, das sich verlaufen hatte oder zurückgelassen worden war. Zu den spektakulärsten und am besten dokumentierten Beispielen gehört der Fall der Katze »Sugar«, der sich in den Vereinigten Staaten zutrug.

»Sugar«, cremefarben und mit Perser-Einschlag, war von einer Familie in Kalifornien liebevoll aufgezogen worden. Als sich eines Tages die Notwendigkeit ergab, nach dem Staat Oklahoma zu ziehen, beschloß man, das Tier mitzunehmen. Mit »Sugar« im Auto brach die Familie auf. Doch man war noch nicht weit gefahren, als man mit Schrecken und Betrübnis feststellte, daß die Katze verschwunden war. Sie mußte in einem unbewachten Augenblick aus dem offenen Wagenfenster gesprungen sein. Nach vergeblichem Suchen wurde die Fahrt fortgesetzt, und man erreichte Oklahoma.

Volle 14 Monate später – man hatte den Verlust der Katze bereits verschmerzt, ja den Vorfall bei der Abfahrt aus Kalifornien schon fast vergessen – geschieht das Unglaubliche: Durch ein Küchenfenster springt mit einem Satz eine Katze der Hausfrau auf die Schulter und fängt an zu schnurren – es ist »Sugar«. Über die Identität gibt es keinen Zweifel. Das Tier hat – abgesehen von der äußeren Erscheinung – auch die für »Sugar« typische Knochenwucherung am linken Hüftgelenk.

Welcher »Sechste Sinn« hat »Sugar« die Familie wiederfinden lassen? Die Entfernung, die sie zurückgelegt haben muß, beträgt fast 2500 Kilometer. Dabei war sie gezwungen gewesen, gebirgige und stark zerklüftete Landschaften zu durchqueren.

Seit längerem schon experimentieren einige Forscher, um mögliche ASW-Fähigkeiten bei Tieren zu ermitteln. So hat man mit vollautomatisch funktionierenden Anlagen Mäuse oder Katzen in Reihenversuchen getestet. Die Versuchsanordnung war im Prinzip stets die gleiche: In einem Käfig wurde, völlig unregelmäßig abwechselnd, bald in die eine, bald in die andere Hälfte ein leichter Stromstoß geschickt. Die Problemstellung: Vermag das Versuchstier rechtzeitig zu ahnen, wohin der Strom geleitet werden wird, um ihm dann durch ein schnelles Hinüberwechseln auf die andere Seite zu entgehen? Bei Mäusen fiel die Antwort auf diese Frage bejahend aus. Das Gesamtresultat unzähliger Versuchsserien erwies sich bei dieser Tiergruppe als statistisch signifikant. »Wir haben Grund anzunehmen«, heißt es in dem betreffenden Arbeitsbericht, »daß es bei Mäusen Psi-Fähigkeiten gibt.«

Im »Institut für Parapsychologie« von Durham benützen Dr. Schmidt und seine Mitarbeiter neuerdings von ihm entworfene »Zufallsgeneratoren«, um mögliche tele(= psycho)-kinetische Bewirkungen bei den verschiedensten Tieren zu studieren. Einer der ersten Versuche sah so aus: Eine Hauskatze wurde im Winter in einen ungeheizten Schuppen gebracht. Eine Heizlampe, die nur sporadisch aufleuchtete, war mit einem im gleichen Raum angeordneten Zufallsgenerator verbunden. Bezweckt war, festzustellen, »ob das Wohlbefinden der Katze beim zufälligen Aufleuchten der Lampe auf diese eventuell so einwirken würde, daß sie länger als vorgesehen brennen würde«. Nach über 9000 Versuchen ergab sich eine verlängerte Brennzeit in 115 Fällen. Das ermutigte zu weiteren, auch andersgearteten Versuchen – wobei vorerst noch ungelöst die Frage im Hintergrund steht, wieweit nicht der Experimentator selbst unbewußt psychisch mitgeholfen habe.

Jay Levy und Eve André gingen in Durham zu Versuchen mit Küken über, die erst vor fünf Tagen geschlüpft waren und, wie man weiß, ihre Temperatur noch nicht selbst regulieren können. Sie wurden in einem gekühlten Korb unter einer Lampe plaziert. Auch dabei ergab sich, daß, sobald die Temperatur der Tierchen unter das erforderliche Minimum sank, der mit dem Zufallsgenerator gekoppelte Wärmestrahler öfter als vorgesehen eingeschaltet wurde. Ähnliches trat auch ein, als statt der Küken Hühnereier benutzt wurden, die zuvor 15 bis 20 Tage bebrütet waren, also bereits Embryonen enthielten. »In beiden Experimenten«, so konnte Louisa Rhine feststellen, »also sowohl bei den Küken als auch bei den Eiern, legen die Resultate die Vermutung nahe, daß die Tiere telekinetisch auf den Zufallsgenerator einwirkten, um auf diese Weise die Temperatur wie gewünscht zu erhöhen.«

Noch stellen diese Versuche mit ihren frappierenden Resultaten kaum mehr als ein erstes Vortasten in einem völlig neuen Land dar. Und doch deuten sich auch hier bereits zuvor nie geahnte Perspektiven an.

»Falls die Ergebnisse weiterer Experimente auf diesem Gebiet mit Tieren eventuell den Nachweis erbringen, daß Organismen, und zwar selbst niedere Lebewesen, in der Lage sind, psychokinetisch auf ihre Umgebung einzuwirken«, bemerkt Louisa Rhine, »so würde diese Tatsache für die Biologie von großer Bedeutung sein.«

Aber auch der Mensch scheint, wie es so oft schon vermutet oder gar behauptet wurde, die Fähigkeit zu besitzen, das pflanzliche und das tierische Leben entscheidend zu beeinflussen. Allein durch die Kraft seiner Psyche vermag er in gewissen Grenzen – wie modernste Erkenntnisse zeigen – sowohl Bewegungs- wie Wachstumsprozesse zu steuern.

Bereits 1952 unternahm Nigel Richmond in England erste Versuche auf diesem Gebiet. Er wollte herausfinden, ob PK auch auf Lebewesen der untersten, primitivsten Stufe wirke. Als Objekt diente ihm ein einzelliger Organismus, das Pantoffeltierchen Paramaecium, das alle natürlichen Wassertümpel bevölkert und sich mit Hilfe von haarähnlichen »Wimpern« vorwärtsbewegt. Das winzige Lebewesen wurde unter ein Mikroskop gebracht, um es überhaupt präzis beobachten zu können. Richmond bemühte sich dann, es mit seinem Willen beim Schwimmen in eine von ihm gewünschte Richtung zu steuern. Das Pantoffeltierchen erwies sich jedoch nicht als geeignetes »Versuchskaninchen«: »Es schwamm zu schnell, und es schien«, so bemerkte Richmond, »im übrigen von anderen starken Reizen beeinflußt zu sein.«

Um die gleiche Zeit hatte Christiane Vasse, die Frau eines französischen Arztes in Amiens, einen anderen richtungweisenden Test unternommen. Sollte es nicht möglich sein, so war es ihr in den Sinn gekommen, auf das Keimen und das Wachstum von Samen gedanklich einwirken zu können? Sie beschloß es zu erproben. Eine größere Schüssel wurde besät und ins Fenster gestellt. Auf eine Hälfte der Sämlinge konzentrierte sie sich mehrmals mit der »Suggestion«, die Keimlinge sollten schneller wachsen als die übrigen daneben. Erstaunlicherweise trat der gewünschte Effekt tatsächlich ein. Zwischen den Jungpflanzen zeigte sich unverkennbar ein Unterschied: Die beeinflußten waren größer und kräftiger geworden.

Knapp ein Jahrzehnt später kam es – ebenfalls auf dem Gebiet der Psychokinese – zu einer weiteren überraschenden Entdeckung, mit der man erstmals in ein bis dahin noch als Tabu behandeltes Gebiet vorstieß – in den Bereich »außergewöhnlicher Heilkräfte«.

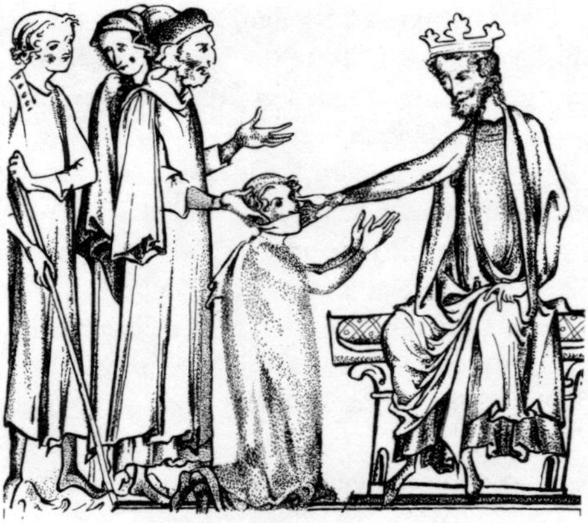

König Ludwig IX. von Frankreich als »Wunderheiler«. Alljährlich einmal strömten von weither Kranke herbei, die sich von dem »Handauflegen« des Monarchen Genesung versprachen.

Seit alters her haben Menschen sich wieder und wieder bemüht, ohne Zuhilfenahme ärztlichen Wissens zu heilen – allein durch das »Handauflegen«. Immer nur wenige – angefangen von »Medizinmännern« bei Naturvölkern über die Könige des Mittelalters bis zu manchen »Heilpraktikern« unserer Tage – waren es, die vorgaben, so etwas zu können. Die offizielle Schulmedizin allerdings nahm das nicht ernst oder aber schrieb dann, wenn Heilerfolge unleugbar hatten erzielt werden können, diese zumeist der Wirkung von Suggestion zu oder deutete sie als Übertreibungen.

Im Jahre 1961 wagten sich einige kanadische Gelehrte auch in dieses bisher unerforschte Gebiet vor. Professor Bernard Grad, Biochemiker an der McGill-Universität in Montreal, Professor Remi J. Cadoret, ein Physiologe der Universität von Manitoba, und der Mathematiker Professor G. I. Paul beschlossen gemeinsam, die angeblichen Fähigkeiten eines Mr. E. zu testen, der als »Wunderheiler« galt. In moderner Team-Arbeit wurde unter strengsten Kontrollen folgendes Experiment durchgeführt: Um jede Art von Suggestion auszuschließen, sah man von menschlichen Patienten ab. Und um die Wirkung gleich bei einer möglichst großen Anzahl von Individuen beobachten zu können, fiel die Wahl auf Mäuse, nicht weniger als 300 Stück.

Allen Versuchstieren wurde – unter örtlicher Betäubung – künstlich eine Wunde beigebracht. Man entfernte ihnen ein kleines Hautstück am Rücken und teilte sie dann in drei Gruppen auf zu je 100: Die erste wurde von dem »Wunderheiler« behandelt, eine zweite von einer Person, die versicherte, keinerlei »Heilkräfte« zu besitzen, und das dritte Hundert überließ man sich selbst.

Die »Behandlung« ging so vor sich: Täglich zweimal nahm Mr. E. den für ihn bestimmten Käfig zwischen seine »wundertätigen« Hände – jeweils 15 Minuten lang. Die Tiere selbst konnte er dabei nicht sehen, denn vor jeder

»Behandlung« wurde der Behälter allseitig mit Papier abgedeckt. Auch eine direkte Berührung der Mäuse fand nicht statt. Auf genau die gleiche Weise wurde auch der Käfig mit der zweiten Hunderter-Gruppe von dem »Nichtheiler« behandelt.

Der Erfolg war verblüffend. »Am 15. und 16. Tag«, so vermerkten die drei Forscher in ihrem Untersuchungsbericht, »war die durchschnittliche Wundfläche bei den Tieren, die Mr. E. behandelt hatte, wesentlich kleiner als bei denen der Gruppen 2 und 3. Die Schlußfolgerung: Mr. E. hat einen gewissen Einfluß dergestalt ausgeübt, daß die Zeit für die Heilung geändert wurde.« Dieser Feststellung fügten sie hinzu: »Die Natur dieses Einflusses ist unklar.«

Das Resultat ermutigte Professor Grad zu weiteren Experimenten. Er wechselte jedoch nunmehr von tierischem zu pflanzlichem Gewebe und entschied sich für Gerstenkörner. Sie wurden unter Bedingungen ausgewählt, die einem normalen Keimen und Wachsen äußerst ungünstig waren. Bevor sie in die Erde kamen, wässerte man sie nämlich zunächst in einer Salzlösung, um sie dann 48 Stunden lang in einem Ofen auf 40 Grad Celsius zu erhitzen.

In 24 Töpfe wurden danach je 20 Körner gesät. Von zwei Wasserbehältern für das Begießen bekam einen Mr. E. zur »Behandlung«, und zwar jeweils für eine Viertelstunde. Er griff ihn dabei von unten mit seiner linken Hand und hielt seine rechte Hand in etwa drei bis vier Zentimeter Entfernung über die Wasseroberfläche. Das ganze Experiment wurde »blind« durchgeführt, so daß selbst Professor Grad nicht wußte, aus welchem der beiden Gießbehälter Wasser in die einzelnen Töpfe kam. Vom siebenten Tag nach der Aussaat bis zum vierzehnten zeigten sich deutliche Unterschiede im Wuchs zwischen den mit »behandeltem« und mit unberührtem Wasser begossenen Keimlingen.

Das Experiment wies darauf hin, daß sich das »Handauflegen« irgendwie begünstigend auszuwirken vermochte. Das Ergebnis war ähnlich, als man den »Heiler« allseitig verschlossene Gefäße mit Wasser »behandeln« ließ, um jede Möglichkeit, wachstumsfördernde Mittel beizumischen, zu unterbinden.

War durch Mr. E. etwa das Wasser selbst irgendwie verändert worden? Die Frage wurde verneint. Genausowenig wie bei psychokinetischen Einwirkungen auf leblose Gegenstände bedarf es offenbar auch bei lebenden Organismen eines »physikalischen Mechanismus«, um die »psychische Energie« zu übertragen. »Bei diesem Pflanzen-Experiment«, so sieht es Louisa Rhine, »bildete die ›behandelte‹ Flüssigkeit nur das Medium, auf das sich der Heiler bewußt konzentrieren konnte, während der unbewußte psychische Prozeß in Gang kam.«

Gegen Ende der sechziger Jahre kamen aus Frankreich Berichte über Tests mit parasitischen Kleinpilzen. Der Arzt Jean Barry hatte – in Zusammenarbeit mit dem Landwirtschaftlichen Institut zu Bordeaux – versucht, die

Möglichkeit einer »negativen Psychokinese« zu eruieren. Der Gedanke dabei war, eine eventuell sich zeigende bremsende, wachstumshemmende Wirkung in der biologischen Schädlingsbekämpfung einsetzen zu können.

Ausgewählt wurde der Schadpilz namens Rhizoctonia solani, der Erreger mehrerer Kartoffelkrankheiten. In zehn mit Erde gefüllten Schalen wurde Pilzgeflecht (Myzel) gebracht, und nach einer Inkubationszeit von einem Tage begann das Experiment. Bei jeweils fünf Schalen konzentrierte sich eine Person in einem Abstand von anderthalb Meter eine Viertelstunde lang darauf, die Ausbreitung und Vermehrung der Pilzbrut zu verhindern. Die Auswertung ergab, daß das Experiment sehr erfolgreich verlaufen war.

»Falls diese Resultate sich als stichhaltig erweisen und bestätigt werden können«, erklärt Louisa Rhine dazu, »würden die Folgerungen bezüglich der ›Gedanken-Kontrolle‹ zumindest für die getesteten Organismen als gesichert angesehen werden können. Immerhin ist ein Anfang gemacht. Und es mag sich durchaus herausstellen, daß bei physiologischen Funktionen, vor allem soweit der Wachstumsprozeß betroffen ist, die Psychokinese eine am allerwenigsten erwartete Rolle spielt.« Es eröffnen sich nach Ansicht der Forscherin möglicherweise aber noch Ausblicke auf ganz andere, viel weiter reichende Möglichkeiten. Sie deutet sie nur kurz an: Könnte nicht in Fällen psychosomatischer Krankheiten die Psychokinese – und zwar diesmal von dem Betroffenen selbst hervorgerufen – ein entscheidender Faktor sein? Und: Mag PK nicht vielleicht auch – ein Gedanke, den J. B. Rhine selbst bereits sehr früh, nämlich 1943, schon einmal zum Ausdruck brachte – mitgespielt haben in den Mechanismen der Evolution, der weltweiten Entfaltung der Lebewesen durch die Jahrmillionen?

Gesprengt ist längst die Enge des Labors. Wissenschaftliche Para-Versuche erstrecken sich wie selbstverständlich bereits über den halben Erdball von Kontinent zu Kontinent, und haben – zumindest in einem im Westen verbürgten Fall – auch schon den Weltraum als Testgelände einbezogen. Der Pionier eines ersten gelungenen »außerirdischen« Experiments ist ein amerikanischer Astronaut – Edgar D. Mitchell.

In aller Welt drängten sich vom 31. Januar bis 9. Februar 1971 die Menschen vor den Fernsehschirmen, um die aufregenden Etappen des Apollo-14-Unternehmens mitzuerleben. Niemand von den Abermillionen indes ahnte, daß während des Mondfluges insgeheim Captain Edgar D. Mitchell viermal »sendete«, indem er sich auf ESP-Karten konzentrierte – zweimal auf dem Hinflug und zweimal während des Rückfluges. Vier zuvor ausgewählte Personen versuchten, die Psi-Signale über eine Entfernung von mehreren hunderttausend Kilometern zu »empfangen«. Obwohl Mitchell die zuvor verabredeten »Sendezeiten« nicht einhalten konnte – zwei von den ursprünglich vorgesehenen sechs mußten sogar gänzlich ausfallen –, kam es zu telepathischen Übermittlungen. Eine in der »Foundation for Research on

Schema für die uralte medizinische Technik der Akupunktur aus China. An genau festgelegten Punkten werden zur Schmerzlinderung oder Heilung Nadeln in die Haut gestochen. Ein in der UdSSR jüngst entwickeltes Gerät zeigt an jenen Therapie-Punkten besondere elektrische Spannungen an.

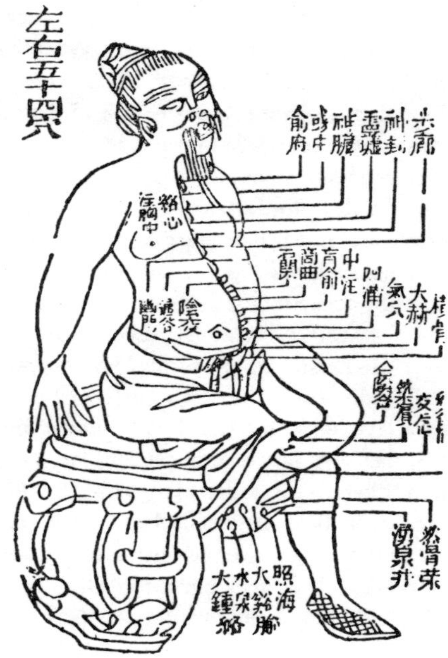

the Nature of Man« in Durham gemachte Analyse ergab ein positives Resultat. Die Psi-Fähigkeit scheint mithin auch unter ganz ungewöhnlichen Bedingungen, wie sie im Weltraum herrschen, zu funktionieren. Edgar D. Mitchell mißt derartigen Tests eine große Bedeutung zu. Sie könnten es, seiner Ansicht nach, eines Tages ermöglichen, daß man nicht mehr kostspielige Raketen zu konstruieren und wertvolle Menschenleben zu riskieren braucht, vielmehr die ESP-Fähigkeiten einsetzt, um den Kosmos zu erkunden.

Bei Experimenten mit globaler Reichweite ist es dank hochempfindlicher Testgeräte übrigens auch bereits möglich gewesen, den »Empfang« von Para-Signalen zu registrieren, von denen der Betreffende selbst nichts ahnte – obwohl sein Organismus darauf prompt reagierte. Ein besonders eindrucksvolles Beispiel lieferte ein voll geglückter transatlantischer Test.

Vor der Küste Floridas wird von einem Schiff aus langsam ein Behälter, der einer Taucherkugel ähnelt, über Bord gehievt und in die Tiefe gelassen. Eingeschlossen ist ein Mann, der sich als »Sender« bei Psi-Versuchen bereits mehrfach bewährt hat. Wird es ihm auch diesmal gelingen, »drahtlos zu übertragen«?

Was Professor E. Douglas Dean vom »Newark College of Engineering« unter großem Aufwand vorbereitet hat, ist ein Telepathie-Experiment besonderer Art und unter noch nicht erprobten, erschwerten Bedingungen: Funken kann man, wie man weiß, unter Wasser nicht. Ein getauchtes U-Boot ist von Nachrichtenübermittlungen dieser Art abgeschnitten.

Trotzdem sollen bei diesem Test »Informationen« ausgestrahlt werden – und zwar aus einer Tiefe von etwas über zehn Metern, wo der Behälter auf dem Meeresboden abgesetzt worden ist. Das Ziel, das es zu erreichen gilt, liegt jenseits des Nordatlantik in Europa. In Zürich ist ein »Empfänger« bereit. Der Zeitplan für den Start ist im voraus präzis synchronisiert.

Auf die Sekunde genau beginnt im getauchten Behälter der »Sender«. Er schreibt nacheinander Namen auf Schiefertafeln und konzentriert sich darauf. Jeder einzelne davon ist zuvor bereits gezielt ausgesucht und hat für die Versuchsperson in der fernen Schweiz emotionell besondere Bedeutung.

Tausende von Kilometern entfernt bemüht sich der »Empfänger«, die »Botschaften« aufzufangen. Nichts jedoch in seinem Verhalten scheint anzudeuten, daß dies tatsächlich der Fall ist. Trotzdem wissen Assistenten im selben Raum bereits, was der »Empfänger« nicht ahnt: daß das Fernexperiment ein Erfolg ist. Ihre Augen sind gespannt auf ein Gerät gerichtet, das plötzlich in Kurven anzeigt, wie sich bei dem »Empfänger« die Gefäßdurchblutung verstärkt hat. Das aber bedeutet: Die »emotionellen Signale« aus Florida sind in Zürich angekommen, jedoch dem »Empfänger« nicht bewußt geworden. Lediglich dessen Unterbewußtsein hat sie zur Kenntnis genommen und auf sie mit einer vermehrten Durchblutung reagiert.

Das Gerät mit dieser fast wie Zauberei anmutenden Leistung heißt Plethysmograph. Er wird auch als »Lügendetektor« benutzt. Es genügt, ihn an einen Finger oder auch an das Ohrläppchen der Versuchsperson anzuschließen. Der Plethysmograph zählt zu der Vielzahl von Instrumenten, die heute bereits zur fast selbstverständlichen Ausrüstung der Para-Forscher zählen.

Nachdem für Telepathie, Hellsehen, Präkognition und Psychokinese der Existenzbeweis hat erbracht werden können, war die Zeit reif für einen weiteren bedeutenden Schritt. Es ging um die Fragen: Welches sind die Bedingungen, die jenes »Psi« zu beeinflussen vermögen – begünstigend oder hemmend? Von welchen besonderen Situationen ist diese »psychische Kraft« abhängig? Wie macht sich ihr Auftreten beim Menschen physiologisch bemerkbar? Im Hintergrund stand dabei als – wenn auch vielleicht noch fernes – Ziel, die geheimnisvollen Para-Phänomene eines Tages in den Griff bekommen zu können.

Psi darf – das zeigt sein spontanes Auftreten von der Antike bis heute, und zwar unter den verschiedensten ethnischen Gruppen – als eine normale, natürliche Anlage *aller* Menschen angesehen werden. Felduntersuchungen und bezeugte Fälle ergaben: Para-Phänomene bei australischen Ureinwohnern unterscheiden sich in ihrer Grundstruktur weder von denen bei Indianern noch von denen, die bei Westeuropäern und Nordamerikanern oder bei

Chinesen, Indern oder Japanern auftreten. Rhine und Pratt weisen darauf hin, daß Untersuchungen – darunter auch quantitative mit Medien und mit Yogin – etwas sehr Überraschendes ergeben haben: »Keine Gruppe irgendeiner Zusammensetzung oder Größe erwies sich als völlig ASW-negativ. Andererseits fand sich auch keine Gruppe, die in einer markanten Weise überragende Psi-Fähigkeiten oder eine besondere Kontrolle über Psi demonstrieren konnte.

Darüber hinaus führte keine der vielen Untersuchungen bei verschiedenen Kulturen, die Psi-Praktiken der einen oder anderen Art entwickelt haben, bis heute zu einer weitgehend praktischen Anwendbarkeit. Dies bedeutet, daß es bisher keiner Gruppe von Menschen gelungen ist, diese Fähigkeit praktisch zu meistern, sei es durch eine außergewöhnliche Veranlagung oder durch eine besondere Kultivierung einer angeborenen Psi-Fähigkeit.«

Psi ist nicht nur nicht-physikalischer Natur, es konnte auch noch nicht entdeckt werden, wo im menschlichen Organismus es seinen Sitz hat. Trotzdem kann man es aktivieren und in gewissem Umfang – obwohl der zugrunde liegende Prozeß unbewußt verläuft – willkürlich lenken. Triebkräfte und Motivationen spielen dabei oft eine entscheidende Rolle. Das zeigt sich deutlich bei spontanen Phänomenen in besonderen Krisen- und Grenzsituationen, so bei Unfällen oder tödlichen Gefahren. Aber auch emotionelle Gründe oder enge affektive Bindungen oder Zuneigungen können das Zustandekommen spontaner »informativer Signale« begünstigen, ferner großes Interesse, Begeisterung oder der Wunsch, sich hervorzutun. Bei Experimenten spielt, wie Dr. Gertrude R. Schmeidler, Professor am »City College of New York«, nachzuweisen vermochte, eine Rolle auch die persönliche Einstellung zu der Frage, ob Para-Phänomene überhaupt möglich sind oder nicht. Studenten, die positiv dazu standen – von ihr »sheep« (Schafe) getauft – erzielten durchgängig höhere Trefferwerte als skeptisch eingestellte Kommilitonen, die sie »goats« (Ziegen) nennt. Es scheint so, als würden bei den Zweiflern richtige Treffer unbewußt vereitelt, so daß ihre Opposition also einen »Psi-missing-Effekt« auslöst. Sympathie wie überhaupt engere gefühlsmäßige Beziehungen zwischen zwei Partnern wirken sich erfahrungsgemäß bei Telepathie zumeist sehr positiv aus. Auch eine ablehnende oder eine von Sympathie bestimmte Einstellung zu dem jeweiligen Experimentator kann sich in den Resultaten widerspiegeln. Versuche mit Schulkindern in den Niederlanden wie auch in den USA ließen keine Zweifel darüber, wie sehr das Gelingen para-normaler Informationsübertragungen von emotionellen Faktoren abhängig ist.

Mehr und mehr bedient sich die Forschung aber auch der physiologischen Methoden, um den Bedingungen auf die Spur zu kommen, unter denen sich Psi in Para-Phänomenen zu manifestieren pflegt. Das hat bereits zu sehr aufschlußreichen Entdeckungen geführt. So zeigte beispielsweise die Messung

der Hirnströme mit Hilfe des Elektroenzephalographen sowohl bei Hellseh- als auch bei Präkognitionsexperimenten eine deutliche Korrelation zwischen hohen Trefferzahlen bei den Para-Leistungen von Versuchspersonen und der Frequenz der sogenannten Alpha-Wellen. Diese Hirn-Aktionsströme pflegen nur im psychisch passiven Zustand der Entspannung aufzutreten.
Diese Feststellung ließ sofort eine sehr wichtige Frage auftauchen: Sollte es nicht möglich sein, nach einem »Alpha-Training« verbesserte Para-Leistungen auf dem Wege des »Bio-Feedback« zu erzielen? Unter »Bio-Feedback« versteht man eine in den USA entwickelte Methode, physiologische Funktionen, und zwar des vegetativen, also normalerweise nicht beeinflußbaren Systems mit Hilfe eines Geräts – beispielsweise eines Elektrokardiographen – sichtbar zu machen zu dem Zweck, diese zu steuern zu versuchen. Mit entsprechenden Geräten haben erste Experimente bereits begonnen. Möglich, daß sich hier ein Zugang zu einem Bereich öffnet, der allen bewußten Bemühungen bisher hermetisch verschlossen war.
Andere physiologische Geräte dienen dazu, Veränderungen von Herztätigkeit, Pulsgeschwindigkeit und Atmung der Versuchspersonen bei Para-Leistungen zu registrieren oder, wie neuerdings in der UdSSR, auch deren elektrostatisches Feld. Sowjetische Forscher versuchen noch andere Zusammenhänge aufzudecken, indem sie Messungen an bestimmten Nervenpunkten vornehmen, die auch bei der uralten chinesischen Akupunktur eine entscheidende Rolle spielen.
Von allen Seiten und mit allen Mitteln ist die Forschung bemüht, Psi einzukreisen und sich Schritt für Schritt näher heranzupirschen. Und immer wieder erhebt sich die Frage: Was fördert die unerklärbaren Phänomene, was hingegen verhindert oder bremst sie? Aus spontanen Fällen wie aus qualitativen Experimenten kennt man die Bedeutung, die eine Veränderung, insbesondere ein »Absenken« des Bewußtseins, spielt – jenes »abaissement du niveau mental«, von dem Pierre Janet, der französische Forscher, der mit der Fernhypnose experimentierte, bereits 1889 gesprochen hat.
Auf alle nur erdenkliche Weise ging man daher daran, Veränderungen des Bewußtseins- und Erlebniszustandes bei Versuchspersonen künstlich hervorzurufen. Forscher experimentierten mit Narkotika, Psychopharmaka und anderen Drogen. Dabei ergab sich, daß starke Dosierungen positive Trefferzahlen erheblich beeinträchtigen. Lediglich Koffein und – bei Personen, die daran gewöhnt sind – mäßige Mengen Alkohol wirkten sich positiv aus. Meditations- und Yogaübungen scheinen, vorbereitend angewandt, Psi-begünstigend zu wirken. Die bisher eindeutigsten Ergebnisse konnten mit der Anwendung der hypnotischen Technik, die Dr. Rýzl jahrelang erprobte, erzielt werden. Erfolgversprechend scheint, wie Versuche von Thelma Moss zeigen, auch die audiovisuelle Beeinflussung von Versuchspersonen zu sein.
Interessant in diesem Zusammenhang sind auch die Hilfsmittel und Tech-

niken, deren sich die Sensitiven selbst bedienen. Einige arbeiten gern und mit gutem Erfolg mit psychometrischem Induktormaterial: Anhand von Gegenständen des täglichen Gebrauchs, die längere Zeit im Besitz einer Person waren, vermögen sie – ohne in Trance zu fallen – eine Fülle von Aussagen über deren Eigentümer zu machen. Andere Begabte versetzen sich durch eine Art Autohypnose in Trance, die ihnen den Weg öffnet für die »innere Schau«. Der Konzentration und der Abschirmung von den Einflüssen der Sinneswahrnehmungen können auch Kristallkugeln dienen oder die altertümlichen, zahlreiche Symbole zeigenden Tarot-Spielkarten.

Sensitive und Medien wechseln in Trance zuweilen nicht nur ihre Stimme. Auch ihr Atmen ändert sich manchmal vollkommen. Dabei treten im Sauerstoff-Kohlenstoff-Haushalt außergewöhnliche Bedingungen auf, die zu Bewußtseinsverminderungen führen können. Dr. Berendt verweist auf ähnliche Auswirkungen, die vermutlich bei den antiken Orakeln auftraten: »Sie lagen nicht selten über Erdspalten, aus denen betäubende Gase strömten, die dann die Wahrsager zu Weisheitsäußerungen anregten. Ähnlich dürfte die Atemnot – und damit die Kohlensäure-Anreicherung – bei langen Ritualtänzen oder stundenlangem Singen zu tranceartigen Zuständen führen, in denen dann para-normale Ereignisse geschehen können.« Das gleiche dürfte auch für das Kumbhaka gelten, das systematisch geübte Atemanhalten beim indischen Hatha-Yoga. Auch von Swedenborg sagt man, er habe während seiner halluzinatorischen oder parapsychischen Erscheinungen zu atmen aufgehört. Ganz im Gegensatz dazu Willy Schneider, der vor einem telekinetischen Versuch ungeheuer schnell Atem zu holen pflegte. Auch hier klaffen noch, trotz aller bemerkenswerter Fortschritte der Forschung, große Wissenslücken.

»Die Beziehung zwischen Physiologie, Chemie, verminderter Großhirntätigkeit und para-normalen Erlebnissen und Ereignissen«, stellt Berendt zu Recht fest, »sind noch keineswegs völlig geklärt.«

XXXII. Ein noch weites Feld

Der Vorstoß der Parapsychologie in eine zuvor unerforschte Welt jenseits unserer Sinne – ihre dabei heute bereits gewonnenen und durch nichts mehr zu leugnenden revolutionierend neuen Einsichten und Erkenntnisse über geheimnisvolle, im Menschen schlummernde Fähigkeiten und Kräfte – bedeutet für die etablierte Wissenschaft eine ungeheure Herausforderung. Ihr wird diese sich nicht entziehen können; sie wird gezwungen sein, den in die Arena geworfenen Handschuh aufzunehmen. Eine Kettenreaktion wird in Gang kommen. Noch sind die Folgen und Auswirkungen im einzelnen nicht abzusehen. Aber eines dürfte heute bereits feststehen: Einem belebenden Wind gleich werden die Resultate der Psi-Forschung frische Luft in die Räume anderer Disziplinen jagen, viel Staub aufwirbeln und längst Überholtes in Frage stellen oder über Bord werfen helfen. Kaum eines der großen Wissensgebiete wird verschont bleiben. Denn die Parapsychologie pocht unerbittlich an viele Türen – mag nun Physik oder Biologie daran stehen oder Theologie und Religionswissenschaft.

Schon heute zeichnen sich erste engere Beziehungen zu anderen Disziplinen deutlich ab. So in der Heilkunde. Wieviel medizinische Probleme haben nicht mit Psi zu tun! Denken wir nur an die psychosomatische Medizin, die sich mit der Behandlung organischer Störungen durch die Korrektur psychischer Verhaltensweisen befaßt. Die zum Teil erstaunlichen Erfolge, die sie erzielen konnte, deuten unmißverständlich auf etwas hin, das auch die Parapsychologie experimentell längst nachweisen konnte: daß psychische Zustände entscheidend körperliches Befinden zu beeinflussen vermögen. Die Frage allerdings, wie diese Wechselwirkung zustande kommt und funktioniert, vermag die Schulmedizin mit ihren überkommenen Begriffen nicht zu beantworten. Hier steht sie vor einem Rätsel, das sie mit ihren Methoden zu lösen nicht mehr in der Lage sein dürfte.

Und gehen wir nur einen Schritt weiter. Lassen zahlreiche Erkenntnisse der Para-Forschung nicht auch manche Praktiken der sogenannten »Volksmedizin«, die bisher nur als Kurpfuschereien oder Quacksalbereien verschrien waren, in einem anderen Licht erscheinen? Wird nicht auch hier eine Überprüfung und Revision so mancher überalterter, alles in Bausch und Bogen verurteilender Auffassungen erforderlich sein? Allein die Versuchsreihen mit den durch »Handauflegen« eindeutig schneller geheilten Mäusen weisen darauf hin, daß es sich nicht nur um dummen Aberglauben handelt, sondern ein realer Kern darinnen steckt. Nicht anders als das durch psychische Beeinflussung beschleunigte Keimen von Samenkörnern auf die Existenz jenes merkwürdigen Phänomens hinzuweisen scheint, das der Volksmund schlicht als »grünen Daumen« zu bezeichnen pflegt.

Echte Erfolge bei Behandlungen durch Heilpraktiker lassen sich ebensowenig leugnen wie angebliche »Wunderheilungen« und sogenannte »geistige Heilungen« – im Angelsächsischen »mental healing« genannt. Ein Beispiel für viele ist der weithin bekannte englische Heiler Harry Edwards, der sich angeblich von den »Geistern« verstorbener Ärzte beraten läßt und der erstaunliche Erfolge aufzuweisen hat. Professor Tenhaeff bemerkt dazu: Wie er selbst konnten nach eingehender Prüfung auch andere niederländische Ärzte »sich schwerlich der Überzeugung verschließen, daß Edwards zu Ergebnissen gelangt ist, die die Aufmerksamkeit des Arztes verdienen und die man nicht ohne weiteres mit den Ausdrücken ›spontane Selbstheilung‹ oder ›Suggestion‹ abtun kann.« Bei der Beantwortung der Frage, was wohl die Ursachen solcher Erfolge sind, wird die Parapsychologie möglicherweise ein gewichtiges Wort mitzureden haben.

Vieles, was bisher dem Laien als ein »Wunder« erschien und von Vertretern der Schulmedizin als Täuschung oder Betrug abgetan wurde, mag dann eine zwar unerwartet neue, aber durchaus natürliche Erklärung finden. Nicht selten werden bei para-normal bedingten Erfolgen auch eine Vielzahl von Phänomenen zusammenwirken, wie in den nicht umsonst in aller Welt bekannten und berühmten Geschehnissen zu Lourdes. Was lag und liegt dort vor: Selbsttäuschung oder Autosuggestion? Massensuggestion? Heilung durch Gebete? Ein übernatürliches Wunder? Oder das Wirken von Psi?

Alexis Carrel, Nobelpreisträger für Medizin 1912, schrieb darüber einmal: »Bisher hat man es abgelehnt, das, was sich in Lourdes abspielt, wissenschaftlich zu prüfen. Warum sollte man dies nicht versuchen? . . . Wir wissen vom biologischen Standpunkt über diese Erscheinungen so gut wie nichts. Um so weniger haben wir das Recht, aufgrund von Gesetzen, die wir keineswegs gründlich kennen, einfach alles in Abrede zu stellen. Die katholische Presse schreibt der Einwirkung von Lourdes wundersame Heilkraft zu. Man sollte diese Behauptungen unvoreingenommen prüfen, so wie man Patienten im Hospital untersucht oder im Laboratorium experimentiert. Man könnte dadurch sehr wichtigen Zusammenhängen auf die Spur kommen.« Zu einer Zeit, da die Parapsychologie selbst noch hart um ihre wissenschaftliche Anerkennung zu kämpfen hatte, sah der bedeutende französische Gelehrte deren zukünftige Aufgaben klar voraus. »Was das Wunder vor allem charakterisiert«, schrieb er, »ist eine ungeheure Beschleunigung der organischen Heilvorgänge: Anatomische Schäden vernarben zweifellos in viel kürzerer Zeit, als man es normalerweise gewöhnt ist. Die einzige unerläßliche Voraussetzung des Geschehens ist das Gebet.« Und nun kommt eine sehr nachdenklich stimmende Feststellung: Es sei, heißt es weiter, »nicht notwendig, daß der Patient selber betet. Er braucht nicht einmal religiös gläubig zu sein. Es genügt, wenn jemand in seiner Nähe im Zustande des Gebetes ist. Das sind Tatsachen von höchster Bedeutung! Sie erweisen die Wirklichkeit gewisser, ihrem Wesen nach noch unbekannter Verwandtschaften zwischen den psychischen und den organischen Vorgängen. Auch die objektive Bedeutung der seelischen Energien ist damit bewiesen, von denen Hygieniker, Ärzte, Erzieher und Soziologen fast nie wissenschaftlich haben wissen wollen. Hier öffnet sich dem Menschen eine neue Welt.«

Was der kurz vor Ende des letzten Weltkrieges verstorbene Nobelpreisträger andeutete, hat heute bereits begonnen, Realität zu werden. Erste bescheidene Schritte sind getan, aber das zu erforschende Gebiet ist unendlich groß und

»Vor dem Gnadenbrunnen in Lourdes« von J. Garnclo y Alda. An der Grotte, wo in dem berühmten französischen Wallfahrtsort am 15. Februar 1858 der vierzehnjährigen Bernadette Soubirous mehrmals die heilige Jungfrau erschien und plötzlich eine Quelle entsprang, haben sich seitdem unzählige medizinisch nicht völlig erklärbare »Wunderheilungen« ereignet.

das noch unbekannte Grenzland der Medizin voller rätselhafter Phänomene und Vorgänge.

Da ist beispielsweise das umstrittene Gebiet para-normaler »Diagnosen«. Seit dem vergangenen Jahrhundert – seit Mesmers »magnetischen« Kuren – sind unzählige Fälle bezeugt, in denen Personen in somnambulem Zustand die Krankheitssymptome anderer anzugeben vermochten. Es fehlt auch nicht an Berichten über Menschen, die erstaunlicherweise – und zudem meist ohne spezielle anatomische Kenntnisse – Vorgänge oder krankhafte Veränderungen im eigenen Körper zu »sehen« und zu beschreiben vermögen. Andere wiederum wissen von Begabten, die in der Lage sind, eine ganze Krankheitsgeschichte aufzuzählen; sie brauchen dafür nur mit den Händen über den Körper des Betreffenden zu fahren. Croiset hat auf diese Weise mehrfach richtige Diagnosen »ertastet«. Damit nicht genug: Sensitive vermögen zuweilen auch zukünftige Erkrankungen vorauszusehen oder aber anhand von Gegenständen, die einem Patienten gehören, der weitab von ihnen krank im Bett liegt, eine Ferndiagnose zu stellen. Krankheitsbilder, die, wie behauptet, der englische Arzt Dr. Kilner vor Jahrzehnten bereits und neuerdings der Russe Kirlian mit besonderen Schirmen und Geräten sichtbar zu machen sich bemüht haben, können, so heißt es, wiederum andere paranormal Begabte mit bloßen Augen entdecken: Sie sind imstande, jene farbige, angeblich jeden Menschen umgebende »Aura« zu sehen und etwaige Störungen festzustellen. Dr. Gerda Walther, eine frühere Mitarbeiterin von Schrenck-Notzing und spätere Husserl-Schülerin, hat in ihrem Werk »Phänomenologie der Mystik« ausführlich ihre eigenen Erfahrungen und Erlebnisse auf diesem Gebiet geschildert.

Obwohl para-normal gestellte »Diagnosen« in mehreren Fällen sich als durchaus exakt erwiesen haben, ist auf sie – und das ist die große Gefahr und muß als Warnung dienen – kein Verlaß. Sehr viele gehen, wie wiederholt festgestellt werden konnte, völlig fehl. In jedem Fall sollte daher zusätzlich ein Schulmediziner zu Rate gezogen werden. Niemand anders als einer der begabtesten und erfahrensten lebenden Sensitiven, nämlich Croiset selbst, hält das für unerläßlich. Auch der zu großer Berühmtheit gelangte, 1945 verstorbene amerikanische »Wunderheiler« Edgar Cayce, der – zumeist in Trance – im Lauf der Jahre Tausende von Diagnosen und Ferndiagnosen stellte, arbeitete eng mit Ärzten zusammen.

»Geheilt« wird zumeist durch Auflegen der Hände auf das kranke Organ oder Darüber-hinweg-Streichen im Abstand von wenigen Zentimetern – genauso, wie es einst die Könige des Mittelalters vor allem an besonderen Feiertagen getan haben und wie es viel später Mesmer praktiziert hat. Erklärbar sind die solchermaßen erreichten, auch experimentell nachgewiesenen Erfolge noch nicht. Sicherlich spielt dabei Suggestion eine große Rolle, aber auch die »Bereitschaft« des Patienten – man könnte auch sagen: sein »Glaube«. Das lassen die bekannten »Placebo-Experimente« erkennen. Bei ihnen werden anstelle von echten Medikamenten pharmakologisch wirkungslose Zuckerpillen verabreicht, die in vielen Fällen jedoch genauso wirken, als sei das echte Präparat gegeben worden – sei es, weil dem Patienten die Heilwirkung suggeriert wurde, sei es, daß er von sich aus glaubte, ein richtiges Heilmittel eingenommen zu haben.

Indes vermögen die Begriffe »Suggestion« oder »Selbstsuggestion« die Frage nicht zu beantworten: Warum wirken »geistige Heilungen«? Was ist denn diese »Suggestion«? Handelt es sich vielleicht um noch unbekannte Energien, um Wellen oder Strahlungen? Es gelang bisher noch keinem Physiker, eindeutige elektrische Messungen über Kräfte dieser Art zu machen.

Das Grenzland der Medizin hat im übrigen jüngst mit einer größtes Aufsehen erregenden und heftig umstrittenen »Neuheit« aufzuwarten: »Wunder-

oder Geistheiler«, die auf geradezu makabre Weise angeblich sensationelle Erfolge erzielen, machen seit einigen Jahren Schlagzeilen in aller Welt. Sie tauchten merkwürdigerweise in völlig verschiedenen, weit voneinander entfernten Ländern auf – und zwar in Brasilien und auf den Philippinen. Was sie demonstrieren, dürfte auf dem Gebiet außergewöhnlicher Heilungen und Therapien bisher ohne Beispiel sein: Sie betätigen sich nämlich als »psychische Chirurgen«.

So hat man sie genannt angesichts ihrer außergewöhnlichen Geschicklichkeit, mit der sie an Patienten – darunter vielen als medizinisch unheilbar erklärten – angeblich gefährliche chirurgische Eingriffe vornehmen, und zwar ohne Inanspruchnahme aller sonst gebräuchlichen und als unerläßlich geltenden ärztlichen Hilfsmittel wie Narkose oder sterilisierter Bestecke.

Tony Agpaoa ist neben Juanito Flores der bekannteste »Geistheiler« auf den Philippinen. Außer ihnen arbeiten annähernd fünfzig andere auf dem Inselreich. Sie gehören der »Christlichen Spirituellen Union« an, einer vom Katholizismus abgespaltenen Sekte, die mehr als 400 Kapellen besitzt. Dieser religiöse Hintergrund gibt den Rahmen für die Praxis der völlig abnormalen Heilungen ab. Den meist zu Hunderten zählenden Patienten wird zunächst eine längere Predigt gehalten. Dann beginnt es: Ein kurzes Abtasten genügt als »Diagnose«, danach wird sofort »operiert«.

Flores, so jedenfalls hat es den Anschein, öffnet – ohne jegliches chirurgische Instrument! – mit einer raschen Bewegung den Leib des Kranken, fährt mit seinen Händen hinein und entfernt mit schnellem Griff den Krankheitsherd oder die erkrankten Organe – sei es nun Blinddarm, seien es Gallensteine, Wucherungen oder Geschwüre. Nach der »Operation« schließt sich, wie es heißt, augenblicklich auch die Wunde wieder – narbenlos.

Raffinierter Schwindel oder tatsächlich eine noch unerklärbare, wundersame Heilung, der ein magischer Vorgang zugrundeliegt? Noch steht Meinung gegen Meinung. Zweifellos spielt der Glaube der Behandelten an einen Erfolg eine nicht zu unterschätzende Rolle. In einer von Schweizer Ärzten herausgegebenen Information heißt es: »Die phantastischen Meldungen über die ›Geistheiler‹ auf den Philippinen sind bis heute trotz eingehender Bemühungen europäischer Fachleute nicht wissenschaftlich verifiziert, das heißt nicht objektiv aufgrund vorheriger genauer Diagnoseerstellung und nachheriger Überprüfung erhärtet.«

Das ist als Warnung durchaus berechtigt. Mangelnder wissenschaftlicher Beweis kann in keinem Fall jedoch bedeuten, daß es sich nur um »dunkle Tricks« handelt und wirkliche Erfolge fehlen. Über einwandfrei scheinende positive Resultate ist, wie Dr. med. Hans Naegeli hervorhebt, sogar bereits berichtet worden. So wurde »bei einem Patienten im Röntgenbild vor dem Eingriff durch Tony Agpaoa je ein Tumor zwischen dem vierten und fünften Lendenwirbel und dem dritten bis fünften Kreuzbeinwirbel festgestellt.

Nach der Operation waren die beiden Tumore im Röntgenbild nicht mehr sichtbar, und der früher gelähmte Patient arbeitete wieder voll auf seiner Farm. Solche Beispiele lassen sich – neben Mißerfolgen, die es« – genauso wie in der akademischen Medizin – »auch gibt, beliebig vermehren«. Die Parapsychologen Harold Sherman aus den USA und Hiroshi Motoyana aus Japan, die sich beide bereits seit Jahren mit den philippinischen Heilern befaßten, bestätigten erst jüngst ihre Überzeugung: »›Psychische Chirurgie‹ existiert!« »Wir können«, so Dr. Naegeli, »– vor allem physikalisch – noch nicht erklären, wie das vor sich geht, aber die Phänomenologie in der Parapsychologie zeigt viele Möglichkeiten.«

Umstritten blieben auch die nicht minder außergewöhnlichen wie bizarren Praktiken brasilianischer Heiler. Die Anhänger verschiedener, sprunghaft anwachsender und über das ganze Land verbreiteter spiritistischer Sekten – eine von ihnen heißt »Umbanda« – behaupten, daß Medien aus ihren Reihen mit Hilfe von »Geistern« sensationelle Erfolge zu verzeichnen haben.

Lonrival de Freitas gilt heute – nach dem Tode von José Arigo im Januar 1971 – als der berühmteste »Geistheiler« Brasiliens. Der »Trance-Chirurg« operiert – beraten von seinem ständigen Kontrollgeist namens »Nero« und anderen, je nach Art der Krankheit und des Eingriffes verschiedenen »Spezialisten-Geistern« – in einer für europäische Begriffe höchst schockierenden Art. Nachdem er zumeist eine Flasche Schnaps hinuntergestürzt hat, nimmt er mit unsauberen, nicht sterilisierten Küchenmessern und ähnlichen »Instrumenten« an Patienten, die bei vollem Bewußtsein sind, höchst komplizierte chirurgische Eingriffe vor. Er behandelt, so heißt es, den Grauen Star, aber auch Magengeschwüre und Geschwülste aller Art. Eine Engländerin, Mrs. Anne Dooley, beschreibt, wie ihr Lonrival in einer solchen 35 Minuten dauernden, für sie völlig schmerzlosen Operation die vereiterten Mandeln entfernte, wodurch sie zugleich Erleichterung von den Atembeschwerden einer als unheilbar erklärten Bronchitis erhielt.

Bis heute fehlt eine ausgedehnte, exakt-wissenschaftliche Untersuchung dieses absonderlichen »Geistchirurgen«, der einen ungeheuren Zulauf hat. Weder Ärzte noch Parapsychologen haben das bisher unternommen. Nur José Arigo, der verstorbene »Curandeiro« aus der Stadt Congonhas do Campo, ist als einziger bisher zweimal von einer Gruppe nordamerikanischer Ärzte unter dem Neurologen Dr. Andrija Puharich beobachtet worden. Dr. Puharich ließ sich selbst eine kleine Geschwulst am rechten Arm entfernen. Beraten und unterstützt angeblich von den »Geistern« dreier verstorbener Spezialisten, des »Dr. Fritz«, eines deutschen Arztes, sowie des »Dr. Takahasis«, eines japanischen Tumor-Experten, und des »Friars Fabiano de Christo«, der die Instrumente »sterilisierte« und die Patienten mit para-normalem »grünem Licht« anästhesierte, ging alles mit einem ungeputzten Obstmesser blitzschnell vonstatten. »Es dauerte nur Sekunden«, berichtete Dr.

Puharich, »und das bei einem Eingriff, für den ein guter Chirurg 15 bis 20 Minuten benötigt hätte. Ich empfand überhaupt keinen Schmerz dabei.« Die Diagnosen übrigens, die José Arigo stets mit einem einzigen kurzen Blick zu stellen pflegte, schienen nach Ansicht der Ärzte im großen und ganzen zu stimmen. Ob die Eingriffe, die an einem einzigen Tage zuweilen an Hunderten von Patienten vorgenommen wurden, tatsächlich von Erfolg waren, entzieht sich jeder Kenntnis. Da die Operierten zumeist sofort wieder nach Hause zurückkehrten, waren nachträgliche Kontrollen nicht möglich. So bleibt auch hier ein noch dichter Schleier des Geheimnisvollen, der alles Konkrete verhüllt. Zu Recht erklärt Professor Oscar G. Quevedo, Inhaber eines Lehrstuhles für Parapsychologie in São Paulo, der von der Echtheit der zugrunde liegenden Phänomene überzeugt ist, daß es noch mühevoller, viel Geduld und finanzieller Mittel erfordernder Forschungen bedarf, um Licht in dieses noch ganz im Dunkeln liegende Neuland werfen zu können.

Psi eröffnet auch für die Völkerkunde ein neues Tor. In den magischen Praktiken Primitiver nur, wie H. Preuss es bezeichnete, eine »Urdummheit« zu sehen, gehört den überholten Vorurteilen von gestern an. Ein »reiches Spektrum angeblicher magischer Effekte«, so bemerkt Professor Bender, »harrt der Untersuchung: Krankheits- und Todeszauber, Fetischglaube, sofort heilende Selbstverletzungen bei kultischen Zeremonien, Feuerlaufen, außergewöhnliche Vorgänge im Voodoo-Kult, Jagdzauber – um nur einige zu nennen«. Und er vergißt nicht hinzuzufügen, daß »die Forschung auf diesem Gebiet teilnehmende Beobachtung mit einem Höchstmaß kritischer Distance verbinden muß«.
Magische Sprüche zum Beschwören und Verfluchen waren seit ältesten Zeiten bekannt, so auch den Ägyptern. Am Nil kamen fast vier Jahrtausende alte

Austreiben von Krankheitsdämonen bei Indianern.

Scherben von beschrifteten Vasen und Statuetten wieder ans Tageslicht, deren Texte Verwünschungen enthielten sowie die Namen von Personen oder ganzen Städten, denen die Flüche galten. Sie sollten in dem Augenblick in Kraft treten, da die entsprechende Vase oder Figur zerschmettert wurde.
Über eine jener uns kaum glaubhaft erscheinenden, noch heute üblichen magischen Praktiken und deren Auswirkungen berichtet aus Afrika als glaubwürdige Augenzeugin die britische Anthropologin Mrs. Toye. Sie hatte an der Goldküste Gelegenheit, selbst den besonders extremen Fall eines »Schadenzaubers« mit tödlichem Ausgang mitzuerleben.
Ein eingeborener Kaufmann war durch einen landesfremden, weißhäutigen Geschäftsmann wirtschaftlich nahezu ruiniert worden und hatte beschlossen, sich dieser Konkurrenz zu entledigen. Drei »Zauberinnen« fanden sich dazu gegen hohe Entlohnung bereit. In einer Beschwörungszeremonie verbrannten sie giftige Kräuter, die einen unerträglichen Rauch erzeugten. Es folgten rituelle Gesänge und Beschwörungsformeln. »Alsdann wurden«, wie die Anthropologin weiter berichtet, »einem jungen Hahn drei Federn an der Herzgegend ausgerissen und dem Tier blitzschnell der Hals umgedreht. Die jüngste der Frauen schlitzte das Hähnchen in Herznähe auf, tauchte die Federn in das Blut und lief zum Haus des weißen Geschäftsmannes. Nachdem sie die Federn in einen Ritz der Wand gesteckt hatte, stieß sie den Todesfluch aus.« Und dann trat das Unerklärbare ein: »Der weiße Kaufmann, zuvor vollkommen gesund, erlitt in der Nacht äußerst schmerzhafte Unterleibskrämpfe. Ein europäischer Arzt, den man rief, war ratlos und vermochte nicht zu helfen. Drei Tage später, zur gleichen Stunde, zu der die Beschwörung begonnen hatte, verstarb der Kaufmann.«
Ohne Zweifel spielen – sucht man nach einer Erklärung – psychische Faktoren eine Rolle. »Die subjektiven Erwartungshaltungen einer auf Suggestibilität bauenden Einstellung«, so urteilt der Gelehrte John Mischo, »suggestive Einflußnahmen seitens des Operators im Diesseits oder im ›Jenseits‹ führen mit hoher Wahrscheinlichkeit dazu, ein breitgefächertes Spektrum von Erfolgsquoten aufzuhellen. Doch bleibt ein unaufgelöster Rest von Fällen, die die Frage nach einer psychokinetischen Einflußnahme rechtfertigen.« Das weist die Richtung auf, in der vermutlich die Ursachen zu suchen sind, und sie mag theoretisch richtig sein. Was jedoch bis heute fehlt, ist die systematische Untersuchung jener unheimlichen magischen Praktiken, und zwar auf breiter Basis. Erfreulicherweise ist auch hier bereits ein Anfang gemacht. »Junge Ethnologen haben«, so Bender, »den Sprung vorwärts gewagt und die Magie der Primitiven nicht nur als Kuriosum ›prälogischer‹ Daseinstechniken, sondern auch parapsychologisch im Hinblick auf mögliche objektive Erfolge untersucht.« So konnte der Göttinger Völkerkundler P. Fuchs im Tschad-Gebiet des östlichen Sudan eine Orakelpraxis studieren, bei der vermutlich psychokinetische Bewirkungen eine Rolle spielen. Die Tubu wie-

derum, die im Tibesti-Gebiet der Sahara leben, scheinen telepathisch besonders Begabte in ihren Reihen zu haben. Obwohl weit und breit keinerlei technische Kommunikationsmittel vorhanden waren, wußten sie von der Ankunft einer Karawane bereits drei Tage zuvor. Was hier, erstmals kritisch beobachtet und untersucht, aus Afrika berichtet werden konnte, wird – sofern man den zahlreich vorliegenden Erzählungen Glauben schenkt – weit in den Schatten gestellt durch jene »drahtlosen Künste«, über die angeblich die Lhama-Priester Tibets und der Himalaja-Länder verfügen. Was von diesen geradezu ans Wunderbare grenzenden telepathischen Verständigungsfähigkeiten tatsächlich zu halten ist, werden eines Tages Felduntersuchungen an Ort und Stelle ergeben. Bis dahin sollte man sie als hübsche Geschichten begeisterter Fernostreisender betrachten und nur mit aller gebotenen Skepsis zur Kenntnis nehmen.

Und was ist von der so viel gepriesenen wie verworfenen Rutengängerei zu halten? Auch hierbei handelt es sich um eine seit uralten Zeiten geübte, geheimnisumwobene Praxis, bei der eine »künstliche Antenne«, die Wünschelrute, zum »Muten« unterirdischer Wasserläufe oder verborgener Bodenschätze verwendet wird. Bei dem Stab Mosis, mit dem es ihm, wie das Alte Testament berichtet (2. Mose 17, 6), gelang, Wasser aus dem Felsen zu schlagen, mag es sich um dergleichen gehandelt haben. Über Wahrsageruten, die aus Ägypten stammen sollen, existiert ein Bericht des römischen Staatsmannes Cicero. In der altdeutschen Mythologie findet man die »wunscili gerta«, und Goethe spricht »vom magischen Reis in kundiger Hand«.

Eine erste Beschreibung der »virgula furcata« – der gabelförmigen Rute – lieferte Georg Agricola mit seinem 1556 erschienenen Werk »De re metallica«. Auch Paracelsus erwähnt sie. In England benutzten erstmals deutsche Bergleute ein solches Gerät zur Zeit der Königin Elisabeth I.

Berichte über erfolgreiches Rutengehen, auch einwandfrei bezeugte, sind zahlreich. Zu ihnen gehört der berühmt gewordene Fall, der sich während des Ersten Weltkrieges auf Gallipoli, der heißumkämpften türkischen Halbinsel am Hellespont, zutrug. Das britische Expeditionskorps litt unter glühender Hitze und völligem Wassermangel derart, daß bereits der Gedanke erwogen wurde, zu kapitulieren. Da erbot sich Sapper S. Kelley, ein Zivilingenieur aus Melbourne, einen Versuch zu unternehmen. Er nahm ein gebogenes Stück Kupferdraht und begann das Gelände abzusuchen. Keine hundert Meter nur vom Divisions-Stabsquartier entfernt schlug die improvisierte Rute heftig aus. Als man nachgrub, stieß man auf eine unerwartet reiche Quelle. Sie lieferte an die 10 000 Liter klaren, kühlen Wassers in der Stunde! Kelley suchte weiter. Es gelang ihm, innerhalb einer Woche nicht weniger als 32 verschüttete, unterirdische Brunnenanlagen ausfindig zu machen. Damit war die Situation gerettet: Man hatte genug Wasservorräte entdeckt, um täglich 100 000 Mann mit je viereinhalb Litern kühlen Nasses versorgen zu können.

1853 ernannte die Französische Akademie der Wissenschaften eine Kommission, die das Rutengehen erforschen sollte. Sie kam zu der Erkenntnis, daß die Bewegungen des Gerätes auf Muskelreaktionen des Rutengängers zurückzuführen seien.
Nach jenem bereits klassisch gewordenen Bericht wurde das Phänomen längere Zeit nicht beachtet. Sir William Barrett, der Initiator der Londoner S.P.R., war dann der erste moderne Forscher, der wiederholt mit einem Rutengänger experimentierte und darüber auch in den »Proceedings« der S.P.R. referierte. Auch er schrieb, wie die französischen Gelehrten, die Ausschläge den unbewußten Muskelbewegungen zu und erklärte das Rutengehen als ein dem automatischen Schreiben verwandtes Phänomen. 1913 kam es anläßlich des »Internationalen Kongresses für experimentelle Psychologie« in Paris zu Versuchen mit einer ganz aus dem üblichen Gebrauch fallenden Anwendung der Wünschelrute: Joseph Matthieu machte sich anheischig, verborgene Wasserläufe nicht im Gelände, sondern nur anhand von Landkarten aufzuzeigen. Experimente ergaben, daß er dazu tatsächlich in der Lage war. Bezeugt ist diese Fähigkeit später auch von E. M. Penrose, der in den dreißiger Jahren unseres Jahrhunderts offiziell als »Wassersucher« bei der Regierung in der kanadischen Provinz Britisch-Columbia angestellt war. Auch dies konnte eines Tages festgestellt werden: Die Rute selbst hat nicht unbedingt etwas mit der merkwürdigen Begabung zu tun. Einige »Muter« benötigen sie überhaupt nicht.
Eine Sensation bildeten die Experimente, die 1930 der Para-Forscher Harry Price mit dem französischen Abbé Gabriel Lambert in London anstellte. Dieser benutzte statt einer Rute nur eine Art Spindel an einem Faden. »Über verborgenen Quellen im Hyde-Park begann dieses Pendel«, so berichtete Harry Price in »Psychic Research«, »ihre Richtung zu ändern, stoßartige Bewegungen auszuführen, um dann, wenn wir über dem unterirdischen Wasser verharrten, in immer größeren Kreisen herumzuschwingen. Sobald jedoch das Ufer einer verborgenen Strömung erreicht war, stand die Spindel schlagartig mäuschenstill ... Der Abbé war auch imstande, anzugeben, in welcher Tiefe sich die verschiedenen Wasserläufe befinden, annähernd genau auch deren Strömungsgeschwindigkeiten sowie das Volumen.«
So fehlt es nicht – bis in jüngste Zeit – an spektakulären Beispielen. Trotzdem wurde das Phänomen bis heute von der offiziellen Wissenschaft als Aschenbrödel behandelt. Bedauerlicherweise. Denn inzwischen hat die Rutengängerei – als Geschäft betrieben, aber auch als Liebhaberei von »Privatgelehrten« – in zahlreichen Gruppen und Vereinen eine erstaunliche Verbreitung gefunden.
Bei den Bemühungen, das Phänomen rein physikalisch-physiologisch zu erklären, ist es zu der Behauptung gekommen, das Wasser oder auch das Metall sende selbst »Strahlen« aus. Die Begabung eines Rutengängers bestehe daher

nur darin, diese auffangen zu können. Sie sollen auf dessen Nervensystem einwirken und die entsprechenden Bewegungen auslösen. Damit war eine angeblich »neue Wissenschaft« geboren, die »Radiästhesie«. Erstaunlicherweise werden dabei psychische Einflüsse entweder gar nicht oder nur ungenügend berücksichtigt. Ein gleiches gilt für das Unterbewußtsein im Hinblick auf Suggestion und Autosuggestion und weit mehr noch für jenes vergessene, unterbewußte Wissen, das mittels des Automatismus an die Oberfläche gelangt.

Aufgrund dieser Vernachlässigung der seelischen Aspekte kam es zu einer rein physikalischen Einstellung und damit zu einem ganzen Rattenschwanz von Irrtümern. Gläubige Vertreter dieser Auffassung wagten sich in Gebiete vor, von denen sie als Laien nichts verstanden, so daß es zu höchst bedenklichen und gefährlichen Folgen kam. »Erdstrahlenforschung« wurde geradezu ein Zauberwort für alles mögliche. Mit ihrer Hilfe sollte man fähig sein, Krankheitsherde aufzuspüren, man glaubte sogar, »von der Strahlenseite her dem unheimlichen Krebsproblem näherrücken« zu können. Die Rute in der Hand des Heilpraktikers sollte angeblich sogar »die Möglichkeit einer raschen Diagnose sowie Wellenbestimmung kranker und gesunder Menschen« geben. Und was für die Rute angenommen oder unterstellt wurde, galt sinngemäß natürlich auch für das Pendel.

Nicht wenige Radiästhesisten vergaßen darüber ganz die ursprüngliche Bestimmung der Rute für die Suche von Wasser oder Metall und konzentrierten sich darauf, ihre ahnungslosen Mitmenschen vor gefährlichen Ausstrahlungen zu schützen, die aus der Erde kommen sollen. Man könnte eine ganze Rumpelkammer mit den absonderlichsten Apparaturen füllen, die allein zum Auffinden und zum Messen der »Strahlungen« sowie zum »Abschirmen« gegen »Strahlen« dienlich sein sollen, die, sei es vom Boden oder von Gegenständen, sei es von Personen, Krankheitserregern und allem möglichen anderen ausgehen.

Kein einziges dieser Geräte konnte bisher neutrale Gelehrte davon überzeugen, daß es auch nur den geringsten wissenschaftlichen oder praktischen Wert hatte!

Was die Parapsychologie heute zum Rutengehen zu sagen hat, entspricht der Meinung von Sir William Barrett und den Erkenntnissen der Französischen Akademie der Wissenschaften aus dem vorigen Jahrhundert: Unbewußte Muskelbewegungen sind die Ursache. Die Reaktionen im Gelände können durch Änderungen des magnetischen Feldes über Wasservorkommen und anderen Bodenschätzen ausgelöst werden. Beim Muten über Landkarten kann Hellsehen den Ruten-Automatismus in Gang setzen.

Daß para-normale Wahrnehmungen beim Muten eine entscheidende Rolle zu spielen scheinen, unterstrich bereits 1928 Abbé Bouly. Der neben seinem Landsmann und Kollegen Lambert erfolgreiche französische »Rutler« er-

Rutengänger bei der Suche nach verborgenen Bodenschätzen. Holzschnitt aus dem 1557 in Basel erschienenen »Bergwerksbuch« von Georg Agricola.

klärte aufgrund eigener Erfahrung: »Ich brauche keine Holzgabel, denn ich kann den unterirdischen Wasserlauf mit meinen Augen sehen. Ich stimme meinen Geist darauf ein. Wenn ich nach Blei Ausschau halte, stelle ich meine Augen darauf ein. Ich empfinde dann ein Flimmern wie von erhitzter Luft über einem Heizkörper. Und dann sehe ich es.«

Es gibt kein Volk auf Erden, einst wie jetzt, das nicht das Phänomen der Besessenheit kannte. Bezeugt ist es in christlichen Kulturen ebenso wie in der übrigen Welt bis hin nach Ostasien, aus dem alten Syrien, aus Ägypten wie aus Griechenland, aus dem Israel des Alten und des Neuen Testamentes. In der Vergangenheit gab es über die Urheber jener unheimlichen Zustände kaum Zweifel: Das waren Teufel, Dämonen, wenn nicht Satan selbst oder aber Geister Verstorbener und Naturgeister. Exorzisten fiel die Aufgabe zu, die bedauernswerten Opfer durch Beschwörung und Austreibung wieder zu befreien.

Auch in unseren Tagen kennt die katholische Kirche noch sogenannte Teufelsaustreibungen. Sie übt jedoch Zurückhaltung. Denn für vieles von dem, was früher der Einwirkung von Dämonen oder Geistern Verstorbener zugeschrieben wurde, gibt es heute andere, wissenschaftliche Deutungen. Sie stammen aus der Psychiatrie und der Tiefenpsychologie. Es kann sich um hochgradige Hysterie handeln, die auf Schuldgefühle, heftige seelische Schockwirkungen oder auch sehr starke emotionale Hemmungen zurückgeht und sich plötzlich explosiv entlädt. Charakteristisch für die Besessenheit ist auch eine Spaltung der Persönlichkeit: Im Unterbewußtsein entsteht eine »zweite Persönlichkeit«, die mehr oder weniger unabhängig von dem normalen, ursprünglichen Ich existiert und agiert. Dabei kommt es häufig vor, daß die eine nicht weiß, was die andere getan hat oder tut.

Aber damit ist längst nicht alles erklärt. Denn bei der Besessenheit treten auch parapsychologische Erscheinungen auf – Telepathie, Hellsehen, Sprechen in fremden Sprachen, die Schau in Vergangenheit und Zukunft. Gerade sie aber gelten nach dem »Rituale Romanum« der katholischen Kirche mit als ein typisches Zeichen für das Dämonisch-Übernatürliche im Zustand der Besessenheit. Professor Dr. Gebhard Frei, der 1967 verstorbene katholische Theologe, gibt offen zu, daß es neben der psychosomatischen Medizin, der Psychiatrie und der Tiefenpsychologie »vor allem die Parapsychologie ist, die in dieses Randgebiet vorstößt und zur Erweiterung des Menschenbildes, soweit ich sehe, mehr beiträgt als jeder andere Zweig der heutigen Wissenschaften«. Trotzdem solle nicht vergessen werden, daß »nur die Phänomene sichtbar sind und die eigentlichen Spieler und Gegenspieler in Hintergrund bleiben ... An einem einzigen Besessenheitsfall, dem Ringen zwischen personenhaften dunklen Kräften und lichten Gegenkräften« lasse sich auch ablesen, »was sich in Kosmos und Weltgeschichte eh und je, und heute potenziert, abspielt«.

Einer Enträtselung harrt ebenfalls noch das mystische Phänomen der Stigmatisation mit den Wundmalen Christi. Es gehört in keiner Weise nur der Vergangenheit an. Nach dem Fall des 1968 verstorbenen Kapuzinermönchs Padre Pio aus Süditalien bewegt eine jüngst eingetretene Stigmatisation seit 1972 weite Kreise in den USA, Laien ebenso wie kirchliche und medizinische Experten.

Cloretta Robertson, ein zehnjähriges Mädchen aus Oakland in Kalifornien, begann während der Fastenzeit jenes Jahres plötzlich an beiden Händen und Füßen sowie an einer Stelle in der Nähe des Herzens zu bluten, »wie Christus am Kreuz«. Am Karfreitag, dem 31. März 1972, verschwanden die Erscheinungen wieder.

Drei Ärzte, die sie neben vielen anderen untersuchten, erklärten, daß es sich um einen klassischen Fall von Stigmatisierung handele. Das erschien um so erstaunlicher, als die Träger der Wundmale Christi – man zählt heute insgesamt über 400 – sich fast ausschließlich aus Anhängern des katholischen Glaubens rekrutieren. Cloretta hingegen ist Baptistin. »Clorettas Fall«, ist nach Aussagen des Psychiaters Dr. Joseph E. Lifshutz, der zugleich als Autorität auf dem Gebiet dieses Phänomens anerkannt ist, »noch aus einem anderen Grund extrem selten. Nur bei zwei oder drei aller nach Franz von Assisi Stigmatisierten handelte es sich um Personen, die nicht hysterisch waren. Auch bei Cloretta, die ich genau untersuchte, konnte ich feststellen, daß es sich um ein sehr ausgeglichenes und gesundes kleines Mädchen handelt.«

Zwar ist es sogar in katholischen Kreisen »Mode« geworden, die Stigmatisation als ein rein psychisches Phänomen zu betrachten, und man weiß auch, daß durch hypnotische Suggestion zuweilen Brandblasen, leichte Blutungen wie auch Zeichnungen oder Vertiefungen auf der Haut auftreten können. Was wir aus der Tiefenpsychologie, so dem Studium der Hysterie, oder aus der Parapsychologie wissen, gibt uns zwar gewisse Hinweise und mag vielleicht gewisse Analogien aufzeigen. Aber auf die entscheidende, letzte große Frage nach den wirklichen, wahren Ursachen gibt es bis heute keine Antwort.

Die bestürzenden und verwirrenden Aspekte der Stigmatisation bleiben wissenschaftlich unerklärt und damit rätselhaft und geheimnisvoll wie noch so manches andere Phänomen. Was der Erforschung harrt, ist ein noch weites Feld ...

XXXIII. Phänomene, die ein Weltbild sprengen

In allen Wissenschaften zählt es zur ersten Aufgabe der Forschung, Tatsachen einwandfrei zu sichern. Das hat auch die Parapsychologie getan, und deshalb kann sie heute die Früchte ernten. Nach fast einem Jahrhundert – 1882 war die englische »Society for Psychical Research« gegründet worden – steht das Resultat unumstößlich fest. Es lautet: Psi existiert! Seine Faktizität kann durch nichts mehr aus der Welt geschafft werden. Wer sich anheischig macht, sie leugnen zu wollen, zeigt, daß er nicht informiert ist oder nicht informiert sein will. Denn »die Existenz der außersinnlichen Wahrnehmungen ist«, wie der bedeutende britische Psychologe Hans Jürgen Eysenck zu Recht hervorhebt, »nicht mehr eine Sache des Glaubens, sondern nur noch des Wissens«.

Doch das bedeutet keinesfalls, daß diese Fakten – sieht man einmal ganz ab von der breiten Öffentlichkeit – auch in den Reihen der etablierten Wissenschaft zur Kenntnis genommen worden sind, noch daß die Vertreter der verschiedenen Disziplinen begonnen hätten, sich damit auseinanderzusetzen und die Konsequenzen zu überdenken und eventuell zu ziehen. Nicht nur in der physischen, sondern auch in der geistigen Welt gibt es ein Gesetz der Trägheit! Man zieht es vor, zäh an den einmal erlernten und so vertraut gewordenen Vorstellungen und Begriffen festzuhalten – mögen sie auch längst überholt oder in höchstem Grade revisionsbedürftig sein! Denn Tatsache ist, wie J. G. Pratt uns deutlich in Erinnerung ruft, daß »die Auseinandersetzung im Laufe der letzten Jahrhunderte gewiß zugunsten derjenigen Philosophen und Wissenschaftler ausging, die sagen würden, daß für den Geist kein Platz sei«. Hat sich das geändert? Herrscht nicht noch immer, wie Ortega y Gasset es einmal formulierte, in den medizinischen wie in den naturwissenschaftlichen Fakultäten ein von den neuesten Erkenntnissen längst überholter »Tertianer-Materialismus«!?

Die Folgerungen und Rückschlüsse, die sich aus der Entdeckung und dem Nachweis der Para-Phänomene ergeben, dürften sich nicht nur auf die bisher vorherrschende, naturwissenschaftlich bestimmte Meinung umwälzend auswirken. Denn da hat es bereits – sollte das ein purer Zufall sein? – etwas Entsprechendes gegeben, und das geschah ausgerechnet im Bereich jener Wissenschaft, die es sozusagen mit den realsten und konkretesten aller Dinge überhaupt zu tun hat. Zu ähnlich umwälzenden neuen Erkenntnissen, wie sie sich heute in der Parapsychologie anbahnen, kam man bekanntlich vor Jahrzehnten in der Physik!

Die moderne Kernphysik kennt keinen Stoff mehr, nur noch »Felder«. Substanz existiert für sie nicht mehr. Das ist eine »gestorbene Kategorie«. Für den Physiker ist das Wort »Materie« sinnlos geworden. Womit er sich beschäftigt, sind nur noch Protonen oder Elektronen als »Wellenpakete« oder »-bahnen«. Seit Einstein und seiner Speziellen Relativitätstheorie wissen wir ferner, daß Masse in Energie umwandelbar ist und umgekehrt. Die Kernphysik löste nicht nur die Materie auf, sie stellte auch fest, daß in den nuklearen Vorgängen zudem Kausalität, Raum und Zeit keine Gültigkeit haben.

Bereits diese Erkenntnisse bedeuteten ein hartes Contra jenen einseitigen Hypothesen und Denkschablonen gegenüber, die der Materie vor allem den Vorrang gaben. Ganz zu schweigen vom völlig einseitigen »Dialektischen Materialismus«, der die materielle Welt als das einzige Sein proklamiert hat, neben dem etwas Geistiges nicht existiere, da ja angeblich auch das Bewußtsein nur eine »spezifisch menschliche Widerspiegelung der objektiven Materie« sei.

Soweit die Kernphysik. Ihren Erkenntnissen sind nun die unerhörten Entdeckungen der Parapsychologie gefolgt.

Was bedeutet der wissenschaftliche Nachweis, daß die Menschen – denn das gilt global für alle Völker in allen Kontinenten, gilt für die Vergangenheit wie für das Heute – über gewisse nichtphysikalische Fähigkeiten verfügen?

Was bedeutet das Aufspüren jener Funktionen und Kräfte, die sich in Psi-Phänomenen manifestieren?
Es ist die wissenschaftliche Dokumentation einer ganz außergewöhnlichen, vor wenigen Jahrzehnten noch als völlig illusorisch bezeichneten Tatsache: daß jenseits der unseren fünf Sinnen zugänglichen, meß-, wäg- und analysierbaren grobmateriellen Welt, daß hinter deren Horizont sozusagen ein »Kosmos« ganz anderer, uns noch völlig unbegreiflicher, ja unvorstellbarer Art existiert. Zu den ungeheuren Kräften und vielgestaltigen Möglichkeiten, die dort schlummern, hat der Mensch Zugang! Er hat ihn nicht über die Ratio, sein grübelndes, denkendes, ordnendes, taghelles Bewußtsein. Wohl aber über die Tiefen seiner Psyche, über seinen Geist. In jenem anderen, immateriellen Universum, in dem die Para-Phänomene sich abzuspielen scheinen, haben die in unserem mit den Sinnen nur grob begreifbaren Seinsbereich herrschenden Gesetze keinerlei Gültigkeit, sind Raum, Zeit und Kausalität nicht existent.
Natürlich fehlte es nicht an Versuchen, auch die Para-Phänomene dem materiell-mechanistischen Lehrgebäude einzugliedern. Man glaubte, mit Hilfe physikalischer Theorien werde eine Erklärung möglich. Das begann bereits im vergangenen Jahrhundert. So wollten einige Gelehrte das Gedankenlesen auf elektrische Schwingungen zurückführen. Andere wiederum meinten, daß die Medien ihren Vorrat an »physiologischer Energie« in eine andere Form umwandeln, durch den Raum senden und an bestimmter Stelle wieder zurückverwandeln können. Man überlegte sich auch, ob die Übertragung von Gehirn zu Gehirn nicht vielleicht durch Elektronenkomplexe vor sich gehe. Das Pech war nur, daß anatomisch-physiologisch nichts entdeckt werden konnte, was im menschlichen Körper als »Sender« oder als »Empfangsgerät« angesprochen werden konnte. Und im übrigen: Die Übertragung von Psi-Signalen über Tausende von Kilometern, wie es experimentell wiederholt demonstriert werden konnte, würde – nicht anders als weitreichende Funksendungen – ungeheure Energiequellen benötigen. Die menschlichen Hirnströme aber sind so schwach, daß selbst die feinsten Geräte heute im Abstand von wenigen Zentimetern bereits nur noch ein Rauschen zu registrieren vermögen. Die Annahme einer Übertragung durch Wellen oder irgendeine sonstige physikalisch faßbare Energie erscheint zudem sinnlos, wenn man an das Phänomen der Vorausschau denkt. Wie sollen Ereignisse, die erst in der Zukunft stattfinden werden, sich physisch bereits vorher ankündigen können?
Spät erst, nämlich seit den zwanziger Jahren dieses Jahrhunderts, gewann eine andere Theorie an Boden, eine »Theorie des Immateriellen«. Man fragte sich, ob bei der Telepathie und beim Hellsehen beispielsweise nicht »etwas Psychisches durch den Raum geht«. Die rätselhaften Signale würden dabei »von Seele zu Seele« gehen. Diese »psychistischen Theorien« bedeuteten

einen ersten wichtigen und konsequenten Schritt. Sie ließen keinen Zweifel darüber, daß die Tatsache der Existenz einer außersinnlichen Wahrnehmung gegen jeden einseitigen Mechanismus und Positivismus spreche.

Hypothese auf Hypothese wurde inzwischen aufgestellt, jede bemüht, die Para-Phänomene erklären zu können. Auch auf die Frage, in welchem Zusammenhang Leib und Seele, physische und psychische Vorgänge zueinander stehen mögen, suchte man eine Antwort. Es blieb bisher vergeblich. Und es erscheint fraglich, ob dies in absehbarer Zeit überhaupt möglich sein wird.

So gewaltig und umwälzend die bisherigen Entdeckungen auch sind – die Pforten zu jenem unseren Sinnen verschlossenen Reich jenseits von Kausalität, Raum und Zeit konnten erst um einen winzigen Spalt geöffnet werden.

Aber auf dem einmal beschrittenen Wege gibt es kein Zurück mehr. Mit den erbrachten Beweisen ist unüberhörbar und weltweit das Veto eingelegt gegen ein Denken, das in eingefahrenen Gleisen allein die materialistisch-mechanistischen Auffassungen als Maßstab gelten ließ, für das nichts anderes daneben existierte. So gewichtig sich dessen Anhänger auch gebärdeten – sie werden sich jetzt sagen lassen müssen: Ihr gleicht den Einäugigen, denen ohne das von der Natur so weise vorgesehene zweite Auge es an einer perspektivischen, nämlich der räumlich richtigen Sicht ermangelt. Eurem Blick *fehlt* eine Dimension.

Mit der Parapsychologie, dem laut Professor H. H. Price aus Oxford »bedeutendsten Forschungsgebiet, das der menschliche Geist jemals in Angriff genommen hat«, bahnt sich etwas unerhört Beglückendes an: Die Wiederherstellung eines verlorengegangenen, mit dem Aufkommen einseitig rationalistisch-materialistischer Einstellung mutwillig und gewaltsam zerstörten Gleichgewichts. Erste Schritte sind getan auf einem Weg, der es ermöglichen wird, Welt und Leben wieder einen Sinn zu geben, uns aus der trostlos düsteren Sackgasse wieder herauszuführen, in die ein großer Teil der Menschheit im vergangenen Jahrhundert durch den Materialismus geriet, der auch das philosophische Weltbild prägte und jedwedes wissenschaftliche Denken infizierte.

Es war ein Irrweg. Unendliches Leid brachte er über Millionen und Abermillionen Menschen, denen um den Preis angeblicher Aufklärung, rationaler Erkenntnisse und materieller Fortschritte der »Himmel« zerschlagen wurde. Ihre Seelen begannen zu frieren, als man ihnen weiszumachen verstand, das Universum sei nichts als eine einzige, übergroße Maschine.

Die Parapsychologie, »diese neue Wissenschaft«, sagte Professor Henri Bergson ahnungsvoll schon 1913, »wird die verlorene Zeit einholen«. Sie wirft mit ihren revolutionierenden Erkenntnissen bereits heute ein neues Licht auf das Wesen des Menschen und seine Stellung im Kosmos.

XXXIV. Wenn der Mensch Psi beherrscht...

Noch kann niemand voraussagen, wann es gelingen mag, die von der Parapsychologie entdeckten außergewöhnlichen Phänomene so zu klären und – weit wichtiger noch – so in den Griff zu bekommen, daß sie jederzeit bewußt realisiert werden können. Und zwar nicht nur von einzelnen, dafür besonders begabten Menschen, wie wir es bisher in eben seltenen Ausnahmefällen bei Medien erlebt haben, sondern von jedermann.

Das mag höchst utopisch klingen. Aber zahlreiche erste Recherchen – im Labor und bei Felduntersuchungen in aller Welt – haben in dieser Hinsicht etwas sehr Positives und höchst Erfreuliches ergeben. Daß man nämlich, so J. B. Rhine, »mit Recht sagen kann, die Psi-Funktion ist weit genug verbreitet, um als normale Anlage der menschlichen Art gelten zu können«.

Was diese Tatsache für eine zukünftige Entwicklung des Menschen bedeuten könnte, davon vermögen wir uns in vollem Umfang noch kaum eine Vorstellung zu machen. Denn das erscheint allzu phantastisch, mutet so märchenhaft an, als sei es nur ein wunderbarer, aber eben doch illusorischer Traum. Und dabei wäre er dennoch zu verwirklichen!

Denn eines steht – weil unzählige Male berichtet, bezeugt, erprobt und exakt erwiesen – fest: Ungehoben, ungenutzt schlummern ungeheure Schätze tief in uns, ruhen unvorstellbare Chancen und Energien jenseits der bewußten Welt. Welcher Art diese verborgenen Fähigkeiten und Kräfte sind, was sie zu bewirken vermögen, wissen wir nicht nur aus der Erforschung der Para-Phänomene. Unsere Kenntnis stammt auch aus zahllosen anderen Quellen. Welche unglaublichen Möglichkeiten tatsächlich existieren, davon erzählen im Laufe der Geschichte immer erneut mit fassungslosem Staunen aufgenommene Berichte über plötzlich wie aus dem Nichts emporgeschossene außergewöhnliche Begabungen. Fast scheint es, als wolle die Natur damit geradezu einen Fingerzeig geben und sagen: »Seht, ihr Menschen, was für eine großartige Welt es noch zu erobern gilt.« Denken wir nur an die »Wunderkinder«.

Christian Heinrich Heinecken, der am 6. Februar 1721 in Lübeck zur Welt kam, versetzte alle Welt in Erstaunen. Er lernte schon im zehnten Monat seines jungen Lebens alle Gegenstände kennen und benennen. Noch vor Ablauf des ersten Jahres machte er sich unter Anleitung eines eigens dafür engagierten Lehrers mit den wichtigsten Ereignissen in den fünf Büchern Mose bekannt. 15 Monate alt, fing er an, sich mit der Weltgeschichte zu befassen, beherrschte – die Hansestadt gehörte damals zu Dänemark – bereits vor vollendetem dritten Lebensjahr die dänische Geschichte und konnte schon mit drei Jahren französisch und lateinisch sprechen. In seinem vierten Lebensjahr begann er das Studium der Religionen und der Kirchengeschichte. Als er zu schreiben anfing, verstarb er – im Alter von vier Jahren.

Als nur Sechsjährige wurde Shakuutala Devi, ein zartes, kleines Mädchen aus dem indischen Staat Bangalore, den Professoren und Studenten der Universität von Mysore vorgeführt und versetzte diese durch ihre an wahre Hexerei grenzende, geniale Begabung auf mathematischem Gebiet in helles Erstaunen. Sie war in der Lage, in unfaßbar kürzester Zeit die kompliziertesten Rechnungen auszuführen. Als man ihr unvorbereitet die Aufgabe »73 Fakultät (73!)« stellte, die fortlaufende Multiplikation der aufeinanderfolgenden Zahlen von 1 bis 73, gab sie die richtige Lösung bereits in zwei Minuten an. 1967 brachte man Shakuutala nach New York und stellte sie vor vielen Millionen Zuschauern im Fernsehen auf die Probe. Um einen Vergleich für die Supergeschwindigkeit ihres Denkvermögens anstellen zu können, hatte man der Kleinen einen Computer als Konkurrenten im Studio zur Seite gestellt. Beide erhielten gleichzeitig die Aufgabe. Das Resultat? Dem Kind aus Indien gelang es, den elektronischen Roboter um genau sechs Sekunden zu schlagen!
Ein Landsmann, der in England erzogene, später weltberühmt gewordene indische Heilige Sri Aurobindo, beherrschte mit elf Jahren bereits fließend mehrere europäische Sprachen und begann in diesen sowie außerdem in perfektem Latein und Griechisch zu dichten.
Und allbekannt ist das klassische Wunderkind: Wolfgang Amadeus Mozart, der schon mit sechs Jahren komponierte.
Außergewöhnliche Fähigkeiten solcher Art können unmöglich das Produkt rationaler Vorgänge sein. Sie entspringen – noch vermag niemand zu sagen wie – einem Blitzlicht gleich der Intuition. Der englische Psi-Forscher Frederic W. H. Myers wies in einer Fallsammlung über »das Genie« ausdrücklich darauf hin, wie »Wunderkinder« in der Lage seien, geradezu spielend selbst die »intellektuellen Giganten« ihrer Zeit zu übertreffen und zu verblüffen. Er zitiert dabei den britischen Erzbischof Whately, der aus eigener Erfahrung berichtet: »Da gab es etwas Besonderes in meiner Fähigkeit, rechnen zu können. Es begann im Alter zwischen fünf und sechs und dauerte ungefähr drei Jahre. Es gelang mir, die schwierigsten Aufgaben im Kopf zu lösen, obwohl ich noch nichts anderes kannte als die Zahlen. Ich konnte schneller addieren, als jeder andere es schriftlich vermochte, und erinnere mich, trotzdem nie auch nur den kleinsten Fehler gemacht zu haben. Als ich dann jedoch auf die Schule kam, war ich ein totaler Versager, wenn es ans Rechnen ging, und dabei blieb es.«
Ähnliches erlebte auch der spätere Professor Saford. Er war als Zehnjähriger in der Lage, innerhalb einer Minute Multiplikationen durchzuführen, deren Resultat in einer sechsunddreißigstelligen Zahl bestand. Was für eine phantastische Leistung das darstellt, vermag man sich vorzustellen, wenn man bedenkt, daß 100 Milliarden erst ein Drittel dieser Größenordnung ausmachen. Sie haben nämlich »nur« zwölf Nullen.

Weit verblüffender noch ist der Fall des Johann Martin Zacharias Dase. Der 1824 geborene Hamburger trat bereits mit fünfzehn Jahren als »Schnellrechner« öffentlich auf und erregte durch sein Talent größte Bewunderung. In Wiesbaden brachte er es eines Tages fertig, inmitten einer sich lebhaft unterhaltenden Gesellschaft eine sechzigziffrige Zahl mit einer anderen sechzigziffrigen binnen drei Stunden weniger eine Minute »im Kopf« zu multiplizieren. In München zog er aus einer hundertziffrigen Zahl die Quadratwurzel innerhalb von 52 Minuten. Das Unglaubliche dabei war, wie Myers feststellte, daß »er jeglichen mathematischen Verstandes entbehrte. Er dürfte«, bemerkte der englische Gelehrte weiter, »der einzige sein, der den mathematischen Wissenschaften wertvollste Dienste leistete, obwohl er selbst nicht einmal in der Lage war, den Lehrsatz des Euklid zu begreifen.« Denn tatsächlich hatte Dase sein abnormales Talent nicht nur Schaulustigen vorführen, sondern auch in den Dienst der Wissenschaft stellen können. Dazu war ihm von keinem Geringeren als Karl Friedrich Gauß verholfen worden, dem »Fürsten der Mathematiker«, auf dessen Empfehlung die Hamburger Akademie den Wunderrechner für mathematische Arbeiten finanziell unterstützte. In zwölf Jahren berechnete er, ein menschlicher Vorläufer der Computer, mathematische Tabellen, für die ein normaler Sterblicher sein ganzes Leben gebraucht hätte. Von ihm erschienen gedruckt auch die »Tafeln der natürlichen Logarithmen der Zahlen« und »Der Kreisumfang für den Durchmesser 1, auf 200 Dezimalstellen berechnet«. Zuletzt, ab 1853, hat ihn – welch Kuriosum – das Preußische Finanzministerium für einige Jahre beschäftigt.

Intuition ist, wie diese Fälle erkennen lassen, eine Fähigkeit, die urplötzlich in Aktion treten kann, um ebenso abrupt und unberechenbar eines Tages wieder zu verschwinden. Zumeist geschieht das kometengleich und oft nur für wenige Jahre oder lediglich in frühester Kindheit. Sie schlummert im Unterbewußten des Menschen. Der Beispiele dafür sind Legion, insbesondere für ihr Auftreten bereits in jugendlichem Alter.

Blaise Pascal, der große französische Philosoph und Mathematiker des 17. Jahrhunderts, verfaßte eine Abhandlung über Akustik als Zwölfjähriger. Jothi Ramalingaswami, der hochverehrte südindische Dichter und Heilige des 19. Jahrhunderts, komponierte Gesänge und Hymnen in Tamil – der Hochsprache des dravidischen Südindien – im Alter von neun Jahren. Baron Thomas Babington Macaulay, der bekannte englische Essayist, Staatsmann und Redner, führte zum grenzenlosen Erstaunen seiner Eltern schon als Kleinkind Gespräche wie ein vollkommen Erwachsener. Leonardo da Vinci übertraf bereits in seinem allerersten Zeichenversuch seinen Meister und Lehrer an Können und Format. Yehudi Menuhin, einer der ganz großen Violinisten unserer Zeit, erhielt mit vier Jahren seinen ersten Geigenunterricht und beherrschte innerhalb von nur acht Monaten meisterhaft das achte Konzert von Berlioz. Als Zwölfjähriger löste er in der Londoner Queen's

Hall Begeisterungsstürme aus. Sir William Rowan Hamilton begann Hebräisch mit drei Jahren zu lernen. Als Siebenjährigem bescheinigte man ihm am Dubliner Trinity College darin mehr Kenntnisse, als die meisten anderen, viel älteren Kandidaten sie besaßen. In den sechs Jahren danach erlernte er 13 weitere Sprachen.

Aber das ist nur ein einziger kleiner Ausschnitt aus jener überwältigenden Fülle von Erscheinungen, die immer wieder aus den Tiefen einer noch unerforschten psychischen Welt gleichsam blitzartig hervorbrechen. Da tauchen völlig unerwartet im Menschen nie zuvor geahnte Gedanken und Ideen auf, überkommen ihn schöpferische Kräfte – Inspirationen. »Es ist«, so bemerkt G. N. M. Tyrrell in seinem Werk »Die Persönlichkeit des Menschen« dazu, »eine hochbedeutsame, indes allgemein wenig beachtete Tatsache, daß jene Schöpfungen des menschlichen Geistes, die sich in hohem Grade durch Originalität und Größe auszeichnen, gerade nicht aus der Region des normalen Bewußtseins kommen. Sie stammen aus einem Bereich, der jenseits davon liegt, und pochen, Einlaß heischend, an das Tor des Bewußtseins. Zuweilen fließen sie unmerklich wie einsickerndes Wasser durch ein Leck, oft jedoch geschieht es mit einem plötzlichen Ausbruch einer alles überwältigenden Gewalt.« »Diese Eruptionen des Überbewußtseins«, wie die Theosophin Annie Besant es ausdrückte, »in das physische Hirn haben den Charakter von etwas Unerwartetem, sind voller Überzeugungskraft, von gebieterischer Autorität, und es fehlt ihnen augenscheinlich jeder Grund. Sie sind ohne Beziehung oder stehen allenfalls nur in indirekter Verbindung zu den Gedanken des Wachbewußtseins und prägen sich diesem nur auf.«

Große Schriftsteller, Dichter, Musiker und andere Künstler haben es wiederholt bezeugt, einst wie jetzt. Von Philo von Alexandrien, der um die Zeitenwende in Ägypten lebte, ist der Ausspruch überliefert: »Manchmal, wenn ich mich völlig leer an die Arbeit begebe, bin ich mit einem Schlage voll: Ideen ergießen sich wie ein unsichtbarer Schauer über mich und dringen von oben in mich ein.«

Schiller wunderte sich, »woher die Gedanken mit einem Male kamen«. Sie ergriffen ihn, ganz gleich, woran er auch gerade dachte. »Ich habe meine Sachen geschrieben als Nachtwandler«, erklärte Goethe. »Die Gedichte machten mich, nicht ich sie.« »Eine gütige Macht zeigt mir alles«, bemerkte Dikkens einmal. Und Lord Beaconsfield, Staatsmann und Schriftsteller zugleich, erklärte: »Ich bin kaum imstande zu beschreiben, was ich in solchen Augenblicken fühle. Ich bin mir meiner eigenen Existenz nicht mehr sicher.«

In der Biographie von Harriet Beecher-Stowe, der Verfasserin von »Onkel Toms Hütte«, heißt es, ihr sei es so vorgekommen, als würde das, was sie niederschrieb, »gleichsam wie von einem mächtigen Wind durch ihren Geist geweht«. Edgar Wallace gab 1928 im »Daily Express« ehrlich zu: »Ich bin erfolgreich gewesen, weit über das hinaus, was durch meine natürlichen

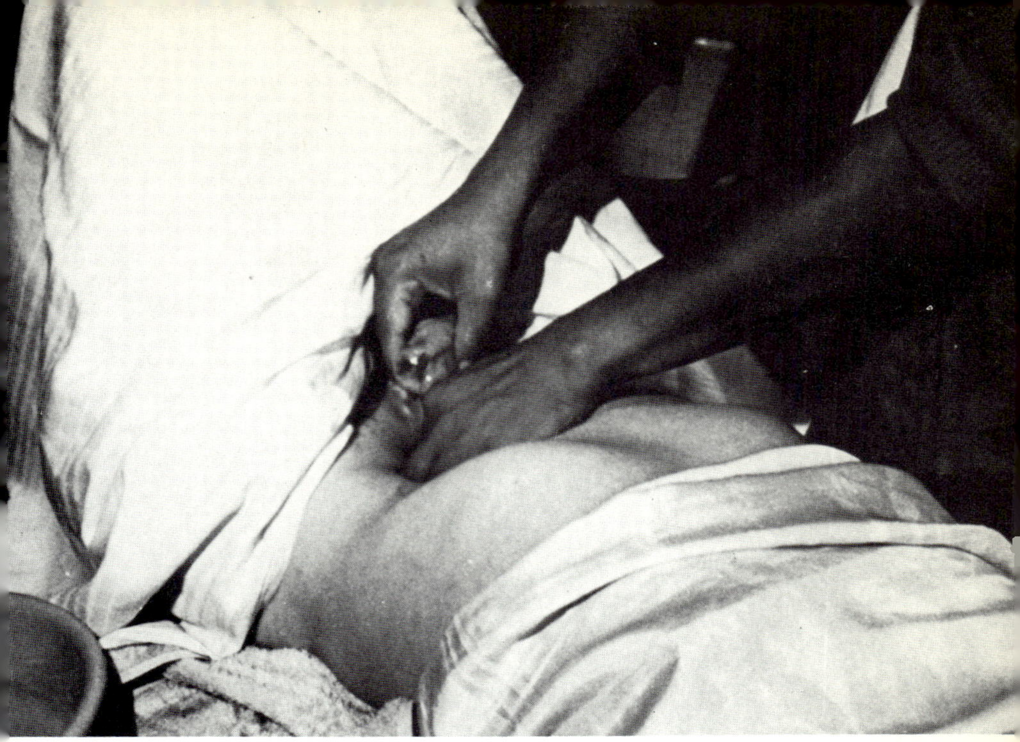

Oben: Umstrittene »psychische Chirurgie« auf den Philippinen, bei der »Geistheiler« ohne Instrumente, Narkose oder Sterilisation mit bloßen Händen »operieren«. Unser Bild zeigt, wie aus dem angeblich »psychisch« geöffneten Leib eines Patienten ein »Krankheitsherd« entfernt wird. Nach dem »Eingriff« zeigt sich merkwürdigerweise nicht einmal eine Narbe. Rechts: Harry Edwards, der bekannteste englische »mental healer«, konnte, wie Prof. Tenhaeff feststellte, »Ergebnisse erzielen, die die Aufmerksamkeit des Arztes verdienen«. Edwards gibt vor, von den »Geistern« verstorbener Mediziner beraten zu werden.

Zukunft und Vergangenheit: Links: »Espateacher«, ein hochkompliziertes, vollautomatisches Elektronengehirn, dessen Zufallsgenerator mit fünf bunten Lampen arbeitet, im Forschungslabor der A. S. P. R. in New York. An ihm kann jedermann selbst seine ESP-(ASW-)Fähigkeiten testen und sich darin auch üben. Das Gerät – neben ihm die Assistentin Miss M. L. Carlson – zeigt sofort das Resultat an, registriert »Treffer« und »Nieten« und läutet bei jedem Erfolg. Unten: »Teufelsaustreibung« heute durch einen katholischen Priester in Sarsina, nicht weit von Rimini in Italien. Die »Besessenheit«, ein früher wissenschaftlich völlig unerklärbarer Zustand, bei dem es zu Persönlichkeitsspaltungen kommt, wird heute vorwiegend psychiatrisch behandelt.

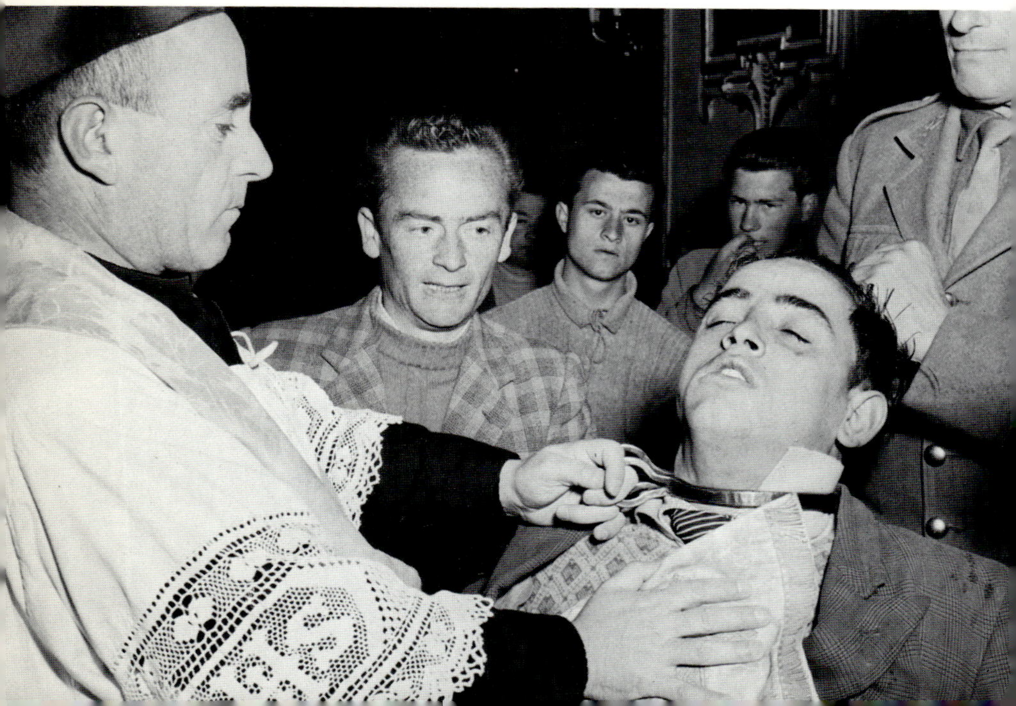

Unheimliche Demonstrationen im Fernen Osten: Rechts: Auf einem religiösen Fest im Süden der Insel Ceylon hat sich ein Gläubiger zu Ehren einer Hindu-Gottheit Haken in seinen Körper treiben und an ihnen aufhängen lassen. Mantras – heilige Sprüche – aufsagend, scheint er, in Trance versunken, keinerlei Schmerz zu verspüren.

Rechts: Ein Sadhu in einer Prozession am höchsten Feiertag zu Ehren Schiwas und seiner Gemahlin Minakschi, denen der berühmte Tempel in der südindischen Stadt Madurai geweiht ist, zu dem von weither Pilgerscharen strömen. Der »heilige Mann« hat sich einen breitklingigen Dolch durch beide Wangen gestoßen. Zustände absoluter Schmerzunempfindlichkeit können bei religiöser Ekstase auftreten oder durch Versenkungs- und Konzentrationsübungen wie beim Yoga.

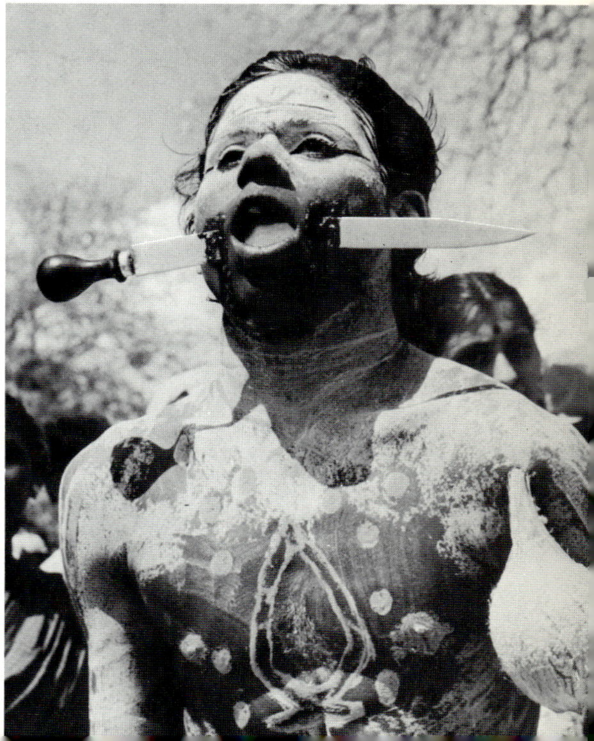

Meditative Techniken, vor Jahrtausenden bereits im Fernen Osten entwickelt, verbreiten sich jetzt erstmals auch im Westen. Erstaunlich viele Anhänger und großen Anklang finden sie vor allem bei der Jugend (oben). Schon ist auch der Gedanke an Yoga in der Schule aufgetaucht (unten).

Talente berechtigt sein würde. Ich glaube, meine Gedanken sind angefüllt mit zusätzlichem geistigem Rüstzeug, das – ich weiß nicht woher – stammt.«

»Ich fand«, soll Sokrates geäußert haben, »daß die Dichter nicht die Werke dank ihrer Weisheit geschaffen haben, sondern dank einer besonderen Naturgewalt und Inspiration, wie Wahrsager und Propheten, die manchmal viele schöne Dinge sagen, aber nicht verstehen, was sie aussprechen.« Und es klingt wie ein Echo nach über 2000 Jahren, wenn G. N. M. Tyrrell die Frage stellt: »Woher kommt es, daß die erhabensten Schöpfungen des Geistes in diesem Sinne außergeistig sind? Was gibt es außerhalb des Bewußtseins, das sie hervorbringen könnte?« Und dann hinzufügt: »Sie brechen häufig nicht nur mit Gewalt hervor, sondern haben oft etwas Fremdartiges und dem Irdischen Entrücktes an sich. Sie sind manchmal von einem außergewöhnlichen Gefühl des Glücks begleitet.«

Was für die Dichtung gilt, findet sich auch in der Musik und in der Malerei. »Ich höre in meiner Phantasie die Teile nicht nacheinander, sondern alles auf einmal«, bemerkte Mozart über seine Eingebungen. »Was für eine Freude das ist, kann ich gar nicht sagen ... Wenn es mir gut geht, wenn ich in einem Wagen fahre oder spazierengehe oder des Nachts nicht schlafen kann, beginnen die Gedanken mir zuzufließen. Von woher oder wie, ist mehr, als ich sagen kann.« Beethoven stellte fest: »Inspiration bedeutet für mich jener mysteriöse Zustand, in dem die ganze Welt sich zu einer großen Harmonie vereint, wenn jedes Gefühl, jeder Gedanke in mir widerhallt, wenn alle Kräfte der Natur zu meinen Instrumenten werden und mein ganzer Körper erzittert.« Tschaikowski hat dieses »schöpferische Erlebnis« einmal ausführlicher beschrieben: »Gewöhnlich kommt die Idee einer Komposition ganz plötzlich und unerwartet. Dieses unermeßliche Gefühl der Wonne, das mich überkommt, sobald eine neue Idee in mir entsteht und beginnt, eine feste Gestalt anzunehmen, läßt sich in Worten nicht ausdrücken. Ich vergesse alles und benehme mich wie ein Verrückter. Alles in mir beginnt zu pulsieren und zu beben! Kaum habe ich den Entwurf begonnen, folgt ein Gedanke auf den anderen.«

Raffaels unsterblich gewordenes Gemälde der Sixtinischen Madonna zählt zu den klassischen Beispielen bildhafter Inspiration: Er selbst sah völlig fasziniert sein Werk, noch bevor er es anfing, blitzartig in einer Vision von ungeheurer Eindringlichkeit vor seinen Augen.

Unzählige Erfindungen und Entdeckungen haben auf diese Weise – als unerwartete, unerklärbare »Eingebungen von oben« – das Licht der Welt erblickt. Zu den bekanntesten Beispielen zählt das Erlebnis Newtons. Ihm kam, als er zufällig einen Apfel vom Baum fallen sah, schlagartig die Erkenntnis, die er dann als Gesetz der Schwerkraft postulierte. Ähnlich erging es Archimedes, dem, in einer Badewanne sitzend, der Gedanke zu dem nach ihm benannten Prinzip des Auftriebs im Wasser kam. Der deutsche Chemiker August

Kekulé von Stradonitz hatte eines Tages – es war im Jahre 1865 – plötzlich die Konzeption der Strukturformel des Benzolrings deutlich vor Augen, eine Erkenntnis, die sich für die gesamte Organische Chemie der Neuzeit revolutionierend auswirken sollte. »Alles Brüten, alles Suchen ist umsonst gewesen«, erinnerte sich Karl Friedrich Gauß, als er 1805 lange Zeit vergeblich sich den Kopf über ein mathematisches Problem zerbrochen hatte. »Endlich, vor ein paar Tagen, ist es mir gelungen – aber nur durch die Gnade Gottes, möchte ich sagen. Wie der Blitz einschlägt, hat sich das Rätsel gelöst.« Auch Albert Einstein sah die Intuition als den bedeutendsten Faktor bei Entdeckungen an. Er selbst erzählt, daß die wichtigsten Gedanken zu seiner Theorie ihm kamen, als er krank im Bett lag, und bemerkt dazu ausdrücklich, es gebe für die Entdeckung dieser elementaren Gesetze keinen logischen Weg.
In der Literatur finden sich Beispiele von Inspirationen vorausschauender Art, die sich dermaßen verblüffend bewahrheitet haben, daß sie unmöglich allein der regen Phantasie des Schriftstellers entsprungen sein können. 1726 schrieb Jonathan Swift in seinen berühmt gewordenen »Gullivers Reisen«

Links: Jules Verne sagte in seinem Buch »Von der Erde zum Mond« 1865 den Start eines Mondgeschosses von Florida aus mit drei Amerikanern an Bord voraus. Illustration des Abschusses.

Rechts: Das vom Mond zurückgekehrte amerikanische Raumfahrzeug werde, so beschrieb es Jules Verne bereits im vergangenen Jahrhundert, im Meer niedergehen. Illustration der Bergungsaktion.

von den Astronomen in Laputa: »Sie haben zwei kleine Sterne entdeckt oder Satelliten, die um den Mars kreisen. Der innere ist drei Durchmesser vom Zentrum des Planeten entfernt, der äußere fünf. Der erste macht eine Umkreisung in zehn Stunden, der zweite in zwanzigeinhalb Stunden.« Diese Aussagen brachten dem Autor den Vorwurf völliger Ignoranz in astronomischen Dingen ein. 1877 – anderthalb Jahrhunderte später – sollte sich herausstellen, wie recht er mit seiner Intuition gehabt hatte. In jenem Jahre entdeckte der amerikanische Astronom Asaph Hall die beiden Mars-Monde.

Und gilt nicht das gleiche für die wahrhaft prophetische Gabe, die der französische Autor Jules Verne an den Tag legte? Denken wir nur an seinen utopischen Roman »Von der Erde zum Mond«, den Generationen mit Spannung verschlungen haben. Er entstand vor mehr als einem Jahrhundert. Und was sagt Jules Verne darin voraus? Die Vereinigten Staaten von Amerika werden als erste Nation Menschen zu unserem Erdtrabanten hinaufschicken, und zwar drei Mann! Verne gibt für den Mondflug noch weitere präzise Hinweise. Er sieht als Startplatz für die Rakete ausgerechnet eine Abschußrampe im Staate Florida vor – wo sie sich auf Kap Kennedy auch tatsächlich befindet – und für die Rückkehr das Wassern auf dem Ozean! Die Fluggeschwindigkeit zum Mond gibt er mit 40 000 Stundenkilometern an!

Häufig genug tauchen Inspirationen auch in Träumen auf. Goethe dichtete nicht nur im Schlafe, ihm kamen in diesem Zustand auch die Lösungen verschiedener wissenschaftlicher Probleme. Guiseppe Tartini erlebte, wie Beelzebub selbst ihm in einem Traum zuerst seine »Sonata de diavolo« vorspielte. Igor Sikorsky, der Erfinder des Helikopters, war zehn Jahre alt, als er sich im Schlaf – in der matterleuchteten, nußbaumfurnierten Kabine einer riesigen Flugmaschine sitzend – am Himmel umherkreisen sah. Drei Jahrzehnte später inspizierte er in den USA in einer Werft einen von ihm entworfenen viermotorigen Klipper, dessen Inneneinrichtung gerade zugerichtet wurde. Er war kaum an Bord gegangen, als es ihn wie ein Schock durchfuhr – was er erblickte, war haargenau der getäfelte Passagierraum aus seinem Jugendtraum! Elias Howes Erfindung der Nähmaschine geht auf einen Traum zurück, ebenso wie Niels Bohrs Konzeption seines Atommodells, aber auch Otto Loewis Experimente über die chemische Übermittlung der Nervenimpulse, die ihm den Nobelpreis 1936 einbrachten. Der Mathematiker Henry Poincaré fand, nachdem er tagelang vergeblich versucht hatte, eine Reihe verschiedener Gleichungen mit Hilfe einer Methode generell zu lösen, eines Morgens völlig überrascht einen Stoß hastig beschriebener Blätter. Sie enthielten die Lösung, die ihm im Schlaf gekommen war!

Berühmt geworden ist auch das Erlebnis, auf welche Weise dem gebürtigen Schweizer und späteren amerikanischen Naturforscher Louis Agassiz eine Entdeckung gelang. Wochenlang hatte er sich vergeblich bemüht, die kaum noch zu erkennenden Umrisse eines fossilen Fisches in einer Versteinerung genau bestimmen zu können. Eines Nachts erschien ihm plötzlich das Tier mit allen fehlenden Teilen im Traum. Am Morgen danach erinnerte er sich zwar daran, konnte sich jedoch wichtige Einzelheiten nicht mehr ins Gedächtnis zurückrufen. In der Nacht darauf wiederholte sich der Traum, aber beim Erwachen waren wiederum alle Details vergessen. Am nächsten Abend legte sich Professor Agassiz Papier und Schreibzeug griffbereit, bevor er zu Bett ging. Wiederholt wachte er auf; nichts hatte sich ereignet. Gegen Morgen erschien mit einem Male der Fisch erneut in einem Traum. Halb im Schlaf, halb wach zeichnete er im Dunkeln, so gut es ging, die Umrisse auf. Erstaunt fand er auf seinem Nachttisch die Skizze und eilte damit – er befand sich damals gerade studienhalber in Paris – zum »Jardin des Plantes«, wo im Naturhistorischen Museum die Versteinerung aufbewahrt lag. Mit einem Meißel konnte er die noch verborgenen fehlenden Teile des fossilen Fisches freilegen. Die Traumskizze hatte die tatsächliche Gestalt des Tieres dargestellt!

Auf vielerlei Weise spendet die geheimnisvolle Schatzkammer – sporadisch, unberechenbar, launenhaft fast, so möchte man sagen –, läßt sie den Menschen ihre kostbaren Gaben zukommen, überhäuft sie ihn wie aus heiterem Himmel mit den herrlichsten Geschenken. Voraussetzung dafür scheint allerdings eines zu sein: daß das Bewußte, das logische Denken, ausgeschaltet ist, so auch die Sinne, zumindest aber beides sich nicht in voller Aktion befindet. Weit und voll erstaunlichster Überraschungen ist auch ein anderes Feld rätselhafter, aus dem Unbewußten aufsteigender und gelenkter Produktionen. Gemeint ist das automatische Schreiben, Dichten, Malen, Zeichnen und Reden.

Und als Mesmer und seine Schüler ihre ersten »magnetischen Striche« praktizierten, gab es ein ebenso großes Erstaunen wie Erschrecken über die unglaublichen abnormalen Fähigkeiten, die sich plötzlich bei den solchermaßen Behandelten zeigten. Einige der Patienten waren nämlich, was mit am meisten verwunderte, in somnambulem Zustand in der Lage, hellzusehen, fremde Gedanken zu lesen, andere wiederum erwiesen sich als völlig schmerzunempfindlich. Die merkwürdigsten Entdeckungen über ganz außergewöhnliche Reaktionen folgten, je mehr man sich der Mesmerschen Methode bediente, die dann viel später erst als Hypnose allgemeine Anerkennung fand. Aber erst heute, nach mehr als anderthalb Jahrhunderten Erfahrungen und Experimenten und nachdem inzwischen die Hypnose auch bereits längst ihren Einzug in die medizinische Praxis gehalten hat, haben wir nur eine ungefähre Vorstellung davon, wie schier unübersehbar die Anlagen und Möglichkeiten in uns sind, die sie zu erschließen vermag. Die Hypnose mutet an wie der Schlüssel zu einer Rüstkammer unglaublicher menschlicher Fähigkeiten, von deren Existenz man früher nie etwas ahnte.

»Mit der Hypnose«, erklärte bereits F.W.H. Myers 1886 in seiner Einführung zu den »Erscheinungen Lebender«, »haben wir ein Mittel gefunden, um die Schwelle des Bewußtseins überschreiten zu können. Der ganz große, der bedeutendste Wert der hypnotischen Trance liegt in dem Hervorbringen unzähliger Empfindungsbegabungen, ja mehr noch vielleicht in der Manifestation neuer und zentraler, ins Leben gerufener Kräfte.«

Erstaunliche Prozesse und Bewirkungen – sonst dem Willen unzugänglich, da allein vom autonomen oder vegetativen Nervensystem kontrolliert – können suggestiv bei einem Hypnotisierten ausgelöst werden. Der Rhythmus des Herzschlages, die Durchblutung verschiedener Organe, auch die Temperatur des Körpers lassen sich verändern.

Unheimlicher noch als die organischen muten die auf hypnotischem Wege hervorrufbaren psychodynamischen Effekte an. Im Zustand tiefer Trance treten bei manchen Versuchspersonen ganz außergewöhnliche Fähigkeiten in Erscheinung. Eine abnormal gesteigerte Empfindlichkeit der Sinne, Hyperästhesie genannt, gehört dazu: Mit einem Male ist dann beispielsweise die Hörfähigkeit so verfeinert, daß der Betreffende Gespräche vernehmen kann, die in einem Raum mehrere Stockwerke entfernt von ihm geführt werden. Oder aber der Hypnotisierte vermag in einem stockdunklen Zimmer alles genauso zu sehen, als herrsche helles Tageslicht.

Hypermnesie tauften die Wissenschaftler eine andere hypnotisch hervorrufbare »Überfähigkeit« des Menschen. Es handelt sich dabei um eine frappierende Steigerung des Gedächtnisvermögens. Vance Packard erwähnt in seinem Buch »Hidden Persuaders – Die geheimen Verführer« das Beispiel eines Mannes in New York, der unter Hypnose in der Lage war, Wort für Wort den Text einer Annonce zu wiederholen, die er vor 25 Jahren gelesen und die ihn damals außerordentlich beeindruckt hatte. »Ein Maurermeister«, schreibt John Pfeiffer in »The Human Brain – Das menschliche Gehirn«, »der lange Zeit an den Fassaden der im neugotischen Stil gehaltenen Gebäude der amerikanischen Yale-Universität gearbeitet hatte, konnte hypnotisiert minuziös die Details eines Ornamentes aus Ziegeln an einer bestimmten Wand beschreiben, das er zehn Jahre zuvor geschaffen hatte. Er gab gleichermaßen genaue Angaben über Ziegelkonstruktionen auch an anderen Wänden.« Dr. Karl Freiherr du Prel berichtet von einem jungen, gedächtnismäßig durchschnittlich begabten Mann, der in somnambulem Zustand »nahezu wörtlich ein ganzes Buch zitieren konnte, das er tags zuvor gelesen, oder aber auch eine Predigt, die er sich angehört hatte«. Mit verblüffender Akkuratesse können zuweilen selbst flüchtige und offenbar völlig oberflächliche Eindrücke, so Sätze oder Gesprächsfetzen, noch nach Jahren in Erinnerung gebracht werden.

Unter zahlreichen anderen gut bezeugten Fällen hat der folgende besonderes Aufsehen erregt, den 1817 Samuel Taylor Coleridge in seiner »Biographia

Literaria« beschrieb. Ein Serviermädchen begann, als man es bei einem Experiment in Hypnose versetzt hatte, zur größten Überraschung der anwesenden Zeugen mit einem Male lange Sätze in perfektem Lateinisch, Griechisch und Hebräisch zu zitieren. Das schien um so weniger begreiflich, als das Mädchen völlig ungebildet war und noch nicht einmal des Lesens und Schreibens kundig. Es bedurfte vieler Recherchen, bis sich schließlich herausstellte, woher jene fremdsprachlichen Kenntnisse stammten. Das Resultat war mehr als erstaunlich: Sie hatte Jahre zuvor im Haushalt eines Altphilologen gedient. Dieser besaß die Gewohnheit, lateinische, griechische oder hebräische Passagen, die er besonders schätzte, in seinem Studierzimmer auf- und abgehend, laut vor sich her zu sagen. In der Küche, die gleich daneben lag, war das deutlich zu hören. Ohne es zu wissen, hatte das Mädchen die Zitate »empfangen« und im Unterbewußtsein gespeichert.

»Nur wenige Leute wissen genau, wie viele Stufen es beispielsweise bis zum ersten Stockwerk ihres Hauses sind«, stellt Professor J. A. Brown in »Techniken der Überredung« fest. »Aber sie sind meist in der Lage, die genaue Zahl anzugeben, wenn man sie hypnotisiert.« Diese Tatsache verrät, daß unser Körper sozusagen selbständig und unbewußt Beobachtungen anstellt, deren wir im normalen Zustand des Wachbewußtseins gar nicht gewahr werden. Jüngste Experimente mit dem Tachistoskop, einem Gerät, das für ganz kurze Augenblicke Bilder oder Wörter zeigt, ließen erkennen, daß der menschliche Organismus nicht nur unabhängig Eindrücke aufnimmt und speichert, sondern auch emotionell darauf reagiert, ohne daß der Betreffende sich dessen bewußt wird. Von da ist es nur ein kleiner Schritt bis zu der Möglichkeit, jemanden auf dem Wege über das Unterbewußtsein zu etwas zu überreden, ohne daß er es ahnt. »Die unbewußte Suggestion«, sagt Professor Eysenck, »kann sogar mit mechanischen Mitteln während des Schlafes übertragen werden und wird, wenn dies über eine Periode von etwa einem Monat regelmäßig geschieht, seine Wirkung haben.« Einer anderen Methode unbewußter Suggestionen bedient sich bereits seit Jahren in den USA die Werbe- und Verkaufstechnik. Sie benutzt »unterschwellige Effekte« in Bild und Ton, »Strobonische Injektionen«, wie man sie auch nennt.

Außergewöhnlich erhöht durch Hypnose können auch die geistigen Fähigkeiten werden. »Hypnotisierte sind in der Lage, ganz außerordentliche Rechnungen im Kopf zu meistern, indem sie beispielsweise die Zahl der Sekunden zwischen 6.34 und 11.52 Uhr angeben«, stellten Bernhard Wolfe und Raymond Rosenthal in einer Abhandlung fest. Nach Ansicht des Harvard-Professors G. H. Estabrooks kann eine gut zu hypnotisierende Versuchsperson in zehn Sekunden soviel geistige Arbeit leisten wie in normalem Zustand in einer halben Stunde. Experimente von Professor Delboeuf und Dr. J. Milne Bramwell mit posthypnotischen Befehlen ergaben, daß mathematisch völlig unbegabte Landmädchen in Hypnose fähig waren, einen ihnen in Tausenden von Minuten angegebenen Zeitpunkt auszurechnen, zu dem sie nach ihrem Wiedererwachen eine bestimmte Anweisung ausführen sollten. Einmal ging es darum, »in genau 20 180 Minuten ein Kreuz auf ein Stück Papier zu machen«. Nach beendeter Hypnose wußten die Mädchen nichts mehr von dem Befehl, wohl aber ihr Unterbewußtsein, das ihn gespeichert hatte. Dieses sorgte auch dafür, daß er pünktlich zur angewiesenen Zeit ausgeführt wurde. Zahlreiche Versuche ähnlicher Art ergaben, wie Dr. A. T. Schofield in »Grenzgebiete der Wissenschaft« erklärt, »daß in der überwiegenden Zahl die Hypnotisierten genau zum angegebenen Moment taten, was man ihnen suggeriert hatte, in den übrigen Fällen überschritt der Irrtum in der Zeit kaum je mehr als fünf Minuten«. Auch in Trance vermögen sogar sonst geistig träge und völlig unbegabte Menschen eine außergewöhnliche Intelligenz zu entwickeln. Der fast analphabetische Amerikaner Andrew Jackson Davis, der – wie dem Leser bereits bekannt – in diesem Zustand unter anderem das Werk »Die Prinzipien der Natur« schuf, ist ein besonders verblüffendes Beispiel dafür.

Soweit die verborgenen Kräfte, die durch Hypnose aktiviert werden können. Aber auch sie bilden nur einen Teilaspekt dessen, was dem Menschen möglich zu sein scheint. Bewirkungen, die auf ganz andere Art ausgelöst werden, sind wiederum aus Indien bekannt. Es handelt sich unter anderem um geradezu unfaßbare Fähigkeiten, normale körperliche Reaktionen außer Kraft zu setzen. Paul Brunton beschreibt in seinem Buch »Search in Secret India« nachstehendes, unter streng wissenschaftlicher Kontrolle durchgeführtes Experiment. An der Universität zu Kalkutta trank der Yogi Narasimha Swami, ohne sich im geringsten zu schaden, nacheinander je einen Liter reiner Schwefelsäure und Salpetersäure. Nicht einmal auf den Lippen und auf der Zunge zeigte sich die geringste Verbrennungserscheinung. Narasimha Swami erklärte, die autosuggestive Kraft eines Mantra, eines heiligen Spruches also, habe das ermöglicht. Durch sie seien die Säuren sofort neutralisiert worden, und zwar dadurch, daß der Körper Basen produzierte. Derselbe Swami kam eines Tages, als er den Versuch wieder einmal vorführen wollte, ums Leben. Er hatte, wie man herausfand, sich vorher nicht genügend autosuggestiv konzentriert. Säure- wie auch Gifttrinken ist unter ähnlichen Bedingungen wiederholt bezeugt. »Ich selbst habe einen solchen säuretrinkenden Mann, Sri Diwekar, gesehen und zusammen mit meinen ärztlichen Kollegen in Yeola untersucht«, schreibt der indische Wissenschaftler Dr. Vishnu Mahadev Bhat als Augenzeuge einer Veranstaltung nordöstlich von Bombay. »Er arbeitete unter dem Patronat des Polizeidepartments in Bombay, für das er zu Wohltätigkeitszwecken in öffentlichen Vorstellungen seine außergewöhnlichen Kräfte zur Schau stellte.« Bisse von Giftschlangen, wie Kobras und Vipern, sollen ebenfalls durch die psychische Kraft jener »heiligen Sprüche« unschädlich gemacht werden können.

»Chakras« heißen die Organe des »inneren Menschen«, die eine wesentliche Rolle in den Geheimlehren des Fernen Ostens spielen, von wo auch die Theosophen und Anthroposophen sie in ihre Lehren übernahmen. Lotosblüten bezeichnen die Stellen, an denen sie liegen und ihren Ursprung nehmen. Yogaübungen sollen es ermöglichen, diese Zentren beschleunigt zu entwickeln. Auf diese Weise können Para-Fähigkeiten, wie Hellsehen, erlangt werden.

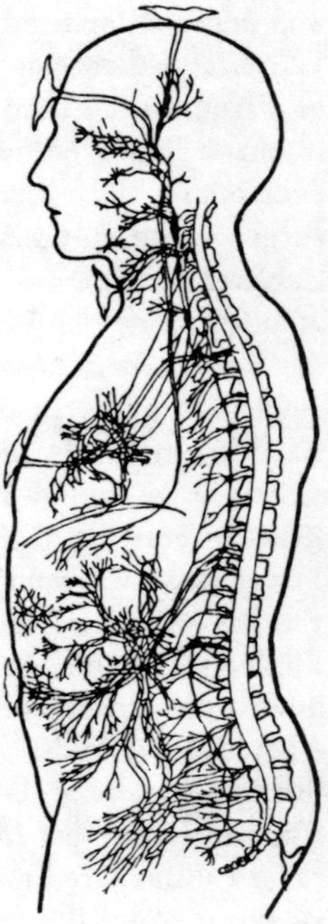

Eine andere auch im täglichen Leben verwendbare Bewirkung kann – der Erfahrung nach – das Hersagen eines Mantra in Verbindung mit gleichzeitigem, und zwar fünfmaligem tiefen Ein- und Ausatmen haben. Zuvor gar nicht oder nur sehr schwer zu hebende Personen bzw. Gegenstände scheinen plötzlich federleicht zu sein, so daß man sie nunmehr mühelos emporheben kann. Eine wissenschaftliche Erklärung dafür gibt es bisher nicht. Untersuchungen sollen ergeben haben, daß diese Atemübung nicht etwa die Kräfte des Hebenden wachsen läßt, sondern daß sich vielmehr das Gewicht der zu hebenden Person oder des Gegenstandes verringert. Meine Frau und ich haben diese Technik mehrmals erfolgreich praktiziert, und es hat sich uns die Vermutung aufgedrängt, daß sie mitgeholfen haben mag, die alten Ägypter zu befähigen, ohne Maschinen die riesigen Steinblöcke ihrer Pyramiden und Tempel zu bewegen. Bei Restaurierungsarbeiten am Tempel der Königin Hatschepsut zu Deir-el-Bahri im Tal der Könige bei Luxor konnten wir übrigens vor ein paar Jahren etwas Ähnliches beobachten. Erst nach einem monotonen rhythmischen Singsang, der von tiefem Atemholen begleitet war, wurde ein mächtiger Stein, den vier Fellachen zwischen sich an Seilen schleppten, jeweils einen Schritt voranbewegt.

Die Möglichkeiten, die in jenen verborgenen, bisher ungenutzten Kräften der

Psyche noch schlummern, sind schier grenzenlos. Sie eröffnen den Zugang zu völlig neuen Dimensionen der menschlichen Persönlichkeit. Keiner der großen Pioniere auf diesem Wege hat darüber einen Zweifel gelassen. Es ist ein ganzer Chor jubelnder Stimmen, verteilt über mehr als ein Jahrhundert hart erkämpfter Erkenntnisse.

»Leben und Geist«, so heißt es bei Sir Oliver Lodge, »verfügen, wie man herausgefunden hat, über Kräfte ungeahnter und noch unerforschter Art. Sie gehen weit über die gewöhnlichen und wohlbekannten Prozesse hinaus, die man bisher in den verschiedenen Zweigen der Biologie und Psychologie studiert hat. Es gibt gewisse Tatsachen, die erweisen, daß die Tätigkeit des Geistes nicht beschränkt ist auf die Funktion und Mitarbeit der Organe des Körpers, sondern daß er unabhängig davon operieren kann.« »Der alte Glaube, nichts könne uns bewußt werden, das nicht die Pforten der bekannten Sinnesorgane passiert, muß den gleichen Weg gehen wie die Newtonsche Mechanik angesichts der Relativitätstheorie«, stellte J. B. Rhine fest. »Wir haben lange gewußt, daß wir es mit einem bestimmten Organ, dem Gehirn, zu tun haben«, bemerkt C. G. Jung, »aber erst jenseits des Hirns, jenseits dessen anatomischer Substanz, kommen wir zu dem, was wichtig für uns ist, die Psyche.« Und an anderer Stelle: »Wir wissen heute sicher, daß das Unbewußte Inhalte aufweist, die eine unmeßbare Bereicherung an Wissen bedeuten würden, wenn es gelänge, sie bewußt zu machen.« Ähnliches äußert T. J. Hudson, wenn er schreibt: »Was für ein Wunderkind im Lernen würde der Durchschnittsmensch sein, hätte er nur all das zur Verfügung, was er je gesehen, gehört oder gelesen hat. Und wenn wir bedenken, daß das Unterbewußtsein alle Erfahrungen des Einzelnen aufzeichnet und speichert, und daß unter bestimmten Bedingungen all diese Wissensschätze sofort bereitstehen, dann können wir nur staunen über diese wunderbaren Kräfte.«

»Beweise zwingen uns zuzugeben«, erklärte Dr. Eugène Osty, »daß in uns ein dynamisch-psychischer Brennpunkt existiert, von dem Manifestationen von einer Kraft ausströmen, deren Grenzen wir nicht definieren können. In der Tiefe des menschlichen Wesens ruhen en miniature jene Attribute, in denen Philosophen das Gott-Konzept, die schöpferische Kraft und das Wissen jenseits von Raum und Zeit verehrt haben.«

»Wenn erst einmal die Möglichkeit besteht«, meint Dr. Raynor C. Johnson, »die Psi-Fähigkeit bewußt und gezielt einzusetzen, dann stehen wir am Beginn einer ungeheuren Erweiterung der Kräfte des Menschen.«

Das Leben jedes einzelnen würde sich in völlig anderen Bahnen als bisher bewegen können – von Geburt an. Das Erwerben des nötigen Wissens – das heute länger als ein Jahrzehnt beansprucht – könnte, die Beherrschung mehrerer fremder Sprachen eingeschlossen, in wenigen Monaten vollendet sein! Denn der riesige Speicher im Unbewußten vermag es spielend mit jedem Computer aufzunehmen, und das »Einflüstern« der heute bereits fast unübersehbar gewordenen Wissensschätze könnte im Schnellsprechtempo erfolgen. Das Programm eines Schulhalbjahres oder eines ganzen Semesters wäre in wenigen Stunden zu absolvieren. Nicht nur das allein: Was heute nur in seltenen, glücklichen Ausnahmen der Fall zu sein pflegt – daß jemand das in seinem Leben tut, wozu er berufen ist, wofür, von der Natur bereitgestellt, die Begabungen in ihm schlummern –, könnte sich für jedermann verwirklichen. Berufe würden wirklich von den dazu »Berufenen« ausgeübt werden.

Das Leben jedes Einzelnen würde – dank einem völlig veränderten, gewaltig erweiterten Bewußtsein und den neuerschlossenen Dimensionen seines Ichs – reicher, erfüllter und somit glücklicher sein. Mehr noch: Der Mensch wird – wissend um die Existenz des Immateriellen, Metaphysischen – auch eine völlig neue Einstellung zu der erhabenen Größe und Schönheit des Universums finden!

Natürlich kämen die Para-Fähigkeiten auch dem öffentlichen Leben zugute – in Wissenschaft, Wirtschaft und Technik. Die Raumfahrt könnte davon profitieren, da Clairvoyance in ferne kosmische Räume – wie Edgar D. Mitchell es bereits andeutete – teure und zeitraubende Expeditionen mit bemannten Satelliten oder mit Sonden zu ersetzen vermöchte. Von Nutzen aber wären sie auch für die Kriminalistik, da jedes Verbrechen bereits im Augenblick, da der Gedanke daran aufkommt, telepathisch entdeckt und registriert werden könnte. Genauso würden geheime Rüstungen und Kriegspläne erkannt und damit illusorisch werden.

Nicht nur die Hoffnung auf einen solchen Wandel, sondern bereits die Evidenz der neuen wissenschaftlichen Erkenntnis über Tatsachen und Chancen, Macht und Möglichkeiten der Para-Fähigkeiten – und natürlich auch Gefahren, wenn sie in unrechte Hände gelangen – deutet auf etwas Entscheidendes hin: daß eine ungeheure Evolution sich anbahnt – die größte vielleicht, die es je auf Erden gab. Daß wir bereits die Ouvertüre erleben zu einer neuen Etappe in der Geschichte des Menschen. Denn was sich überall abzuzeichnen beginnt, wofür unzählige Anzeichen sprechen, scheint unmißverständlich eines zu bedeuten: Wir stehen an der Schwelle eines neuen Menschentums.

Es geht um die gewaltigste Aufgabe aller Zeiten. Sie lautet: den noch unfertigen, »unterentwickelten« Homo sapiens zu vollenden.

Vor Jahrzehnten bereits erklangen aus Pondycherry in Südindien die Worte Sri Aurobindos, des großen, 1950 verstorbenen Weisen und Heiligen: »Die menschliche Existenz ist noch nicht zu Ende. Das derzeitige Stadium der Menschheit ist noch nicht deren Endphase. Der Mensch ist als Entwurf dessen angelegt, wozu er einmal werden kann.«

Aurobindo sieht den heutigen Erdbewohner als etwas Fragmentarisches, Unfertiges, Vorläufiges, als Produkt einer Entwicklungsstufe, die keineswegs endgültig ist. »Ein Weg ist zu eröffnen, der noch blockiert ist!«, schreibt er einmal. Aber auch das: »Die tiefste Bedeutung der Freiheit ist diese: Sie ist die Macht, sich zur Vollendung hin zu entfalten und ihr entgegenzuwachsen, entsprechend dem Gesetz der eigenen inneren Natur.« Es geht dem berühmten Inder um eine höhere menschliche Existenz in der Welt, hier auf Erden. Er sieht den Fortschritt zu einer höheren Stufe der Entwicklung voraus, der bedeutender ist als jener vom Tier zum Menschen und der zu einer Wandlung der niederen Natur in die Übernatur führen wird, die im Menschen seit Anbeginn angelegt ist. Daß dieser Evolutionsprozeß kommt, davon ist er felsenfest überzeugt. Und auch davon, daß der Mensch selbst dabei aktiv mitzuhelfen hat, da nämlich »das evolvierende Wesen ein bewußter Teilhaber und Mitarbeiter« sein muß. Es klingt wie ein Echo der Worte, die ein anderer weiser Inder, Vivekananda, der berühmte Schüler des großen Ramakrischna, einmal aussprach: »Wir müssen dieses Leben nicht fliehen, sondern es zwingen, uns alles zu geben, was es zu geben vermag.«

Verwandte Gedanken, wie der indische Denker Aurobindo sie in seinem Werk »Zyklus der menschlichen Entwicklung« dargelegt hat, äußerte im Westen der Paläntologe und Philosoph Pierre Teilhard de Chardin. Seine evolutionistisch-optimistische Zukunftsschau sieht eine Harmonisierung der ganzen Menschheit im »Punkt Omega«, dem geistigen Zentrum, voraus. Aber auch er betont, es genüge nicht, daß der Mensch die erforderliche Kraft besitze, über seinen jetzigen Zustand hinauszuwachsen. Er müsse es auch *wollen*. So nur gelange er in immer höhere Bereiche des Bewußtseins, und so würden ihm auch neue Eigenschaften erwachsen.

Was diese beiden Großen aus Ost und West in jüngster Vergangenheit verkündet haben, spiegelt sich wider in unzähligen Aussagen und Prophezeiungen anderer Denker und Forscher in aller Welt, denen die jüngsten umstürzenden Erkenntnisse der Forschung nicht entgangen sind. Diese Tatsache allein sollte bereits aufhorchen lassen. Aber kommt nicht noch etwas anderes hinzu? Gedacht sei an jene uralte Prophezeiung aus der Kindheit der Menschheit, die – weitergereicht über viele Jahrhunderte von Generation zu Generation bis in unsere Tage – einst in einer grandiosen Vision etwas voraussah, was jetzt anzubrechen scheint.

Vor rund zwei Jahrtausenden trat die Sonne zum Frühlingspunkt in das Zeichen der Fische ein. Es begann jenes Zeitalter christlicher Kultur, als deren Symbol aus frühchristlichen Tagen der Fisch galt. Wiederum zweitausend Jahre davor herrschte das Zeichen des Widders, der nach den Aussagen des Alten Testamentes bei den Juden als wertvollstes Opfertier geschätzt wurde. Und noch einmal zwei Jahrtausende früher, so hieß es, habe alles im Zeichen des Stieres gestanden. Damals erblühte die Hochkultur der Ägypter, die dem Stier höchste Verehrung zollten.

Jener Überlieferung aus ferner Vergangenheit zufolge ist nun der Zeitpunkt einer neuen Wende gekommen. Der Frühlingspunkt steht im Begriff, vom

Sternbild der Fische in ein anderes Zeichen hinüberzuwechseln – in das des Wassermanns.
Das Zeitalter des Wassermanns aber soll – so heißt es – das gigantische Werk der Menschheitserneuerung auf geistiger Ebene einleiten.
Eine Sternstunde der Menschheit steht bevor!

Kurzlexikon

Abzapfen: die para-normale Fähigkeit, sich Kenntnis über die bewußten wie auch unbewußten Gefühle und Gedanken bzw. das Wissen eines anderen Menschen zu verschaffen; ein telepathischer Vorgang.

Agent (Sender): Person, die absichtlich oder unbewußt Urheber telepathischer Übermittlungen ist.

Amnesie: Erinnerungslosigkeit.

Analgesie: Schmerzunempfindlichkeit.

Animismus: erklärt im Gegensatz zum Spiritismus Para-Phänomene durch natürliche, noch unerkannte, dem Menschen angeborene Fähigkeiten oder noch unbekannte Naturgesetze.

Apport: plötzliches Dasein von Gegenständen, die aus dem Nichts aufzutauchen scheinen; wird von physikalischen Medien berichtet.

Astralleib: angeblich neben dem grobphysischen Körper existierender »feinstofflicher« Leib. Er soll z. B. für das Phänomen des Doppelgängers (siehe dort) verantwortlich sein.

ASW: Außersinnliche Wahrnehmung (engl. ESP, Extra Sensory Perception): Gewahrwerden äußerer Vorgänge oder Einflüsse bzw. Reaktionen darauf, die nicht mit den fünf Sinnen erfaßt werden. Umfaßt Telepathie, Hellsehen und Präkognition.

Aura: eine von manchen Parapsychologen vermutete, normal nicht sichtbare Ausstrahlung des menschlichen Körpers und anderer Lebewesen.

Automatisches Malen, Schreiben, Sprechen: geschieht unbewußt gesteuert, also ohne Kontrolle des Wachbewußtseins. Beispiele für sogenannten psychischen Automatismus.

Autoskopie: Fähigkeit, die eigenen inneren Organe zu sehen und deren Zustand zu beschreiben.

Bilokation: gleichzeitiges Erscheinen einer Person an zwei verschiedenen Orten; siehe auch Exteriorisation.

Bio-Feedback: Methode, physiologische Funktionen des vegetativen Systems mit Hilfe eines Gerätes, z. B. des Elektrokardiographen, sichtbar zu machen, zu dem Zweck des Versuchs, die entsprechenden Funktionen zu steuern.

Clairvoyance: siehe Hellsehen.

Doppelgänger: Erscheinen des »Doppels« einer Person, gesehen von dieser selbst oder von Dritten; siehe auch Astralleib, Bilokation, Exteriorisation.

Ektoplasma: Bildung von Materie durch ein Medium; siehe Materialisation.

Esoterisch: geheim, innerlich.

Esoterische Lehren: geheime, nur für Eingeweihte und vertraute Schüler (»Adepten«) bestimmte Lehren.

ESP: siehe ASW.

Exteriorisation: gleichzeitiges Erscheinen einer Person an zwei verschiedenen Orten; siehe auch Astralleib, Bilokation, Doppelgänger.

Halluzination: bewußt erlebte optische, akustische und andere Eindrücke oder Wahrnehmungen, die nachweisbar auf keine normalen Sinneseindrücke zurückzuführen sind.

Hellsehen (Clairvoyance): ASW objektiver Vorgänge oder Sachverhalte, unabhängig von der Entfernung, auch solcher aus der Vergangenheit. Hellsehen in die Zukunft heißt Prophetie.

Hyperästhesie: Überempfindlichkeit der Sinnesorgane.

Hypermnesie: hyperästhetisches Gedächtnis eines Mediums.

Hypnose, Hypnotisierter: siehe Somnambuler, Trance.

Kontrollpersönlichkeit: angebliche Persönlichkeit, die beim in Trance befindlichen Medium das normale Bewußtsein ersetzt. Nach spiritistischem Glauben eine angeblich aus dem »Jenseits« sich durch das Medium äußernde Person (»Kontrollgeist«).

Kristallschauen: Visionen, die künstlich durch Konzentration auf eine Kristallkugel oder andere glänzende bzw. durchsichtige Gegenstände hervorgebracht werden. Dabei kann es zu ASW kommen.

Kryptomnesie: »Erinnerung aus dem Verborgenen«; das Wiederhervorbringen vergessener Bewußtseinsinhalte in Trance oder Hynose.

Levitation: das angebliche, physikalisch

nicht zu erklärende Emporschweben von Menschen (historisch zumeist von Heiligen berichtet) sowie das Sich-Erheben von Gegenständen bei Spukfällen oder in Gegenwart physikalischer Medien.

Materialisation: angebliche Bildungen von Körperteilen bzw. ganzen Gestalten, auch das Sichtbarwerden von feinstofflichen Gebilden (Ektoplasmen) bei Medien und Spukphänomenen.

Medium: wörtlich »Mittler«; Person, die para-normale Phänomene produziert, auch Sensitiver genannt. Ursprünglich nach spiritistischem Glauben Vermittler(in) zwischen Verstorbenen und Lebenden.

Metagnom: Medium; Begriff von Osty eingeführt.

Metapsychisch: von Richet eingeführt; Gegenbegriff »paraphysisch« (von R. Tischner).

Okkult: vom lateinischen occultus = geheim, verborgen.

Okkultismus: seit dem Mittelalter zur Kennzeichnung geheimnisvoller Kräfte von Natur und Seele verwandtes Wort. Ältere Bezeichnung für Parapsychologie.

Para—: griechisch = »jenseits«, auch »neben«.

Paragnost: ASW-begabte Person, im engeren Sinne Hellseher.

Para-normal: parapsychisch.

Para-Phänomene: Erscheinungen und Vorkommnisse, die mit den uns bekannten Gesetzlichkeiten nicht in Einklang zu bringen sind. Sie umfassen ASW und PK.

Parapsychologie: Grenzgebiet der Psychologie, das sich mit der Erforschung psychischer und psychophysischer Erscheinungen beschäftigt, die mit den bekannten Naturgesetzen weder erklärbar noch begreifbar sind. Ausdruck 1889 von Dessoir geschaffen.

Perzipient (Empfänger): Person, die ASW empfängt oder zu empfangen versucht.

PK: siehe Psychokinese.

Plethysmograph: Gerät zur Messung peripherer Durchblutungs-Schwankungen. Es ermöglicht den Nachweis emotioneller Reaktionen auf ASW affektiven Inhalts, die sich im Unterbewußtsein abspielen (Prinzip auch des Lügendetektors).

Poltergeist: Bezeichnung für physikalische — lärmende bzw. Gegenstände bewegende oder zerstörende — Spukerscheinungen. Von der Parapsychologie als personenabhängige und ortsgebundene spontane Psychokinese angesehen. (Im Spiritismus »Geistern« zugeschrieben.)

Präkognition: Vorauswissen eines zukünftigen Ereignisses, von dem auf normalem Wege niemand vorher Kenntnis haben kann.

Prämonition: Vorausahnen eines zukünftigen, nicht voraussehbaren Ereignisses.

Prophetie: Hellsehen in die Zukunft.

Psi-Phänomene: (vom griechischen Buchstaben Psi im Wort Psyche = Seele), Bezeichnung für alle para-normalen Phänomene.

Psychical Research: angloamerikanische Bezeichnung für Parapsychologie.

Psychographie: das Erscheinen von Schrift auf Tafeln, Papier etc., die anscheinend nicht auf normalem Wege erzeugt wurde.

Psychischer Automatismus: unterbewußte psychische Tätigkeit, die sich auf unterschiedliche Weise äußern kann, z. B. durch automatisches Schreiben, Tischrücken, Kristallvisionen.

Psychokinese: abgekürzt PK. Der direkte psychische Einfluß eines Menschen, der Gegenstände — ohne mechanische Einwirkung — bewegt bzw. in toter oder lebender Materie (Pflanzen und Tieren) Veränderungen bewirkt. Auch Telekinese genannt.

Psychometrie: Erwerb para-normalen Wissens durch einen Sensitiven anhand eines Gegenstandes. Es kann sich sowohl auf Geschichte und Herkunft des Gegenstandes selbst beziehen als auch auf Erlebnisse früherer Besitzer. Der Gegenstand dient als Induktor.

Radiästhesie: wörtlich »Strahlenfühligkeit«, angebliche Fähigkeit mancher Sensitiver, mit Hilfe von Wünschelrute oder Pendel unterirdische Wasserläufe und Bodenschätze (gelegentlich sogar nur an Hand von Landkarten) aufzuspüren, aber auch krankheitserregende »Erdstrahlen« sowie von Lebewesen oder Objekten (Fotos, Heilmitteln) ausgehende »Strahlungen«. Radiästhesie entsteht wahrscheinlich durch Zusammenwirken physikalischer Reize mit ASW.

Raps: (engl.) Klopftöne, bei PK.

Regression: Verjüngung in Hypnose, bei welcher der Betreffende sich in frühere Lebensjahre zurückversetzt fühlt.

Reïnkarnation: der besonders in den Religionen des Ostens verbreitete Glaube, daß die Individualität eines Verstorbenen in einem Kinde oder einem anderen Lebewesen wiedergeboren wird.

Retrokognition: unmittelbares, para-normales Wissen von früheren, dem Betreffenden unbekannten Ereignissen aus der Vergangenheit.

Séance: aus dem Spiritismus stammende Bezeichnung für eine Sitzung, in der durch Medien angeblich Kontakt mit Verstorbenen hergestellt wird. Sehr häufig handelt es sich dabei um para-normale Phänomene.

Sender, Agent: Person, die aktiv, bewußt oder unbewußt, seelische Erlebnisinhalte »sendet« bzw. ausstrahlt.

Sensitive(r): Person, welche die Fähigkeit besitzt, para-normale Eindrücke zu empfangen. Synonym für Medium.

Signifikanz: In der Statistik gilt ein Resultat als signifikant, wenn es nicht durch Zufall entstanden sein kann.

Somnambule(r): durch Mesmerisieren in sogenannten magnetischen Schlaf gesunkene Person = Hypnotisierte(r). In diesem somnambulen Zustand treten häufig para-normale Wahrnehmungen und Erscheinungen auf. Als Somnambule bezeichnet man auch Schlafwandler (»Mondsüchtige«).

Spiritismus: der Glaube, daß nach dem physischen Tod des Menschen angeblich eine vom Leib getrennte Geistseele weiterexistiere, die durch Medien Botschaften aus dem Jenseits vermitteln könne. Viele inzwischen längst als parapsychische Phänomene erwiesene Erscheinungen legen die Spiritisten nach wie vor als »Geisterbotschaften« aus und sehen darin Beweise für die Richtigkeit ihres Glaubens.

Spontanes Psi-Erlebnis: nicht erwartetes Auftreten eines Ereignisses oder Erlebnisses, das auf parapsychische Fähigkeiten zurückzuführen ist.

S.P.R.: Abkürzung für die 1882 gegründete englische »Society for Psychical Research«.

Spuk: volkstümlicher Ausdruck für spontane, sich wiederholende Psychokinese, die eine Reihe physikalisch unerklärlicher Vorgänge umfaßt (Klopfgeräusche, Bewegung von Gegenständen, Erscheinungen); siehe auch Poltergeist und Psychokinese.

Tafelschrift: siehe Psychographie.

Telekinese: siehe Psychokinese.

Telepathie: wörtlich »Fern-Fühlen«. Dabei werden seelische Vorgänge von einer Psyche auf eine andere außerhalb der bekannten Sinneswege übertragen. Begriff 1883 von F. W. H. Myers geschaffen.

Trance: ein veränderter, die freie Willensbestimmung ausschließender Bewußtseinszustand, der autosuggestiv oder auf hypnotischem Wege herbeigeführt werden kann, manchmal auch spontan auftritt. In diesem Zustand können verstärkt para-normale Phänomene auftreten.

Unbewußt: seelische Vorgänge, die sich außerhalb des Wachbewußtseins vollziehen.

Zweites Gesicht: volkstümlicher Ausdruck für eine in bestimmten Landschaften (z. B. Schottland, Irland, Nordwestdeutschland) vorkommende Art para-normalen Erlebens, vor allem in visionären Bildern. Begegnung mit Verstorbenen (»Spökenkieken«), Präkognition.

Literaturhinweise

Bender, Hans: Parapsychologie. Ihre Ergebnisse und Probleme. Bremen 1970
— (Hrsg.): Parapsychologie. Entwicklung, Ergebnisse, Probleme. Darmstadt 1971
—: Unser sechster Sinn. Stuttgart 1971
Berendt, Heinz C.: Parapsychologie. Stuttgart 1972

Carrington, Hereward: Story of Psychic Science. London 1930

Driesch, Hans: Parapsychologie. München 1971
Dröscher, Vitus: Magie der Sinne im Tierreich. München 1966

Eisenbud, Jule: The World of Ted Serios. New York 1967
Eysenck, Hans Jürgen: Sense and Nonsense in Psychology. London 1958

Huxley, Aldous: Die Pforten der Wahrnehmung. München 1970

Jung, Carl Gustav: Psychiatrie und Okkultismus. Freiburg 1971

Koestler, Arthur: Die Wurzeln des Zufalls. München 1972

McDougall, William: Religion and the Science of Life. London 1934
Moser, Fanny: Der Okkultismus, 2 Bde. München 1935

Neuhäusler, Anton: Telepathie, Hellsehen, Praekognition. München 1957

Ostrander, Sh., und L. Schroeder: Psi. München 1971

Rhine, J. B.: Extra Sensory Perception. Boston 1964
—, und J. G. Pratt: Parapsychologie. Grenzwissenschaft der Psyche. Bern u. München 1962
Rhine, Louisa, E.: Mind over Matter. New York 1970
—: Hidden Channels of the Mind. New York 1961
—: ESP in Life and Lab. New York 1967
Ryzl, Milan: Parapsychologie. Tatsache und Ausblicke. Genf 1970

Schmeidler, G.: Extra Sensory Perception. New York 1969
Schrenck-Notzing, Albert Freiherr v. —: Grundlagen der Parapsychologie. Stuttgart 1962
Soal, S. G., and F. Bateman: Modern Experiments in Telepathy. London 1954
Stevenson, J.: Twenty Cases Suggestive of Reincarnation. New York 1966

Tart, C. T.: Altered States of Consciousness. New York 1969
Tenhaeff, W. H. C.: Hellsehen und Telepathie. Gütersloh 1962
Tischner, Rudolf: Geschichte der Parapsychologie. Vierhöfen 1960
Tyrrell, G. N. M.: Mensch und Welt in der Parapsychologie. Bremen 1972

Wassiljew, Leonid L.: Experimentelle Untersuchungen zur Mentalsuggestion. Bern u. München 1965

Zeitschriften

Proceedings of the Society for Psychical Research, seit 1882, London
Journal of the Society for Psychical Research, London
Journal of the American Society for Psychical Research, seit 1896, New York
Journal of Parapsychology, seit 1937, Durham
Parapsychology Review, seit 1969, New York
Psychic, seit 1969, San Francisco
Revue Métapsychique, Paris
Zeitschrift für Parapsychologie und Grenzgebiete der Psychologie, herausg. v. Hans Bender, seit 1957, Freiburg i. Br.

Register

*Die Zahlen mit * verweisen auf Abbildungen im Text*

Bildnachweis

Die Zahlen verweisen auf Seiten

Archiv für Kunst und Geschichte, Berlin, 27 oben, 273. *Barnaby's Picture Library, London,* 69 unten. *Bavaria-Verlag, Gauting vor München,* 25, 33, 225 unten rechts, 363. *Aus Behrendt »Parapsychologie«, W. Kohlhammer-Verlag GmbH, Stuttgart,* 326. *Aus Hans Bender »Unser Sechster Sinn«, Deutsche Verlagsanstalt, Stuttgart,* 225 oben *(Foto: Nahib Bagad, Berlin),* 282, 319 *(nach »Der Spiegel«). Paul Brunner, Rosenheim,* 192 oben rechts. *Burda-Verlag Bilderdienst (Foto: Werner Scharf),* 391 unten. *Camera Press, London,* 122 beide, 139 unten links, 174 unten, 278 unten. *E. Douglas Dean, Newark College of Engineering, Newark,* 330 oben. *Aus Dessoir »Der Okkultismus in Urkunden«, Der Physikalische Mediumismus, Ullstein Verlag,* 277 oben. *Dr. Michael Deutsch, Wuppertal,* 391 oben. *dpa Bild, Frankfurt,* 71. *Dr. Jule Eisenbud, Denver, Col.,* 225 unten links. *Foto-Uitleen Spaarnestad, Haarlem,* 28 beide. *Foto: H. Friedman, Maimonides Medical Center, Brooklyn, N.Y.,* 296 beide. *Leif Geiges, Staufen,* 192 unten, 277 unten, 278 oben, 329 oben. *Willi Genzler, Freiburg/Brsg.,* 329 unten. *Il Giornale dei Misteri, Florenz,* 226 unten. *The Harry Edwards Spiritual Healing Sanctuary, Shere near Guildford,* 389 unten. *Historia-Photo, Bad Sachsa,* 189. *IBA, Zürich,* 26 oben, 191 oben. *Alix Jeffry Studio, New York,* 347 beide, 348 beide, 390 oben. *Keystone, München,* 26 unten rechts, 390 unten. *Kunstarchiv Arntz, Haag, Oberbayern,* 17, 38, 90, 116, 182. *Günther Leeb, St. Gilgen,* 65 *(Foto: Alice F. Zeitz, Königssee),* 243 beide, 244 beide. *Aus F. Moser »Der Okkultismus«, Band 1, Verlag Ernst Reinhardt, München,* 87 oben links und rechts, 134, 139 oben. *Radio Times, Hulton Picture Library, London,* 62, 73, 87 unten rechts, 150, 192 oben links. *J. B. Rhine, Foundation for Research on the Nature of Man, Durham, N.C.,* 173 unten. *Aus J. B. Rhine und J. G. Pratt »Parapsychologie«, Francke-Verlag, Bern und München,* 173 oben. *Aus Schrenck-Notzing »Experimente der Fernbewegung«, Deutsche Verlagsgesellschaft, Stuttgart,* 140 unten. *Aus Schrenck-Notzing »Materialisations-Phänomene«, Verlag Ernst Reinhardt, München,* 121 unten beide. *Staatsbibliothek, Berlin,* 26 unten links, 27 unten links, 51, 70 oben rechts, 78, 145, 177, 199, 394. *»Stern«, Hamburg (Foto: Anders),* 392 unten. *Süddeutscher Verlag, Bilderdienst, München,* 268. *Ullstein-Bilderdienst, Berlin,* 66, 139 unten rechts, 140 oben, 166. *UPI (über dpa Bild, Frankfurt),* 191 unten. *USIS, Bad Godesberg,* 330 unten. *Anina Westphalen, München,* alle Zeichnungen. *Zeitbild, Archiv Maiwald, Garmisch-Partenkirchen,* 59, 292, 370, 379.